U0288858

本书受河北大学中西部高校提升综合实力工程项目资助
受2014年河北省高等学校青年拔尖人才计划项目（BJ2014063）资助
受河北大学资源利用与环境保护研究中心资助

低碳环保发展绿皮书

——中国低碳环保发展指数评价
（2005—2012）

DITAN HUANBAO FAZHAN LÜPISHU

郑林昌 付加锋 高庆先 著

人民出版社

责任编辑:李椒元
装帧设计:卓　墨
责任校对:吕　飞

图书在版编目(CIP)数据

低碳环保发展绿皮书:中国低碳环保发展指数评价(2005—2012)/郑林昌,
　付加锋,高庆先著.-北京:人民出版社,2015.9
ISBN 978-7-01-014414-6

Ⅰ.①低…　Ⅱ.①郑…②付…③高…　Ⅲ.①节能-研究报告-中国-2005~2012
　②环境保护-研究报告-中国-2005~2012　Ⅳ.①TK01②X-12

中国版本图书馆 CIP 数据核字(2015)第 015384 号

低碳环保发展绿皮书

DITAN HUANBAO FAZHAN LÜPISHU

——中国低碳环保发展指数评价(2005—2012)

郑林昌　付加锋　高庆先　著

人民出版社 出版发行
(100706　北京市东城区隆福寺街 99 号)

北京市文林印务有限公司印刷　新华书店经销

2015 年 9 月第 1 版　2015 年 9 月北京第 1 次印刷
开本:710 毫米×1000 毫米 1/16　印张:48.75
字数:550 千字　印数:0,001-3,000 册

ISBN 978-7-01-014414-6　定价:90.00 元

邮购地址 100706　北京市东城区隆福寺街 99 号
人民东方图书销售中心　电话 (010)65250042　65289539

目　录

中篇　中国地区低碳环保发展指数评价

下篇　中国城市低碳环保发展指数评价

引　言

　　20 世纪 70 年代以来,环境恶化所造成的严重影响引发了全球对可持续发展的关注,各国在可持续发展认识上也早已达成了共识,走可持续发展之路成为人类社会今后的必然选择。而当前极端气候现象的频繁发生和由此而引发的一系列连锁反应,又一次把"全球气候变化"推到了"风口浪尖",全球气候变化成为当前人类所共同关注的焦点。环境恶化、全球气候变化其实质都是影响到了人类社会赖以生存和发展的资源环境的稳定性和安全保障,两者涉及的科学问题都是回答人类社会今后向何处的问题,毋庸置疑人类社会发展之路只有一条——可持续发展。

　　人类社会的可持续发展是由经济社会发展(发展)、环境保护(环保)和低碳活动(低碳)共同构成的一个复杂系统,其中经济社会发展是核心和根本性目的,环境保护和低碳活动是实现经济社会发展的前提和基础,一定限度的资源环境是人类社会可持续发展的约束性条件,低碳、环保、发展其中任何一个要素的缺失和不足都不是真正意义上的可持续发展。但相当长一段时间人类一直强调物质生活的丰富,却忽视了精神文化和身心健康的需求,更没有关注维系人类生存和发展的资源环境的稳定性、持续性。

　　特殊国情的使然,长期来我国采取了相对粗放的经济发展方式。虽然在短期内满足国民经济发展需求,但后期所出现的问题也不容忽视。尤其近年来,我国的环境问题日益突出。2013 年发布的中国环境状况公报显示:74 个按空气质量新标准监测的城市中,仅有 4.1% 的城市达标;长江、黄河等 10 大水系的国控断面中,9% 的断面为劣五类水质;4778 个地下水监测点位中,较差和极差水质的监测点比例为 59.6%;近岸海域中劣四类海水点位比例为 18.6%;土壤侵蚀面积占国土面积的 30.72%。日益严峻的环境形势不仅带来严重的经济损失,同时也严重影响到了居民的身心健康。2010 年 8 月,卫生部长陈竺在世界抗癌大会上发言称,我国每年癌症发病人数 260 万,死亡 180 万。2013 年,我国环境保护部发表的一个报告中首次承认了污染导致癌症村的出现。

与此同时,我国经济社会活动对化石能源的消费及其引起的大气变化又成为另外一个焦点。根据 2013 年 7 月发布的《2013 年 BP 世界能源统计回顾》显示:2012 年中国一次能源消费量为 27.35 亿吨油当量,约占世界总量 22%,连续 4 年占世界消费总量第一。《全球碳预算》显示,2012 年全球化石燃料排放中国贡献了 27%,中国二氧化碳排放增长率高达 5.9%。中国的能源消费总量、消费总量增速、消费结构成为西方发达国家对我国的诟病之一,节能减排成为国际政治谈判的又一砝码,成为国际贸易保护的又一措施。当前,我国能源利用过程所产生的环境污染排放物逐渐成为环境污染重要源头。近期,我国挥之不去的雾霾现象与能源利用不无关系,二氧化硫浓度高居不下与能源利用高度相关……因此,从国际、国内两个背景下,我国都需控制能源消耗量,降低能源利用强度。2009 年,我国政府向世界郑重承诺到 2020 年将万元 GDP 碳排放量减少 40% 至 45%(在 2005 年基础上)。

显然,低碳和环保已经成为我国经济社会活动的两大约束性条件,如何协调低碳、环保与发展之间的关系,实现即低碳又环保下的发展,是我国当前可持续发展所必须回答的问题。而认识我国近期低碳、环保、发展的现状、相互关系及动态变化又是首要步骤。为此,由中国环境科学研究院和河北大学联合组建的"低碳环保发展指数评价"课题组,在去年"低碳环保双重约束下的中国发展评估报告(2005—2011)"的工作基础之上,进一步提出和制定了低碳环保发展指数,并针对我国地区、城市层面低碳、环保与发展指数进行了评价研究。

本书共有三部分,其中第一部分为指数评价方法的选择,第二部分为地区层面低碳环保发展指数的评价,第三部分则是城市层面低碳环保发展指数的评价。

　　参加本书编写的人员有(排名不分先后):郑林昌　付加锋　高庆先　罗宏　王丹　王蒙　齐蒙　刘哲言　李卓群　李俊杰　史新然　李昂　刘鹏田朋　刘倩　要维　黄王婷　董文勉　邢美慧

作　者

2014 年 6 月

上　篇

中国低碳环保发展指数编制方法

第一章　低碳环保发展指数

一、低碳环保发展指数的提出

大量实践和研究已表明，人类社会发展需要建立在一定资源环境基础之上。消失的"楼兰文明"告诉我们，脱离一定资源环境基础，人类社会活动将无法正常进行，人类社会无法向前推进，发展也就无从谈起。尤其进入工业化以后，人类社会与资源环境的关系日益紧密，人类活动对资源环境的依赖程度不断增加。目前，承载大量人口的城市对资源环境的依赖已经达到无以复加的地步，我们很难描绘，如果停电、停水一天，我们的现代城市会变成一个什么模样。尤为可惜和值得关注的是，人类在利用科学技术不断提高改造自然能力的同时，资源浪费和环境破坏问题相伴而生，而且资源环境问题愈演愈烈，新的环境问题不断涌现，环境问题带来的破坏范围不断扩大，这不仅给人类身心健康带来了严重影响，也极大影响甚至阻碍了社会发展。

源于国内外复杂环境和特殊国内因素使然，近代我国发展起步相对较晚，20 世纪 80 年代初我国经济社会发展才走上正轨。当时我国经济社会发展水平与国外差距较大，为尽快缩小这种差距，发展初期我国采取了赶超发展战略。赶超发展战略下的经济发展方式相对粗放，工业所占比重相对较高，这为我国短时间建立起健全的国民经济体系和工业体系立下了汗马功劳，也推动了我国长期间保持较快增长速度，成为全球经济发展的"奇迹"。但其中暴露出的问题也很多，居民收入差距逐步拉大，经济结构问题日益凸显，资源浪费严重，环境破坏触目惊心。进入 21 世纪以后，我国经济规模快速成长为全球第二大经济体，庞大的经济规模、大量产品出口、粗放经济发展方式和落后的科学技术水平,使得经济社会发展对资源环境的需要快速提升,资源环境的压力日益增加。近年,一些重大环境事件在我国不断发生,给人民的生命财产带来了重大损失,同时也严重影响了发展的成果。

2013年初以来,中国发生大范围持续雾霾天气,给人们的生产生活和身心健康带来了严重影响。据统计,受影响雾霾区域包括华北平原、黄淮、江淮、江汉、江南、华南北部等地区,受影响面积约占国土面积的1/4,受影响人口约6亿人。根据北京市环保监测中心数据显示,2013年中旬前后,北京西直门北、南三环、奥体中心等监测点PM2.5实时浓度突破900微克/立方米,西直门北交通污染监测点最高达993微克/立方米,空气质量达到严重污染水平。美国《纽约时报》等媒体报道称,一项最新研究显示,由于中国北方普遍使用煤炭取暖导致空气污染,对人体心肺功能造成破坏性影响,居住在淮河以北的5亿中国人将总共丧失25亿年的预期寿命,即中国北方人的预期寿命平均比南方人少5.5年。

2013年入夏以来,热浪席卷北半球各大洲,我国高温现象尤为异常。自7月22日中央气象台开始发布高温预警,到8月19日解除高温预警,我国南方大部分地区已经在酷热中煎熬了29天,期间连续发布高温橙色预警天数突破21天,部分地区最高气温可达40℃—42℃。异常高温天气不仅严重影响了社会正常生产生活秩序,而且还会破坏人体健康,如据俄罗斯之声网站8月19日报道,2013年入夏以来,日本首都地区的反常酷热天气已经造成119人死亡,4万多人因为酷热天气造成的中暑等问题住院治疗。高温不仅影响了社会活动的正常运行,对牲畜、作物影响也很多,高温干旱导致杭州有近千亩茶树枝干枯死。

高温在我国中南部地区肆虐的同时,强降雨在东北阴云不散。截至8月19日16时,东北三省洪涝灾害已造成373.7万人受灾,85人死亡,105人失踪,紧急转移安置36万人,倒塌和严重损坏房屋6万余间,农作物损害面积787.2千公顷,直接经济损失161.4亿元。台风一个紧接一个相继登陆我国大陆,据广东省省民政部门提供数据显示,至8月18日12时,尤特台风带来的暴雨共造成广东18个市416万人受灾,因灾死亡20人,失踪7人,紧急转移安置51.3万人,倒塌和严重损坏房屋1.9万间,一般损坏房屋7000间,直接经济损失 49 亿元。高温、台风、强降雨等极端气候现象把人们的目光又一次吸引到全球变暖问题上来,德国波茨坦气象研究所所长汉斯—约阿希姆·舍尔恩胡伯认为 2013 年北半球高温与气候变化相关,而且今后热浪会更多更强烈,2013 年 1 月 12 日,澳大利亚政府气候委员会发布的《破纪录:澳大利亚夏季极端炎热》警告气候变化将使高温天气更加频繁。

尽管大量环境污染事件已经警示世人,环境破坏行为对发展的消极影响社会已有认知,但资源环境破坏现象仍然存在。之所以出现这种困境,问题的关键仍在于人类对资源环境的漠视,在于缺乏对发展的正确认识。发展的实质其实就是人的发展,发展的目的不仅要满足人的物质生活需要,同时还要满足人的精神文化需要,更要满足人的身心健康需要。即使人类物质生活较为丰富,但生态环境恶劣,精神文化匮乏,身心健康存在问题,这样发展并不是真正意义上的发展。因此,判断一个社会的发展应该从体现物质、精神和健康需求三个方面入手。但可惜,相当长一段时间,我们一直强调人类物质生活的丰富,而忽视了人类精神文化和身心健康的需求。人类拥有的物质丰富程度、精神文化和身心健康不仅与经济社会发展水平有较大关系,同时与周边资源环境关系也较为密切,尤其当资源环境质量发生变化时,资源环境对人类精神文化和身心健康的影响更明显。为全面反映社会发展内容,引导社会重视环境保护和大气稳定性,本研究提出低碳环保发展指数。该指数主要用于宏观判断我国地区和城市层面经济社会发展、环境保护和碳浓度控制的现状、时空演变及其三者之间关系,期望研究成果能够在为政府管理者提供决策依据的同时,还能够引发广大研究者做进一步探讨和研究,能够向社会公众宣传科学发展观和生态文明的思想。

二、指数及低碳环保发展指数

指数,又称统计指数,有广义和狭义之分。广义的指数,凡是说明现象数量对比关系的相对数,都叫指数,包括不同时间、不同空间的同类现象及实际完成指标与计划任务指标对比而形成的各种相对数。狭义的指数,则是广义指数的特殊部分,它是反映不能直接相加的多因素组成的复杂现象总体综合变动的相对数(复杂总体是总体单位的标志值不能直接相加的总体)。狭义的指数是统计指数理论的核心,它是一种相对数,一般用百分数表示,指数反映的总变动是复杂总体的总变动。

指数最早起源于物价指数的编制。1675 年,英国经济学家赖斯·沃汉在其所著的《铸货币及货币铸造论》一书中,为了测定当时劳资双方对于货币交换的比例,采用谷物、家畜、鱼类、布帛与皮革等当时重要的商品为样本,将 1650 年的价格与 1352 年的价格进行比较,这就是计算物价指数的开端①。1707 年,英国主教佛里持伍德也编制了 39 种物品的价格指数。此时的物价指数只限于观察单个商品的价格变动,价格指数也只是个体价格指数。随着资本主义生产内容的日益丰富和价格变动对社会经济生活影响提升,反映多种商品价格综合变动的物价总指数应运而生。1738 年,杜托利用商品集团两个时期各自的单价纯加总对比来综合分析商品集团的价格变动情况,被认为是综合指数的开端。1750 年,意大利人卡里利用简单算术平均公式计算多种商品的物价指数,被视为是平均法计算物价指数的首创。后期,英国经济学家马歇尔、埃奇奥斯提出的"马歇尔——埃奇奥斯公式"对物价指数研究进行了丰富。推动指数研究大发展的则是 20 世纪初全球经济大危机,席卷全球的经济大危机不仅推动了指数理论研究的大发展,同时也促进指数应用的大发展。道琼斯工业指数、标准普尔指数、经理人采购指数、所罗门兄弟债券指数、上证综合指数等等,这些耳熟能详的指数在经济社会生活中发挥的作用越来越突出。

根据不同划分标准,指数又有不同类别:

◆ 按照研究对象的范围不同,可以分为个体指数和总指数。个体指数是指反映一种现象变动情况的相对数,而总指数则是反映多种要素构成的复杂现象综合变动情况的相对数。

◆ 按照指标性质不同,可以分为数量指标指数和质量指标指数。数量指标指数是说明数量指标变动的相对数,质量指标指数说明的是质量指标变动的相对数。

----

① 符想花:《统计指数概论与应用》,中国科学技术出版社 2006 年版。

◆ 按照计算时所用的基期不同,有定基指数和环比指数之分。所谓定基指数是指在一个指数数列中,各个指数都是以某一个固定时期作为基期的指数;如果各期指数是以它前一期作为基期,这样的指数则是环比指数。

◆ 按照所使用对比基准不同,又有动态指数和静态指数之别。动态指数是反映现象在不同时间上变动情况的指数,所使用的对比基准是现象在基期的水平。静态指数则是一种时间指数,也是使用最为广泛的一种指数。

◆ 按照计算方法和特点不同,可以把指数分为综合指数和平均指数(见下图)。其中,综合指数又有简单综合指数和加权综合指数之分。简单综合指数是将基期和报告期的指数化指标值分别加总,然后用报告期数值除以基期数值而得到。加权综合指数法,是先将不能直接加总的所研究的指数化指标,通过一个媒介因素的介入,过渡到能够加总的总量指标,然后通过对比得到总指数。

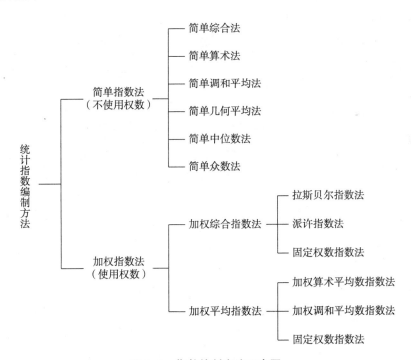

图1-1　指数编制方法示意图

由于指数能够进行同类现象的对比,反映复杂现象的综合变动方向和程度,且可以测定复杂现象的总变动中各个因素变动的影响方向和程度,即进行因素分析,指数受到了广泛利用和深入研究。当前指数应用已经不仅仅停留在经济社会领域,自然科学领域应用指数编制方法来反映事物现象变动的成果也越来越多。比如,气象领域中的各类气象指数,环境领域的各种环境质量指数,能源利用领域的能源指数等等。指数也不仅仅是用于反映动态事物现象的相对数,同时也能反映事物在某一时间点上的静态表现。比如,人类发展指数并不局限在反映某一时期内人类发展变动的相对数,而且能反映某一年度样本国家(地区)人类发展排序状况,反映某时期内样本国家(地区)人类发展排序的变动情况。而有些指数则放弃了指数编制对基期的严格要求,而是采用容许值(或不容许值)、阈值、最大值、最小值等来进行指数指标的处理,然后利用权数(甚至没有权数)加总处理。

为促进我国经济社会可持续发展,保障可持续发展所依赖的环境质量和气候稳定性,反映我国地区(城市)发展进程中低碳和环保状况及其变化,本研究借鉴国内外其指数编制经验,选取能够反映低碳、环保和发展内容的指标,利用指数编制方法,把低碳环保发展内容综合汇总而形成的一种指数,我们称该指数为低碳环保发展指数。

第二章 低碳环保发展领域相关指数综述

一、经济社会领域相关指数

(一)道琼斯指数

道琼斯指数是目前世界上历史最为悠久、影响力最大的股票指数,全称为股票价格平均指数。1884年,由道琼斯公司的创始人查尔斯·亨利·道(Charles Henry Dow 1851—1902年)开始编制。道琼斯股票价格平均指数最初是根据11种具有代表性的铁路公司的股票,采用算术平均法计算编制而成,其计算公式为:股票价格平均数=入选股票的价格之和/入选股票的数量。该指数目的在于反映美国股票市场的总体走势,涵盖金融、科技、娱乐、零售等多个行业。自1897年起,道琼斯股票价格平均指数开始分成工业与运输业两大类,其中工业股票价格平均指数包括12种股票,运输业平均指数则包括20种股票,并且开始在道琼斯公司出版的《华尔街日报》上公布。在1929年,道琼斯股票价格平均指数又增加了公用事业类股票,使其所包含的股票达到65种,并一直延续至今。现在的道琼斯股票价格平均指数是以1928年10月1日为基期,因为这一天收盘时的道琼斯股票价格平均数恰好约为100美元,所以就将其定为基准日。而以后股票价格同基期相比计算出的百分数,就成为各期的股票价格指数,所以现在的股票指数普遍用点来做单位,而股票指数每一点的涨跌就是相对于基准日的涨跌百分数①。

---

① 孙可娜:《证券投资理论与实务》,高等教育出版社2011年版,第58—59页。

（二）上证综合指数

上证指数是反映上海证券交易所挂牌股票总体走势的统计指标。其前身为上海静安指数，是由中国工商银行上海市分行信托投资公司静安证券业务部于1987年11月2日开始编制，于1991年7月15日公开发布，以1990年12月19日为基期，基期值为100，以上海证券交易所挂牌上市的全部股票为计算范围，以发行量为权数的加权综合股价指数。1992年第一只B股上市后，又增设了上证A股指数和B股指数，分别反映全部A股和全部B股的股价走势，上证综合指数综合反映上交所全部A股、B股上市股票的价格走势。上证A股指数以1990年12月19日为基准日，基准日指数定为100点。上证B股指数以1992年2月21日为基准日，基准日指数定为100点。1993年6月1日起，上海证券交易所又正式发布了上证分类指数，包括工业指数、商业指数、房地产类指数、公用事业类指数和综合类指数。上证指数计算公式为：本日股价指数＝本日股票市价总值÷基期股票市价总值×100。遇上市股票增资扩股或新增（删除）时，则须相应进行修正，其计算公式调整为：本日［［股价指数］］＝本日股票市价总值÷新基准股票市价总值×100，其中，新基准股票市价总值＝修正前基准股票市价总值×（修正前股票市价总值＋股票市价总值）÷修正前股票市价总值。

表2-1　上证系列指数列表

指数名称	基准日期	基准点数	说　明
样本指数类			
上证180	2002-6-28	3299.06	上证成指数（简称上证180指数）是上海证券交易所对原上证30指数进行了调整并更名而成的，其样本股是在所有A股股票中抽取最具市场代表性的180种样本股票，自2002年7月1日起正式发布。作为上证指数系列核心的上证180指数的编制方案，目的在于建立一个反映上海证券市场的概貌和运行状况、具有可操作性和投资性、能够作为投资评价尺度及金融衍生产品基础的基准指数。

续表

指数名称	基准日期	基准点数	说　明
上证50	2003-12-31	1000	上证50指数是根据科学客观的方法,挑选上海证券市场规模大、流动性好的最具代表性的50只股票组成样本股,以便综合反映上海证券市场最具市场影响力的一批龙头企业的整体状况。上证50指数自2004年1月2日起正式发布。其目标是建立一个成交活跃、规模较大、主要作为衍生金融工具基础的投资指数。
红利指数	2004-12-31	1000	上证红利指数挑选在上证所上市的现金股息率高、分红比较稳定、具有一定规模及流动性的50只股票作为样本,以反映上海证券市场高红利股票的整体状况和走势。该指数2005年1月4日发布。上证红利指数是上证所成功推出上证180、上证50等指数后的又一次指数创新,是满足市场需求、服务投资者的重要举措。上证红利指数是一个重要的特色指数,它不仅进一步完善了上证指数体系和指数结构,丰富指数品种,也为指数产品开发和金融工具创新创造了条件。
上证180全收益	2002-6-28	3299.06	上证180全收益指数(简称上证180全收益)上证180全收益指数是上证180指数的衍生指数,与上证180指数的区别在于指数的计算中将样本股分红计入指数收益,供投资者从不同角度考量指数走势。
上证50全收益	2003-12-31	1000	上证50全收益指数(上证50全收益)上证50全收益指数是上证50指数的衍生指数,与上证50指数的区别在于指数的计算中将样本股分红计入指数收益,供投资者从不同角度考量指数走势。
红利指数全收益	2004-12-31	1000	上证红利全收益指数(红利指数全收益)上证红利全收益指数是上证红利指数的衍生指数,与上证红利指数的区别在于指数的计算中将样本股分红计入指数收益,供投资者从不同角度考量指数走势。
综合指数类			
上证指数	1990-12-19	100	上证综合指数的样本股是全部上市股票,包括A股和B股,从总体上反映了上海证券交易所上市股票价格的变动情况,自1991年7月15日起正式发布。
新综指	2005-12-30	1000	新上证综当前由沪市所有已完成股权分置改革的股票组成;此后,实施股权分置改革的股票在方案实施后的第二个交易日纳入指数;指数以总股本加权计算;新上证综指于2006年1月4日发布。
分类指数类			
A股指数	1990-12-19	100	上证A股指数的样本股是全部上市A股,反映了A股的股价整体变动状况,自1992年2月21日起正式发布。

续表

指数名称	基准日期	基准点数	说　明
B 股指数	1992-2-21	100	上证 B 股指数的样本股是全部上市 B 股,反映了 B 股的股价整体变动状况,自 1992 年 2 月 21 日起正式发布。
工业指数	1993-4-30	1358.78	上海证券交易所对上市公司按其所属行业分成五大类别:工业类、商业类、房地产业类、公用事业类、综合业类,行业分类指数的样本股是该行业全部上市股票,包括 A 股和 B 股,反映了不同行业的景气状况及其股价整体变动状况,自 1993 年 6 月 1 日起正式发布。
商业指数	1993-4-30	1358.78	
地产指数	1993-4-30	1358.78	
公用指数	1993-4-30	1358.78	
综合指数	1993-4-30	1358.78	
其他指数类			
基金指数	2000-5-8	1000	基金指数的成股是所有在上海证券交易所上市的证券投资基金,反映了基金的价格整体变动状况,自 2000 年 6 月 9 日起正式发布。
国债指数	2002-12-31	100	上证国债指数是以上海证券交易所上市的所有固定利率国债为样本,按照国债发行量加权而成。自 2003 年 1 月 2 日起对外发布,基日为 2002 年 12 月 31 日,基点为 100 点,代码为 000012。 上证国债指数是上证指数系列的第一只债券指数,它的推出使我国证券市场股票、债券、基金三位一体的指数体系基本形成。上证国债指数的目的是反映我们债券市场整体变动状况,是我们债券市场价格变动的"指示器"。上证国债指数既为投资者提供了精确的投资尺度,也为金融产品创新夯实了基础。
企债指数	2002-12-31	100	上证企业债指数是按照科学客观的方法,从国内交易所上市企业债中挑选了满足一定条件的具有代表性的债券组成样本,按照债券发行量加权计算的指数。指数基日为 2002 年 12 月 31 日,基点为 100 点,指数代码为 000013,指数简称企债指数。

(三)采购经理人指数

采购经理人指数(Purchase Management Index,PMI),是通过对采购经理的月度调查汇总出来的指数,通常是指美国的采购经理人指数,它是衡量美国制造业的"体检表",是衡量制造业在生产、新订单、商品价格、存货、雇员、订单交货、新出口订单和进口等八个方面状况的指数。目前,全球已有 24 个国家建立了 PMI 体系。在数据处理上,国际通行做法是,单个指数采用扩散指数方法,综合指数采用加权综合指数方法。采购经理人指数以百分比来表示,常以 50% 作为经济强弱的分界点。当指数高于 50% 时,则被解释为经济扩张的讯号;当指数低于 50%,尤其是非常接近 40% 时,则有经济萧条的忧虑。一般在 40%—50% 之间时,说明制造业处于衰退,但整体经济还在扩张。2005 年 4 月底,我国在北京和香港两地发布了"中国采购经理人指数",包括制造业和非制造业采购经理指数,该指数由国家统计局和中国物流与采购联合会共同合作完成。中国制造业采购经理指数体系共包括 11 个指数:新订单、生产、就业、供应商配送、存货、新出口订单、采购、产成品库存、购进价格、进口、积压订单。我国经理人采购指数由 5 个扩散指数加权而成,即产品订货(简称订单)、生产量(简称生产)、生产经营人员(简称雇员)、供应商配送时间(简称配送)、主要原材料库存(简称存货)。其中,扩散指数=上升百分比-下降百分比+(不变百分比)。这 5 个指数是依据其对经济的先行影响程度而定,各指数的权重分别是:订单 30%,生产 25%,雇员 20%,配送 15%,存货 10%。计算公式如下:PMI = 订单×30% + 生产×25% + 雇员×20% + 配送×15%+存货×10%。

二、可持续发展领域相关指数

(一)人类发展指数

人类发展指数(Human Development Index)由联合国开发计划署在《1990 年人文发展报告》中提出的用以衡量联合国各成员国经济社会发展水平的指标,自 1990 年以来,每年都发布世界各国的人文发展指数(HDI),在世界许多国家或地区颇有影响。由于人均 GDP 并不是衡量人类发展的唯一指标,因此人类发展指数另外加入两个与生活质量有关的指标——健康和教育。人类发展指数是在三个指标的基础上计算出来的:健康长寿,用出生时预期寿命来衡

量;教育获得,用成人识字率(2/3 权重)及小学、中学、大学综合入学率(1/3
权重)共同衡量;生活水平,用实际人均 GDP(购买力平价美元)来衡量。为构
建该指数,每个指标都设定了最小值和最大值:出生时预期寿命最小值为 25
岁,最大值为 85 岁;成人识字率为 15 岁以上识字者占 15 岁以上人口比率,最
小值为 0%,最大值为 100%;综合入学率指学生人数占 6 至 21 岁人口比率
(依各国教育系统的差异而有所不同),最小值为 0%,最大值为 100%;实际人
均 GDP(购买力平价美元)最小值为 100 美元,最大值为 40000 美元。对于
HDI 的任何组成部分,该指数都可以用以下公式来计算:指数值=(实际值-最
小值)/(最大值-最小值)。

人类发展指数一经推出,就以其简单、通用等特点受到全球范围内的推
崇。其优点主要表现在三方面:首先,该指数涉及了发展的实质,在过去 20 多
年的时间里,人类发展报告一直在强调"发展的根本是人的优先发展",认为
发展的基本目标是创造一个有利环境,以使人类享有长寿、健康、富有创造力
的生活;其次指标数据易于获得,指数认为对一个国家福利的全面评价应着眼
于人类发展而不仅仅是经济状况,计算较容易,比较方法简单。最后,人类发
展指数适用于不同的群体,可通过调整反映收入分配、性别差异、地域分布、少
数民族之间的差异。但指数也存在一定局限性。首先,人类发展指数只选择
预期寿命、成人识字率和实际人均 GDP 三个指标来评价一国的发展水平,而
这三个指标无法全面反映一国人文发展水平。其次,在计算方法上,存在一些
技术问题,比如开发计划署将某些国家的人均 GDP 设为 0,这种处理方式无
疑低估了人均 GDP 高于理想值的那些国家。再次,HDI 值的大小易受极大值
和极小值的影响。因为 HDI 是采用将实际值与理想值和最小值联系起来的
方式,来评价相对发展水平的。所以,当理想值或最小值发生变化时,即使一
国的三个指标值不变,其 HDI 值也可能发生变化。

(二)道琼斯可持续发展指数

道琼斯可持续发展指数(Dow Jones Sustainability Index,简称 DJSI)创立于
1999 年,由道琼斯公司、斯达克斯(STOXX)和 SAM 集团联合推出,该指数主
要是从经济、社会及环境三个方面,以投资角度评价企业可持续发展的能力,

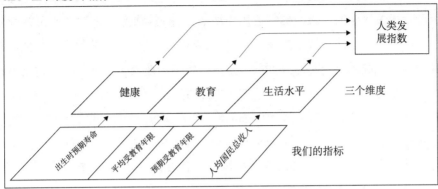

图 2-1 人类发展指数构成示意图

是全球第一个把可持续发展融入公司财政表现的指数,也是在世界范围内专门追踪在可持续发展方面走在前列的企业表现的指数。道琼斯可持续发展指数建立的目的并不是为了衡量企业的可持续发展能力,而是看在可持续发展方面走在行业前列的企业的表现。研究者希望通过建立该指数,一方面吸引投资者对可持续发展企业的重视,另一方面有助于对企业可持续发展与企业核心竞争力之间的关系进行深入探讨。

表 2-2 Dow Jones 公司可持续发展评价指标体系

评价纬度	指　标	权重(%)
经　济	公司管理	6.0
	风险和危机管理	6.0
	公司制度/执行力/贪污舞弊状况	6.0
	与特定产业相关的指标	与产业有关
环　境	环境绩效(生态效益)	5.5
	与特定产业相关的指标	与产业有关
社　会	对专业人员的吸引力和人员稳定性	5.5
	劳动力实践指标	5.5
	企业公民/慈善行为	3.0
	社会报告	3.0
	与特定产业相关的指标	与产业有关

　　道琼斯可持续发展评价体系中的指标分为两类:一是通用标准,二是与特定产业相关的标准。通用标准适用于所有产业,其选定基于对产业可持续发展所面临的一般性挑战的判断,包括公司管理、环境管理和绩效、人权、供应链管理、风险危机管理和人力资源管理等;与特定产业相关指标的选择主要考虑特定行业所面临的挑战和未来发展趋势,两类指标权重各占总权重的50%。评价体系中的数据主要来源于调查问卷、公司文件、公共信息、与公司直接联系四种渠道。调查问卷按照企业所处的行业不同而在设计上有所不同,发放对象是企业 CEO 或企业相关投资机构中的高层管理人员,是指标体系中评价信息最主要的来源;公司文件包括公司可持续发展报告、环境报告、社会报告、年报等等;公共信息是在过去两年中,媒体对有关公司的报道以及投资公司对有关公司的研究报告等;前三种来源的数据相互对照,必要时可以直接与公司联系获得必要的验证。一个公司的可持续发展分值按照事先确定的权重和评分标准计算。调查问卷的每个问题分属于相应的指标,具有一定权重,而问题的不同答案选项分别被赋予不同的分值,公司的可持续性最终得分就是将每个问题的得分乘以问题权重和问题所属指标的权重,然后汇总而得。

　　该指标体系具有两个重要特点:首先道琼斯公司可持续发展指数是一套指标体系,除了包括反映的产业共同面临的挑战的通用指标之外,指标体系中具体指标的内容及权重还依照所分析行业的不同有所调整,这使得不同的行业之间更有可比性。第二,道琼斯公司可持续发展指数是以调查问卷作为评价数据的主要来源,在分析过程中,以公司报告、媒体报道或是直接与公司联系等方式对问卷结果作必要的验证,从而保证了分析数据的可靠性。

(三)中国人民大学中国发展指数

　　中国人民大学中国发展指数(RCDI)由中国人民大学编制和发布,已经成为反映我国各省级行政区经济社会综合发展程度的重要标志性成果。发展指数指标体系是由4个分指数合成计算总指数,4个分指数由15个指标计算合成。4个分指数和15个指标为:(1)健康指数:出生预期寿命、婴儿死亡率、每万人平均病床数;(2)教育指数:成人文盲率、大专以上文化程度人口比例;(3)生活水平指数:农村居民人均纯收入、人均 GDP、城乡居民年人均消费比、城镇居民恩格尔系数;(4)社会环境指数:城镇登记失业率、第三产业增加值占 GDP 的比例、人均道路面积、单位地区生产总值能耗、省会城市空气质量达到并好于二级的天数(省会城市 API)、人均环境污染治理投资额。总体看,该指数指标体系构建借鉴了国外成熟发展指数做法,从人的发展的角度出发,利用较少指标来反映发展的内容,同时还把环境要素纳入到指标体系中。但不可否认的是在本指标体系中发展的资源环境约束性指标有限,尤其能源利用指标和碳排放指标并没有得到应有体现。

表 2-3　中国人民大学中国发展指数指标体系

总体指数	分项指数	指　标	指标方向
RCDI 指数	健康指数	出生预期寿命	+
		婴儿死亡率	－
		每万人病床数	+
	教育指数	成人文盲率	－
		大专以上程度人口比例	+
	生活水平指数	农村居民年人均纯收入	+
		人均 GDP	+
		城乡居民年人均消费比	－
		城市居民恩格尔系数	－
	社会环境指数	城镇失业登记率	－
		第三产业增加值占 GDP 比例	+
		人均道路面积	+
		城市居民人均居住面积	+
		省会城市 API	+
		人均环境污染治理投资总额	+

中国发展指数评价过程中,研究团队首先对原始指标数据也进行了方向处理,即把负向指标进行了正向化处理。然后,中国发展指数采用指数功效方法在对指标数据进行无量纲化处理,即 $d = Ae^{(x-x^s)/(x^h-x^s)B}$,其中,d 为单项评价

指标的评价值(即功效分值),x 为单项指标的实际值,x^s 为不容许值(或不允许值),x^h 为满意值(或刚容许值),为把指标控制在(60,100)之间,把功效指数改进为:$d = 60e - (x-x^s)/(x^h-x^s)\ln6$。再后,中国发展指数选取专家群组构权法(又称德尔菲法)对指标进行了权重赋值,其中对健康指数、教育指数、生活水平指数和社会环境指数赋了均权,即四大指数权重都为 0.25。最后,指数把无量纲化处理的指标进行加权几何平均合成为中国发展指数。

(四)中国综合发展指数

为引导和转变发展观念,激励发展思路创新,2011 年国家统计局根据科学发展观内涵与要求构建了一套综合发展评价指标体系,并据此对各地区综合发展指数(Comprehensive Development Index,CDI)进行了测算。中国综合发展评价指标体系具体包含经济发展、民生改善、社会进步、生态文明、科技创新、公众评价 6 项二级指标、18 项三级指标和 45 项具体指标(见表 2-4)。中国综合发展指数是从经济发展、民生改善、社会发展、生态建设和科技创新五个维度测量的综合性指数,每一维度都是构成具体方面的分指数,每个分指数又由若干个指标合成。其测评方法主要借鉴了联合国人类发展指数(HDI)的测量方法,基本思路是根据每个评价指标的上、下限阈值来计算单个指标指数(即无量纲化),指数一般分布在 0 和 100 之间,再根据每个指标的权重最终合成综合发展指数。此种方法测算的指数不仅横向可比,而且纵向可比;不仅可以比较各省(区、市)综合发展相对位次,而且也可以考察每个省(区、市)综合发展的历史进程。

表 2-4　中国综合发展评价指标体系

一级指标	二级指标	三级指标	四级指标
综合发展评价指标体系	经济发展	经济增长	人均 GDP、GDP 指数
		结构优化	服务业增加值占 GDP 比重
			居民消费占 GDP 比重
			高技术产品产值占工业总产值比重
			城镇化率
		发展质量	财政收入占 GDP 比重、全社会劳动生产率

续表

一级指标	二级指标	三级指标	四级指标
综合发展评价指标体系	民生改善	收入分配	城乡居民收入占 GDP 比重
			基尼系数
			城乡居民收入比
		生活质量	城镇居民人均可支配收入、农村居民人均纯收入
			城乡居民家庭恩格尔系数
			人均住房使用面积
			城镇保障性住房新开工面积占住宅开发面积比重
			互联网普及率
			每万人拥有公共汽车(电车)车辆
			平均预期寿命
		劳动就业	城镇登记失业率
	社会发展	公共服务支出	人均基本公共服务支出、基本公共服务支出占财政总支出比例
		区域协调	地区经济发展差异系数
		文化教育	文化产业增加值占 GDP 比重
			平均受教育年限
		卫生健康	5 岁以下儿童死亡率
		社会保障	基本社会保险覆盖率
			农村、城镇居民享受最低生活保障人口比例
		社会安全	社会安全指数
	生态建设	资源消耗	单位 GDP 能耗
			单位 GDP 水耗
			单位 GDP 建设用地占用地比例
		CO_2 排放	人均二氧化碳排放量、单位 GDP 二氧化碳排放量
		环境治理	环境污染治理投资占 GDP 比重
			工业"三废"处理达标率
			城市生活垃圾无害化处理率
			城镇生活污水处理率
			环境质量指数
	科技创新	科技投入	万人 R&D 人员全时当量、R&D 经费支持占 GDP 比重
		科技产出	高技术产品出口占总出口比例
			万人专利授权数
	公众评价	公众满意	公众对综合发展成果的满意度

表 2-5　中国综合发展指数指标体系权重情况

一级指标及权重	二级指标及权重
综合发展评价指标体系(100)	经济发展(22)
	民生改善(22)
	社会发展(22)
	生态建设(19)
	科技创新(15)
	公众评价(7)

本指数也是采取了常用的专家打分法(即 Delphi 法)确定各级指标的权重。在评价过程中,首先也是将某一类的所有指标无量纲化后的数值与其权重相乘计算得到分类指数(经济发展、民生改善、社会发展、生态建设、科技创新),然后将综合发展评价指标体系中的 44 个指标无量纲化后的数值与其权重计算就得到综合发展指数。相对于其发展指数,该指数更加侧重政府管理活动,指标涉及内容较为广泛,比如经济发展管理、民生管理、社会管理、科技管理、资源管理等,该指数适用于政府考评工作绩效,确切地说该指数更像政府工作绩效考核指数。其不足之处就是欠缺了从人的发展和全球气候变化角度看待发展,对环境污染物排放缺乏考虑,指标体系也并没有重视森林覆盖率、活立木蓄积量等碳汇活动。

(五)城市可持续性指数

为应对中国城市面临的最紧迫的城市化问题寻求解决方案,由哥伦比亚大学、清华大学公共管理学院和麦肯锡公司合作的城市中国研究计划,于2010 年发布了中国首个城市可持续性指数报告。2010 年,研究团队公布的城市可持续性指数包括基本需求、资源充足性、环境健康、建筑环境、对可持续性的承诺五个方面,共计 18 项指标(见表 2-6)。该团队利用 2004—2008 年的数据,对我国 112 个政府认为要加强可持续发展的重点城市进行了评价。虽然该指数对反映我国当前城市可持续发展所面临的问题具有重要参考意义,指数评价过程中团队对一些数据进行了处理,但并没有对单个指标进行权利处理,即评价过程不涉及各项指标权重问题(即各项指标权重均为1),得分来自指标平均数的总和,验定方法仅限于 ANOVA、回归分析和因素分析。

表 2-6　2010 年城市可持续性指数评价指标体系

类　别	定　义	参　数	参数描述
基本需求	可以获得安全的水源、居住条件、教育和医疗服务	水供应 住房 医疗 教育	水获得率(%) 居住空间(人均平方米数) 人均医生数量 师生比例(小学)
资源效率	能源、电力和水的高效利用;废物循环利用	电力 水需求 废物循环 重工业在 GDP 的占比	电力总消耗(每 GDP 千瓦时) 水消耗量(人均立升数) 工业废物循环利用率(%) 重工业 GDP/GDP 总量
环境清洁度	清洁的空气和水废物管理	空气污染 工业污染 废水处理 废物管理	Sox,NOx,PM10 的密度 工业 SO2 排放在 GDP 的占比(吨/人民币) 废物水处理率(%) 家庭废物搜集和运输(人均万吨)
建筑环境	密集的、以交通为导向的、绿色、高效的设计	城市密度 大众交通的使用 公共绿化面积 建筑物效率	城市地区每平方公里人数 使用公共交通的乘客 人均公共绿化面积 建筑物供暖效率
对未来可持续性的承诺	对人力资源和实物资产的投资	绿色职业 环保投资	人均拥有环境专家的数量 环卫资金占 GDP 的数量

注:资料来源:城市中国研究计划,城市可持续性发展指数:衡量中国城市的新工具。哥伦比亚大学、清华大学、麦肯锡公司合作项目,2010.11。

2011 年,研究团队对城市可持续发展指数的指标体系和评价方法进行了较大调整。城市可持续发展指标体系调整为由社会可持续性、经济可持续性、环境可持续性和资源可持续性四大类别组成,下设有 17 个具体指标(见表2-7)。2011 年,城市可持续发展指数采取了如下评价过程:首先,收集并转化原始数据,使之对应城市所取得的成就(分值越高,该指标所代表的可持续性水平就越高);然后,根据指数的最小和最大值,对各个指数的数据进行 1 到10 的标准化处理(在某些情况下,去除奇异点);再后,对框架内的每个类别赋予相同的权重,根据标准化数据的加权平均值计算各个城市的指数分值;最后,按照类别分值,排出城市在各个类别内的位次,按照所有类别指数分值,进行整体指数排名。

表 2-7 2011 年城市可持续性发展指数评价指标体系

类 别		要 素	指 标
社会	社会福利投资	社会福利	政府的社会保障支出(人均)
		教育	政府的教育支出(人均)
		医疗卫生	政府的医疗卫生支出
经济	经济发展	收入不平等情况	基尼系数
		行业依赖	服务业占 GDP 的百分比
		生产能力投资	政府在研发方面的投资(人均)
环境	空气质量	空气污染	氧化硫,氧化氮,直径小于 10 微米的颗粒物的浓度(毫克/;立方米)
		工业污染	单位 GDP 工业二氧化硫排放量(吨/人民币)
	垃圾处理	工业垃圾	工业垃圾处理率(%)
		污水处理	污水处理率(%)
		生活垃圾管理	生活垃圾处理率(%)
	城市建成环境	城市密度	市区每平方公里人口数
		公共交通的使用	公共交通工具乘客数(人均)
		公共绿地	人均公共绿地面积(平方米/人)
资源	资源利用	能源消耗	能源总消耗量(标准煤/单位 GDP)
		建筑能效	住宅电力消耗(千瓦时/平方米)
		水的利用	住宅水消耗量(升/人)

注:资料来源:2011 城市可持续发展指数。

三、环保领域相关指数

(一)环境可持续指数(ESI)

环境可持续指数(Environmental Sustainability Index,ESI)是由美国耶鲁大学环境法律与政策中心、哥伦比亚大学国际地球科学资讯网络(Center for International Earth Science Information Network,CIESIN)和世界经济论坛所合作

推出的一种指数。环境可持续指数旨在评价各个国家环境可持续发展能力。2000 年,该团队推出了测试版的 ESI,该版中包含了 64 个变量,21 个指标和 5 个组成部分。在随后两年中又进行了改进,经过 3 年的实际运用,ESI 已发展成为一套较完整的指标体系[①]。该指数在 1999 年至 2008 年间公开发表。由于 ESI 中指数中的数据来源于不同国家与地区,国家(地区)间数据测量方法、监测水平等方面存在较大差异,很难直接对数据进行比较分析。因此,ESI 指数建立了一套较为系统的体系来进行数据综合。数据综合的方法学过程如下:收集数据;必要时除以人口、收入或者"人口化土地面积",使得变量变为可比较的;对高偏斜分布变量采用对数值;截去 95% 范围以外的分布;将变量进行标准化;通过变量平均计算指标值;无加权平均 20 个指标值并将其转化为标准百分值,计算 ESI 及其组成部分的得分(2002 年 ESI 版本)。

表 2-8　环境可持续性指数(ESI)的指标体系(YCELP,2002)

组成部分	指　标	变　量
环境系统	空气质量(3)	城市 SO_2;城市 NO_2;城市 TSP(总悬浮颗粒)浓度
	水量(2)	国内人均可再生水资源;人均来自其他国家的水流
	水质(4)	溶解 O_2 浓度;磷的浓度;悬浮固态物质;电导率
	生物多样性(2)	濒危哺乳动物百分比;濒危鸟类百分比
	土地(2)	受极弱人为影响土地面积比例;受强烈人为影响土地面积比例
减轻环境压力	减轻空气污染(5)	每个人口聚集区的: NO_2 排量; SO_2 排量;VOC 排量;煤消费量;机动车数量
	减轻对水的压力(4)	每公顷耕地化肥使用量;每公顷农田杀虫剂使用量;可利用淡水的工业有机污染物;国家受严重缺水压力的国土面积的比例
	减轻对生态系统的压力(2)	1990—2000 年森林覆盖率的变化;酸化超标区域面积比例
	减少废弃物和消费压力(2)	人均生态足迹;放射性废弃物
	减缓人口增长(2)	总和生育率;2001—2050 年预测人口的百分比变化

---

① 张坤民、杜宾:《环境可持续性指数:尝试评价国家或地区环境可持续能力的指标》,《环境保护》2002 年第 8 期。

组成部分	指　标	变　量
减轻人类脆弱性	人类基本食物(2)	总人口中营养不良人口比例；可获得改善的饮用水供应的人口比例
	环境健康(3)	儿童呼吸道疾病的死亡率；肠道感染疾病的死亡率；5岁以下儿童死亡率
科学和制度能力	科学与技术(3)	技术成就指数；技术创新指数；平均受教育年限
	讨论的能力(4)	每百万人口IUCN成员组织数量；公民和政治自由；民主制度；ESI变量在公开可获得的数据库中百分比
	环境管理(8)	WEF对环境管理的调差问题；受保护的土地面积比例；部门EIA指导原则的数量；腐败的控制；作为总的森林面积百分比的FSC认可的森林面积；价格扭曲（石油价格与国际平均价的比率）；能源或物质使用的补贴；对商业性渔业部分的补贴
	私人部分责任性(5)	每百万美元GDP的ISO14001认证公司数量；Dow Jones可持续小组指数；企业的平均Innovest EcoValue排序；世界可持续发展工商业理事会（WBCSD）成员；私人部门环境创新
	生态效率(2)	能源效率（每单位GDP的总能源消费）；可再生能源生产占总能源消费的百分数
全球管理	参与全球合作努力(7)	政府间环境组织的成员身份数量；满足CITES报告要求的比例；参与《Vlenna公约》/《Montreal协定书》的层次；参与《气候变化公约》的层次；对《Montreal协定书》多边基金的参与；对全球环境活动的参与；对国际环境协议的遵守
	温室气体排放(2)	人均CO_2排放；每美元GDP的CO_2排放
	减轻跨环境压力(4)	CFC消费；SO_2出口；总的海洋渔业捕获量；人均海产品消费

（二）环境绩效指数（EPI）

2002年，环境可持续发展指数团队对指数进行了调整和修正，推出另一项新的指标系统，名为环境绩效指数（Environmental Performance Index, EPI）。

该指数是一种用于衡量国家环境政策效果的评价方法。指数利用结果导向的指标，以作为政策制定者、环境科学家、咨询者与一般大众能更容易使用的基准指标。EPI 分别于 2006 年、2008 年、2010 年和 2012 年发表。环境绩效指数与其指数不相同，环境绩效指数变化幅度相对较大，即每次发布的指数内容都与以前指数有所不。比如，2006 年环境绩效指数考核两大内容为环境健康、生态系统活力和自然资源管理，2010 年环境绩效指数考核两大内容则变为环境健康和生态系统活力。即使考核的目标层面内容一致，但具体到政策范畴和具体指标范畴，不同年度又会有所变化。比如，2010 年气候变化下包含温室气体排放、电力碳浓度和工业碳浓度三项指标，2012 年气候变化下包含指标则调整为人均碳排放、单位 GDP 碳排放、单位电力碳排放和可再生电力四项指标。与环境可持续发展指数权重赋值一样，环境绩效指数权重赋值主观性色彩也很明显。比如，2012 年指数评价初期，团队对环境健康和生物系统活力各赋值为 0.5，但评价结果现实环境健康打分与 EPI 的相关性要好于生物系统活力与 EPI 的相关性（尽管生物系统活力与 EPI 存在负相关性），为此团队对环境健康权重赋值为 0.3，而对生物系统活力赋值 0.7，经过调整后，环境健康、生物系统活力与 EPI 相关性的差异明显减少。不仅如此，很多具体指标根据所属政策范畴进行了均等权重赋值，比如悬浮颗粒和室内空气污染权重均为 0.0375。因此，环境绩效指数权重赋值主观性色彩较为明显。

表 2-9　2010 年环境绩效指数指标体系框架

指　数	目　标	政策范畴	指　标
环境绩效指数	环境健康	疾病的环境负担	疾病的环境负担
		水资源（对人类的影响）	饮用水取水
			医疗卫生的获取
		空气污染（对人类的影响）	城市空气中的颗粒物
			室内空气污染

续表

指　数	目　标	政策范畴	指　标
环境绩效指数	系　统	空气污染 （对生态系统的影响）	二氧化硫排放
			氧化氮排放
			发挥性有机化合物排放
			臭氧量过多
		水资源 （对生态系统的影响）	水资源量指数
			水　压
			缺水指数
		生物多样性和 生物栖息地	生物群系保护
			关键生物栖息地保护
			海洋保护区
		森　林	活立木蓄积
			森林覆盖率
		渔　业	海洋富裕指数
			拖拉捕鱼强度
		农　业	农药控制
			农业用水强度
			农业补贴
		气候变化	温室气体排放
			电力碳浓度
			工业碳浓度

表 2-10　2012 年环境绩效指数指标体系框架及权重

	目标	权重	政策范畴	权　重	指　标	权　重
环境绩效指数	环境健康	0.30	环境健康	0.1500	儿童死亡率	0.1500
			空气（对人类的影响）	0.0750	悬浮颗粒	0.0375
					室内空气污染	0.0375
			水（对人类的影响）	0.0750	医疗卫生获取	0.0375
					饮用水获取	0.0375
	生物系统活力	0.70	空气污染（对生态系统的影响）	0.0875	人均二氧化硫排放	0.0438
					单位 GDP 二氧化硫排放	0.0438
			水资源（对生态系统的影响）	0.0875	水质量变化	0.0875
			生物多样性和生物栖息地	0.1750	生物栖息地保护	0.0438
					生态区保护	0.0875
					海洋保护区	0.0438
			农　业	0.0583	农业补贴	0.0389
					农药管制	0.0194
			林　业	0.0583	森林蓄积量	0.0194
					森林覆盖率变化	0.0194
					森林损失	0.0194
			渔　业	0.0583	沿海捕鱼压力	0.0292
					鱼类过度捕捞	0.0292
			气候变化和能源	0.1750	人均二氧化碳排放	0.0613
					单位 GDP 二氧化碳排放	0.0613
					单位电力二氧化碳排放	0.0163
					可再生电力	0.0263

（三）空气质量指数（AQI）

环境质量指数早有探讨,20 世纪 60 年代中期,就有人用指数描述水质和大气污染程度。随后环境质量指数引起了全球范围学者的广泛研究。1973 年,我国提出了评价区域性污染物释放的指数,次年提出了评价水质污染的综合指数。2012 年 2 月 29 日,我国环境保护部发布了《环境空气质量指数（AQI）技术规定（试行）》,随后选取我国重点城市进行空气质量指数的监测、测评和发布。我国环保部发布的空气质量指数包括四项内容,即空气质量指数、空气质量分指数、首要污染物和超标污染物,其中空气质量指数(air quality index（AQI）)用于定量描述空气质量状况的无量纲指数,空气指数分指数（individual air quality index（IAQI)）则是单项污染物的空气指数指数,首要污染物(primary pollutant）,AQI 大于 50 时 IAQI 最大的空气污染物,超标污染物(non-attainment polutant）是浓度超过国家空气质量二级标准的污染物,即 IAQI 大于 100 的污染物。

在给出空气质量指数计算公式之前,国家环保部给出了空气质量分级指数及对应的污染物项目浓度限值,具体见下表 2-11 所示。

空气质量分指数计算公式为：$IAQI_P = \dfrac{IAQL_{Hi} - IAQL_{LO}}{BP_{Hi} - BP_{LO}}(C_P - BP_{LO}) + IAQI_{LO}$,其中 $IAQI_P$ 代表污染物项目 P 的空气质量分指数,C_P 代表污染物项目 P 的质量浓度值,BP_{Hi} 是表 2-11 中与 C_P 相近的污染物浓度限值的高位值,BP_{LO} 是表 2-11 中与 C_P 相近的污染物浓度限值的低位值,$IAQI_{Hi}$ 是表 2-11 中与 BP_{Hi} 对应的空气质量分指数,$IAQI_{LO}$ 是表 2-11 中与 BP_{LO} 对应的空气质量分指数。

空气质量指数计算公式为：$AQI = \max[IAQI_1, IAQI_2, IAQI_3, \cdots IAQI_n]$,其中 $IAQI_n$ 代表污染物项目 n 的空气质量分指数。按照指数定义可知,当 AQI 大于 50 时,IAQI 最大的污染物为首要污染物,如果 IAQI 最大的污染物为两项或两项以上时,并列为首要污染物;IAQI 大于 100 的污染物为超标污染物。

表 2-11 空气指数分指数及对应的污染物项目浓度限值

空气质量分指数(IAQI)	污染物项目浓度限值									
	二氧化硫(SO₂)24小时平均/(μg/m³)	二氧化硫(SO₂)1小时平均/(μg/m³)⁽¹⁾	二氧化氮(NO₂)24小时平均/(μg/m³)	二氧化氮(NO₂)1小时平均/(μg/m³)⁽¹⁾	颗粒物(颗径小于等于10μm)24小时平均/(μg/m³)	一氧化碳(CO₂)24小时平均/(mg/m³)	一氧化碳(CO₂)1小时平均/(mg/m³)⁽¹⁾	臭氧(O₃)1小时平均/(μg/m³)	臭氧(O³)8小时移动平均/(μg/m³)	颗粒物(颗径小于等于2.5μm)24小时平均/(μg/m³)
0	0	0	0	0	0	0	0	0	0	0
50	50	150	40	100	50	2	5	160	100	35
100	150	500	80	200	150	4	10	200	160	75
150	475	650	180	700	250	14	35	300	215	115
200	800	800	280	1200	350	24	60	400	265	150
300	1600	(2)	565	2340	420	36	90	800	800	250
400	2100	(2)	750	3090	500	48	120	1000	(3)	350
500	2620	(2)	940	3840	600	60	150	1200	(3)	500

说明:
(1)二氧化硫(SO₂)、二氧化氮(NO₂)和一氧化碳(CO)的1小时平均浓度限值仅用于实时报,在日报中需使用相应污染物的24小时平均浓度限值。
(2)二氧化硫(SO₂)1小时平均浓度值高于800 μg/m³的,不再进行其空气质量分指数计算,二氧化硫(SO₂)空气质量分指数按24小时平均浓度计算的分指数报告。
(3)臭氧(O³)8小时平均浓度值高于800 μg/m³的,不再进行其空气质量分指数计算,臭氧(O³)空气质量分指数按1小时平均浓度计算的分指数报告。

资料来源:环境空气质量指数(AQI)技术规定(试行)。

另外,空气质量指数还依据空气质量指数得分进行了级别划分,具体划分级别及相应级别对应信息见表 2-12:

表 2-12 空气质量指数及相关信息

空气质量指数	空气质量指数级别	空气质量指数类别及表示颜色		对健康影响情况	建议采取的措施
0~50	一级	优	绿色	空气质量令人满意,基本无空气污染	各类人群可正常活动
51~100	二级	~良	黄色	空气质量可接受,但某些污染物可能对极少数异常敏感人群健康有较弱影响	极少数异常敏感人群应减少户外活动

空气质量指数	空气质量指数级别	空气质量指数类别及表示颜色		对健康影响情况	建议采取的措施
101~150	三级	轻度污染	橙色	易感人群症状有轻度加剧,健康人群出现刺激症状	儿童、老年人及心脏病、呼吸系统疾病患者应减少长时间、高强度的户外锻炼
151~200	四级	中度污染	红色	进一步加剧易感人群症状,可能对健康人群心脏、呼吸系统有影响	儿童、老年人及心脏病、呼吸系统疾病患者避免长时间、高强度的户外锻炼,一般人群适量减少户外运动
201~300	五级	重度污染	紫色	心脏病和肺病患者症状显著加剧,运动耐受力降低,健康人群普遍出现症状	儿童、老年人和心脏病、肺病患者应停留在室内,停止户外运动,一般人群减少户外运动
>300	六级	严重污染	褐红色	健康人群运动耐受力降低,有明显强烈症状,提前出现某些疾病	儿童、老年人和病人应留在室内,避免体力消耗,一般人群应避免户外活动

来源于:环境空气质量指数(AQI)技术规定(试行)。

(四)气候竞争力指数

为反映国家推动低碳经济努力程度,2010 年 4 月 21 日,联合国环境署发表的《2010 年气候竞争力指数(CCI)》。气候竞争力指数用来反映一个经济体利用低碳技术、产品和服务来创造持久经济价值。气候竞争力指数由气候责任指数和气候表现指数构成,其中,气候责任指数又包括四个组成部分共计13 项指标(见表 2-13),该指数采用了均权赋值方法对指标进行了赋权;气候表现指数也包括 4 大组成部分 13 项指标,指标权重赋值也采用了等权赋值方法。该指数另外一个鲜明特色在于,指数评价充分考虑到了国家经济社会发展差异的存在,在进行指数得分排名的同时,还把国家按照标准划分成类型,不同类型国家间又进行了对比分析。

表 2-13　气候竞争力指数指标体系

总指数	分项指数	领　域	指　标
气候竞争力指数	气候责任指数	国家领导力	国家首脑对气候责任的声明
			绿色工作议程的承诺
			参与气候变化框架公约
		战略与合作	气候战略的物质性
			财政部门制定的政策
			能源部门制定的政策
		投资推动和商业支持	竞争力委员会的活动
			投资促进部门的活动
			商会的活动
			证券业的活动
		公民参与	消费者的活动
			公民社会的活动
			绿色标准的执行
	气候表现指数	激励与价格信号	汽油价格
			工业部分的电力价格
			水　价
		警示与风险管理	气候变化的知识
			气候变化的关注
			保险深度,非寿险占 GDP 比例
		清洁电力	清洁电力
			可再生发电量占发电量比重
			电力输送效率
			供电质量
		排放强度趋势	排放强度趋势
			制造业领域排放强度趋势
			最大 5 公司排放强度趋势

（五）中国公众环保民生指数

"中国公众环保民生指数"指的是中国城乡居民在日常生活中根据直接经验或其渠道获得的对于环境的感受和印象，是对公众对环保的认知程度、参与能力、评价能力的量化反映。中国公众环保民生指数是由国家环保总局指导，中国环境文化促进会组织编制的国内首个环保指数。该指数运用国际先进的社会调查统计方法，在全国范围内的组织抽样调查，调查对象覆盖中国七个地区包括二十八个城市和乡镇，样本量包括 4482 名普通居民（2006 年）。该指数指标选取采用了德菲尔专家法和计量统计相结合的方法进行指标体系的构建，指数最终包含三大一级指标 8 个二级指标和 34 项具体指标。指数指标权重赋值同样采用了专家咨询的方法，利用专家意见对指标权重进行赋值。

表 2-14　中国公众环保指数指标体系

总指标	一级指标	二级指标	三级指标
中国公众环保指数	环保认识	环保意识	对环保问题的感知程度
			对环保问题的关注程度
		环保知识掌握程度	污染源认知程度
			对环保相关法律法规的了解程度
中国公众环保指数	环保行为	个人空间	个人空间环保水平
			个人空间环保态度
			个人空间环保行为
			个人空间环保行为带的收益
			个人环保信息传播
			个人空间环保预期
		秘密空间	秘密空间环保水平
			秘密空间环保态度
			秘密空间环保行为
			秘密空间环保行为带来的收益
			秘密空间环保信息传播
			秘密空间环保预期

总指标	一级指标	二级指标	三级指标
中国公众环保指数	环保行为	社区空间	社区空间环保水平
			社区空间环保态度
			社区空间环保行为
			社区空间环保行为带来的收益
			社区空间环保信息传播
			社区空间环保预期
		公共空间	公共空间环保水平
			公共空间环保态度
			公共空间环保状况
			公共空间环保行为带来的收益
			公共空间环保信息传播
			公共空间环保预期
中国公众环保指数	环保反思	环保问题处理	政府反应及时性
			政府处理有效性
			环保问题处理反映渠道
			对环境问题的监督力度
		环保创新水平	环保理念和制度的创新
			可持续发展

（六）泰达环保指数

为了反映中国资本市场上的与环保产业相关的上市公司价格变动的总体趋势,以满足社会各界对中国证券市场环保行业股票价格动态信息的广泛需要,2007 年深圳证券信息有限公司与泰达股份合作发布了泰达指数。泰达指数编制过程,首先从 A 股市场与环保相关的 10 个行业中,采用自荐和推荐相结合初选 100 家为环保做出相对贡献较大的相关上市公司;再根据巨潮公司治理评级指标,选出公司治理相对完善,评分在 65 分以上的公司 70 家;然后

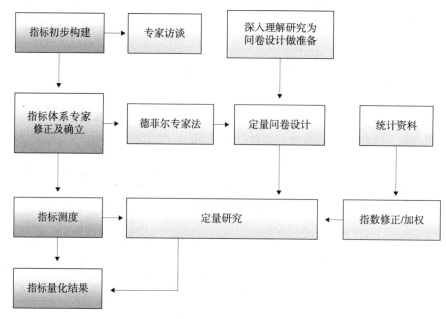

图 2-2 中国公众环保民生指数指标选择技术过程

结合上市公司公开披露的信息进行公示 10 天,最后根据巨潮指数编制方法选出 40 家上市公司编制成泰达环保指数。

表 2-15 泰达指数样本股(环保公司公示名单)

证券代码	证券简称	入选原因	证券代码	证券简称	入选原因
000012	南玻 A	太阳能	600206	有研硅股	太阳能
000027	深能源 A	垃圾发电	600220	江苏阳光	太阳能
000055	方大 A	节能建材	600236	桂冠电力	水力发电
000541	佛山照明	节能灯	600261	浙江阳光	节能灯
000544	中原环保	污水处理	600268	国电南自	节能设备
000581	威孚高科	环保设备	600290	华仪电气	风力发电
000617	石油济柴	废气利用	600309	烟台万华	节能材料
000652	泰达股份	垃圾发电	600323	南海发展	污水处理
000690	宝新能源	风力发电	600388	龙净环保	电力环保
000695	滨海能源	环保能源	600396	金山股份	风力发电

续表

证券代码	证券简称	入选原因	证券代码	证券简称	入选原因
000720	鲁能泰山	风力发电	600406	国电南瑞	节能设备
000826	合加资源	污水、垃圾处理	600416	湘电股份	风力发电
000862	银星能源	风力发电	600459	贵研铂业	清洁产品
000930	丰原生化	乙醇汽油	600461	洪城水业	污水处理
000939	凯迪电力	电力环保	600475	华光股份	节能设备
000969	安泰科技	太阳能材料	600481	双良股份	节能设备
002009	天奇股份	风力发电	600517	置信电气	节能设备
002076	雪莱特	节能灯	600526	菲达环保	电力环保
002077	大港股份	太阳能材料	600550	天威保变	太阳能
002123	荣信股份	节能设备	600566	洪城股份	环保设备制造
002163	三鑫股份	节能材料	600590	泰豪科技	节能建筑
002164	东力传动	风力发电设备	600636	三爱富	减排
002169	智光电气	环保设备	600644	乐山电力	太阳能
600008	首创股份	污水处理	600649	原水股份	污水处理
600063	皖维高新	清洁产品	600674	川投能源	太阳能
600075	新疆天业	绿色农业	600726	华电能源	垃圾发电
600089	特变电工	太阳能	600795	国电电力	电力环保
600100	同方股份	电力环保	600797	浙大网新	电力环保
600112	长征电气	风力发电	600864	岁宝热电	垃圾发电
600131	岷江水电	水电	600868	梅雁水电	水电
600151	航天机电	太阳能	600874	创业环保	污水处理
600160	巨化股份	减排	600875	东方电机	风力发电
600168	武汉控股	水务环保	600885	力诺太阳	太阳能
600184	新华光	太阳能	600900	长江电力	水电
600192	长城电工	水电、风力发电	600995	文山电力	水电

http://www.p5w.net/stock/zt/tdhbzs/#dd.

(七)中国绿色发展指数

2010 年,由北京师范大学、西南财经大学和国家统计局中国景气监测中心联合研制,推出了《2010 中国绿色发展指数年度报告—省际比较》。在该报告中提出来中国绿色发展指数的概念。该指数包括 3 个一级指标、9 个二级指标和 55 个三级指标的指标体系。绿色发展指数值是在各评价指标标准化数值的基础上,按照事先赋予的权数,加权综合而成。为了保证不同量纲指标之间能够进行有效合成,首先对那些与绿色发展指数呈负相关的指标进行了逆向化处理(主要采用倒数法和求补法),然后采用标准差标准化处理方法对指标进行了无量纲化处理,最后根据确定的权重,加权计算各地区测算指标的综合得分值,即为各地区"绿色发展指数"的最终数值。

中国绿色发展指数权重主观性色彩较重,尽管研究团队采用专家打分法,即邀请经济、资源、环境、能源、统计等研究领域的专家来商定指标权重,但我们仍然看到了 30、45、25 等权重赋值现象的出现。为什么资源环境承载力权重赋值最高(45),研究者认为资源环境承载潜力是绿色发展的基础,所以权重理应应最高,其主观赋值色彩较为明显。中国绿色发展指数三级指标确定采用了逐步筛选剔除方法。研究团队首先根据国内外研究文献整理出来了 1458 个指标,内部会商后保留 366 个指标,随后经过专家的讨论和筛选确定 112 个指标,然后参考最新研究进展,又把指标增加到 157 个,后期与统计专家会商选出了 60 个指标,最终专家会议进行增减形成 55 个指标。

表 2-16　中国绿色发展指数一级、二级指标及权重

一级指标	权　重	二级指标	权　重
经济增长绿化度	30	绿色增长效率指标	40
		第一产业指标	10
		第二产业指标	35
		第三产业指标	15
资源环境承载潜力	45	资源与生态保护指标	20
		环境与气候变化指标	80
政府政策支持度	25	绿色投资指标	40
		基础设施和城市管理指标	30
		环境治理指标	30

表 2-17 中国绿色发展指数指标体系

一级指标	二级指标	三级指标	
经济增长绿化度	绿色增长效率指标	1. 人均地区生产总值	6. 单位地区生产总值化学需氧量排放量
		2. 单位地区总值能耗	7. 单位地区生产总值氮氧化物排放量
		3. 非化石能源的消费量占经济消费量的比重	8. 单位地区生产总值氨氮排放量
		4. 单位地区生产总值二氧化碳排放量	9. 单位地区生产总值工业固体废物排放量
		5. 单位地区生产总值二氧化硫排放量	
	第一产业指标	10. 第一产业劳动生产率	11 土地产出率
	第二产业指标	12. 第二产业劳动生产率	16. 工业用水重复利用率
		13. 单位工业增加值水耗	17. 高效能工业产品产值占工业总产值比重
		14. 规模以上工业增加值能耗	18. 火电供电煤耗
		15. 工业固体废物综合利用率	
	第三产业指标	19. 第三产业劳动生产率	21. 第三产业从业人员比重
		20. 第三产业增加值比重	
资源环境承载能力	资源与生态保护指标	22. 人均当地水资源量	24. 森林覆盖率
		23. 人均森林面积	25. 自然保护区面积占辖区面积比重
	环境与气候变化指标	26. 单位土地面积二氧化碳排放量	34. 单位土地面积氨氮排放量
		27. 人均二氧化碳排放量	35. 人均氨氮排放量
		28. 单位土地面积二硫化碳排放量	36. 单位土地面积工业固体废物排放量
		29. 人均二氧化硫排放量	37. 人均工业固体废物排放量
		30. 单位土地面积化学需氧量排放量	38. 单位耕地面积化肥使用量
		31. 人均化学需氧量排放量	39. 单位耕地面积农药使用量
		32. 单位土地面积氮氧化物排放量	
		33. 人均氮氧化物排放量	

续表

一级指标	二级指标	三级指标	
政府政策支持度	绿色投资指标	40. 环境保护支出占财政支出比重	43. 单位耕地面积退更换林投资完成额
		41. 环境污染治理投资占地区生产总值比重	44. 科教文卫支出占财政支出比重
		42. 农村人均改水、改厕的政府投资	
	基础设施和城市管理指标	45. 城市人均绿地面积	48. 城市生活垃圾无害化处理率
		46. 城市用水普及率	49. 城市每万人拥有公交车辆
		47. 城市污水处理率	
	环境治理指标	50. 矿区生态环境恢复治理率	54. 工业氮氧化物去除率
		51. 人均造林面积	55. 工业氨氮去除率
		52. 工业二氧化硫去除率	
		53. 工业化学需氧量的去除率	

表 2–18 G20 低碳竞争力评价指标体系

分 项	指 标	指标说明
低碳结构（7 个指标）	交通行业人均能源消费	千吨/人均
	森林砍伐率	森林砍伐面积占总森林面积比重（%）
	高科技产品出口比重	高科技产品出口占总出口比重（%）
	公里运输规模	千人拥有汽车数
	净出口碳排放	净出口产品碳占全部产品碳排放比重（%）
	航空运输	百万吨,公里
	清洁能源生产	清洁能源占总能源消耗比重（%）
低碳基础（6 个指标）	炼油效率	单位能源产出的全部能源投入（千吨）
	新的可再生能源投资	（美元）
	电力配送损失	占发电总量比重（%）
	温室气体年均增长率	（%）
	柴油价格	美元/升
	电力碳排放量	二氧化碳排放/千万时

续表

分　项	指　标	指标说明
低碳潜力 (6 个指标)	人力资本	教育支出占 GNI 比重(%)
	物质资本	固定资本形式占 GNI 比重(%)
	生态资本	资产折旧占 GNI 比重(%)
	人口增长率	(%)
	人均 GDP	(美元/人)
	商业运行成本	占人均 GNI 比重(%)

资料来源:《G20 low carbon competitiveness:2012 update》。

四、低碳领域相关指数

(一)G20 低碳竞争力指数

2009 年,澳大利亚气候研究所和英国第三代环境主义组织共同发布了《G20 低碳竞争力》研究报告,用低碳竞争力指数、低碳改善指数和低碳差距指数 3 个指数对 G20 中除欧盟外 19 个国家的低碳竞争力进行了整体评估。报告运用低碳竞争力指数、低碳提升指数和低碳缺口指数对 20 国集团(G20)国家低碳竞争力进行了整体评估。低碳竞争力指数是衡量各国在未来低碳发展方式下,为提高其创造物质繁荣能力而制定的政策和目标。最初选择 36 个与低碳竞争力有关的指标,这些指标都能从不同侧面反映 G20 国家近年来在一定产出的情况下减少碳排放或者在一定的碳排放水平下增加产出的能力,再用收集的指标数据计算每个指标与碳生产率(GDP /二氧化碳排放量)的相关系数,筛选相关性比较显著的 19 个指标纳入评价指标体系,并根据这些指标反映的侧重点不同,归为三个分项,分别是低碳结构(Sectoral Composition)、低碳基础(Early Preparation) 和低碳潜力(Future Prosperity)。每个指标的权重也是依据其与碳生产率相关程度的高低来确定的,三个分项在整个指标体系中的权重分别是 0.194、0.349 和 0.457。每个指标数据都经过无量纲化处理,指标得分处于 0 到 1 之间,通过指标体系的权重加权后得到综合得分,以此对 19 个国家进行排名。

表 2-19　G20 低碳竞争力指标体系权重

分　项	分项权重	指　标	指标权重
低碳结构	0.194	交通行业人均能源消费	0.032
		森林砍伐率	0.032
		高科技产品出口比重	0.032
		公里运输规模	0.032
		净出口碳排放	0.032
		航空运输	0.032
		清洁能源生产	0.032
低碳基础	0.349	炼油效率	0.050
		新的可再生能源投资	0.050
		电力配送损失	0.050
		温室气体年均增长率	0.050
		柴油价格	0.050
		电力碳排放量	0.050
低碳潜力	0.457	人力资本	0.076
		物质资本	0.076
		生态资本	0.076
		人口增长率	0.076
		人均 GDP	0.076
		商业运行成本	0.076

(二)低碳经济指数

2007 年,联合国政府间气候变化专门委员会(IPCC)认为如果将全球平均温度增幅控制在 2°C,2050 年全球碳浓度需要控制在保持在 440ppm CO_2e

以下,2100 年碳浓度需要控制在保持在 400ppm CO_2e。根据此碳浓度可以测算出每个国家在不同时期的碳预算,而每个国家碳预算又决定着一个国家特殊碳发展路径。为此,基于碳预算,全球知名会计师事务所普华永道(price waterhouse coopers)提出了面向 G20 的低碳经济指数,该指数由低碳成就指数(Low Carbon Achievement Index)和低碳挑战指数(Low Carbon Challenge Index)构成。其中,低碳成就指数就是通过对比 G20 经济体 2000—2008 年期间内现实碳排放强度与国家碳排放情景下碳排放强度的差异,来揭示 G20 经济体转向低碳经济的程度,利用该指数可以测算出不同国家在某时间(2000—2008)碳排放强度与理想之间的差距(见图 2-3)。如果把全球和国家低碳路径由 2000—2050 年调整为 2008—2050 年,那么到 2050 年为取得相应的碳排放预算,就需要增加降低碳排放强度的速度。低碳挑战指数就是用于揭示国家为达到调整后碳排放路径需要做出的努力有多大(见图 2-3)。该指数简单易行,仅有碳排放强度一个指标。由于其仅有一个指标,故年度评价的可行性并不大,所以该指数仅有 2009 年发布的评价报告。

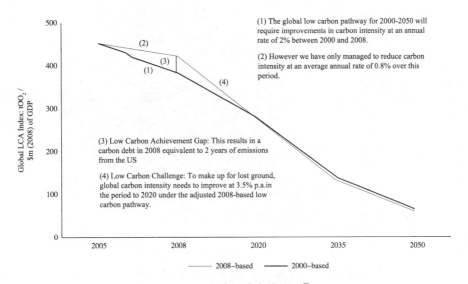

图 2-3　全球低碳成效差距[1]

---

[1]　引自:Low Carbon Economy Index,PRICE WATER HOUSE COOPERS,2009.

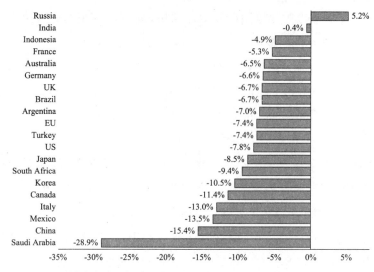

% deviation in carbon intensity reduction in 2000-2008 (actual) from 2000-based target

图 2-4 PwC 低碳经济成就指数(2008)①

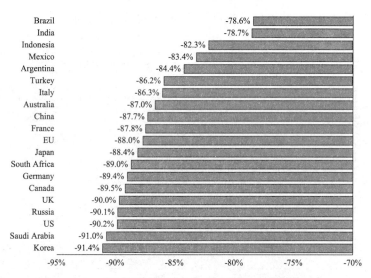

Required % change in carbon intensity from 2008 to 2050

图 2-5 PwC 低碳经济挑战指数(2008—2050)②

---

① 引自：Low Carbon Economy Index，PRICE WATER HOUSE COOPERS，2009.

② 引自：Low Carbon Economy Index，PRICE WATER HOUSE COOPERS，2009.

表 2-20　中国低碳指数成公司及权重设置

股票代码	成公司	行业分类	权重	三个月平均市值（百万，美金）	上市地点
TSLUS Equity	常州天合光能	太阳能	2.60%	1,662	US
YGEUS Equity	英利绿色能源	太阳能	2.30%	1,564	US
STPUS Equity	尚德电力	太阳能	2.00%	1,943	US
868 HK Equity	信义玻璃	太阳能	2.90%	2,244	HK
3800 Hk Equity	保利协鑫	太阳能	5.00%	3,042	HK
JASOUS Equity	晶澳太阳能	太阳能	1.81%	1,013	US
SOLUS Equity	浙江昱辉阳光能源有限公司	太阳能	0.89%	583	US
002202 CH Equity	金风科技	风能	4.74%	6,730	CH
600875 CH Equity	东方电气	风能	5.00%	7,401	CH
0916 HK Equity	龙源电力	风能	1.88%	7,468	HK
0658 HK Equity	中国高速传动	风能	1.98%	2,767	HK
600416 CH Equity	湘电股份	风能	0.77%	1,096	CH
002080 CH Equity	中材科技	风能	0.63%	1,052	CH
600674 CH Equity	川投能源	水电	0.49%	2,171	CH
600900 CH Equity	长江电力	水电	4.51%	19,810	CH
601727 CH Equity	上海电气	核能	2.50%	12,207	CH
000690 CH Equity	宝新能源	Clean Coal	2.50%	1,580	CH
1211 HK Equity	比亚迪	电池	4.59%	19,074	HK
0819 HK Equity	天能动力	电池	0.41%	572	HK
600089 CH EQUITY	特变电工	智能电网	3.55%	5,359	CH
601179 CH EQUITY	中国西电	智能电网	2.99%	4,710	CH
600406 CH EQUITY	国电南瑞	智能电网	2.52%	4,234	CH
600550 CH Equity	天威保变	智能电网	2.93%	4,619	CH
002121 CH EQUITY	科陆电子	智能电网	0.51%	837	CH
600703 CH Equity	三安光电	能源效率	5.00%	4,040	CH
2222 HK EQUITY	雷士照明	能源效率	3.31%	1,593	HK
002334 CH EQUITY	英威腾	能源效率	1.86%	945	CH
000541 CH Equity	佛山照明	能源效率	4.23%	1,958	CH
600261 CH Equity	浙江阳光	能源效率	2.08%	1,007	CH

续表

股票代码	成公司	行业分类	权重	三个月平均市值（百万，美金）	上市地点
002449 CH Equity	国星光电	能源效率	2.13%	1,151	CH
002123 CH Equity	荣信股份	能源效率	3.80%	1,936	CH
002076 CH Equity	雪莱特	能源效率	0.66%	329	CH
600363 CH Equity	联创光电	能源效率	1.55%	811	CH
002169 CH Equity	智光电气	能源效率	0.96%	465	CH
600590 CH EQUITY	泰豪科技	能源效率	1.93%	939	CH
000826 CH Equity	合加资源	废弃物处理	2.74%	1,465	CH
601158 CH EQUITY	重庆水务	废弃物处理	5.00%	5,639	CH
600388 CH Equity	龙净环保	废弃物处理	1.87%	939	CH
DGWUS Equity	多元环球水务	废弃物处理	0.64%	533	US
002340 CH EQUITY	格林美	废弃物处理	2.26%	1,044	CH

（三）中国低碳指数

2010 年 6 月 5 日,北京环境交易所与全球领先的清洁技术投资基金 VantagePoint Partner 在北京共同推出了中国低碳指数,双方在各自网站同时发布。该低碳指数覆盖四大主题下的 9 项内容,如太阳能、风能、核能、水电、清洁煤、智能电网、电池、能效(包括 LED)、水处理和垃圾处理等。中国低碳指数成分公司的筛选对象主要是在中国内地运营的企业,上市地包括中国内地、香港或美国等地。中国低碳指数要求各成分公司至少有 50%或达到 35 亿元人民币的收入来自于低碳产业业务。目前,该指数共计有成分公司 40 家。公司权重赋值则是依据公司市值所占总体市值大小进行设置。

（四）巨潮·南方报业·低碳 50 指数

为了反映中国资本市场上经营业务具有低碳排放特征,或提供降低碳排放设备和服务的上市公司的股票价格运行状况,以满足社会各界对低碳类股票价格动态信息的广泛需要,南方报业集团联合深圳证券信息公司,并邀请中山大学岭南(大学)学院作为学术支持单位,合作开发了"巨潮·南方报业·低碳50指数"。该指数先计算备选股一段时期(考察期前6个月)个股的平均流通市值占市场比重和平均成交金额占市场比重,再将上述指标按2∶1的权重加权平均,然后将计算结果从高到低排序,选取排名在前50名的股票,构成指数初始成股(如下表所示)。南方低碳50指数采用派氏加权法编制,以2010年6月30日为基日,基日指数定为1000。自基日后,采用下列公式逐日连锁实时计算,具体公式如下:

实时指数=上—交易日收市指数

$$\times \frac{\Sigma(\text{成分股实时成交价}\times\text{成分股权数}\times\text{等权重因子})}{\Sigma(\text{成分股上—交易日收市价}\times\text{成分股数}\times\text{等权重因子})}$$

其中,"成股权数"为成股的自由流通量。低碳50指数每年7月1日实施一次定期调整,调整规则遵循巨潮系列指数的调整原则。

表2-21　巨潮—南方报业—低碳50指数·样本股

代　码	名　称	代　码	名　称
601398	工商银行	000157	中联重科
601988	中国银行	000024	招商地产
600036	招商银行	600111	包钢稀土
601318	中国平安	600875	东方电气
601166	兴业银行	600196	复星医药
600050	中国联通	600690	青岛海尔
600519	贵州茅台	000100	TCL集团
600104	上海汽车	601727	上海电气
000002	万　科A	00009	中国宝安
000858	五粮液	600029	南方航空
600018	上港集团	000690	宝新能源
601111	中国国航	600649	城投控股
600048	保利地产	000930	丰原生化
600900	长江电力	600006	东风汽车
000063	中兴通讯	000522	白云山A
002024	苏宁电器	600060	海信电器

代　码	名　称	代　码	名　称
000651	格力电器	000729	燕京啤酒
600031	三一重工	600600	青岛啤酒
000527	美的电器	600151	航天机电
600309	烟台万华	600874	创业环保
600583	海油工程	600590	泰豪科技
000800	一汽轿车	600388	龙净环保
000402	金融街	000939	凯迪电力
002202	金风科技	600416	湘电股份
600100	同方股份	600236	桂冠电力

五、指数研究评述

（1）指数不仅局限在人文社科领域，自然科学领域指数应用日益增加。由上述指数定义及发展可知，指数最早起源于物价指数编制，后来在经济危机衡量经济社会发展需求推动下，指数开始在人文社科领域逐步增加，道琼斯工业指数、居民消费价格指数、生产者物价指数、采购经理人指数等不断涌现出来，由此可以判断：指数最早起源于人文社科领域，在人文社科领域应用也最为广泛。后期，指数反映事物变化相对性及其揭示事物之间相关关系的优点，得到了自然科学领域的重视和采用，社会开始利用指数来反映自然现象变化，比如各类气候指数，利用指数来反映人类活动对自然活动产生的影响，比如环境质量指数。

（2）指数突破百分比限值，指数表现形式多样。由于指数是反映不能直接相加的多因素组成的复杂现象总体综合变动的相对数，一般用百分数表示，比如居民消费价格指数（CPI）、生产者物价指数（PPI）以及上述提及的经理人采购指数都是利用百分比表示的。随着指数研究不断深入和应用日益广泛，目前指数的表现形式已经不局限在百分比，基期差异值（对比值）、标准值差异值（对比值）、百分制、范围值等表现形式大量存在。比如，上述道琼斯工业指数基期价格为 100 美元,后期指数则利用综合价格与基期价格对比表现的;人类发展指数则是指标经过处理后汇总而形成的结果;低碳经济指数则是采用实际值和预算值的差异值来表现的。

(3)动态指数占据主体,但也存在静态指数。由于指数是反映复杂现象综合变动的相对数,所以指数定义就赋予指数动态的特征,故一般指数具有动态性,反映现象动态变化,比如上述指数的道琼斯指数、上证综合指数、采购经理人指数、空气质量指数等就是动态指数,这些指数年度之间可以进行比较。由于指数应用范围日益拓展和编制方法不断改进,目前有些指数只能在同一时间点上对样本进行比较,样本之间不能跨时间点进行比较。比如,中国人民大学中国发展指数、中国综合发展指数、环境可持续发展指数、环境绩效指数等就属于静态指数,指数样本之间只能在同一年度进行比较,而不能跨年度比较(跨年度只能进行样本排序变化的比较)。

(4)指标体系构建争论较多,总体具有主观色彩。目前,多数指数是用于反映复杂现象的综合变动情况。而有些复杂现象包含的内容很多,在指数编制过程中把所有内容都涵盖,不仅工作量非常庞大,有时间甚至编制过程都无法进行,比如有些现象并没有数据统计,又无法通过调查获取,此时指数编制将无法进行。所谓指数内容选取问题其实就是指数指标体系构建问题。如何构建指标体系,怎么构建指标体系,让其既能尽量涵盖指数考察内容全貌,又具有可行性(数据可行性),是当前理论界争论比较多的一个问题。从以往指数研究可以判断,多数指数指标体系构建过程具有明显的主观色彩。比如,人类发展指数选取了 4 项指标来反映各个成员国经济社会发展水平,中国人民大学中国发展指数选取了 15 项指标来反映我国各地区经济社会发展水平,中国综合发展指数则选取了 45 项指标来反映我国各地区经济社会发展水平,这些指标选取采用了德菲尔方法,即通过专家意见来选取指数指标。也有些指数指标体系构建过程中采用了客观指标选取方法,比如 G20 低碳竞争力指数利用相关分析方法把 36 项指标删减到 19 项指标,有些指标选择则采用了主成分分析、聚类分析等方法。

(5)指数指标权重赋值方法呈主观赋值为主、客观赋值为辅的现象。如果指数指标体系构建是一个难点,那么如何对构建好指标体系中各项指标赋予合适权重,则是指数编制过程中的又一个难点,也是当前理论界争论的又一个热点。从国内外研究现状来看,指标权重赋值方法主要有主观赋值、客观赋值和主客观相结合赋值三大类,比如专家咨询法(Delphi)、专家排序法就是主观赋值方法,而二项系数法、层次分析法(AHP)、主成分分析法(PCA)、因子分析法、直接赋权法(DDM)、比较矩阵法(CMM)、秩和比法、环比评分(CCM)、模糊评价法(FIM)、重要排序法(IOM)等方法则属于客观赋值方法。主观赋值方法又是指数编制过程中经常采用的一种方法,比如中国人民大学编制的中国发展指数指标权重赋值采用了专家群组构权法(德尔菲法),其中对健康指数、教育指数、生活水平指数和社会环境指数赋了均权,中国综合发展指数也是采取了常用的专家打分法(即 Delphi 法)确定各级指标的权重。也有些指数的指标权重采用了客观赋值方法,比如 G20 低碳竞争力指数中各项分指数权重赋值则是根据分指数与碳生产率的相关性大小确定的。还有些指数采用均权赋值方法,比如人类发展指数、城市可持续发展指数都采用了均权赋值方法,即各项指标的权重均视为 1 处理。

第三章 构建地区低碳环保发展指数指标体系

一、指标体系构建技术路线

首先,依据低碳环保双重约束下发展观的认识,结合低碳和环保的内涵与实质,借鉴国内外相关指标体系,初步构建低碳环保发展指数指标体系,使得该指标体系尽可能覆盖低碳环保发展指数全部内容。

其次,采用专家咨询方法(Delphi),把初步构建的指标体系制成问卷,向低碳、环保以及发展领域专家征求意见,并对意见进行统计分析整理。然后把整理后结果再次反馈给专家,再次征求专家意见。最后,邀请各领域权威专家出席指标体系讨论,集中专家智慧,根据专家意见和建议对初步设想指标体系进行指标增减处理,形成专家意见下的低碳环保发展指数指标体系。

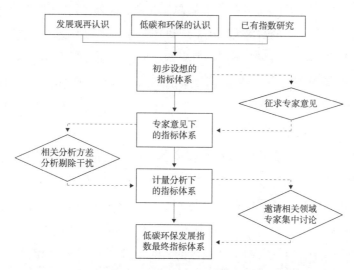

图 3-1　地区层面低碳环保发展指数构建技术路线示意图

再次,为减小评价研究工作量,采用敏感性分析方法消除那些相关性较高、差异性较小的指标。利用相关统计分析方法和统计分析软件,把收集整理数据带入专家意见指标体系中,对指标体系中的指标进行相关、方差、极大值、极小值以及共线性、聚类等分析,剔除掉一些相关性很高的干扰指标,形成敏感性统计分析下的低碳环保发展指数指标体系。

最后,依据《低碳环保双重约束下的中国发展评估报告(2005—2011)》社会反映,邀请能源、低碳、环境和经济社会一流专家针对计量分析下的指标体系做进一步论证,对计量分析下的指标体系做进一步增减处理,最后形成地区层面的低碳环保发展指数指标体系。

二、指标体系构建坚持的原则

(1)系统性和代表性相结合原则

低碳环保发展系统是一个有机的整体系统,该系统由低碳、环保与发展三大整体系统,以及三大系统之下众多小系统组成。因此,低碳环保发展系统指标的设计,首先应体现出系统性的原则,使得指标体系能够涵盖低碳环保指数各系统内容。因为指标体系中缺失任何一个系统都不能充分体现出系统的整体性,都说明不了一国(或地区、城市)低碳环保发展总体特征。此外,低碳环保发展指数系统又是一个庞大的复杂系统,由无数小系统和要素构成,所以低碳环保发展指数指标体系设计不能追求面面俱到,不能把所有构成要素都纳入到指标体系中,否则数据收集及指数评价将是一项庞大而复杂的工作。为此,只能选取具有代表性的指标和最能反映低碳环保发展指数大小的指标,来反映整个体系的总体特征。

(2)普遍性和差异性相结合原则

本研究寄希望通过评价为政府政策制定提供决策依据,同时宣传低碳环保的重要性,培养社会公众的低碳环保意识。因此,所构建的指标体系应该具有普遍性和通用性。指标体系能够得到社会公众和专家学者最广泛的认可,所构建的指标适用于各地区,能够为所有地区所采用。同时,本研究选择的评价对象为我国 31 个地区,而这些地区的自然地理环境、资源禀赋、经济社会发展水平、工业化发展阶段等方面存在较大差异,因此构建的低碳环保指标体系要尽可能考虑区域间的差异性,把一些某些地区所特有的因素,而又不能在短期内发生改变,同时其地区又没有的这些因素尽量排除在指标体系之外。

(3)科学性和操作性相结合原则

设计低碳环保发展指数指标体系、评价一国(或地区、城市)低碳环保发展指数的大小是一项科学工作。因此,低碳环保发展指数指标体系的设计应坚持科学性原则。首先,指标体系层级设计要科学合理,下一层级指标能够反映上一层级指标特征,上一层级指标能够涵盖和代表下一层级指标的特征;其次,指标体系中选取的各项指标能够正确反映各子系统的特点,有些指标虽然与指标体系相关,但不能正确反映指标体系的特征,也不能选取为指标体系中的指标。低碳环保发展指数指标体系在坚持科学原则的同时,还应具有可操作性的原则。设计出的指标体系应易于进行数据处理和指数计算,尽量采用现有统计数据,数据口径应一致,核算和综合方法要统一,指标类型(主观指标、客观指标)尽量一致,保证指标评价结果的合理性、客观性和公正性。

(4)前瞻性和引导性相结合原则

经济社会发展时刻处于变化中,当前对经济社会发展具有重要影响的因素,今后可能演变为一般性影响因素,而当前经济社会发展的一般性影响因素,今后可能成为经济社会发展的主要影响因素。因此,低碳环保发展指数指标体系的构建应该考虑这种动态变化性,从未来发展趋势出发,前瞻性地把影响未来发展的一些重要因素纳入到指标系统中。在选择前瞻性指标的同时,还要注意指标选择导向性原则,选择那些对于政策制定者、研究学者和经济社会各类主体具有引导性的指标,引导它们重视低碳和环保,引导整个社会实现节能减排和降低经济社会活动对环境的破坏。

三、构建地区低碳环保发展指数指标体系

(一)指标体系的初步设想

(1)理论体系指导下的指标体系

依据发展观演进及低碳环保在发展中的地位和作用,坚持指数指标体系

构建原则,在充分借鉴前人相关指标体系构建的基础之上,我们利用层次分析方法初步构建起来一套指标体系——低碳环保发展指数指标体系(初步设想)。该指标体系由目标层、准则层和指标层三个层次共同组成。第一层目标层为可持续发展框架下的低碳环保发展指数;第二层准则层由低碳指标、环保指标和发展指标构成,其中低碳指标表征经济社会活动的低碳生产、低碳消费状况、低碳资源供给以及低碳管理工作状况,环保指标表征环境排放状况、环境管理和环境质量状况,而发展指标则表征经济、社会、人口、科教发展情况以及居民的生活水平和健康状况;第三层为指标层,在上述十三个方面下设若干评价目标,最终构成本指标体系的终极指标。本指标体系共包括 1 项目标层、3 项准则层(13 项次准则层)和 99 项指标层(见表 3-2)。该指标体系包含低碳、环保和发展各个方面,指标内容丰富,建议低碳环保相关研究可以以此为借鉴。但有些指标在指数指标体系中的地位并不是特别重要,考虑到评价研究工作难度,需要对指标体系做进一步处理。

表 3-2   地区低碳环保发展指数指标体系初步设想(一)

一级指标	二级指标	三级指标
低碳环保发展指数 (102)	低碳指数 (30)	低碳生产指数(12)
		低碳消费指数(6)
		低碳资源指数(7)
		低碳管理指数(3)
低碳环保发展指数 (102)	环保指数 (39)	环境排放指数(14)
		环境管理指数(15)
		环境质量指数(9)
	发展指数 (33)	经济指数(12)
		差异指数(4)
		人口指数(5)
		健康指数(5)
		生活指数(3)
		智力指数(4)

表3-3　地区低碳指数指标体系初步设想（二）

二级指标	三级指标	四级指标	指标方向
低碳指数（30）	低碳生产指数	碳生产力	+
		单位GDP能耗	−
		能源消费弹性系数	−
		人均住房面积	−
		人均私家车数量	−
		二产增加值碳排放强度	−
		建筑业增加值碳排放强度	−
		三产增加值碳排放强度	−
		全社会货运强度	−
		全社会客运强度	−
		发电效率	+
		供热效率	+
低碳指数（30）	低碳消费指数	人均碳排放	−
		人均生活消费碳排放	−
		最终消费碳排放	−
		人均生活用电量	−
		人均生活煤气、天然气、液化石油气用量	−
		人均生活用水量	−
	低碳资源指数	人均绿地面积	+
		非化石能源比重	+
		单位能源碳排放强度	−
		能源加工转换效率	+
		森林覆盖率	+
		单位面积活立木蓄积量	+
		单位面积造林强度	+
		林业用地覆盖率	+
		城市绿地覆盖率	+
	低碳管理指数	低碳政策制定情况	+
		低碳政策执行力	+
		低碳宣传力	+

表 3-4　地区环保指数指标体系初步设想(三)

二级指标	三级指标	四级指标	指标方向
环保指数 (39)	环境污染 指数	单位 GDP 工业烟尘排放强度	-
		单位 GDP 工业粉尘排放强度	-
		单位 GDP 工业废水排放强度	-
		单位 GDP 的 COD 排放强度	-
		单位 GDP 的 SO2 排放强度	-
		单位 GDP 的固体废弃物排放强度	-
		化肥施用强度	-
		农药施用强度	-
		地膜覆盖率	-
		人均生活污水排放量	-
		人均生活垃圾清运量	-
		自然灾害损失面积	-
		自然灾害直接经济损失	-
		环境污染与破坏事故数	-
		沿海海域海水水质/内陆主要河流流域水质/西部沙漠、荒漠化	-
	环境管理 指数	节水灌溉面积占耕地面积	+
		水土流失治理率	+
		废水治理设施处理能力	+
		工业固体废物处置利用率	+
		工业废水排放达标量	+
		工业 SO2 排放达标量	+
		工业烟尘排放达标量	+
		工业粉尘排放达标量	+
		放射性物质处理率	+
		环境污染治理投资强度	+
		排污费收入强度	+
		建设项目"三同时"执行合格率	+
		限塑情况	+
		环保模范城市数目	+
		中小学环保教育	+

二级指标	三级指标	四级指标	指标方向
环保指数 （39）	环境质量 指数	年平均气温变化	−
		年降水量变化	−
		人均水消耗量	−
		水土流失面积占土地总面积	+
		土地复垦、整理面积占辖区面积比重	+
		造林面积占辖区面积比重	+
		自然保护区面积占辖区面积比重	+
		湿地面积占辖区面积比重	+
		空气质量达到及好于二级的天数占全年的比重	+

表 3-5　地区发展指数指标体系初步设想（四）

二级指标	三级指标	四级指标	指标方向
发展指数 （29）	经济指数	人均 GDP	+
		GDP 增速	+
		产业结构演进系数	+
		固定资产投资增长率	+
		财政收入增长率	+
		教育文化投资所占投资比重	+
		三产增加值所占比重	+
		经济活动税赋率	−
		高新技术产业增加值经济增长贡献率	+
		服务业产业增加值经济增长贡献率	+
		实际利用外资占经济总体比重	+
		外贸/内贸比例	+
	差异指数	城市化率	+
		区域经济差异系数	−
		城乡收入差异系数	−
		城镇居民家庭恩格尔系数	−

续表

二级指标	三级指标	四级指标	指标方向
发展指数 （29）	人口指数	人口自然增长率	−
		人口出生率	+
		人口死亡率	−
		人均期望寿命	+
		大专以上文化程度人口比例	+
	健康指数	每千人医疗卫生床位数	+
		每千人医疗技术人员数	+
		（住院病人和门诊病人）人均卫生费用	+
		结核病发病率	−
		肿瘤发病率	−
	生活指数	城镇居民家庭人均收入	+
		农村居民家庭人均收入	+
		基本社会保障覆盖率	+
	创新指数	人均R&D经费支出	+
		人均教育经费支出	+
		万人拥有科技活动人员	+
		万人专利授权量	+

（2）低碳环保发展指数指标的辨识

1）低碳指数

低碳生产指数。单位GDP碳排放强度被认为是衡量低碳化的核心指标，指每生产单位国民产值所排放出来的碳。这一指标将能源消耗导致的碳排放与GDP产出直接联系在一起，能够直观地反映社会经济整体碳资源利用效率的提高，同时也能够衡量一个国家或经济体在某一特定时期的低碳技术的综合水平。此外，由于与经济结构相关联，单位GDP碳排放强度能够体现一国在货币资产和技术资产积累到一定水平时，进一步降低单位能源消费碳排放强度的潜力和障碍。而单位能源碳排放强度则是指每利用一单位能源所排放碳量大小的一项指标，它是衡量能源低碳的一项重要指标，能够体现一国（地区、城市或部门）能源利用结构。一国（地区、城市或部门）能源利用结构中煤炭所占比例越高,其单位能源碳排放强度越高;反之,水电、风电、核电等零碳、低碳能源在能源利用结构中所占比例越大,则单位能源碳排放强度越低。同时,该指标还是衡量能源技术进步的一项指标。众所周知,水能、风能、太阳能、核能以及潮汐能等能量转换为电能是一项要求科技含量较高的工作,尤其核能掌握和利用对科技要求更高。一国(地区、城市或部门)所掌握的零碳和低碳能源技术水平越高,其对零碳和低碳能源利用程度越高,零碳和低碳能源在能源利用结构中所占比例也越高,单位能源碳排放强度也会越低。能源加工转换效率是能源系统流程中的一个生产环节,它是观察能源加工转换装置和生产工艺先进与落后等的重要指标。降低单位 GDP 能耗排放强度、单位能源碳排放强度,提高能源加工转换效率,意味着以较少的一次能源投入生产较高的产出,这是节能减排和发展低碳经济的一个重要方面。

低碳消费指数。碳消费水平旨在从消费角度来衡量一国(或地区、城市、部门)的碳排放水平。尽管消费模式受多种因素的影响,但可选择表示的指标并不多,选取人均碳排放指标来界定消费模式对碳排放的影响。人均碳排放水平反映碳排放与经济发展、生产和消费模式的密切关系,是衡量低碳经济的一个非常重要指标。人均生活消费碳排放反映生活消费水平及其变化对碳排放的贡献,其中城镇居民人均生活消费碳排放是衡量城镇居民生活消费水平对碳排放的贡献,农村居民人均生活消费碳排放是衡量农村居民生活消费水平对碳排放的贡献。

低碳资源指数。碳资源禀赋及利用水平,主要关注一国(或地区、城市、部门)的能源结构、能源含碳强度和碳汇水平情况,可用三个核心指标来表示,即非化石能源比重、森林覆盖率和城镇居民人均绿地面积。其中,水能、风能、太阳能、生物质能等可再生能源和核能属于非化石能源;森林覆盖率反映了碳汇在低碳经济发展中的作用,是应对气候变化和推动节能减排,实现低碳化的重要物质基础;城镇居民人均绿地面积则是反映城镇固碳能力大小的指标。

低碳管理指数。低碳管理反映的是一地区(或城市)政府、相关组织为推动低碳工作所做出的努力程度和工作效果的重要指标。与其活动不同,降低碳排放,维持大气环境稳定性,是一个大区域性或全球性的课题,需要全球范围内的所有企业、组织、家庭和个人的参与,否则很难实现低碳工作目标。而企业、组织和个人自觉履行节能减排的动力并不足。尤其一些发展中国家的企业受经济技术实力限制,投入资金更新设备、转变经济生活活动等难度比较大,仅凭企业自觉性完成节能减排工作难度相当大。即使是一些发达国家(地区)的传统行业的企业,让它们自觉地去更新设备、转换生产等都不现实。为此,就需要政府行政机关、事业单位、相关组织等对企业生产活动和家庭、个人的消费行为进行管理。低碳管理工作途径和方式有多种,既可以通过制定相关法律、法规和政策来规范生产、生活活动,也可以通过技术研发、技术应用降低生产生活活动碳排放,又可以通过税收、政府采购等影响企业生产活动,还可以通过宣传教育等方式提高企业、个人对低碳工作的认识,促使企业能够自觉从事低碳生产活动,促使个人能够理性、合理、节约消费。

2)环保指数

环境排放(或环境污染)指数。环境污染是衡量环境质量和环保水平的最为核心指标。所谓环境污染是指人类直接或间接地向环境排放超过其自净能力的物质或能量,从而使环境的质量降低,对人类的生存与发展、生态系统和财产造成不利影响的现象。环境污染具体又可以分为水体污染、大气污染、土壤污染、噪声污染、放射性污染等。环境污染与环境保护存在着最为直接的联系,因为只要存在有环境污染现象,环境质量就必然会受到破坏,也必然会降低环境保护水平。鉴于数据收集整理难度,以及评价指标的普遍适用性,选取水体污染和大气污染来代表环境污染水平,其中利用 COD 排放强度和氨氮排放强度来反映水土污染情况,利用 SO_2 排放强度和氮氧化物排放强度来反映大气污染状况。

环境治理(或环境管理)指数。环境治理是环境保护又一项重要指标,用以反映为保护环境所付出的努力程度及其效果大小。所谓环境治理是指人类为解决现实的或潜在的环境问题,协调人类与环境的关系,保障经济社会的持续发展而采取的各种行动的总称,其方法和手段有工程技术的、行政管理的,也有法律的、经济的、宣传教育的等。环境治理活动主要由三类活动组成,即防治由生产和生活活动引起的环境污染,防止由建设和开发活动引起的环境破坏,以及保护有特殊价值的自然环境。由此可知,环境治理活动类型多样,但这些治理活动又不能全部进入指标体系中,坚持典型性和代表性的原则,对应于上述环境污染指标,选取水体污染治理、大气污染治理以及环境努力程度来代表环境治理水平,其中利用城镇污水集中处理率和工业废水排放达标量来反映水体污染治理程度,利用工业 SO_2 排放达标量来反映大气污染治理程度,利用城镇生活垃圾无害化处理率和工业固体废物处置利用率来反映土壤污染治理程度,利用环保投资占 GDP 的比重来反映环境保护的努力程度。

环境质量指数。环境质量一般是指一定范围内环境的总体或环境的某些要素对人类生存、生活和发展的适宜程度。环境质量又有广义和狭义之分。广义的环境质量是指包括自然环境质量和社会环境质量的环境质量。其中,自然环境质量又有物理环境质量、化学环境质量及生物环境质量之分,社会环境质量主要包括经济、文化和美学等方面的环境质量。狭义的环境质量仅指自然环境质量。本研究所关注的正是狭义的环境质量,即自然环境质量。而环境质量的高低又是有一定标准作为参考的,此参考标准往往是国家制定的。为此,考虑数据收集可行性,选取空气质量达到及好于二级的天数占全年的比重以及自然保护区占辖区面积比重来反映环境质量水平。

3) 发展指数

健康指数。可持续发展是由人口、经济、社会和自然共同组成的一个复杂系统,一切发展又都是建立在满足人类需求基础之上,人的全面自由发展是可持续发展的中心。人作为可持续发展体系的重要构成要素,既是可持续发展的实践者,又是可持续发展目标实现的最终受益者,在可持续发展过程中始终发挥着主动性作用。只有实现了人的全面自由发展,才是真正意义上的发展。为此,选取出生预期寿命、婴儿死亡率和每万人平均病床数来反映人口的健康状况,其中以出生预期寿命和婴儿死亡率来代表人口寿命,每万人平均病床数来代表人口卫生保健保障水平。

教育指数。教育是衡量人类发展的又一项重要指标。教育不仅是人类知识财富传播的重要渠道,同时还直接决定着人类知识和科技的创新,是社会发展不可或缺的重要因素。作为社会发展水平的重要标志,社会成员教育文化水平越高,其社会发展水平往往也越高。只有在社会成员具备了较高的教育文化水平条件下,才能掌握较高科技成果,人类才有能力改变产业结构、采取节能和环保生活,才能有意识地降低生产和生活活动的碳排放,稳定大气中的温室气体,才能维持环境的稳定性。为此,选取能够代表教育发展水平的成人文盲率和大专以上文化程度人口比例作为教育指标,其中成人文盲率反映社会成员的基本教育文化素质,而大专以上文化程度人口比例则反映社会成员的高等教育文化素质。

生活指数。居民是社会的组成者和创造者,它们的生活水平也是衡量社会发展的一项指标。在一个社会中,即使其经济发展指标都高,如果居民生活水平较低,我们也不能把该社会认为是具有较高发展水平的社会。为此,选取人均 GDP、农村居民年人均纯收入、城乡居民人均消费比、城镇居民恩格尔系数来代表生活指数。其中人均 GDP 来反映社会总体收入水平,农村居民人均纯收入反映农村居民的收入水平,城乡居民人均消费比反映的是城乡收入及消费差异,而城镇居民恩格尔系数则反映的是城镇居民的生活水平。

社会指数。社会发展有广义和狭义之分,广义的社会发展是整个发展水平评价的对象,马克思将其定义为生产力与生产关系、经济基础与上层建筑的矛盾运动。而狭义的社会发展指的是上层建筑。我国中长期计划有关社会发展的内容包括:人民生活、科技教育、文化体育、民主法制、国防外交等。由于指标数量所限,本指标体系不可能完全覆盖社会发展全面内容。为此,选取城镇登记失业率、第三产业增加值占 GDP 比例、人均道路面积和城镇人均住房面积作为社会发展指标。其中,城镇登记失业率代表居民生存保障能力的大小,而人均道路面积和人均住房面积代表居民生活的设施水平。

(二)专家意见的指标体系

根据指标体系构建技术路线要求,研究团队首先把初步设想的指标体系制成专家调查问卷。然后,先后拜访了中国科学院、中国社科院、中国环科院、国宏信息研究院、中央党校、清华大学、北京大学、北京师范大学、人民大学、北京理工大学、北京交通大学、北京林业大学、北京工业大学、南京航空航天大学、江苏大学、河北大学、华北电力大学等单位相关专家,请他们填写了指标体系专家问卷,让专家给予各项指标进行打分排序,并就初步设想的指标体系征求专家意见,征求增减指标的建议。对专家调查问卷进行统计分析,把统计分析结果反馈给专家,再次征求专家意见,让专家再次提出指标体系的指标增减意见和建议。最后,小范围邀请相关领域专家针对指标体系构建展开讨论会,针对前期开展的专家意见调查和指标体系构建再次征求专家意见,在此基础上对初步设想的指标体系中的指标进行增减,最后形成专家意见下的低碳环保发展指数指标体系。专家意见下形成的低碳环保发展指数指标体系共包括 1 项目标层、3 项准则层(9 项次准则层)和 32 项指标层(见表 3-6)。

(三)相关分析下的指标体系

指标体系中指标选择常采用的计量分析方法有:方差法①、极值差法(极大值-极小值)②、相关分析法、共线性分析法等。通过计量分析发现,专家意见下指标体系中指标各地区均有一定差异,即指标方差和极值差相对较大,这样就不能利用方差法和极值差法对指标进行删减。为此,本研究将主要采用相关分析的方法,对专家意见下的指标体系进一步进行删减。

首先,对发展指数进行统计分析,删除那些共线性较强且不常采用的指标,剔除一些干扰指标。统计分析发现,经济指数中人均 GDP、城镇居民人均可支配收入、农村居民人均纯收入、产业结构演进系数和大专以上文化程度人口比例之间的相关系数都很大,说明五者之间存在较强共线性关系,为此选取常用的人均 GDP 作为一项发展指标,而把城镇居民人均可支配收入、农村居民人均纯收入和产业结构演进系数以及大专以上文化程度人口比例四项指标进行删除。

---

① 即如果地区指标方差接近于零,说明指标地区差异不存在,采用该指标的意义不存在,对此指标进行删除。

② 即如果极大值-极小值的差接近于零,也说明指标地区差异不存在,采用该指标的意义不存在,对此指标进行删除。

表 3-6　专家意见下的地区低碳环保指数指标体系

一级指标	二级指标	三级指标	四级指标	指标方向
低碳环保指数（ILED）	低碳指数（ILC）	低碳生产指数	单位 GDP 碳排放	−
			二产增加值碳排放强度	−
			三产增加值碳排放强度	−
			发电效率	+
			供热效率	+
		低碳消费指数	人均碳排放	−
			城镇居民人均生活消费碳排放量	−
			农村居民人均生活消费碳排放量	−
			城镇居民消费支出碳排放强度	−
			农村居民消费支出碳排放强度	−
		低碳资源指数	非化石能源比重	+
			森林覆盖率	
			单位面积活立木蓄积量	+
	环保指数（IEP）	环境污染指数	COD 排放强度	−
			SO_2 排放强度	−
			氨氮排放强度	−
			单位 GDP 的固体废弃物排放强度	−
			人均生活垃圾清运量	−
		环境管理指数	城镇污水集中处理率	+
			城镇生活垃圾无害化处理率	+
			工业固体废物处置利用率	+
			环保投资占 GDP 的比重	+
		环境质量指数	空气质量达到及好于二级的天数占全年的比重	+
			自然保护区占辖区面积比重	+
	发展指数（ID）	经济指数	人均 GDP	+
			第三产业增加值占 GDP 比例	+
			产业结构演进系数	+
		社会指数	城镇居民人均可支配收入	+
			农村居民人均纯收入	+
			城镇居民恩格尔系数	−
		人口指数	人均期望寿命	+
			大专以上文化程度人口比例	+

表 3-7　发展指数相关指标相关系数情况①

Correlation	D1	D2	D3	D4	D5	D6	D7	D8
D1	1							
D2	.704	1						
D3	.878	.776	1					
D4	.939	.695	.793	1				
D5	.965	.684	.808	.958	1			
D6	−.431	−.086	−.278	−.327	−.380	1		
D7	.792	.426	.604	.762	.833	−.437	1	
D8	.859	.828	.856	.757	.815	−.337	.604	1

表 3-8　指标名称与指标代码对应表

人均 GDP	第三产业增加值占 GDP 比例	产业结构演进系数	城镇居民人均可支配收入	农村居民人均纯收入	城镇居民恩格尔系数	人均期望寿命	大专以上文化程度人口比例
D1	D2	D3	D4	D5	D6	D7	D8

表 3-9　低碳指数相关指标相关系数情况

Correlation	C1	C2	C3	C4	C5	C6	C7	C8	C9	C10	C11	C12	C13
C1	1												
C2	.905	1											
C3	.682	.578	1										
C4	−.415	−.342	−.239	1									
C5	−.020	.098	−.160	.291	1								
C6	.641	.375	.629	−.125	.106	1							
C7	.711	.383	.414	−.408	−.134	.718	1						
C8	.036	−.109	.379	.169	.089	.533	.138	1					

---

① 本研究采用 2009 年数据进行指标体系指标的删减,研究过程中我们也采用了其年度数据进行了验证,虽然指标之间相关系数有所差别,但指标之间相关性总体格局并没有发生实质性变化。

续表

Correlation	C1	C2	C3	C4	C5	C6	C7	C8	C9	C10	C11	C12	C13
C9	.699	.394	.303	−.420	−.137	.598	.976	.026	1				
C10	.490	.416	.567	−.258	−.239	.322	.299	.516	.254	1			
C11	−.199	.020	−.240	−.170	−.124	−.532	−.355	−.324	−.297	−.051	1		
C12	−.526	−.463	−.270	.137	−.030	−.466	−.370	−.274	−.353	−.467	.165	1	
C13	−.268	−.244	−.258	−.339	−.084	−.357	−.114	−.323	−.075	−.342	.260	.768	1

表 3-10　低碳指数指标名称与指标代码对应表

单位GDP碳排放	二产增加值碳排放强度	三产增加值碳排放强度	发电效率	供热效率	人均碳排放	城镇居民人均生活消费碳排放量	农村居民人均生活消费碳排放量	城镇居民消费支出碳排放强度	农村居民消费支出碳排放强度	非化石能源比重	森林覆盖率	单位面积活立木蓄积量
C1	C2	C3	C4	C5	C6	C7	C8	C9	C10	C11	C12	C13

表 3-11　环保指数相关指标相关系数情况

Correlation	E1	E2	E3	E4	E5	E6	E7	E8	E9	E10	E11
E1	1										
E2	.776	1									
E3	.491	.524	1								
E4	.374	.417	.799	1							
E5	−.271	−.078	−.187	−.214	1						
E6	−.574	−.647	−.466	−.320	−.210	1					
E7	−.343	−.659	−.239	−.226	−.360	.590	1				
E8	−.422	−.593	−.588	−.725	−.054	.478	.367	1			
E9	.270	.254	.276	.159	.051	−.026	−.174	−.117	1		
E10	.146	−.262	−.118	.060	−.364	.034	.236	.215	−.342	1	
E11	.168	.340	.179	.090	.451	−.398	−.253	−.415	.094	−.457	1

表 3-12　环保指数指标名称与指标代码对应表

COD排放强度	氨氮排放强度	SO2排放强度	单位GDP的固体废弃物排放强度	人均生活垃圾清运量	城镇污水集中处理率	城镇生活垃圾无害化处理率	工业固体废物综合利用率	环境污染治理投资占GDP的比重	空气质量达到及好于二级的天数占全年的比重	自然保护区占辖区面积比重
E1	E2	E3	E4	E5	E6	E7	E8	E9	E10	E11

　　然后,利用相关系数排除方法对低碳指数和环保指数中指标进行删除。统计结果显示,单位 GDP 碳排放强度与二产增加值碳排放强度、三产增加值碳排放强度、城镇居民人均生活消费碳排放量、城镇居民消费支出碳排放强度的相关系数相对较大,城镇居民人均生活消费碳排放量和城镇居民消费支出碳排放强度之间具有较大相关系数,森林覆盖率和单位面积活立木蓄积量之间具有较大相关系数。为此,对低碳指数中的二产增加值碳排放强度、三产增加值碳排放强度、城镇居民人均生活消费碳排放量、城镇居民消费支出碳排放强度进行删减。环保指数中各项指标之间的共线性并不明显,除 COD 排放强度和氨氮排放强度以及 SO$_2$ 排放强度和单位 GDP 的固体废弃物排放强度之间的相关系数相对较大外,其指标之间的相关系数较小。为此,对环保指数中的氨氮排放强度和单位 GDP 的固体废弃物排放强度进行删除。在上述工作的基础之上,形成具有 22 项指标下的低碳环保发展指数指标体系,指标体系见表 3-13。

表 3-13　相关分析删减下的地区低碳环保发展指数指标体系

一级指标	二级指标	三级指标	四级指标	指标方向
低碳环保发展指数（ILED）	低碳指数（ILC）	低碳生产指数	单位 GDP 碳排放	−
			发电效率	+
			供热效率	+
		低碳消费指数	人均碳排放	−
			城镇居民人均生活消费碳排放量	−
			农村居民人均生活消费碳排放量	−
			农村居民消费支出碳排放强度	−
		低碳资源指数	非化石能源比重	+
			单位面积活立木蓄积量	+

一级指标	二级指标	三级指标	四级指标	指标方向
低碳环保发展指数（ILED）	环保指数（IEP）	环境污染指数	COD 排放强度	–
			SO$_2$排放强度	–
			人均生活垃圾清运量	–
		环境管理指数	城镇污水集中处理率	+
			城镇生活垃圾无害化处理率	+
			工业固体废物处置利用率	+
			环保投资占 GDP 的比重	+
		环境质量指数	空气质量达到及好于二级的天数占全年的比重	+
			自然保护区占辖区面积比重	+
	发展指数（ID）		人均 GDP	+
			第三产业增加值占 GDP 比例	+
			城镇居民恩格尔系数	–
			人均期望寿命	+

（四）地区低碳环保发展指数指标体系的最终选择

针对相关分析删减后形成的指标体系,研究团队邀请国内知名专家通过研讨会的形式再次对指标体系进行探讨,并且根据 2012 年向社会发布了《低碳环保双重约束下的中国发展评估报告(2005—2011)》社会反馈和专家学者意见和建议,再次对指标体系进行增减处理。最后,研究团队进过几次内部讨论,最终形成了地区层面低碳环保发展指数的指标体系,该指标体系共包括13 项具体指标(见表 3-15)。

表 3-14　地区低碳环保发展指数指标体系增减说明

删减指标	删减说明
发电效率	专家们认为,选取较少指标情况下,此两项指标会影响评价结果,进行删除处理
供热效率	
城镇居民人均生活消费碳排放量	人均碳排放足以说明人口碳排放,对其进行删除处理
农村居民人均生活消费碳排放量	我国农村居民对化石能源消费比重相对较小,删除处理
农村居民消费支出碳排放强度	
非化石能源比重	大量研究表明地区非化石能源比重与资源禀赋高度相关,单位面积活立木蓄积量足以说明地区碳汇状况,对其进行删除处理
城镇污水集中处理率	专家们认为环保投资占 GDP 比重足以说明环境管理力度和说明对污染废弃物处理率,进行删减处理
城镇生活垃圾无害化处理率	
工业固体废物处置利用率	
自然保护区占辖区面积比重	该项指标与自然地理环境高度相关,区域差异性很大,为减少区域差异性对评价结果影响,进行删除处理
第三产业增加值占 GDP 比例	低碳环保发展指数是基于最简化原则构建的,人均 GDP 能够代表区域经济发展水平,城镇居民恩格尔系数是发展现象类指标,而本指数力争选取反映发展结果类指标,故对其删除处理
城镇居民恩格尔系数	
增加指标	增加指标说明
氨氮排放强度	专家们认为污染物排放主要由废气、废水、固体等组成,作为经济社会主要活动承载体——城镇生活垃圾也是主要污染物,考虑污染物全面性和环保引导性,增加此三项指标
工业固体废弃物产生强度	
人均生活垃圾清运量	
大专以上文化程度人口比例	国内外常用指标,比如人类发展指标、中国人民大学中国发展指数也有类似指标,增加此指标

表 3-15　地区低碳环保发展指数指标体系

一级指标	二级指标	三级指标	四级指标	单　位	指标方向
低碳环保发展指数（ILED）	低碳指数（ILC）	低碳生产指数	单位 GDP 碳排放	吨/万元	−
		低碳消费指数	人均碳排放	吨/人	−
		低碳资源指数	单位面积活立木蓄积量	万立方米/万公顷	+
	环保指数（IEP）	污染排放指数	COD 排放强度	吨/亿元	−
			SO₂ 排放强度	吨/亿元	−
			氨氮排放强度	吨/亿元	−
			工业固体废弃物产生强度	吨/亿元	−
			人均生活垃圾清运量	吨/人	−
		环境管理指数	环保投资占 GDP 的比重	%	+
		环境质量指数	空气质量达到及好于二级的天数占全年的比重	%	+
	发展指数（ID）		人均 GDP	元	+
			人均期望寿命	岁	+
			大专以上文化程度人口比例	%	+

第四章　构建城市低碳环保发展指数指标体系

一、指标体系构建技术路线

第一,依据低碳环保双重约束下发展观的认识,结合低碳和环保的内涵与实质,借鉴国内外相关指标体系,初步构建城市低碳环保发展指数指标体系(低碳环保指数的初步设想),使得该指标体系尽可能覆盖低碳环保发展指数全部内容。

第二,把初步构建的指标体系制成问卷,向低碳、环保以及发展相关领域专家发放问卷,征求专家意见,并对意见进行统计分析整理。然后把专家意见进行汇总整理,整理后结果再次反馈给专家,再次征求专家意见。最后,邀请各领域权威专家出席指标体系讨论,集中专家智慧,根据专家意见和建议对初步设想指标体系进行指标增减处理,形成专家意见下的低碳环保发展指数指标体系。

第三,城市低碳环保发展指数涉及的有些指标数据,目前我国城市并没有进行相关统计,如果逐一进行调查的难度又很大,而有些指标数据城市间统计发布口径不一样,进一步剔除掉那些没有统计和收集困难的指标。

第四,采用敏感性分析方法消除那些相关性较高、差异性较小的指标。利用相关统计分析方法和统计分析软件,把收集整理数据带入专家意见指标体系中,对指标体系中的指标进行相关、方差、极大值、极小值以及共线性、聚类等分析,剔除掉一些相关性很高的干扰指标,形成敏感性统计分析下的低碳环保发展指数指标体系。

第五,依据《低碳环保双重约束下的中国发展评估报告(2005—2011)》社会反映,邀请能源、低碳、环境和经济社会一流专家针对计量分析下的指标体系做进一步论证,对计量分析下的指标体系做进一步增减处理,最后形成城市层面的低碳环保发展指数指标体系。

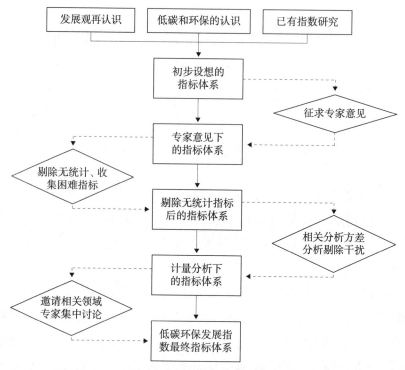

图 4-1　城市层面低碳环保指数构建技术路线示意图

二、指标体系构建坚持的原则

1. 系统性和代表性相结合原则

城市低碳环保发展系统指标的设计,首先也要体现出系统性的原则,使得指标体系能够涵盖低碳环保发展指数各系统内容,尽量反映出低碳环保发展指数的全貌。同时,指数指标体系的设计不能追求面面俱到,不能把所有构成要素都纳入到指标体系中,否则将是一项庞大的工程,还会付出很多无效劳动,所以只能选取具有代表性的典型指标来反映整个体系的总体特征。

2. 普遍性和差异性相结合原则

城市低碳环保发展指数指标体系也应该具有普遍性和通用性之特点,所构建的指数指标体系能够得到社会公众普遍认同,能够得到专家学者广泛认可,指数指标适用于所有城市,每个城市都能采用该指标体系来评价自己。同时,本研究选择样本城市为我国地级市以上城市,城市自然地理环境、资源禀赋、经济社会发展水平、工业化发展阶段等方面存在较大差异,构建的低碳环保发展指标体系要尽可能考虑城市间差异性的存在,把某些城市所特有的指标尽量排除在指标体系之外。

3. 科学性和操作性相结合原则

科学性原则也是城市低碳环保发展指数指标体系构建时所坚持的原则。在构建指数指标体系上要讲究指标体系层级设计科学合理,下一层级指标能够反映上一层级指标特征,上一层级指标能够涵盖和代表下一层级指标的特征,指标体系中指标能够正确反映各子系统的特点。同时,构建城市低碳环保发展指数时还要坚持可操作性的原则,设计出的指标体系应易于进行数据处理和指数计算,尽量采用现有统计数据,数据口径应一致,核算和综合方法要统一,指标类型(主观指标、客观指标)尽量一致,保证指标评价结果的合理性、客观性和公正性。

4. 前瞻性和引导性相结合原则

构建城市低碳环保发展指数指标体系还要考虑经济社会及其对环境影响的动态变化性,尊重经济社会发展规律及其对大气和环境的影响,从未来发展趋势出发,前瞻性地把影响未来发展的一些重要因素纳入到指标系统中。同时还要注意指标选择导向性原则,选择那些对于政策制定者、研究学者和经济社会各类主体具有引导性的指标,引导他们重视低碳和环保,引导整个社会实现节能减排和降低经济社会活动对环境的破坏。

三、构建城市低碳环保发展指数指标体系

(一)指标体系的初步设想

依据发展观演进及低碳环保在发展中的地位和作用,坚持低碳环保发展

指数指标体系构建原则,在借鉴前人指标体系构建的基础之上,利用层次分析方法初步构建起来一套指标体系——城市低碳环保发展指数指标体系(初步设想)。该指标体系由目标层、准则层和指标层三个层次共同组成。第一层目标层为可持续发展框架下的低碳环保发展指数;第二层准则层由低碳指标、环保指标和发展指标构成,其中低碳指标表征经济社会活动的低碳生产、低碳消费、低碳社会、低碳资源以及低碳管理工作状况,环保指标表征环境排放状况、环境管理和环境质量状况,而发展指标则表征经济、社会、人口、科教、城市设施情况以及居民的生活水平和健康状况;第三层为指标层,在上述十三个方面下设若干评价目标,最终构成本指标体系的终极指标。本指标体系共包括1项目标层、3项准则层(13项次准则层)和111项指标层(见表4-1)。该指标体系包含低碳环保发展各个方面,指标内容丰富,建议低碳环保相关研究可以此为借鉴。但有些指标在指数指标体系中的地位并不是特别重要,考虑到评价研究工作难度,需要对指标体系做进一步处理。

表4-1　城市低碳环保发展指数指标体系初步设想(一)

一级指标	二级指标	三级指标
低碳环保指数 (111)	低碳指数 (30)	低碳生产指数(8)
		低碳消费指数(7)
		低碳社会指数(13)
		低碳资源指数(8)
	环保指数 (38)	低碳管理指数(3)
		环境排放指数(14)
		环境管理指数(15)
		环境质量指数(9)
	发展指数 (43)	经济指数(12)
		设施指数(10)
		人口指数(5)
		健康指数(5)
		生活指数(7)
		创新指数(4)

表 4-2 城市低碳指数指标体系初步设想(二)

二级指标	三级指标	四级指标	指标方向
低碳指数 (37)	低碳生产 指数(8)	万元 GDP 碳排放	−
		单位市区面积碳排放	−
		万元 GDP 电耗	−
		万元工业增加值用电量	−
		工业万元增加值碳排放	−
		加工制造及采掘业碳排放	−
		建筑业碳排放	−
		交通运输业碳排放	−
	低碳消费 指数(7)	人均碳排放	−
		城镇居民消费支出碳排放强度	−
		城市居民人均非食品消费支出/人均收入比例	−
		人均居民生活用电量	−
		人均生活煤气、天然气、液化石油气碳排放	−
		人均生活用水量	−
		城市供热人均碳排放	−
	低碳社会 指数(13)	人均住房面积	−
		公共建筑单位面积碳排放	−
		居民住宅单位面积碳排放	−
		节能住宅占住宅总体比重	+
		住宅拥有节能设施、节能产品比例情况	+
		新住宅拥有节能设施、节能产品比例情况	+
		人均私家车数量	−
		城市每万人公共汽车拥有数量	+
		全年人均乘坐公共汽车次数	+
		城市居民宿职通行时间	−
		城市集中供热率	+
		清洁能源在城市供热能源消耗所占比例	+
		新住宅低碳供热采用率	+

续表

二级指标	三级指标	四级指标	指标方向
低碳指数 (37)	低碳资源 指数(8)	人均绿地面积	+
		城市绿地覆盖率	+
		建成区绿地覆盖率	+
		单位面积活立木蓄积量	+
		单位面积造林强度	+
		城市建成区面积所占城市总面积比例	+
		单位能源碳排放强度	−
		城市清洁能源使用率	+
	低碳管理 指数(3)	低碳政策制定	+
		低碳执行力	+
		低碳宣传力	+

表 4-3　城市环保指数指标体系初步设想(三)

二级指标	三级指标	四级指标	指标方向
环保指数 (29)	环境污染 指数(8)	单位 GDP 工业烟尘排放强度	−
		单位 GDP 工业粉尘排放强度	−
		单位 GDP 工业废水排放强度	−
		单位 GDP 的 COD 排放强度	−
		单位 GDP 的 SO_2 排放强度	−
		单位 GDP 的固体废弃物排放强度	−
		人均生活污水排放量	−
		人均生活垃圾排放量	−

二级指标	三级指标	四级指标	指标方向
环保指数 (29)	环境管理 指数(16)	工业固体废物处置利用率	+
		工业废水排放达标率	+
		工业 SO_2 去除率	+
		工业烟尘去除率	+
		工业粉尘去除率	+
		城镇生活污水处理率	+
		生活垃圾无害化处理率	+
		烟尘控制区覆盖率	+
		环境噪声达标区覆盖率	+
		城市环境基础设施建设投资总额占 GDP 比例	+
		放射性物质处理率	+
		环境污染治理投资强度	+
		排污费收入强度	+
		建设项目"三同时"执行合格率	+
		限塑情况	+
		中小学环保教育	+
	环境质量 指数(5)	年空气质量优良天数	+
		空气质量达到国家二级标准占比	+
		集中式饮用水水源地水质达标率	+
		城市水环境功能区水质达标率	+
		区域环境噪声平均值	−

表 4-4　城市发展指数指标体系初步设想(四)

二级指标	三级指标	四级指标	指标方向
发展指数 (43)	经济指数 (12)	人均 GDP	+
		GDP 增速	+
		经济波动系数	+
		经济活动税赋率	−
		财政收入增长率	+
		固定资产投资增长率	+
		科技教育投资所占投资比重	+
		三产增加值所占比重	+
		高新技术产业增加值经济增长贡献率	+
		生产性服务业增加值经济增长贡献率	+
		实际利用外资占经济总体比重	+
		外贸/内贸比例	+
	设施指数 (10)	城市拥挤度	−
		单位公里城市道路车辆数	−
		移动电话年末用户数	+
		国际互联网用户数	+
		人均城市道路面积	+
		每百人公共图书馆藏书	+
		每万人剧场、影剧院数	+
		每千人医疗卫生床位数	+
		每万人幼儿园、小学数	+
		每万人初、高中数	+
	人口指数 (5)	人口自然增长率	−
		人口出生率	−
		人口死亡率	−
		人均期望寿命	+
		大专以上文化程度人口比例	+

续表

二级指标	三级指标	四级指标	指标方向
发展指数 （43）	健康指数 （5）	每千人医疗卫生床位数	＋
		每千人医疗技术人员数	＋
		（住院病人和门诊病人）人均卫生费用	－
		结核病发病率	－
		肿瘤发病率	－
	生活指数 （7）	城市化率	＋
		人均肉蛋奶消费量	＋
		城镇在岗职工平均工资	＋
		城镇居民家庭人均收入	＋
		城镇居民家庭恩格尔系数	－
		城镇职工失业率	－
		基本社会保障覆盖率	＋
	创新指数 （4）	人均科技经费支出	＋
		人均教育经费支出	＋
		万人拥有科技活动人员	＋
		万人专利授权量	＋

（二）专家意见的指标体系

按照指标体系构建技术路线要求,研究团队首先把初步设想的指标体系制成专家调查问卷,并先后拜访了中国科学院、中国社科院、中国环科院、国宏信息研究院、中央党校、清华大学、北京大学、北京师范大学、人民大学、北京理工大学、北京交通大学、北京林业大学、北京工业大学、南京航空航天大学、江苏大学、河北大学、华北电力大学等单位相关专家,让专家填写了指标体系问卷,给各项指标进行打分排序。随后,对专家调查问卷进行统计分析,并把统计分析结果反馈给专家,再次征求专家意见,让专家再次提出指标体系的指标增减意见和建议。最后,小范围邀请相关领域专家针对指标体系构建展开讨论会,针对前期开展的专家意见调查和指标体系构建再次征求专家意见,在此基础上对初步设想的指标体系中的指标进行增减,最后形成专家意见下的低碳环保发展指数指标体系。专家意见下形成的低碳环保发展指数指标体系共包括 1 项目标层、3 项准则层(12 项次准则层)和 56 项指标层(见表 4-5)。

表 4-5　专家意见下的城市低碳环保发展指数指标体系

一级指标	二级指标	三级指标	四级指标	指标方向
低碳环保指数(ILED)	低碳指数(ILC)	低碳生产指数	万元 GDP 碳排放	-
			单位市区面积碳排放	-
			万元工业增加值用电量	-
			工业万元增加值碳排放	-
		低碳消费指数	人均碳排放	-
			人均居民生活用电量	-
			人均生活煤气、天然气、液化石油气用量碳排放	-
			城镇居民消费支出碳排放强度	-
			人均生活用水量	-
		低碳社会指数	公共建筑单位面积碳排放	-
			居民住宅单位面积碳排放	-
			城市人均私家车数量	-
			城市每万人公共汽车拥有数量	+
			全年人均乘坐公共汽车次数	+
			城市居民人均宿职通行时间	-
			城市集中供热率	+
		低碳资源指数	人均绿地面积	+
			建成区绿地覆盖率	+
			单位能源碳排放强度	+
			城市清洁能源使用率	+
		低碳管理指数	低碳政策制定	+
			低碳执行力	+
			低碳宣传力	+

一级指标	二级指标	三级指标	四级指标	指标方向
低碳环保指数（ILED）	环保指数（IEP）	环境污染指数	万元工业增加值烟尘排放强度	－
			万元工业增加值粉尘排放强度	－
			万元工业增加值废水排放强度	－
			万元工业增加值 COD 排放强度	－
			万元工业增加值 SO_2 排放强度	－
			万元工业增加值固体废弃物排放强度	－
			人均污水排放量	－
			人均生活垃圾清运量	－
		环境管理指数	工业固体废物处置利用率	＋
			工业废水排放达标率	＋
			工业 SO_2 去除率	＋
			工业烟尘去除率	＋
			工业粉尘去除率	＋
			城镇生活污水处理率	＋
			生活垃圾无害化处理率	＋
			环境污染治理投资强度	＋
		环境质量指数	空气质量指数（API 或 AQ2）	＋
			空气质量达到国家二级标准天数	＋
			集中式饮用水水源地水质达标率	＋
			区域环境噪声平均值	－
	发展指数（ID）	经济指数	人均 GDP	＋
			GDP 增速	＋
			三产增加值所占比重	＋
			实际利用外资占经济总体比重	＋
		社会指数	城市化率	＋
			城镇居民家庭人均收入	＋
			城镇居民家庭恩格尔系数	－
			城镇职工失业率	－
			基本社会保障覆盖率	＋
		人口指数	人均期望寿命	＋
			大专以上文化程度人口比例	＋
		创新指数	人均教育科技活动经费支出	＋
			万人专利授权量	＋

表4-6　专家意见下指数指标系统中涉及无统计和收集困难指标

序号	四级指标	数据来源	说　明
1	人均期望寿命	各地人口五普、六普数据	
2	大专以上文化程度人口比例		
3	城镇居民家庭恩格尔系数	各地城市统计年鉴	
4	基本社会保障覆盖率		
5	万人专利授权量		
6	工业万元增加值能耗		
7	城镇居民消费支出碳排放强度		
8	单位GDP的COD排放强度	各地环境统计公报	各地环保局提供数据
9	单位GDP的固体废弃物排放强度		
10	万元工业增加值粉尘排放强度		
11	工业粉尘去除率		
12	环境污染治理投资强度		
13	空气质量指数(API或AQ2)	中国城市环境状况公报	环保部及各地气象、环保部分提供数据,目前存在2012年城市空气质量达标天数数据,存在部分城市API数据
14	空气质量达到国家二级标准天数		
15	区域环境噪声平均值		
16	公共建筑单位面积碳排放	没有相关统计	需要调查
17	居民住宅单位面积碳排放		
18	单位能源碳排放强度		需要根据各地城市相关部门提供数据测算
19	城市清洁能源使用率		
20	城市居民人均宿职通行时间		需要调查
21	低碳政策制定情况		需要调查统计
22	集中式饮用水水源地水质达标率		各地环保部门提供数据
23	节能住宅占住宅总体比重		各地城市规划部门、住房管理部门提供数据
24	人均私家车数量		各城市车辆管理部门提供数据

(三)指标体系中指标的剔除

专家意见下指数指标体系所涉及指标来源渠道主要有《中国城市统计年鉴》、《中国城市建设年鉴》、各城市《统计年鉴》、各城市《人口普查年鉴》、各城市环境统计公报、各城市气象部门统计数据、环保部的《中国城市环境状况公报》以及实地调查等。其中,《中国城市统计年鉴》、《中国城市建设年鉴》有我国地级市和县级市相关统计数据,指标体系中有些数据可以在这些年鉴中查到。但其指标则需要分别查阅各地区的相关统计,比如,城市人口文化素质、人口寿命等人口数据需要从各地人口普查数据中查阅;城镇居民家庭恩格尔系数、居民社会保障覆盖率等指标需要查阅各城市统计年鉴;而单位 GDP 的 COD 排放强度、单位 GDP 的 SO$_2$ 排放强度等指标数据需要从各城市环保统计公报中获得。而本评价研究选取样本城市 285 个,年限范围 2005—2010 年,如果把所有指标都收集齐的话,那么需要查阅年鉴、公报等将超过 5000 多册(份),工作量将非常庞大。为推动指数评价研究顺利推进,本着简化原则对这些数据进行删除(见表 4-6)。

此外,还有些数据相关部门并没有统计,需要实地进行调查才能获得。比如公共建筑单位面积碳排放、居民住宅单位面积碳排放、低碳政策制定情况等,其中有些指标即使调查,也只能获取现状指标数据,而往年指标数据无法获取。为此,也需要对这些指标给予删除。由于缺乏城市工业增加值统计数据,利用工业总产值对 SO$_2$、烟尘、废水的排放强度进行测算,同时相关指标名称改为单位面积 SO$_2$ 排放强度、单位面积烟尘排放强度和单位面积废水排放强度。

在上述工作基础上形成了剔除难以获取、无法获取指标下的指数指标体系,该指标体系共包括 1 项目标层、3 项准则层(10 项次准则层)和 31 项指标层(见表 4-7)。

表 4-7　剔除无统计、收集困难指标后的低碳环保指数指标体系

一级指标	二级指标	三级指标	四级指标	指标方向
低碳环保发展指数	低碳指数	低碳生产指数	万元 GDP 碳排放	−
			单位市区面积碳排放	−
			万元工业增加值用电量	−
		低碳消费指数	人均碳排放	−
			人均居民生活用电量	−
			人均生活煤气、天然气、液化石油气用量碳排放	−
			人均生活用水量	−
			城市供热人均碳排放	−
		低碳社会指数	城市全年人均乘坐公共汽车次数	+
		低碳资源指数	人均绿地面积	+
			建成区绿地覆盖率	+
	环保指数	环境污染指数	单位面积工业 SO$_2$ 排放强度	−
			单位面积工业烟尘排放强度	−
			单位面积工业废水排放强度	−
			人均污水排放量	−
			人均生活垃圾清运量	−
		环境管理指数	工业固体废物处置利用率	+
			工业废水排放达标率	+
			工业 SO$_2$ 去除率	+
			工业粉尘去除率	+
			城镇生活污水处理率	+
			生活垃圾无害化处理率	+
		环境质量指数	空气质量达标天数	+
	发展指数	经济指数	人均 GDP	+
			GDP 增速	+
			三产增加值所占比重	+
			实际利用外资占经济总体比重	+
		社会指数	城市化率	+
			城镇居民家庭人均收入	+
			城镇职工失业率	−
		创新指数	人均教育科技活动经费支出	+

（四）相关分析下的指标体系

专家意见下指数指标体系如果剔除掉那些无统计或统计比较困难的指标,指标体系中仍包括31项指标,这些指标可能会存在共线性较强的指标。为此,采用方差法、极值差法(极大值-极小值)、相关分析法、共线性分析法等计量分析方法进一步处理。计量分析发现指标的方差和极值差相对较大,不能利用方差法和极值差法对指标进行删减。

指标之间相关分析结果显示,各项指标间的相关性并不强。发展指数中除人均GDP与职工平均工资、人均教育科技财政支出之间的相关系数相对较大外,其指标间的相关关系不强,即使是人均GDP与职工平均工资、人均教育科技财政支出之间的相关系数也都均未超过0.70,没有达到进行指标删除所能接受的程度。低碳指数中除万元GDP碳排放与万元工业增加值用电量的相关系数(0.634)、人均居民生活用电量与人均生活用水量的相关系数(0.632)、人均生活用水量与全年人均乘坐公共汽车次数的相关系数(0.638)相对较大外,其指标间相关系数较小,且上述三个相关系数均未达到删除指标所能接受的程度。同样,环保指数中的指标也不能做删除处理。因此,利用相关分析方法并不能删除上述指标体系中的指标。

表4-8　发展指数相关指标相关系数情况

	D1	D2	D3	D4	D5	D6	D7	D8
D1	1							
D2	.009	1						
D3	−.034	−.105	1					
D4	.232	.020	.146	1				
D5	.325	−.011	.008	.201	1			
D6	.606	−.145	.207	.261	.390	1		
D7	−.147	.020	−.100	−.069	−.092	−.179	1	
D8	.633	−.085	.210	.278	.387	.609	−.176	1

表 4-9 指标名称与指标代码对应表

D1	D2	D3	D4	D5	D6	D7	D8
人均 GDP	GDP 增长率	三产增加值所占 GDP 比例	实际利用外资占 GDP 比例	城市化率	职工平均工资	城镇登记失业率	人均教育科技财政支出

表 4-10 低碳指数相关指标相关系数情况

	C1	C2	C3	C4	C5	C6	C7	C8	C9	C10
C1	1									
C2	.331	1								
C3	.634	.104	1							
C4	.571	.432	.333	1						
C5	−.095	.172	−.107	.341	1					
C6	.035	.103	−.084	.213	.301	1				
C7	−.173	.184	−.130	.220	.632	.367	1			
C8	−.093	.324	−.130	.294	.542	.329	.638	1		
C9	−.001	.112	−.036	.361	.350	.160	.477	.339	1	
C10	−.037	.113	−.051	.257	.523	.149	.387	.093	.243	1

表 4-11 低碳指数指标名称与指标代码对应表

C1	C2	C3	C4	C5	C6	C7	C8	C9	C10
万元 GDP 碳排放	单位市区面积碳排放	万元工业增加值用电量	人均碳排放	人均居民生活用电量	人均生活煤气、天然气、液化石油气用量碳排放	人均生活用水量	全年人均乘坐公共汽车次数	人均绿地面积	建成区绿地覆盖率

表 4-12　环保指数相关指标相关系数情况

	E1	E2	E3	E4	E5	E6	E7	E8	E9	E10	E11
E1	1										
E2	.764	1									
E3	.643	.508	1								
E4	.320	.229	.496	1							
E5	.167	.104	.281	.651	1						
E6	.029	.043	.237	.002	−.016	1					
E7	.143	.055	.179	−.021	−.027	.095	1				
E8	.152	.086	.137	.046	−.012	−.045	.149	1			
E9	.220	.167	.120	−.006	.090	−.040	.184	.410	1		
E10	.218	.205	.192	.173	.106	.033	.289	.101	.086	1	
E11	.140	.054	.136	.106	.019	.007	.102	.116	.109	.331	1

表 4-13　环保指数指标名称与指标代码对应表

E1	E2	E3	E4	E5	E6	E7	E8	E9	E10	E11
单位面积工业SO2排放强度	单位面积工业烟尘排放强度	单位面积工业废水排放强度	人均污水排放量	人均生活垃圾清运量	工业固体废物处置利用率	工业废水排放达标率	工业SO$_2$去除率	工业粉尘去除率	城镇生活污水处理率	生活垃圾无害化处理率

四、城市低碳环保发展指数指标体系的最终选择

与地区低碳环保发展指数指标选择过程类似,研究团队邀请国内知名专家通过研讨会的形式再次对指标体系进行探讨,并且根据 2012 年向社会发布了《低碳环保双重约束下的中国发展评估报告(2005—2011)》社会反馈和专家学者意见和建议,再次对指标体系进行增减处理。最后,研究团队进过几次内部讨论,最终形成了城市层面低碳环保发展指数的指标体系,该指标体系共包括 20 项具体指标(见表 4-14)。

表 4-14   城市低碳环保指数最终指标体系

一级指标	二级指标	三级指标	四级指标	单 位	指标方向
低碳环保发展指数（ILED）	低碳指数（ILC）	低碳生产指数	万元 GDP 碳排放	吨/万元	-
		低碳消费指数	人均碳排放	吨/人	-
			人均居民生活用电量	千瓦时/人	-
			全年人均乘坐公共汽车次数	次/人年	+
		低碳资源指数	人均绿地面积	平方米/人	+
	环保指数（IEP）	环境污染指数	单位面积工业 SO_2 排放强度	吨/平方公里	-
			单位面积工业烟尘排放强度	吨/平方公里	-
			单位面积工业废水排放强度	吨/平方公里	-
			人均污水排放量	吨/人	-
			人均生活垃圾清运量量	吨/人	-
		环境管理指数	工业废水排放达标率	%	+
			工业 SO_2 去除率	%	+
			工业粉尘去除率	%	+
			污水集中处理率	%	+
			生活垃圾无害化处理率	%	+
		环境质量指数	年均空气质量指数（AQI 或 AQ2）	天	+
	发展指数（ID）	经济发展指数	人均 GDP	元/人	+
		社会发展指数	城市化率	%	+
			城镇居民家庭人均收入	元/人	+
			城镇职工失业率	%	-
		创新发展指数	人均教育科技活动经费支出	元/人	+

表 4-15 城市低碳环保指数最终指标体系删减说明

删除指标	删除说明
单位市区面积碳排放	市区面积受地理环境影响较大,造成不同城市间单位面积排放有较大差异,不足以说明经济社会活动碳排放水平,做删除处理
万元工业增加值用电量	专家们认为单位 GDP 碳排放足以说明经济社会活动碳排放水平,其均为经济活动重要组成部分,做删除处理
人均生活煤气、天然气、液化石油气用量碳排放	
人均生活用水量	
城市供热人均碳排放	
建成区绿地覆盖率	人均绿地面积可以代表城市碳汇,对该项指标做删除处理
工业固体废物处置利用率	对应城市环境污染物排放指标,删除该项指标
GDP 增速	GDP 增速年度变化较大,对评价结果影响也较大,做删除处理
三产增加值所占比重	专家们认为人均 GDP 足以代表经济发展水平,建议删除三产增加值所占比重
实际利用外资占经济总体比重	城市间外向型经济差异较大,且实际利用外资占 GDP 比重并不大,防止影响评价结果,做删除处理

第五章　低碳环保发展指数评价模型

一、指数指标体系权重赋值

本年度指数指标体系权重赋值依然采用 2012 年均值赋权重的方法,即均权赋值方法①。但是鉴于各分项指数下指标数目又有所不同,如果选择每项指标均赋予相同的权重,势必会造成那些指标数目较多的分指数在总指数中地位的提升。为此,本年度指数指标体系首先按照各分指数赋均权,然后再按照对分指数下的指标赋均权。按照此思路,地区低碳环保发展指数各项指数和各项指标权重赋值情况见表 5-1,城市低碳环保发展指数各项指数和各项指标权重赋值情况见表 5-2。

表 5-1　地区低碳环保发展指数指标权重

二级指标	权重	三级指标	权重	四级指标	权重
低碳指数	33.33	低碳生产指数	11.11	单位 GDP 碳排放	11.11
		低碳消费指数	11.11	人均碳排放	11.11
		低碳资源指数	11.11	单位面积活立木蓄积量	11.11

---

① 由于指数指标体系中指标数量相对较少,每项指标都具有较强的代表性,很难区别指标之间的重要程度,为此借鉴人类发展指数权重赋值方法,进行均权赋值。

续表

二级指标	权重	三级指标	权重	四级指标	权重
环保指数	33.33	环境污染指数	11.11	COD 排放强度	2.22
				SO_2 排放强度	2.22
				氨氮排放强度	2.22
				一般工业固体废弃物产生强度	2.22
				人均生活垃圾清运量	2.22
		环境管理指数	11.11	环保投资占 GDP 的比重	1.11
		环境质量指数	11.11	空气质量达到及好于二级的天数占全年的比重	11.11
发展指数		33.34		人均 GDP	11.12
				人均期望寿命	11.11
				大专以上文化程度人口比例	11.11

表 5-2　城市低碳环保发展指数指标权重

一级指标	权重	二级指标	权重	三级指标	权重
低碳指数	33.33	低碳生产指数	11.11	万元 GDP 碳排放	11.11
		低碳消费指数	11.11	人均碳排放	3.70
				人均居民生活用电量	3.70
				全年人均乘坐公共汽车次数	3.70
		低碳资源指数	11.11	人均绿地面积	11.11
环保指数	33.33	污染排放指数	11.11	单位面积工业 SO_2 排放强度	2.22
				单位面积工业烟尘排放强度	2.22
				单位面积工业废水排放强度	2.22
				人均污水排放量	2.22
				人均生活垃圾清运量	2.22

一级指标	权重	二级指标	权重	三级指标	权重
环保指数	33.33	环境管理指数	11.11	工业废水排放达标率	2.22
				工业 SO_2 去除率	2.22
				工业粉尘去除率	2.22
				污水集中处理率	2.22
				生活垃圾无害化处理率	2.22
		环境质量指数	11.11	年均空气质量指数（AQI）	11.11
发展指数	33.34	经济发展指数	11.12	人均 GDP	11.12
		社会发展指数	11.11	城市化率	3.70
				城镇居民家庭人均收入	3.70
				城镇职工失业率	3.70
		智力发展指数	11.11	人均教育科技活动经费支出	11.11

二、数据处理及低碳环保发展指数评价模型

（一）指标数据来源

本研究数据主要来源于：历年《中国统计年鉴》、《中国能源年鉴》、《中国环境年鉴》、《中国人口与就业年鉴》、《中国城市年鉴》、《中国城市建设统计年鉴》《中国电力年鉴》以及各地区（城市）的统计年鉴。

（二）指标数据逆向化处理

指标体系中有些指标与指数方向相反，即并非指标值越大越好，而是指标值越小越好，比如本指数中的单位 GDP 碳排放强度、人均碳排放等指标。为此，需要对这类指标进行逆向化处理。指标数值逆向化处理方法采取倒数处理，处理公式如下：

$$_{\delta}x^{-}{}_{ij} = \frac{1}{_{\delta}x_{ij}} \qquad (5-1)$$

其中，$_{\delta}x^{-}{}_{ij}$ 为 δ 年度第 i 地区（或城市）第 j 项指标逆向化处理后数据，x_{ij} 为 δ 年度第 i 地区（或城市）第 j 项指标的原始数据。

（三）基期数据的选择

鉴于指数指标数据收集难度，我们以 2005 年为评价基期年份，地区低碳环保发展指数基期数据为 2005 年全国指标数据（全国 2005 年 x_j，即 2005 年全国第 j 项指标值），城市低碳环保发展指数基期数据为 2005 年 284 个城市指标数据的均值（ 284 个城市均值 2005 年 x_j，即 2005 年 284 个城市第 j 项指标均值）。

（四）指标数据的无量纲化处理

由于低碳环保发展指数各项指标值量纲相差较大，比如人均 GDP 样本数据基本都是以万为单位计算，而单位面积 COD 排放量基本都是未超过 1 的数据，为了便于各项指标之间的对比，需要对指标数据进行无量纲化处理。指标无量纲化处理方法采用显性比例法，具体公式见下：

$$_{\delta}x^{*}{}_{ij} = \frac{_{\delta}x_{ij}}{\text{全国 2005 年 } x_j} \text{ 或 } _{\delta}x^{*}{}_{ij} = \frac{\overline{_{\delta}x_{ij}}}{\text{全国 2005 年 } x_j} \qquad (5-2)$$

$$_{\delta}x^{*}{}_{ij} = \frac{_{\delta}x_{ij}}{\text{284 个城市均值 2005 年 } x_j} \text{ 或 } _{\delta}x^{*}{}_{ij} = \frac{\overline{_{\delta}x_{ij}}}{\text{284 个城市均值 2005 年 } x_j}$$

$$(5-3)$$

（五）指标数据其处理

1. 物价因素的消除处理

以 2005 年 GDP 数据为基准年数据，后期各年度数据以此为基准进行折算，折算后的数据即为本研究所采用的扣除物价因素后的 GDP 数据。

2. 人均预期寿命数据的采用

由于地区人均预期寿命只有普查数据，而近期的人口六普数据关于地区人均预期寿命的数据至今未公布,所以评价中各地区人均预期寿命数据为2000 年人口"五普"公布的数据。

3. 地区 COD 和氨氮数据的采用

地区指数评价所采用的 COD 排放量为工业废水中 COD 排放量和生活污水中 COD 排放量的加总,所采用的废水中的氨氮排放量为工业废水中氨氮排放量和生活污水中氨氮排放量的加总。

4. 每十万人拥有的各种受教育程度人口数据

2010 年地区每十万人拥有的各种受教育程度人口数据是 2010 年第六次全国人口普查初步汇总的 11 月 1 日零时数,地区其年度每十万人拥有的各种受教育程度人口数据为人口变动情况抽样调查样本数据。

5. 空气质量达到二级以上天数占全年比重数据

由于缺乏地区层面空气质量数据,为此选取各地区省会城市空气质量达到二级以上天数占全年比重数据,全国空气质量数据为各省会城市空气质量数据的均值。

6. 城市环境污染部分数据

由于城市统计年鉴和城市建设统计年鉴均缺乏各城市工业增加值统计,工业增加值污染物排放强度替换为单位面积污染物排放强度。

7. 部分地区(城市)数据处理

由于缺乏西藏地区的部分环境和能源统计数据,评价研究对西藏地区暂不做评价,故地区评价样本地区为 30 个。拉萨市和思茅市统计数据缺乏严重,也无法进行技术处理,故对其进行删除处理。个旧市和铜陵市只有 2011 年数据统计,而缺乏以往数据统计,故对其也做删除处理。2011 年,安徽省撤销了巢湖、合肥、马鞍山、芜湖 4 地级市,而设立合肥、马鞍山和芜湖三个新的地级市,故自 2011 年起地级市缺少了巢湖市,故删除巢湖市。最后选取样本城市 284 个。有些指标缺乏某一年度数据,则采用前后年度数据均值加以处理(或采用年均速度方法进行处理)。

8. 城市指标最大值、最小值处理

本研究选取地级市以上城市 284 个进行评价,样本城市较多,这样就会出现城市间指标值存在较大差异的现象。如果不对指标最大值、最小值进行处

理,评价得分往往较为集中,不能拉开评价得分之间的差距,这与评价目的有所出入。考虑到本评价为多指标综合评价,针对某一指标最大值(或最小值)的技术处理,对指数最终评价结果影响不会太大,我们选择对指标最大值、最小值进行处理。该技术处理并不是对所有城市指标都进行最大值、最小值处理,而是对那些城市间差异较大的指标进行处理。对 284 个样本城市排名前十和后十城市指标进行处理,即指标排名前十的城市指标数据替换为排名第十一的城市指标数据,排名倒数十名的城市指标数据替换为排名倒数第十一的城市指标数据。其类型城市则对排名前三和后三名的指标数据进行替换处理。

(六)低碳环保发展指数评价模型

1. 环保指数 EP(Enviroment Protection Index)

环保指数评价模型可以表示如下:

$$_{\delta}EPI = \rho_{1\delta}x^{*}_{ep_1} + \rho_{2\delta}x^{*}_{ep_2} + \cdots + \rho_{m\delta}x^{*}_{ep_m} = \sum \rho_{m\delta}x^{*}_{ep_m} \qquad (5-4)$$

其中,$_{\delta}EPI$ 为 δ 年度环保指数,m 为环保指数系统中指标数量,ρ_m 为环保指数系统中第 m 项指标的权重,$_{\delta}x^{*}_{ep_m}$ 为 δ 年度环保指数系统中无量纲处理后的第 m 项指标。

则 δ 年度第 i 地区(或城市)环保指数评价模型可以表示如下:

$$_{\delta}EPI_i = \sum \rho_{m\delta}x^{*}_{ep_{im}} \qquad (5-5)$$

其中,$_{\delta}x^{*}_{ep_{im}}$ 为 δ 年度第 i 地区(或城市)环保指数系统中无量纲处理后的第 m 项指标。

2. 低碳指数(Low Carbon Index)

低碳指数评价模型可以表示如下:

$$_{\delta}LCI = \omega_{1\delta}x^{*}_{lc_1} + \omega_{2\delta}x^{*}_{lc_2} + \cdots + \omega_{n\delta}x^{*}_{lc_n} = \sum \omega_{n\delta}x^{*}_{lc_n} \qquad (5-6)$$

其中,$_{\delta}LCI$ 为 δ 年度的低碳指数,n 为低碳指数指标数量,ω_n 为低碳指数系统中第 n 项指标的权重,$_{\delta}x^{*}_{lc_n}$ 为 δ 年度低碳指数系统中无量纲处理后的第 n 项指标。

则 δ 年度第 i 地区(或城市)低碳指数评价模型可以表示如下:

$$_\delta LCI_i = \sum \omega_{n\delta} x^*_{lc_{in}} \tag{5-7}$$

其中，$x^*_{lc_{in}}$ 为 δ 年度第 j 地区（或城市）低碳指数系统中无量纲处理后的第 n 项指标。

3. 发展指数（Development Index）

发展指数评价模型可以表示如下：

$$_\delta DI = \sigma_{1\delta} x^*_{d_1} + \sigma_{2\delta} x^*_{d_2} + \cdots + \sigma_{p\delta} x^*_{d_p} = \sum \sigma_{p\delta} x^*_{d_p} \tag{5-8}$$

其中，$_\delta DI$ 为 δ 年度发展指数，p 为低碳指数指标数量，σ_p 为发展指数系统中第 p 项指标的权重，$_\delta x^*_{d_p}$ 为 δ 年度低碳指数系统中无量纲处理后的第 p 项指标。

则 δ 年度第 i 地区（或城市）发展指数评价模型可以表示如下：

$$_\delta DI_i = \sum \sigma_{p\delta} x^*_{d_{ip}} \tag{5-9}$$

其中，$_\delta x^*_{d_p}$ 为 δ 年度第 i 地区（或城市）发展指数系统中无量纲处理后的第 p 项指标。

4. 低碳环保发展综合指数（Low Carbon-Enviroment Protection-Development Index）

δ 年度低碳环保发展综合指数评价模型可以表示如下：

$$_\delta LEDI_i = \eta_{低碳\delta} EPI_i + \eta_{环保\delta} LCI_i + \eta_{发展\delta} DI_i) \tag{5-10}$$

其中，$\eta_{低碳}$、$\eta_{环保}$、$\eta_{发展}$ 分别为低碳指数、环保指数和发展指数的权重。

中 篇

中国地区低碳环保发展指数评价

第六章　中国地区低碳环保发展
指数总体评价

一、低 碳 指 数

（一）低碳生产指数

1. 低碳生产指数区域差异较大，指数受经济、资源、环境影响大

2011 年，北京市低碳生产指数评价得分 26.80 分，位居全国第一，广东、浙江分别以 21.09 分和 18.84 分的指数评价得分，排名紧随北京之后。三地经济社会发展水平较高，产业结构也比较先进。以北京市为例，2011 年北京市人均 GDP12447 美元，三产增加值所占经济总体比例高达 76.1%，规模以上高技术制造业创造的产值是规模以上工业产值的 20% 多，经济活动低碳特征明显，所以它们的低碳生产指数评价得分相对较高。但宁夏、山西和内蒙古低碳生产指数评价得分较低，评价得分分别为 6.35 分、6.48 分和 7.13 分，位居全国各地区最后三名。三地较低的低碳生产指数不仅与其经济发展水平、经济结构等有关，同时与地区能源利用结构也密切相关。山西、内蒙古是我国重要能源生产基地，区域煤炭储量和产量位居全国首位，两地区不仅为我国其地区提供大量煤炭产品，本地经济活动也得天独厚享受到煤炭资源丰富的优势，这造成区域经济活动能源利用以煤炭为主，加上它们较低的经济发展水平和产业结构，故三地低碳生产指数评价得分较低。

表 6-1   2011 年地区低碳生产指数评价得分及排序

地 区	排 序	评价得分	地 区	排 序	评价得分
北 京	1	26.80	湖 北	16	12.58
广 东	2	21.09	黑龙江	17	11.53
浙 江	3	18.84	山 东	18	11.49
上 海	4	18.35	云 南	19	10.92
四 川	5	17.75	河 南	20	10.68
福 建	6	17.63	吉 林	21	10.29
江 苏	7	17.26	辽 宁	22	9.81
江 西	8	16.46	青 海	23	9.14
天 津	9	15.22	甘 肃	24	8.41
广 西	10	14.81	新 疆	25	8.12
湖 南	11	14.61	河 北	26	7.26
安 徽	12	14.40	贵 州	27	7.13
海 南	13	14.35	内蒙古	28	6.48
陕 西	14	13.54	山 西	29	6.35
重 庆	15	13.48	宁 夏	30	4.10

注释:按照评价模型,2005 年全国低碳生产指数评价得分为 11.11。

2. 地区低碳生产指数总体有所优化

近年,我国经济社会活动规模日益增加,经济社会发展引致能源供给日趋紧张、环境问题不断恶化,推进节能减排工作,调整经济发展方式,优化经济结构成为当前经济活动的主旋律,在此推动下我国地区低碳生产指数总体有所优化。2005—2011 年,我国有 27 个地区的低碳生产指数评价得分有所增加,但增幅并不大,其中贵州增幅最大,年均增幅 8.31%;而海南、青海和新疆地区的低碳生产指数则出现了恶化,其中海南和青海下降幅较大,年均降幅分别为 8.28%和 1.29%。

表6-2　2005—2011年地区低碳生产指数评价得分

	2005 年	2006 年	2007 年	2008 年	2009 年	2010 年	2011 年
北　京	18.48	19.32	20.67	22.30	24.00	25.22	26.80
天　津	12.73	12.62	12.66	13.97	14.43	14.60	15.22
河　北	6.74	6.77	7.09	7.21	7.51	7.49	7.26
山　西	5.32	5.36	5.66	5.87	5.99	6.10	6.35
内蒙古	5.69	6.06	6.37	6.62	7.07	7.18	6.48
辽　宁	8.94	8.94	8.70	9.67	9.88	9.55	9.81
吉　林	7.67	7.48	8.00	8.59	9.84	10.36	10.29
黑龙江	11.04	10.57	10.63	11.12	11.40	11.78	11.53
上　海	16.03	16.08	16.36	16.60	17.51	17.56	18.35
江　苏	14.51	14.99	15.49	16.19	16.95	17.65	17.26
浙　江	16.17	16.35	16.29	16.63	17.39	18.93	18.84
安　徽	10.51	10.40	10.81	11.52	12.41	13.55	14.40
福　建	16.33	16.70	16.66	16.54	17.01	18.55	17.63
江　西	13.64	14.33	14.36	15.33	15.99	16.14	16.46
山　东	9.93	10.67	10.49	10.95	11.65	11.47	11.49
河　南	9.63	9.64	9.87	10.51	10.98	11.03	10.68
湖　北	10.73	10.67	11.11	12.12	12.52	12.41	12.58
湖　南	10.31	10.66	11.29	11.93	13.10	14.41	14.61
广　东	19.21	19.63	19.56	19.81	20.58	20.52	21.09
广　西	12.96	12.91	13.26	15.23	15.18	15.20	14.81
海　南	24.11	23.31	20.76	19.85	20.24	21.19	14.35
重　庆	13.37	13.26	14.24	12.70	13.32	13.08	13.48
四　川	14.66	15.07	15.50	14.77	15.28	16.86	17.75
贵　州	4.42	4.44	5.00	6.32	6.42	6.82	7.13
云　南	8.23	8.36	8.68	9.66	9.60	10.10	10.92
陕　西	10.43	11.34	12.51	12.94	12.91	12.94	13.54
甘　肃	6.82	7.28	7.45	7.47	8.22	8.13	8.41
青　海	9.88	8.80	8.46	8.58	9.54	10.64	9.14
宁　夏	3.48	3.44	3.78	3.98	4.32	4.35	4.10
新　疆	8.15	8.38	8.35	8.41	7.55	8.60	8.12

注释:按照评价模型,2005年全国低碳生产指数评价得分为11.11。

3. 指数在空间上由"东南向西北"逐步降低的特点

受经济社会发展水平、资源环境禀赋等影响,我国低碳生产指数在空间上呈现出"由东南向西北"逐步降低的特点。2011 年,东南地区的广东省成为低碳生产指数高地,浙江、上海、福建、江苏、江西、湖南、安徽等地组成第二梯队,东北三省、山东、河南、陕西、广西、青海组成第三梯队,新疆、宁夏、甘肃、山西、河北低碳生产指数得分最低。我国低碳生产指数这种空间分布格局保持较强的稳定性,虽然近年新疆、陕西、湖南、海南的低碳生产指数在全国地位有所变化,但这并没有改变我国低碳生产指数总体空间格局。

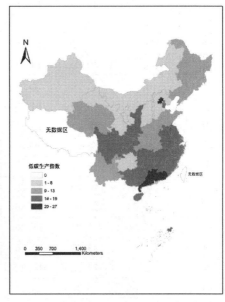

2005 年　　　　　　　　　　　2011 年

图 6-1　2005-2011 年中国地区低碳生产指数空间分布格局示意图

从七大区域划分角度看①,我国低碳生产指数区域差异明显。华南地区

---

① 华北地区(北京、天津、河北、山西、内蒙古)、华东地区(上海、山东、江苏、安徽、江西、浙江、福建、台湾)、华中地区(湖北、湖南、河南)、华南地区(广东、广西、海南、香港、澳门)、西南地区(重庆、四川、贵州、云南、西藏)、西北地区(陕西、甘肃、宁夏、新疆、青海)、东北地区(黑龙江、吉林、辽宁)。

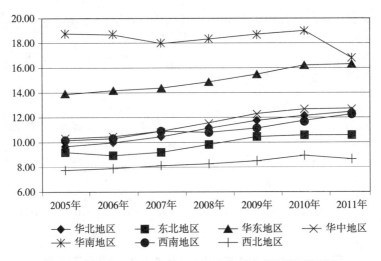

图 6-2　2005-2011 年中国七大区域低碳生产指数评价得分

和华东地区的低碳生产指数明显高于其区域,华中地区、西南地区和东北地区的低碳生产指数区域差异不大,西北地区的低碳生产指数最小。从指数动态变化角度看,近年除华南地区的低碳生产指数总体有所下降外,其地区的低碳生产指数均表现出增长态势,尤其华东地区、华中地区和西南地区的指数增长趋势明显,华南地区指数的下降主要是由于海南指数下降拉动的缘故。

从三大区域划分角度看[1],我国低碳生产指数的区域差异性更大。东部地区的低碳生产指数遥遥领先于中西部地区,中部地区的低碳生产指数又稍高于西部地区。由于三大区域涉及地区数量较多,故区域低碳生产指数变化趋势也更加明显。近年三大区域低碳生产指数均表现出增长趋势,尤其中部地区指数增长幅度较大,而东部地区的指数在经历 2005—2007 年平稳之后,2007—2010 年开始快速增加,但 2011 年又有所下降。

---

[1]　东部地区(辽宁、河北、北京、天津、山东、江苏、浙江、上海、福建、广东、广西、海南、台湾、香港、澳门),中部地区(黑龙江,吉林,内蒙古,山西,河南,湖北,江西,安徽和湖南),西部地区(陕西,甘肃,青海,宁夏回族自治区,新疆,四川,重庆,云南,贵州和西藏)

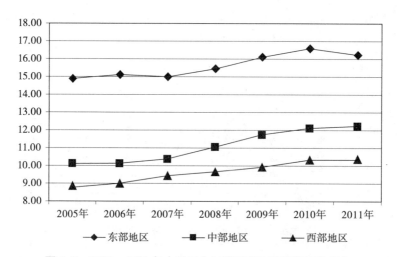

图 6-3　2005—2011 年中国三大区域低碳生产指数评价得分

表 6-3　2005—2011 年地区低碳生产指数评价得分的统计分析指标

	极小值	极大值	均　值	标准差	方　差	最大值-最小值	离散系数
2005 年	3.48	24.11	11.34	4.73	22.41	20.63	0.42
2006 年	3.44	23.31	11.46	4.76	22.66	19.87	0.42
2007 年	3.78	20.76	11.67	4.59	21.06	16.98	0.39
2008 年	3.98	22.30	12.11	4.55	20.74	18.32	0.38
2009 年	4.32	24.00	12.63	4.76	22.65	19.68	0.38
2010 年	4.35	25.22	13.08	5.00	24.98	20.87	0.38
2011 年	4.10	26.80	12.96	5.03	25.27	22.70	0.39

（二）低碳消费指数

1. 东部地区低碳消费指数明显偏低,指数受居民消费水平影响较大

2011 年,四川、江西和广西低碳消费指数评价得分分别为 13.22 分、12.28 分和 11.42 分,位居全国地区前三甲。江西省较高的低碳消费指数与其经济发展水平低有关,2011 年江西省人均 GDP 近为 26150 元,位居全国倒数第八,居民消费能力有限。四川和广西两地区低碳消费指数不仅与其较低的居民消费水平有关,同时与其能源利用结构也有关,两地区地处我国西南,能源资源相对缺乏,但水利资源丰富,水电在能源利用中占有一定比例,所以它们的低碳消费指数评价得分要高。相反,内蒙古、宁夏和天津的低碳消费指数评价得分则低很多,评价得分分别为2.18分、2.43分和3.55分,在全国各地区中处在倒数三名。内蒙古和宁夏两地较低的低碳消费指数主要是经济社会活动过度依赖煤炭资源的结果,两地及其周边地区煤炭资源丰富,两地不仅经济活动对煤炭资源利用强度大,居民生活对煤炭消费量也很大,所以它们的低碳消费指数要差。天津市的低碳消费指数除了与其能源利用结构有关,同时与其居民较强的消费能力也有关。2011年,天津市城镇居民人均年现金支出18424元,全国排名第五,居民消费能力较强。

表6-4　2011年地区低碳消费指数评价得分及排序

地　区	排　序	评价得分	地　区	排　序	评价得分
四　川	1	13.22	黑龙江	16	6.84
江　西	2	12.28	北　京	17	6.48
广　西	3	11.42	浙　江	18	6.19
云　南	4	11.06	青　海	19	6.05
安　徽	5	10.92	江　苏	20	5.4
海　南	6	9.71	新　疆	21	5.28
湖　南	7	9.53	吉　林	22	5.21
贵　州	8	8.44	山　东	23	4.75
甘　肃	9	8.35	上　海	24	4.36
广　东	10	8.1	河　北	25	4.17
陕　西	11	7.88	山　西	26	3.95
重　庆	12	7.65	辽　宁	27	3.76
福　建	13	7.26	天　津	28	3.55
河　南	14	7.24	宁　夏	29	2.43
湖　北	15	7.18	内蒙古	30	2.18

注释:按照评价模型,2005年全国低碳消费指数评价得分为11.11。

2. 地区低碳消费指数下降趋势明显

近年我国经济保持持续快速增长势头,居民生活消费能力和消费水平日趋提升,在此带动下,居民消费产生的碳排放强度也是与日俱增。2005—2011 年,除北京市以外,我国其地区的低碳消费指数均出现不同程度的下降。北京市的低碳消费指数不降反增,主要因为近年其经济结构调整和能耗型企业外迁的缘故,目前北京市工业增加值所占经济总体比重不足 20%,而以首钢为代表的一批能耗型企业的外迁就给北京降低碳排放做出了很大贡献(因为本研究采用了人均碳排放指标表征低碳消费指数)。海南、青海、内蒙古、宁夏等地区的低碳消费指数下降幅度较大,年均下降幅度均超过 10%,其中海南省低碳消费指数年均下降幅度接近 18%。

表 6-5　2005—2011 年地区低碳消费指数评价结果

	2005 年	2006 年	2007 年	2008 年	2009 年	2010 年	2011 年
北　京	5.77	5.53	5.42	5.79	5.87	6.33	6.48
天　津	4.81	4.46	4.25	4.16	3.99	3.71	3.55
河　北	6.52	5.98	5.71	5.36	5.19	4.77	4.17
山　西	5.97	5.45	5.04	4.66	4.72	4.27	3.95
内蒙古	4.95	4.34	3.81	3.24	3.02	2.74	2.18
辽　宁	6.63	6.02	5.29	5.20	4.77	4.08	3.76
吉　林	8.14	7.00	6.54	6.22	6.27	5.93	5.21
黑龙江	10.82	9.55	9.05	8.71	8.60	7.86	6.84
上　海	4.63	4.38	4.27	4.30	4.35	4.25	4.36
江　苏	8.37	7.75	7.27	6.91	6.50	6.05	5.40
浙　江	8.51	7.74	7.08	6.88	6.75	6.71	6.19
安　徽	17.01	15.26	14.20	13.60	12.80	11.78	10.92
福　建	12.54	11.59	10.28	9.47	8.62	8.39	7.26
江　西	20.50	18.93	17.10	16.47	15.67	13.75	12.28
山　东	7.07	6.66	6.02	5.68	5.51	5.07	4.75
河　南	12.07	10.75	9.72	9.37	9.05	8.11	7.24
湖　北	13.15	11.71	10.72	10.40	9.35	8.04	7.18
湖　南	13.98	12.91	12.02	11.22	10.88	10.66	9.53
广　东	11.08	10.23	9.40	9.07	8.94	8.40	8.10
广　西	21.43	18.84	17.16	17.79	16.08	13.21	11.42

续表

	2005 年	2006 年	2007 年	2008 年	2009 年	2010 年	2011 年
海　南	31.44	27.38	22.11	19.20	17.90	16.09	9.71
重　庆	15.26	13.99	13.55	10.59	9.87	8.60	7.65
四　川	23.06	20.80	18.85	16.24	14.96	14.24	13.22
贵　州	11.63	10.29	9.96	10.87	9.82	9.30	8.44
云　南	14.97	13.80	12.97	13.13	12.03	11.61	11.06
陕　西	13.84	12.98	12.73	11.20	9.97	8.62	7.88
甘　肃	12.70	11.95	11.10	10.24	10.49	9.11	8.35
青　海	13.96	10.92	9.26	7.95	8.32	8.01	6.05
宁　夏	4.79	4.20	3.97	3.48	3.38	2.94	2.43
新　疆	8.90	8.28	7.85	7.30	6.45	6.24	5.28

注释:按照评价模型,2005 年全国低碳消费指数评价得分为 11.11。

3. 低碳消费指数"南高—北低、西高—东低"的特征明显

中国地区低碳消费指数空间分布相对分散,但总体仍可以发现其具有"南高-北低、西高-东低"的特征。2011 年,我国长江以南地区的低碳消费指数总体要高于长江以北地区,这种空间分布特征与我国资源环境禀赋条件和气候条件有关,北方地区能源资源丰富,经济社会活动对能源尤其化石能源利用强度大,比如冬季取暖这些地区也要消耗大量能源,所以北方地区低碳消费指数总体偏低。低碳消费指数东西差异特征则主要是由居民消费能力引起的,东部沿海地区经济发展水平相对较好,居民消费能力较强,所以其低碳消费指数低,广大中西部地区经济发展水平相对较低,居民消费能力也弱,它们的低碳消费指数评价得分要高。我国低碳消费指数这种空间分布格局也保持有较强稳定性,2005 — 2011 年除少部分地区在全国地位有所变化外(如陕西),其大部分地区在全国的位置并没有发生变化。

七大区域之间的低碳消费指数也存在明显差异。华南地区和西南地区的低碳消费指数远远高于其地区,华中地区、华东地区、西北地区和东北地区之间的低碳消费指数相差不大,华北地区的低碳消费指数最小。2005 — 2011 年,七大区域的低碳消费指数均出现了不同幅度的下降,尤其华南地区低碳消

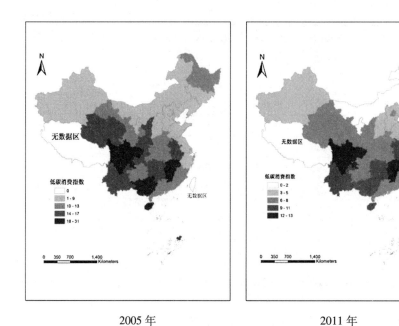

2005 年   2011 年

图 6-4　2005—2011 年中国地区低碳消费指数空间分布格局示意图

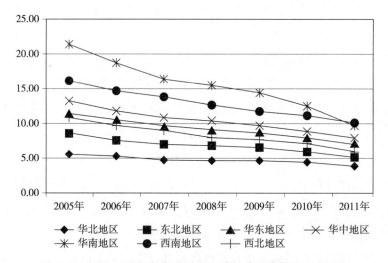

图 6-5　2005—2011 年中国七大区域低碳消费指数评价得分

费指数下降幅度最大,华北地区低碳消费指数的下降幅度最小。在低碳消费
指数不断下降的带动下,七大区域之间的低碳消费指数差异逐渐缩小。

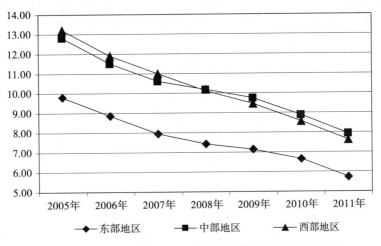

图 6-6　2005—2011 年中国三大区域低碳消费指数评价得分

三大区域低碳消费指数也具有一定差异。西部地区的低碳消费指数明显低于东部地区和中部地区,而东部地区和中部地区低碳消费指数之间的差异较小。近年,三大区域低碳消费指数也表现出一边倒的趋势,指数均表现出明显下降趋势,且下降幅度基本相当。

表 6-6　2005—2011 年地区低碳消费指数评价得分的统计分析指标

	极小值	极大值	均　值	标准差	方　差	最大值-最小值	离散系数
2005 年	4.63	31.44	11.82	6.26	39.19	26.81	0.53
2006 年	4.20	27.38	10.66	5.52	30.48	23.18	0.52
2007 年	3.81	22.11	9.76	4.75	22.56	18.30	0.49
2008 年	3.24	19.20	9.16	4.33	18.77	15.96	0.47
2009 年	3.02	17.90	8.67	3.94	15.54	14.88	0.45
2010 年	2.74	16.09	7.96	3.49	12.16	13.35	0.44
2011 年	2.18	13.22	7.03	2.90	8.43	11.04	0.41

(三)低碳资源指数

1. 低碳资源指数受自然环境的影响很大

2011 年,吉林、云南和福建凭借着活立木储量丰富的优势,低碳资源指数排在全国前三位,低碳资源指数分别获得了 35.81 分、34.65 分和 33.29 分的评价得分。东北地区的吉林省是我国重要林业基地,森林覆盖率高达 42.5%,活立木总蓄量全国第 6,省内的长白山区是我国六大林区之一,而其区域面积并不大,所以吉林获得了较高的低碳资源指数评价得分。云南和福建分别处在我国西南和东南地区,区域内山地、丘陵占有面积大,气候适宜,降雨充沛,故两地的活立木储量也比较大,低碳资源指数评价得分高。相反,青海、宁夏和新疆的低碳资源指数表现较差,指数评价得分分别仅有 0.48 分、0.93 分和 1.58 分,在全国处在倒数位置。三地处在我国西北地区,该地区属于典型的温带大陆性气候,夏季炎热,冬季严寒,降水稀少,终年干旱,且这些地区海拔较高,地形复杂,草地、荒漠、戈壁滩等占有较大面积,区域内林业资源缺乏,所以它们的低碳资源指数评价得分很低。

表 6-7　2011 年地区低碳资源指数评价得分及排序

地　区	排　序	评价得分	地　区	排　序	评价得分
吉　林	1	35.81	湖　北	16	9.65
云　南	2	34.65	内蒙古	17	9.22
福　建	3	33.29	安　徽	18	9
黑龙江	4	28.31	河　南	19	8.46
四　川	5	27.04	北　京	20	6.1
江　西	6	20.93	山　西	21	4.38
海　南	7	17.42	山　东	22	4.26
广　西	8	16.67	河　北	23	4.19
浙　江	9	14.26	甘　肃	24	4.17
湖　南	10	13.98	江　苏	25	3.65
广　东	11	13.87	上　海	26	2.59
陕　西	12	13.62	天　津	27	1.8
重　庆	13	13.01	新　疆	28	1.58
贵　州	14	12.29	宁　夏	29	0.93
辽　宁	15	11.09	青　海	30	0.48

注释:按照评价模型,2005 年全国低碳资源指数评价得分为 11.11。

2. 地区低碳资源指数总体有所优化

人类经济社会活动不仅消耗掉大量能源、排放出大量温室气体和环境污染物,同时还侵占、破坏了很多森林资源。上世纪,源于人类活动侵占和破坏,我国森林覆盖率和林木资源下降幅度很大,这引起我国政府的高度重视,20世纪末开始通过人工造林等方式恢复森林资源。这些活动所带来的效果比较明显,2005—2011 年我国 30 个地区活立木储存量均有所增加。在此带动下,评价样本地区的低碳资源指数均有所优化,尤其浙江、河南的活立木储存量增加幅度较大,期间保持了年均 5% 以上的增速。

表 6-8　2005—2011 年地区低碳资源指数评价结果

	2005 年	2006 年	2007 年	2008 年	2009 年	2010 年	2011 年
北　京	5.56	5.56	5.56	5.56	6.10	6.10	6.10
天　津	1.52	1.52	1.52	1.52	1.80	1.80	1.80
河　北	3.56	3.56	3.56	3.56	4.19	4.19	4.19
山　西	3.62	3.62	3.62	3.62	4.38	4.38	4.38
内蒙古	8.72	8.72	8.72	8.72	9.22	9.22	9.22
辽　宁	9.72	9.72	9.72	9.72	11.09	11.09	11.09
吉　林	34.64	34.64	34.64	34.64	35.81	35.81	35.81
黑龙江	25.73	25.73	25.73	25.73	28.31	28.31	28.31
上　海	2.20	2.20	2.20	2.20	2.59	2.59	2.59
江　苏	2.96	2.96	2.96	2.96	3.65	3.65	3.65
浙　江	10.19	10.19	10.19	10.19	14.26	14.26	14.26
安　徽	7.01	7.01	7.01	7.01	9.00	9.00	9.00
福　建	31.06	31.06	31.06	31.06	33.29	33.29	33.29
江　西	17.40	17.40	17.40	17.40	20.93	20.93	20.93
山　东	2.87	2.87	2.87	2.87	4.26	4.26	4.26
河　南	6.26	6.26	6.26	6.26	8.46	8.46	8.46
湖　北	7.31	7.31	7.31	7.31	9.65	9.65	9.65

续表

	2005 年	2006 年	2007 年	2008 年	2009 年	2010 年	2011 年
湖　南	11.06	11.06	11.06	11.06	13.98	13.98	13.98
广　东	12.82	12.81	12.81	12.81	13.87	13.87	13.87
广　西	13.15	13.15	13.15	13.15	16.67	16.67	16.67
海　南	17.25	17.25	17.25	17.25	17.42	17.42	17.42
重　庆	9.97	9.97	9.97	9.97	13.01	13.01	13.01
四　川	25.35	25.35	25.35	25.35	27.04	27.04	27.04
贵　州	9.26	9.26	9.26	9.26	12.29	12.29	12.29
云　南	31.32	31.32	31.32	31.32	34.65	34.65	34.65
陕　西	12.60	12.60	12.60	12.60	13.62	13.62	13.62
甘　肃	3.75	3.75	3.75	3.75	4.17	4.17	4.17
青　海	0.44	0.44	0.44	0.44	0.48	0.48	0.48
宁　夏	0.71	0.71	0.71	0.71	0.93	0.93	0.93
新　疆	1.46	1.46	1.46	1.46	1.58	1.58	1.58

注释:按照评价模型,2005 年全国低碳资源指数评价得分为 11.11。

3. 低碳资源指数呈片状分布的特点

如上所述,地区林木资源储量与区域气候条件、地形条件等具有很大关系。同时,人类经济社会活动与地区林木储量关系也很密切,人类活动密集地区往往容易侵占、破坏林木资源,所以这些地区林木资源相对缺乏。在上述两方面因素的影响下,我国低碳资源指数在空间上总体呈现出片状分布的特点。西北干旱地区,林木资源缺乏,低碳资源指数表现最差;长江以南地区属于亚热带季风气候,区域林木资源丰富,低碳资源指数表现最好;华北地区虽然气候条件也适宜于林木存活,但人类活动比较密集,所以这些地区的低碳资源指数表现一般;黑龙江、吉林、陕西是低碳资源指数空间分布格局中的跳跃点,这些地区依靠适宜的气候、较多的山地、稀疏的人口分布,低碳资源指数表现也不错。区域林木资源相对稳定,人类短期的造林活动等难以改变其空间分布格局,故我国近期低碳资源指数空间分布格局也相对稳定(见图 6-7)。

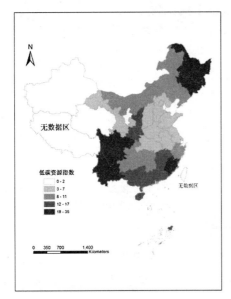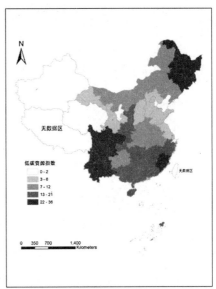

2005 年   2011 年

图 6-7 2005—2011 年中国地区低碳资源指数空间分布格局示意图

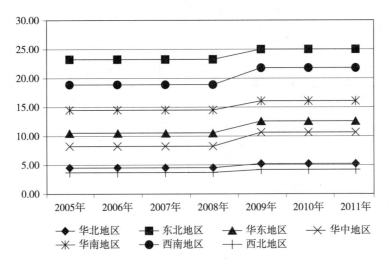

图 6-8 2005—2011 年中国七大区域低碳资源指数评价得分

由于本研究所能利用的区域活立木蓄积量只有两年数据,故评价结果并不能完全反映出指数的变化。尽管如此,评价结果仍然显示出低碳资源区域

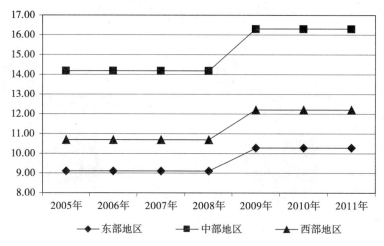

图 6-9 2005—2011 年中国三大区域低碳资源指数评价得分

之间的差异,东北地区低碳资源指数最高,其次是西南地区、华南地区、华东地区和华中地区,华北地区的低碳资源指数最低;中部地区的低碳资源指数高于西部地区的低碳资源指数,而西部地区的低碳资源指数又高于东部地区的低碳资源指数。从指数动态变化角度看,七大区域和三大区域的低碳资源指数均表现出增长的特点。

表 6-9 2005—2011 年地区低碳资源指数评价得分的统计分析指标

	极小值	极大值	均　值	标准差	方　差	最大值-最小值	离散系数
2005 年	0.44	34.64	10.98	9.74	94.81	34.20	0.89
2006 年	0.44	34.64	10.98	9.74	94.81	34.20	0.89
2007 年	0.44	34.64	10.98	9.74	94.81	34.20	0.89
2008 年	0.44	34.64	10.98	9.74	94.81	34.20	0.89
2009 年	0.48	35.81	12.56	10.34	106.90	35.33	0.82
2010 年	0.48	35.81	12.56	10.34	106.90	35.33	0.82
2011 年	0.48	35.81	12.56	10.34	106.90	35.33	0.82

（四）低碳指数

1. 低碳指数区域差异逐步缩小,总体仍有"中-东-西"降低的特点

2011 年,在低碳生产指数、低碳消费指数、低碳资源指数的共同作用下,福建、四川和云南低碳指数获得了较高的低碳指数评价得分,评价得分均超过了 55 分,排名全国前三。福建和四川较好的低碳指数是低碳生产指数和低碳资源指数带动的结果,而云南低碳指数表现是低碳消费指数和低碳资源指数推动的结果。而宁夏、山西和新疆低碳指数表现则较差,低碳指数评价得分均小于 15 分,全国倒数后三名。宁夏低碳指数得分很低与其低碳生产指数、低碳消费指数和低碳资源指数表现很差有关,山西的低碳指数表现不好是其低碳生产指数和低碳消费指数拖动的结果,而新疆表现不好的低碳生产指数、低碳消费指数和表现较差的低碳资源指数把低碳指数排名拖到全国倒数第三的位置。

表 6-10　2011 年地区低碳指数评价得分及排序

地　区	排　序	评价得分	地　区	排　序	评价得分
福　建	1	58.18	湖　北	16	29.40
四　川	2	58.00	贵　州	17	27.86
云　南	3	56.63	河　南	18	26.37
吉　林	4	51.31	江　苏	19	26.3
江　西	5	49.67	上　海	20	25.3
黑龙江	6	46.68	辽　宁	21	24.67
广　东	7	43.05	甘　肃	22	20.93
广　西	8	42.90	天　津	23	20.57
海　南	9	41.48	山　东	24	20.50
北　京	10	39.38	内蒙古	25	17.87
浙　江	11	39.30	青　海	26	15.66
湖　南	12	38.12	河　北	27	15.63
陕　西	13	35.04	新　疆	28	14.97
安　徽	14	34.32	山　西	29	14.68
重　庆	15	34.14	宁　夏	30	7.47

注释:按照评价模型,2005 年全国低碳指数评价得分为 33.33。

2. 地区低碳指数总体有所恶化

2005—2011 年,在低碳生产指数、低碳消费指数和低碳资源指数变化的共同作用下,我国地区低碳指数变化幅度和方向均有差异,但总体看指数有所恶化。低碳指数评价得分增加的地区有 10 个,除北京(4.75%)和浙江(2.01%)指数得分变化幅度较大外,其地区指数得分年均增速都没有超过2%;低碳指数评价得分减少的地区有 20 个,除海南(-8.95%)和青海(-7.05%)指数得分下降幅度较大外,其地区指数得分年均下降幅度都没有超过 4%。

表 6-11　2005—2011 年地区低碳指数评价结果

	2005 年	2006 年	2007 年	2008 年	2009 年	2010 年	2011 年
北　京	29.81	30.41	31.65	33.65	35.97	37.65	39.38
天　津	19.06	18.60	18.43	19.66	20.22	20.11	20.57
河　北	16.83	16.31	16.37	16.13	16.88	16.44	15.63
山　西	14.91	14.43	14.32	14.15	15.09	14.75	14.68
内蒙古	19.37	19.13	18.90	18.59	19.30	19.14	17.87
辽　宁	25.28	24.68	23.71	24.59	25.75	24.72	24.67
吉　林	50.45	49.12	49.18	49.45	51.92	52.10	51.31
黑龙江	47.59	45.85	45.41	45.56	48.31	47.94	46.68
上　海	22.86	22.66	22.83	23.10	24.45	24.40	25.30
江　苏	25.84	25.70	25.72	26.06	27.10	27.36	26.30
浙　江	34.87	34.28	33.55	33.70	38.41	39.90	39.30
安　徽	34.54	32.66	32.02	32.13	34.21	34.33	34.32
福　建	59.93	59.36	58.00	57.07	58.92	60.22	58.18
江　西	51.53	50.65	48.86	49.20	52.60	50.83	49.67
山　东	19.87	20.20	19.38	19.50	21.42	20.80	20.50
河　南	27.96	26.65	25.86	26.15	28.48	27.60	26.37
湖　北	31.19	29.68	29.14	29.83	31.52	30.10	29.40
湖　南	35.35	34.63	34.37	34.22	37.95	39.04	38.12
广　东	43.11	42.67	41.77	41.70	43.39	42.80	43.05
广　西	47.55	44.90	43.58	46.17	47.94	45.08	42.90

续表

	2005 年	2006 年	2007 年	2008 年	2009 年	2010 年	2011 年
海　南	72.80	67.94	60.12	56.30	55.56	54.70	41.48
重　庆	38.61	37.22	37.77	33.27	36.21	34.69	34.14
四　川	63.07	61.23	59.70	56.36	57.28	58.14	58.00
贵　州	25.30	23.99	24.22	26.45	28.53	28.40	27.86
云　南	54.53	53.49	52.98	54.11	56.29	56.37	56.63
陕　西	36.87	36.92	37.84	36.74	36.50	35.19	35.04
甘　肃	23.27	22.98	22.30	21.46	22.88	21.41	20.93
青　海	24.28	20.17	18.16	16.97	18.34	19.13	15.66
宁　夏	8.98	8.36	8.47	8.17	8.63	8.23	7.47
新　疆	18.51	18.12	17.66	17.17	15.57	16.43	14.97

注释:按照评价模型,2005 年全国低碳指数评价得分为 33.33。

3."南北差异"的空间格局与能源结构、地理环境、发展水平等关系密切

从指数空间格局上看,我国低碳指数"南北差异"明显。北方地区除黑龙江、吉林、北京和陕西表现相对较好外,其地区低碳指数表现都不好,这与北方能源利用结构、地理环境、发展水平有关。南方大部分地区的低碳指数表现都不错,尤其西南地区的四川和云南以及东南地区的福建和江西低碳指标表现最好,当然南方表现较好的低碳指数也是其能源利用结构、地理环境和发展水平等因素综合作用的结果。另外,我国低碳指数还具有中间塌陷的特征,河南、湖北以及贵州的低碳指数相比周边地区要小,它们在空间上形成了一个塌陷区。

2005—2011 年,七大区域低碳指数变化方向和幅度不一。华南地区和西北地区的低碳指数表现出明显的下降趋势,华北地区的低碳指数上升幅度不大,而其四大区域的低碳指数则表现出先升后降的特点。在区域低碳指数变化的推动下,七大区域低碳指数之间的差异有不断缩小的趋势。2005 年区域之间指数评价得分相差 35 个分值,到 2011 年区域之间指数得分差值减小到 25 个分值。

从三大区域看,低碳指数呈现出"中-东-西"降低的特点,中部地区的低碳指数要高于东部地区的低碳指数,而东部地区的低碳指数又高于西部地区

 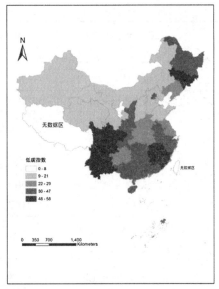

2005 年   2011 年

图 6-10　2005—2011 年中国地区低碳指数空间分布格局示意图

的低碳指数。而从指数变化角度看,近年三大区域低碳指数均表现出一定曲折性,指数呈现出先降后升然后再降的特点,2005—2008 年低碳指数持续下降,到 2009 年低碳指数又出现一定幅度上升,2010 年后指数又开始下降。

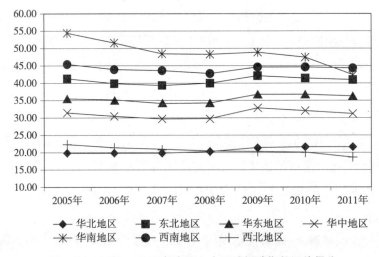

图 6-11　2005—2011 年中国七大区域低碳指数评价得分

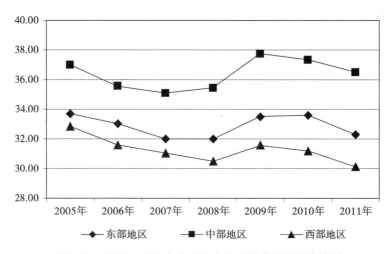

图 6-12 2005—2011 年中国三大区域低碳指数评价得分

表 6-12 2005—2011 年地区低碳指数评价得分的统计分析指标

	极小值	极大值	均　值	标准差	方　差	最大值-最小值	离散系数
2005 年	8.98	72.80	34.14	15.85	251.08	63.82	0.46
2006 年	8.36	67.94	33.10	15.30	234.16	59.58	0.46
2007 年	8.47	60.12	32.41	14.56	212.03	51.65	0.45
2008 年	8.17	57.07	32.25	14.19	201.24	48.90	0.44
2009 年	8.63	58.92	33.85	14.59	212.72	50.29	0.43
2010 年	8.23	60.22	33.60	14.63	213.95	51.99	0.44
2011 年	7.47	58.18	32.55	14.21	201.84	50.71	0.44

二、环保指数

（一）环境污染指数

1. 环境污染指数地区差异较大，且这种差异有逐步扩大趋势

本研究中的环境污染指数是用来体现经济社会活动环境污染物排放强度，环境污染指数越大代表地区（城市）经济社会活动的环境污染物排放强度

越低,相反指数越小说明地区(城市)经济社会活动的环境污染物排放强度高。2011 年,北、上、广三地环境污染指数分别获得了 67. 21 分、43. 09 分和 35. 44 分的评价得分,评价得分位居全国前三。不难发现,地区环境污染指数排名前十的地区,除重庆以外,其地区全部位于我国沿海,这些地区经济社会发展水平相对较高,发展过程中对环境重视程度高,经济社会活动中的环境技术水平也高,所以这些地区环境污染指数表现较好。相反,我国西北一些欠发达地区环境污染指数表现要差很多,宁夏、甘肃和新疆的环境污染指数评价得分仅有 6. 14 分、7. 91 分和 8. 28 分,排名最后三名。相比其他指数,我国地区环境污染指数区域差异性较大,2011 年北京市评价得分是宁夏评价得分的 27 倍之多,离散系数为 0. 68。不仅如此,地区环境污染指数区域差异性还有扩大趋势,离散系数由 2005 年的 0. 57 一直增加到 2011 年的 0. 68。

表 6-13　2011 年地区环境污染指数评价得分及排序

地　区	排　序	评价得分	地　区	排　序	评价得分
北　京	1	67. 21	四　川	16	14. 46
上　海	2	43. 09	吉　林	17	14. 26
广　东	3	35. 44	江　西	18	13. 54
天　津	4	35. 37	陕　西	19	13. 43
浙　江	5	31. 49	河　北	20	13. 12
江　苏	6	28. 47	黑龙江	21	12. 56
海　南	7	26. 07	辽　宁	22	12. 17
福　建	8	23. 99	内蒙古	23	11. 14
山　东	9	18. 24	云　南	24	10. 82
重　庆	10	16. 97	山　西	25	10. 38
湖　北	11	16. 62	贵　州	26	9. 23
湖　南	12	16. 16	青　海	27	8. 8
安　徽	13	15. 89	新　疆	28	8. 28
广　西	14	15. 31	甘　肃	29	7. 91
河　南	15	15. 10	宁　夏	30	6. 14

注释:按照评价模型,2005 年全国环境污染指数评价得分为 11. 11。

2. 地区环境污染指数与经济社会发展水平高度相关

如上分析,区域经济社会发展水平越高,地区经济社会活动对环境的重视程度越高,经济社会活动的环境污染物排放水平越低,这在我国地区层面得到有效验证。2005—2011 年,我国有 28 个样本地区的环境污染指数评价得分有所提升,尤其是北京、上海和广州的环境污染指数提升幅度较大,年均增幅都超过了 9%。但也有两个地区(新疆、云南)环境污染指数出现了恶化,新疆和云南的环境污染指数评价得分年均降幅分别为 2.27%、1.99%,下降幅度并不大。同时,地区环境污染指数这种变化也验证了环境库茨涅兹曲线在我国的存在,即经济社会活动环境污染物排放会随经济社会发展水平变化而变化。

表 6-14　2005—2011 年地区环境污染指数评价结果

	2005 年	2006 年	2007 年	2008 年	2009 年	2010 年	2011 年
北　京	37.62	42.92	51.73	59.95	65.35	74.82	67.21
天　津	22.48	25.22	27.20	32.25	36.89	36.35	35.37
河　北	10.68	11.67	12.95	15.08	16.49	18.47	13.12
山　西	6.63	7.71	9.13	10.37	10.64	12.25	10.38
内蒙古	7.34	8.93	10.70	12.86	14.51	15.25	11.14
辽　宁	9.07	9.97	11.10	12.93	14.54	17.13	12.17
吉　林	9.87	10.59	12.44	14.08	16.19	17.76	14.26
黑龙江	11.35	11.74	12.37	13.45	13.56	15.98	12.56
上　海	25.30	27.02	29.28	31.29	36.19	40.88	43.09
江　苏	20.38	21.81	24.88	27.82	31.85	35.36	28.47
浙　江	24.42	26.05	28.30	31.02	34.36	38.83	31.49
安　徽	11.21	12.12	13.43	14.79	16.69	19.12	15.89
福　建	15.77	16.77	20.12	21.50	23.86	26.60	23.99
江　西	10.17	10.94	12.23	13.88	14.77	16.61	13.54
山　东	17.25	19.19	21.51	24.47	27.48	29.54	18.24
河　南	11.73	12.92	14.40	16.61	18.36	20.45	15.10
湖　北	10.42	11.44	12.97	14.61	16.93	19.04	16.62
湖　南	10.10	10.78	11.80	13.52	15.20	17.50	16.16
广　东	29.00	32.56	31.80	31.76	35.70	38.47	35.44

	2005 年	2006 年	2007 年	2008 年	2009 年	2010 年	2011 年
广　西	8.73	9.33	9.93	10.93	12.38	13.57	15.31
海　南	23.98	27.08	26.68	30.03	32.66	32.52	26.07
重　庆	11.20	12.05	14.22	15.72	17.73	19.47	16.97
四　川	9.63	10.84	12.05	13.35	15.01	15.92	14.46
贵　州	8.08	8.46	9.27	10.26	10.79	11.83	9.23
云　南	12.21	12.61	13.09	14.02	15.45	16.62	10.82
陕　西	9.52	11.43	12.26	13.45	15.08	16.75	13.43
甘　肃	6.65	7.59	8.91	9.59	9.81	10.92	7.91
青　海	7.68	7.83	8.23	9.32	9.17	9.60	8.80
宁　夏	4.77	5.65	6.34	7.67	8.93	7.86	6.14
新　疆	9.50	10.11	9.75	10.66	9.92	11.17	8.28

注释:按照评价模型,2005 年全国环境污染指数评价得分为 11.11。

3. 环境污染指数在空间上呈现出"东南高—西北低"的特点

从指数空间分布格局看,我国环境污染指数在空间上呈现出明显"东南高-西北低"的特点。江苏、浙江、广东、福建以及北京和天津组成环境污染指数的第一梯队,这些地区的环境污染指数评价得分较高,大部分地区位于我国东南沿海。河北、山东、河南、安徽、湖南、湖北、福建、广西、四川、重庆、陕西以及黑龙江、吉林构成环境污染指数的第二梯队,这些地区的环境污染指数表现一般。新疆、青海、宁夏、甘肃、、山西、辽宁以及云南和贵州组成环境污染指数的第三梯队,这些地区的环境污染指数评价得分较低。从时间变化角度看,我国地区环境污染指数空间分布格局并没有太多变化,除新疆、云南在全国地位有所下降,广西地位有所上升外,其他地区在全国的地位并未出现变化。

我国七大区域的环境污染指数呈现出三国鼎立的局面,华北地区、华东地区和华南地区的环境污染指数最高,且三地区间指数差异相对较小;华中地区、东北地区和西南地区的环境污染指数次之,三地区指数之间的差异也不大;西北地区的环境污染指数最小。从指数动态变化角度看,虽然指数在2011 年集体出现了下滑,但指数近期仍表现出了逐步增加的趋势。

三大区域环境污染指数之间的差异相对要大些,东部地区的环境污染指

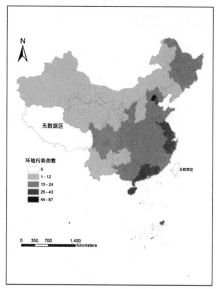

2005 年　　　　　　　　　　2011 年

图 6-13　2005—2011 年中国地区环境污染指数空间分布格局示意图

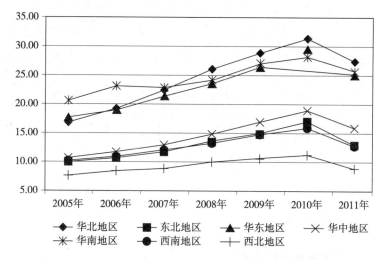

图 6-14　2005—2011 年中国七大区域环境污染指数评价得分

数明显要高于中西部地区,中部地区的指数次之,西部地区的指数最低,中西部地区指数之间的差异并不大。三大区域指数也表现出整体不断上升的特点,尤其东部地区指数上升幅度较大(2011 年三大区域环境污染指数也表现出集体下滑现象)。

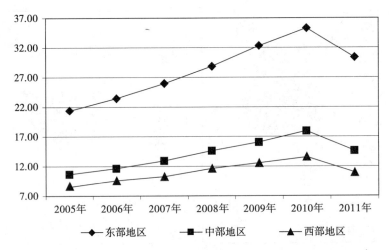

图 6-15 2005—2011 年中国三大区域环境污染指数评价得分

表 6-15 2005—2011 年地区环境污染指数评价得分的统计分析指标

	极小值	极大值	均 值	标准差	方 差	最大值-最小值	离散系数
2005 年	4.77	37.62	13.76	7.81	61.02	32.85	0.57
2006 年	5.65	42.92	15.11	8.76	76.71	37.27	0.58
2007 年	6.34	51.73	16.64	9.75	95.12	45.39	0.59
2008 年	7.67	59.95	18.57	10.95	119.98	52.28	0.59
2009 年	8.93	65.35	20.55	12.28	150.75	56.42	0.60
2010 年	7.86	74.82	22.55	13.69	187.33	66.96	0.61
2011 年	6.14	67.21	19.06	12.94	167.33	61.07	0.68

(二)环境管理指数

1. 环境管理指数区域差异明显

由于本研究采用了环保投资占 GDP 的比重指标来代表区域环境管理水平,因此区域环境管理指数大小由区域环保投资在 GDP 中的比重决定。2011年,内蒙古、宁夏和重庆的环境管理指标表现较好,以 23.59 分、23.33 分和

22.13 分的评价得分位居全国前三。由上述分析可知,内蒙古、宁夏两地的环境污染指数表现较差,区域经济社会活动环境污染物排放强度较大,两地为治理环境问题而做出的投资也相对要多,所以两地的环境管理指数表现较好。重庆市作为我国直辖市之一,近年比较重视环境保护与治理,相应引发的环境保护投资也比较多,所以重庆市的环境管理指数表现也不错。而河南、广东和湖南发生的环境保护投资强度并不大,所以它们的环境管理指数表现不好,只获得了 5.21 分、5.30 分和 5.56 分的评价得分,处在各地区末端位置。环境管理指数表现不好并不意味着当地并不重视环境保护,只是这些环境保护投资所占 GDP 比重小而已,比如有些地区环境问题并不严重,经济规模较大,其环境管理指数表现就要小很多。

表 6-16　2011 年地区环境管理指数评价得分及排序

地　区	排　序	评价得分	地　区	排　序	评价得分
内蒙古	1	23.59	北　京	16	11.2
宁　夏	2	23.33	陕　西	17	10.51
重　庆	3	22.13	黑龙江	18	10.34
河　北	4	21.71	甘　肃	19	10.17
山　西	5	18.89	江　苏	20	10.00
江　西	6	17.61	贵　州	21	9.74
新　疆	7	17.18	福　建	22	9.66
安　徽	8	14.96	海　南	23	9.49
辽　宁	9	14.44	吉　林	24	8.2
青　海	10	13.42	上　海	25	6.41
天　津	11	13.25	浙　江	26	6.32
广　西	12	11.79	四　川	27	5.73
山　东	13	11.54	湖　南	28	5.56
云　南	14	11.45	广　东	29	5.30
湖　北	15	11.28	河　南	30	5.21

注释:按照评价模型,2005 年全国环境管理指数评价得分为 11.11。

2. 地区环境管理指数日趋改善

近年,伴随我国经济社会的快速发展,庞大的生产规模和消费规模给环境带来了空前的压力,环境状况每况愈下,重大环境污染事件层出不穷,这引起了各地高度关注,有些地区在环境保护方面的投资与日俱增,在此带动下我国地区环境管理指数不断改善。2005—2011 年,我国有 22 个地区的环境管理指数有所优化,尤其江西、河北、山西和安徽环境管理指数增幅较大,四地环境管理指数评价得分年均增速都超过了 10%。但也有 8 个地区的环境管理指数有所恶化,其中浙江、四川和江苏的指数下降幅度较大,三地下降幅度超过了 5%。

表 6-17　2005—2011 年地区环境管理指数评价结果

	2005 年	2006 年	2007 年	2008 年	2009 年	2010 年	2011 年
北　京	10.51	17.95	16.92	12.48	14.70	14.02	11.20
天　津	16.49	7.95	10.08	9.14	11.79	10.17	13.25
河　北	10.26	9.66	10.60	11.02	12.31	15.55	21.71
山　西	9.91	11.37	14.44	17.35	18.29	19.23	18.89
内蒙古	14.96	18.72	12.73	14.87	13.59	17.52	23.59
辽　宁	13.76	13.50	9.74	10.43	11.54	9.57	14.44
吉　林	8.03	8.46	8.20	7.95	7.78	12.22	8.20
黑龙江	7.26	7.52	7.09	10.17	10.77	10.85	10.34
上　海	8.20	7.78	8.63	9.57	9.06	6.67	6.41
江　苏	13.76	11.20	10.60	11.20	9.14	9.66	10.00
浙　江	10.17	7.61	8.03	20.68	7.35	10.26	6.32
安　徽	7.86	7.18	9.57	13.42	11.79	12.48	14.96
福　建	10.51	6.75	7.18	6.58	6.07	7.52	9.66
江　西	7.78	6.84	7.09	5.13	7.86	14.19	17.61
山　东	11.02	10.00	10.60	11.88	11.62	10.60	11.54
河　南	6.67	6.50	6.50	5.13	5.30	4.87	5.21
湖　北	8.12	7.61	5.98	6.84	9.91	7.86	11.28
湖　南	4.96	6.07	5.98	7.01	9.57	5.64	5.56
广　东	6.58	5.21	4.19	3.93	5.21	26.32	5.30
广　西	8.63	7.26	9.40	11.11	14.53	14.61	11.79
海　南	5.98	6.75	10.43	7.44	10.17	9.74	9.49
重　庆	14.02	14.70	13.25	11.28	14.36	18.97	22.13

续表

	2005 年	2006 年	2007 年	2008 年	2009 年	2010 年	2011 年
四　川	9.06	7.01	8.29	6.92	6.24	4.44	5.73
贵　州	6.07	7.35	7.01	5.98	4.61	5.56	9.74
云　南	7.01	6.15	5.38	6.58	11.02	12.56	11.45
陕　西	8.46	7.78	10.00	9.40	12.48	15.13	10.51
甘　肃	8.97	10.43	12.05	8.38	11.20	13.25	10.17
青　海	8.29	8.03	11.54	16.07	9.66	10.77	13.42
宁　夏	17.09	25.64	32.13	24.01	18.12	17.43	23.33
新　疆	10.94	6.58	8.55	9.66	15.64	12.31	17.18

注释:按照评价模型,2005 年全国环境管理指数评价得分为 11.11。

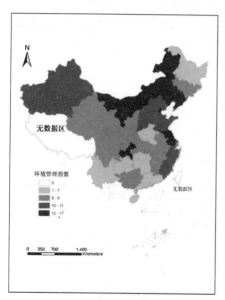
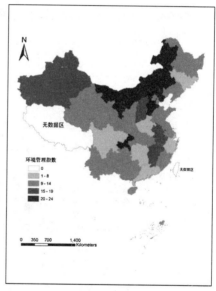

2005 年　　　　　　　　　　　　　　2011 年

图 6-16　2005—2011 年中国地区环境管理指数空间分布格局示意图

3. 环境管理指数总体有"北高-南低"的特征

相比其指数,我国地区环境管理指数空间分布相对分散,但总体具有"北高-南低"的特征,这与环境污染指数形成了鲜明对比。评价结果显示,我国北方大部分地区环境管理指数都比较高,以内蒙古、宁夏、河北、山西、新疆组成了环境管理指数的第一梯队,这些地区环境管理指数表现较好。第一梯队周边的黑龙江、辽宁、山东、江苏、青海、陕西、湖北以及广西、云南、贵州、海南组成环境管理指数的第二梯队,这些地区的环境管理指数表现一般。而剩余的广东、湖南、四川、河南、浙江以及吉林构成了环境管理指数的第三梯队,这些地区的环境管理指数表现较差,且这些地区在空间分布较为分散。而从2005年和2011年环境管理指数构成的空间分布格局图可以判断,近年我国地区环境管理指数空间格局并没有发生明显变化。

七大区域间的环境管理指数差异也很明显,除个别年份指数异常外,环境管理指数也可以划分为三个类别。华北地区和西北地区的环境管理指数要高于其区域,西南地区、东北地区和华南地区的环境管理指数居中,华中地区的环境管理指数最低。近年,七大区域环境管理指数并未表现出明显变化规律,除华北地区的环境管理指数表现出了明显上升趋势外,其区域环境管理指数变化过程相对曲折。

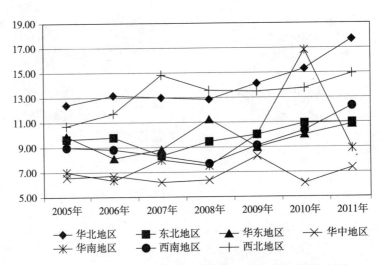

图6-17　2005—2011年中国七大区域环境管理指数评价得分

三大区域中西部地区环境管理指数表现最好,而中部地区的环境管理指数表现较差,东部地区的环境管理指数居于两者之间。动态变化角度看,除中部地区的环境管理指数表现出明显上升外,东部地区和西部地区的环境管理指数变化均有一定曲折性,尤其东部地区环境管理指数的起伏变化较大。

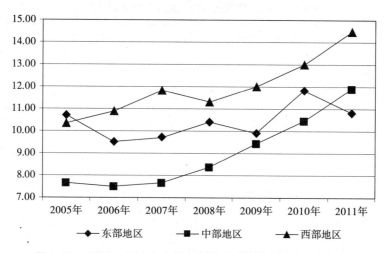

图 6-18　2005—2011 年中国三大区域环境管理指数评价得分

表 6-18　2005—2011 年地区环境管理指数评价得分的统计分析指标

	极小值	极大值	均　值	标准差	方　差	最大值-最小值	离散系数
2005 年	4.96	17.09	9.71	3.15	9.90	12.13	0.32
2006 年	5.21	25.64	9.52	4.52	20.43	20.43	0.47
2007 年	4.19	32.13	10.07	5.02	25.21	27.94	0.50
2008 年	3.93	24.01	10.39	4.60	21.19	20.08	0.44
2009 年	4.61	18.29	10.72	3.59	12.88	13.68	0.33
2010 年	4.44	26.32	12.00	4.88	23.77	21.88	0.41
2011 年	5.21	23.59	12.35	5.45	29.68	18.38	0.44

（三）环境质量指数

1. 环境质量指数区域差异较小

2011 年,海南、云南和福建凭借着较好的空气环境质量表现,环境质量指数评价得分位居全国前三,而甘肃、新疆和北京三地空气质量则没有那么好,环境质量指数评价得分处在全国倒数后三。评价结果同时显示,我国环境质量指数区域差异性很小,2011 年地区环境质量指数最高评价得分与最低评价得分仅有 4.28 分,离散系数更小,仅有 0.08。

表 6-19 2011 年地区环境质量指数评价得分及排序

地 区	排 序	评价得分	地 区	排 序	评价得分
海 南	1	12.89	四 川	16	11.37
云 南	2	12.89	天 津	17	11.30
福 建	3	12.71	河 北	18	11.30
广 东	4	12.71	山 东	19	11.30
广 西	5	12.4	河 南	20	11.22
贵 州	6	12.32	黑龙江	21	11.18
内蒙古	7	12.25	江 苏	22	11.18
江 西	8	12.25	青 海	23	11.16
吉 林	9	12.18	山 西	24	10.88
湖 南	10	12.04	湖 北	25	10.80
上 海	11	11.89	陕 西	26	10.77
浙 江	12	11.75	安 徽	27	10.70
宁 夏	13	11.75	北 京	28	10.10
辽 宁	14	11.73	新 疆	29	9.74
重 庆	15	11.44	甘 肃	30	8.61

注释:按照评价模型,2005 年全国环境质量指数评价得分为 11.11。

2. 地区环境质量指数总体有所优化

从历年环境质量指数评价结果看,我国地区环境质量指数总体有所优化,评价结果主观感觉与现实有些出入。2005—2011 年,我国有 27 个地区的环境质量指数评价得分有所增加,但增幅并不大,湖南省增幅最大,年均增幅也只有 5.66%。安徽和广西的环境管理指数则有所恶化,但下降幅度并不大。我国地区环境质量指数区域差异较小以及指数总体不降反而下降的特点,与现实有些出入,这主要与我国"粗线条"的空气质量统计和发布制度有很大关系。

表6-20　2005—2011年地区环境质量指数评价结果

	2005 年	2006 年	2007 年	2008 年	2009 年	2010 年	2011 年
北　京	8.26	8.51	8.68	9.68	10.06	10.10	10.10
天　津	10.52	10.77	11.30	11.37	10.84	10.88	11.30
河　北	9.99	10.13	10.21	10.63	11.22	11.26	11.30
山　西	8.65	9.21	9.50	10.70	10.45	10.73	10.88
内蒙古	11.01	11.05	11.69	12.01	12.22	12.32	12.25
辽　宁	11.19	11.33	11.40	11.40	11.58	11.61	11.73
吉　林	12.00	12.00	12.01	12.07	12.01	12.04	12.18
黑龙江	10.63	10.87	10.88	10.88	10.98	11.06	11.18
上　海	11.37	11.44	11.58	11.58	11.79	11.87	11.89
江　苏	10.73	10.77	11.02	11.37	11.12	10.66	11.18
浙　江	10.63	10.56	10.88	10.63	11.55	11.08	11.75
安　徽	11.62	11.58	10.59	9.07	11.33	10.94	10.70
福　建	12.32	12.14	12.74	12.50	12.46	12.40	12.71
江　西	11.97	11.93	12.28	12.14	12.25	12.11	12.25
山　东	9.25	10.84	10.98	10.41	10.41	10.88	11.30
河　南	10.59	10.80	11.06	11.47	11.37	11.22	11.22
湖　北	9.57	9.64	9.74	10.37	10.63	10.03	10.80
湖　南	8.65	9.88	10.66	11.61	11.75	11.93	12.04
广　东	11.72	11.79	11.75	12.18	12.25	12.60	12.71
广　西	12.50	12.46	12.42	12.42	12.78	12.32	12.40
海　南	12.89	12.89	12.89	12.92	12.89	12.89	12.89
重　庆	9.43	10.13	10.21	10.49	10.70	10.98	11.44
四　川	10.34	10.63	11.26	11.26	11.12	11.16	11.37
贵　州	12.11	12.11	12.22	12.25	12.25	12.11	12.32
云　南	12.81	12.82	12.89	12.92	12.89	12.89	12.89
陕　西	10.27	10.20	10.37	10.63	12.02	10.73	10.77
甘　肃	8.40	7.24	9.56	9.46	8.34	7.87	8.61
青　海	10.80	10.20	10.45	10.45	9.88	11.02	11.16
宁　夏	11.40	11.01	11.18	11.65	11.58	11.73	11.75
新　疆	9.04	8.68	8.89	9.21	9.25	9.39	9.74

注释:按照评价模型,2005 年全国环境质量指数评价得分为 11.11。

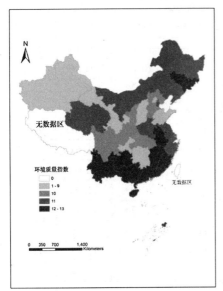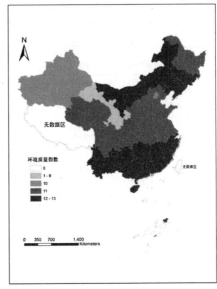

2005 年　　　　　　　　　　　　　2011 年

图 6-19　2005—2011 年中国地区环境质量指数空间分布格局示意图

3. 环境质量指数呈"南北两头高-中间低"的特征

我国地区环境质量指数的空间分布较为特殊,空间上形成了"南北两头高-中间低"的特征。北方的内蒙古、吉林、辽宁和南方的浙江、福建、广东、广西、海南、贵州、云南、湖南、江西的环境质量指数评价得分较高,空间上形成了两片高地;而其中间地带大部分地区的环境质量指数评价得分较低,尤其华北地区环境指数评价得分更低,在空间上形成了中间塌陷带。

七大区域的环境质量指数表现较为特殊,区域指数差异由集中演变为相对分散。2005 年,西南地区、华东地区和东北地区之间的环境质量指数差异很小,西北地区、华北地区和华中地区的指数差异也不大,但到 2011 年六个区域之间的指数差异被拉开了。2011 年,华南地区的环境质量指数表现最好,西南地区、东北地区和华东地区、华中地区、华北地区的指数次之,西北地区的环境质量指数表现最差。

三大区域的环境质量指数交替变化特点明显。2005 年,东部地区的环境质量指数表现最好,西部地区其次,中部地区最低。到 2011 年,东部地区的环

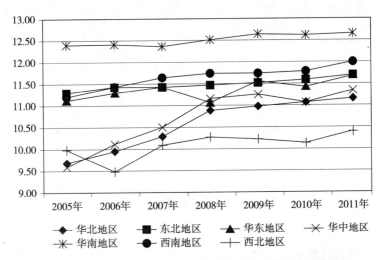

图 6-20 2005—2011 年中国七大区域环境质量指数评价得分

境质量指数表现依然最好,但西部地区的环境质量指数下降到最差。尽管近年中部地区和西部地区环境质量指数有一定起伏变化,但总体看三大区域的环境指数处在持续改善趋势中。

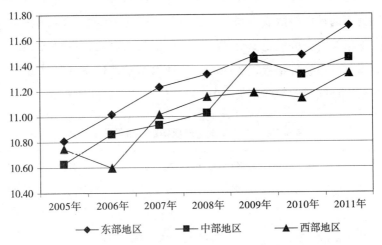

图 6-21 2005—2011 年中国三大区域环境质量指数评价得分

表 6-21 2005—2011 年地区环境质量指数评价得分的统计分析指标

	极小值	极大值	均　值	标准差	方　差	最大值-最小值	离散系数
2005 年	8.26	12.89	10.69	1.34	1.79	4.63	0.13
2006 年	7.24	12.89	10.79	1.30	1.68	5.65	0.12
2007 年	8.68	12.89	11.04	1.11	1.24	4.21	0.10
2008 年	9.07	12.92	11.19	1.05	1.09	3.85	0.09
2009 年	8.34	12.89	11.33	1.07	1.14	4.55	0.09
2010 年	7.87	12.89	11.29	1.07	1.15	5.02	0.09
2011 年	8.61	12.89	11.49	0.96	0.91	4.28	0.08

(四)环保指数

1. 环保指数区域间的差异并不大

2011 年,北京、上海、天津三大直辖市凭借着 60 以上的指数评价得分,指数领跑全国其地区,三地环保指数评价得分较高主要是环境污染指数拉动的结果,区域差异较小的环境管理指数和环境质量指数对其影响不大。而甘肃、贵州和河南的环保指数表现则要差很多,三地指数得分均未超过 32 分,甘肃、贵州环保指数得分较低主要受其环境污染指数的影响,河南环保指数表现差则主要是其环境管理指数差的缘故。从环保指数评价得分统计分析结果看,环保指数区域间的差异并不大,2011 年地区环保指数离散系数只有 0.28。

表 6-22 2011 年地区环保指数评价得分及排序

地　区	排　序	评价得分	地　区	排　序	评价得分
北　京	1	88.51	山　西	16	40.14
上　海	2	61.39	广　西	17	39.50
天　津	3	59.92	湖　北	18	38.70
广　东	4	53.44	辽　宁	19	38.34
重　庆	5	50.55	新　疆	20	35.19
江　苏	6	49.65	云　南	21	35.16
浙　江	7	49.56	陕　西	22	34.72

地　区	排　序	评价得分	地　区	排　序	评价得分
海　南	8	48.44	吉　林	23	34.64
内蒙古	9	46.98	黑龙江	24	34.08
福　建	10	46.35	湖　南	25	33.75
河　北	11	46.12	青　海	26	33.37
江　西	12	43.40	四　川	27	31.56
安　徽	13	41.54	河　南	28	31.53
宁　夏	14	41.23	贵　州	29	31.29
山　东	15	41.07	甘　肃	30	26.69

注释:按照评价模型,2005 年全国环保指数评价得分为33.33。

2. 地区环保指数也有不断优化的特点

由于近年地区环境污染指数、环境管理指数和环境指数总体均呈优化态势,在三大指数共同作用下,我国地区环保指数也具有不断优化的特点。2005—2010 年,30 个样本地区的环保指数评价得分均出现了不同程度的增长,尤其山西、北京、河北等地的环保指数评价得分增幅较大,三地年均增幅分别为8.07%、7.8%和6.89%,年均增幅超过 4%的地区有 11 个,超过 3%的地区有 17 个。

表6-23　2005—2011 年地区环保指数评价结果

	2005 年	2006 年	2007 年	2008 年	2009 年	2010 年	2011 年
北　京	56.39	69.37	77.34	82.11	90.12	98.94	88.51
天　津	49.49	43.93	48.59	52.76	59.52	57.40	59.92
河　北	30.92	31.46	33.75	36.73	40.02	45.29	46.12
山　西	25.19	28.29	33.07	38.41	39.37	42.21	40.14
内蒙古	33.31	38.69	35.12	39.74	40.31	45.09	46.98
辽　宁	34.02	34.80	32.24	34.76	37.66	38.31	38.34
吉　林	29.91	31.05	32.65	34.10	35.97	42.01	34.64
黑龙江	29.24	30.14	30.34	34.49	35.31	37.89	34.08

续表

	2005 年	2006 年	2007 年	2008 年	2009 年	2010 年	2011 年
上 海	44.88	46.24	49.50	52.45	57.04	59.42	61.39
江 苏	44.87	43.77	46.49	50.38	52.12	55.67	49.65
浙 江	45.21	44.21	47.21	62.33	53.25	60.17	49.56
安 徽	30.69	30.88	33.59	37.28	39.81	42.54	41.54
福 建	38.60	35.67	40.04	40.58	42.39	46.52	46.35
江 西	29.92	29.71	31.60	31.14	34.88	42.90	43.40
山 东	37.53	40.02	43.09	46.76	49.51	51.02	41.07
河 南	28.98	30.21	31.95	33.21	35.02	36.55	31.53
湖 北	28.10	28.68	28.69	31.82	37.47	36.93	38.70
湖 南	23.71	26.73	28.44	32.14	36.52	35.07	33.75
广 东	47.30	49.56	47.74	47.87	53.17	77.39	53.44
广 西	29.86	29.06	31.76	34.46	39.69	40.50	39.50
海 南	42.85	46.71	49.99	50.39	55.71	55.15	48.44
重 庆	34.64	36.88	37.67	37.49	42.78	49.43	50.55
四 川	29.04	28.48	31.60	31.53	32.37	31.53	31.56
贵 州	26.25	27.92	28.49	28.50	27.66	29.49	31.29
云 南	32.03	31.58	31.36	33.53	39.36	42.07	35.16
陕 西	28.26	29.41	32.63	33.48	39.58	42.61	34.72
甘 肃	24.03	25.25	30.52	27.42	29.35	32.04	26.69
青 海	26.77	26.07	30.22	35.84	28.71	31.39	33.37
宁 夏	33.26	42.31	49.66	43.33	38.64	37.02	41.23
新 疆	29.48	25.38	27.19	29.53	34.81	32.87	35.19

注释:按照评价模型,2005 年全国环保指数评价得分为 33.33。

3. 地区环保指数呈"自东向西"不断降低的特点

受环境污染指数、环境管理指数和环境质量指数的共同作用,我国地区环保指数在空间上呈现出"自东向西"不断降低的特点。东部沿海地区的北京、上海、天津、江苏、浙江、广东的环保指数评价得分最高,它们组成环保指数的高地;西部地区的新疆、青海、甘肃、宁夏、陕西、四川、云南、贵州等地环保指数评价得分最低,它们构成环保指数的洼地;环保指数高地与洼地中间的地区环保指数表现一般,它们组成了环保指数中间过渡带。在环境污染指数变动的扰动下,近年我国环保指数空间分布格局有所变化,但这种变化并未影响到环保指数空间总体格局。

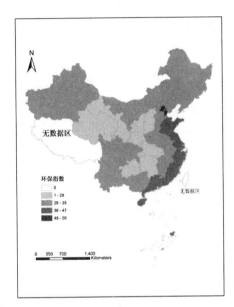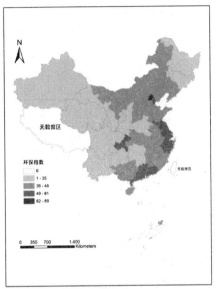

2005 年　　　　　　　　　　　2011 年

图 6-22　2005—2011 年中国地区环保指数空间分布格局示意图

　　按照环保指数得分大小,七大区域环保指数可以划分为两个类别,其中华北地区、华南地区和华东地区的环保指数为一个类别,它们的环保指数不仅得分相对较高,且三大区域之间指数得分差异相对较小;另外一个类别区由东北地区、华中地区、西南地区和西北地区组成,这些地区环保指数得分较低,区域之间指数得分差异更小。除个别年份个别区域指数有异常变化外,整体看近年七大区域环保指数均有所改善,尤其第一个类别区指数改善幅度较大。

　　2011 年,东部地区的环保指数遥遥领先于中西部地区,中部地区的环保指数稍高于西部地区。三大区域的环保指数也表现出了整体改善的趋势,尤其东部地区环保指数改善的幅度较大,中、西部地区指数改善幅度大致相当。

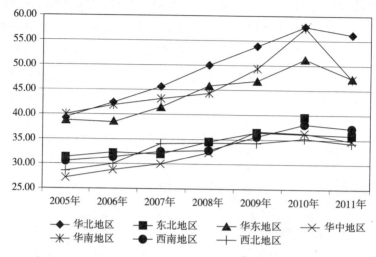

图 6-23 2005—2011 年中国七大区域环保指数评价得分

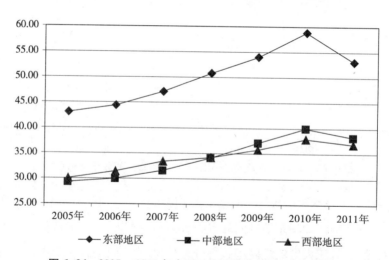

图 6-24 2005—2011 年中国三大区域环保指数评价得分

表 6-24 2005—2011 年地区环保指数评价得分的统计分析指标

	极小值	极大值	均 值	标准差	方 差	最大值-最小值	离散系数
2005 年	23.71	56.39	34.16	8.35	69.78	32.68	0.24
2006 年	25.25	69.37	35.42	9.65	93.12	44.12	0.27
2007 年	27.19	77.34	37.75	10.63	112.92	50.15	0.28

	极小值	极大值	均　值	标准差	方　差	最大值-最小值	离散系数
2008 年	27. 42	82. 11	40. 15	11. 60	134. 51	54. 69	0. 29
2009 年	27. 66	90. 12	42. 60	12. 35	152. 45	62. 46	0. 29
2010 年	29. 49	98. 94	45. 85	14. 60	213. 18	69. 45	0. 32
2011 年	26. 69	88. 51	42. 89	12. 13	147. 21	61. 82	0. 28

三、发　展　指　数

1. 三大直辖市的发展指数表现突出

2011 年,北京、天津和上海分别获得了 100 分以上的发展评价得分,发展指数名列全国前三。北京、天津和上海作为我国三大直辖市,不仅经济发展水平和发展质量较高,区域人口文化素质相对于其地区要高很多,居民寿命也比较高,所以三个直辖市发展指数能够名列前茅。而云南、贵州和安徽发展指数评价得分低很多,得分均未超过 40 分,处在全国各地区后三名。云南和贵州发展指数评价得分低不仅与其经济发展水平低有关,更多是由其居民期望寿命短造成的,安徽较低的人口文化素质把其发展指数排名拖进了后三名。

表 6-25　2011 年地区发展指数评价得分及排序

地　区	排　序	评价得分	地　区	排　序	评价得分
北　京	1	126. 77	黑龙江	16	49. 32
天　津	2	102. 73	宁　夏	17	48. 13
上　海	3	101. 81	青　海	18	45. 86
江　苏	4	71. 48	山　西	19	45. 71
浙　江	5	70. 92	湖　南	20	44. 46
内蒙古	6	69. 87	广　西	21	43. 69
辽　宁	7	65. 82	海　南	22	43. 68
福　建	8	63. 00	河　南	23	43. 19
广　东	9	61. 96	四　川	24	43. 09

地　区	排　序	评价得分	地　区	排　　序	评价得分
山　东	10	56.73	河　北	25	41.73
新　疆	11	56.65	江　西	26	40.94
重　庆	12	54.41	甘　肃	27	40.05
湖　北	13	53.57	安　徽	28	39.95
吉　林	14	51.9	贵　州	29	36.87
陕　西	15	50.96	云　南	30	35.73

注释:按照评价模型,2005 年全国发展指数评价得分为 33.34。

2. 地区发展指数总体有所优化,区域差异不断缩小

　　近年我国地区经济社会发展水平持续快速提升,这可以通过地区发展指数得以验证。2005—2011 年,我国 30 个样本地区的发展指数评价得分均有不同程度的提升,重庆、湖北和内蒙古三地发展指数增长幅度较大,三地发展指数年均增幅接近或超过了 10%(内蒙古 9.97%)。增幅相对较小的地区有上海、河北和北京,三地发展指数年均增幅都没有超过 5%,北京和上海发展指数增幅低是因为其人口文化素质和人均期望寿命增幅已经有限。此外,地区发展指数评价得分变化还显示出我国区域发展差异具有不断缩小的趋势,2005 年地区发展指数离散系数为 0.47,到 2011 年离散系数就降到了 0.37。

表 6-26　2005—2011 年地区发展指数评价结果

	2005 年	2006 年	2007 年	2008 年	2009 年	2010 年	2011 年
北　京	96.35	108.55	112.82	109.01	119.41	122.00	126.77
天　津	67.81	73.12	75.42	78.61	86.59	91.98	102.73
河　北	32.32	31.94	33.53	36.01	38.59	43.83	41.73
山　西	32.06	35.08	37.39	38.80	40.54	45.21	45.71
内蒙古	39.50	39.00	43.57	46.65	53.12	61.03	69.87
辽　宁	42.94	46.97	49.41	53.73	58.07	61.78	65.82
吉　林	35.16	37.26	39.92	41.78	45.20	51.00	51.90
黑龙江	35.39	35.68	37.00	37.32	39.02	46.55	49.32
上　海	88.12	99.29	101.30	104.99	111.10	103.02	101.81

续表

	2005 年	2006 年	2007 年	2008 年	2009 年	2010 年	2011 年
江　苏	44.32	47.70	51.49	51.34	56.29	65.95	71.48
浙　江	44.15	52.49	55.01	58.12	60.90	62.46	70.92
安　徽	25.66	28.20	27.48	28.61	31.22	37.88	39.95
福　建	35.85	39.14	40.78	42.59	53.00	53.05	63.00
江　西	25.82	28.35	34.01	33.11	35.77	38.29	40.94
山　东	36.11	40.89	42.54	43.94	46.99	54.49	56.73
河　南	28.44	29.44	30.43	33.30	34.91	39.39	43.19
湖　北	30.15	36.50	38.71	40.11	41.15	47.82	53.57
湖　南	28.13	30.14	33.47	35.39	36.62	41.96	44.46
广　东	42.14	44.17	47.53	49.90	52.06	55.76	61.96
广　西	25.96	27.99	27.91	27.41	29.78	36.03	43.69
海　南	30.75	31.73	34.06	34.05	37.68	42.01	43.68
重　庆	29.01	29.54	28.97	31.36	37.13	45.98	54.41
四　川	25.13	28.04	28.36	29.78	33.66	37.96	43.09
贵　州	20.86	20.06	21.53	23.00	23.62	29.68	36.87
云　南	23.06	23.16	25.62	25.38	25.17	32.03	35.73
陕　西	30.98	34.95	36.58	40.12	43.26	49.36	50.96
甘　肃	24.86	23.70	25.40	27.34	28.48	36.15	40.05
青　海	32.34	31.04	34.40	36.51	40.65	42.89	45.86
宁　夏	32.56	34.38	36.02	37.85	41.87	46.18	48.13
新　疆	38.23	39.17	40.33	42.81	42.53	47.86	56.65

注释:按照评价模型,2005 年全国发展指数评价得分为 33.34。

3. 地区发展指数空间格局有"东部高—北部高—中部低—西部低"的特征

与单纯的经济发展①空间格局不同,我国地区发展指数空间分布相对分散,总体具有"东部高—北部高—中部低—西部低"的特征。广大沿海地区,除河北、海南和广西发展指数评价得分不高外,其地区的发展指数评价得分都比较高,它们组成我国发展指数东部隆起带,北部的内蒙古、辽宁、北京的发展

---

① 即利用人均 GDP 衡量。

指数评价得分也比较高,它们在我国北方筑起了一道高地。山西、河北、河南、安徽、江西、湖南、广西、云南、贵州、四川、青海、甘肃的发展指数评价得分较低,它们在我国疆域版图上形成了广阔的"平原"。从发展指数空间演变角度看,近年河北、山西、新疆、青海的发展指数在全国地位有所下降,但这并没有影响我国发展指数总体空间格局。

2005 年

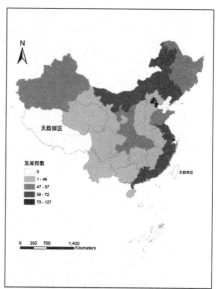
2011 年

图 6-25　2005—2011 年中国地区发展指数空间分布格局示意图

七大区域发展指数之间的差异很明显,且一直保持稳定的区域差异。华北地区依靠着北京、天津两大直辖市的强势带动,发展指数表现最好,华东地区,东北地区、华南地区、西北地区紧随其次,西南地区的发展指数表现最差。2005—2011 年七大区域发展指数均表现出了稳步提升的趋势,但这种提升并未改变区域发展指数之间的差异。

从三大区域看,东部地区的发展指数绝对领先于中西部地区,而中西部地区发展指数之间的差异并不大,2005—2010 年中部地区发展指数稍高于西部地区,到 2011 年西部地区的发展指数超过了中部地区。三大区域发展指数变动也是呈一边倒趋势,即三大区域发展指数均有所上升,其中东部地区提升幅

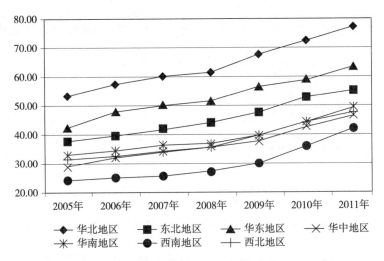

图 6-26 2005—2011 年中国七大区域发展指数评价得分

度最大,中西部地区指数提升幅度基本相当。

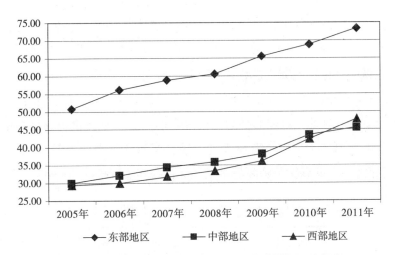

图 6-27 2005—2011 年中国三大区域发展指数评价得分

表 6-27 2005—2011 年地区环保指数评价得分的统计分析指标

	极小值	极大值	均 值	标准差	方 差	最大值-最小值	离散系数
2005 年	20.86	96.35	37.47	17.42	303.61	75.49	0.47
2006 年	20.06	108.55	40.26	20.13	405.33	88.49	0.50

续表

	极小值	极大值	均　值	标准差	方　差	最大值-最小值	离散系数
2007 年	21.53	112.82	42.36	20.61	424.69	91.29	0.49
2008 年	23.00	109.01	43.96	20.47	418.87	86.01	0.47
2009 年	23.62	119.41	47.48	22.27	495.92	95.79	0.47
2010 年	29.68	122.00	52.32	20.58	423.68	92.32	0.39
2011 年	35.73	126.77	56.70	21.14	447.07	91.04	0.37

四、低碳环保发展综合指数

1. 综合指数受发展指数影响较大,近期指数总体有所改善

在低碳指数、环保指数和发展指数共同作用下,2011 年北京、上海、天津低碳环保发展综合指数在全国各地区遥遥领先,三地综合发展指数评价得分均超过了 180 分;而甘肃、青海和贵州的综合指数表现要差很多,三地综合指数评价得分都没有超过 97 分,位居全国地区后三名。从指数发展变化角度看,地区低碳环保发展综合指数总体改善趋势明显。2005—2011 年,30 个样本地区有 29 个地区的综合指数评价得分上升了,上升幅度较大的地区有内蒙古、北京、山西、湖北、重庆和天津,这些地区的综合指数评价得分年均增幅都超过了 5%。样本地区中唯有海南省的综合指数评价得分下降了,这主要是因为近年海南省低碳指数降幅超过了环保指数和发展指数的增幅。

表 6-28　2011 年地区低碳环保发展综合指数评价得分及排序

地　区	排　序	评价得分	地　区	排　序	评价得分
北　京	1	254.66	云　南	16	127.52
上　海	2	188.50	广　西	17	126.09
天　津	3	183.22	湖　北	18	121.68
福　建	4	167.53	陕　西	19	120.71
浙　江	5	159.78	山　东	20	118.31
广　东	6	158.45	湖　南	21	116.32

续表

地　区	排　序	评价得分	地　区	排　　序	评价得分
江　苏	7	147.43	安　徽	22	115.81
重　庆	8	139.09	新　疆	23	106.81
吉　林	9	137.85	河　北	24	103.48
内蒙古	10	134.72	河　南	25	101.10
江　西	11	134.02	山　西	26	100.53
海　南	12	133.6	宁　夏	27	96.82
四　川	13	132.65	贵　州	28	96.02
黑龙江	14	130.08	青　海	29	94.90
辽　宁	15	128.83	甘　肃	30	87.67

注释:按照评价模型,2005年全国低碳环保发展综合指数评价得分为100。

表6-29　2005—2011年地区低碳环保发展综合指数评价结果

	2005 年	2006 年	2007 年	2008 年	2009 年	2010 年	2011 年
北　京	182.54	208.34	221.80	224.76	245.50	258.58	254.66
天　津	136.37	135.65	142.44	151.03	166.33	169.50	183.22
河　北	80.07	79.72	83.64	88.87	95.50	105.56	103.48
山　西	72.17	77.81	84.78	91.36	95.01	102.16	100.53
内蒙古	92.18	96.82	97.58	104.97	112.73	125.26	134.72
辽　宁	102.25	106.46	105.36	113.07	121.48	124.81	128.83
吉　林	115.52	117.43	121.75	125.33	133.09	145.11	137.85
黑龙江	112.21	111.67	112.74	117.38	122.65	132.38	130.08
上　海	155.85	168.19	173.63	180.54	192.59	186.84	188.50
江　苏	115.03	117.17	123.71	127.79	135.51	148.98	147.43
浙　江	124.23	130.97	135.77	154.14	152.56	162.54	159.78
安　徽	90.88	91.74	93.09	98.02	105.24	114.75	115.81
福　建	134.38	134.16	138.82	140.24	154.31	159.79	167.53
江　西	107.26	108.71	114.46	113.45	123.25	132.02	134.02
山　东	93.50	101.12	105.01	110.21	117.92	126.30	118.31
河　南	85.39	86.30	88.24	92.65	98.42	103.54	101.10
湖　北	89.44	94.86	96.55	101.75	110.14	114.84	121.68

续表

	2005 年	2006 年	2007 年	2008 年	2009 年	2010 年	2011 年
湖 南	87.19	91.49	96.28	101.75	111.10	116.08	116.32
广 东	132.56	136.40	137.05	139.47	148.62	175.95	158.45
广 西	103.37	101.95	103.24	108.03	117.41	121.62	126.09
海 南	146.40	146.39	144.17	140.74	148.95	151.86	133.60
重 庆	102.26	103.64	104.41	102.12	116.11	130.10	139.09
四 川	117.24	117.75	119.61	117.67	123.31	127.63	132.65
贵 州	72.41	71.97	74.24	77.95	79.81	87.58	96.02
云 南	109.63	108.23	109.95	113.02	120.82	130.46	127.52
陕 西	96.11	101.28	107.04	110.33	119.35	127.15	120.71
甘 肃	72.16	71.93	78.21	76.22	80.71	89.59	87.67
青 海	83.40	77.27	82.78	89.32	87.71	93.41	94.90
宁 夏	74.80	85.04	94.14	89.35	89.14	91.43	96.82
新 疆	86.22	82.67	85.18	89.51	92.91	97.16	106.81

注释:按照评价模型,2005 年全国低碳环保发展综合指数评价得分为100。

2. 综合指数空间分布相对分散,分布规律性较差

由于综合指数是由低碳指数、环保指数和发展指数共同组成的,其中任一个指数空间格局都会对综合指数格局产生影响,因此地区低碳环保发展综合指数空间分布格局相对分散,也很难从中寻找到规律性。从 2011 年综合指数空间分布格局中可以发现,北方的京津两地以及东南地区的浙江、福建和广东三地的综合指数评价得分最高,它们组成综合指数一个类别区。而东部三省、内蒙古、山东、江苏、安徽、江西、湖南、湖北、广西、海南、云南、四川、重庆的综合指数评价得分表现一般,它们组成综合指数的另一个类别区。剩余地区的综合指数评价得分最低,它们组成综合指数的第三个类别区。

七大区域低碳环保发展综合指数与发展指数较为类似,即区域间综合指数差异较为明显。但区域间综合指数差异又与发展指数不同,指数差异有不断增加的特点。从三大区域角度看,低碳环保综合发展指数"东-中-西"格局较为明显,即东部地区的综合指数较高,中部地区的综合指数其次,西部地区的综合指数最低,且该格局一直保持稳定态势。

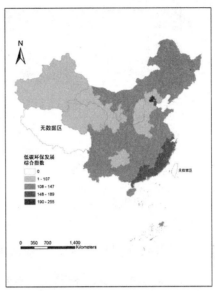

2005 年　　　　　　　　　　　2011 年

图 6-28　2005—2011 年中国地区低碳环保发展综合指数空间分布格局示意图

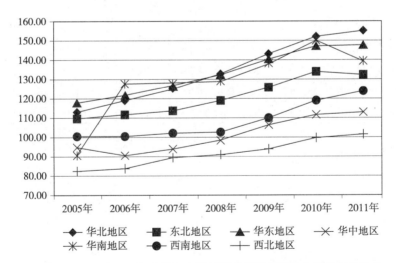

图 6-29　2005—2011 年中国七大区域低碳环保发展综合指数评价得分

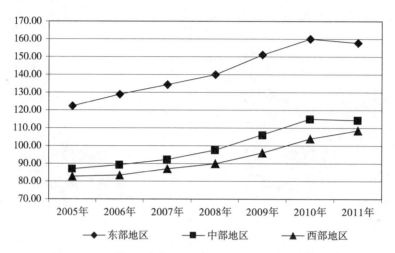

图 6-30 2005—2011 年中国三大区域低碳环保发展指数评价得分

表 6-30 2005—2011 年地区低碳环保发展综合指数评价得分的统计分析指标

	极小值	极大值	均 值	标准差	方 差	最大值-最小值	离散系数
2005 年	72. 16	182. 54	105. 77	26. 79	717. 88	110. 38	0. 25
2006 年	71. 93	208. 34	108. 77	30. 00	899. 71	136. 41	0. 28
2007 年	74. 24	221. 80	112. 52	31. 01	961. 83	147. 56	0. 28
2008 年	76. 22	224. 76	116. 37	31. 56	996. 29	148. 54	0. 27
2009 年	79. 81	245. 50	123. 94	34. 79	1210. 01	165. 69	0. 28
2010 年	87. 58	258. 58	131. 77	35. 51	1261. 29	171. 00	0. 27
2011 年	87. 67	254. 66	132. 14	34. 34	1179. 18	166. 99	0. 26

第七章 北京市低碳环保发展指数评价

2011 年北京市概况：

国土面积 （万平方公里）	常人口 （万人）	城镇人口 （万人）	GDP （亿元）
1.64	2019	1740	16252
工业增加值 （亿元）	三产结构	城镇居民家庭人均 现金消费支出 （元）	城镇居民家庭 平均每百户家 用汽车拥有量 （辆）
3049	1：23：76	21984	37.7
煤炭消费量 （万吨）	原油消费量 （万吨）	汽、煤、柴油消费量 （万吨）	电力消费量 （亿千瓦小时）
2366	1105	1051	822
天然气消费量 （亿立方米）	气 候		
73.56	北温带半湿润大陆性季风气候		
规模以上工业行业增加值前五行业：交通运输设备制造业、电力、热力的生产和供应业、通信设备、计算机及其他电子设备制造业、医药制造业和通用设备制造业			

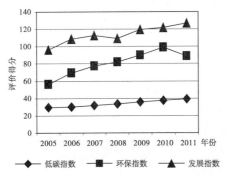

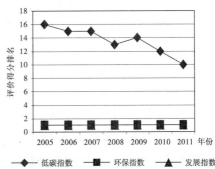

一、低碳指数

（一）低碳生产指数

2011 年,北京市获得了 26.8 分的低碳生产指数评价得分,位居全国首位,相比 2005 年 18.48 分的评价得分,得分增长了 0.45 倍,年均增长速度 6.39%。2005—2011 年,北京市低碳生产指数虽然一直保持增长趋势,但增速却有曲折变化。2007—2009 年指数评价得分增速相对较高,指数增幅超过了 7%,但后期指数增幅有所回落。近期,北京市低碳生产指数排名提升也很明显,指数排序由 2005 年的第三名,提升到 2011 年的第一名。

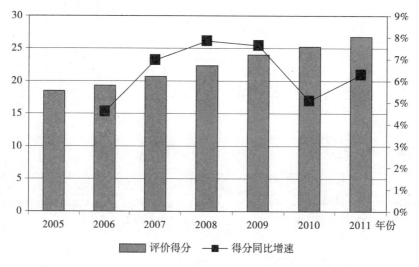

图 7-1　2005—2011 年北京市低碳生产指数评价得分及其变化情况

（二）低碳消费指数

在较高的居民消费水平的推动下,北京市低碳消费指数相对较差。2011 年,北京市低碳消费指数评价得分 6.48 分,位居全国第 17 名,处在各地区中游位置。近年,北京市低碳消费指数呈现出了先下降后上升的特点。2005—

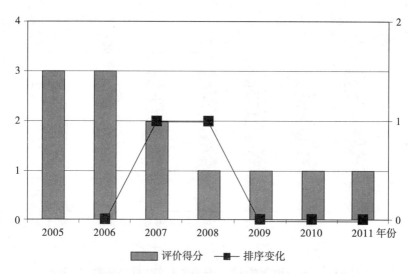

图 7-2　2005—2011 年北京市低碳生产指数排序及其变化情况

2007 年,低碳消费指数评价得分逐渐下降,得分由 2005 年的 5.77 分下降到 2007 年的 5.42 分;2008—2011 年,低碳消费指数评价得分开始逐年增加,得分由 2008 年的 5.79 分增加到 2011 年的 6.48 分。总体看北京市低碳消费指数有所提高,2005—2011 年评价得分年均增幅 1.95%,指数排名也有 9 个位次的提升。

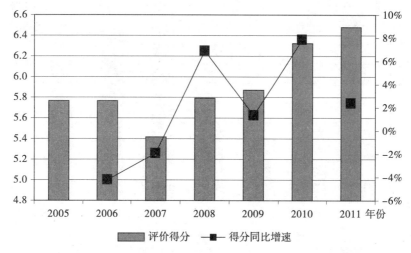

图 7-3　2005—2011 年北京市低碳消费指数评价得分及其变化情况

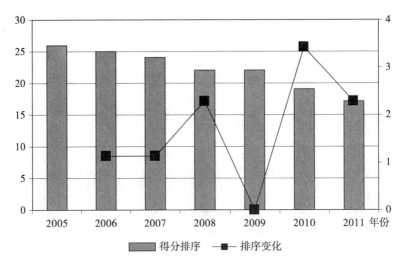

图 7-4   2005—2011 年北京市低碳消费指数排序及其变化情况

(三)低碳资源指数

北京市低碳资源指数具有较强的稳定性。虽然 2005—2011 年,低碳资源指数评价得分有所增加(即由起初的 5.56,增加到后期的 6.10,增幅并不大),但指数排名却一直稳居在全国中下游位置(排名一直稳居 20 位)。

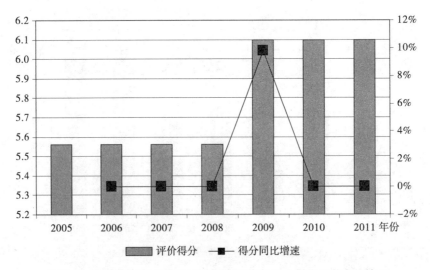

图 7-5   2005—2011 年北京市低碳资源指数评价得分及其变化情况

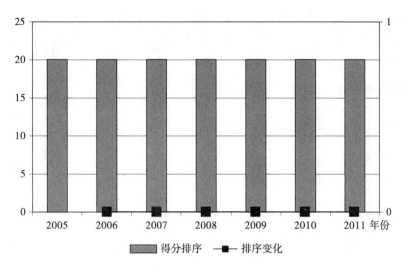

图 7-6　2005—2011 年北京市低碳资源指数排序及其变化情况

（四）低碳指数

北京市的低碳指数评价得分也表现出了逐年增加的趋势。低碳指数评价得分由 2005 年的 29.81 分提升到 2011 年的 39.38 分,年均增速 4.75%。但指数增速却表现出了先增加后减小的特点,2005—2009 年指数得分增速逐步增加,2010 年之后指数得分增速又有所下降。低碳指数在全国的排序在起伏变化过程中总体有所提升,在全国的排名由 2005 年的 16 名提升到 2011 年的 10 名,六年提升了 6 个位次。

二、环保指数

（一）环境污染指数

相比其指数,北京市的环境污染指数评价得分增速最快。2005 年环境污染指数评价得分仅有 37.62 分,到 2011 年指数评价得分增加到了 67.21 分,年均增幅超过了 10%。虽然环境污染指数评价得分增速很快,但其在全国的排名却没有发生变化,一直稳居全国第一。

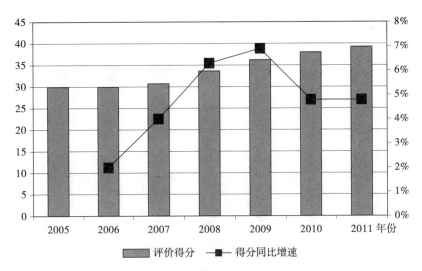

图 7-7 2005—2011 年北京市低碳指数评价得分及其变化情况

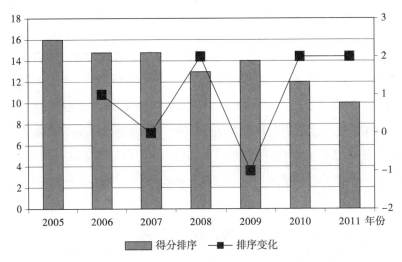

图 7-8 2005—2011 年北京市低碳指数排序及其变化情况

(二)环境管理指数

北京市的环境管理指数起伏变动幅度较大。2005—2011 年,北京市环境污染指数评价得分呈现"先增长—再下降—又增长—又下降"的特点;2005—2006 年指数评价得分呈上升趋势,2007—2008 年指数评价得分开始下降,

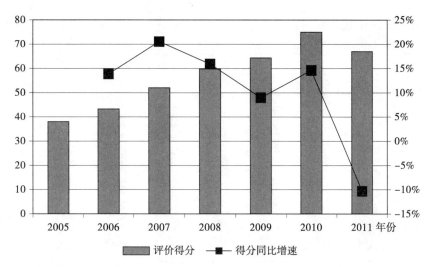

图 7-9　2005—2011 年北京市环境污染指数评价得分及其变化情况

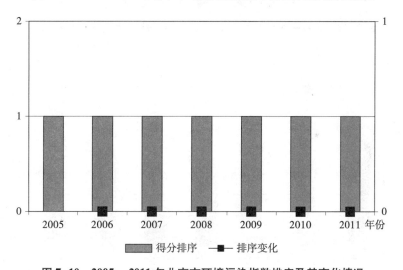

图 7-10　2005—2011 年北京市环境污染指数排序及其变化情况

2009 年指数得分又开始提升,2010—2011 年指数得分又出现回落。尽管近年环境管理指数评价得分起伏变化较大,但指数总体仍有所增加,只不过增幅相对较小,年均增幅仅为 1. 06%。北京市环境管理指数在全国的排序起伏变动也很大,其变化方向与得分变化方向一致,也呈现了"先提升—再下降—又提升—又下降"的特点。不过环境管理指数排名变化幅度较得分变化幅度更大,指数排名由 2005 年的第九名下降到 2011 年的第十六名,由全国的中上游下滑至中游位置。

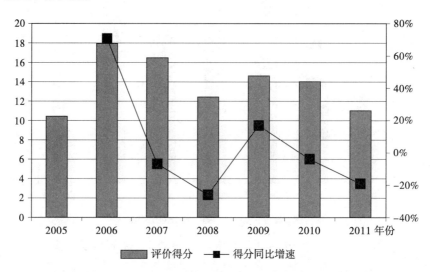

图 7-11　2005—2011 年北京市环境管理指数评价得分及其变化情况

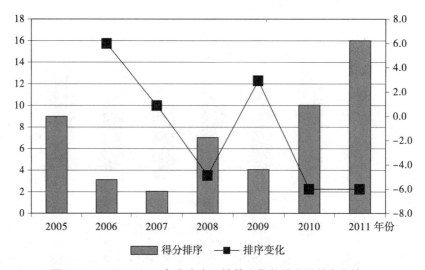

图 7-12　2005—2011 年北京市环境管理指数排序及其变化情况

（三）环境质量指数

北京市环境质量指数表现最差。2005 年,环境质量指数评价得分仅获得了 8.26 分,处在全国倒数第一的位置,虽然 2011 年指数评价得分增加到了

10.10 分(2011 年北京市环境质量得分仍不及 2005 年全国环境质量得分①),但在全国仍处在倒数第三的位置。2005—2011 年,虽然北京市的环境质量指数排名很靠后,但评价得分却一直在缓慢增加,得分年均增幅 3.41%。

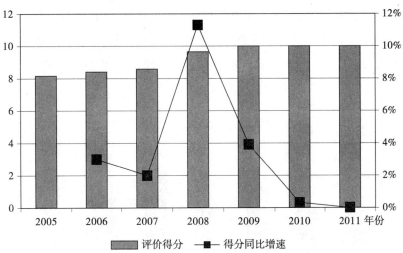

图 7-13　2005—2011 年北京市环境质量指数评价得分及其变化情况

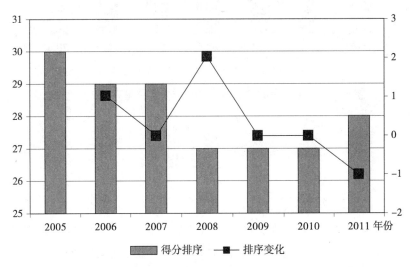

图 7-14　2005—2011 年北京市环境质量指数排序及其变化情况

---

① 2005 年全国环境质量评价得分应该为 11.11。

（四）环保指数

北京市环境污染指数的良好表现完全掩盖了环境管理指数的不足和环境质量指数的缺陷,环保指数表现出了与环境污染指数类似的特点,即指数评价得分总体增长和排名高居不下的特点。2005—2011 年,北京市的环保指数评价得分除 2011 年较上年有所下降外,其年份指数评价得分均有所增长,期间环保指数评价得分年均增幅高达 7.80%。

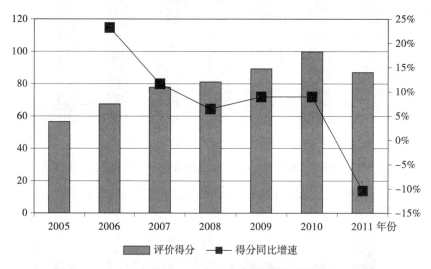

图 7-15　2005—2011 年北京市环保指数评价得分及其变化情况

三、发 展 指 数

相比低碳指数、环保指数,北京市的发展指数不仅排名靠前,评价得分也相对较高。2011 年,北京市发展指数评价得分高达 126.77 分,是 2005 年全国得分值的 15 倍之多①。近年来北京市发展指数增速趋势明显,除 2008 年发展指数评价得分有所下降外,其年份发展指数均有所增长,2005—2011 年得分年均增长了 4.68%。北京市发展指数在全国的排名也很稳固,近年一直

———————

① 2005 年全国发展指数得分应为 11.12。

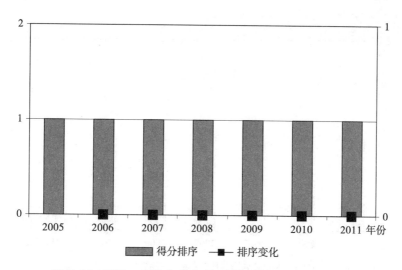

图7-16 2005—2011年北京市环保指数排序及其变化情况

处在全国第一的位置。

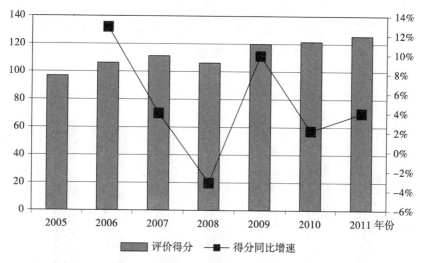

图7-17 2005—2011年北京市发展指数评价得分及其变化情况

四、低碳环保发展综合指数

北京市的低碳环保发展综合指数凭借着较高的评价得分,长期以来指数

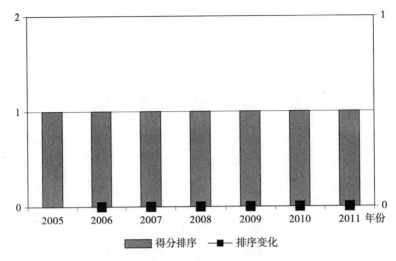

图 7-18　2005—2011 年北京市发展指数排序及其变化情况

稳居全国首位。2005—2011 年,全市综合指数评价得分均超过了 180 分,2010 年指数得分更是达到了近 259 分,虽然 2011 年指数得分有所下降,但总体看指数得分仍实现了 5.71%的年均增速。

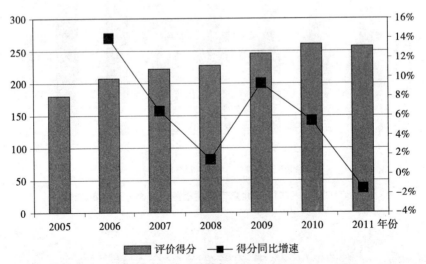

图 7-19　2005—2011 年北京市低碳环保发展综合指数评价得分及其变化情况

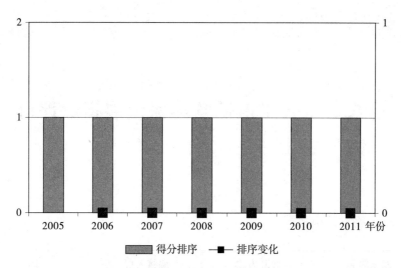

图 7-20　2005—2011 年北京市低碳环保发展综合指数排序及其变化情况

第八章　天津市低碳环保发展指数评价

2011 年天津市概况：

国土面积 （万平方公里）	常驻人口 （万人）	城镇人口 （万人）	GDP （亿元）
1.19	1355	1091	11307
工业增加值 （亿元）	三产结构	城镇居民家庭人均 现金消费支出 （元）	城镇居民家庭 平均每百户家 用汽车拥有量 （辆）
5431	1：52：46	18424	20.6
煤炭消费量 （万吨）	原油消费量 （万吨）	汽、煤、柴油消费量 （万吨）	电力消费量 （亿千瓦小时）
5262	1754	608	695
天然气消费量 （亿立方米）	气　候		
26.02	北温带半湿润大陆性季风气候		
规模以上工业行业增加值前五行业:交通运输设备制造业、通信设备计算机及其他电子设备制造业、黑色金属冶炼及压延加工业、通用设备制造业和纺织服装鞋帽制造业			

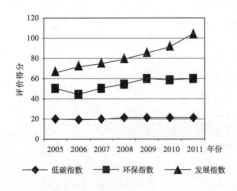
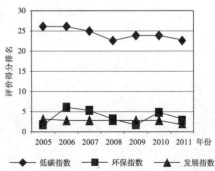

一、低　碳　指　数

(一)低碳生产指数

天津市的低碳生产指数较好。2011 年,天津市低碳生产指数评价得分 15.22 分,相对于 2005 年的评价得分,指数得分增长了 0.2 倍,年均增幅达 3.02%。天津市的低碳生产指数不仅评价得分不断增加,指数在全国的排名 也有所提升。指数排名由 2005 年的 12 名提升到 2011 年的第 9 名,6 年时间 提升了三个位次,位次的提升分别是在 2008 年(提升 1 个位次)和 2011 年 (提升 2 个位次)实现的。

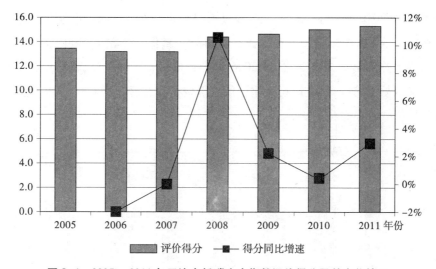

图 8-1　2005—2011 年天津市低碳生产指数评价得分及其变化情况

(二)低碳消费指数

天津市的低碳消费指数要差很多。2011 年,天津市低碳消费指数评价得 分仅有 3.55 分,名列全国倒数第三。天津市较低的低碳消费指数是长期恶化 的结果,2005—2011 年全市低碳消费指数一直处在不断下滑趋势中,尤其

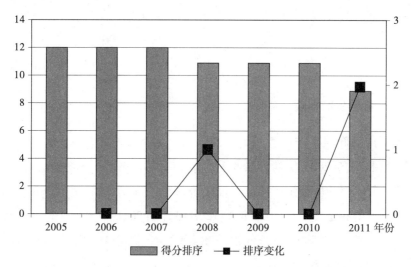

图 8-2　2005—2011 年天津市低碳生产指数排序及其变化情况

2006 年和 2010 年指数得分下降幅度较大,期间指数得分年均下降幅度
4.94%。尽管天津市低碳消费指数评价得分一直保持下滑趋势,但指数在全
国的排名并未出现太大变化,除 2006 年指数排序有所提升外,其年度指数均
处在倒数第三的位置,这说明天津市低碳消费指数在恶化的同时,其地区的低
碳消费指数也在恶化。

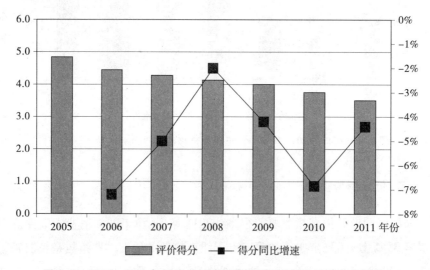

图 8-3　2005—2011 年天津市低碳消费指数评价得分及其变化情况

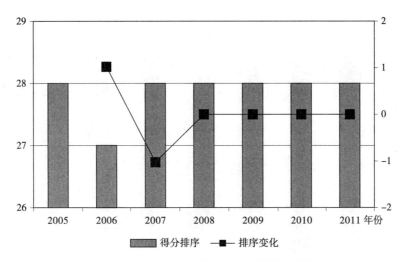

图 8-4 2005—2011 年天津市低碳消费指数排序及其变化情况

(三)低碳资源指数

天津市的低碳资源指数表现也不好。2011 年,天津市低碳资源指数评价得分仅有 1.80 分,处在全国倒数第 4 的位置。虽然天津市低碳资源指数表现不好,且仅有两个年度低碳资源指数基础数据,但从评价结果仍可以看出近年低碳资源指数评价评分有所提升,2005—2011 年指数评价得分增加了 0.28 分,年均增速 2.84%。

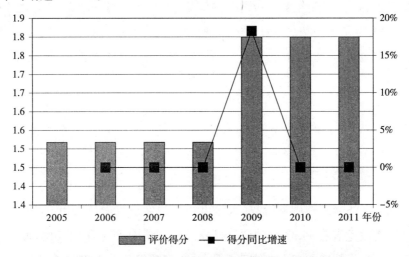

图 8-5 2005—2011 年天津市低碳资源指数评价得分及其变化情况

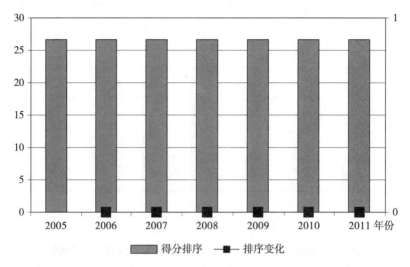

图 8-6　2005—2011 年天津市低碳资源指数排序及其变化情况

(四)低碳指数

2011 年,低碳指数评价得分仅有 20.57 分,排名第 23 名。动态变化看,全市低碳指数近年表现出"先降后升"的特点。2005—2007 年,低碳指数评价得分呈下降趋势,得分由 2005 年的 19.06 分下降到 2007 年的 18.43 分;2008—2011 年,低碳指数评价得分整体呈上升趋势,得分由 2008 年的 19.66 分上升到 2011 年的 20.57 分。低碳指数在全国的排名总体也是处在不断提升过程中,2005—2011 年指数在全国的地位提升了 3 个名次。

二、环 保 指 数

(一)环境污染指数

相比上述低碳领域各指数,天津市环境污染指数表现突出。2011 年,环境污染指数凭借着 35.37 分的评价得分,位居全国第四。不仅如此,近年天津市环境污染指数还表现出整体上升的趋势,指数得分由 2005 年的 22.48 分提

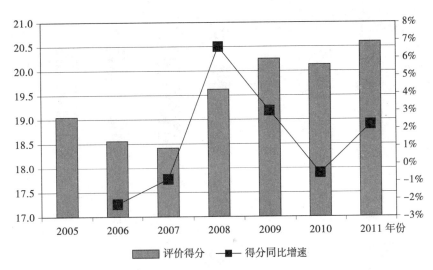

图 8-7　2005—2011 年天津市低碳指数评价得分及其变化情况

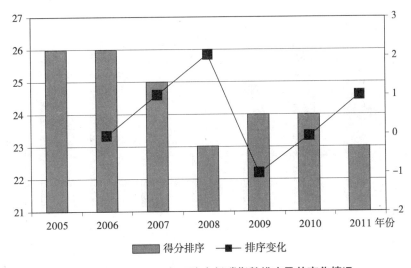

图 8-8　2005—2011 年天津市低碳指数排序及其变化情况

升到 2011 年的 35.37 分,年均增幅 7.85%,增幅较大。环境污染指数的排名
也表现出总体上升的趋势,指数排名由 2005 年的第六名提升到 2011 年的第
四名。不过环境污染指数的提升并非"一路顺风",2005—2009 年指数处在上
升阶段,但 2009 年之后指数得分和排名均出现了一定幅度的下降。

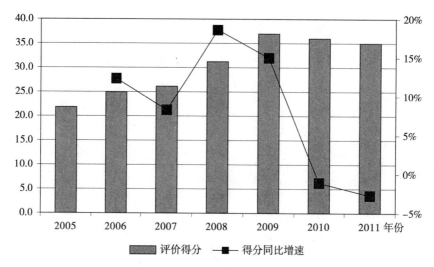

图 8-9   2005—2011 年天津市环境污染指数评价得分及其变化情况

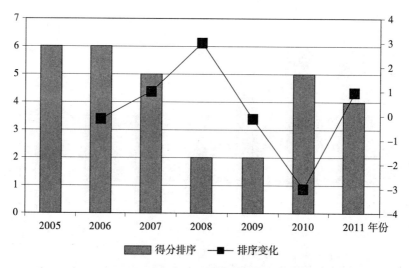

图 8-10   2005—2011 年天津市环境污染指数排序及其变化情况

（二）环境管理指数

相比环境污染指数,天津市环境管理指数表现一般,且变动幅度较大。2011 年,天津市以 13.25 分的环境管理指数评价得分,位居全国第 11,处在中上游地位。而从指数得分及排序变动情况看,近年指数变动较为复杂,且变化幅度较大。评价结果显示 2006 年、2008 年和 2010 年指数得分相比上年有所减小,指数排名有所降低,其他年度指数呈上升特点;从指数排名变化看,2005年环境管理指数在全国排第二名,但 2010 年指数排名下滑至了第二十名,指数排名下滑了 18 个位次。

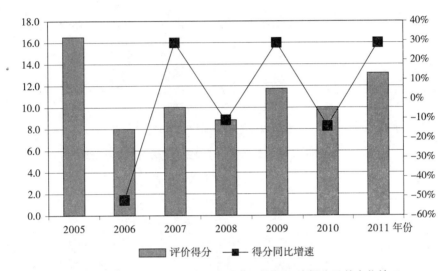

图 8-11　2005—2011 年天津市环境管理指数评价得分及其变化情况

(三)环境质量指数

天津市地处我国华北地区,经济活动中重工业占比较高,环境质量水平并不高,这造成环境质量指数也不好。2011 年,天津市环境质量指数评价得分只有 11.30 分,位居全国第十八名,处在全国中下游位置。2005—2011 年,天津市环境质量指数评价得分经历了先增加后减小又增加的曲折过程。2005—2008 年得分增加趋势明显,但 2009 年和 2010 年得分出现了大幅下降,到 2011 年得分又有所回升。环境质量指数在全国排名也出现了类似变化,2005—2008 年指数在全国的地位由第十九名提升到第十六名,2009 年和2008 年指数下滑至全国第二十二名,2011 年又提升至第十八名。

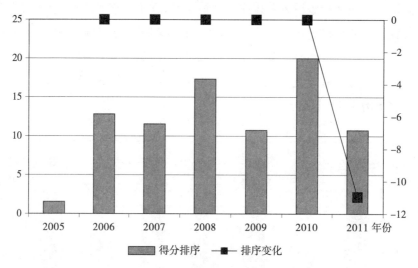

图 8-12 2005—2011 年天津市环境管理指数排序及其变化情况

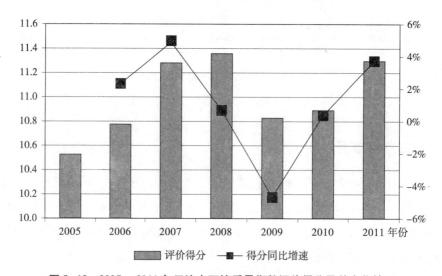

图 8-13 2005—2011 年天津市环境质量指数评价得分及其变化情况

（四）环保指数

在环境污染指数的强势带动下，天津市的环保指数也有不俗表现。2011年，天津市环保指数评价得分 59.92 分，位居全国第三。从动态角度看，近年

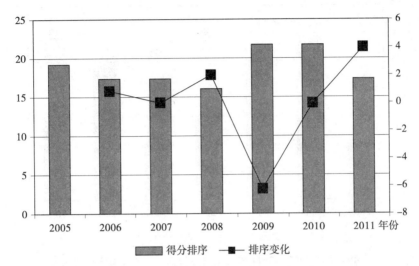

图 8-14　2005—2011 年天津市环境质量指数排序及其变化情况

天津市环保指数总体处在上升过程中,2005—2011 年评价得分增加了 10.42 分,年均增速 3.24%。尽管环保指数评价得分总体有所增长,但其在全国的地位总体却有所下降,由 2005 年的全国名第二名下降到 2011 年的全国第三名。

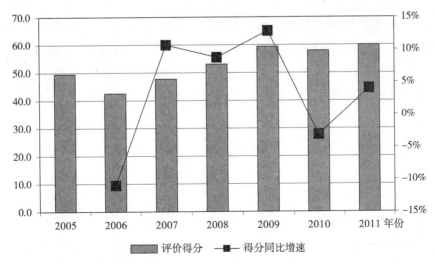

图 8-15　2005—2011 年天津市环保指数评价得分及其变化情况

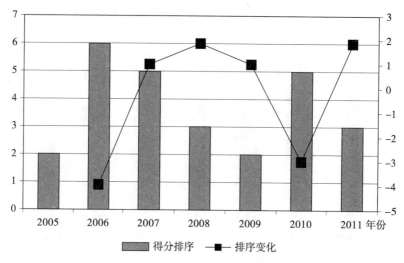

图 8-16　2005—2011 年天津市环保指数排序及其变化情况

三、发 展 指 数

依托有利区位条件、优越政策环境、巩固发展基础等,天津市的发展指数也有不俗表现。2011 年,天津市凭借 102.73 分的评价得分,发展指数位居全国第二。天津市发展指数优越的表现是长期持续改善的结果。2005—2011 年天津市发展指数评价得分增加了 34.92 分,年均增幅 7.17%,即使得分增幅相对较小的 2007 年,其增幅也有 3.16%。天津市发展指数不仅评价得分有所增长,其在全国的排名也有所提升,由 2005 年的全国排名第三提升到 2011 年的全国第二。

四、低碳环保发展综合指数

2011 年,天津市综合指数评价得分 183.22 分,位居全国第三。天津市综合指数这种较高的评价得分也是长期持续增加的结果,2005—2011 年综合指数得分年均增幅为 5.04%。相比综合指数得分变化,指数排名变化过程则要曲折,2005 年、2007 年、2008 年和 2010 年指数排名都是第四名,但 2006 年指数曾下滑至第五名,2009 年和 2011 年指数排名为全国第三名。

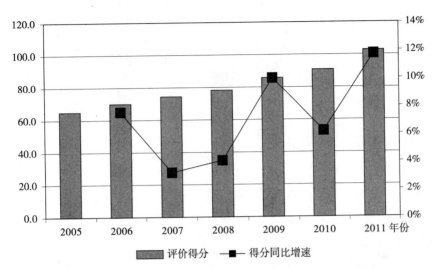

图 8-17　2005—2011 年天津市发展指数评价得分及其变化情况

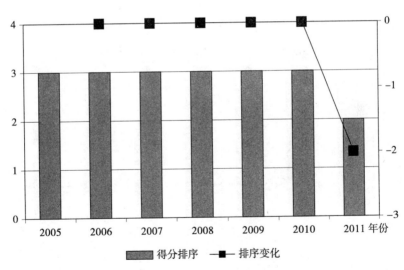

图 8-18　2005—2011 年天津市发展指数排序及其变化情况

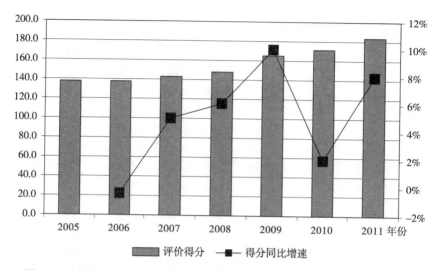

图 8-19　2005—2011 年天津市低碳环保发展综合指数评价得分及其变化情况

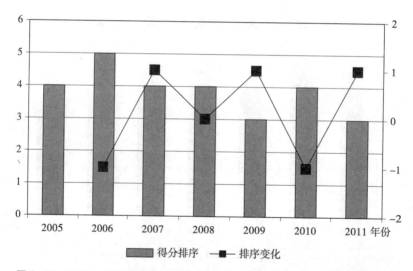

图 8-20　2005—2011 年天津市低碳环保发展综合指数排序及其变化情况

第九章　河北省低碳环保发展指数评价

2011 年河北省概况：

国土面积 （万平方公里）	常驻人口 （万人）	城镇人口 （万人）	GDP （亿元）
18.77	7241	3302	24515.76
工业增加值 （亿元）	三产结构	城镇居民家庭人均 现金消费支出 （元）	城镇居民家庭 平均每百户家 用汽车拥有量 （辆）
11770.38	11.85：53.54：34.60	11609.3	23.3
煤炭消费量 （万吨）	原油消费量 （万吨）	汽、煤、柴油消费量 （万吨）	电力消费量 （亿千瓦小时）
30792.00	1564.68	1110.8	2984.90
天然气消费量 （亿立方米）	气　候		
35.09	温带大陆性季风气候		
规模以上工业行业从业人员前五行业：黑色金属冶炼及压延加工业、非金属矿物制品业、纺织业、煤炭开采和洗选业、通用设备制造业			

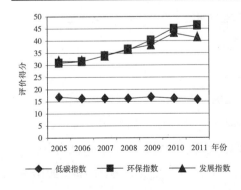

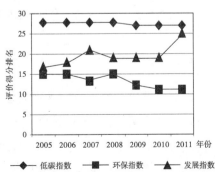

一、低碳指数

(一)低碳生产指数

河北省的低碳生产指数在起伏变化中总体有所增长。2005—2009 年,低碳生产指数得分从 6.74 分增加到 7.51 分。但 2010 年和 2011 年,低碳生产指数得分却出现了下降,连续两年出现负增长,且降幅很大;尽管如此,总体看来河北省低碳生产指数评价评分还是有所增长,2005—2011 年得分年均增幅1.25%。虽然近年河北省低碳生产指数得分变化较大,但其在国内的排名并未因得分的变化而变化,长期一直保持在第 26 名。

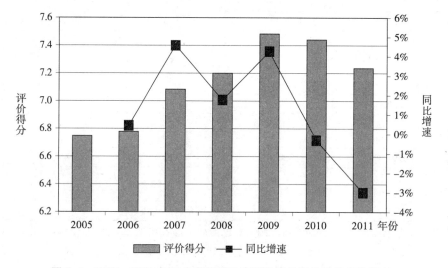

图 9-1 2005—2011 年河北省低碳生产指数评价得分及其变化情况

(二)低碳消费指数

河北省低碳消费指数的表现欠佳。2011 年低碳消费指数得分仅有 4.17 分,排名第 25 名,处在全国下游位置。河北省这种较低的低碳消费指数得分是长期下滑的结果。2005—2011 年,低碳消费指数得分连年下降,从 2005 年的 6.52 分下降到 2011 年的 4.17 分,年均下降速度长 7.18%,尤其是 2010 年

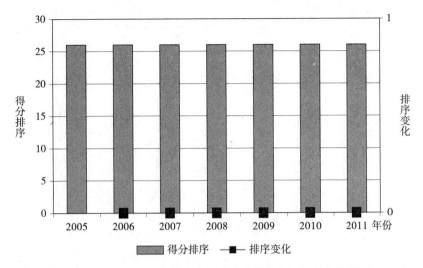

图 9-2　2005—2011 年河北省低碳生产指数排序及其变化情况

和 2011 年,低碳消费指数得分较上年降幅很大(分别为 -8.09% 和 -12.58%)。与之相比,河北省低碳消费指数排名波动不大。2005—2010 年,除 2007 年(23 名)、2011 年(25 名)外,其余年份名次都是 24 名。

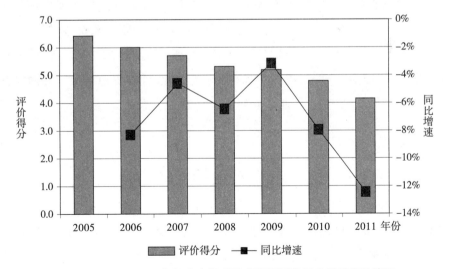

图 9-3　2005—2011 年河北省低碳消费指数评价得分及其变化情况

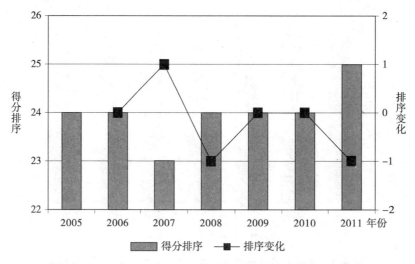

图 9-4　2005—2011 年河北省低碳消费指数排序及其变化情况

（三）低碳资源指数

河北省低碳资源指数的表现也不好。2011 年低碳资源指数评价得分仅有 4.19 分,全国排名第 23,处于全国中下游。虽然指数表现较差,但从动态变化角度看,近年其低碳资源指数有所改善,评价得分由起初的 3.56 分增加到后期的 4.19 分,年均增幅 2.74%[1]。尽管如此,低碳资源指数得分的提升并没有带来排名的提升,长期一直处于全国 23 名的位置。

（四）低碳指数

在低碳生产指数、低碳消费指数和低碳资源指数的共同作用下,近年河北省低碳指数起伏变化幅度较大,且总体呈下降趋势。2005 年,河北省的低碳指数得分 16.83 分,之后开始波动下降,降至 2008 年的 16.13 分,虽然 2009 年得分有大幅增加,但随后又出现连续下降,得分一直降到 2011 年的最低值

---

① 低碳资源指数采用单位面积活立木蓄积量进行评价,而近期我国地区活立木蓄积量只有两年数据,即 2005—2008 年为同一组数据,2009—2011 年为同一组数据。

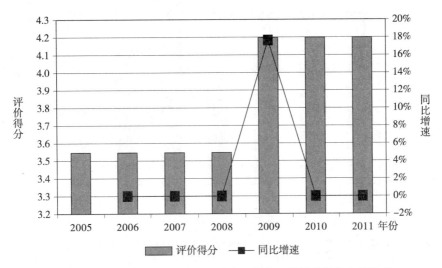

图 9-5　2005—2011 年河北省低碳资源指数评价得分及其变化情况

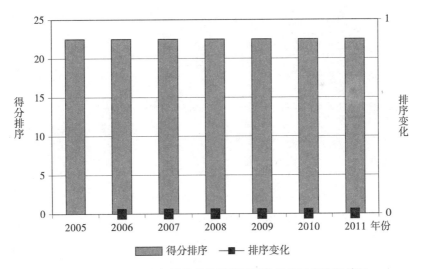

图 9-6　2005—2011 年河北省低碳资源指数排序及其变化情况

15.63 分。尽管低碳指数得分总体有所下降,但排名却有 1 个位次的提升,排名由 2005 年的 28 名上升到 2011 年的 27 名。

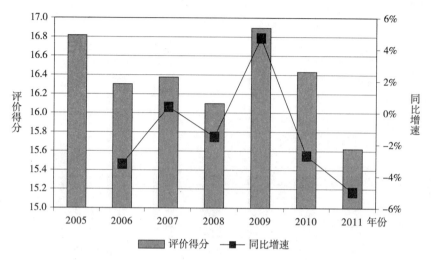

图 9-7　2005—2011 年河北省低碳指数评价得分及其变化情况

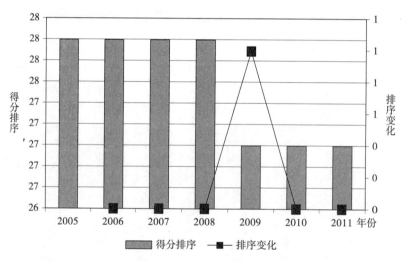

图 9-8　2005—2011 年河北省低碳指数排序及其变化情况

二、环保指数

(一)环境污染指数

2011 年,河北省环境污染指数评价得分仅有 13.12 分,全国排名第 20,这主要是由于 2011 年得分大幅下降造成的。2005—2010 年,河北省环境污染指数得分从 10.68 分增加到 18.47 分,年均增幅 11.62%。但 2011 年环境污染指数得分骤降(下降到 13.12 分),降幅高达-29.01%,也将 2005—2011 年年均增幅迅速拉低至 3.49%。正是由于这次得分骤降,导致 2011 年河北省环境污染指数排名较上年整整下降了 6 个位次,降至第 20 名(2010 年排名第 14 名)。

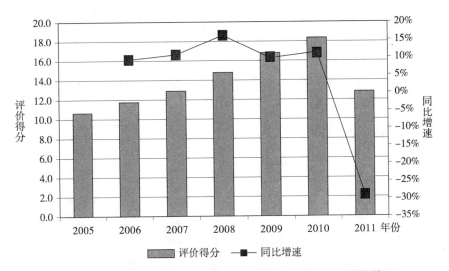

图 9-9　2005—2011 年河北省环境污染指数评价得分及其变化情况

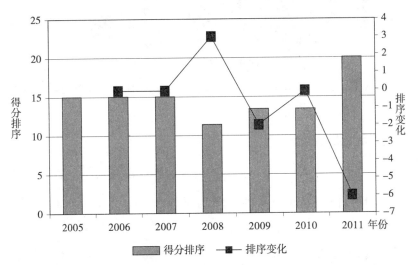

图 9-10　2005—2011 年河北省环境污染指数排序及其变化情况

(二)环境管理指数

与环境污染指数相反,河北省环境管理指数的较为抢眼。2011 年,环境管理指数得分 21.71 分,是 2005 年得分(10.26 分)的 2.12 倍,排名全国第 4。河北省环境管理指数相对靠前的排名是长期改善的结果。2005—2011 年,除2006 年得分较上年出现小幅下降外,其余年份得分较上年均有所增加。尤其是 2009—2011 年,环境管理指数得分增速很快,年均增速高达 25.86%。正是得益于环境管理指数的上升,河北省环境管理指数的排名也有所提升,由2005 年的 11 名跃升至 2011 年的第 4 名,跻入上游位置。

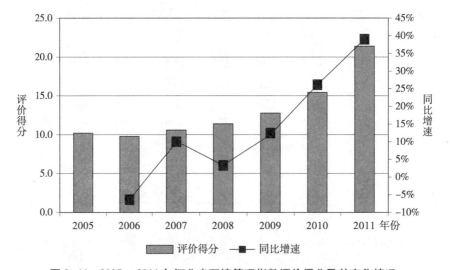

图 9-11 2005—2011 年河北省环境管理指数评价得分及其变化情况

(三)环境质量指数

河北省环境质量指数逐步提升的趋势也很明显。2005—2008 年,河北省环境质量指数得分由 2005 年的 9.99 分增加到 2008 年的 10.63 分,环境质量指数排名在 22 名与 23 名间徘徊;2009 年,环境质量指数得分增幅较大,得分增加至 11.22 分,排名也提升至第 18 名;2010 年和 2011 年环境质量指数得分继续增加,但增幅并不大,排名提升至 2011 年的 17 名。因此,总体看近年河

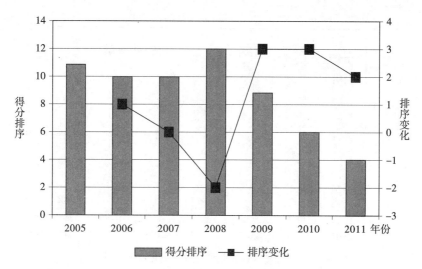

图 9-12　2005—2011 年河北省环境管理指数排序及其变化情况

北省环境指数处于上升阶段,得分年均增幅 3.49%,指数排名上升了 5 个位次。

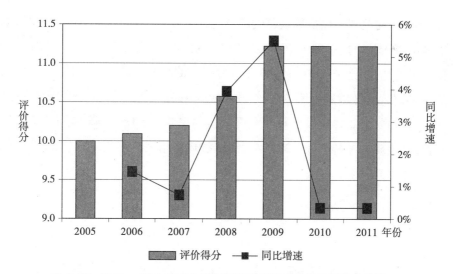

图 9-13　2005—2011 年河北省环境质量指数评价得分及其变化情况

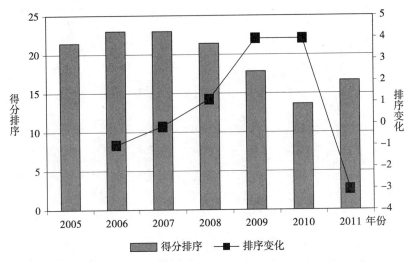

图9-14 2005—2011年河北省环境质量指数排序及其变化情况

（四）环保指数

近年，河北省环保指数改善的趋势也很明显。2005—2011年，环保指数得分由2005年的30.92分增加到2011年的46.12分，年均增幅6.89%。值得一提的是，相比于2007—2010年环保指数的高速增加（年均增速9.96%），2011年环保指数增速有所放缓，指数增幅仅为1.84%。与环保指数得分的单调递增不同，河北省环保指数在全国的排名呈现"上升-下降-再上升"的特点，总体表现为排名上升。2011年，河北省环保指数排名为11名，比2005年的15名提升了4个位次。

三、发 展 指 数

近年河北省发展指数不容乐观。2005—2010年，发展指数得分由2005年的32.32分持续增加到2010年的43.83分，增速相对较慢。2011年指数得分不升反降，得分仅有41.73分，较上一年下降了4.8个百分点。虽然发展指数得分总体有所增加（2005—2011年年均增速4.35%），但排名却由2005年

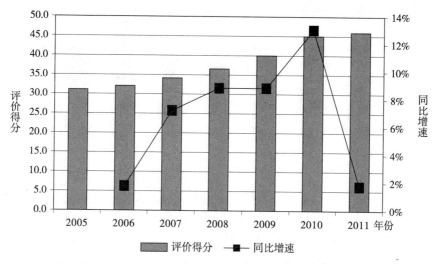

图 9-15　2005—2011 年河北省环保指数评价得分及其变化情况

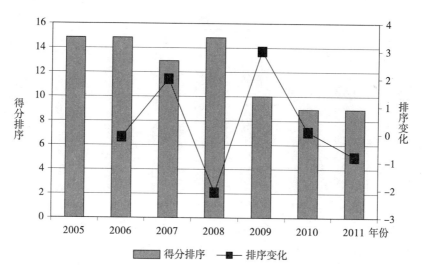

图 9-16　2005—2011 年河北省环保指数排序及其变化情况

的 16 名跌至 2011 年的 25 名,退后了 9 个位次。

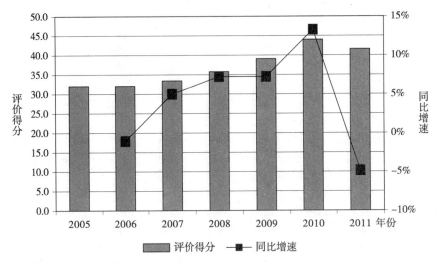

图 9-17 2005—2011 年河北省发展指数评价得分及其变化情况

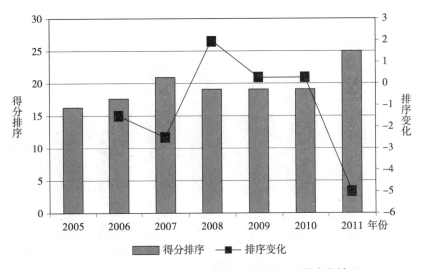

图 9-18 2005—2011 年河北省发展指数排序及其变化情况

四、低碳环保发展综合指数

在较差的低碳指数、发展指数的拖动下,河北省的低碳环保发展综合指数
并不令人满意。2011 年,低碳环保发展综合指数得分 103.48 分,位居全国第

24,处于全国下游。虽然综合指数评价得分和排序表现较差,但动态角度看指数一直处在改善趋势中。2005—2010 年,低碳环保发展指数得分由 2005 年的80.07 分增至 2010 年的 105.56 分,年均增速 4.37%;指数排名也由 2005 年的第 26 名提升至 2011 年的第 24 名,提升了 2 个位次。

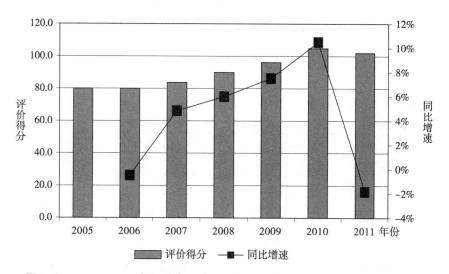

图 9-19　2005—2011 年河北省低碳环保发展综合指数评价得分及其变化情况

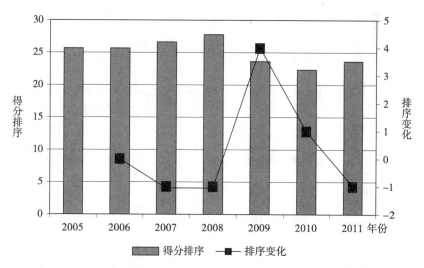

图 9-20　2005—2011 年河北省低碳环保发展综合指数排序及其变化情况

第十章 山西省低碳环保发展指数评价

2011 年山西省概况:

国土面积 (万平方公里)	常驻人口 (万人)	城镇人口 (万人)	GDP (亿元)
15.67	3593	1785	11237.55
工业增加值 (亿元)	三产结构	城镇居民家庭人均 现金消费支出 (元)	城镇居民家庭 平均每百户家 用汽车拥有量 (辆)
5959.96	5.71:59.05:35.25	11354.3	18.6
煤炭消费量 (万吨)	原油消费量 (万吨)	汽、煤、柴油消费量 (万吨)	电力消费量 (亿千瓦小时)
33479.00	—	720.7	1650.41
天然气消费量 (亿立方米)	气　候		
31.93	温带大陆性季风气候		
规模以上工业行业增加值前五行业:煤炭开采和洗选业、黑色金属冶炼及压延加工业、石油加工、炼焦及核燃料加工业、电力、热力生产和供应业、化学原料及化学制品制造业			

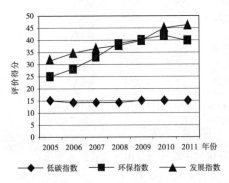
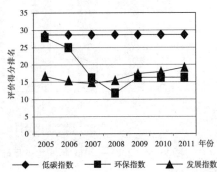

一、低碳指数

（一）低碳生产指数

2005—2011年,山西省低碳生产指数一直在全国倒数后三名徘徊,其中2005—2007年排名全国第28名,2008年排名下降1个位次到29名,此后到2011年排名一直处于29名,排名垫底的情况没有得到改善。虽然全省指数排名很靠后,但近期指数评价得分却有一定幅度增加。2005年,山西省低碳生产指数得分为5.2分,到2011年得分提升到6.2分,年平均增幅约为3%。

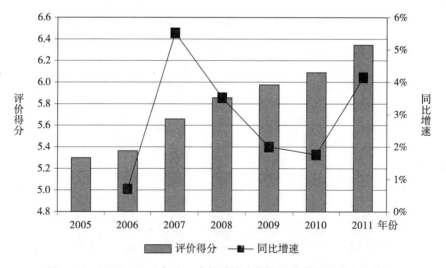

图10-1　2005—2011年山西省低碳生产指数评价得分及其变化情况

（二）低碳消费指数

2011年,山西省的低碳消费指数评价得分仅有3.95分,位居全国第26名,排名全国倒数第五,处在全国下游位置。动态角度看,山西省的低碳消费指数不仅排名靠后,指数还呈下降趋势。2005—2011年,低碳消费指数评价得分下降了2分多,年均降幅6.66%。低碳消费指数排名则相对稳定,除

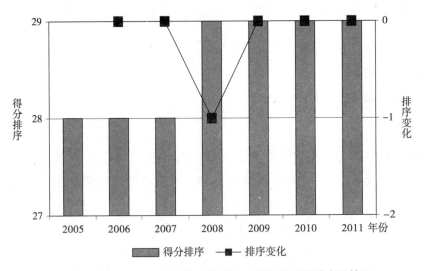

图 10-2　2005—2011 年山西省低碳生产指数排序及其变化情况

2005 年和 2010 年指数排名全国第 25 名外,其年度指数排名均为第 26 名。

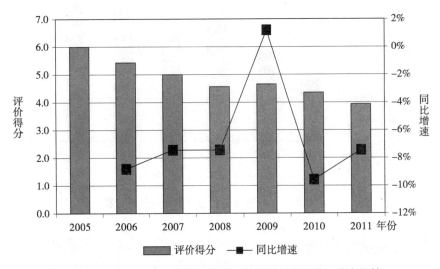

图 10-3　2005—2011 年山西省低碳消费指数评价得分及其变化情况

(三)低碳资源指数

受自然环境的影响,山西省低碳资源的表现差强人意。2009—2011 年

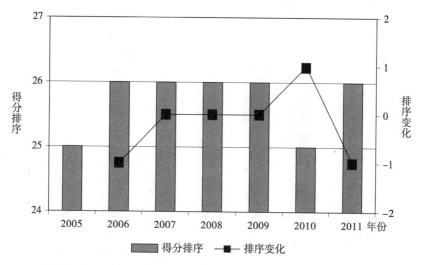

图 10-4　2005—2011 年山西省低碳消费指数排序及其变化情况

全省低碳资源指数评价得分只有 4.38 分,排名全国第 21 名,处在中下游位置。虽然指数排名并不靠前,但相对于以前指数有所提升。相对于 2005 — 2008 年低碳资源指数 3.62 分的评价得分和第 22 名的指数排名,指数改善迹象明显。

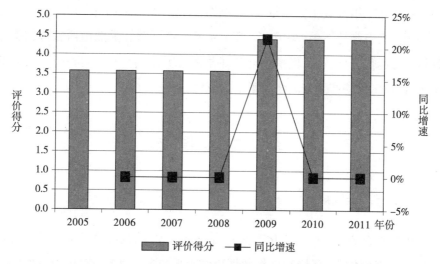

图 10-5　2005—2011 年山西省低碳资源指数评价得分及其变化情况

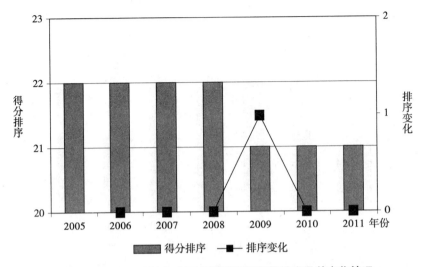

图 10-6　2005—2011 年山西省低碳资源指数排序及其变化情况

(四)低碳指数

近期,山西省的低碳指数评价得分呈现"下降-上升-下降"的特点。2005 年,山西省的低碳指数为 14.8 分,此后 3 年连续下降,跌至 2008 年的最低谷 14.0 分;2009 年低碳指数出现了一次快速上涨,涨至最高峰 15.0 分;但是这种表现并没有维持下去,2010 年、2011 年又连续下跌。虽然山西省低碳指数评价得分起伏变化较大,但指数排名却非常稳定,近期一直维持在第 29 名的位置,即稳定保持在了全国倒数第二的位置。

二、环　保　指　数

(一)环境污染指数

山西省经济活动中的重化工业所占比重较大,故其经济社会活动环境污染物排放强度较大,环境污染指数评价结果要差些。2011 年,山西省的环境污染指数得分为 10.38 分,位居全国第 25 名,处在各地区的下游位置。虽然

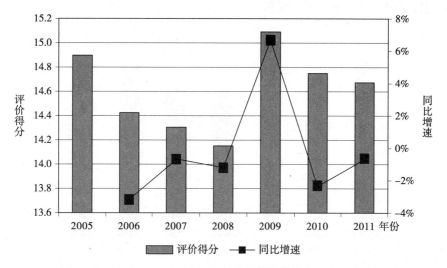

图 10-7　2005—2011 年山西省低碳指数评价得分及其变化情况

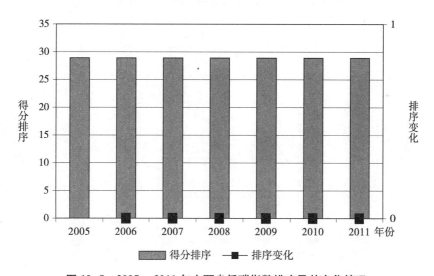

图 10-8　2005—2011 年山西省低碳指数排序及其变化情况

全省环境污染指数评价得分较低、排名较为靠后,但近期指数改善的趋势却很明显。2005—2011 年,环境污染指数评价得分总体处在上升趋势中(2011 年指数得分相对于 2010 年有一定幅度下降),指数评价得分总体增加了 3.75分,年均增幅达 7.76%;指数排名则由 2005 年的第 29 名提升至 2011 年的第

25 名,期间排名提升了 4 个位次。

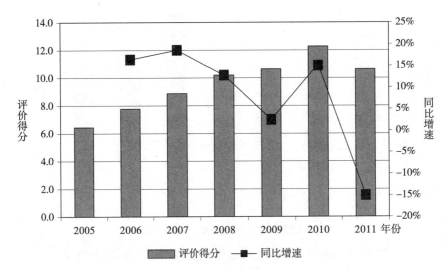

图 10-9   2005—2011 年山西省环境污染指数评价得分及其变化情况

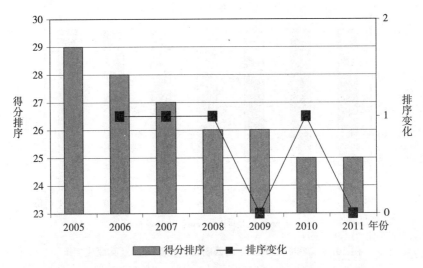

图 10-10   2005—2011 年山西省环境污染指数排序及其变化情况

(二)环境管理指数

较多环境污染物的排放,必然会引起相应环境污染物治理投资的增加,即较差的环境污染指数往往会导致较好的环境管理指数。山西省也是如此,2011 年山西省环境管理指数评价得分 18.89 分,在样本地区中排名第五,处在全国上游位置。不仅如此,伴随山西省对环境问题关注度的不断提升,环境管理指数也有大幅提升。2005—2011 年,环境管理指数评价得分总体增加了8.97 分,年均增幅高达 11.34%,增幅在各指数中最大。相比指数得分的变化,指数排名的变化有一定起伏,2005—2009 年指数排名上升趋势明显,2009—2011 年指数排名则有小幅下降,但总体看 2005—2011 年指数排名仍有 8 个位次的提升。

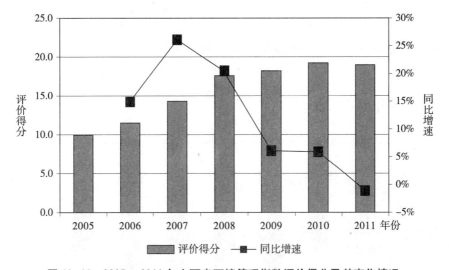

图 10-11　2005—2011 年山西省环境管理指数评价得分及其变化情况

(三)环境质量指数

山西省环境质量指数的评价结果表现也不好。2011 年,全省环境质量指数评价得分 10.88 分,样本地区中排在第 24 名,处在全国下游位置。虽然全省环境质量指数排名比较靠后,但这也是近期改善的结果。2005 年山西省的环境质量指数评价得分只有 58.65 分,后期指数评价得分不断增加(2009 年指数得分相比 2008 年有小幅下降),总体看 2005—2011 年指数得分实现了3.89% 的年均增幅;指数排名则是由 2005 年的第 27 名提升至 2011 年的第 24

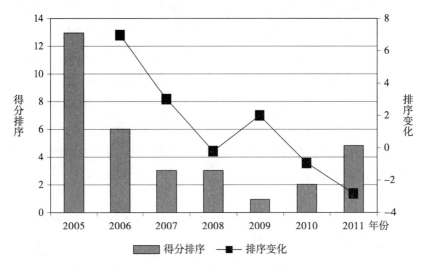

图 10-12　2005—2011 年山西省环境管理指数排序及其变化情况

名,指数排名提升了 3 个位次。

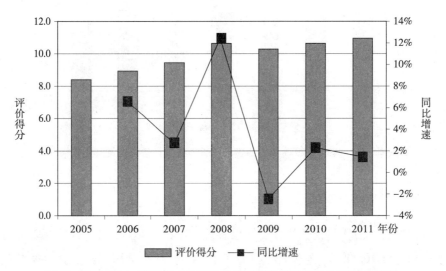

图 10-13　2005—2011 年山西省环境质量指数评价得分及其变化情况

(四)环保指数

2011 年,山西省环保指数评价得分 40. 14 分,位居全国第 16 名,在全国

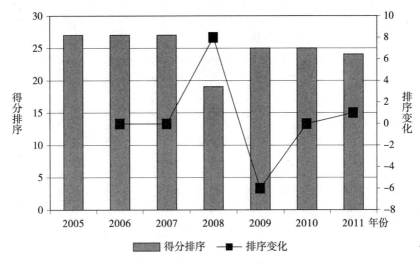

图 10-14　2005—2011 年山西省环境质量指数排序及其变化情况

处在中游的位置。环保指数的这种表现也是近期改善的结果。2005—2011年,环保指数评价得分总体处在上升趋势中(除2011年外),期间指数评价得分年均增幅为8.07%;指数排名则是由2005年的全国倒数第三提升至后期的全国中游的位置,期间指数排名提升了12个位次。

三、发展指数

山西省发展指数的评价结果表现也较为一般。2011年,山西省发展指数评价得分45.71分,全国排名第19名,处在全国中下游位置。动态变化角度看,近期山西省发展指数的得分与排名的变化背道而驰。2005—2011年,山西省发展指数评价得分连续增加,期间指数得分年均增幅6.09%。但指数排名却出现了起伏变化,2005—2007年指数排名总体处在上升趋势中,但2007—2011年指数排名又开始不断下降,总体看2005—2011年指数排名有2个位次的提升。山西省发展指数之所以会出现得分不断上升而排名却总体下降的困惑,原因在于相对于国内其他地区,山西省发展指数增长幅度仍然要小,出现了"不快进则倒退"的局面。

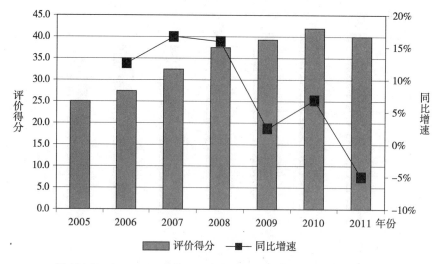

图 10-15 2005—2011 年山西省环保指数评价得分及其变化情况

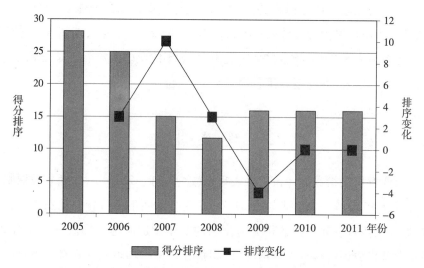

图 10-16 2005—2011 年山西省环保指数排序及其变化情况

四、低碳环保发展综合指数

由于山西省的低碳指数、环保指数和发展指数的评价结果表现均不好,故

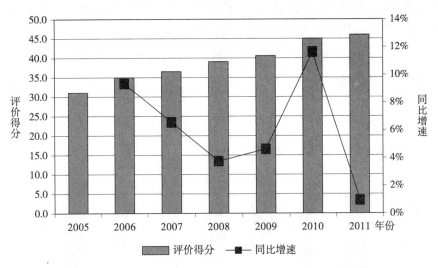

图 10-17　2005—2011 年山西省发展指数评价得分及其变化情况

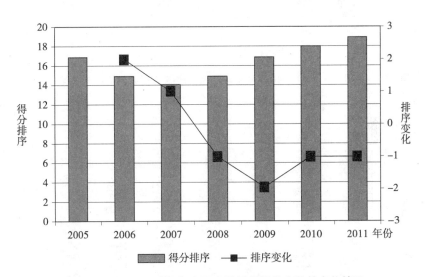

图 10-18　2005—2011 年山西省发展指数排序及其变化情况

其低碳环保发展综合指数评价结果的表现也很差。2011 年,山西省的综合指数评价得分只有 100.53 分,远低于当年全国平均水平,即使与 2005 年全国均值相比也只多了 0.53 分,指数在全国的排名为倒数第 5,处在全国下游位置。虽然综合指数在全国的排名较为靠后,但近期指数得分增加趋势很明显,指数得分除 2011 年有小幅下降外,其年度指数得分均在上升状态中。近期综合指数的排名则出现了"先提升后下降"的状况,2005—2008 年指数排名处在提升趋势中,2008—2011 年指数则处在下滑趋势中,总体看近期指数排名仍获得了 3 个位次的提升。

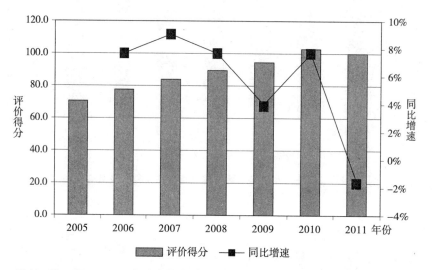

图 10-19　2005—2011 年山西省低碳环保发展综合指数评价得分及其变化情况

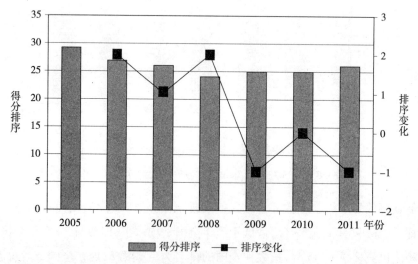

图 10-20　2005—2011 年山西省低碳环保发展综合指数排序及其变化情况

第十一章　内蒙古自治区低碳环保发展指数评价

2011 年内蒙古自治区概况：

国土面积 （万平方公里）	常驻人口 （万人）	城镇人口 （万人）	GDP （亿元）
118.3	2482	1,405	14359.88
工业增加值 （亿元）	三产结构	城镇居民家庭人均 现金消费支出 （元）	城镇居民家庭 平均每百户家 用汽车拥有量 （辆）
7101.60	9.1：55.97：34.93	15878.1	19.6
煤炭消费量 （万吨）	原油消费量 （万吨）	汽、煤、柴油消费量 （万吨）	电力消费量 （亿千瓦小时）
34684.00	118.66	1243.2	1864.07
天然气消费量 （亿立方米）	气　候		
40.84	温带大陆性气候		
规模以上工业行业职工人数前五行业：化学原料及化学制品制造业、农副食品加工业、有色金属冶炼及压延加工业、非金属矿物制品业、食品制造业			

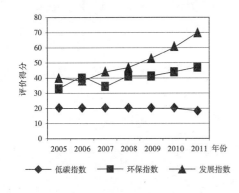

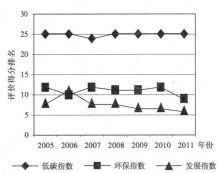

一、低碳指数

（一）低碳生产指数

作为我国重要的煤炭生产基地,内蒙古自治区的经济社会活动对能源尤其化石能源利用强度较大,这造成其低碳生产指数评价结果的表现要差很多。2011年,内蒙古自治区低碳生产指数评价得分只有6.48分,位居全国倒数第三。内蒙古自治区低碳生产指数在全国不仅排名靠后,且这种靠后的排名比较稳定,除2011年外,其年度指数排名均为全国倒数第四。虽然指数排名很靠后,但这并非意味着指数没有提高。2005—2011年,除2011年指数得分相对于上年有所下降外,其年度指数得分均保持增长态势,期间指数得分增加了0.79分,年均增幅2.19%。

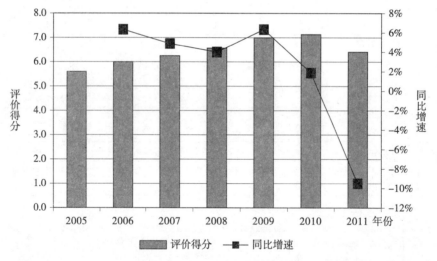

图11-1　2005—2011年内蒙古自治区低碳生产指数评价得分及其变化情况

（二）低碳消费指数

内蒙古自治区低碳消费指数的评价结果更差。2011年,低碳消费指数评

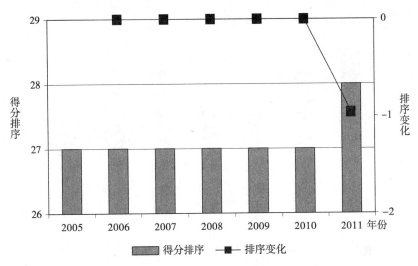

图 11-2 2005—2011 年内蒙古自治区低碳生产指数排序及其变化情况

价得分只有 2.18 分,相比同期其地区得分较低,与 2005 年 11.11 分的全国均值相比也有很大差距,指数排名全国倒数第一。内蒙古自治区的低碳消费指数不仅排名靠后,近期指数恶化的趋势也很明显。2005—2011 年,低碳消费指数评价得分一路下滑,期间指数得分下降了 2.77 分,年均下降幅度高达 12.79%。指数排序则由 2005 年的全国第 27 名下滑至最后的第 30 名,排名下降了三个位次。

(三)低碳资源指数

内蒙古自治区地处我国北方,区域森林资源丰富,但其地域面积广阔,这造成其低碳资源指数的评价结果表现一般。2011 年,内蒙古自治区获得了 9.22 分的低碳资源指数评价得分,位居全国第 17 名,处在中游位置。与国内其地区一样,内蒙古自治区的低碳资源指数近期也有所改善,相对于 2005—2008 年 8.72 分的指数评价得分,2009—2011 年的指数得分有所增加。虽然低碳资源指数评价得分有所增加,但指数排名却出现了小幅下滑,排名由起初的全国第 16 名下滑至后期的第 17 名。

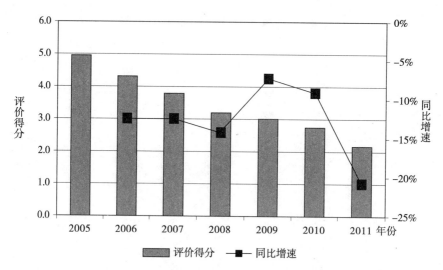

图 11-3　2005—2011 年内蒙古自治区低碳消费指数评价得分及其变化情况

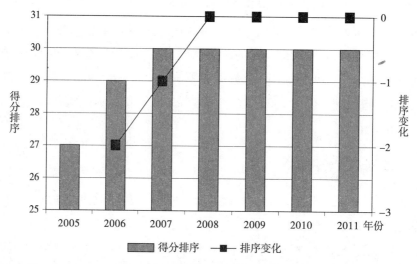

图 11-4　2005—2011 年内蒙古自治区低碳消费指数排序及其变化情况

（四）低碳指数

由于内蒙古自治区的低碳生产指数、低碳消费指数和低碳资源指数的评价结果均表现不好,故其低碳指数的评价结果表现也比较差。2011 年,内蒙

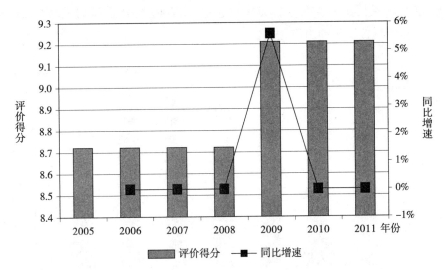

图 11-5　2005—2011 年内蒙古自治区低碳资源指数评价得分及其变化情况

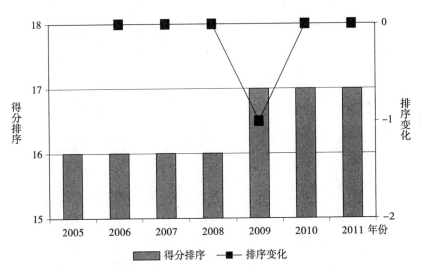

图 11-6　2005—2011 年内蒙古自治区低碳资源指数排序及其变化情况

古自治区的低碳指数评价得分只有 17.87 分,位居全国第 25 名,处在了下游的位置。而受低碳消费指数评价得分大幅下滑的拖累,近期地区低碳指数评价得分总体也呈现出下滑的趋势,2005—2011 年指数评价得分整体下滑了 1.49 分,年均下降幅度 1.33%。虽然内蒙古自治区的低碳指数评价得分起伏变化较大,但其在全国的排名却非常稳定,除 2007 年指数排名全国第 24 名外,其年度指数排名均为第 25 名。

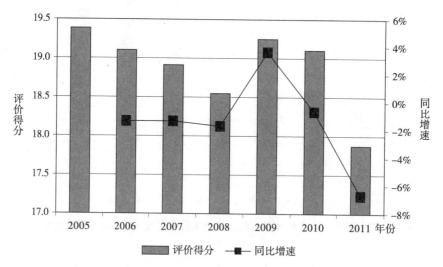

图 11-7　2005—2011 年内蒙古自治区低碳指数评价得分及其变化情况

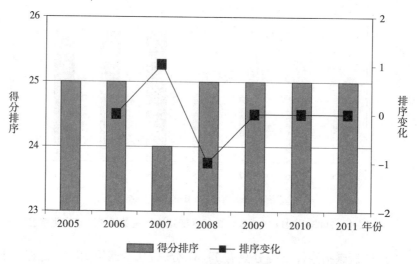

图 11-8　2005—2011 年内蒙古自治区低碳指数排序及其变化情况

二、环保指数

(一)环境污染指数

内蒙古自治区经济社会活动不仅能源消费强度较高,且环境污染物强度也比较高,故其环境污染指数的评价结果表现较差。2011年,全区环境污染指数评价得分11.14分,位居全国第23名,处在中下游的位置。虽然其环境污染指数评价得分较低、所处排名靠后,但从动态角度看,近期环境污染指数上升趋势明显。2005—2011年,除2011年指数得分较上年有所下降外,其年度指数得分逐年增加,期间得分年均增速7.21%。指数排名在全国的排名也有所提升,排名由2005年的第27名,提升至2011年的第23名,总体提升了4个名次。

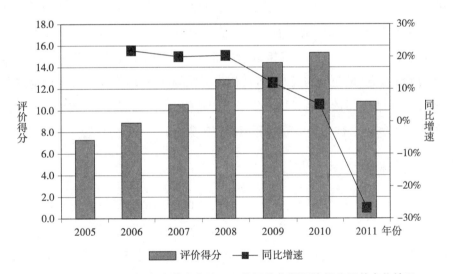

图11-9　2005—2011年内蒙古自治区环境污染指数评价得分及其变化情况

(二)环境管理指数

内蒙古自治区环境管理指数的变化相对要复杂,指数评价得分和排序起

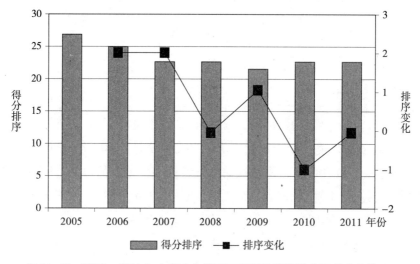

图 11-10　2005—2011 年内蒙古自治区环境污染指数排序及其变化情况

伏变化较大。2005—2011 年,指数评价得分经历了"增长—下降—增长—下降—增长"的复杂过程,总体看指数评价得分有所增加,得分增加了 8.63 分,年均增速达 8.63%。相对于指数评价得分的变化,指数排名则经历了"提升-下降-提升"的过程,指数排名最初为全国第 3,后期曾一度滑落至全国第 7 名,到 2011 年指数排名又提升到了全国首位,由此我们可以看到:相对较差的环境污染指数,往往伴随较好环境管理指数。

(三)环境质量指数

从现状和变化两个角度看,内蒙古自治区的环境质量的表现不错。2011年,环境质量指数评价得分 12.25 分,位居全国第 7,处在中上游的位置。环境质量指数不仅得分高、排名靠前,其改善趋势也很明显。2005—2011 年,指数评价得分总体增加了 1.24 分,年均增幅 1.79%;指数排名由起初的全国第 13 名提升至后期的全国第 7,总体提升了 6 个位次。

(四)环保指数

较好的环境管理指数和表现不错的环境质量指数大大抵消了较差环境

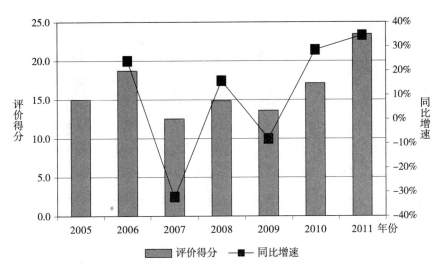

图 11-11 2005—2011 年内蒙古自治区环境管理指数评价得分及其变化情况

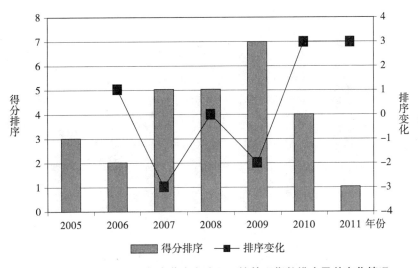

图 11-12 2005—2011 年内蒙古自治区环境管理指数排序及其变化情况

污染指数的表现,内蒙古自治区环保指数也取得了不错的得分。2011 年,
环保指数评价得分 46.98 分,位居全国第 9 名,排名低于环境管理指数和环
境质量指数的排名,但远高于环境污染指数的排名,指数处在中上游的位
置。从动态变化角度看,环保指数评价得分和排名表现出不同变化特点。

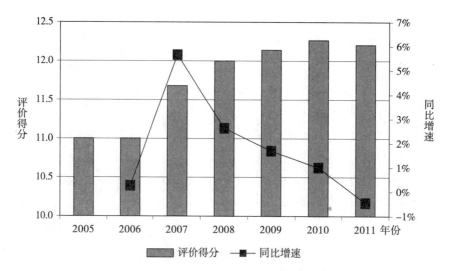

图 11-13 2005—2011 年内蒙古自治区环境质量指数评价得分及其变化情况

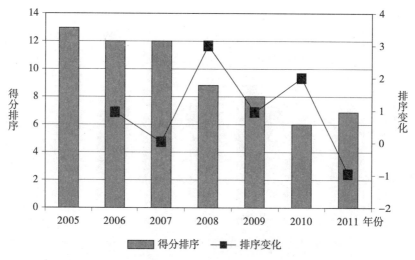

图 11-14 2005—2011 年内蒙古自治区环境质量指数排序及其变化情况

指数评价得分连续增加的趋势较为明显(除 2007 年指数评价得分较上年有所下降外),虽然指数排名总体提升了三个位次,但其排名起伏变动却要复杂的多。2006 年、2008 年和 2011 年指数排名较上年有所增加,但 2007 年和 2010 年指数排名均回落至全国第 12 名,所以很难从指数排名变化中寻找出规律性。

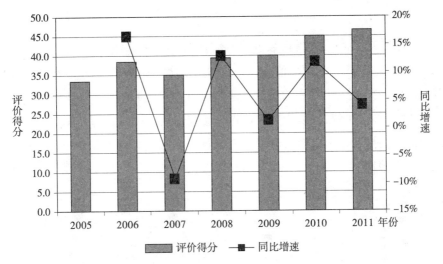

图 11-15　2005—2011 年内蒙古自治区环保指数评价得分及其变化情况

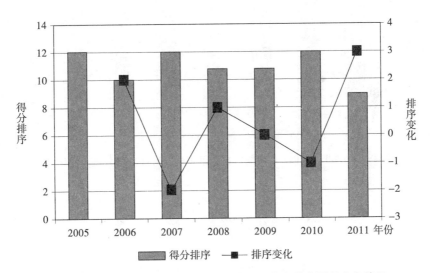

图 11-16　2005—2011 年内蒙古自治区环保指数排序及其变化情况

三、发 展 指 数

内蒙古自治区的发展指数也有不俗表现。2011 年,发展指数评价得分接近 70 分,是 2005 年全国均值 33.34 分的两倍多,也高于同期其多数地区的表现,全国位居第六,处在中前位置。不仅如此,近期发展指数上升趋势也很明显。2005—2011 年,发展指数评价得分逐渐增加,且增幅较大,年均增幅接近 10%。指数排名则由起初的全国第 8 名提升到了后期的全国第 6 名,总体增加了 2 个位次。

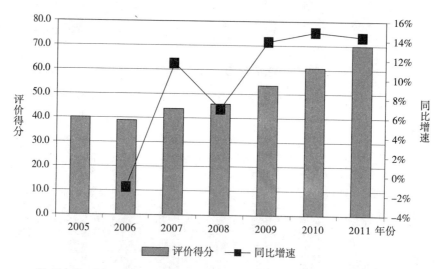

图 11-17　2005—2011 年内蒙古自治区发展指数评价得分及其变化情况

四、低碳环保发展综合指数

在发展指数的强势带动下,近期内蒙古自治区低碳环保发展综合指数在全国的排名不断上升。2005 年,综合指数评价得分只有 92.18 分,低于当前全国值水平,全国排名第 19 名,处在中下游的位置。到 2011 年综合指数评价得分增加至 134.72 分,全国排名第 10 名,处在中上游的位置。因此可以判断:近期内蒙古自治区的综合指数总体改善趋势明显。

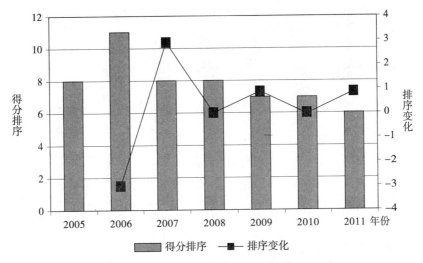

图 11-18 2005—2011 年内蒙古自治区发展指数排序及其变化情况

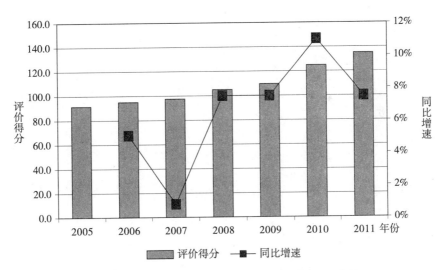

**图 11-19 2005—2011 年内蒙古自治区低碳环保发展
综合指数评价得分及其变化情况**

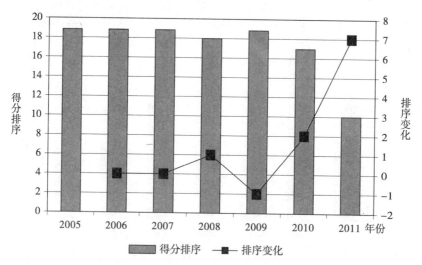

图 11-20 2005—2011 年内蒙古自治区低碳环保发展
综合指数排序及其变化情况

第十二章　辽宁省低碳环保发展指数评价

2011 年辽宁省概况：

国土面积 （万平方公里）	常人口 （万人）	城镇人口 （万人）	GDP （亿元）
14.8	4383	2807	22226.70
工业增加值 （亿元）	三产结构	城镇居民家庭人均 现金消费支出 （元）	城镇居民家庭 平均每百户家 用汽车拥有量 （辆）
10696.54	8.62∶54.67∶36.71	14789.6	11.2
煤炭消费量 （万吨）	原油消费量 （万吨）	汽、煤、柴油消费量 （万吨）	电力消费量 （亿千瓦小时）
18054.00	6705.53	1838.49	1861.53
天然气消费量 （亿立方米）	气　候		
39.07	温带季风气候		
规模以上工业行业资产前五行业:黑色金属冶炼和压延加工业、铁路、船舶、航空航天和其他运输设备制造业、电力、热力生产和供应业、通用设备制造业、石油加工、炼焦和核燃料加工业			

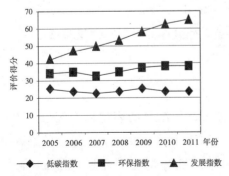

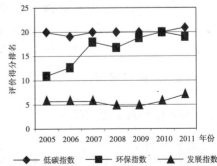

一、低碳指数

(一)低碳生产指数

辽宁省的低碳生产指数的评价结果表现欠佳。2011年,低碳生产指数评价得分9.81分,位居全国第22,处在中下游位置。动态角度看,近期指数评价得分起伏变化明显。2005—2007年,指数评价得分呈现下降趋势,2007—2009年得分逐步上升,2010年得分再次下降,2011年得分又一次上升,期间评价得分年均增长1.56%。与指数得分相比,指数在全国排序波动较小:2006—2009年排名维持在全国第20名,2010年下降至第23名,2011年上升至第22名。

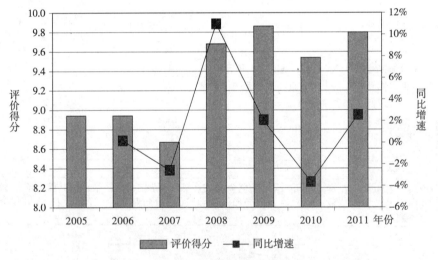

图12-1　2005—2011年辽宁省低碳生产指数评价得分及其变化情况

(二)低碳消费指数

同低碳生产指数类似,低碳消费指数评价结果的表现也不理想。2011年,低碳消费指数评价得分仅有3.76分,全国排名第27名,位居全国倒数第四。这种低碳消费指数这种较低的评价得分是长期不断恶化的结果。

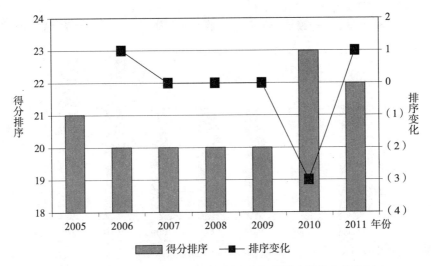

图 12-2　2005—2011 年辽宁省低碳生产指数排序及其变化情况

2005—2011 年,指数评价得分逐年下跌,期间得分下降了 2.87 分,年均下降幅度达 9.01%,下降幅度较大。指数在全国所处的位置也一直处于下降趋势。2005—2006 年,指数排在全国第 23 名,2007—2009 年排名跌至全国第 25 名,2010—2011 年排名再次下滑至全国第 27 名。

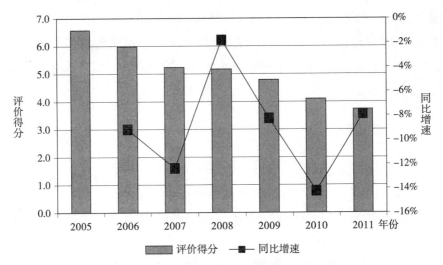

图 12-3　2005—2011 年辽宁省低碳消费指数评价得分及其变化情况

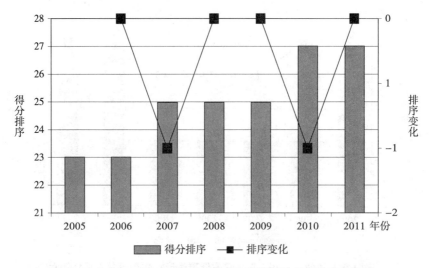

图 12-4　2005—2011 年辽宁省低碳消费指数排序及其变化情况

（三）低碳资源指数

低碳资源指数的评价结果表现一般。2011 年,低碳资源指数评价得分 11.09 分,位居全国第 15 名,与东北其他省的表现相比逊色不少。动态角度看,2005—2008 年得分保持 9.72 分,2009 至 2011 年得分保持在 11.09 分,指数得分增加了 1.37 分,年均值增幅 2.23%。但其指数在全国的排名却有所下滑,2005—2008 年指数排名第 14 名,2009—2011 年指数排名跌至第 15 名。

（四）低碳指数

由于辽宁省的低碳生产指数、低碳消费指数评价结果的表现不佳,低碳资源指数评价结果的表现一般,故其低碳指数评价结果的表现也不好。2011 年,低碳指数评价得分只有 24.67 分,全国排名第 21,处在中下游位置。动态看,近期指数得分经历了"下降—上升—下降"的变化过程。2005—2007 年得分呈下降趋势,2007—2009 年得分呈上升趋势,2009—2011 年得分呈下降趋势。总体看,指数评价得分有所降低,年均降幅 0.41%。相比于指数评价得

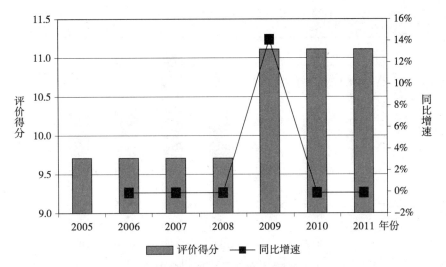

图 12-5 2005—2011 年辽宁省低碳资源指数评价得分及其变化情况

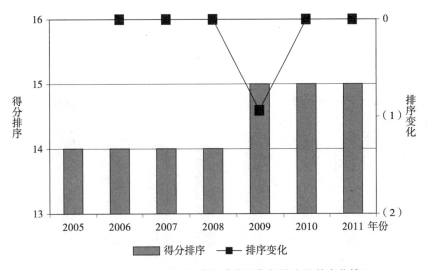

图 12-6 2005—2011 年辽宁省低碳资源指数排序及其变化情况

分,指数在全国的排名较为稳定,基本维持在全国第 20 名的位置(除 2006 年上升至排名第 19,2011 年下降至排名第 21)。

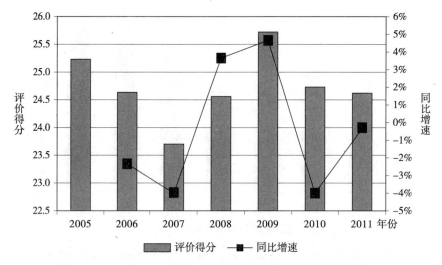

图 12-7　2005—2011 年辽宁省低碳指数评价得分及其变化情况

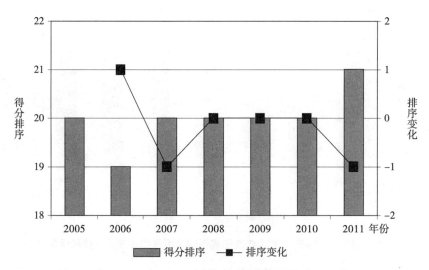

图 12-8　2005—2011 年辽宁省低碳指数排序及其变化情况

二、环　保　指　数

（一）环境污染指数

辽宁省的环境污染指数评价结果的表现也不可观。2011 年,全省环境污染指数评价得分 12.17 分,位居全国第 22 名,处在中下游的位置。值得庆幸的是,近年全省环境污染指数有不断改善的趋势。2005—2011 年,指数评价得分增加了 3.1 分,年均增幅达 5.02%。随着环境污染指数评价得分增加,指数在全国的地位也呈现上升趋势。除 2011 年指数排名下滑至第 22 名外,2005—2010 年指数排名逐年提升,由 2005 年排名第 23 提升至 2010 年排名第 17。

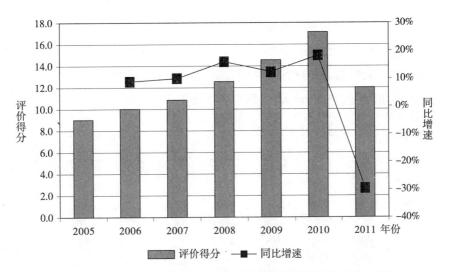

图 12-9　2005—2011 年辽宁省环境污染指数评价得分及其变化情况

（二）环境管理指数

与表现欠佳的环境污染指数评价结果相比,环境管理指数评价结果的表现不错,2011 年,环境管理指数评价得分 14.44 分,位居全国第 9 名,处于全国中上游位置。近期,环境管理指数在起伏变化过程中,指数评价得分总体有

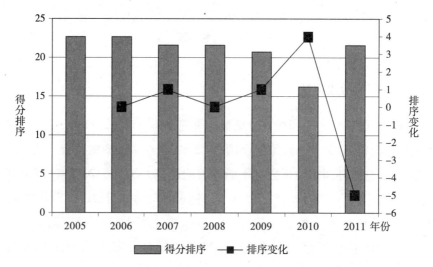

图 12-10　2005—2011 年辽宁省环境污染指数排序及其变化情况

所提升,期间指数评价得分增加了 0.68 分,年均增幅 0.81%。但指数在全国的排名呈起伏变动且变化规律不明显。例如,2005—2006 年指数排名全国第5 名,2010 年指数排名一度跌至全国第 23 名,2011 年指数排名再度提升至全国第 9 名,指数排名波动较大,最终排名下降了 4 个位次。

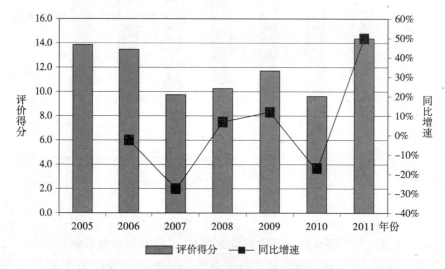

图 12-11　2005—2011 年辽宁省环境管理指数评价得分及其变化情况

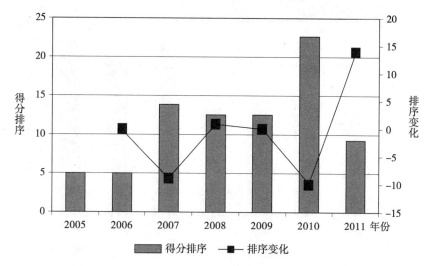

图 12-12　2005—2011 年辽宁省环境管理指数排序及其变化情况

（三）环境质量指数

2011 年,辽宁省的环境质量指数评价得分 11.73 分,位居全国第 14 位,处在中游位置。动态角度看,近年全省指数得分处于不断上升,每年指数得分均较上年有不同程度的提升,但变化幅度均不大,期间指数得分年均增幅 0.78%。相较于指数评价得分,指数在全国的排名变化相对复杂,指数排名起伏波动,最终由 2005 年排名第 12 位下降至 2011 年排名第 14 位。

（四）环保指数

在环境污染指数的拖动下,环保指数的评价结果表现不佳。2011 年,全省环保指数评价得分 38.34 分,位居全国第 19 名,处在中下游位置。尽管其环保指数表现一般,但总体来看 2005—2011 年指数评价得分呈上升趋势,除 2007 年得分下滑外,其余年份指数得分较上期均有所提升。与不断上升的指数评价得分相反,指数在全国的排名呈现下滑趋势。2011 年指数排名与 2005 年指数排名相差了 8 个位次。

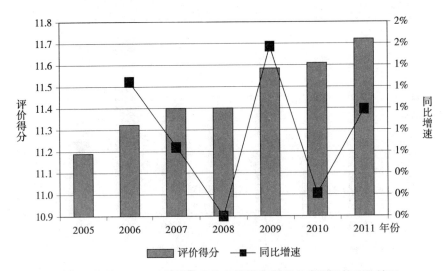

图 12-13　2005—2011 年辽宁省环境质量指数评价得分及其变化情况

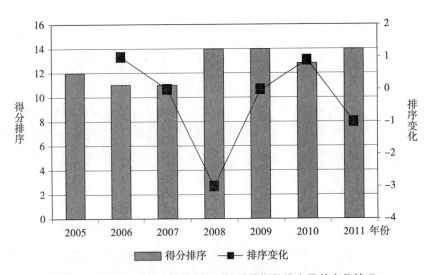

图 12-14　2005—2011 年辽宁省环境质量指数排序及其变化情况

三、发展指数

相比低碳指数、环保指数,辽宁省的发展指数的评价结果表现较好。

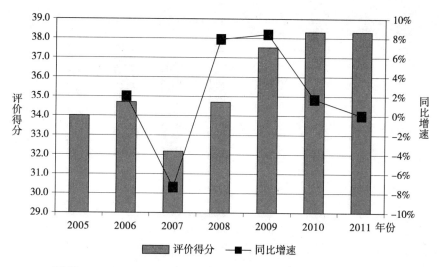

图 12-15 2005—2011 年辽宁省环保指数评价得分及其变化情况

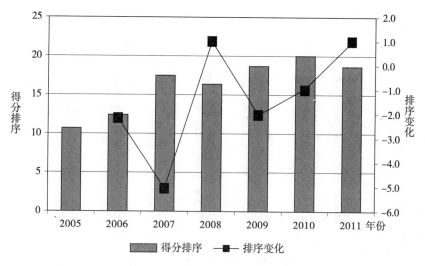

图 12-16 2005—2011 年辽宁省环保指数排序及其变化情况

2005—2011 年,全省发展指数评价得分逐年增加,评价得分由 2005 年的 42.94 分增加到 2011 年 65.82 分,增加了 22.88 分,年均增幅达 7.38%。虽然指数评价得分增加幅度较大,但指数在全国的排名变化幅度较小,最终排名下降了一个位次(2008—2009 年指数排名第 5,2011 年指数排名第 7,其年份指数排名均保持全国第 6)。

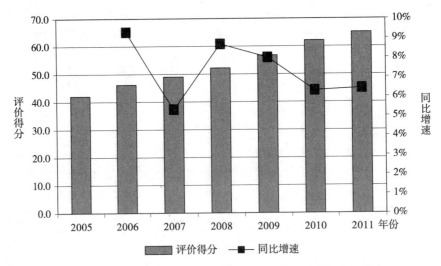

图 12-17　2005—2011 年辽宁省发展指数评价得分及其变化情况

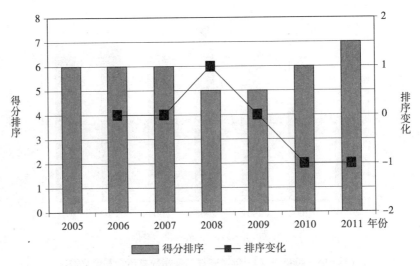

图 12-18　2005—2011 年辽宁省发展指数排序及其变化情况

四、低碳环保发展综合指数

近年来,辽宁省的低碳环保发展综合指数上升趋势明显,其在全国的排名总体有所提升。2005—2011 年,综合指数评价得分总体处于持续增加状态

（除2007年指数得分有小幅下降外），期间得分增加了26.58分，年均增幅3.93%。综合指数在全国的排名总体也有所提升，但变化幅度并不大，排名由2005年的第16名提升至2011年的第15名，排名提升了1个位次（期间排名呈现起伏变化）。

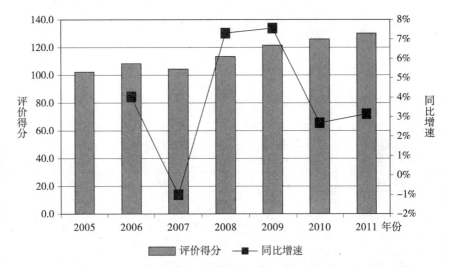

图12-19　2005—2011年辽宁省低碳环保发展综合指数评价得分及其变化情况

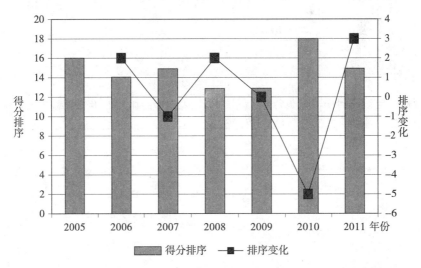

图12-20　2005—2011年辽宁省低碳环保发展综合指数排序及其变化情况

第十三章 吉林省低碳环保发展指数评价

2011 年吉林省概况：

国土面积 （万平方公里）	常驻人口 （万人）	城镇人口 （万人）	GDP （亿元）
18.74	2749	1468	10568.83
工业增加值 （亿元）	三产结构	城镇居民家庭人均 现金消费支出 （元）	城镇居民家庭 平均每百户家 用汽车拥有量 （辆）
4917.95	12.09：53.09：34.82	13010.6	11.2
煤炭消费量 （万吨）	原油消费量 （万吨）	汽、煤、柴油消费量 （万吨）	电力消费量 （亿千瓦小时）
11035.00	1064.58	600.23	630.15
天然气消费量 （亿立方米）	气 候		
19.38	温带大陆性季风气候		
规模以上工业行业产值前五行业：汽车制造业、农副食品加工业、化学原料和化学制品制造业、非金属矿物制品业、医药制造业			

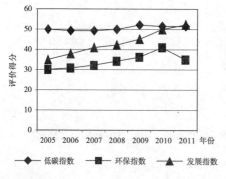
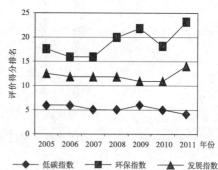

一、低 碳 指 数

（一）低碳生产指数

吉林省的低碳生产指数评价结果表现的并不理想。2011 年,全省低碳生产指数评价得分 10.29 分,位居全国第 21,处在中下游位置。虽然低碳生产指数得分并不高,但其却一直在不断改善趋势中。2005—2011 年,低碳生产指数评价得分呈逐年增长,除 2006 年、2011 年指数评价得分有所下降外,期间指数得分总体增加了 2.62 分,年均增长幅度 5.02%。低碳生产指数不仅评价得分有所增加,指数在全国的排名也在逐步提升,指数排名由 2005 年的第 24 名提升至 2011 年的第 21 名。

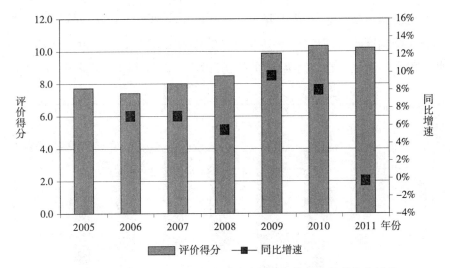

图 13-1 2005—2011 年吉林省低碳生产指数评价得分及其变化情况

（二）低碳消费指数

吉林省的低碳消费指数评价结果也不令人满意。2011 年,低碳消费指数评价得分仅有 5.21 分,在全国排名第 22 名,处在全国中下游的位置。更应值得注意的是,近年低碳消费指数恶化趋势比较明显。2005—2011 年,指数评

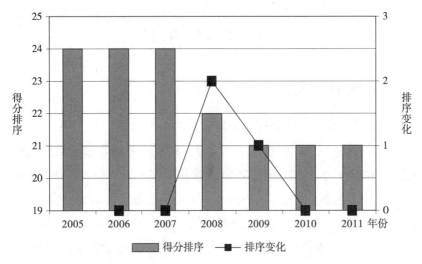

图 13-2　2005—2011 年吉林省低碳生产指数排序及其变化情况

价得分总体不断下降,最终下降了 2.93 分,年均降幅 7.17%。尽管指数评价得分下降幅度较大,但总体看其在全国的排名变化并不大。2005—2009 年,指数排名一直维持在全国第 21 的位置,2010—2011 年指数排名全国第 22。

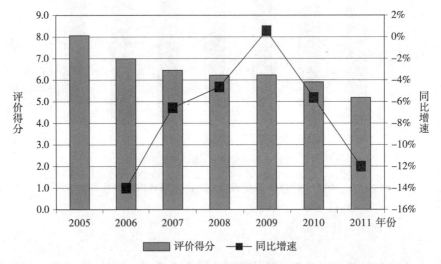

图 13-3　2005—2011 年吉林省低碳消费指数评价得分及其变化情况

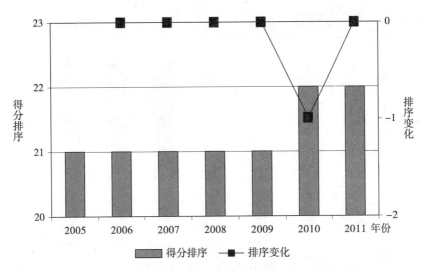

图13-4　2005—2011年吉林省低碳消费指数排序及其变化情况

（三）低碳资源指数

吉林省是全国重点林业省份之一,森林覆盖率高达42.5%,生态环境优美,森林资源十分丰富,故其低碳资源指数的评价结果表现较好,位居全国首位。2005—2008年指数评价得分34.64分,全国排名第1,2009—2011年指数评价得分35.81分,在全国一直保持首位。

（四）低碳指数

尽管吉林省的低碳生产指数、低碳消费指数的评价结果表现不佳,但低碳资源指数的评价结果表现突出,综合作用下全省低碳指数的评价结果也有不错表现。2011年,全省低碳消费指数评价得分52.31分,位居全国第4,处于领先位置。动态角度看,近年吉林省的低碳指数呈现"下降-上升-下降"的特点。2006年指数评价得分下降,2006—2010年指数开始逐年上升,2011年指数相比上年又有所下降。指数在全国的排名也呈现起伏变动,但变化幅度很小。2005—2010年,指数排名在第5名到第6名之间徘徊,2011年指数排名提升至全国第四。

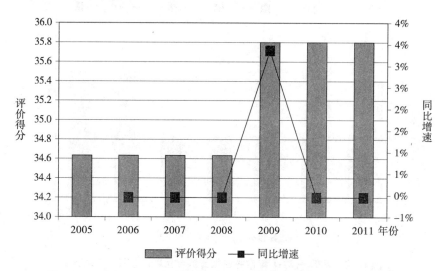

图 13-5　2005—2011 年吉林省低碳资源指数评价得分及其变化情况

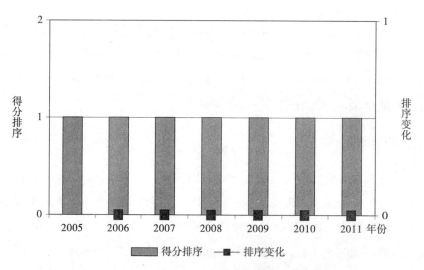

图 13-6　2005—2011 年吉林省低碳资源指数排序及其变化情况

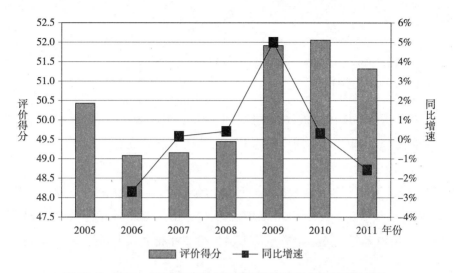

图 13-7　2005—2011 年吉林省低碳指数评价得分及其变化情况

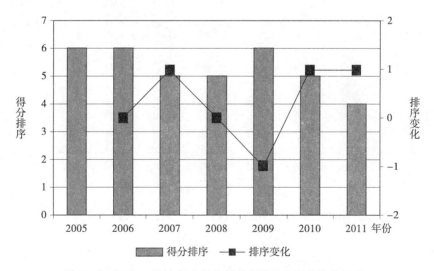

图 13-8　2005—2011 年吉林省低碳指数排序及其变化情况

二、环保指数

（一）环境污染指数

吉林省的环境污染指数的评价结果表现一般。2011 年,全省环境污染指数评价得分 14.26 分,位居全国第 17 名,处在中下游的位置。近年,吉林省环境污染指数有所改善。2005—2010 年,指数评价得分逐年上升,仅 2011 年得分有小幅下降,年均增幅 6.32%。环境污染指数排名经历了"下降—上升—下降"的起伏变化。2005—2006 年,指数排名由全国第 19 名下降至第 21 名,2007—2010 年排名逐步上升至第 15 名,2011 年排名又下降至第 17 名。

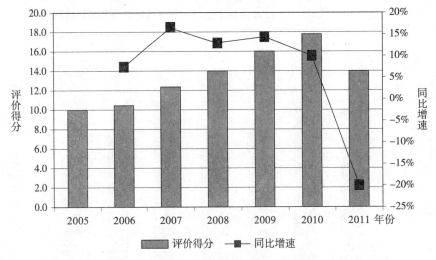

图 13-9　2005—2011 年吉林省环境污染指数评价得分及其变化情况

（二）环境管理指数

吉林省的经济社会活动环境污染物排放强度在国内居于中下水平,故其环境管理指数也处在了中下游位置。2011 年,全省环境管理指数评价得分只有 8.20 分,位居全国第 24。不像其指数,近期环境管理指数变化幅度较大,

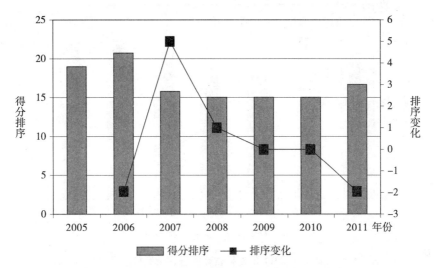

图 13-10　2005—2011 年吉林省环境污染指数排序及其变化情况

比如 2006 年吉林省环境管理指数排名一度上升到了全国第 11 名,2010 年也曾上升至全国第 15 名,而 2009 年、2011 年仅排在第 24 名,其年份指数也是在起伏变化之中,变动并无规律可循。

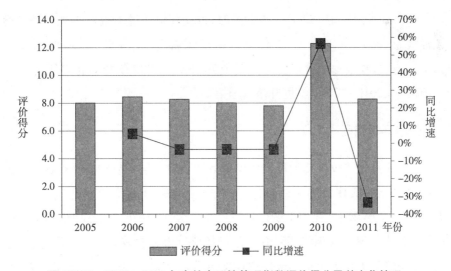

图 13-11　2005—2011 年吉林省环境管理指数评价得分及其变化情况

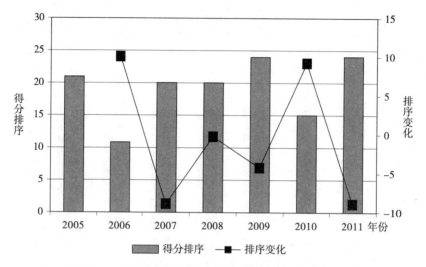

图 13-12   2005—2011 年吉林省环境管理指数排序及其变化情况

（三）环境质量指数

相对于环境污染指数和环境管理指数,吉林省的环境质量指数的评价结果表现较好。2011 年,全省环境质量指数获得了 12.18 分的评价得分,位居全国第 9,处在中上游的位置。与此同时,近期环境质量指数还表现出相对稳定的状态,2005—2011 年指数评价得分增加了 0.18 分,年均增幅仅有0.24%。指数在全国的排名先下降后上升,2005-2009 年指数排名下降至全国第 10 名,2010—2011 年提升至全国第 9 名。

（四）环保指数

环境质量指数没能抵消环境污染指数和环境管理指数对环保指数的消极影响,环保指数的评价结果并不好。2011 年,全省环保指数评价得分 34.64分,位居全国第 23,处在中下游的位置。从指数变动情况看,近期环保指数评价得分总体呈现上升趋势,除 2011 年指数评价得分有较大幅度下滑,其余年份得分均较上年有所增长。吉林省环保指数在全国的排名变动起伏较大,经历了“上升—下降—上升—下降”的过程,指数排名由 2005 年的第 18 名下降至 2011 年的第 23 名,排名下降了 5 个位次。

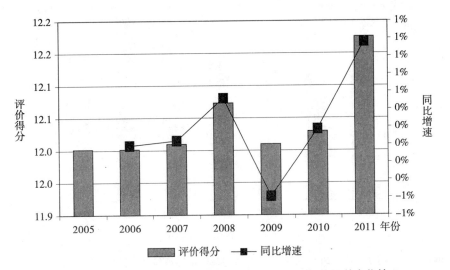

图 13-13　2005—2011 年吉林省环境质量指数评价得分及其变化情况

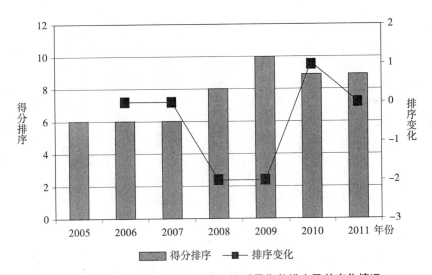

图 13-14　2005—2011 年吉林省环境质量指数排序及其变化情况

三、发　展　指　数

吉林省的发展指数在不断上升的过程中，指数在全国的地位有所下降。

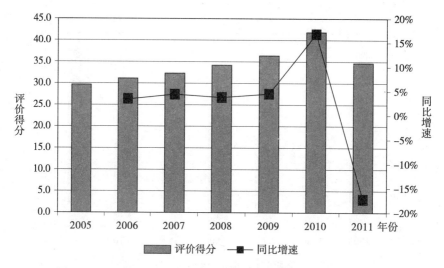

图 13-15　2005—2011 年吉林省环保指数评价得分及其变化情况

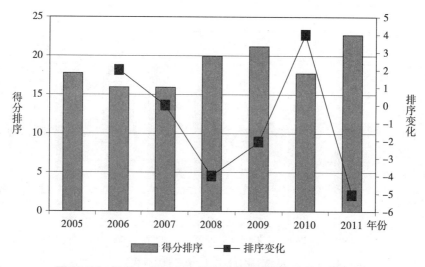

图 13-16　2005—2011 年吉林省环保指数排序及其变化情况

2005—2011 年,发展指数评价得分逐年增加,2011 年评价得分为 51. 90 分,较 2005 年的 35.16 分增加了 16.74 分,年均增幅 6.7%。虽然指数评价得不断增 加,但其在全国的排名总体却有所下降。指数排名由 2005 年的第 13 名下降 至 2011 年的第 14 名(期间 2005—2010 年指数排名逐年提升,仅在 2011 年指 数排名出现下滑)。

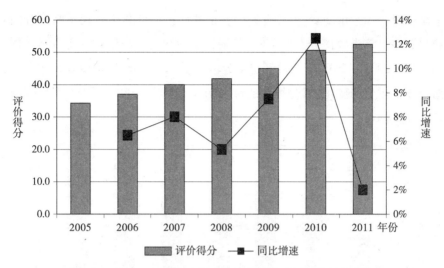

图 13-17 2005—2011 年吉林省发展指数评价得分及其变化情况

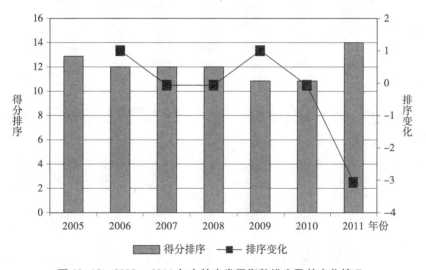

图 13-18 2005—2011 年吉林省发展指数排序及其变化情况

四、低碳环保发展综合指数

得益于低碳指数的强势带动,吉林省的低碳环保发展综合指数评价结果表现不错。2011 年,综合指数评价得分 137.85 分,位居全国第 9,处于全国中上游位置。动态角度看,吉林省的综合指数评价得分总体呈现不断上升的趋势,除2011年指数得分有所下降,其余年份指数得分均较上一年有不同程度的增长。2005—2011年指数评价得分增加了22.33分,年均增幅2.99%。相对于指数得分的变化,综合指数的排名却十分稳定,2005—2011年指数一直稳居在全国第9。

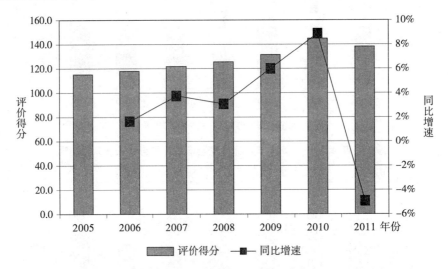

图13-19　2005—2011年吉林省低碳环保发展综合指数评价得分及其变化情况

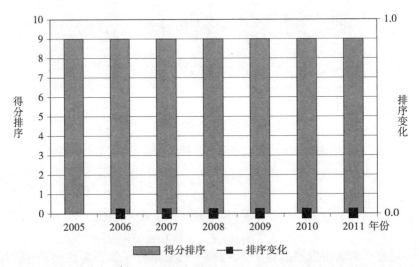

图13-20　2005—2011年吉林省低碳环保发展综合指数排序及其变化情况

第十四章　黑龙江省低碳环保发展指数评价

2011 年黑龙江省概况：

国土面积 （万平方公里）	常驻人口 （万人）	城镇人口 （万人）	GDP （亿元）
45.3	3834	2166	12582.00
工业增加值 （亿元）	三产结构	城镇居民家庭人均 现金消费支出 （元）	城镇居民家庭 平均每百户家 用汽车拥有量 （辆）
5234.64	13.52：47.39：09	12054.2	5.3
煤炭消费量 （万吨）	原油消费量 （万吨）	汽、煤、柴油消费量 （万吨）	电力消费量 （亿千瓦小时）
13200.00	2200.93	1091.05	801.87
天然气消费量 （亿立方米）	气　候		
31	温带大陆性季风气候		
工业行业从业人员前五行业：煤炭开采和洗选业、石油和天然气开采业、农副食品加工业、电力、热力的生产和供应业、石油加工、炼焦及核燃料加工业			

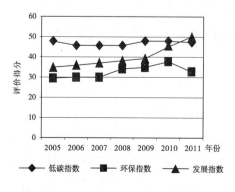

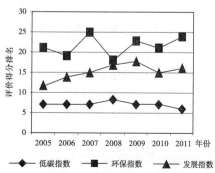

一、低碳指数

(一)低碳生产指数

黑龙江省的低碳生产指数的评价结果表现一般。2011 年,全省低碳生产指数评价得分 11.53 分,位居全国第 17,处于中游位置。2005—2011 年,黑龙江省的低碳生产指数评价得分呈现增长态势,除 2006 年、2011 年得分下滑,其余年份指数得分均有提升,期间指数得分总体增加了 0.49 分,年均增长幅度 0.73%。虽然近年指数评价得分有所增加,但其在全国的排名却有所下降。指数排名在起伏变化过程中,排名由 2005 年的全国第 13 名下降到 2011 年的排名第 17。

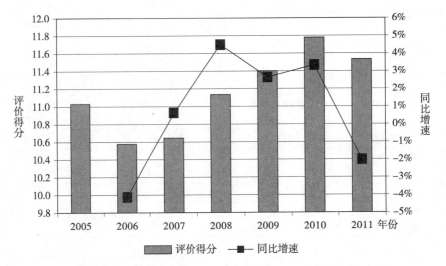

图 14-1 2005—2011 年黑龙江省低碳生产指数评价得分及其变化情况

(二)低碳消费指数

低碳消费指数的评价结果表现平平。2011 年,全省低碳消费指数评价得分 6.84 分,位居全国第 16,处于中游位置。与其他地区的低碳消费指数类似,低碳消费指数也呈现明显恶化趋势。2005—2011 年低碳消费指数评价得

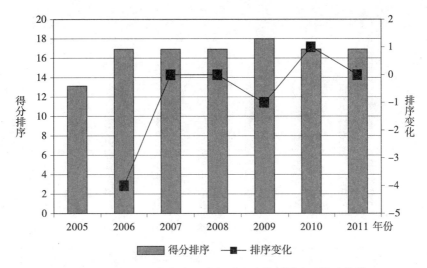

图 14-2 2005—2011 年黑龙江省低碳生产指数排序及其变化情况

分下降了 3.98 分,年均下降幅度 7.36%。尽管低碳消费指数评价得分下降趋势很明显,但其在全国的排名变化并不大,除 2008 年、2009 年、2011 年排名处在全国第 16 名的位置,其余年份均排名第 17。

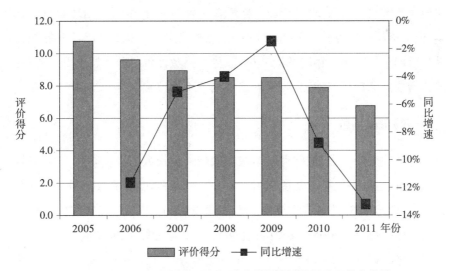

图 14-3 2005—2011 年黑龙江省低碳消费指数评价得分及其变化情况

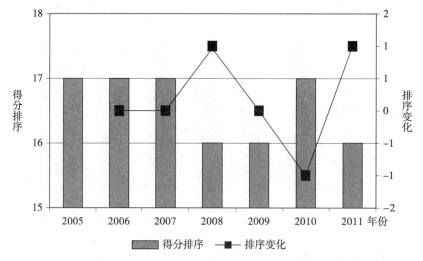

图 14-4　2005—2011 年黑龙江省低碳消费指数排序及其变化情况

(三)低碳资源指数

黑龙江省地处我国东北部边疆,森林资源丰富,是国家最重要的国有林区和最大的木材生产基地,故其低碳资源指数相对于其地区相对要好。2011年,低碳资源指数评价得分 28.31 分,全国排名第 4。2005—2011 年指数评价得分增加了 2.58 分,年均增幅 1.6%。尽管指数评价得分有所上升,但其在全国的指数排名却相当稳定,一直处于全国第 4 的位置。

(四)低碳指数

在低碳生产指数、低碳消费指数和低碳资源指数的叠加影响下,黑龙江省的低碳指数的评价结果表现较好。2011 年,全省低碳指数评价得分 46.68分,位居全国第 6,排名较为靠前。动态角度看,近年黑龙江省的低碳指数呈起伏变化的特点。2005—2007 年指数评价得分持续下降,2007—2009 年指数评价得分持续上升,2009—2011 年指数得分又开始逐步下降。指数在全国的排名变化幅度很小,指数排名基本维持在全国第 7(除 2008 年指数排名下降到第 8 名,2011 年指数排名上升到第 6 名)。

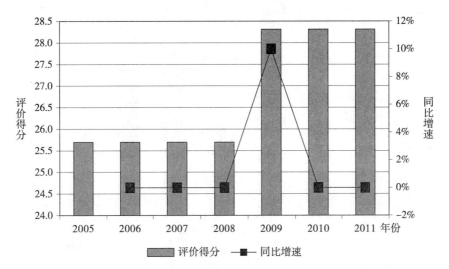

图 14-5　2005—2011 年黑龙江省低碳资源指数评价得分及其变化情况

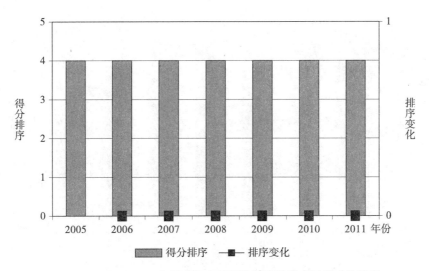

图 14-6　2005—2011 年黑龙江省低碳资源指数排序及其变化情况

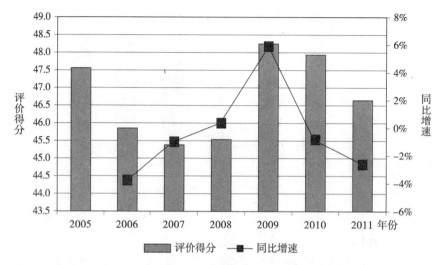

图 14-7　2005—2011 年黑龙江省低碳指数评价得分及其变化情况

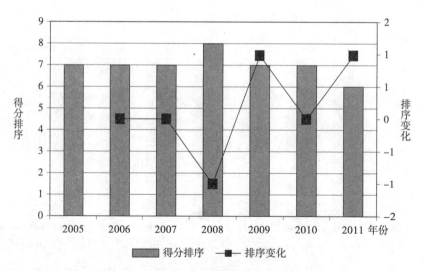

图 14-8　2005—2011 年黑龙江省低碳指数排序及其变化情况

二、环保指数

(一)环境污染指数

由于工业发展带来大量工业废物排放,黑龙江省的环境污染指数的评价结果并不理想。2011年,全省环境污染指数评价得分12.56分,位居全国第21名,处在中下游的位置。值得庆幸的是,近年黑龙江省的环境污染指数不断提升,除2011年指数评价得分有所下降外,2005—2010年指数评价得分逐年上升,2005—2011年指数评价得分增加了1.21分,年均增幅达1.7%。虽然,近年环境污染指数评价得分不断增加,但指数在全国的排名却呈逐步下滑趋势,由2005年的第12名下滑至2011年的第21名。

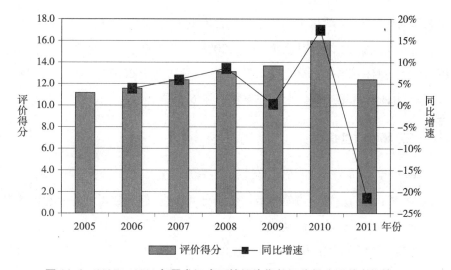

图14-9　2005—2011年黑龙江省环境污染指数评价得分及其变化情况

(二)环境管理指数

2005—2011年,环境管理指数评价得分由7.26分提升至10.34分,评价得分增加了3.08分,年均增幅6.06%。相较于指数评价得分,指数在全国的

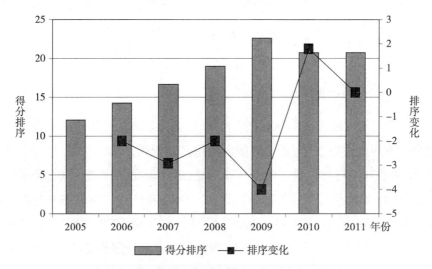

图 14-10 2005—2011 年黑龙江省环境污染指数排序及其变化情况

排名的起伏较大,指数排名经历了先上升后下降的过程。2005—2008 年指数排名由起初的第 24 名提升到第 14 名,2008—2011 年指数排名又逐步下降至第 18 名。总体看指数排名有所上升,最终指数排名由 2005 年的全国第 24 名提升至 2011 年的第 18 名,期间排名提升了 6 个位次。

(三)环境质量指数

2011 年,黑龙江省的环境质量指数评价得分 11.18 分,全国排名第 21 名,处在中下游的位置。虽然指数评价得分并不高,但指数得分却一直在缓慢增加,年度指数得分均较前期均有所增加。相对于指数得分变化,指数排序变化要复杂些,经历了"上升—下降—上升—下降"的过程。2005—2007 年指数排名有所上升,2007—2009 年指数排名有所下降,2010 年指数排名又一次上升,2011 年指数排名又再一次下降,下降至全国第 21 的位置。

(四)环保指数

在环境污染指数、环境管理指数和环境质量指数的共同影响下,黑龙江省的环保指数评价结果并不乐观。2011 年,全省环保指数评价得分 34.08 分,

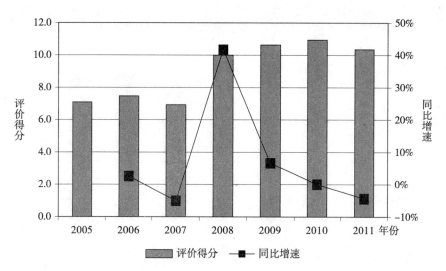

图 14-11 2005—2011 年黑龙江省环境管理指数评价得分及其变化情况

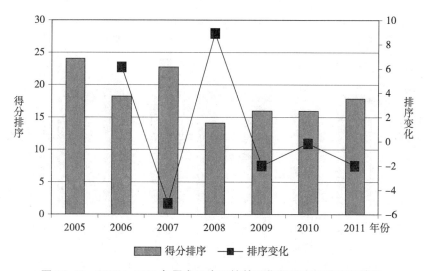

图 14-12 2005—2011 年黑龙江省环境管理指数排序及其变化情况

位居全国第 24,处于下游位置。尽管其环保指数得分不高,但评价得分总体呈上升趋势。除 2011 年得分有些回落外,2005—2010 年指数评价得分持续缓慢上升,年均增幅 2.59%。环保指数在全国的排名起伏较大,持续上下波动,最终由 2005 年排名第 21 下降至 2011 年排名第 24。

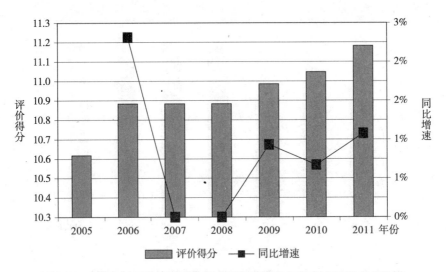

图 14-13 2005—2011 年黑龙江省环境质量指数评价得分及其变化情况

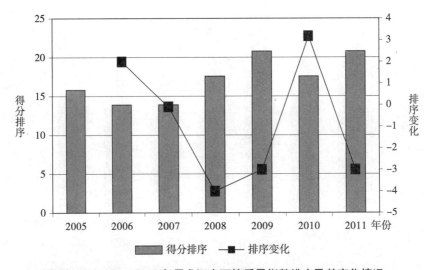

图 14-14 2005—2011 年黑龙江省环境质量指数排序及其变化情况

三、发展指数

近期黑龙江省的发展指数评价得分不断提高。2005—2011 年,全省发展

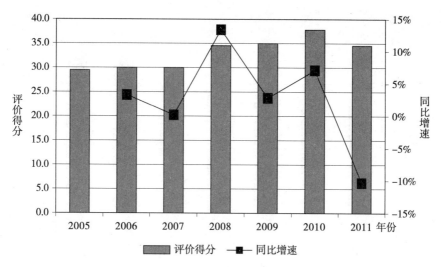

图 14-15　2005—2011 年黑龙江省环保指数评价得分及其变化情况

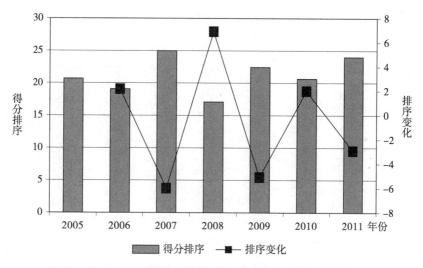

图 14-16　2005—2011 年黑龙江省环保指数排序及其变化情况

指数评价得分逐年提升,由 2005 年指数评价得分 35.39 分增加至 2011 年 49.32 分,期间得分增加 13.93 分,年均增幅 5.69%。相对于发展指数评价得分的不断增加,发展指数在全国的排名并没有同步提升。2005—2009 年,发展指数排名逐步下降至全国第 18 名,2010 年提升至第 15 名,2011 年又下降至第 16 名,与 2005 年全国排名第 12 名相比下降了 4 个位次。

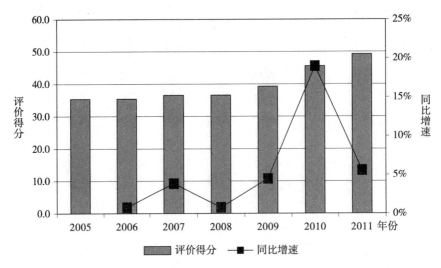

图 14-17　2005—2011 年黑龙江省发展指数评价得分及其变化情况

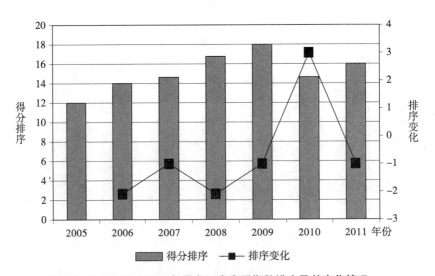

图 14-18　2005—2011 年黑龙江省发展指数排序及其变化情况

四、低碳环保发展综合指数

黑龙江省的低碳环保发展综合指数的评价结果表现一般。2011 年,全省综合指数评价得分 130.08 分,位居全国第 14,处在中游位置。2005—2011

年,全省综合指数评价得分总体处于持续增加状态(除 2006 年、2011 年指数得分有小幅下降外),期间得分增加了 17.87 分,年均增幅 2.49%。黑龙江省的综合指数在全国的排名总体有所下降,排名由 2005 年的第 11 名下降至 2011 年的第 14 名,排名下降了 3 个位次。

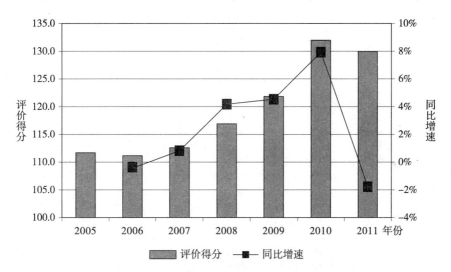

图 14-19　2005—2011 年黑龙江省低碳环保发展综合指数评价得分及其变化情况

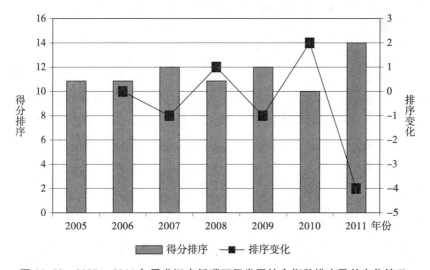

图 14-20　2005—2011 年黑龙江省低碳环保发展综合指数排序及其变化情况

第十五章　上海市低碳环保发展指数评价

2011 年上海市概况：

国土面积 （万平方公里）	常人口 （万人）	城镇人口 （万人）	GDP （亿元）
0.63	2347	2096	19195.69
工业增加值 （亿元）	三产结构	城镇居民家庭人均 现金消费支出 （元）	城镇居民家庭 平均每百户家 用汽车拥有量 （辆）
7208.59	0.65：4.30：58.05	25102.1	18.2
煤炭消费量 （万吨）	原油消费量 （万吨）	汽、煤、柴油消费量 （万吨）	电力消费量 （亿千瓦小时）
6142.00	2134.69	1406.33	1339.62
天然气消费量 （亿立方米）	气　候		
55.43	北亚热带季风性气候		
规模以上工业行业从业人员前五行业：通信设备、计算机及其他电子设备制造业、交通运输设备制造业、通用设备制造业、电气机械及器材制造业、专用设备制造业			

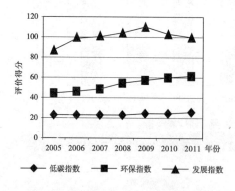

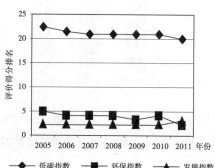

一、低 碳 指 数

（一）低碳生产指数

由于上海市的产业结构相对高端,且非化石能源在能源利用结构中所占比例相对较高,故其低碳生产指数评价得分相对较高。2011 年,上海市的低碳生产指数评价得分为 18.35 分,全国排名第 4。不仅如此,低碳生产指数近年还表现出连年增长的趋势,期间评价得分年均增长了 2.27%。近期上海市的低碳生产指数在全国的排名总体也呈提升态势,排名由 2005 年的第 6 提升至 2011 年的第 4,提升了两个位次,但期间排序也有下降,2010 年指数排名曾一度下降到了全国第 7。

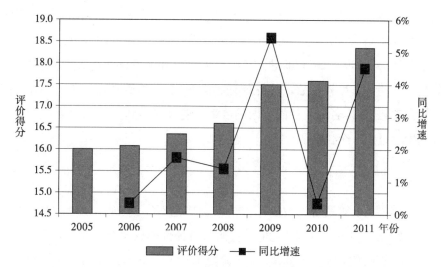

图 15-1　2005—2011 年上海市低碳生产指数评价得分及其变化情况

（二）低碳消费指数

上海市的经济社会发展水平较高,居民消费能力较强,其低碳消费指数评价得分相对要低。2011 年,上海市的低碳消费指数评价得分仅有 4.36 分,全

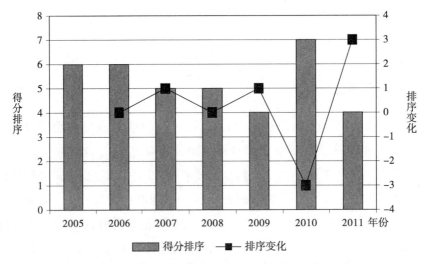

图 15-2　2005—2011 年上海市低碳生产指数排序及其变化情况

国排名第 24。动态角度看,近年上海市的低碳消费指数评价得分起伏变化特点明显,2005—2007 年指数评价得分呈下降趋势,2007—2009 年评价得分又呈上升趋势,2009—2011 年得分又经历了下降和上升的过程,总体看指数得分呈下降趋势。尽管指数评价得分有起伏变化,但指数在全国的排名却一直在提升趋势中,排名由起初的全国倒数第 1 慢慢提升到全国倒数第 7,年均提升幅度超过了 1 个位次。

(三)低碳资源指数

上海市的低碳资源指数的评价结果表现也不好,呈现出得分增加而排名不变的特点。2009—2011 年,低碳资源指数评价得分仅有 2.59 分,全国排名第 26,处在下游位置。动态看,其低碳资源指数得分有所增加,因为 2005—2008 年指数评价得分只有 2.20 分,虽然得分增加值并不大(0.39 分),但年均增幅却有 2.77%。尽管近期指数评价得分有所增加,但指数排名却相当稳定,一直盘踞在全国第 26 的位置,这主要是因为上海市在改善低碳资源的同时,国内其他地区低碳资源也有所改善。

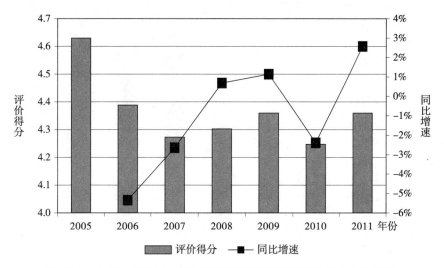

图 15-3　2005—2011 年上海市低碳消费指数评价得分及其变化情况

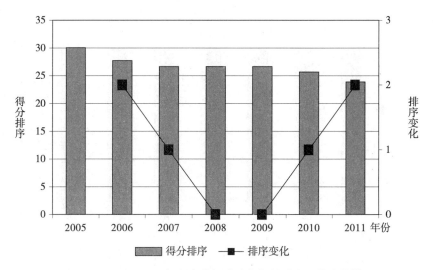

图 15-4　2005—2011 年上海市低碳消费指数排序及其变化情况

(四)低碳指数

由于上海市低碳消费指数和低碳资源指数表现均不好,在两者强势拖动下,其低碳指数表现也不好。2011 年,低碳指数评价得分只有 25.30 分,全国

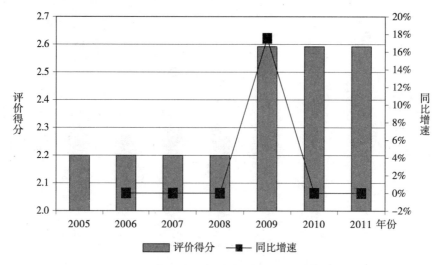

图 15-5 2005—2011 年上海市低碳资源指数评价得分及其变化情况

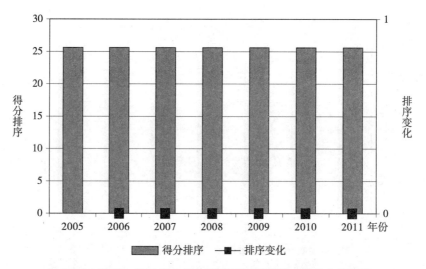

图 15-6 2005—2011 年上海市低碳资源指数排序及其变化情况

排名第 20,处在中下游位置。尽管指数表现不好,但动态看指数却一直在改善之中。指数评价得分由 2005 年的 22.86 分提升到了 2011 年的 25.30 分,年均增幅 1.7%;指数排名则由 2005 年的第 25 名提升至 2011 年的第 20 名,期间提升了 5 个位次。

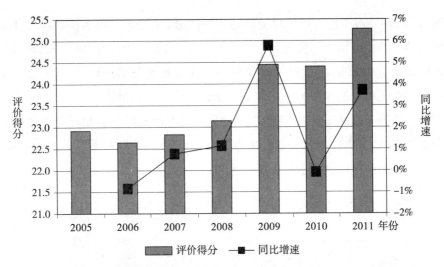

图 15-7　2005—2011 年上海市低碳指数评价得分及其变化情况

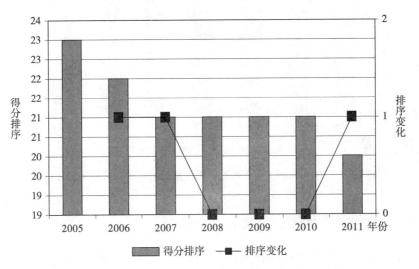

图 15-8　2005—2011 年上海市低碳指数排序及其变化情况

二、环保指数

(一)环境污染指数

不同上述低碳各指数,上海市的环境污染指数的评价结果非常抢眼。

2011年,环境污染指数评价得分高达43.09分,全国排名位居次席。近年上海市的环境污染指数评价得分增长也很惊人,2005—2011年指数评价得分年均增幅高达9.28%,远远高于其指数。尽管指数得分增速较快,但其在全国的排名变化相对温和,2005—2011年指数排名最低也处在第4的位置,排名最靠前为第2,即变化幅度只有2个位次。上海市之所以会出现指数评价得分变化剧烈、但指数排名变化温和的居民,主要是因为其指数排名较为靠前,且其排名靠前地区也有不俗表现的缘故。

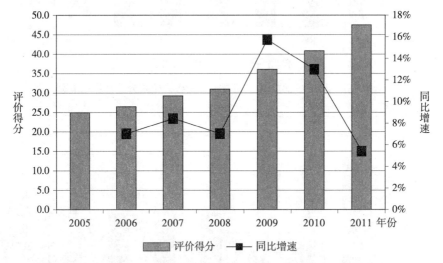

图15-9　2005—2011年上海市环境污染指数评价得分及其变化情况

(二)环境管理指数

由于上海市的经济社会发展水平较高,且产业结构相对高端,经济社会活动环境污染物排放强度相对较低,故国民经济投资用于环境保护的投资规模也就相对要小些,环境管理指数评价得分就不是很高。2011年,上海市环境管理指数评价得分只有6.41分,位居全国第25,处在下游位置。动态看,上海市的环境管理指数还经历了先上升后下降的过程,总体看指数评价得分有所下降,年均下降幅度4.03%。指数在全国排名下降的特点也很明显,2005年指数在全国处在第19名的位置,到2011年却下降到了第25名,期间年均下降幅度恰好为一个位次。

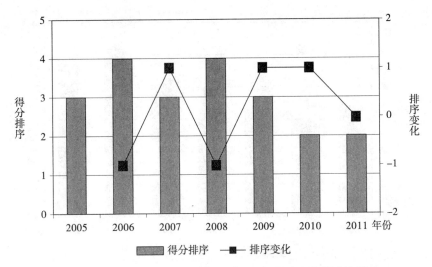

图 15-10　2005—2011 年上海市环境污染指数排序及其变化情况

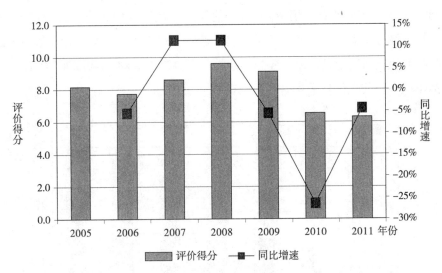

图 15-11　2005—2011 年上海市环境管理指数评价得分及其变化情况

(三)环境质量指数

2011 年,上海市的环境质量指数评价得分 11.89 分,全国排名第 11,处于中上游的位置。虽然指数评价得分并不高,但指数得分却一直在缓慢增加,除

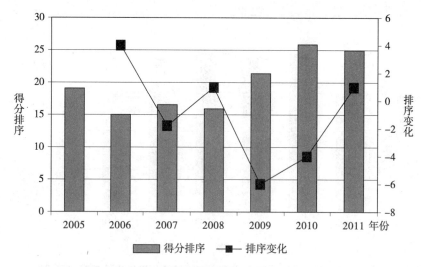

图 15-12　2005—2011 年上海市环境管理指数排序及其变化情况

2008 年指数较前期有小幅下降外,其他年度指数得分均较前期有所增加,这
与目前社会所诟病的日益恶化的环境问题有一定出入。环境质量指数在全国
的排名也相对稳定,除 2008 年排名下降至第 12 名,2006 年和 2007 年提升至
第 10 名外,其年份指数排名均稳定在第 11 的位置。

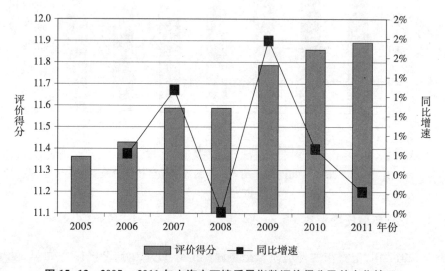

图 15-13　2005—2011 年上海市环境质量指数评价得分及其变化情况

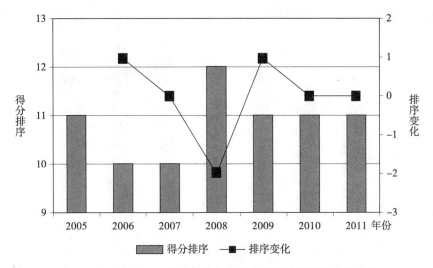

图 15-14　2005—2011 年上海市环境质量指数排序及其变化情况

（四）环保指数

2011 年，上海市的环保指数获得了 61.39 分评价得分，在全国位居次席。环保指数这种较高的评价得分是长期不断改善的结果，2005—2011 年环保指数评价得分增加了 16.51 分，年均增幅 5.36%。环保指数的排名总体也呈不断上升的趋势，2005—2011 年指数排名上升了 3 个位次，年均提升 0.5 个位次。

三、发 展 指 数

由于上海市的经济社会发展已经处在一个较高水平，经济社会发展已相对稳定，所以其发展指数也不可能大起大落。2005—2011 年，上海市发展指数评价得分由起初的 88.12 分增加至 2011 年的 101.81 分，年均增幅只有 2.44%。发展指数排名更为稳定，除 2011 年指数排名下滑至全国第 3 外，其年度指数排名均处在第 2 的位置。

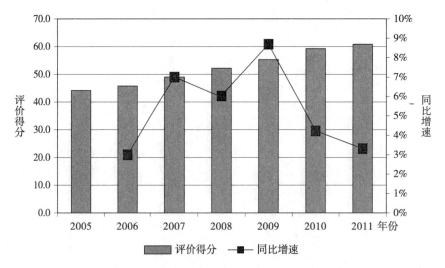

图 15-15 2005—2011 年上海市环保指数评价得分及其变化情况

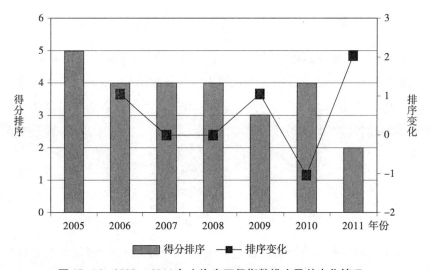

图 15-16 2005—2011 年上海市环保指数排序及其变化情况

四、低碳环保发展综合指数

上海市的低碳环保发展综合指数的评价得分表现也不错。2011 年,综合

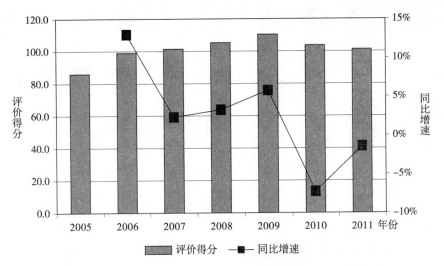

图 15-17 2005—2011 年上海市发展指数评价得分及其变化情况

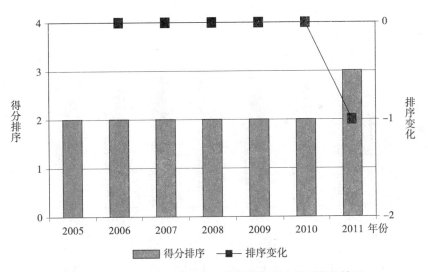

图 15-18 2005—2011 年上海市发展指数排序及其变化情况

指数评价得分 188.50 分,位居全国第 2。动态角度看,上海市的综合指数评价得分总体处在不断增长的趋势中,2005—2011 年指数评价得分增加了 32.65 分,年均增幅 3.22%(除 2010 年指数得分有所下降外)。相对于指数得分的变化,综合指数的排名则要稳定的多,2005—2011 年指数一直稳居在全国第 2 的位置。

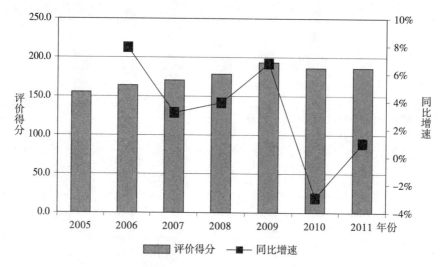

图15-19　2005—2011年上海市低碳环保发展综合指数评价得分及其变化情况

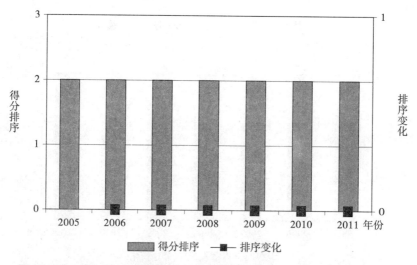

图15-20　2005—2011年上海市低碳环保发展综合指数排序及其变化情况

第十六章　江苏省低碳环保发展指数评价

2011 年江苏省概况：

国土面积 （万平方公里）	常人口 （万人）	城镇人口 （万人）	GDP （亿元）
10.26	7899	4889	49110.27
工业增加值 （亿元）	三产结构	城镇居民家庭人均 现金消费支出 （元）	城镇居民家庭 平均每百户家 用汽车拥有量 （辆）
22280.61	6.24：51.32：42.44	16781.7	23.9
煤炭消费量 （万吨）	原油消费量 （万吨）	汽、煤、柴油消费量 （万吨）	电力消费量 （亿千瓦小时）
27364.00	2981.07	1631.51	4281.62
天然气消费量 （亿立方米）	气　候		
93.74	温带向亚热带的过性气候		
规模以上工业行业从业人员前五行业：计算机、通信和其他电子设备制造业、电气机械 和器材制造业、纺织业、纺织服装、服饰业、通用设备制造业			

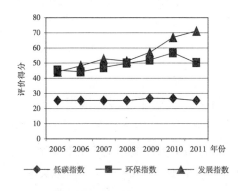

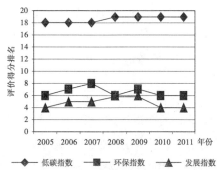

一、低碳指数

（一）低碳生产指数

2011年，江苏省的低碳生产指数评价得分17.26分，全国排名第7，处于上游位置。江苏省的低碳生产指数不仅得分高、排名靠前，指数近年不断改善的趋势也很明显。2005—2011年期间，除2011年指数评价得分相对于上年有所降低外，其年度指数评价得分均有所增加，期间低碳生产指数评价得分增长了2.75分，年均增幅为2.93%。总体看，指数排名也有所提升，即由最初的全国排名第8提升至第7，2010年指数排名甚至一度提升至第6的位置。

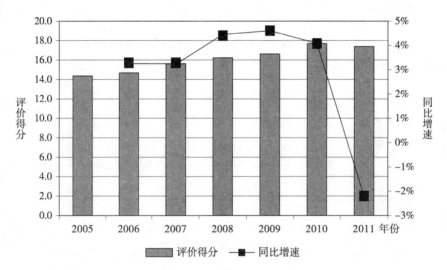

图16-1　2005—2011年江苏省低碳生产指数评价得分及其变化情况

（二）低碳消费指数

相对于低碳生产指数，江苏省低碳消费指数的评价得分低很多。2011年，低碳消费指数评价得分仅有5.4分，在全国处在中下游的位置（排名第20）。更应值得注意的是，近年江苏省的低碳消费指数恶化趋势比较明显，2005—2011年指数评价得分下降了2.97分，年均下降幅度超过了7%，下降

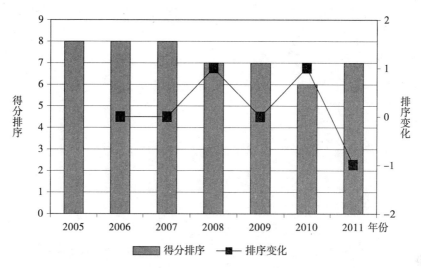

图 16-2　2005—2011 年江苏省低碳生产指数排序及其变化情况

幅度较大。尽管其指数评价得分下降幅度较大,但总体看其在全国的排名并没有发生变化,2005 年排名第 20,2011 年排名仍然排名第 20,这主要是由于其他一些排名靠后地区的指数得分下降幅度也很大缘故。

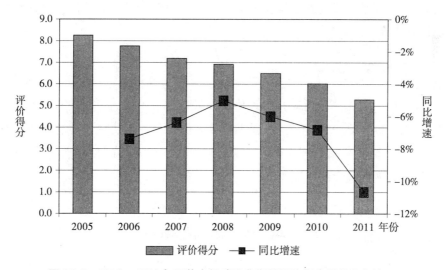

图 16-3　2005—2011 年江苏省低碳消费指数评价得分及其变化情况

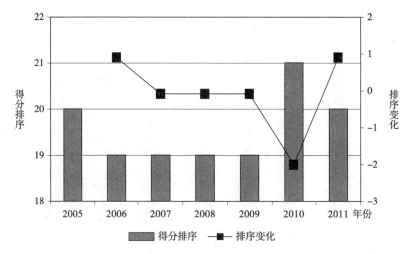

图 16-4　2005—2011 年江苏省低碳消费指数排序及其变化情况

（三）低碳资源指数

　　江苏省的低碳资源指数的评价结果也不好。2009—2011 年指数评级得分只有 3.65 分，虽然相比 2005—2008 年的 2.96 分有所增长，且年均增幅达到 3.55%，但这仍没有改变其在全国排名靠后的现实，第 25 的排名与其自然地理环境有一定出入。

（四）低碳指数

　　2011 年，江苏省的低碳指数评价得分只有 26.30 分，全国排名第 19，处于中下游位置。动态变化角度看，近年指数评价得分在起伏变化中总体有所增长，2005—2011 年指数评价得分呈现出明显的"降-升-降"的特点，但变化幅度都不大，变化最大的年度幅度也只有 1 分多。

二、环 保 指 数

（一）环境污染指数

　　相对于经济社会发展水平、产业活动特点，江苏省环境污染指数评价得分

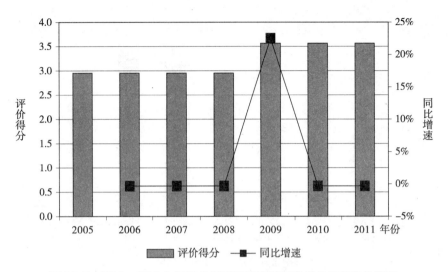

图 16-5 2005—2011 年江苏省低碳资源指数评价得分及其变化情况

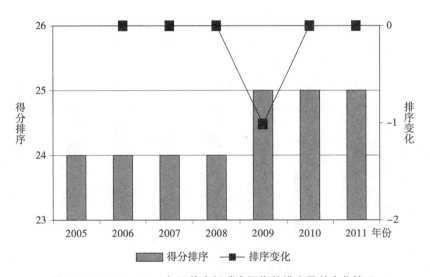

图 16-6 2005—2011 年江苏省低碳资源指数排序及其变化情况

相对较高。尽管 2011 年指数得分相对于上年有的大幅下降,但指数仍获得了 29.47 分的评级得分,位居全国第 6。动态看,近年指数得分逐年提高的趋势也很明显,2005—2011 年指数得分年均增长幅度达 5.73%。虽然近年指数得分增长趋势明显,但其在全国的排名却比较稳定。2005—2009 年指数一直稳

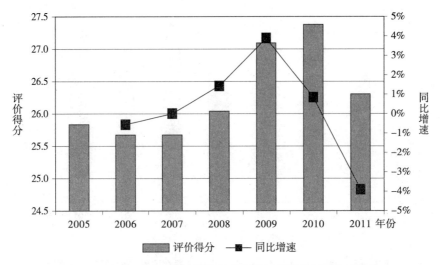

图 16-7　2005—2011 年江苏省低碳指数评价得分及其变化情况

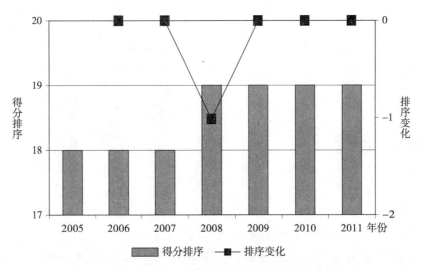

图 16-8　2005—2011 年江苏省低碳指数排序及其变化情况

居全国第 7,2010—2011 年指数提升至全国第 6 的位置,因此,总体看指数在全国的地位相对稳定。

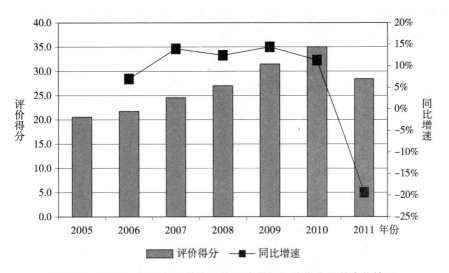

图 16-9　2005—2011 年江苏省环境污染指数评价得分及其变化情况

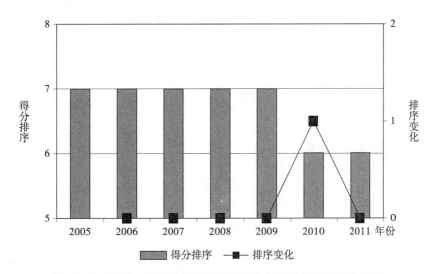

图 16-10　2005—2011 年江苏省环境污染指数排序及其变化情况

(二)环境管理指数

由上述分析可知,江苏省的经济社会活动环境污染物排放强度并不高,所以这决定了其用于环境治理的投资强度也不会太大,其环境管理指数评价得分相对要低。2011 年,江苏省的环境管理指数评价得分只有 10 分,全国排名第 20。相对于日益增加的环境污染指数,江苏省近年环境管理指数则"节节败退",指数得分由 2005 年的 13.76 分下降至 2011 年的 10 分,年均下降幅度5.18%。环境管理指数在全国所处的地位下降幅度更大,指数排名由 2005 年的第 7 下滑至 2011 年的第 20,排名下降了 13 个位次。

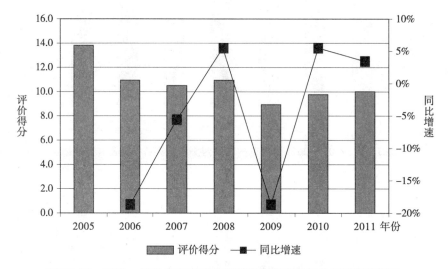

图 16-11　2005—2011 年江苏省环境管理指数评价得分及其变化情况

(三)环境质量指数

江苏省的环境质量指数的评价结果表现较为特殊,指数起伏变化特点较为明显。2005—2008 年,环境质量指数评价得分逐年提高,得分由 10.73 分增加到 11.37 分,2008—2010 年指数得分又开始逐年降低,得分由 11.37 分降至 10.66 分,到 2011 年指数又提升至 11.18 分。相对于指数得分变化,指数排序变化复杂些,且与指数得分变化节奏并不同步,2005—2007 年指数排名有所下降,2008 年指数排名有所提升,2008—2010 年指数排名又一次下降,2011 年指数排名再次提升,提升至全国第 22 名。

(四)环保指数

2011 年,江苏省的环保指数评价得分 49.65 分,位居全国第 6,处在上游

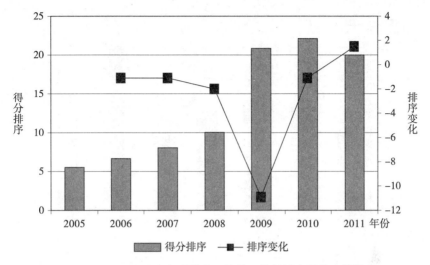

图 16-12　2005—2011 年江苏省环境管理指数排序及其变化情况

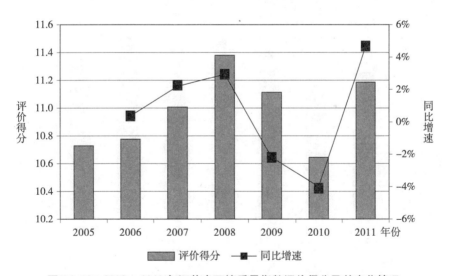

图 16-13　2005—2011 年江苏省环境质量指数评价得分及其变化情况

的位置。2005—2011 年,环保指数评价得分总体呈上升趋势,期间指数评价得分增加了 4.78 分,年均增速 1.70%。虽然环保指数评价得分有所增长,但其在全国的排名并没有发生改变,起初全国排名第 6,最后排名仍然是第 6(2006 年、2007 年、2009 年指数排名有所下降)。

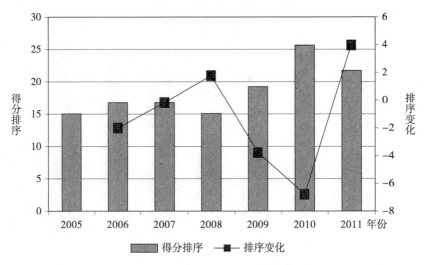

图 16-14 2005—2011 年江苏省环境质量指数排序及其变化情况

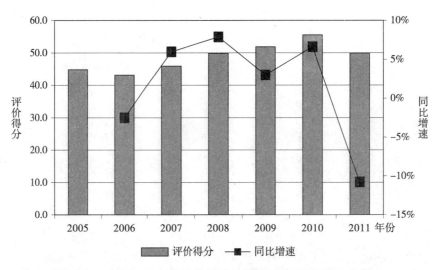

图 16-15 2005—2011 年江苏省环保指数评价得分及其变化情况

三、发展指数

相对于其他指数,江苏省的发展指数不仅得分较高,且增速较快。2011

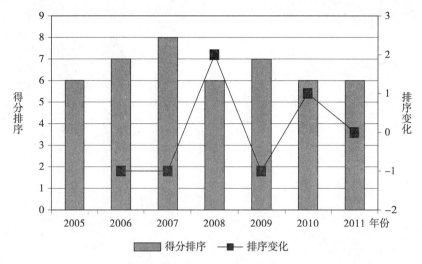

图 16-16　2005—2011 年江苏省环保指数排序及其变化情况

年,发展指数获得了 71.48 分的评价得分,全国排名第 4,处于上游位置。发展指数改善的趋势也很明显。2005 — 2011 年,发展指数评价得分增加了 27.16 分,年均增速达到 8.29%,尤其 2010 年增速更是达到了 9.94%。由于江苏省的发展指数评价得分相对于其他地区要高很多,故其指数评价得分提高后并没有改变其在全国的排名,2005 年指数全国排名第 4,2011 年指数排名仍是第 4(期间 2006 年、2007 年指数排名下降到第 5,2008 年、2009 年指数排名又下降至第 6)。

四、低碳环保发展综合指数

在低碳指数和发展指数的强势带动下,江苏省的低碳环保发展综合指数评价得分也不低。2011 年,综合指数评价得分 147.43 分,位居全国第 7。从历年指数评价得分和排名变化情况看,江苏省综合指数是不断提升的结果。近年,除 2011 年指数评价得分有小幅下降外,其年度指数得分均有所增长,年均增幅 4.22%;指数在全国各地区的排名也由 2005 年的第 10 提升至 2011 年的第 7,期间排名提升了 3 个位次,年均提升 0.5 个位次。

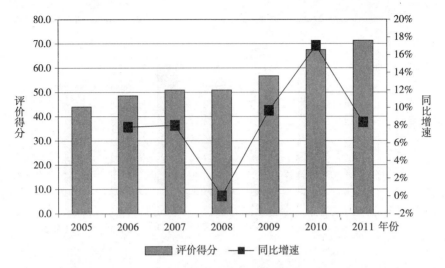

图 16-17　2005—2011 年江苏省发展指数评价得分及其变化情况

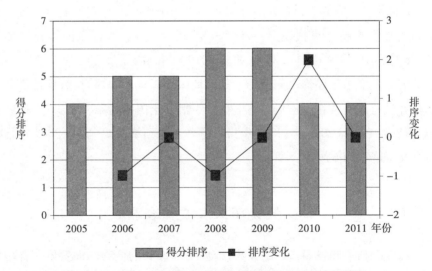

图 16-18　2005—2011 年江苏省发展指数排序及其变化情况

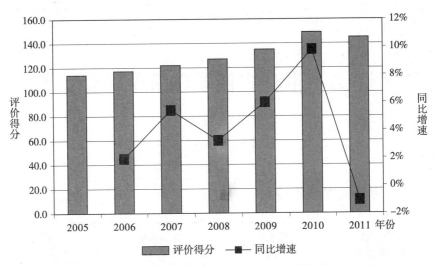

图 16-19 2005—2011 年江苏省低碳环保发展综合指数评价得分及其变化情况

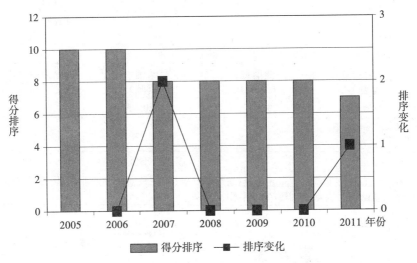

图 16-20 2005—2011 年江苏省低碳环保发展综合指数排序及其变化情况

第十七章 浙江省低碳环保发展指数评价

2011 年浙江省概况:

国土面积 (万平方公里)	常人口 (万人)	城镇人口 (万人)	GDP (亿元)
10.18	5463	3403	32318.85
工业增加值 (亿元)	三产结构	城镇居民家庭人均 现金消费支出 (元)	城镇居民家庭 平均每百户家 用汽车拥有量 (辆)
14683.03	4.90:51.23:43.88	20437.5	33.9
煤炭消费量 (万吨)	原油消费量 (万吨)	汽、煤、柴油消费量 (万吨)	电力消费量 (亿千瓦小时)
14776.00	2939.77	1680.95	3116.91
天然气消费量 (亿立方米)	气 候		
43.88	亚热带季风气候		
规模以上工业行业增加值前五行业:纺织业、电气机械及器材制造业、通用设备制造业、 交通运输设备制造业、纺织服装、鞋、帽制造业			

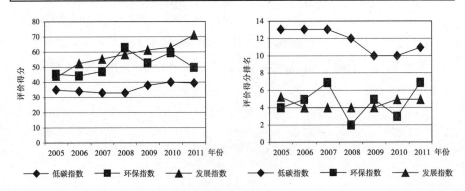

一、低 碳 指 数

（一）低碳生产指数

浙江省的低碳生产指数的评价结果在全国表现不俗。2011 年,低碳生产指数获得了 18.84 分的评价得分,得分仅次于北京和广东,位居全国第三。浙江省的低碳生产指数这种较好表现则是长期不断改善的结果。2005—2011 年,除个别年份指数评价得分略有下降外(2007 年、2011 年),其年份指数得分均有所增长,期间得分年均增速 2.58%;相比指数得分变化,低碳指数在全国排名起伏变化较大,2007 年、2009 年指数排名较以往有所下降,2008 年、2010 年和 2011 年指数排名则有不同程度的提升,总体看期间指数排名提升了 2 个位次。

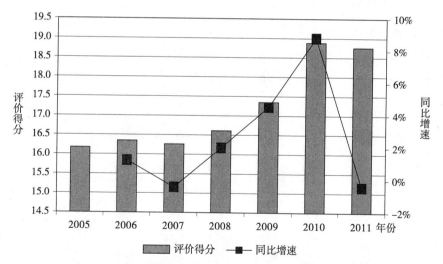

图 17-1　2005—2011 年浙江省低碳生产指数评价得分及其变化情况

（二）低碳消费指数

相比低碳生产指数,浙江省的低碳消费指数评价结果表现相对较差。2011 年,浙江省低碳消费指数评价得分仅有 6.19 分,全国排名第 18 名,处在

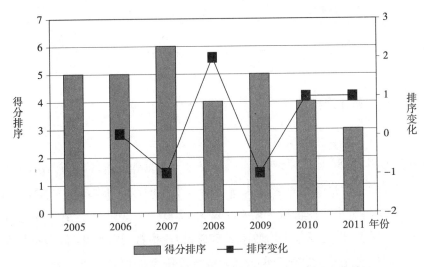

图 17-2 2005—2011 年浙江省低碳生产指数排序及其变化情况

全国中游位置。动态看,近期浙江省的低碳消费指数评价得分和排序有朝相反方向发展的趋势。2005—2011 年,低碳消费指数评价得分下降了 2.31 分,年均下降了 5.15%,但其指数排名却由 2005 年的全国第 19 名,提升到全国第 18 名。之所以会出现评价得分和排名背道而驰的现象,主要还是浙江省低碳消费指数评价得分下降幅度相对于其地区要小的缘故。

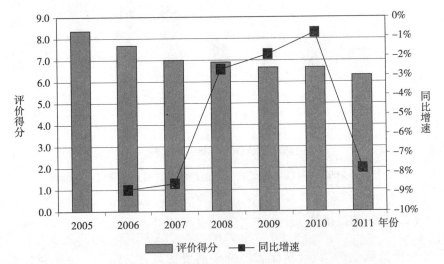

图 17-3 2005—2011 年浙江省低碳消费指数评价得分及其变化情况

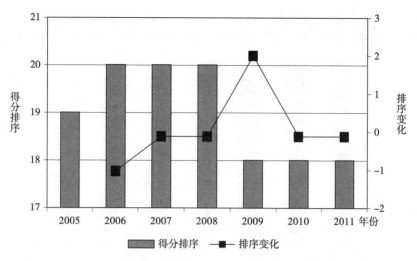

图 17-4　2005—2011 年浙江省低碳消费指数排序及其变化情况

（三）低碳资源指数

浙江省的低碳资源指数的评价结果表现也不错。2011 年指数评价得分为 14.26 分,全国排名第 9,处于中上游的位置。动态看,浙江省的低碳资源指数的评价得分和排序均有所提升,2005—2011 年指数评价得分年均增长了 5.77%,指数排名也由 2005 年的第 12 名提升到第 9 名,提升了 3 个位次。

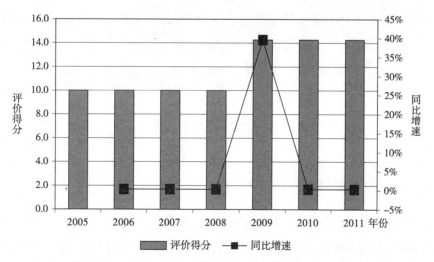

图 17-5　2005—2011 年浙江省低碳资源指数评价得分及其变化情况

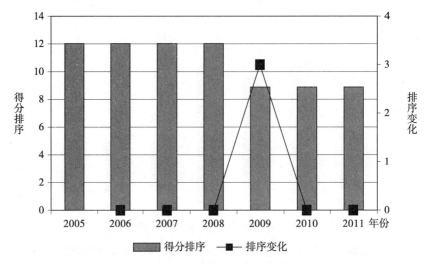

图 17-6   2005—2011 年浙江省低碳资源指数排序及其变化情况

(四)低碳指数

浙江省的低碳指数的评价结果表现的"中规中矩"。2011 年,全省低碳指数获得了 39.30 分的评价得分,排名全国第 11,处于全国中上游位置。但低碳指数评价得分及排名变化却相对复杂。2005—2007 年指数评价得分呈下降趋势,但其排名却没有变,稳居在全国第 13;2007—2010 年指数评价得分呈上升趋势,相应指数排名也上升至了全国第 10 的位置;但 2011 年指数评价得分和排序均出现了下降,得分下降了 0.6 分,排名下降了 1 个位次。

二、环保指数

(一)环境污染指数

得益于高端产业结构、较高经济发展水平等,浙江省的环境污染指数的评价得分有不错表现。2005—2011 年,环境污染指数评价得分一路高歌猛进,虽然 2011 年指数评价得分有所下降,到 2011 年指数仍然获得了 31.49 分的

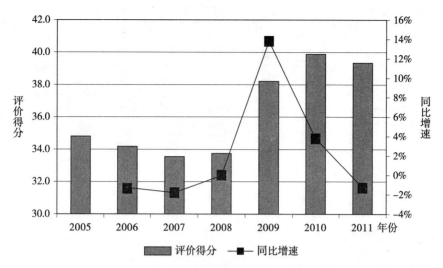

图 17-7 2005—2011 年浙江省低碳指数评价得分及其变化情况

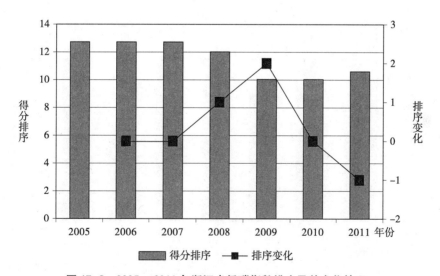

图 17-8 2005—2011 年浙江省低碳指数排序及其变化情况

评价得分,得分是 2005 年得分的 1.29 倍,位居全国第 5。虽然近期指数评价得分一直持续增加,但其在全国的排名却是起伏变化,其中 2006 年、2008 年、2009 年和 2011 年指数在全国排名第 5,2005 年和 2007 年指数排名第 4,2010 年指数排名一度提升至了第 3 名。

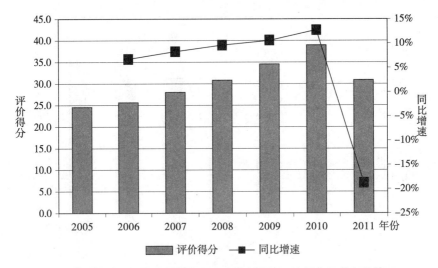

图 17-9 2005—2011 年浙江省环境污染指数评价得分及其变化情况

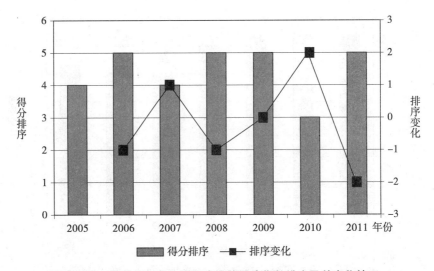

图 17-10 2005—2011 年浙江省环境污染指数排序及其变化情况

(二)环境管理指数

由于浙江省的经济社会活动环境污染物排放强度并不高,故用于环境治理的投资规模也就不会很大,加上其经济活动规模较大,所以全省单位 GDP

环保投资强度也不大,环境管理指数评价得分相对较低。2011 年,浙江省的环境管理指数评价得分仅有 6.32 分,全国排名第 26 名,处于全国下游位置。不像其指数,环境管理指数近期变化幅度较大,比如 2008 年浙江省环境管理指数一度上升至 20.68 分,排名也上升到了全国第 2,其年份指数也是在起伏变化之中,变动并无规律可循。

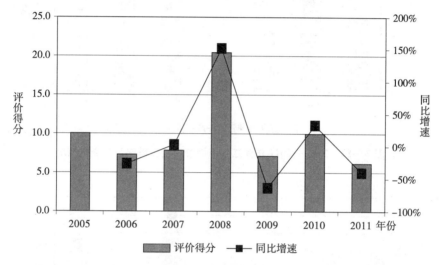

图 17-11　2005—2011 年浙江省环境管理指数评价得分及其变化情况

(三)环境质量指数

环境质量指数在起伏变化中总体趋好。2005—2011 年,浙江省的环境质量指数经历了"下降—上升—下降—上升—下降—上升"复杂变化过程,指数评价得分由 2005 年的 10.63 分提升到 2011 年的 11.75 分,年均增幅 1.69%;指数排名变化相对简单些,但也经历了"上升—下降—上升—下降"的过程,指数排名由 2005 年的第 17 名提升到了 2011 年的第 13 名,在全国所处的地位由中下游提升至中上游位置,但期间在全国的位置也曾下降到过第 20 名(2006 年、2007 年、2008 年)。

(四)环保指数

在环境污染指数强势拉动下,浙江省的环保指数的评价结果表现也不错。

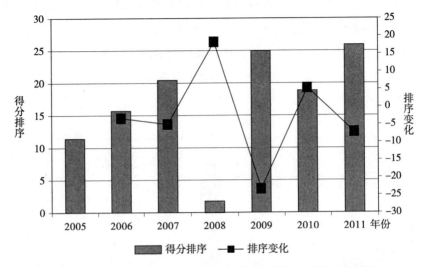

图 17-12 2005—2011 年浙江省环境管理指数排序及其变化情况

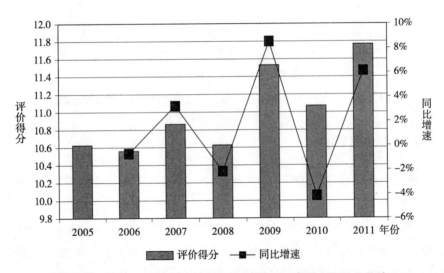

图 17-13 2005—2011 年浙江省环境质量指数评价得分及其变化情况

2011 年,全省环保指数评价得分 49.56 分,位居全国第 7,处在上游位置。虽然 2011 年环保指数在全国的地位看似不错,但动态角度看,排名全国第 7 却是近年来最低的排名。2005—2011 期间浙江省有 5 个年度,指数的排名在前5,其中 2008 年指数排名还曾跃升至全国第 2。

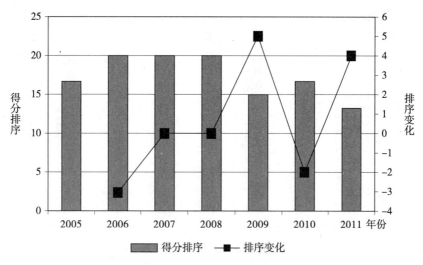

图 17-14 2005—2011 年浙江省环境质量指数排序及其变化情况

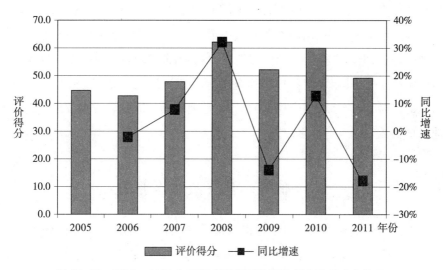

图 17-15 2005—2011 年浙江省环保指数评价得分及其变化情况

三、发 展 指 数

浙江省的发展指数在全国一直处在领先位置。2005—2011 年,全省发展

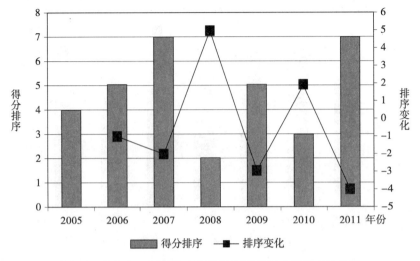

图 17-16 2005—2011 年浙江省环保指数排序及其变化情况

指数持续提升,评价得分由 2005 年的 44.15 分提升到 2011 年的 70.92 分,年均增幅达到了 8.22%,增幅在各指数中最大。尽管其发展指数评价得分一直在快速增长,但其在全国的地位却是相对稳定,除 2006—2009 年指数排名位居全国第 4 外,其年度指数排名均是全国第 5。之所以会出现指数排名快速增长的同时,指数排名相当稳定的局面,是因为其发展指数排名较靠前的其他地区的指数得分也有不俗表现。

四、低碳环保发展综合指数

浙江省的低碳环保发展综合指数却受环保指数和发展指数的影响更大。2005—2011 年,全省综合指数除 2009 年和 2011 年评价得分有小幅下降外,其他年份得分均保持增长态势,期间指数得分年均增幅为 4.28%。综合指数在全国一直处在领先,2005—2007 年指数排名一直稳居在第 7,2009—2011 年指数排名则盘踞在第 5,2008 年指数排名最靠前,全国排名第 3。

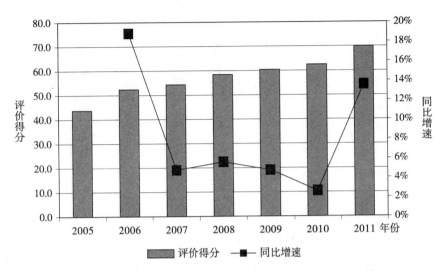

图 17-17　2005—2011 年浙江省发展指数评价得分及其变化情况

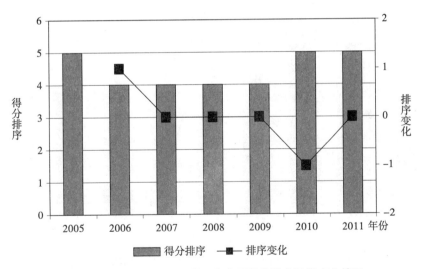

图 17-18　2005—2011 年浙江省发展指数排序及其变化情况

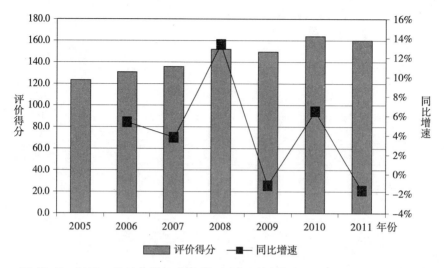

图 17-19 2005—2011 年浙江省低碳环保发展综合指数评价得分及其变化情况

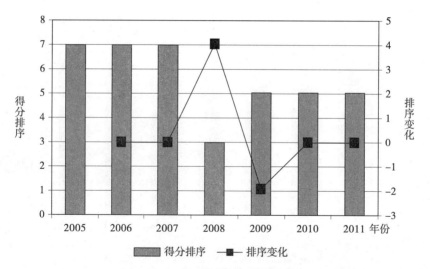

图 17-20 2005—2011 年浙江省低碳环保发展综合指数排序及其变化情况

第十八章　安徽省低碳环保发展指数评价

2011 年安徽省概况：

国土面积 （万平方公里）	常人口 （万人）	城镇人口 （万人）	GDP （亿元）
13.94	5968	2674	15300.65
工业增加值 （亿元）	三产结构	城镇居民家庭人均 现金消费支出 （元）	城镇居民家庭 平均每百户家 用汽车拥有量 （辆）
7062.00	13.17∶54.31∶32.52	13181.5	9.2
煤炭消费量 （万吨）	原油消费量 （万吨）	汽、煤、柴油消费量 （万吨）	电力消费量 （亿千瓦小时）
14538.00	484.13	601.94	1221.19
天然气消费量 （亿立方米）	气　候		
20.14	暖温带与亚热带的过渡地区		
规模以上工业行业增加值前五行业：电气机械及器材制造业、煤炭开采和洗选业、交通运输设备制造业、非金属矿物制品业、电力、热力的生产和供应业			

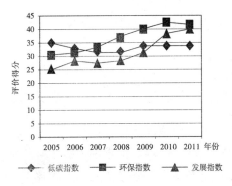

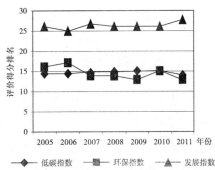

一、低碳指数

（一）低碳生产指数

安徽省的低碳生产指数的评价结果表现一般。2011 年,全省低碳生产指数评价得分 14.4 分,位居全国第 12,处于中游位置。虽然低碳生产指数评价得分并不高,但其却一直不断改善。2005—2011 年,低碳生产指数评价得分呈逐年增长态势(除 2006 年指数评价得分有所下降),期间指数得分总体增加了 3.88 分,年均增长幅度 5.38%。相对于指数评价得分变化,指数在全国的排名变化相对要曲折,但最终指数排名仍然是提升了 3 个位次。

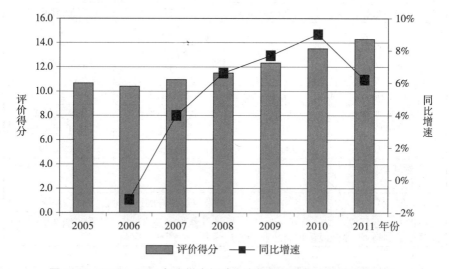

图 18-1　2005—2011 年安徽省低碳生产指数评价得分及其变化情况

（二）低碳消费指数

由于安徽省的经济社会发展水平相对较低,居民消费能力也不强,故其低碳消费指数评价得分较高。2011 年,全省低碳消费指数评价得分 10.92 分,位居全国第 5,处在领先位置。虽然指数评价得分较高,但近期指数下降趋势也很明显。2005—2011 年,低碳消费指数评价得分下降了 6.09 分,年均下降

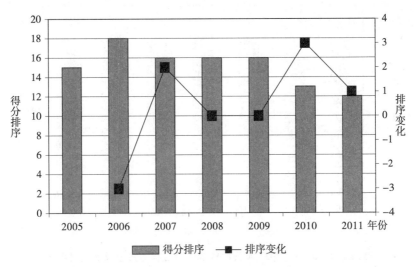

图 18-2 2005—2011 年安徽省低碳生产指数排序及其变化情况

幅度 7.12%。尽管低碳消费指数评价得分下降趋势很明显,但其在全国的排名却非常稳定,近期一直处在全国第 5 的位置,这主要是安徽省低碳消费指数在下滑的同时,其他地区的低碳消费指数也有大幅度的下滑。

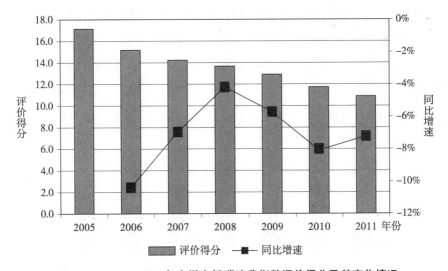

图 18-3 2005—2011 年安徽省低碳消费指数评价得分及其变化情况

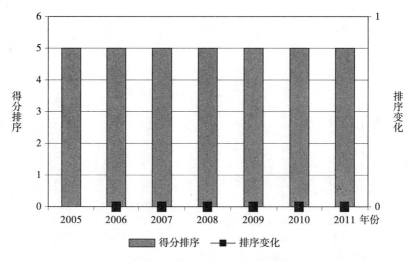

图 18-4　2005—2011 年安徽省低碳消费指数排序及其变化情况

(三)低碳资源指数

安徽省地处长江以北、淮河流域地区,区域内地形相对平坦,森林资源并不丰富,所以其低碳资源指数表现并不高。2009—2011 年,全省低碳资源指数评价得分只有 9 分,相比 2005—2008 年 7.01 分的评价得分,指数得分增加了近 2 分,但其指数在全国的排名并没有改变,仍然维持在全国第 18 的位置。

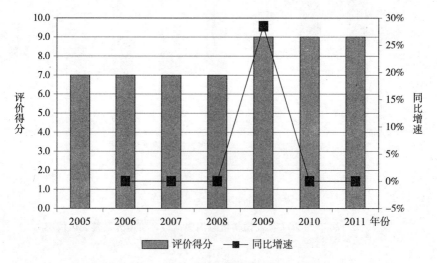

图 18-5　2005—2011 年安徽省低碳资源指数评价得分及其变化情况

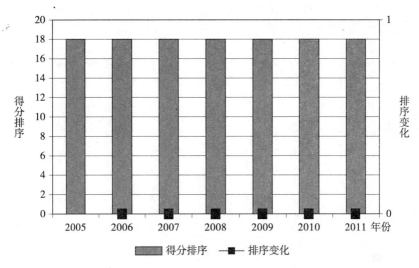

图 18-6　2005—2011 年安徽省低碳资源指数排序及其变化情况

(四)低碳指数

受低碳生产指数、低碳资源指数和低碳消费指数两个方向力量的拉动,安徽省的低碳指数评价得分并不高。2011 年,全省低碳指数评价得分只有34.32 分,位居全国第 14,处在中游位置。受三项分指数变动的影响,近年低碳指数评价得分起伏变动明显,2005—2008 年得分下降趋势明显,到 2009 年指数又快速恢复,2010—2011 年得分变动幅度较小。相对于指数评价得分的变化,指数在全国的排名相对稳定,除 2008—2010 年指数排名下降至第 15 名外,其年度指数排名均在第 14 名。

二、环保指数

(一)环境污染指数

与其他地区不一样,经济社会发展水平相对较低的安徽省,其经济社会活动环境污染物排放强度并不高,环境污染指数评价得分也不高。2011 年,全

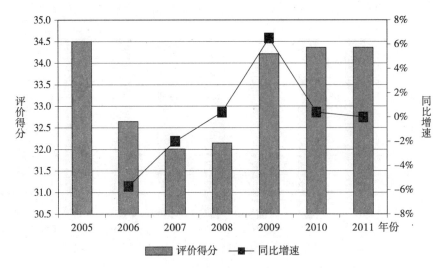

图 18-7　2005—2011 年安徽省低碳指数评价得分及其变化情况

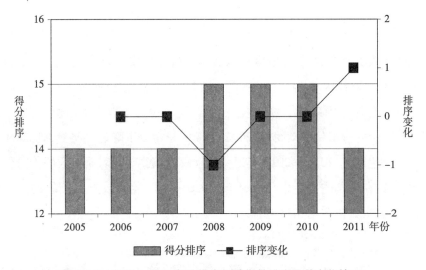

图 18-8　2005—2011 年安徽省低碳指数排序及其变化情况

省环境污染指数评价得分 15.89 分,位居全国第 13,处于中上游位置。动态看,近期环境污染指数改善趋势明显,2005—2011 年指数评价得分增加了 4.68 分,年均增幅 5.99%。虽然环境污染指数变化幅度较大,但其在全国的排名却比较稳定,长期一直在第 13 名和第 12 名之间徘徊。

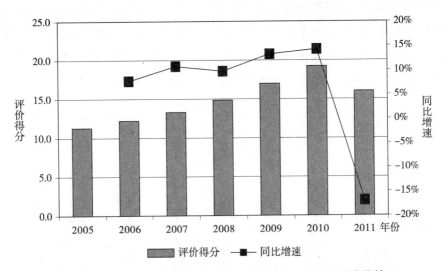

图 18-9　2005—2011 年安徽省环境污染指数评价得分及其变化情况

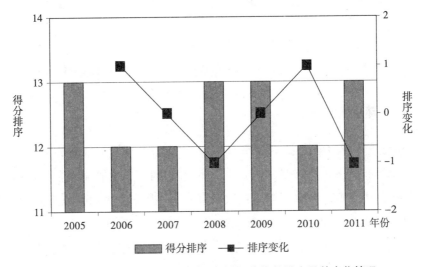

图 18-10　2005—2011 年安徽省环境污染指数排序及其变化情况

(二)环境管理指数

虽然安徽省的经济社会活动环境污染物排放强度在国内并不是特别高,但对环境治理投入力度却在一直增加,环境管理指数评价得分不断增加。

2005—2011年,环境管理指数评价得分由7.86分提升至14.96分,评价得分增加了7.09分,年均增幅11.31%,增幅在各项指数中列首位。近年环境管理指数在全国名次提升幅度也很大,指数排名由2005年的第22名提升至2011年的第8名(2008—2011年指数排名有起伏变化),提升了14个位次。

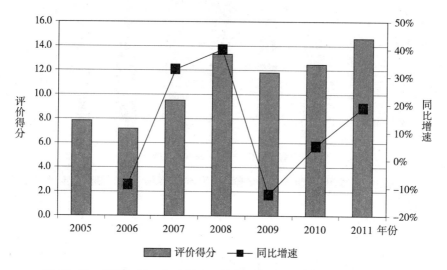

图18-11　2005—2011年安徽省环境管理指数评价得分及其变化情况

(三)环境质量指数

相对于环境污染指数、环境管理指数,安徽省的环境指数评价结果表现较差,且总体有所恶化。2005—2011年,环境质量指数评价得分经历了两次下降过程,其中2005—2008年为首次下降过程,得分由11.62分下降到9.07分,2009—2011年为第二次下降过程,得分由11.33分下降到10.7分。环境质量指数在全国的排名下降幅度更大,排名由2005年的第9名下降至2011年的第27名,下降了18个位次,即平均每年下降了3个位次。

(四)环保指数

2005—2011年,环保指数评价得分持续增加趋势明显,评价得分增加了10.85分,年均增幅5.18%。环保指数的排名提升现象也很明显,尽管2006年

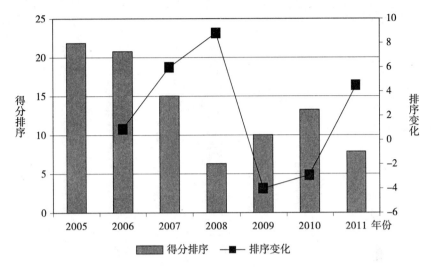

图 18-12 2005—2011 年安徽省环境管理指数排序及其变化情况

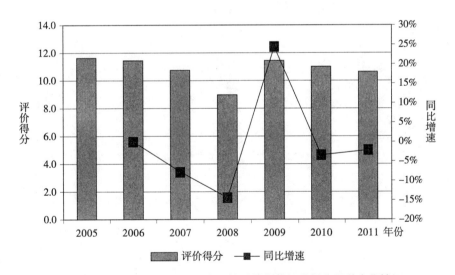

图 18-13 2005—2011 年安徽省环境质量指数评价得分及其变化情况

和 2010 年指数排名相对上年有所下降,其年度指数排名均保持上升趋势,排名由 2005 年的第 16 名提升至 2011 年的 13 名,期间提升了 3 个位次。

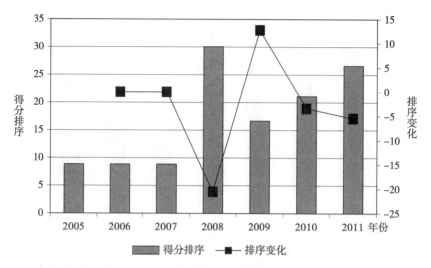

图18-14　2005—2011年安徽省环境质量指数排序及其变化情况

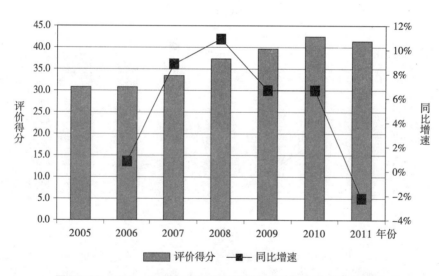

图18-15　2005—2011年安徽省环保指数评价得分及其变化情况

三、发 展 指 数

相比上述其指数,安徽省的发展指数评价结果的表现最差。2011年,全

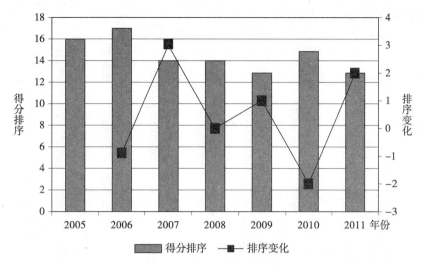

图 18-16　2005—2011 年安徽省环保指数排序及其变化情况

省发展指数评价得分只有 39.95 分,位居全国倒数第三。虽然其发展指数评价得分并不高,但这种相对较低的评价得分也是不断改善的结果,2005—2011 年发展指数评价得分增加了 14.29 分,年均增幅 7.66%。发展指数在全国的排名也有起伏变化,但总体相对稳定,除 2006 年指数排名第 25 名、2011 年指数排名第 28 外,其年度指数排名均为第 26 名。

四、低碳环保发展综合指数

安徽省的低碳环保发展综合指数的评价结果表现也不好。2011 年,全省综合指数评价得分 115.81 分,位居全国第 22,处于中下游位置。这种较低的排名并非个别年度的现象,2005—2011 年指数排名最靠前的年度也仅位列第 20,排名最靠后的年度位次在第 23 名。综合指数评价得分变化幅度也不大,2005—2011 年综合指数得分增加了 24.93 分,年均增幅 4.12%,相对于全国其他地区,增幅并不大。

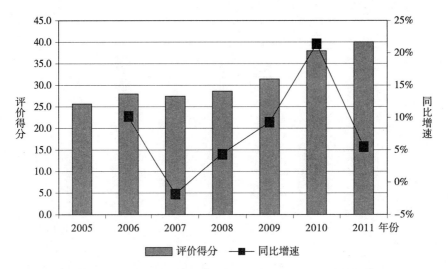

图 18-17   2005—2011 年安徽省发展指数评价得分及其变化情况

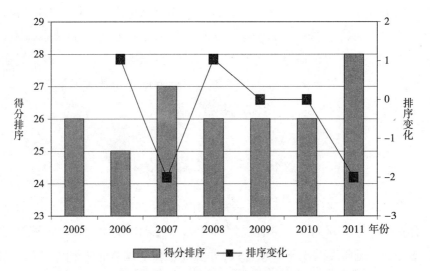

图 18-18   2005—2011 年安徽省发展指数排序及其变化情况

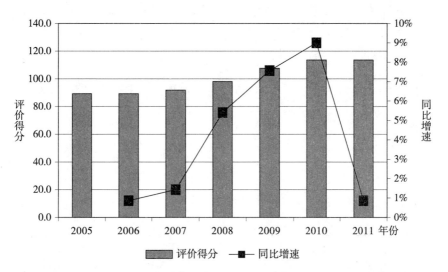

图 18-19 2005—2011 年安徽省低碳环保发展综合指数评价得分及其变化情况

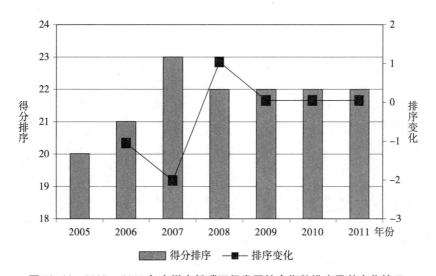

图 18-20 2005—2011 年安徽省低碳环保发展综合指数排序及其变化情况

第十九章 福建省低碳环保发展指数评价

2011 年福建省概况：

国土面积 （万平方公里）	常人口 （万人）	城镇人口 （万人）	GDP （亿元）
12.4	3720	2161	17560.18
工业增加值 （亿元）	三产结构	城镇居民家庭人均 现金消费支出 （元）	城镇居民家庭 平均每百户家 用汽车拥有量 （辆）
7675.09	9.18：51.65：39.17	16661.1	17.8
煤炭消费量 （万吨）	原油消费量 （万吨）	汽、煤、柴油消费量 （万吨）	电力消费量 （亿千瓦小时）
8714.00	963.00	969.76	1515.86
天然气消费量 （亿立方米）	气　候		
37.89	暖热湿润的亚热带海洋性季风气候		
规模以上工业行业增加值前五行业：皮革、毛皮、羽毛(绒)及其制品业、通信设备、计算机及其他电子设备制造业、非金属矿物制品业、纺织业、纺织服装、鞋、帽制造业			

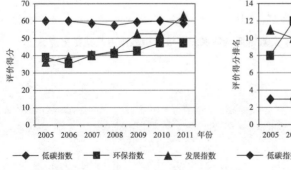
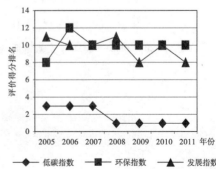

一、低　碳　指　数

（一）低碳生产指数

福建省地处我国东南,经济社会活动中重工业所占比重相对较小,非化石能源在能源利用结构中所占比重也相对较高,故其低碳生产指数评价得分相对较高。2011 年,低碳生产指数评价得分 17.63 分,全国排名第 6,处于上游的位置。动态看,近年福建省的低碳生产指数评价得分有所增加,2005 —2011 年指数评价得分增加了 1.3 分,年均增幅 1.28%。虽然近年来指数评价得分有所增加,但其在全国的排名却有所下降,排名由 2005 年的全国第 4 下降到 2011 年的排名第 6。

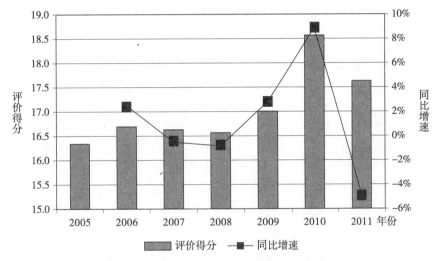

图 19-1　2005—2011 年福建省低碳生产指数评价得分及其变化情况

（二）低碳消费指数

与其他地区的低碳消费指数类似,福建省的低碳消费指数评价得分下降趋势也很明显。低碳消费指数评价得分由 2005 年的 12.54 分,逐步下降至 2011 年的 7.26 分,得分减小了 5.27 分,年均下降幅度达 8.69%,下降幅度较

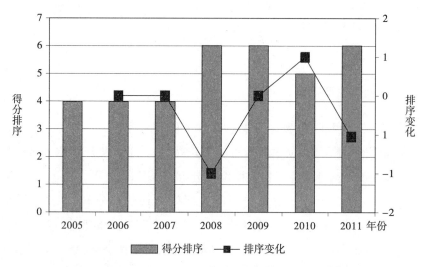

图 19-2　2005—2011 年福建省低碳生产指数排序及其变化情况

大。虽然低碳消费指数评价得分下降幅度较大,但这并没有影响其在全国的排名,2005 年指数排名全国第 13,2011 年指数排名仍排名全国第 13,但期间指数排名有起伏,比如 2006 年、2007 年指数排名曾上升至第 12,2009 年排名下滑到了第 15。

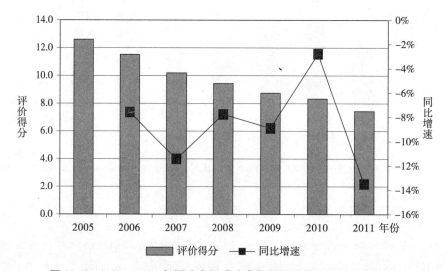

图 19-3　2005—2011 年福建省低碳消费指数评价得分及其变化情况

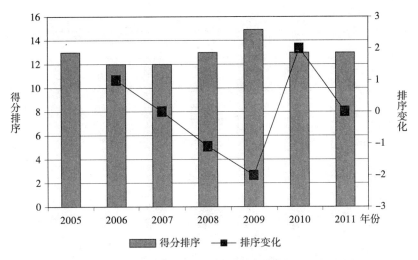

图 19-4　2005—2011 年福建省低碳消费指数排序及其变化情况

（三）低碳资源指数

福建省位于我国东南沿海地区,生态环境优美,森林资源丰富,故其低碳资源指数评价得分相对较高。2009—2011 年指数评价得分 33.29 分,全国排名第 3,2005—2008 年指数评价得分 31.06 分,在全国也在第 3 的位置,即近年尽管指数评价得分有所上升,但其在全国的排名没有发生变化。

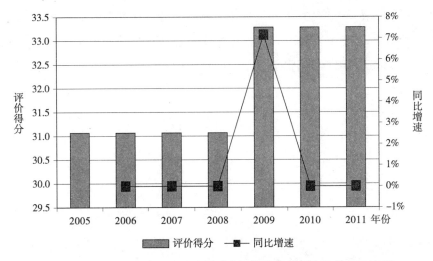

图 19-5　2005—2011 年福建省低碳资源指数评价得分及其变化情况

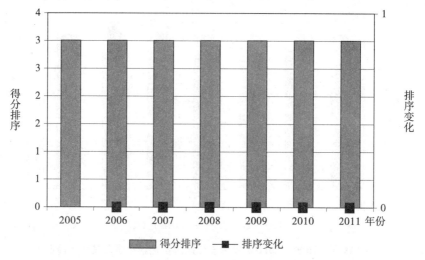

图 19-6 2005—2011 年福建省低碳资源指数排序及其变化情况

（四）低碳指数

2011 年, 福建省的低碳指数评价得分高达 58.18 分, 位居全国首位。从指数评价得分变化情况看, 2005—2011 年指数得分经历了"下降-上升-下降"的曲折过程, 2005—2008 年指数评价得分逐年下降, 2008—2010 年指数开始逐年下降, 2011 年指数相比上年又有所下降。尽管指数评价得分变化过程较为曲折, 其指数在全国的排名则相对稳定。2005—2007 年指数在全国排名第 3, 2008—2011 年指数跃升至全国第一。

二、环保指数

（一）环境污染指数

福建省的环境污染指数上升趋势明显。2005 年, 福建省的环境污染指数评价得分为 16.77 分, 到 2011 年指数评价得分提升至 23.99 分, 期间实现了 7.24% 年均增幅。虽然指数评价得分增幅较大, 但其在全国的排名却相对稳

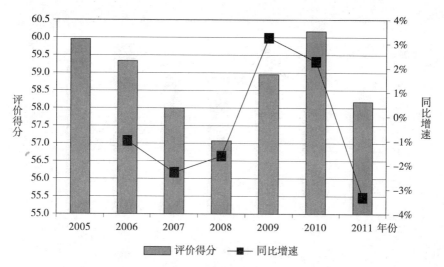

图 19-7 2005—2011 年福建省低碳指数评价得分及其变化情况

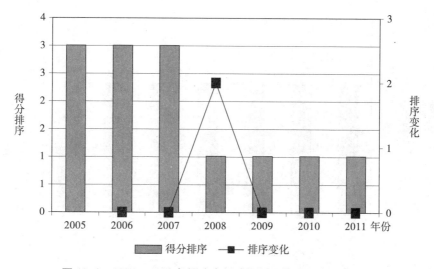

图 19-8 2005—2011 年福建省低碳指数排序及其变化情况

定,2005—2010 年指数排名一直维持在第 9,虽然 2011 年指数排名曾上升至全国第 8 的位置,但总体看其在全国的排名较为稳定。之所以会出现评价得分大幅增加而排名稳定的现象,主要是因为福建省环境污染指数在提高的同时,其他地区环境污染指数也有不俗表现。

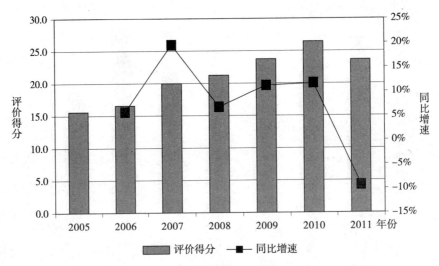

图 19-9　2005—2011 年福建省环境污染指数评价得分及其变化情况

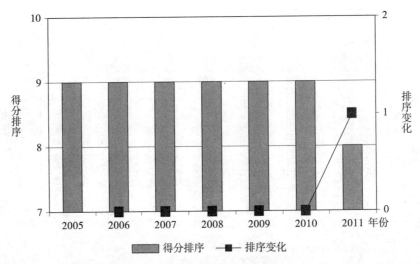

图 19-10　2005—2011 年福建省环境污染指数排序及其变化情况

（二）环境管理指数

相对于环境污染指数,福建省的环境管理指数评价得分较低。2011 年,全省环境管理指数评价得分 9.66 分,全国排名第 22,处于全国中下游位置。

从指数变动情况看,近年环境污染指数经历了先下降后上升的过程,2005—2009 年指数评价得分总体呈下降趋势,2009—2011 年指数评价得分开始逐步增加。相对于指数评价得分变化,指数排序名则经历了先下降后提升的过程,2005—2009 年指数排名由起初的第 10 快速下降到第 27,2009—2011 年指数排名又逐步提升至第 22。

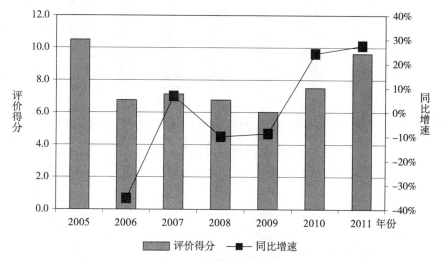

图 19-11　2005—2011 年福建省环境管理指数评价得分及其变化情况

(三)环境质量指数

2011 年,福建省的环境质量指数评价得分 12.71 分,位居全国第四。从指数变动情况看,近年福建省环境质量指数评价得分并不稳定,得分在起伏变化过程中总体呈上升趋势,得分年均增长 0.51%。虽然指数评价得分起伏变化较大,但其在全国的排名却相对稳定,除 2008 年指数曾上升至全国第 3 外,其他年度指数排名稳居在全国第 4。

(四)环保指数

福建省的环境污染指数和环境质量指数抵消了环境管理指数对环保指数的消极影响,环保指数评价结果表现不错。2011 年,全省环保指数评价

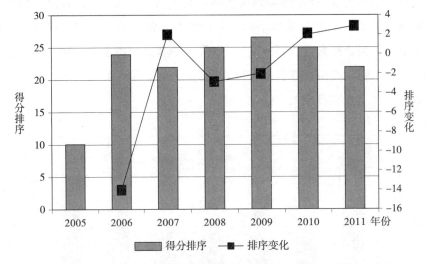

图 19-12 2005—2011 年福建省环境管理指数排序及其变化情况

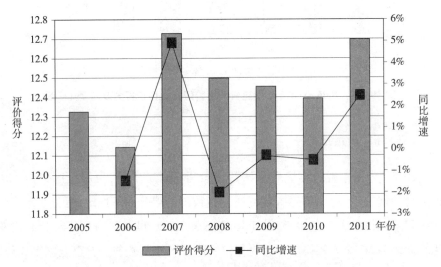

图 19-13 2005—2011 年福建省环境质量指数评价得分及其变化情况

得分 46.35 分,位居全国第 10,处于中上游的位置。从指数变动情况看,近期环保指数评价得分处于不断上升趋势中,2005—2011 年指数评价得分增长了 7.75 分,年均增幅 3.1%。虽然指数评价得分有所增长,但其在全国的地位却是非常稳定,评价结果显示,自 2007 年以来环保指数在全国一直处

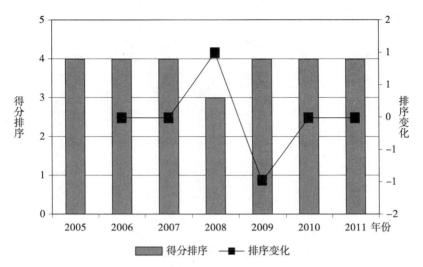

图 19-14　2005—2011 年福建省环境质量指数排序及其变化情况

于第 10 的位置。

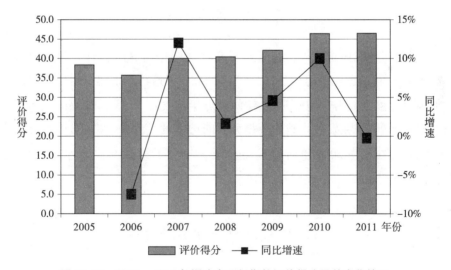

图 19-15　2005—2011 年福建省环保指数评价得分及其变化情况

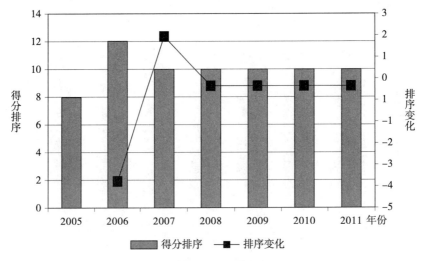

图 19-16　2005—2011 年福建省环保指数排序及其变化情况

三、发 展 指 数

福建省的发展指数评价得分在不断增加中排名有所提升。2005—2011年,全省发展指数评价得分逐年提升,除 2010 年指数评价得分增幅相对较小外,其他年度指数得分增幅明显,期间得分年均增幅 9.85%,增幅远远高于其他指数的增幅。在发展指数评价得分不断增加的过程中,其在全国的排名也不断提升,排名由 2005 年的第 11 提升至 2011 年的第 8,指数排名提升了 3 个位次。

四、低碳环保发展综合指数

由于福建省的低碳指数、环保指数和发展指数的评价结果均有不错表现,故其低碳环保发展综合指数的评价结果表现较好。2005—2011 年,综合指数评价得分一路走高(除 2006 年指数评价得分有所降低外),一直上升到 2011年的 167.53 分,全国排名第四。在综合指数评价得分持续增加的过程中,综

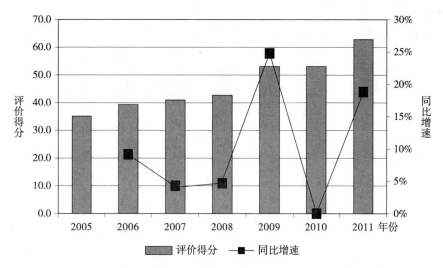

图 19-17　2005—2011 年福建省发展指数评价得分及其变化情况

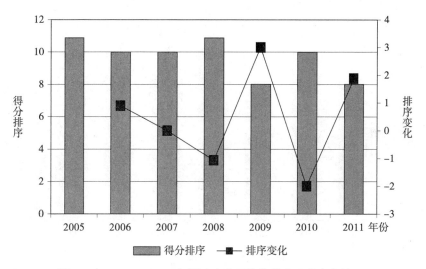

图 19-18　2005—2011 年福建省发展指数排序及其变化情况

合指数在全国的排名虽然有上下起伏,但总体保持相对稳定,指数排名一直在第 6 名到第 4 名之间徘徊。

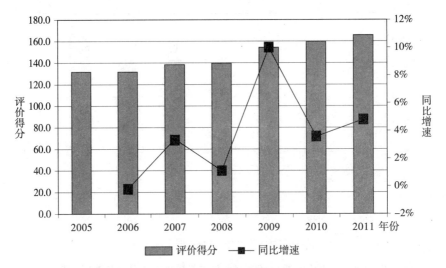

图 19-19 2005—2011 年福建省低碳环保发展综合指数评价得分及其变化情况

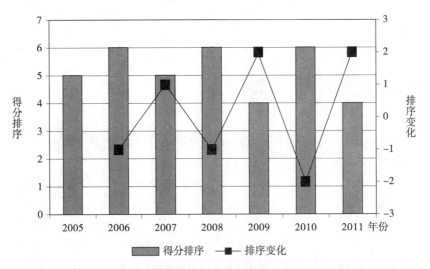

图 19-20 2005—2011 年福建省低碳环保发展综合指数排序及其变化情况

第二十章　江西省低碳环保发展指数评价

2011 年江西省概况：

国土面积 （万平方公里）	常驻人口 （万人）	城镇人口 （万人）	GDP （亿元）
16.69	4488	2051	11702.82
工业增加值 （亿元）	三产结构	城镇居民家庭人均 现金消费支出 （元）	城镇居民家庭 平均每百户家 用汽车拥有量 （辆）
5411.86	11.89：54.61：33.51	11747.2	8.9
煤炭消费量 （万吨）	原油消费量 （万吨）	汽、煤、柴油消费量 （万吨）	电力消费量 （亿千瓦小时）
6988.00	432.77	584.35	835.10
天然气消费量 （亿立方米）	气　候		
6.34	中亚热带温暖湿润季风气候		
规模以上工业行业增加值前五行业：有色金属冶炼及压延加工业、化学原料及化学制品制造业、非金属矿物制品业、电气机械及器材制造业、电力、热力的生产和供应业			

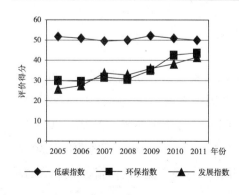

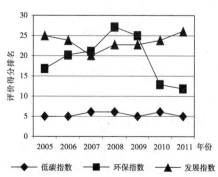

一、低 碳 指 数

（一）低碳生产指数

2011 年,江西省的低碳生产指数评价得分 16.46 分,位居全国第 8,处于全国中上游位置。动态看,近年低碳生产指数上升趋势比较明显,2005 — 2011 年指数评价得分增加了 2.82 分,年均增幅 3.19%。总体看,低碳生产指数在全国的排名也有小幅提升,排名由 2005 年的第 9 名提升到 2011 年的第 8 名。

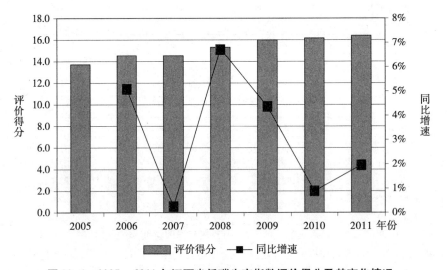

图 20-1 2005—2011 年江西省低碳生产指数评价得分及其变化情况

（二）低碳消费指数

相比低碳生产指数,江西省的低碳消费指数的评价结果更好。2011 年,全省低碳消费指数评价得分 12.28 分,全国排名第二。虽然低碳消费指数在全国排名比较靠前,但近期指数持续下降的趋势也很明显。2005—2011 年,指数评价得分连续下降了 8.22 分,年均下降幅度 8.18%,下降幅度比较大。低碳消费指数排名的变化则与指数得分变化背道而驰,近期指数在全国的排

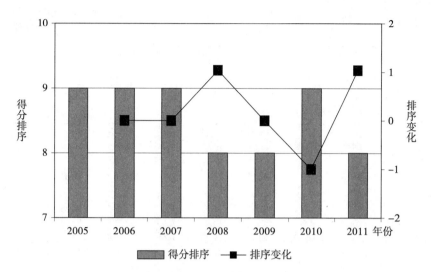

图 20-2　2005—2011 年江西省低碳生产指数排序及其变化情况

名有所上升,指数排名由 2005 年的第 4 名提升到 2011 年的第 2 名。

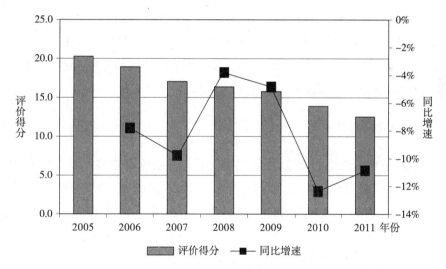

图 20-3　2005—2011 年江西省低碳消费指数评价得分及其变化情况

(三)低碳资源指数

江西省地处我国南方地区,气候条件优越,区域内地形地貌复杂,多山地、

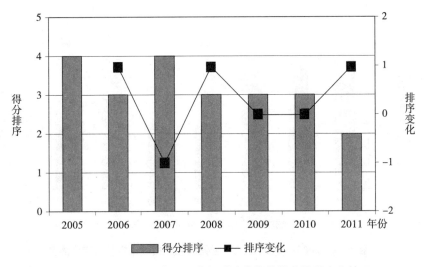

图 20-4　2005—2011 年江西省低碳消费指数排序及其变化情况

丘陵,所以全省森林资源相对丰富,故其低碳资源指数评价得分相对较高。2009—2011 年,全省低碳资源指数评价得分 20.93 分,位居全国第六,处于全国上游位置。动态变化角度看,近年江西省的低碳资源指数有所提升,但排名并没有变,近年一直维持在全国第六名。

(四)低碳指数

江西省的低碳生产指数、低碳消费指数和低碳资源指数的评价结果均有不错表现,所以其低碳指数的评价结果也不错。2011 年,全省低碳指数评价得分 49.67 分,位居全国第 5,排名较为靠前。动态角度看,近年江西省的低碳指数呈起伏变化的特点。2005—2007 年指数评价得分持续下降,2007—2009 年指数评价得分持续上升,2009—2011 年指数得分又开始逐步下降。指数在全国的地位也呈"下降—上升—下降"的特点,但变化幅度很小,指数排名在第 5 名到第 6 名之间来回徘徊。

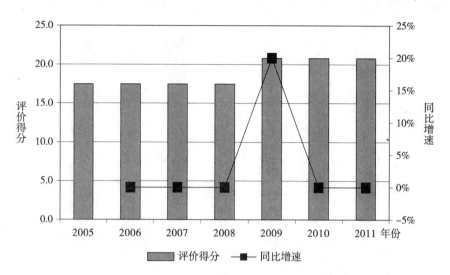

图 20-5　2005—2011 年江西省低碳资源指数评价得分及其变化情况

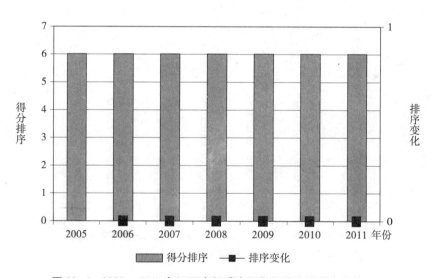

图 20-6　2005—2011 年江西省低碳资源指数排序及其变化情况

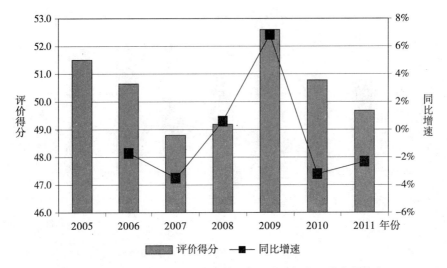

图 20-7 2005—2011 年江西省低碳指数评价得分及其变化情况

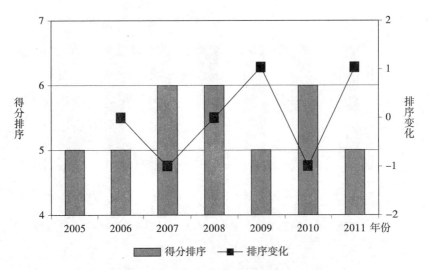

图 20-8 2005—2011 年江西省低碳指数排序及其变化情况

二、环 保 指 数

（一）环境污染指数

相比以上低碳各项指数,江西省的环境污染指数的评价结果的表现并不好。2011 年,全省环境污染指数评价得分 13.54 分,位居全国第 18 名,处于全国中下游的位置。值得庆幸的是,近年江西省的环境污染指数有不断上升的趋势,2005—2011 年指数评价得分增加了 3.37 分,年均增幅达 4.89%。虽然近年环境污染指数评价得分不断增加,但指数在全国的地位并没有发生相应的变化,相反在 2005—2010 年指数排名还呈逐步下滑的趋势,由 2005 年的第 17 名下滑至 2010 年的第 20 名。

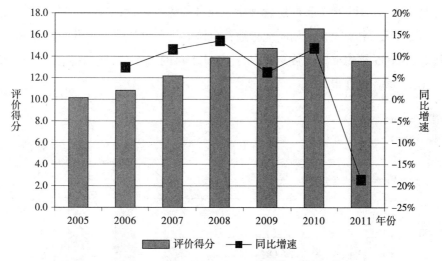

图 20-9 2005—2011 年江西省环境污染指数评价得分及其变化情况

（二）环境管理指数

经济社会活动污染物排放强度的日趋增加引发了全省的高度重视,近期针对环境保护的投资不断增加,在其带动下环境管理指数评价得分不断增加。

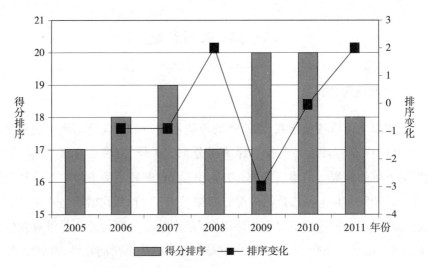

图 20-10 2005—2011 年江西省环境污染指数排序及其变化情况

尤其 2008—2011 年全省环境管理指数改善趋势明显,指数评价得分连续增加了 12.48 分,增幅较大。相应地指数在全国的排名也呈快速提升的态势,指数排名由 2005 年的全国倒数第三提升至 2011 年的第 6 名,期间排名提升了 22 个位次,提升幅度很大。

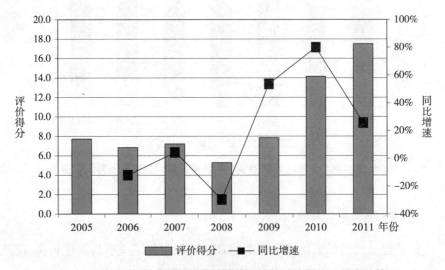

图 20-11 2005—2011 年江西省环境管理指数评价得分及其变化情况

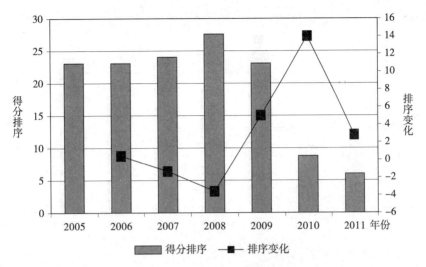

图 20-12　2005—2011 年江西省环境管理指数排序及其变化情况

(三)环境质量指数

江西省的环境质量指数的评价结果表现较好。2011 年,全省环境质量指数获得了 12.25 分的评价得分,位居全国第 8,处于全国中上游的位置。不仅如此,近期环境质量指数还表现出相对稳定的状态,2005—2011 年指数评价得分增加了 0.29 分,年均增幅仅有 0.39%;指数在全国的排名更加稳定,2005—2009 年指数一直位居全国第 7,2010—2011 年指数排名稳定在全国第 8 的位置。

(四)环保指数

在环境污染指数和环境管理指数拖动下,江西省的环保指数的得分并不高。2011 年,全省环保指数评价得分 43.40 分,位居全国第 12,处于全国中游位置。尽管其环保指数得分一般,但这也是长期不断改善的结果,2005—2011 年指数评价得分增加了 13.49 分,年均增幅 6.4%。环保指数在全国的排名变化相对复杂些,2005—2008 年指数排名不断下降,一直下降到全国倒数第四名,2009—2011 年指数排名开始不断提升。

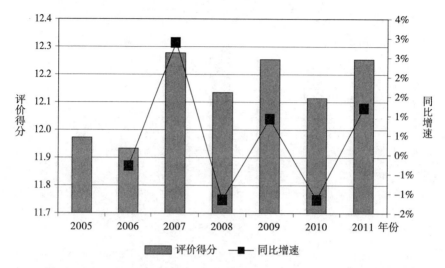

图 20-13　2005—2011 年江西省环境质量指数评价得分及其变化情况

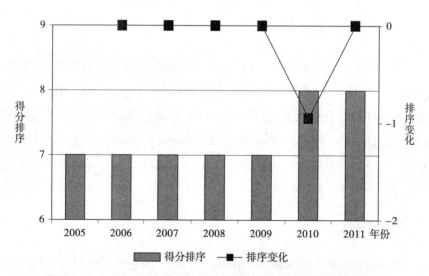

图 20-14　2005—2011 年江西省环境质量指数排序及其变化情况

三、发 展 指 数

江西省的发展指数在不断提升的过程中,指数在全国的排名却有所下降。

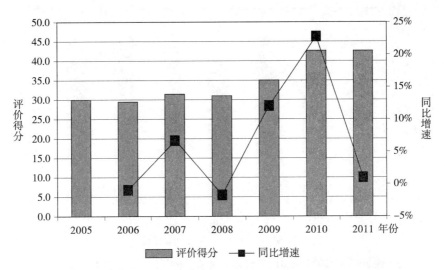

图 20-15　2005—2011 年江西省环保指数评价得分及其变化情况

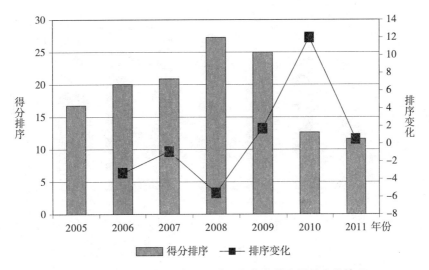

图 20-16　2005—2011 年江西省环保指数排序及其变化情况

2005—2011 年,发展指数评价得分不断增加,评价得分由 2005 年的 25.82 分增加到 2011 年 40.94 分,年均增幅高达 7.99%。虽然指数评价得分增加幅度较大,但其在全国的排名总体却有所下降,排名由 2005 年的第 25 名下降到 2011 年的第 26 名(期间指数排名有起伏变化)。

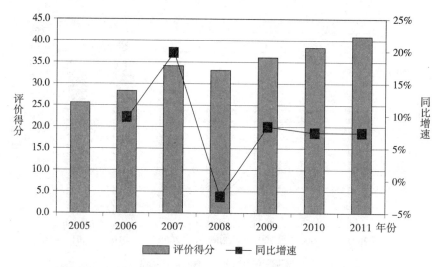

图 20-17 2005—2011 年江西省发展指数评价得分及其变化情况

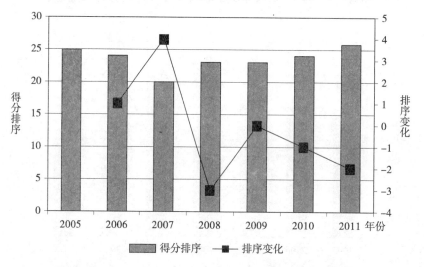

图 20-18 2005—2011 年江西省发展指数排序及其变化情况

四、低碳环保发展综合指数

江西省的低碳环保发展综合指数评价得分在不断增加的过程中,其在全国的地位总体有所提升。2005—2011 年,全省综合指数评价得分总体处于持续增加状态(除 2008 年指数得分有小幅下降外),期间得分增加了 26.76 分,年均增幅 3.78%。江西省的综合指数在全国的地位总体也有所提升,但变化幅度并不大,排名由 2005 年的第 13 名提升至 2011 年的第 11 名,排名提升了 2 个位次。

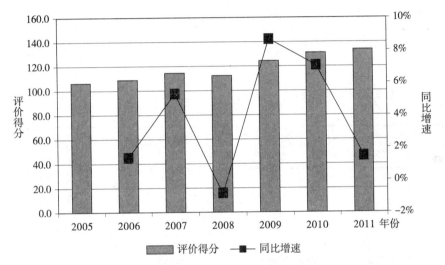

图 20-19　2005—2011 年江西省低碳环保发展综合指数评价得分及其变化情况

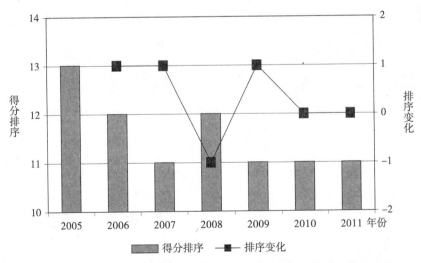

图 20-20　2005—2011 年江西省低碳环保发展综合指数排序及其变化情况

第二十一章　山东省低碳环保发展指数评价

2011 年山东省概况：

国土面积 （万平方公里）	常人口 （万人）	城镇人口 （万人）	GDP （亿元）
16	9637	4910	45429.2
工业增加值 （亿元）	三产结构	城镇居民家庭人均 现金消费支出 （元）	城镇居民家庭 平均每百户家 用汽车拥有量 （辆）
21275.89	8.76：52.95：38.29	14560.7	28.1
煤炭消费量 （万吨）	原油消费量 （万吨）	汽、煤、柴油消费量 （万吨）	电力消费量 （亿千瓦小时）
38921.00	5826.37	2510.36	3635.26
天然气消费量 （亿立方米）	气　候		
52.86	温带季风气候类型		
规模以上工业行业增加值前五行业：化学原料及化学制品制造业、农副食品加工业、通用设备制造业、纺织业、非金属矿物制品业			

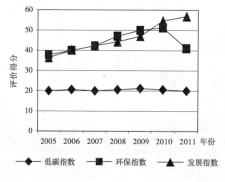
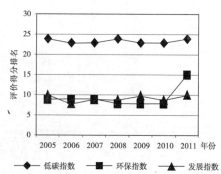

一、低　碳　指　数

（一）低碳生产指数

2011 年,山东省的低碳生产指数评分为 11.49 分,全国排名第十八,处在全国中下游位置,相比 2009 年的最高得分 11.65 分,得分减少了 0.16 分,但是相比 2005 年 9.93 分的评价得分,得分增长了 0.16 倍,年均增速为 2.47%。2005—2011 年山东省指数得分的增长速度变化很大,其中 2006 年的增速最大为 7.50%,而在 2007 年则下降为 -1.74%,后期指数增幅曲折回升。指数全国排名也出现波动变化,2006 年和 2008 年的排名上升到第十五和十七名,而 2011 年则又回落为第十八名。

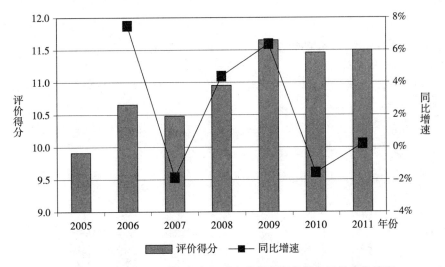

图 21-1　2005—2011 年山东省低碳生产指数评价得分及其变化情况

（二）低碳消费指数

2011 年,山东省的低碳消费指数评价得分只有 4.75 分,位居全国第 23 名,处在全国中下游水平。不仅如此,近期山东省的低碳消费指数还呈现出明

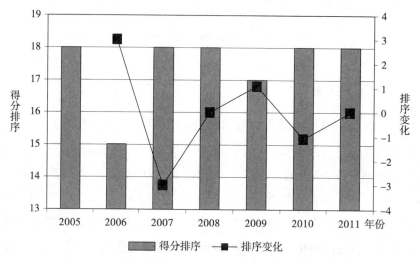

图 21-2 2005—2011 年山东省低碳生产指数排序及其变化情况

显下降趋势,指数评价得分由 2005 年的 7.07 分逐渐下降到 2011 年的 4.75 分,得分下降了 2.32 分,年均降幅 6.41%;指数排名也有下降,由 2005 年的第 22 名下降到了 2011 年的第 23 名,下降了 1 个名次。

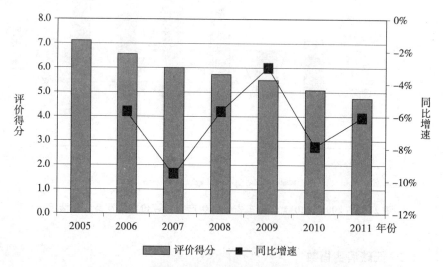

图 21-3 2005—2011 年山东省低碳消费指数评价得分及其变化情况

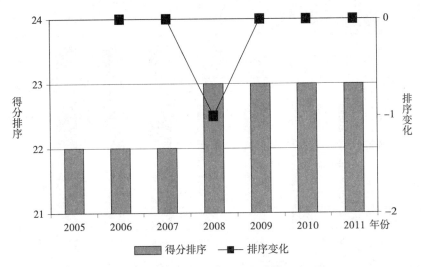

图 21-4　2005—2011 年山东省低碳消费指数排序及其变化情况

（三）低碳资源指数

2005—2011 年，低碳资源指数评价得分由 2005 年的 2.87 分上升到 2011 年的 4.26 分，增长了 0.48 倍。山东省的低碳资源指数评价得分在上升的过程中，指数在全国的排名也有所提升，排名也由 2005 年的第 25 名提升到了 2011 年第 22 名，提升了 3 个名次。虽然指数评价得分和排名向趋好方向发展，但在全国的地位一直处在全国中下游位置。

（四）低碳指数

近期，山东省的低碳指数评价得分呈现"下降—上升—下降"波动的特点。2005—2007 年，指数评价得分由 19.87 分下降到 19.38 分，2008 年又上升到 21.42 分，而后逐年下降，到 2011 年评价得分为 20.50 分，总体上评价得分是增长了，增幅 0.52%。低碳指数在全国的排名也处在起伏变化过程中，但总体看相对稳定，一直处在中下游位置，其中 2005 年、2008 年和 2011 年指数排名第 24 名，2006 年、2007 年和 2009 年、2010 年指数排名第 23 名。

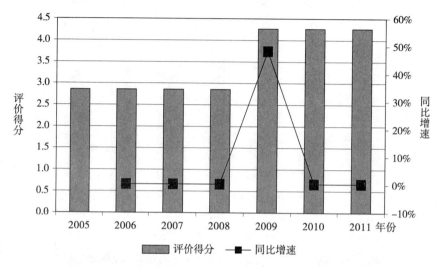

图 21-5　2005—2011 年山东省低碳资源指数评价得分及其变化情况

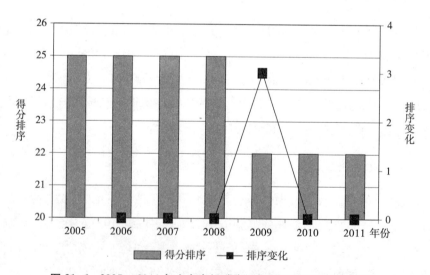

图 21-6　2005—2011 年山东省低碳资源指数排序及其变化情况

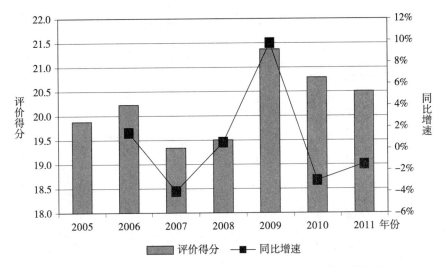

图 21-7　2005—2011 年山东省低碳指数评价得分及其变化情况

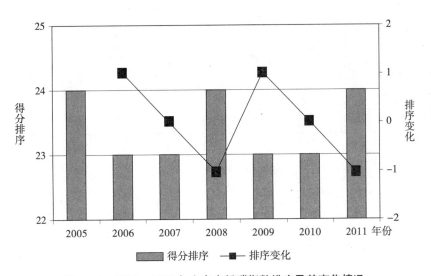

图 21-8　2005—2011 年山东省低碳指数排序及其变化情况

二、环保指数

（一）环境污染指数

相比其他指数，山东省的环境污染指数的评价结果较好。2005 年—2010 年环境污染指数评分逐年上升，但在 2011 年出现下降，由 2010 年的 29.54 分下降到 2011 年的 18.24 分，总体上指数评价得分还是上升了，年均增幅 0.93%。环境污染指数排名相对稳定，一直处于全国中上游位置，2005—2010 年指数全国排名第 8，到 2011 年则下降到第 9 名。

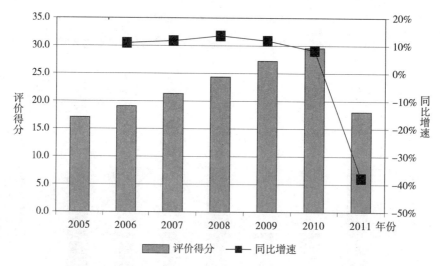

图 21-9 2005—2011 年山东省环境污染指数评价得分及其变化情况

（二）环境管理指数

2011 年，山东省的环境管理指数凭借着 18.24 分的评价得分，获得了全国第 13 的排名，位居全国中上游。动态看，近期山东省的环境管理指数得分起伏变化较大，得分总体呈现"下降—上升—再下降—又上升"的特点。2006 年指数得分较 2005 年有所下降，2007—2008 年则开始上升，2009—2010 年呈

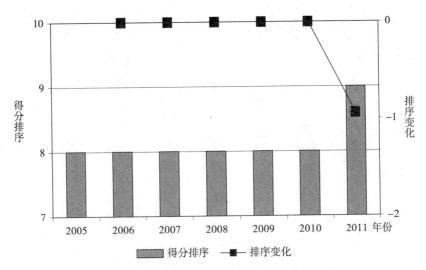

图 21-10　2005—2011 年山东省环境污染指数排序及其变化情况

现下降,2011 年又出现回升,总体指数有所增加,增幅并不大,年均增幅仅为 0.76%。山东省的环境管理指数在全国的排名也有起伏变化,也呈现出"下降—上升—下降—上升"的特点,但总体上排名是下降了,由 2005 年的第 7 名下降到第 2011 年的 13 名,六年下降了 6 个名次。

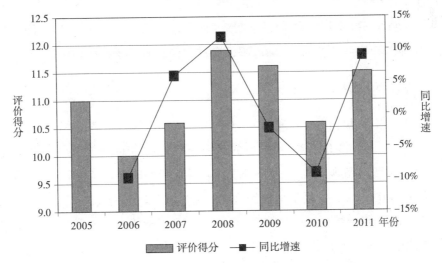

图 21-11　2005—2011 年山东省环境管理指数评价得分及其变化情况

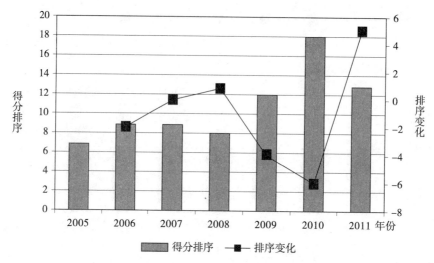

图 21-12   2005—2011 年山东省环境管理指数排序及其变化情况

（三）环境质量指数

山东省的环境质量指数的评价结果并不好。2011 年,环境质量指数评价得分 11.30 分,排名全国第 19 名,处在全国中下游的位置,该得分相比 2005 年的 9.25 分增长了 0.22 倍。近期,指数排名呈现出"上升—下降—上升"的特点。2005—2007 年指数排序变化幅度很大,三年上升了 10 个名次,随后名次又下降,2010 年指数排序上升,2011 年得分全国排名 19,处于中下游位置。

（四）环保指数

2011 年,环保指数评价得分 41.07 分,位居全国第 15 名,在全国处在中游位置。动态发展角度看,山东省的环保指数除在 2011 年出现了剧烈变化外,其他年度均表现正常。2005—2010 年,环保指数得分稳步增长,评价得分由 2005 年的 37.53 分逐步增加到 2010 年的 51.02 分;指数排名也是如此,2005—2007 年指数全国排第 9,2008—2010 年指数排名全国第 8,但 2011 年指数排名却急速下降至第 15 名。

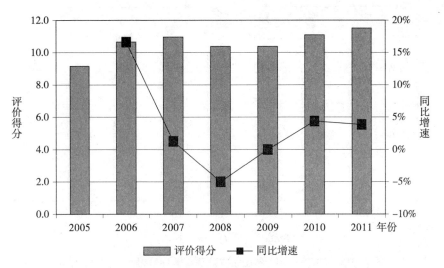

图 21-13 2005—2011 年山东省环境质量指数评价得分及其变化情况

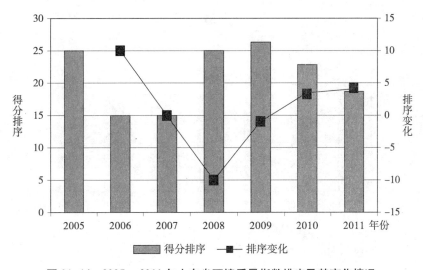

图 21-14 2005—2011 年山东省环境质量指数排序及其变化情况

三、发 展 指 数

相比上述其指数,山东省的发展指数评价得分相对较高。2011 年,发展

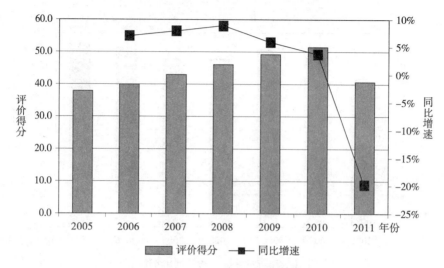

图 21-15　2005—2011 年山东省环保指数评价得分及其变化情况

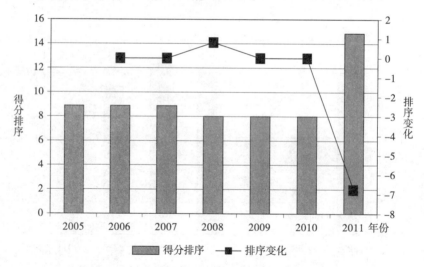

图 21-16　2005—2011 年山东省环保指数排序及其变化情况

指数评价得分 56.73 分,全国排名第十,排名处在全国中上游位置。不仅如此,山东省的发展指数上升趋势也很明显,2005—2011 年指数得分增长了 0.57 倍,年均增幅 7.82%。发展指数在全国的排名比较稳定,虽然 2006—2008 年和 2010 年指数排名有所波动,但最终排名还是回落到了全国第 10 的位置。

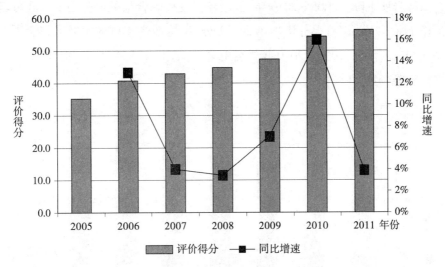

图 21-17　2005—2011 年山东省发展指数评价得分及其变化情况

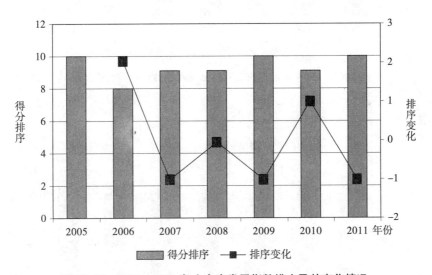

图 21-18　2005—2011 年山东省发展指数排序及其变化情况

四、低碳环保发展综合指数

山东省的低碳环保发展综合指数在评价得分增长的同时,其在全国的排

名总体有所下降。2005—2010 年,低碳环保发展综合指数得分由 93.50 分增
加至 118.31 分,评价得分增加了 24.81 分,年均增幅 4.00%。但其在全国的
排名却有所下降,2005—2010 年排名由第 18 名上升到第 16 名,但 2011 年排
名又下降到第 20 名。

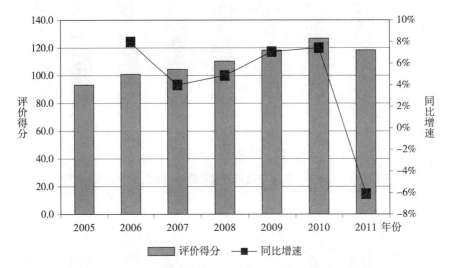

图 21-19　2005—2011 年山东省低碳环保发展综合指数评价得分及其变化情况

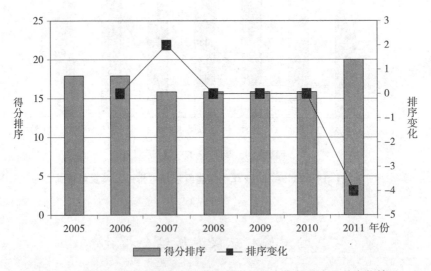

图 21-20　2005—2011 年山东省低碳环保发展综合指数排序及其变化情况

第二十二章　河南省低碳环保发展指数评价

2011 年河南省概况：

国土面积 （万平方公里）	常人口 （万人）	城镇人口 （万人）	GDP （亿元）
16.7	9388	3809	27232.04
工业增加值 （亿元）	三产结构	城镇居民家庭人均 现金消费支出(元)	城镇居民家庭 平均每百户家 用汽车拥有量 （辆）
13949.32	13.04：57.28：29.67	12336.5	14.1
煤炭消费量 （万吨）	原油消费量 （万吨）	汽、煤、柴油消费量 （万吨）	电力消费量 （亿千瓦小时）
28374.00	874.63	1071.51	2659.14
天然气消费量 （亿立方米）	气　候		
54.96	暖温带-亚热带、湿润-半湿润季风气候		
规模以上工业行业增加值前五行业：煤炭开采和洗选业、石油和天然气开采业、非金属矿物制品业、农副食品加工业、通用设备制造业			

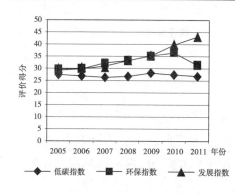

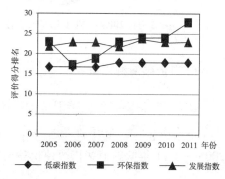

一、低 碳 指 数

(一)低碳生产指数

2011年,河南省的低碳生产指数仅获得了10.68分评价得分,位居全国第20名,处在全国中下游位置。虽然河南省低碳生产指数评价得分较低、排名较为靠后,但动态看其指数也有提高。2011年的指数评价得分相对于2005年,得分增长了0.11倍,年均增幅1.74%。尽管近年河南省低碳生产指数有所改善,但其在全国的排名却相当稳定。2005—2011年,除2005年和2011年指数排名全国第20外,其他年度指数排名均为第19,指数排名较为稳定。

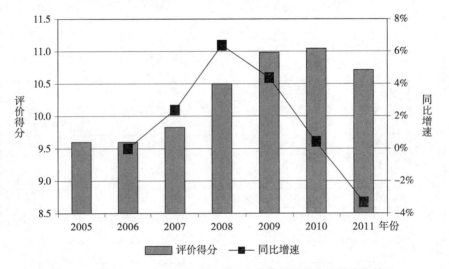

图22-1　2005—2011年河南省低碳生产指数评价得分及其变化情况

(二)低碳消费指数

2011年,河南省的低碳消费指数评价得分7.24分,全国排名第14名,处于全国中游位置。与其他地区一样,近期河南省低碳消费指数也不断下滑,2005—2011年低碳消费指数评价得分下降了4.83分,期间指数得分年均下

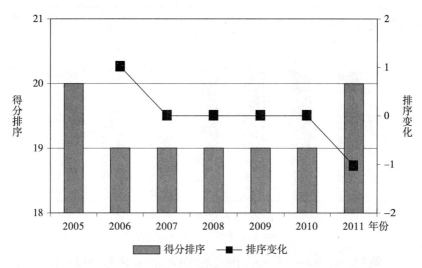

图 22-2　2005—2011 年河南省低碳生产指数排序及其变化情况

降幅度 8.16%。尽管低碳消费指数评价得分一直在下滑,但指数在全国的排名比较稳定,6 年间只变动了 1 个名次,除 2009 年指数排序提升到第 13 名(提升了 1 个名次),其年度指数均处在第 14 名。

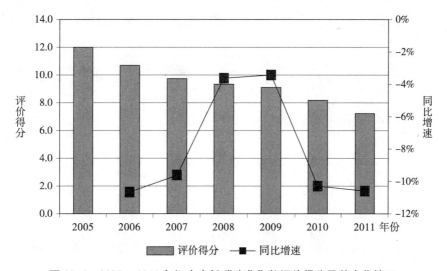

图 22-3　2005—2011 年河南省低碳消费指数评价得分及其变化情况

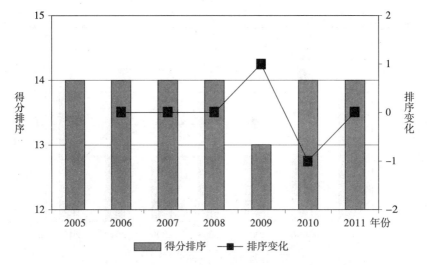

图 22-4 2005—2011 年河南省低碳消费指数排序及其变化情况

(三)低碳资源指数

2011 年,河南省的低碳资源指数评价得分 8.46 分,全国排名第 19 名。动态看,河南省的低碳资源指数得分总体有所改善,2005—2011 年指数评价得分年均增速 5.13%,但其在全国的排名非常稳固,长期一直排名全国第 19。

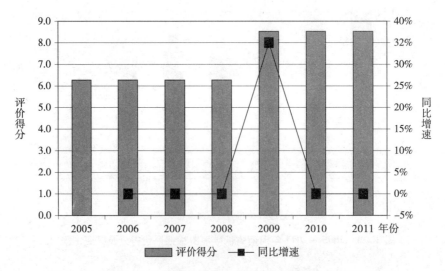

图 22-5 2005—2011 年河南省低碳资源指数评价得分及其变化情况

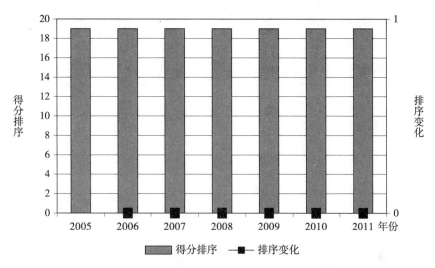

图 22-6　2005—2011 年河南省低碳资源指数排序及其变化情况

（四）低碳指数

2011 年,河南省的低碳指数评价得分仅有 26.37,排名第 18 名。动态变化看,近年低碳指数呈现"下降—上升—下降"的特点。2005—2007 年,低碳指数评价得分呈下降趋势,得分由 2005 年的 27.96 下降到 2007 年的 25.86 分;2008—2009 年,低碳指数评价得分整体呈上升分势,得分由 2008 年的 26.15 分上升到 2009 年的 20.57 分,2010—2011 年,低碳指数评级得分呈下降趋势,得分由 2010 年的 27.60 分下降到 2011 年的 27.37 分。虽然指数评价得分起伏变化较大,但其在全国的排名总体稳定,2005—2007 年指数排名第 17 名,2008—2011 年指数排名第 18 名,虽然前后相差一个位次,但总体看指数在全国的排名较为稳定。

二、环　保　指　数

（一）环境污染指数

相比低碳领域的指数,河南省的环境污染指数评价结果表现差强人意。

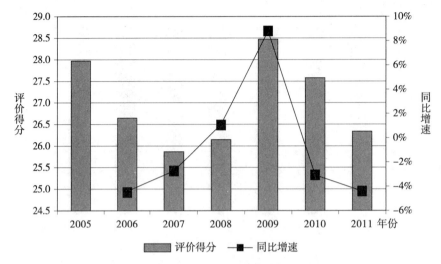

图 22-7 2005—2011 年河南省低碳指数评价得分及其变化情况

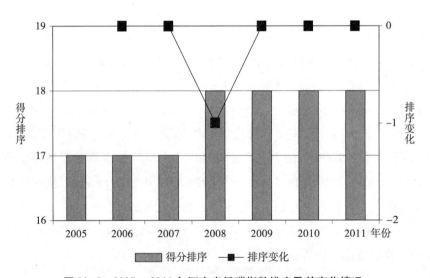

图 22-8 2005—2011 年河南省低碳指数排序及其变化情况

2011 年,环境污染指数评价得分 15.10 分,全国排名 15,处在中游的位置。近年河南省环境污染指数评价得分有明显增加,尤其 2005—2010 年指数得分逐年上升,得分由 2005 年的 11.73 分提升到 2010 年的 20.45 分。虽然环境污染指数评价得分总体有所改善,但其在全国的排名却有所下降。2005 年环境

污染指数在全国排名第 11,2006 — 2010 年指数排名第 10,但到 2011 年指数
快速下降到全国第 15,总体看指数排名前后下降了 4 个位次。

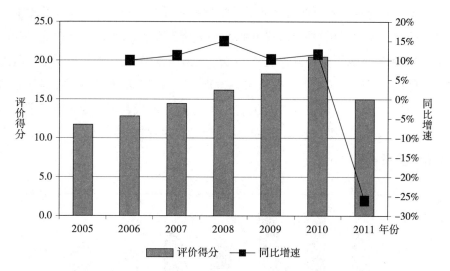

图 22-9　2005 — 2011 年河南省环境污染指数评价得分及其变化情况

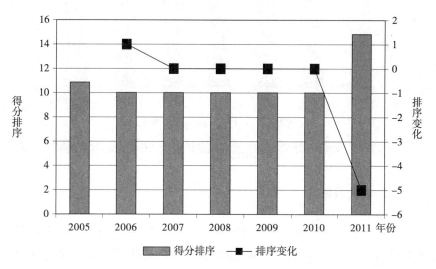

图 22-10　2005 — 2011 年河南省环境污染指数排序及其变化情况

（二）环境管理指数

由于河南省的经济社会活动的环境污染物排放强度并不大，故其用于环境保护的投资力度相对要小，受其影响环境管理指数的评价得分较低。2011年，环境管理指数评价得分仅有 5.21 分，全国倒数第一。河南省环境管理指数评价得分较低是长期下降的结果。2005—2011 年，环境管理指数得分呈现出"下降—上升—下降—上升"的特点，但总体上看指数得分是有所下降，年均降幅 4.01%。指数排名也是在起伏变化过程中日趋下降，2005—2011 年指数排名下降了 4 个位次。

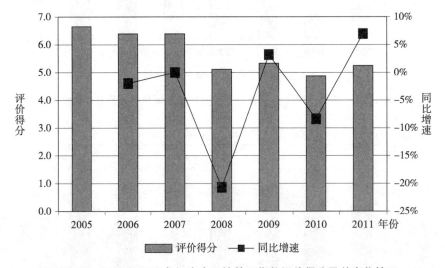

图 22-11　2005—2011 年河南省环境管理指数评价得分及其变化情况

（三）环境质量指数

河南省的环境质量指数的评价得分也不好。2011 年，环境质量指数评价得分只有 11.22 分，位居全国第 20，处于全国中下游位置。动态角度看，近期环境质量指数评价得分经历了先上升后下降的过程。2005—2008 年，指数评价得分由 10.59 分逐步上升到 11.47 分，而 2008—2011 年指数评价得分开始不断下滑，评价得分下降了 0.24 分；总体看指数评价得分有所增加，年均降幅

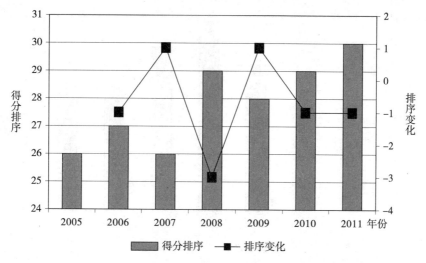

图 22-12　2005—2011 年河南省环境管理指数排序及其变化情况

0.97%。伴随指数评价得分的起伏变化,近期指数在全国的排名也有起伏变化。2005—2008 年,排名处于上升阶段,从 2005 年的 18 名上升到 13 名,2009 年下滑至 16 名,而后又在 2010 年提升一个名次,2011 年又下降到第 20 名,总体上看指数下降了 2 个位次。

(四)环保指数

　　由于河南省的环境管理指数和环境质量指数的评价结果均不好,受其影响环保指数的评价结果也不令人满意。2011 年,环保指数评价得分 31.53,位居全国倒三。动态角度看,2005—2010 年指数得分逐年提升(除 2011 年指数评价得分较上年有所下降外),指数得分年均增幅 1.42%。虽然环保指数评价得分总体有所增长,但其在全国的排名近期经历了"先上升后下降"的过程,由 2005 年的全国排名第 23 上升到 2007 年的第 19,随后又下降到 2011 年全国倒三。

三、发 展 指 数

　　作为中部地区一员,河南省的经济社会发展水平较东部沿海地区有一定

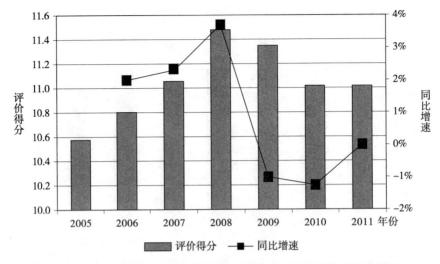

图 22-13　2005—2011 年河南省环境质量指数评价得分及其变化情况

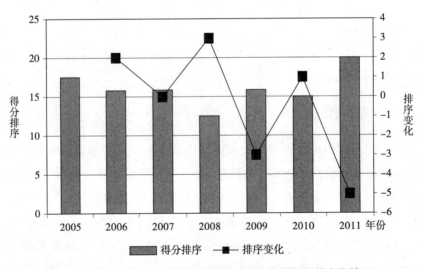

图 22-14　2005—2011 年河南省环境质量指数排序及其变化情况

差距,反映在本评价中,其发展指数评价结果并不好。2011 年,河南省的发展指数评价得分 43.19 分,位居全国第 23,处于全国中下游的位置。动态看,近期发展指数评价得分在稳步增加中排名相对稳定。2005—2011 年河南省发展指数评价得分逐年增加,年均增幅 7.21%。发展指数排名波动较复杂,但

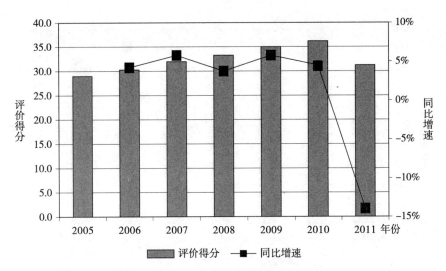

图 22-15　2005—2011 年河南省环保指数评价得分及其变化情况

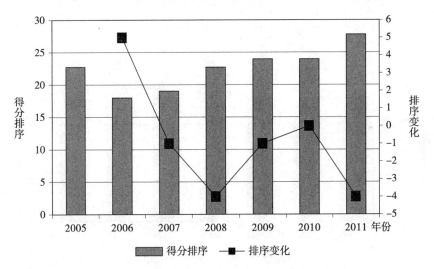

图 22-16　2005—2011 年河南省环保指数排序及其变化情况

波动幅度较小,一直处于全国下游水平。

四、低碳环保发展综合指数

2011 年,河南省的低碳环保发展综合指数评价得分 101.10 分,全国第 25

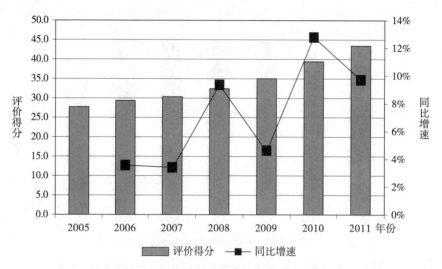

图22-17　2005—2011年河南省发展指数评价得分及其变化情况

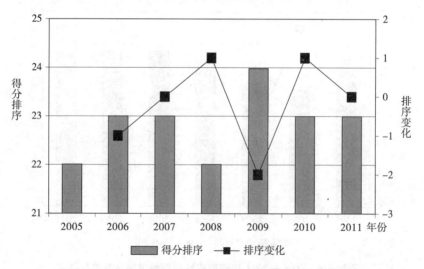

图22-18　2005—2011年河南省发展指数排序及其变化情况

名,处于全国中下游的位置。与发展指数表现一样,近期也综合指数具有得分稳步提升、地位相对稳定的特点。2005—2011年,发展指数评价得分取得了年均2.86%的增幅变化,但其在全国排名却较为稳定,除2011年指数排名下滑至全国第25名外,其他年度不是排名第23,就是排名第24,前后两年指数均只有一个位次的变化。

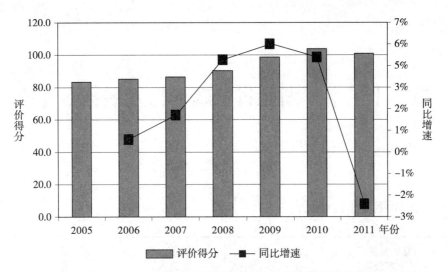

图 22-19 2005—2011 年河南省低碳环保发展综合指数评价得分及其变化情况

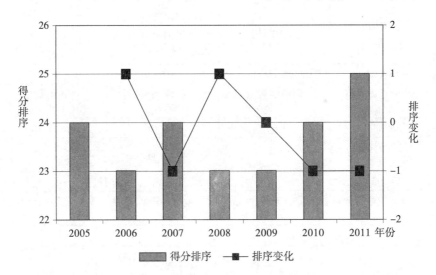

图 22-20 2005—2011 年河南省低碳环保发展综合指数排序及其变化情况

第二十三章　湖北省低碳环保发展指数评价

2011 年湖北省概况：

国土面积 （万平方公里）	常驻人口 （万人）	城镇人口 （万人）	GDP （亿元）
18.59	5758	2984	19632.26
工业增加值 （亿元）	三产结构	城镇居民家庭人均 现金消费支出 （元）	城镇居民家庭 平均每百户家 用汽车拥有量 （辆）
8538.04	13.09：50.00：36.91	13163.8	9.7
煤炭消费量 （万吨）	原油消费量 （万吨）	汽、煤、柴油消费量 （万吨）	电力消费量 （亿千瓦小时）
15805.00	1026.23	1242.63	1450.76
天然气消费量 （亿立方米）	气　候		
24.92	大部分为亚热带季风性湿润气候		
规模以上工业行业从业人员前五行业：汽车制造业、纺织业、黑色金属冶炼和压延加工业、化学原料和化学制品制造业、非金属矿物制品业			

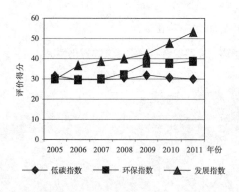
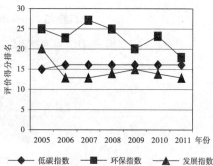

一、低碳指数

(一)低碳生产指数

湖北省的低碳生产指数的评价得分并不高。2011 年,低碳生产指数评价得分只有 12.58 分,全国排名第 16 名,处在全国中游位置。尽管其低碳生产指数评价得分不高、排名不靠前,但动态看指数总体有所提升。2005 — 2011年,低碳生产指数评价得分增加了 1.58 分,得分增长了 0.17 倍,年均增长速度 2.69%。在低碳生产指数评价得分缓慢增长的同时,其在全国的排名有所下滑。2005 年和 2006 年指数排名全国第 14 名,但到 2010 年和 2011 年指数排名下降到了第 16 名的位置,这主要是因为低碳生产指数评价得分增长幅度相对其他地区较小造成的。

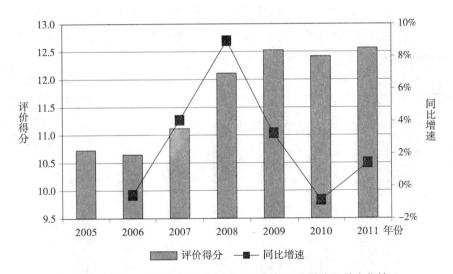

图 23-1　2005 — 2011 年湖北省低碳生产指数评价得分及其变化情况

(二)低碳消费指数

近期,湖北省的低碳消费指数的评价得分和排名双双下降。2005 — 2011

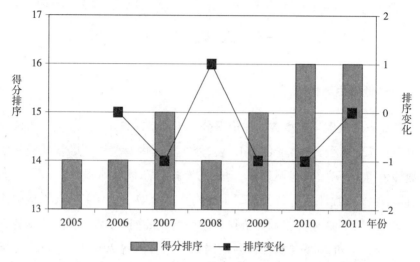

图 23-2　2005—2011 年湖北省低碳生产指数排序及其变化情况

年,低碳消费指数评价得分连年下降,评价得分由 2005 年的 13.15 分下降到 2011 年的 7.18 分,年均下降幅度 9.6%;在指数评价得分不断下降的同时,指数在全国的排名也不断下降,由 2005 年的全国排名第 11 名,下降到 2011 年的全国排名第 15 名,期间指数下降了 4 个位次。

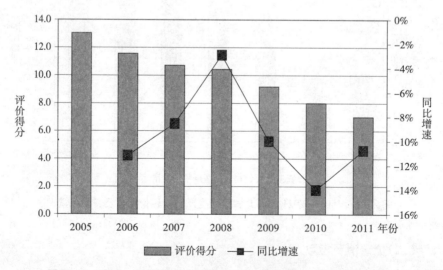

图 23-3　2005—2011 年湖北省低碳消费指数评价得分及其变化情况

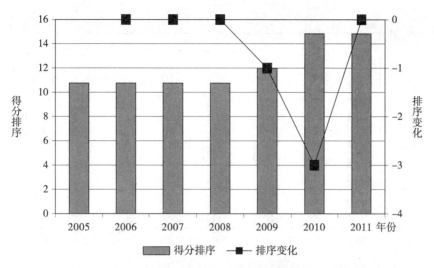

图 23-4　2005—2011 年湖北省低碳消费指数排序及其变化情况

（三）低碳资源指数

湖北省的低碳资源指数评价结果表现一般。2005—2008 年,低碳资源指数评价得分 7.31 分,位居全国第 17 的位置,2009—2011 年低碳资源指数得分 9.65 分,位居全国第 16 的位置。前后相比,指数评价得分增加 2.34 分,排名提升了一个位次,但仍处在全国中游的位置。

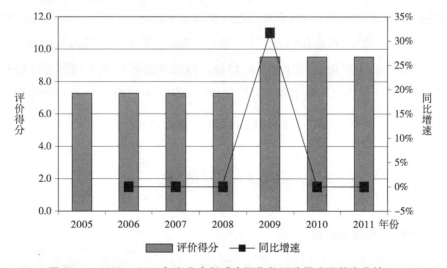

图 23-5　2005—2011 年湖北省低碳资源指数评价得分及其变化情况

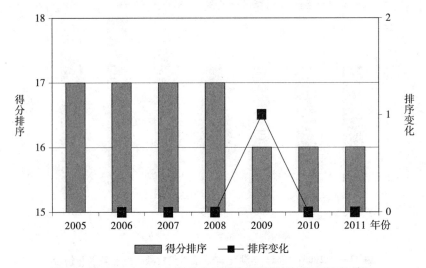

图 23-6　2005—2011 年湖北省低碳资源指数排序及其变化情况

（四）低碳指数

湖北省的低碳指数评价结果表现并不抢眼。2011 年,低碳指数评价得分为 29.40 分,位居全国第 16 名,处在全国中游位置。动态变化角度看,近年来湖北省的低碳指数评价得分在起伏变化过程中,指数在全国的排名保持较强的稳定性。2005—2011 年,低碳指数评价得分呈现出"下降—上升—下降"的特点,2005—2007 年指数得分呈下降趋势,2008—2009 年指数得分呈上升趋势,2010—2011 年指数得分呈下降趋势。但低碳指数在全国的排名比较稳定,2005 年指数在全国排名第 15 名,2006—2011 年指数在全国一直排名第 16 名。

二、环保指数

（一）环境污染指数

2011 年,湖北省的环境污染指数评价得分为 16.62 分,全国排名第 11

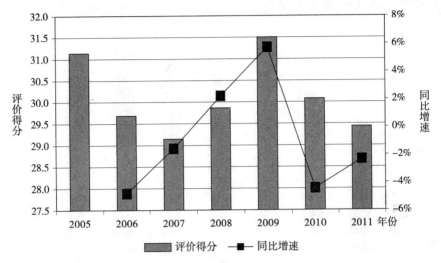

图 23-7　2005—2011 年湖北省低碳指数评价得分及其变化情况

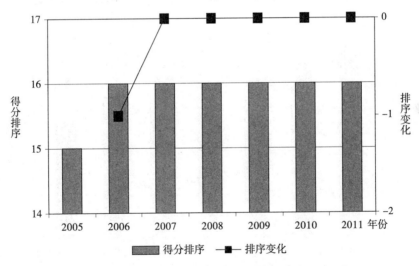

图 23-8　2005—2011 年湖北省低碳指数排序及其变化情况

名,处在全国中上游位置。湖北省这种相对较好的指数得分和排名是长期不断改善的结果。2005—2011 年,环境污染指数评价得分总体一直处于增长趋势中(2011 年指数得分相比上年有所下降),年均增幅 8.10%。环境污染指数在全国的排名总体也呈上升趋势,指数排名由 2005 年的第 16 名上升到 2011

年的第 11 名,期间排名提升了 5 个位次。

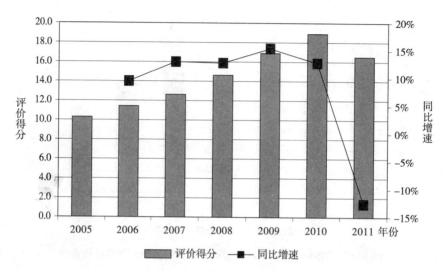

图 23-9　2005—2011 年湖北省环境污染指数评价得分及其变化情况

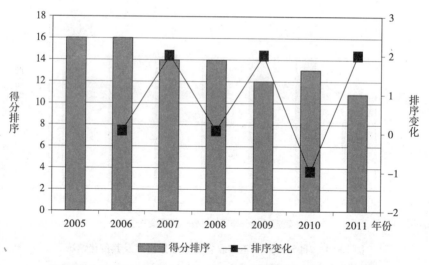

图 23-10　2005—2011 年湖北省环境污染指数排序及其变化情况

(二)环境管理指数

近期湖北省的环境管理指数起伏变动幅度较大。2005—2011 年,环境污染指数评价得分呈现"先下降-再增长-又下降-又增长"的特点,2005—2007年指数评价得分呈下降趋势,2008—2009年指数评价得分开始上升,2010年指数得分又开始下降,2011年指数得分又出现上升。尽管近年环境管理指数评价得分起伏变化较大,指数得分总体仍有所增加,年均增幅5.67%。环境管理指数在全国的排名比指数得分变化更复杂,而且变化幅度较大,但总体看指数排名有所提升。

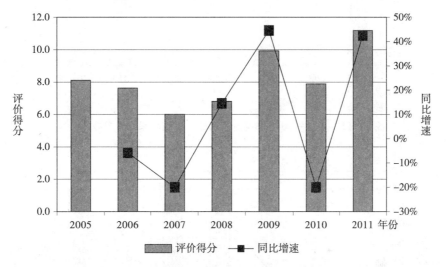

图 23-11　2005—2011 年湖北省环境管理指数评价得分及其变化情况

(三)环境质量指数

湖北省的环境质量指数评价得分并不高。2011 年,环境质量指数评价得分只有 10.8 分,全国排名第 25 位,处在全国中下游的位置。虽然指数表现较差,但近期指数仍有所提高。2005—2011 年,指数评价得分总体上处于上升趋势,由 2005 年的 9.57 分上升到 2011 年的 10.80 分,增长了 0.13 倍。相比之下,环境质量指数排名的变化较为复杂,变化呈现出"先下降—后上升—在下降—又上升"的特点,指数排序总体呈下降趋势,由 2005 年的第 23 名滑至 2011 年的全国第 25 名。

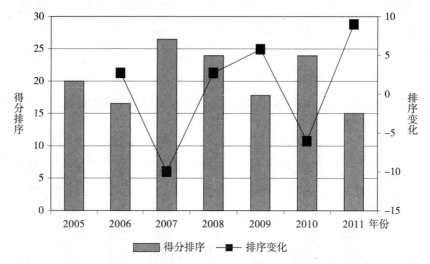

图 23-12 2005—2011 年湖北省环境管理指数排序及其变化情况

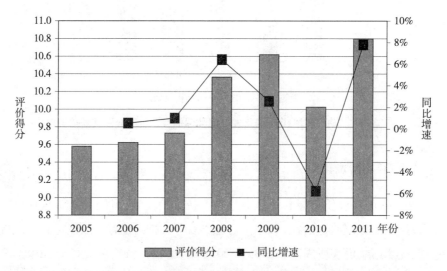

图 23-13 2005—2011 年湖北省环境质量指数评价得分及其变化情况

(四)环保指数

在环境管理指数和环境污染指数的拉动下,近期湖北省的环保指数排名逐步摆脱了下游位置。评价结果显示,2005—2011 年,湖北省的环保指数评

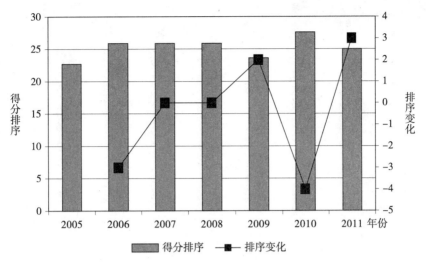

图 23-14 2005—2011 年湖北省环境质量指数排序及其变化情况

价得分总体上呈增长趋势,指数得分变化呈现出"先上升—后下降—再上升"的特点,其中 2005—2009 年指数得分呈增长趋势,2010 年指数得分出现下降,2011 年指数得分又回升了。相比之下,环保指数的排名变动较为复杂,但指数排名总体呈上升趋势,由 2005 年的全国排名第 25 名上升至 2011 年的全国排名第 18 名,六年提升了 6 个位次。

三、发 展 指 数

相比低碳指数、环保指数,湖北省的发展指数不仅排名相对靠前,而且评价得分相对较高。2011 年,发展指数评价得分为 53.57 分,位居全国第 13 名,处在全国中游位置。湖北省的发展指数这种排名也是长期提升的结果。2005—2011 年,发展指数得分一直处于稳步增长趋势,年均增幅 10.05%,指数在全国的排名也由 2005 年的第 20 名上升至第 13 名,期间提升了 7 个位次。

四、低碳环保发展综合指数

近年,湖北省的低碳环保发展综合指数的评价结果有不错表现。2005—

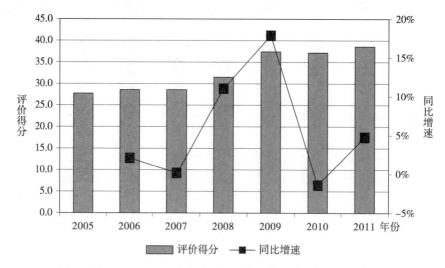

图 23-15　2005—2011 年湖北省环保指数评价得分及其变化情况

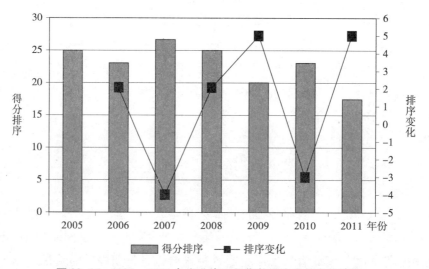

图 23-16　2005—2011 年湖北省环保指数排序及其变化情况

2011 年,综合指数评价得分虽然一直处于增长趋势,得分增加了 26.82 分,年均增速 5.26%。相比之下,综合指数在全国的排名变化比较曲折,2005 年、2009 年和 2010 年全国排名第 21 名,2006—2008 年全国排名第 20 名,2011 年排名上升至第 18 名,总体看指数提升了 3 个位次。

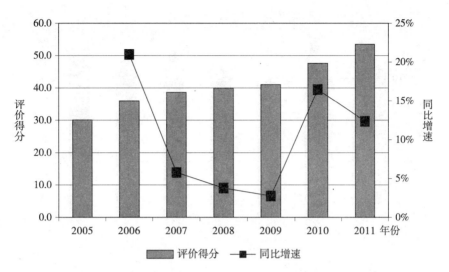

图 23-17 2005—2011 年湖北省发展指数评价得分及其变化情况

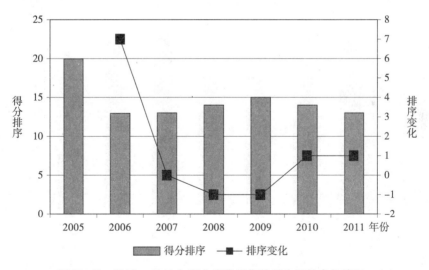

图 23-18 2005—2011 年湖北省发展指数排序及其变化情况

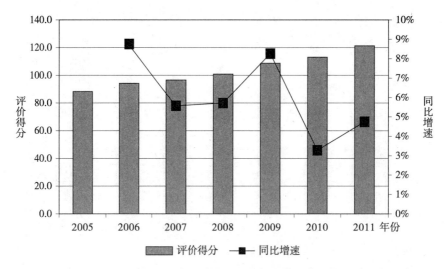

图 23-19　2005—2011 年湖北省低碳环保发展综合指数评价得分及其变化情况

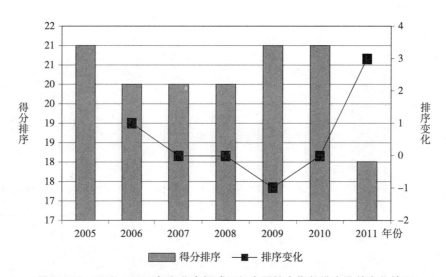

图 23-20　2005—2011 年湖北省低碳环保发展综合指数排序及其变化情况

第二十四章　湖南省低碳环保发展指数评价

2011 年湖南省概况：

国土面积 （万平方公里）	常驻人口 （万人）	城镇人口 （万人）	GDP （亿元）
21.18	6596	2975	48712.03
工业增加值 （亿元）	三产结构	城镇居民家庭人均 现金消费支出 （元）	城镇居民家庭 平均每百户家 用汽车拥有量 （辆）
8122.75	14.07：47.60：38.33	13402.9	12.8
煤炭消费量 （万吨）	原油消费量 （万吨）	汽、煤、柴油消费量 （万吨）	电力消费量 （亿千瓦小时）
13006.00	766.03	888.8	1293.44
天然气消费量 （亿立方米）	气　候		
15.34	大陆性亚热带季风湿润气候		
规模以上工业行业从业人员前五行业:化学原料及化学制品制造业、非金属矿物制品业、煤炭开采和洗选业专用设备制造业、农副食品加工业			

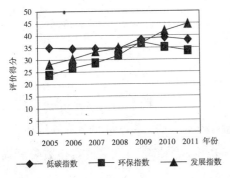

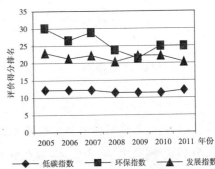

一、低 碳 指 数

(一)低碳生产指数

湖南省的低碳生产指数评价得分和排名均有不俗表现。2005—2011年,低碳生产指数评价得分每年都有所提高,2009年和2010年增长幅度接近10%,2011年评价得分为14.61分,增速有所放缓,但比2005年增长了0.42倍,年均增长速度达到5.99%。与此相对应,低碳生产指数在全国的排名也是稳中有升,从2005年的第17名上升到2011年的第11名,期间共上升了六个位次。

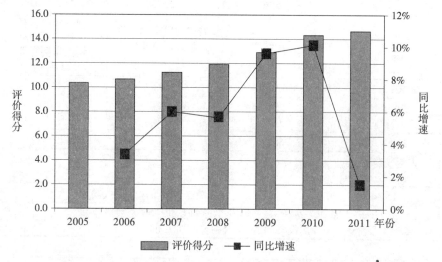

图24-1　2005—2011年湖南省低碳生产指数评价得分及其变化情况

(二)低碳消费指数

湖南省的低碳消费指数排名有不错表现,但近期在消费水平和消费模式的影响下,低碳消费指数得分持续走低。2005年,指数评价得分有13.98分,到2011年则降为9.53分,降幅达到6.19%。除北京市低碳消费指数略有提

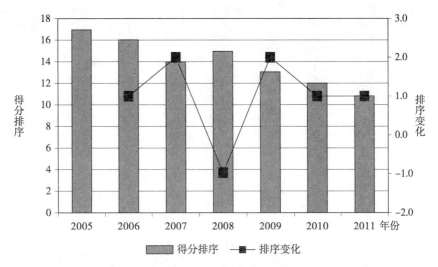

图 24-2　2005—2011 年湖南省低碳生产指数排序及其变化情况

升之外,其余各省市得分均有不同程度的下滑,因此指数得分的下降并没有影响湖南省低碳消费指数排名,指数排名基本不变,2008—2011 年连续四年排名第七,仍处于全国的前列。

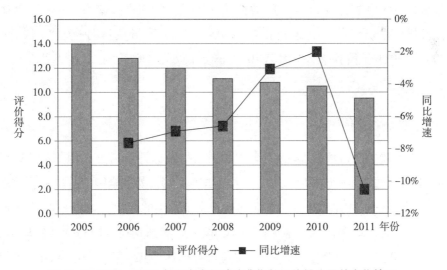

图 24-3　2005—2011 年湖南省低碳消费指数评价得分及其变化情况

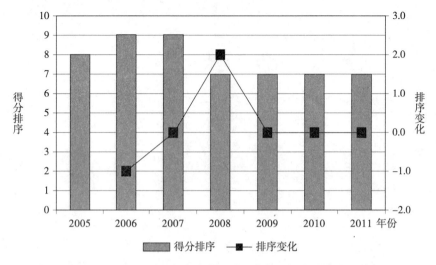

图 24-4　2005—2011 年湖南省低碳消费指数排序及其变化情况

(三)低碳资源指数

近期湖南省的低碳资源指数变动不大。2005—2011 年,低碳资源指数得分从 11.06 分增长到 13.98 分,增长了 0.26 倍,年均增长率为 3.98%。低碳资源指数在全国的排名也很稳定,2005—2008 年指数排名全国第 11 名,2009—2011 年指数排名全国第 10 名,前后仅差一个位次,排名始终处在全国上中游位置。

(四)低碳指数

受低碳生产指数的拖动,湖南省的低碳指数的评价得分表现一般。2011年,低碳指数评价得分 38.12 分,位居全国第 12 名,处在全国中游位置。动态看,近期低碳指数评价得分和排名均表现出了一定的起伏。2005—2007 年低碳指数一直在下降,由于下降幅度不大,没有影响到其在全国的排名(基本维持在第 12 名)。2009 年和 2010 年评价得分迅速增长,其中 2009 年增长率超过 10%,2010 年达到最高点 39.04,排名也上升到第 11 名,但 2011 年得分又出现下降,排名也从第 11 名下降到第 12 名。

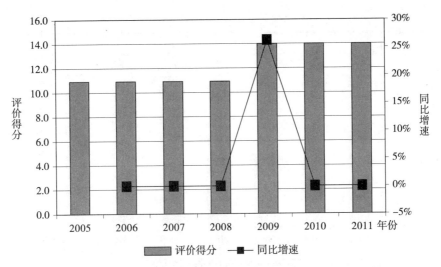

图 24-5　2005—2011 年湖南省低碳资源指数评价得分及其变化情况

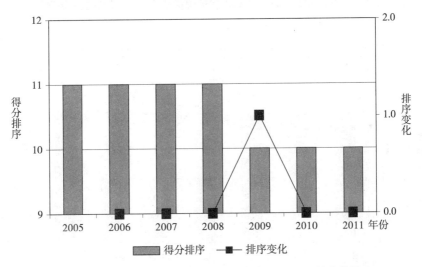

图 24-6　2005—2011 年湖南省低碳资源指数排序及其变化情况

二、环保指数

(一)环境污染指数

2011 年,湖南省的环境污染指数评价得分 16. 16 分,位居全国第 12,处在

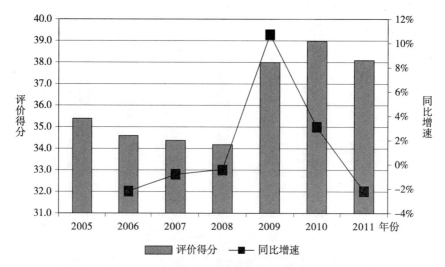

图 24-7　2005—2011 年湖南省低碳指数评价得分及其变化情况

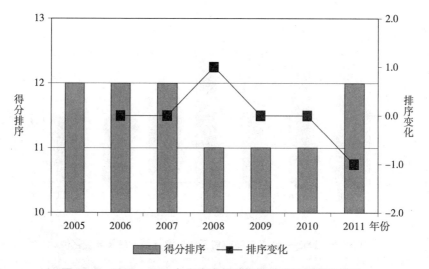

图 24-8　2005—2011 年湖南省低碳指数排序及其变化情况

全国中游位置。动态角度看,近期湖南省环境污染指数评价得分在不断上升的过程中,其在全国的排名不断提高。2005—2011 年,环境污染指数获得了年均 8.14% 的增速,指数排名有 6 个位次的提升,评价得分和排名变化幅度较大。

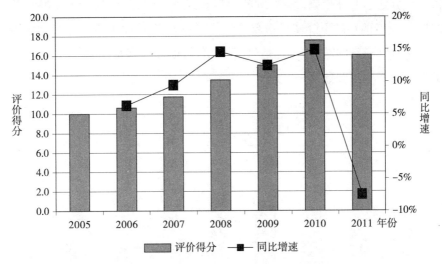

图 24-9　2005—2011 年湖南省环境污染指数评价得分及其变化情况

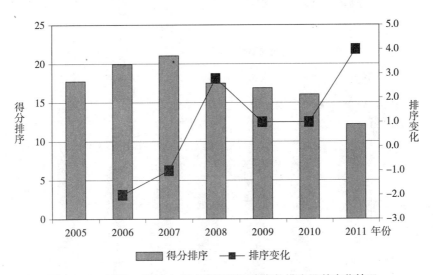

图 24-10　2005—2011 年湖南省环境污染指数排序及其变化情况

（二）环境管理指数

湖南省的环境管理指数评价结果表现更差,历年平均得分都不足 10 分。从其指数变化情况看,评价得分呈现"先升后降"的特点。2005 年—2009 年

指数得分处于上升趋势,其中 2009 年增长速度最快,达到 30%,而 2010 年和
2011 年连续两年的下降使得指数得分又回到了 2005 年的水平。与指数得分
相对应,环境管理指数排名也是"先升后降",最好名次是 2009 年的第 20 名,
最低名次是全国倒数第一。

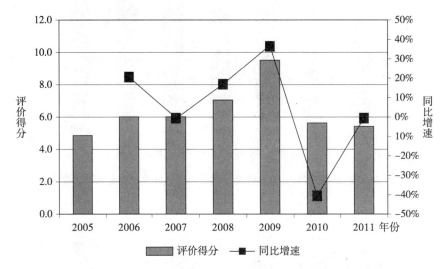

图 24-11　2005—2011 年湖南省环境管理指数评价得分及其变化情况

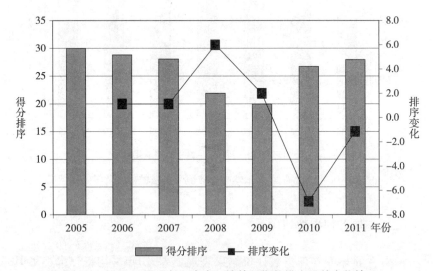

图 24-12　2005—2011 年湖南省环境管理指数排序及其变化情况

（三）环境质量指数

近期，湖南省的环境质量指数评价得分稳步上升，从 2005 年的 8.65 分增长到 2011 年的 12.04 分，年均增幅达到 5.66%。相对指数评价得分的变化，指数排名的变化幅度更大，从 2005 年的倒数第三名，升至 2011 年的全国第十名，期间共上升了 18 个位次，在各项指数中变化幅度最大。

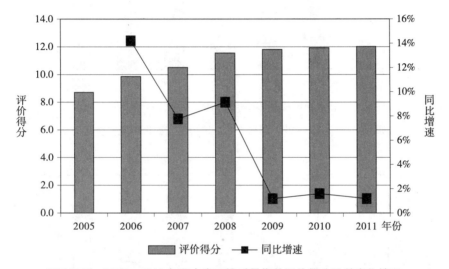

图 24-13　2005—2011 年湖南省环境质量指数评价得分及其变化情况

（四）环保指数

受环境管理指数的影响，湖南省的环保指数评价结果表现令人担忧。2011 年，环保指数获得了 33.75 分的评价得分，全国排名第 25 名，排名靠后。尽管其指数评价得分不高、排名也不靠前，但这种状况也是长期不断改善的结果。因为在 2005 年指数的评价得分只有 23.71 分，在全国排名倒数第一，2005—2011 年指数评价得分年均增幅 6.06%，指数排名提升了 5 个位次。

三、发 展 指 数

湖南省的发展指数评价结果表现不错。2011 年发展指数得分为 44.46

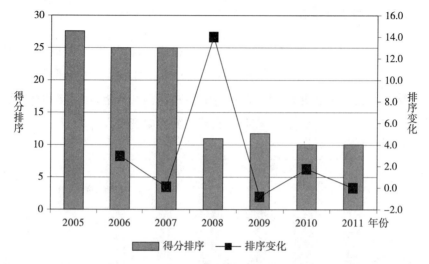

图 24-14 2005—2011 年湖南省环境质量指数排序及其变化情况

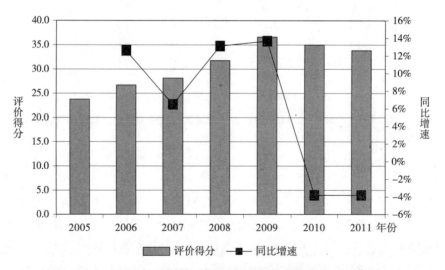

图 24-15 2005—2011 年湖南省环保指数评价得分及其变化情况

分,比 2005 年(28.13 分)增长了 1.58 倍,年均增幅为 7.93%。不仅如此,近期指数得分每年均有所增加,增长速度最快的年份为 2010 年(同比增长 14%)。发展指数在全国的排名较为稳定,近期指数排名一直在 20—23 名之间上下波动,总体看 2011 年比 2005 年上升了三个名次。

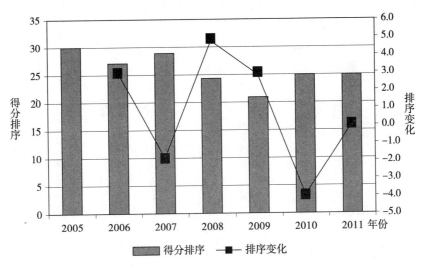

图 24-16 2005—2011 年湖南省环保指数排序及其变化情况

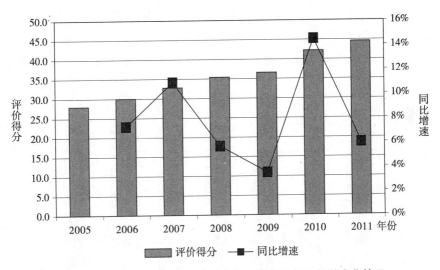

图 24-17 2005—2011 年湖南省发展指数评价得分及其变化情况

四、低碳环保发展综合指数

湖南省的低碳指数得分较高,而环保指数和发展指数的得分较差,因此综

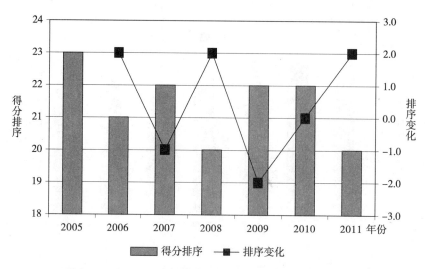

图 24-18 2005—2011 年湖南省发展指数排序及其变化情况

合得分偏向于后两者。2005 年,湖南省的综合指数得分为 87. 19 分,排在全国第 22 位;到 2011 年,综合指数得分增长到 116. 32 分,排在全国第 21 位。因此,2005—2011 年综合指数年均增长速度 4. 92%,排名有一个位次的提升。

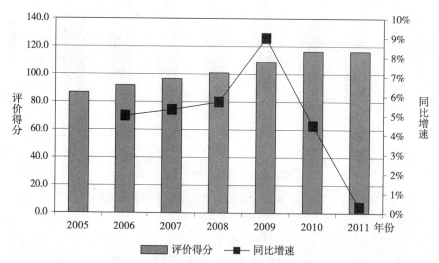

图 24-19 2005—2011 年湖南省低碳环保发展综合指数评价得分及其变化情况

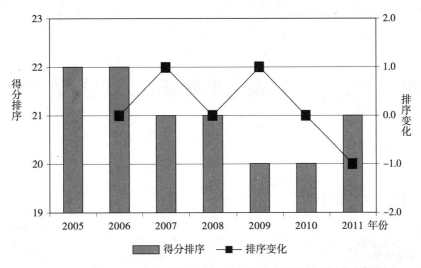

图 24-20　2005—2011 年湖南省低碳环保发展综合指数排序及其变化情况

第二十五章　广东省低碳环保发展指数评价

2011 年广东省概况：

国土面积 （万平方公里）	常驻人口 （万人）	城镇人口 （万人）	GDP （亿元）
17.96	10505	6986	53210.28
工业增加值 （亿元）	三产结构	城镇居民家庭人均 现金消费支出 （元）	城镇居民家庭 平均每百户家 用汽车拥有量 （辆）
24649.60	5.01：49.70：45.29	20251.8	30.7
煤炭消费量 （万吨）	原油消费量 （万吨）	汽、煤、柴油消费量 （万吨）	电力消费量 （亿千瓦小时）
18439.00	4403.37	2925.07	4399.02
天然气消费量 （亿立方米）	气　候		
114.46	属于东亚季风区,从北向南分别为中亚热带、南亚热带和热带气候		
规模以上工业行业增加值前五行业:通信设备、计算机及其他电子设备,电气机械及器材制造业,交通运输设备制造业,化学原料及化学制品制造业,电力、热力的生产和供应业			

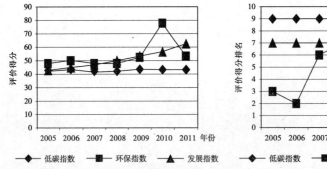

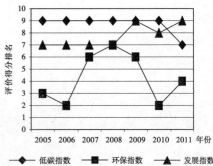

一、低碳指数

（一）低碳生产指数

近年,广东省的低碳生产指数评价得分在曲折变化中总体呈上升的态势,指数得分较高,排名靠前。2011 年,低碳生产指数得分 21.09 分,仅次于北京市,获得全国第二名,相比 2005 年 19.21 的评价得分,增长了 0.1 倍,年均增幅有 1.56%。2007、2008、2010 年指数得分出现负增长或增长缓慢,使得这三年的全国排名下降一位(第三位),而其余年份的指数得分增长相对较快,排名一直处于全国第二位。

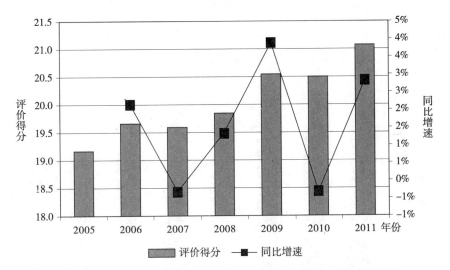

图 25-1　2005—2011 年广东省低碳生产指数评价得分及其变化情况

（二）低碳消费指数

近期,广东省的低碳消费指数评价得分每况愈下。指数评价得分从 2005 年的 11.08 分逐年下滑,最终变为 2011 年的 8.1 分,年均下降幅度达到 5.09%,其中 2007 年的下降幅度最大。从全国范围来看,广东省的低碳消费指

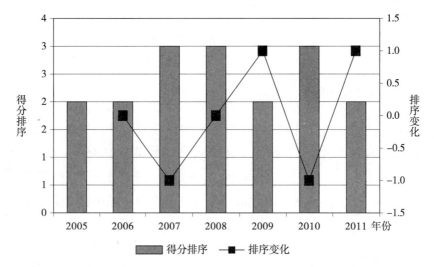

图 25-2　2005—2011 年广东省低碳生产指数排序及其变化情况

数表现平平,排名中等偏上。但其在全国的排名提升明显,2005 年排名全国第十六,到 2011 年排名上升到全国第十,期间上升了六个位次。

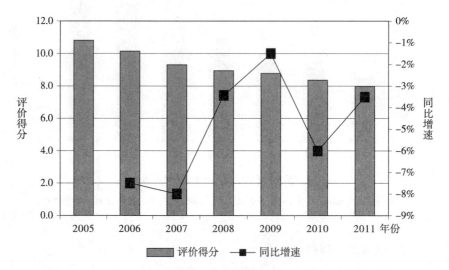

图 25-3　2005—2011 年广东省低碳消费指数评价得分及其变化情况

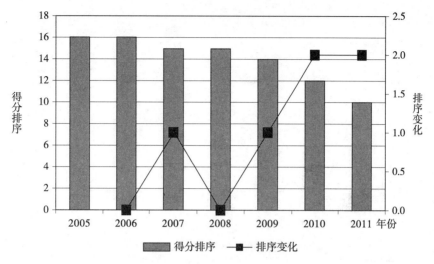

图 25-4　2005—2011 年广东省低碳消费指数排序及其变化情况

（三）低碳资源指数

2011 年,广东省的低碳资源指数评价得分 13.87 分,位居全国第 11,处在全国中上游位置。动态看,近年广东省的低碳生产指数评价得分有一定提升,两年基础数据之差（2011 年比 2005 年）得分提高了 1.06 分,年均增幅只有1.33%。由于得分增长幅度不大,排名下降了两个位次,即从全国第九名降到第十一名。

（四）低碳指数

广东省的低碳消费指数和低碳资源指数评价结果表现平平,抵消了低碳生产指数对低碳指数的强力带动,使得低碳指数评价结果也是差强人意。2005—2011 年,低碳指数评价得分呈现"先降后升,又将又升"的特点总体看变化幅度不大,年均增幅仅有 0.02%。2005—2008 年,指数得分持续下降,从43.11 分降到 41.7 分;2009 年出现短暂的回升（到达 43.39）后,2010 年又出现下降,2011 年有所提升。与低碳指数得分的波动所不同的是,指数排名并没有出现明显变化,2005—2010 年一直排名全国第九,2011 年上升到全国第七。

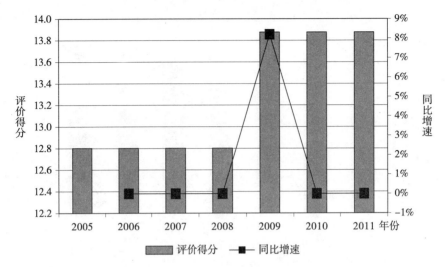

图 25-5　2005—2011 年广东省低碳资源指数评价得分及其变化情况

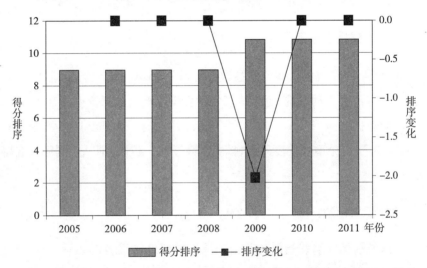

图 25-6　2005—2011 年广东省低碳资源指数排序及其变化情况

二、环 保 指 数

(一)环境污染指数

广东省的环境污染指数评价结果表现较为抢眼。2011 年,环境污染指数

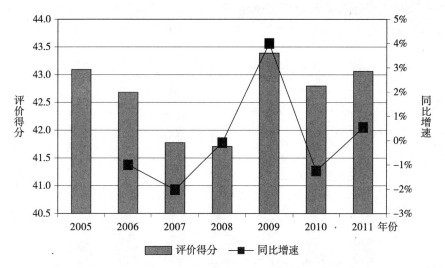

图 25-7 2005—2011 年广东省低碳指数评价得分及其变化情况

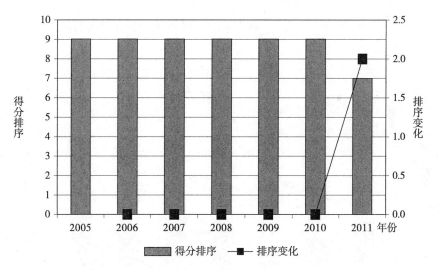

图 25-8 2005—2011 年广东省低碳指数排序及其变化情况

评价得分 35.44 分,全国排名第三,处于全国上游位置。动态看,环境污染指数在波动中呈上升趋势。2006 年、2009 年、2010 年的指数得分同比增长,其余三年的得分略有下滑,总体来看 2011 年比 2005 年的评价指数得分提高了 0.22 分,年均增幅为 3.4%。环境污染指数排名变化幅度并不大,2005—2007

年一直处于全国第二名,而后三年出现了排名下滑,在 2011 年又回到了全国
第三名的位置。

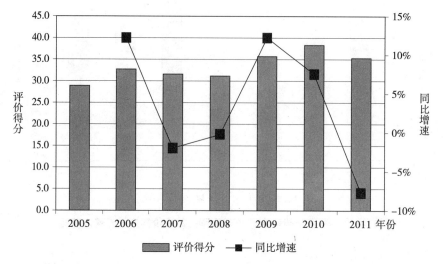

图 25-9　2005—2011 年广东省环境污染指数评价得分及其变化情况

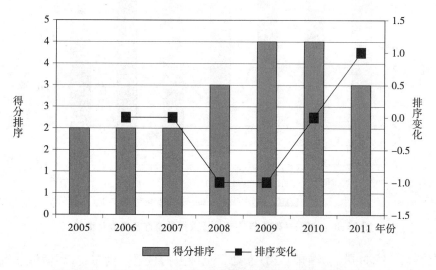

图 25-10　2005—2011 年广东省环境污染指数排序及其变化情况

（二）环境管理指数

与其他指数有所不同，广东省的环境管理指数评价得分最低，指数得分基本在7分以下（除2010年外），排名全国倒数，其中2006、2007、2008连续三年排在倒数第一。之所以出现这种现象，主要是由于当前广东省的经济社会活动环境污染物排放强度低和庞大的经济总量稀释了环保投资量的缘故。

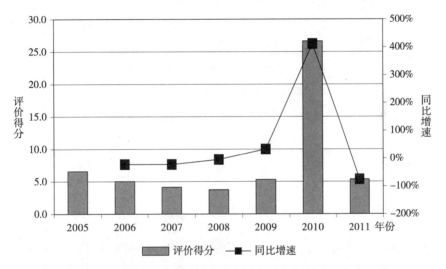

图 25-11　2005—2011 年广东省环境管理指数评价得分及其变化情况

（三）环境质量指数

2005—2011年，广东省的环境质量指数呈现"阶梯式"变化，大体分为三个阶段：2005—2007年指数得分大约为11.7分；2008和2009年的得分大约为12.2分；2010和2011年的指数得分为12.7分左右。总体来看，环境质量指数呈上升趋势，2011年比2005年提升0.08，年均增幅为1.35%，增长幅度不大。与指数得分相对应，环境质量指数排名也出现三个阶段：2005—2007年为全国第八名；2008—2009年为全国第六名；2010和2011年排在全国第三位。评价期间，环境质量指数排名共上升了五个位次。

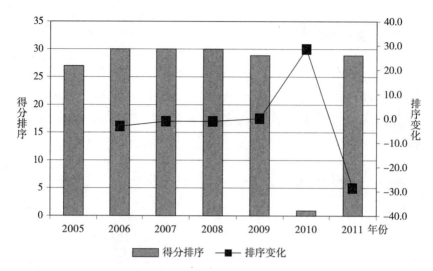

图 25-12 2005—2011 年广东省环境管理指数排序及其变化情况

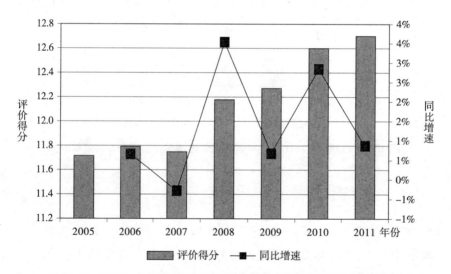

图 25-13 2005—2011 年广东省环境质量指数评价得分及其变化情况

（四）环保指数

在环境污染指数和环境质量指数的拉动下，广东省的环保指数评价结果表现很好。2011 年，环保指数评价得分 53.44 分，位居全国第 4，处在全国上游位置。动态看，广东省的环保指数变化幅度较大，2010 年的指数得分达到

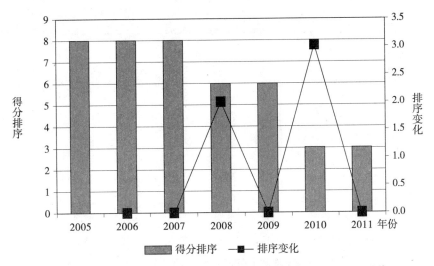

图 25-14　2005—2011 年广东省环境质量指数排序及其变化情况

77.39 分,同比增长速度将近 50%,而 2011 年回落到 53.44 分,降幅达到 30%,其余年份环保指数得分变化不大。指数排名同样出现一定程度的波动,评价期间的最高排名为全国第二位,分别出现在 2006 年和 2010 年,最低排名为 2007 年的第七位。2011 年,广东省的环保指数排名为全国第四位,较 2005 年(第三名)下降了一个位次。

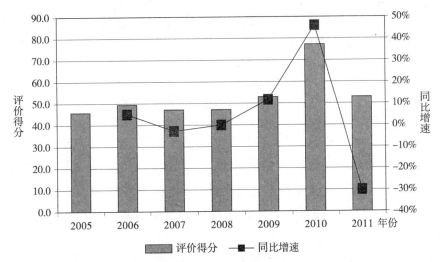

图 25-15　2005—2011 年广东省环保指数评价得分及其变化情况

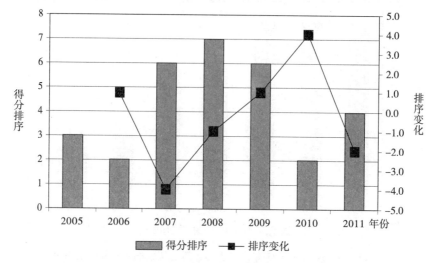

图 25-16 2005—2011 年广东省环保指数排序及其变化情况

三、发 展 指 数

广东省的发展指数评价得分表现也不错,但近期在全国排名却有所下降。2011 年,发展指数得分为 61.96 分,比 2005 年增长了 19.82 分,年均增长速度为 6.63%。但是指数排名却出现了下降,2005—2008 年均位于全国第七名,2009 年降到第九名,2010 年和 2011 年分别位于第八名和第九名。

四、低碳环保发展综合指数

广东省的低碳环保发展综合指数的评价结果表现不俗。2011 年,综合指数得分为 158.45 分,是 2005 年的 1.2 倍,其中 2010 年得分最高(175.95),年均增速有 3.02%。综合指数排名则出现一些变化,2006 年和 2010 年排名较靠前(分别为第四名和第三名),2008 和 2009 年则排在全国第七名,2011 年和 2005 年相比排名不变,均位于第六名。

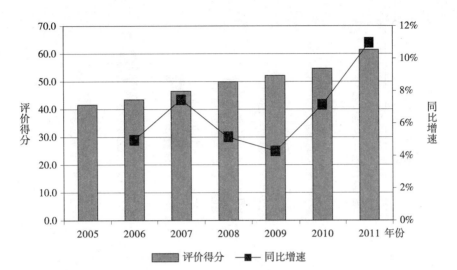

图 25-17 2005—2011 年广东省发展指数评价得分及其变化情况

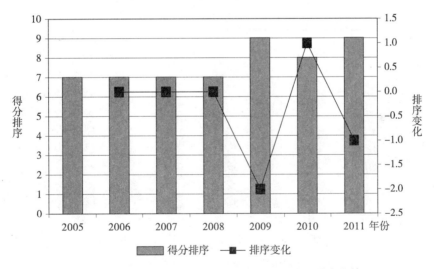

图 25-18 2005—2011 年广东省发展指数排序及其变化情况

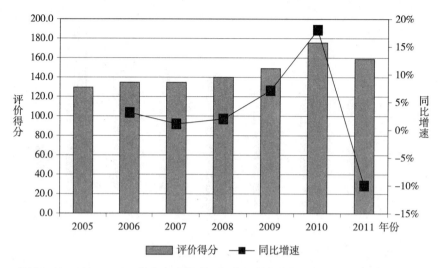

图25-19 2005—2011年广东省低碳环保发展综合指数评价得分及其变化情况

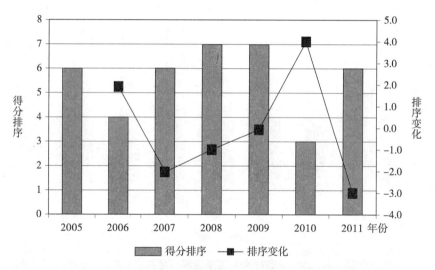

图25-20 2005—2011年广东省低碳环保发展综合指数排序及其变化情况

第二十六章　广西壮族自治区低碳环保发展指数评价

2011 年广西壮族自治区概况：

国土面积 （万平方公里）	常驻人口 （万人）	城镇人口 （万人）	GDP （亿元）
23.7	4645	1942	11720.87
工业增加值 （亿元）	三产结构	城镇居民家庭人均 现金消费支出(元)	城镇居民家庭 平均每百户家 用汽车拥有量 （辆）
4851.37	17.47∶48.42∶34.11	12848.4	17.2
煤炭消费量 （万吨）	原油消费量 （万吨）	汽、煤、柴油消费量 （万吨）	电力消费量 （亿千瓦小时）
7033.00	1064.06	736.67	1112.21
天然气消费量 （亿立方米）	气　候		
2.53	大部分地区属于亚热带季风气候		
规模以上工业行业增加值前五行业：黑色金属冶炼及压延加工业、农副食品加工业、汽车制造、非金属矿物制品业、电力、热力的生产和供应业			

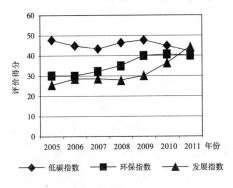

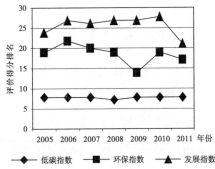

一、低碳指数

(一)低碳生产指数

近期,广西壮族自治区低碳生产指数评价得分表现出两个阶段:2005—2007年指数得分在13分左右,2008—2011年指数得分在15分上下,整体呈现上升趋势,年均增长率为2.25%。低碳生产指数的排名变化幅度较小,从2005年的第十一位上升到2011年的第十位,总体上升一个位次,期间2008年的指数得分最高,排名同样最好,获得全国第九名。

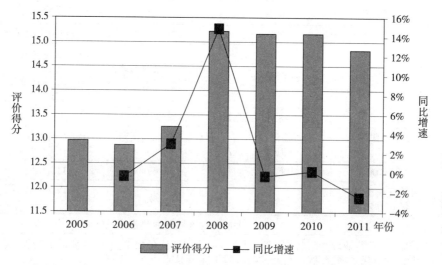

图 26-1　2005—2011 年广西低碳生产指数评价得分及其变化情况

(二)低碳消费指数

广西壮族自治区低碳消费指数评价得分呈现逐年下降的趋势。2005年的指数得分21.43分,2011年的指数得分则为11.42分,年均下滑9.97%,个别年份下滑将近20%,下降幅度较大。尽管低碳消费指数评价得分下滑严重,但对其在全国的排名影响并不大。2005—2001年,低碳消费

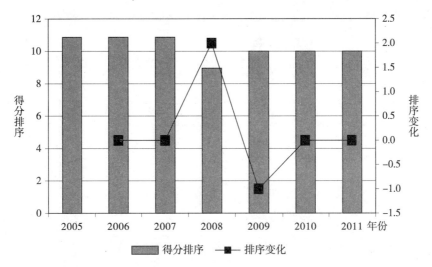

图 26-2　2005—2011 年广西低碳生产指数排序及其变化情况

指数排名一直在第二名和第四名之间波动，全国排名靠前，其中 2008、2009 年的排名最好（第二名），2005、2011 年次之（第三名），2006 和 2010 年略有降低（第四名）。

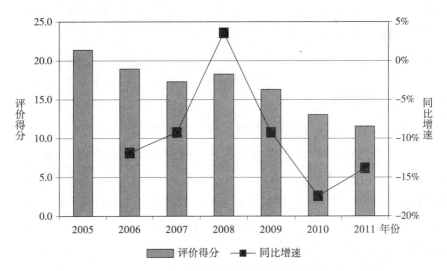

图 26-3　2005—2011 年广西低碳消费指数评价得分及其变化情况

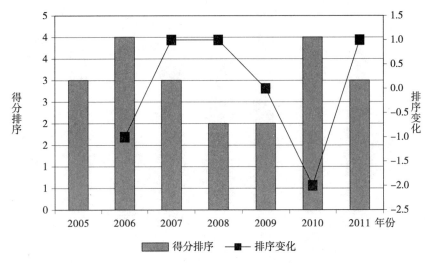

图 26-4 2005—2011 年广西低碳消费指数排序及其变化情况

（三）低碳资源指数

广西壮族自治区的低碳资源指数评价得分变化不大，排名具有较高的稳定性。2005—2011 年，指数排名一直处在全国第八名，指数得分有一定的增长，从 2005 年的 13.15 分增长到 2011 年的 16.67 分，得分增长了 0.27 倍，年均增速 4.03%。

（四）低碳指数

广西壮族自治区低碳生产、低碳消费和低碳资源指数的现状及变化，造就了其低碳指数评价得分具有"先降后升再降"变化的特点。2005—2007 年，低碳指数得分出现一定程度的下滑，从 47.55 分下降到 13.58 分，之后又上升到 2009 年的最高点 47.94 分，最后降到 2011 年的最低点 42.90 分。在起伏的变化中，广西壮族自治区的低碳指数整体出现下滑，年均下降幅度为 1.7%。低碳指数排名变化不大，除 2008 年（第七名）外，其余年份均处在全国第八名的位置。

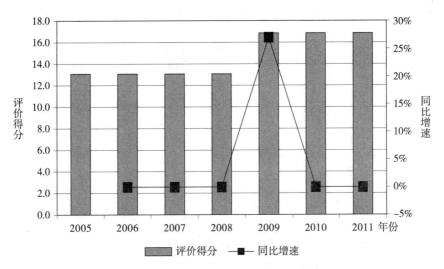

图 26-5 2005—2011 年广西低碳资源指数评价得分及其变化情况

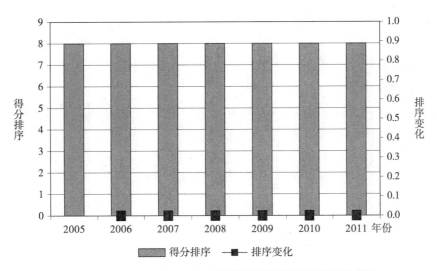

图 26-6 2005—2011 年广西低碳资源指数排序及其变化情况

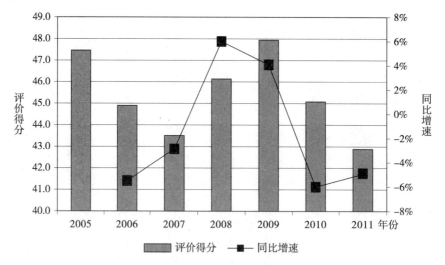

图 26-7　2005—2011 年广西低碳指数评价得分及其变化情况

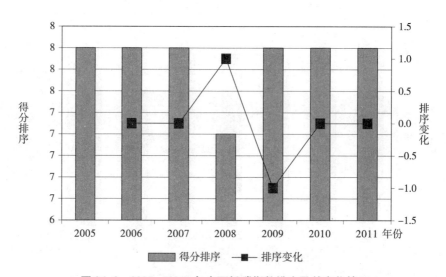

图 26-8　2005—2011 年广西低碳指数排序及其变化情况

二、环保指数

(一)环境污染指数

广西壮族自治区环境污染指数评价得分呈逐年上升的趋势。2011 年,环境污染指数评价得分 15.31 分,相比 2005 年 8.73 的评价得分,上升了 0.75 倍,年均增速达到 9.81%,增幅较大。相比指数得分的快速增长,2005—2010 年环境污染指数排名一直不变(第 24 位),直到 2011 年指数排名突然上升 10 个位次,达到全国中上等水平(第 14 名)。

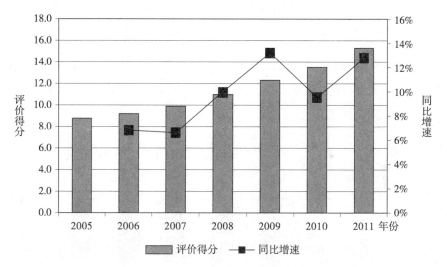

图 26-9　2005—2011 年广西环境污染指数评价得分及其变化情况

(二)环境管理指数

与其他指数的平稳发展所不同,广西壮族自治区环境管理指数的评价结果出现较大波动。从评价结果看,近期最大增长幅度高达 30%,最大降低幅度也有 20%。2011 年环境管理指数得分为 11.79 分,排在全国第 12 名;2006 年指数得分为 7.26 分,排在全国第 20 名;2009 年指数得分 14.53 分,排在全

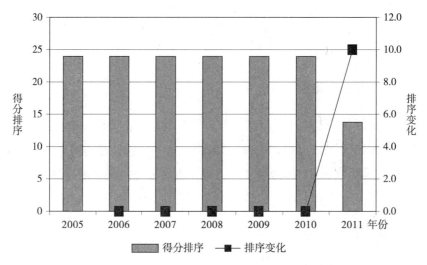

图 26-10　2005—2011 年广西环境污染指数排序及其变化情况

国第 5 名。最高排名与最低排名之间相差 15 名,足以体现出该指数的变动性。但整体来看,指数得分和排名还是有着上升趋势,年均增长率有 5.34%,排名上升了四个位次。

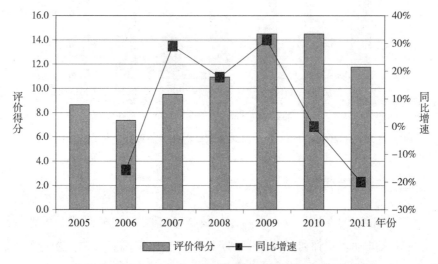

图 26-11　2005—2011 年广西环境管理指数评价得分及其变化情况

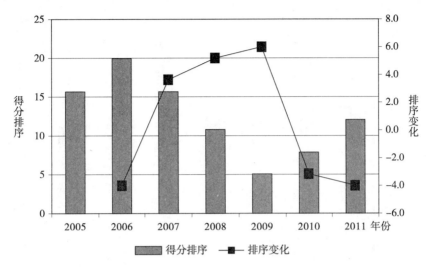

图 26-12　2005—2011 年广西环境管理指数排序及其变化情况

（三）环境质量指数

广西壮族自治区环境质量指数的评价结果表现较好。2011 年,环境质量指数得分 12.4 分,相比 2005 年下降了 0.1 分,年均下降只有 0.14%。随着环境质量指数得分的下降,指数排名也出现了一定程度的下滑,由 2005 年的全国第三名下降到 2011 年的全国第五名,期间排名变动两个位次。

（四）环保指数

受环境污染指数的影响,广西壮族自治区环保指数的评价结果表现欠佳。评价期间的指数得分时而增长,时而回落,但增长幅度大于回落幅度,故评价得分整体呈上升趋势。2011 年,环保指数得分为 39.5 分,是 2005 年得分（29.86 分）的 1.32 倍,年均增长 4.77%。指数排名基本位于全国中下游水平,在 20 名上下波动,最高排名是 2009 年的第 14 名,最差排在第 22 名,2011 年较 2005 年排名上升两位,位居全国第 17 名。

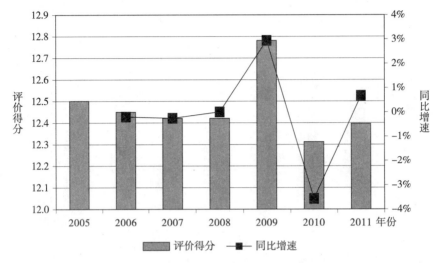

图26-13 2005—2011年广西环境质量指数评价得分及其变化情况

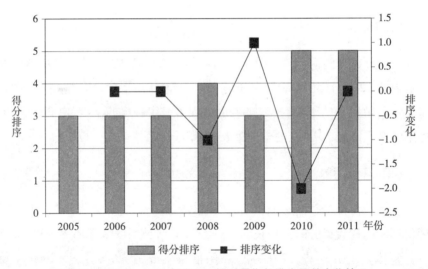

图26-14 2005—2011年广西环境质量指数排序及其变化情况

三、发 展 指 数

广西壮族自治区发展指数评价得分呈现上升趋势,但排名依然处在全国

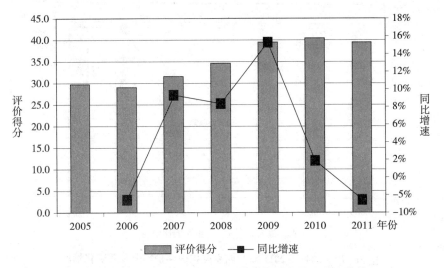

图 26-15　2005—2011 年广西环保指数评价得分及其变化情况

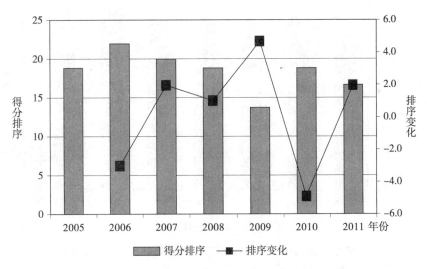

图 26-16　2005—2011 年广西环保指数排序及其变化情况

中下游。2011 年,发展指数得分为 43.69 分,排在全国第 21 位,处在全国中下游位置。动态看,2011 年的评价得分较 2005 年增长了 0.68 倍,排名提升了三个位次。

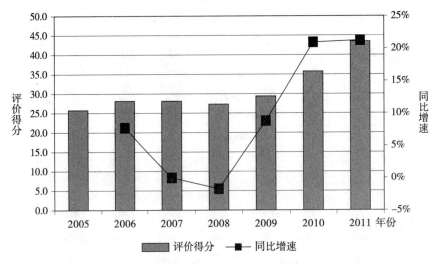

图 26-17　2005—2011 年广西发展指数评价得分及其变化情况

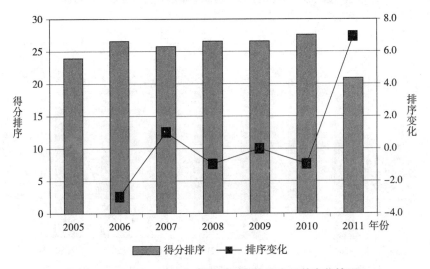

图 26-18　2005—2011 年广西发展指数排序及其变化情况

四、低碳环保发展综合指数

广西壮族自治区低碳环保发展综合指数的评价结果表现一般,但是评价得分依然呈现出增长的趋势。除 2006 年外,其余年份综合得分均有所增长,

2009 年尤为突出,超出了 3.37% 的年均增幅。与指数得分不同,综合指数排名呈现出一定的波动性,2005—2007 年连续三年排名下滑到全国第 18 名,2008 和 2009 年两年连续维持全国第 17 名,经过 2010 年的下降,2011 年的综合指数排名依然为全国第 17 名,比 2005 年降低了三个位次。

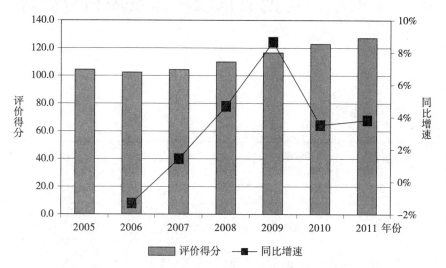

图 26-19　2005—2011 年广西低碳环保发展综合指数评价得分及其变化情况

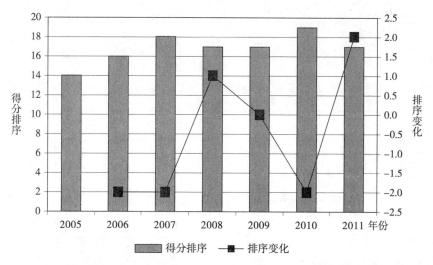

图 26-20　2005—2011 年广西低碳环保发展综合指数排序及其变化情况

第二十七章 海南省低碳环保发展指数评价

2011 年海南省概况：

国土面积 （万平方公里）	常驻人口 （万人）	城镇人口 （万人）	GDP （亿元）
3.54	877	443	2522.66
工业增加值 （亿元）	三产结构	城镇居民家庭人均 现金消费支出 （元）	城镇居民家庭 平均每百户家 用汽车拥有量(辆)
475.04	26.13∶28.32∶45.54	12642.8	15.8
煤炭消费量 （万吨）	原油消费量 （万吨）	汽、煤、柴油消费量 （万吨）	电力消费量 （亿千瓦小时）
815.00	915.19	296.83	185.28
天然气消费量 （亿立方米）	气　候		
48.86	属热带季风气候		
规模以上工业行业从业人员前五行业：农副食品加工业、电力、热力的生产和供应业、医药制造业、交通运输设备制造业、非金属矿物制品业			

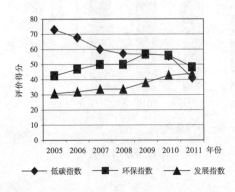

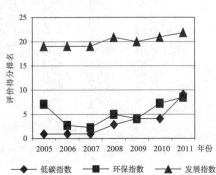

一、低碳指数

(一)低碳生产指数

近期,海南省的低碳生产指数评价得分持续走低。2005 年,低碳生产指数评价得分 24.11 分,但到 2011 年指数评价得分下降到了 14.35 分,期间指数得分下降了近 10 分,年均下降幅度 8.28%。指数在全国的排名下降幅度更大,尤其 2011 年较 2010 年指数排名下降了整 13 个位次,而 2005—2010 年指数变动幅度并不大,指数排名变动了 1 个位次。

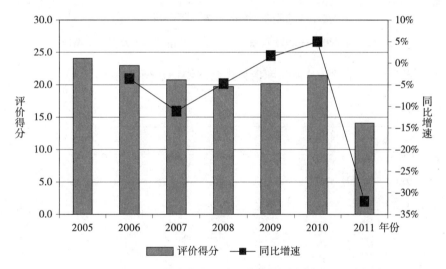

图 27-1 2005—2011 年海南省低碳生产指数评价得分及其变化情况

(二)低碳消费指数

近年,海南省的低碳消费指数下降幅度更大。2005—2011 年,低碳消费指数评价得分连年下降,评价得分由 2005 年的 31.44 分逐年下降到 2011 年的 9.71 分,得分下降了 21.73 分,年均降幅达 17.79%。相对于指数评价得分的连续下降,指数在全国的排名下降幅度并不大,除 2011 年指数排名较 2010

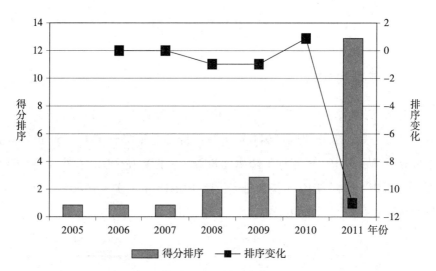

图 27-2   2005—2011 年海南省低碳生产指数排序及其变化情况

年下降了 5 个位次外,其他年度指数排名均维持在全国第一。

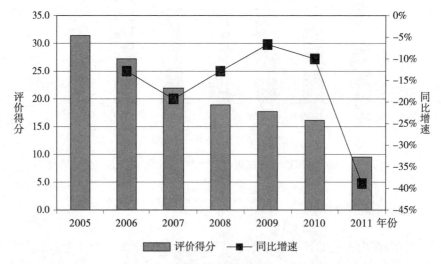

图 27-3   2005—2011 年海南省低碳消费指数评价得分及其变化情况

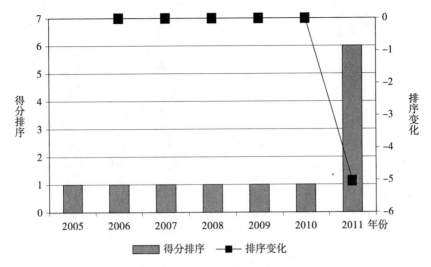

图 27-4 2005—2011 年海南省低碳消费指数排序及其变化情况

（三）低碳资源指数

近年海南省的低碳资源指数评价得分不仅表现稳定,且在全国的排名较为靠前。2005—2008 年,低碳资源指数评价得分 17.25 分,2009—2011 年指数评价得分增加到 17.42 分,前后指数评价得分增加了 0.17 分,年均增幅也只有 0.16%,指数评价得分相对稳定。低碳资源指数在全国的排名更加稳定,2005—2011 年指数排名均维持在全国第 7,处在全国中上游位置。

（四）低碳指数

由于近年海南省的低碳生产指数和低碳消费指数下降趋势明显,其低碳指数也呈现出了逐年下降的趋势。2005—2011 年,低碳指数评价得分连年下降,下降幅度达 31.32 分,年均降幅 8.95%。指数在全国的排名也是不断下降,2005—2007 年指数一直位居全国第一的位置,2008 年排名下降到第 3 名,2009—2010 年指数又滑至第 4 名,2011 年指数较上年又下降了 5 个位次,下降到全国第 9 的位置。

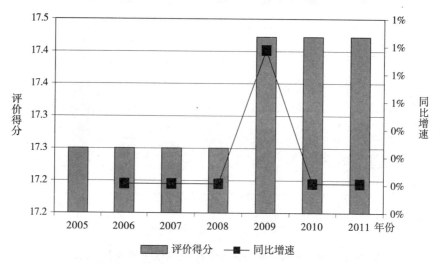

图 27-5　2005—2011 年海南省低碳资源指数评价得分及其变化情况

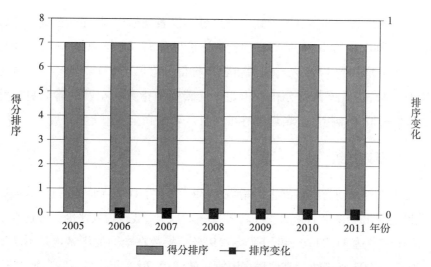

图 27-6　2005—2011 年海南省低碳资源指数排序及其变化情况

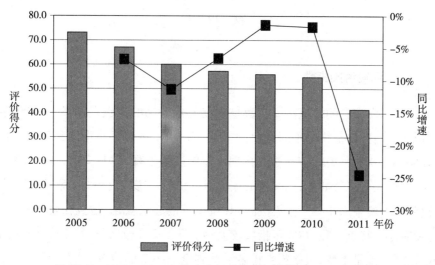

图 27-7　2005—2011 年海南省低碳指数评价得分及其变化情况

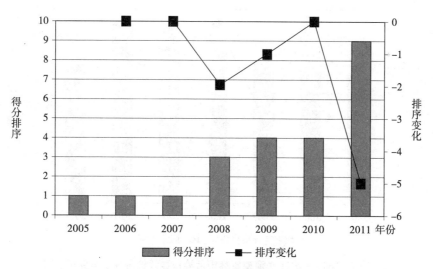

图 27-8　2005—2011 年海南省低碳指数排序及其变化情况

二、环 保 指 数

（一）环境污染指数

近年,海南省的环境污染指数呈现出起伏变动的特点。2005—2009年,环境污染指数评价得分不断增加,由2005年的2.98分逐步增加到2009年的32.66分,2009—2011年指数则出现一定幅度的下降,尤其2011年的指数下降幅度较大。尽管如此,期间指数评价得分仍有一定幅度增加,得分增加了2分多,年均增幅1.4%。相对于指数评价得分的起伏变化,指数在全国的排名变化有新的特点。除2006年指数较上年上升了2个位次外,其年度指数排名或是下降、或是不变,最终指数排名滑落到全国第7的位置,处在全国中上游位置。

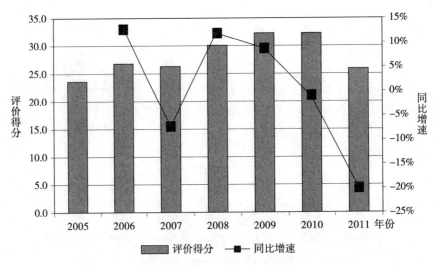

图27-9　2005—2011年海南省环境污染指数评价得分及其变化情况

（二）环境管理指数

由于海南省的经济活动中重工业所占比重较低,且居民消费水平相对有

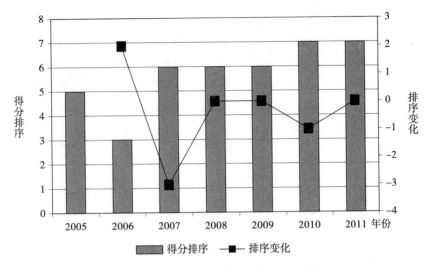

图 27-10　2005—2011 年海南省环境污染指数排序及其变化情况

限,即经济社会活动环境污染物排放强度并不是很大,故其用于环境保护的投资强度也不是很大,所以其环境管理指数评价得分不会很高。2011 年,海南省的环境管理指数评价得分 9.49 分,全国排名第 23 名,处在全国中下游的位置。动态看,近期环境管理指数有起伏变化,指数得分总体有所增加、指数排名有所提升。2005—2011 年,指数评价得分增加了 3.5 分,年均增幅近 8%,指数排名则有 6 个位次的提升,由全国下游位置上升到中下游位置。

(三)环境质量指数

相对其指数,海南省的环境质量指数的评价结果表现最好。2011 年,环境质量指数评价得分 12.89 分,位居全国首位。指数表现不仅静态看较好,动态看指数也有不错表现。2005—2011 年,除 2008 年的指数评价得分较前期有变动外,其他年度指数评价得分均维持在 12.89 分的水平,指数排名一直稳居全国第一。

(四)环保指数

受环境污染指数起伏变化的影响,近年海南省的环保指数也呈现出起伏

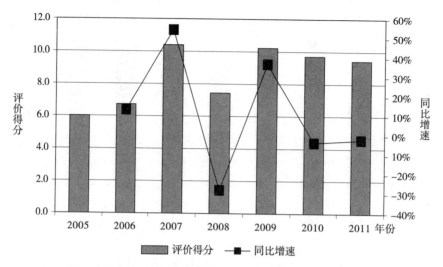

图 27-11　2005—2011 年海南省环境管理指数评价得分及其变化情况

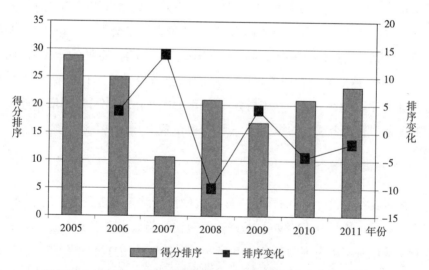

图 27-12　2005—2011 年海南省环境管理指数排序及其变化情况

变化的特点。2005—2009 年环保指数评价得分处在上升阶段,而 2009—2011 年指数评价得分又呈现出下降趋势,但总体指数评价得分是有所增加,年均增幅 2.07%,增幅并不大。近期环保指数在全国的排名起伏变化幅度较大,2005—2007 年指数排名处在上升阶段,排名上升了 5 个位次,2007—2011

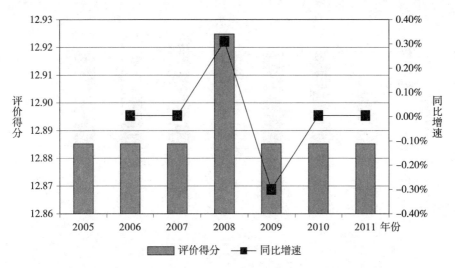

图 27-13　2005—2011 年海南省环境质量指数评价得分及其变化情况

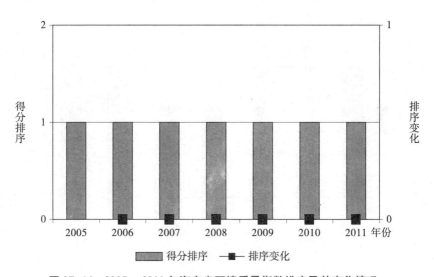

图 27-14　2005—2011 年海南省环境质量指数排序及其变化情况

年指数排名总体处在下降阶段(2009 年指数排名较上年上升了 1 个位次),排名下降了 6 个位次,总体看指数在 2005—2011 年期间排名有 1 个位次的下降。

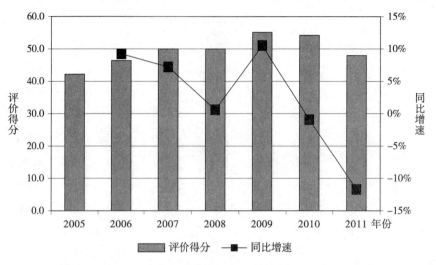

图 27-15　2005—2011 年海南省环保指数评价得分及其变化情况

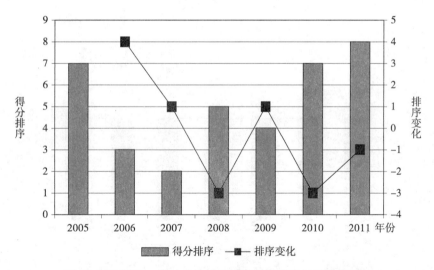

图 27-16　2005—2011 年海南省环保指数排序及其变化情况

三、发　展　指　数

相对于上述其指数,海南省的发展指数评价结果表现较差。2011 年,发展指数评价得分43.68分,全国排名第22名,处在全国中下游的位置。虽然指数评价得分不高、排名不靠前,但动态看指数一直有所改善。2005—2011年,指数评价得分增加了12.93分,年均增幅6.03%。尽管近年指数评价得分一直在增加,但增加幅度相对于其他地区仍较小,故其在全国的排名没有上升反而有所下降,由全国第19名下降至全国第22名,期间指数总体有3个位次的下降。

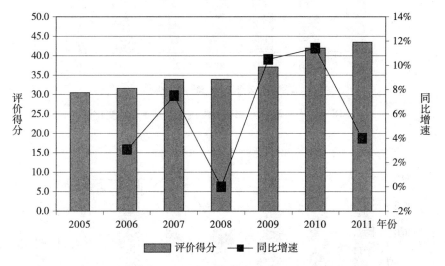

图27-17　2005—2011年海南省发展指数评价得分及其变化情况

四、低碳环保发展综合指数

由于近年海南省的低碳指数评价得分下降幅度超过了环保指数和发展指数评价得分增加的幅度,故其低碳环保发展综合指数评价得分表现出了整体下降的趋势。2005—2011年,综合指数评价得分总体下降了12.79分(2009、2010年指数评价得分较上年有所增加),年均下降幅度1.51%。综合指数排名持续下滑。2005—2007年指数排名一直维持在全国第3名,2008—2011年指数排名开始连年下降,由2007年的全国第3名一直上升至2011年的第12名,指数排名整整下降了9个位次。

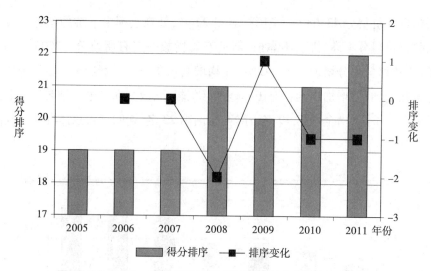

图 27-18　2005—2011 年海南省发展指数排序及其变化情况

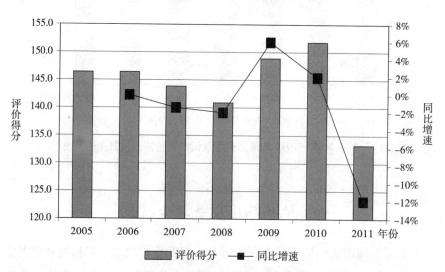

图 27-19　2005—2011 年海南省低碳环保发展综合指数评价得分及其变化情况

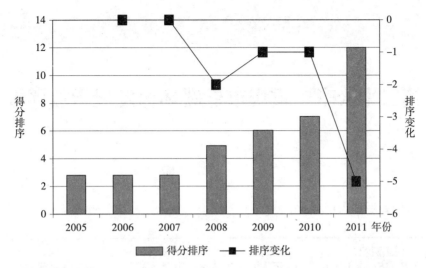

图 27-20　2005—2011 年海南省低碳环保发展综合指数排序及其变化情况

第二十八章　重庆市低碳环保发展指数评价

2011 年重庆市概况:

国土面积 (万平方公里)	常人口 (万人)	城镇人口 (万人)	GDP (亿元)
8.24	2919	1606	10011.37
工业增加值 (亿元)	三产结构	城镇居民家庭人均 现金消费支出(元)	城镇居民家庭 平均每百户家 用汽车拥有量 (辆)
4690.46	8.44:55.37:36.20	14974.5	10.4
煤炭消费量 (万吨)	原油消费量 (万吨)	汽、煤、柴油消费量 (万吨)	电力消费量 (亿千瓦小时)
7189.00	—	595.45	717.03
天然气消费量 (亿立方米)	气　候		
61.80	亚热带季风性湿润气候		
规模以上工业行业从业人员前五行业:汽车制造业、铁路、船舶、航空航天和其他运输设备制造业、煤炭开采和洗选业、非金属矿物制品业、化学原料及化学制品制造业			

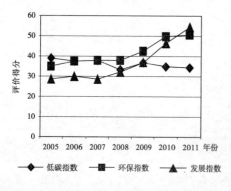

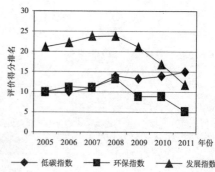

一、低 碳 指 数

（一）低碳生产指数

重庆市的低碳生产指数的评价结果表现一般。2011 年,低碳生产指数评价得分只有 13.48 分,位居全国第 15 名,处在全国中游位置。动态看,近期重庆市的低碳生产指数起伏变动较大,其在全国的排名不断下滑。2005—2011 年期间,每年的指数评价得分较上年都有负向变化,总体看指数评价得分有小幅增加,年均增幅只有 0.14%;在指数评价得分起伏变化过程中,指数在全国的排名不断下滑,由 2005 年的全国第 10 名下降至 2011 年的全国第 15 名,下降了 5 个位次。

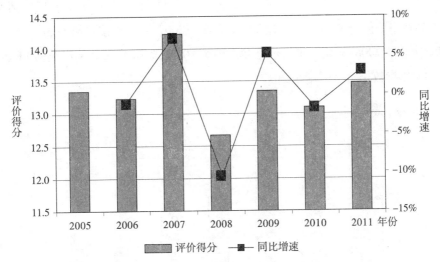

图 28-1　2005—2011 年重庆市低碳生产指数评价得分及其变化情况

（二）低碳消费指数

近年,重庆市的低碳消费指数评价得分处于逐步下滑中,其地位也不断下降。2005—2011 年,低碳消费指数评价得分由 2005 年的 15.26 分逐步下滑到

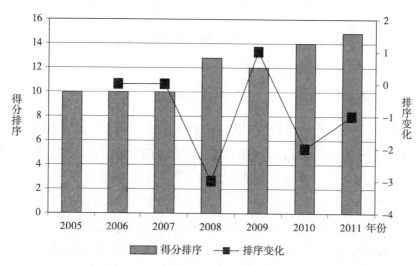

图 28-2 2005—2011 年重庆市低碳生产指数排序及其变化情况

2011 年的 7.65 分,得分减少了 7.61 分,年均下降幅度接近 111%。低碳消费指数在全国的排名下降幅度也很大,2005—2007 年指数排名第 6 名,位居全国中上游,2008—2009 年指数排名全国第 10 名,2010 年排名下滑至第 11 名,2011 年指数排名又下滑至第 12 名。

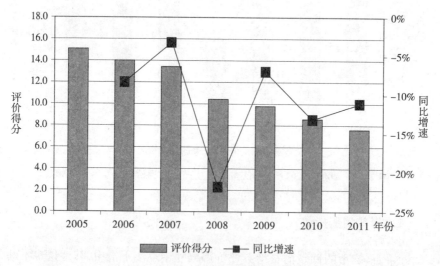

图 28-3 2005—2011 年重庆市低碳消费指数评价得分及其变化情况

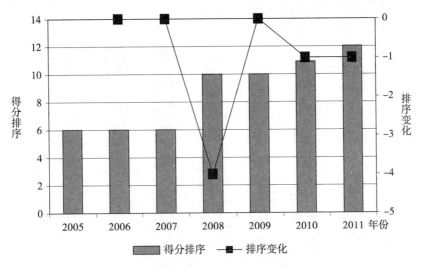

图 28-4　2005—2011 年重庆市低碳消费指数排序及其变化情况

(三)低碳资源指数

低碳资源指数的评价结果表现一般。2005—2008 年,低碳资源指数评价得分 9.97 分,位居全国 13 名,处在全国中游位置;2009—2011 年,虽然指数评价得分增加至 13.01 分,但排名依旧是全国第 13 名。由此可以判断,重庆市的低碳资源指数在缓慢增长过程中,其在全国的排名并未发生变化。

(四)低碳指数

由于重庆市的低碳生产指数、低碳消费指数和低碳资源指数评价结果表现均一般,且低碳生产指数和低碳消费指数评价得分不断恶化,故其低碳指数的评价得分表现平平,在全国的排名不断下滑。2011 年,低碳指数评价得分 34.12 分,位居全国第 15,处在全国中游位置。动态角度看,近年低碳指数在起伏变化过程中,指数评价得分总体有所降低,2005—2011 年评价得分总体下降了 4.47 分,年均降幅 2% 多。其在全国的排名下降趋势也很明显,期间指数排名下降了 5 个位次。

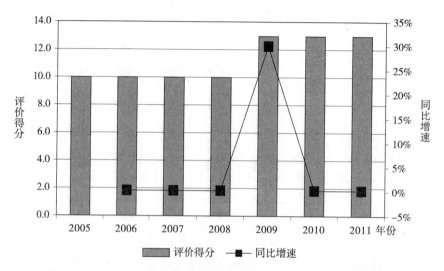

图 28-5 2005—2011 年重庆市低碳资源指数评价得分及其变化情况

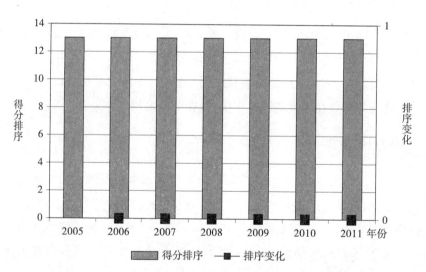

图 28-6 2005—2011 年重庆市低碳资源指数排序及其变化情况

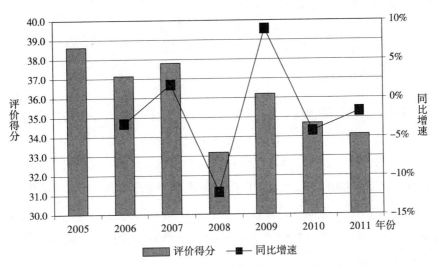

图 28-7　2005—2011 年重庆市低碳指数评价得分及其变化情况

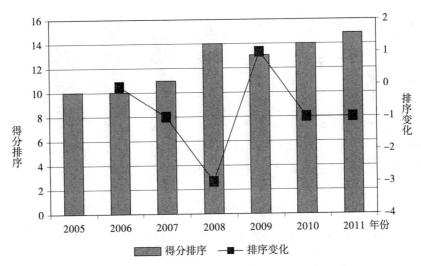

图 28-8　2005—2011 年重庆市低碳指数排序及其变化情况

二、环保指数

(一)环境污染指数

相对于上述低碳各项指数,重庆市的环境污染指数的评价结果表现相对较好。2011 年,环境污染指数评价得分 16.97 分,位居全国第 10 名,处在全国中上游的位置。重庆市环境污染指数这种相对较好的表现是长期不断改善的结果。2005—2011 年,环境污染指数评价得分逐步提高(除 2011 年较上年有所降低外),期间指数得分总体增加了 5.77 分,年均增幅 7.17%;指数排名则由 2005 年的全国第 14 名,逐步提升至全国第 10 名的位置,期间指数排名提升了 4 个位次。

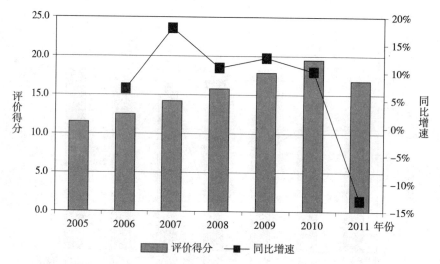

图 28-9　2005—2011 年重庆市环境污染指数评价得分及其变化情况

(二)环境管理指数

重庆市的环境管理指数的评价结果表现更好。2011 年,环境管理指数获得了 22.13 分的评价得分,位居全国第三,处在全国上游位置。不过动态看,

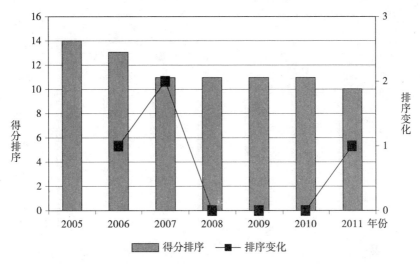

图 28-10 2005—2011 年重庆市环境污染指数排序及其变化情况

近年其环境管理指数表现出一定的起伏变化。2005—2011 年,在经历了 2006 年的小幅上涨后,环境管理指数评价得分开始进入下滑趋势中,指数评价得分由 2006 年的 14.70 分逐步下滑至 2008 年的 11.28 分;2008—2011 年指数评价得分开始进入开始增长阶段,由 2008 年的 11.28 分快速提升至 2011 年的 22.13 分;总体看指数评价得分有所增长,期间指数得分年均增幅 7.91%。环境管理指数在全国的排名,除 2008 年和 2009 年曾一度下滑至全国第 9 名和第 6 名外,其他年度指数排名都比较靠前(2005—2007 年全国排名第 4,2010—2011 年全国排名第 3)。

(三)环境质量指数

近年,重庆市的环境质量指数评价得分增长趋势明显。环境质量指数评价得分由 2005 年的 9.43 分逐步提升至 2011 年的 11.44 分,年均增幅 3.28%;环境质量指数在全国的排名则由 2005 年的全国第 24 名逐步提升至 2011 年的第 15 名,由全国中下游的位置提升至中游位置,期间指数排名提升了 9 个位次。

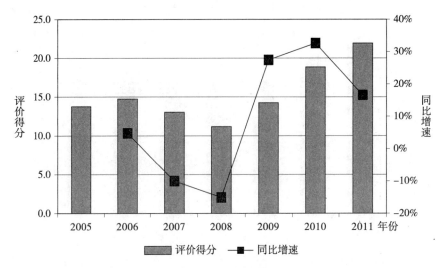

图 28-11　2005—2011 年重庆市环境管理指数评价得分及其变化情况

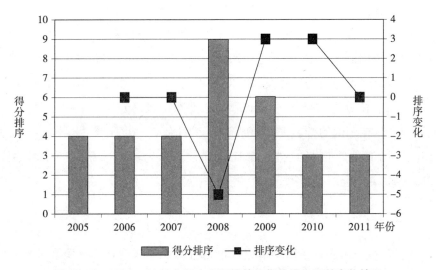

图 28-12　2005—2011 年重庆市环境管理指数排序及其变化情况

（四）环保指数

在环境污染指数、环境管理指数和环境质量指数的综合带动下，近年重庆市的环保指数评价得分不断增加，在全国的地位起伏变化中有所提升。

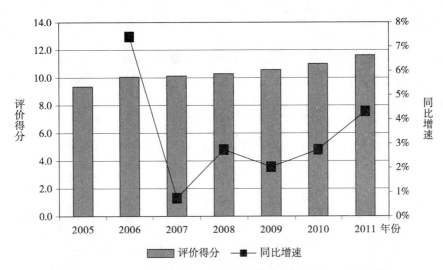

图 28-13 2005—2011 年重庆市环境质量指数评价得分及其变化情况

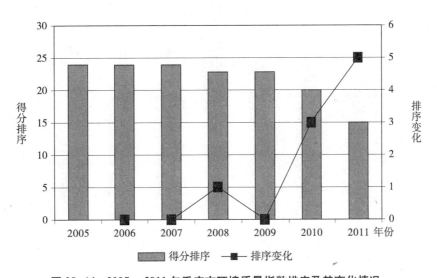

图 28-14 2005—2011 年重庆市环境质量指数排序及其变化情况

2005—2011 年,环保指数评价得分由 34.64 分快速提升至 50.55 分,期间指数评价得分年均增幅 6.50%;环保指数在全国的排名在 2005—2008 年总体有所下降,而在 2008—2011 年指数排名总体有所提升,总体看期间指数排名提升了 5 个位次。

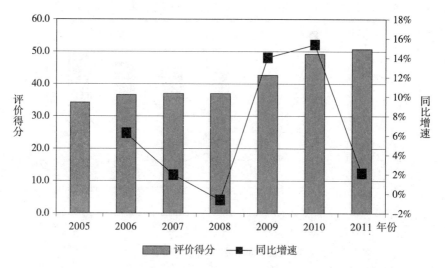

图 28-15 2005—2011 年重庆市环保指数评价得分及其变化情况

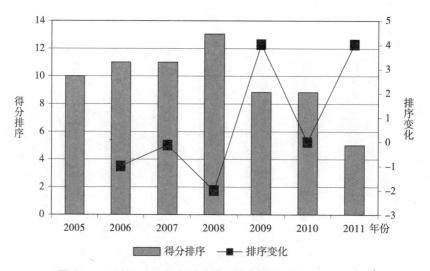

图 28-16 2005—2011 年重庆市环保指数排序及其变化情况

三、发 展 指 数

近年,重庆市的发展指数评价得分增长趋势更加明显。发展指数评价得分在经历了 2005—2008 年的缓慢增长后,2008—2011 年指数得分开始快速增加,总体看指数评价得分增加了 15.90 分,年均增幅 11.05%;发展指数排名则经历了"先下降后上升"的曲折变化,其中 2005—2007 年指数排名下滑了 3 个位次,2008—2011 年指数排名提升了 12 个位次,总体看指数排名提升了 9 个位次,排名提升幅度较大。

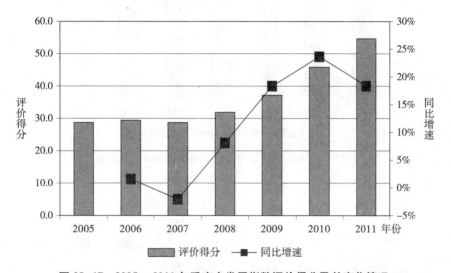

图 28-17 2005—2011 年重庆市发展指数评价得分及其变化情况

四、低碳环保发展综合指数

在发展指数的强势带动下,近年重庆市的低碳环保发展综合指数评价结果表现也不错。2005—2008 年,综合指数评价得分在 103 分上下波动,但其在全国的排名却由全国的第 15 名下滑至全国的第 19 名。2008—2011 年,综合指数评价得分不断增加,由 2008 年的 102.12 分逐步增加至 2011 年的 139.09 分,指数排名也由 2008 年的全国第 19 名提升至 2011 年的全国第 8 名,排名提升了 11 个位次。

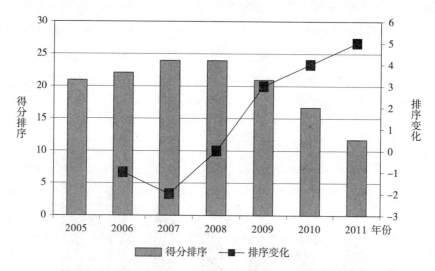

图 28-18　2005—2011 年重庆市发展指数排序及其变化情况

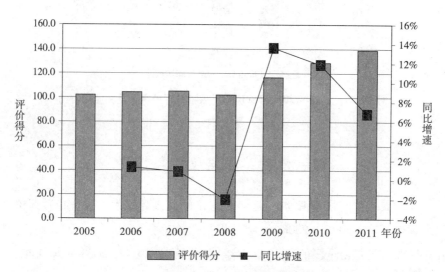

图 28-19　2005—2011 年重庆市低碳环保发展综合指数评价得分及其变化情况

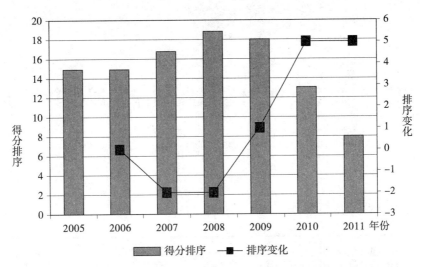

图 28-20　2005—2011 年重庆市低碳环保发展综合指数排序及其变化情况

第二十九章　四川省低碳环保发展指数评价

2011 年四川省概况：

国土面积 （万平方公里）	常驻人口 （万人）	城镇人口 （万人）	GDP （亿元）
48.5	8050	3367	21026.68
工业增加值 （亿元）	三产结构	城镇居民家庭人均 现金消费支出 （元）	城镇居民家庭 平均每百户家 用汽车拥有量 （辆）
9491.05	14.19：52.45：33.36	13696.3	12.3
煤炭消费量 （万吨）	原油消费量 （万吨）	汽、煤、柴油消费量 （万吨）	电力消费量 （亿千瓦小时）
11454.00	361.75	1424.84	1751.44
天然气消费量 （亿立方米）	气　候		
156.08	亚热带季风气候		
规模以上工业行业从业人员前五行业：煤炭开采和洗选业、非金属矿物制品业、计算机、通信和其他电子设备制造业、农副食品加工业、化学原料和化学制品制造业			

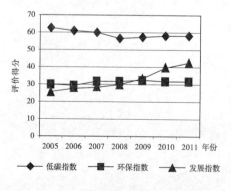
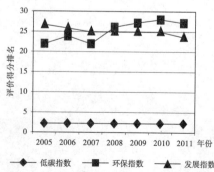

一、低碳指数

(一)低碳生产指数

四川省的低碳生产指数评价结果表现不错。2011 年,低碳生产指数评价得分 17.75 分,位居全国第 5 名,处在全国上游位置。评价结果显示,2005 年低碳生产指数评价得分只有 14.66 分,2005—2011 年间指数得分增加了 3.09 分,年均增幅 3.24%。指数评价得分在增长的过程中,其在全国的排名也有相应变化。2005—2007 年指数排名一直维持在全国第 7 的位置,2008—2011 年指数排名由全国第 10 名提升至第 5 名。

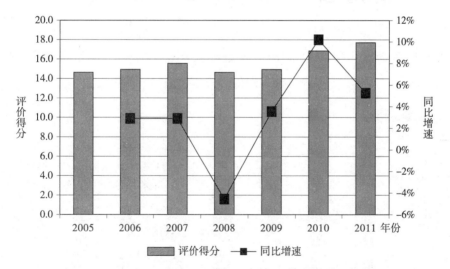

图 29-1　2005—2011 年四川省低碳生产指数评价得分及其变化情况

(二)低碳消费指数

近年,四川省的低碳消费指数评价得分不断下降,但其在全国的排名却有所提升。2005—2011 年,低碳消费指数评价得分连年下降,由最初的 23.06 分下降到最后的 13.22 分,年均降幅 8.86%,其中 2005—2009 年得分下降幅

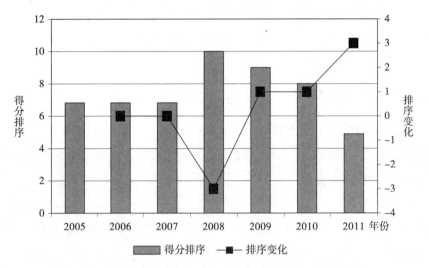

图 29-2　2005—2011 年四川省低碳生产指数排序及其变化情况

度超过了 8%。尽管低碳消费指数评价得分连年下降,但其在全国的排名稳中有升,2005—2007 年和 2010 年指数排名全国第二,2008—2009 年指数排名全国第四,到 2011 年指数排名则提升到了全国第一的位置。

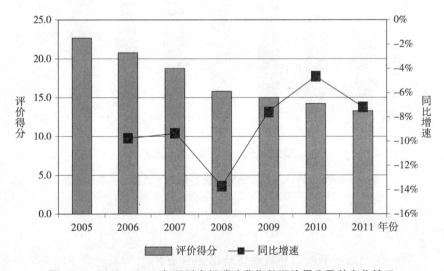

图 29-3　2005—2011 年四川省低碳消费指数评价得分及其变化情况

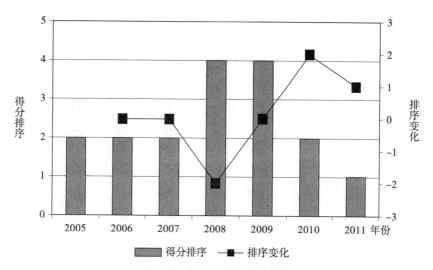

图 29-4　2005—2011 年四川省低碳消费指数排序及其变化情况

(三)低碳资源指数

四川省的低碳资源指数稳定性比较好。2005—2008 年低碳资源指数评价得分 25.35 分,2009—2011 年指数评价得分提高到 27.04 分,2005—2011 年指数评价得分年均增幅 1.08%。尽管指数评价得分有所增加,但其在全国的排名却非常稳定,长期一直坚持在全国第 5 名的位置,处在全国上游位置。

(四)低碳指数

由于四川省的低碳消费指数评价得分下降幅度明显,近年其低碳指数评价得分总体也有所下降。2005—2011 年,低碳指数评价得分经历了"先下降后上升"的变化,其中 2005—2008 年指数评价得分连续出现下降,2008—2011 年指数得分开始有所增长,但下降幅度明显大于增长幅度,故指数评价得分总体是下降了,年均降幅 1.39%。尽管其指数评价得分总体有所恶化,但其在全国的排名却非常稳定,长期一直维持在全国第 2 名。

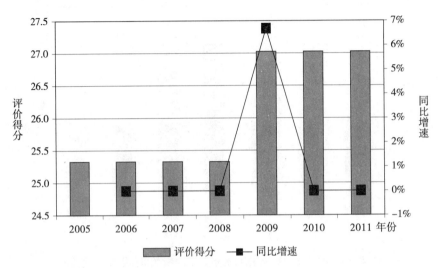

图 29-5　2005—2011 年四川省低碳资源指数评价得分及其变化情况

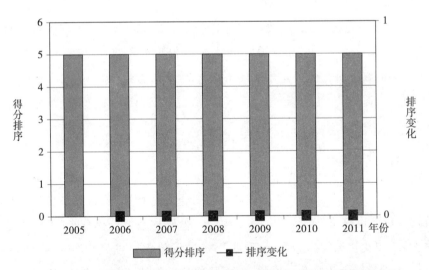

图 29-6　2005—2011 年四川省低碳资源指数排序及其变化情况

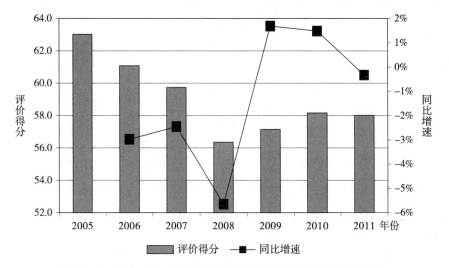

图 29-7　2005—2011 年四川省低碳指数评价得分及其变化情况

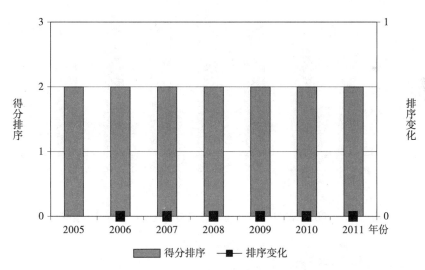

图 29-8　2005—2011 年四川省低碳指数排序及其变化情况

二、环保指数

(一)环境污染指数

近年,四川省的环境污染指数评价得分稳中有升。2005—2011 年期间,除 2011 年环境污染指数较上年有所下降外,其他年度指数得分较上年均有所增加,期间指数得分总体增加了 4.83 分,年均增幅 7.01%。指数评价得分在不断增加的同时,其在全国的排名总体有所提升,不过排名变化相对复杂,2005—2010 年指数排名在 20 名上下起伏,到 2011 年指数排名突然提升至全国第 16 名的位置。

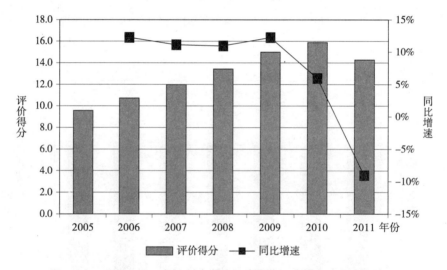

图 29-9　2005—2011 年四川省环境污染指数评价得分及其变化情况

(二)环境管理指数

近年,四川省的环境管理指数评价得分和排名双双出现下滑。环境管理指数评价得分由 2005 年的 9.06 分下降到 2011 年的 5.73 分(期间有一定幅度的起伏),得分年均降幅 7.36%;环境管理指数在全国的排名则由 2005 年

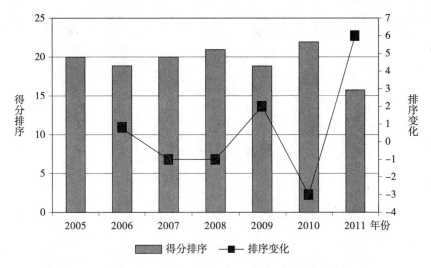

图 29-10　2005—2011 年四川省环境污染指数排序及其变化情况

的全国第 14 名下降到 2011 年的第 27 名,排名由中游位置下降到下游位置。

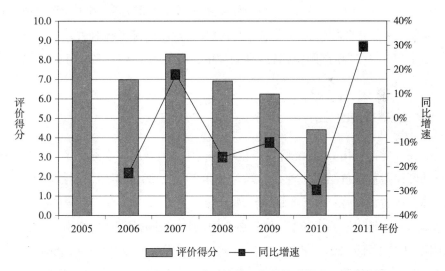

图 29-11　2005—2011 年四川省环境管理指数评价得分及其变化情况

(三)环境质量指数

相比环境管理指数,近年四川省的环境质量指数评价得分和排名双双有

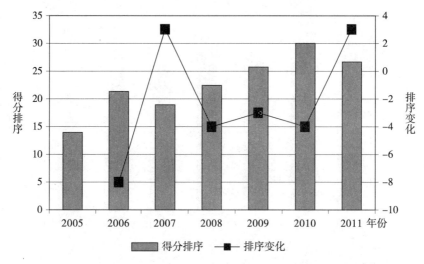

图 29-12　2005—2011 年四川省环境管理指数排序及其变化情况

所提升。评价结果显示,环境质量指数评价得分在 2005 年只有 10.34 分,2011 年得分提升到了 11.37 分,指数得分仅增加了 1 分多,年均增幅也只有 1.58%。虽然指数评价得分增幅不大,但其在全国的排名却有大幅提升,指数排名由 2005 年的全国第 20 名提升到 2011 年的全国第 16 名,期间指数提升了 4 个位次。

(四)环保指数

在环境污染指数、环境管理指数和环境质量指数的综合影响下,近年四川省的环保指数评价结果表现并不好。虽然 2005—2011 年环保指数评价得分总体有所增加,即由 2005 年的 29.04 分增加到 2011 年的 31.56 分(得分增加了 2.52 分,年均增幅 1.4%),但其在全国的排名却有所下降,即由 2005 年全国第 22 名下降到 2011 年的 27 名(排名总体下降了 5 个位次),由全国的中下游下降至下游位置。

三、发 展 指 数

近期四川省的发展指数评价得分增长趋势明显。2005—2011 年,发展指

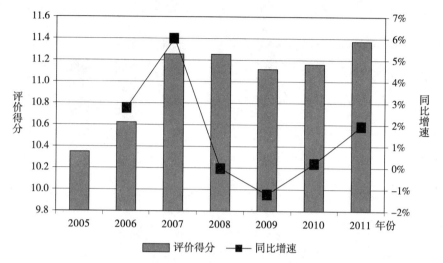

图 29-13　2005—2011 年四川省环境质量指数评价得分及其变化情况

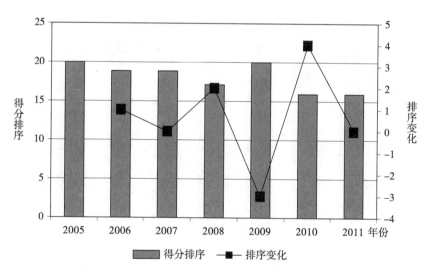

图 29-14　2005—2011 年四川省环境质量指数排序及其变化情况

数评价得分连年增长,评价得分总体增加了近 18 分,年均增幅 9.4%,尤其后期增幅较大,增幅均在 12% 以上。在评价得分不断增加的带动下,其在全国的排名不断提升,由 2005 年的全国第 27 名提升到 2011 年的全国第 24 名。尽管如此,发展指数在全国仍处在下游的位置。

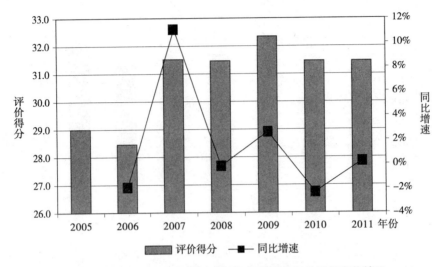

图 29-15   2005—2011 年四川省环保指数评价得分及其变化情况

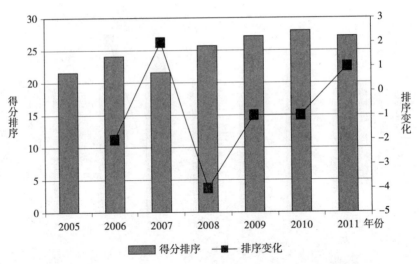

图 29-16   2005—2011 年四川省环保指数排序及其变化情况

四、低碳环保发展综合指数

近期,四川省的低碳环保发展综合指数评价得分在不断增加的过程中,其

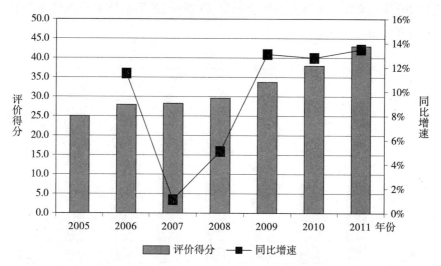

图 29-17 2005—2011 年四川省发展指数评价得分及其变化情况

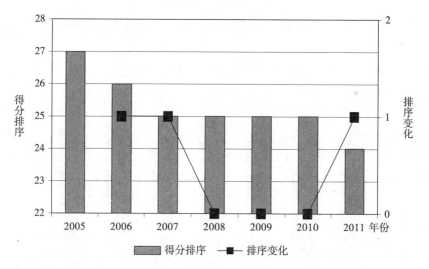

图 29-18 2005—2011 年四川省发展指数排序及其变化情况

在全国的排名却不断下降。评价结果显示,综合指数评价得分在 2005 年只有 117.24 分,到 2011 年指数评价得分已经增加到 132.65 分,期间指数年均增幅 2.08%;但其在全国的排名不断下降,2005—2006 年指数排名全国第 8 名, 2007-2009 年指数排名全国第 9 名,2010 年指数排名曾下降至全国第 14 名,虽然2011年指数排名提升到了全国第13的位置,但总体看指数排名仍有4个位次的下降。

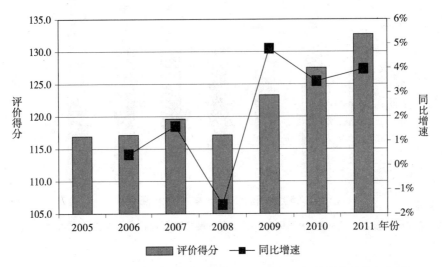

图29-19　2005—2011年四川省低碳环保发展综合指数评价得分及其变化情况

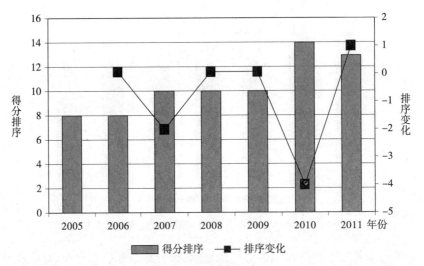

图29-20　2005—2011年四川省低碳环保发展综合指数排序及其变化情况

第三十章 贵州省低碳环保发展指数评价

2011 年贵州省概况：

国土面积 （万平方公里）	常驻人口 （万人）	城镇人口 （万人）	GDP （亿元）
17.62	3469	1213	5701.84
工业增加值 （亿元）	三产结构	城镇居民家庭人均 现金消费支出 （元）	城镇居民家庭 平均每百户家 用汽车拥有量 （辆）
1829.20	12.74：38.48：48.78	11352.9	10.5
煤炭消费量 （万吨）	原油消费量 （万吨）	汽、煤、柴油消费量 （万吨）	电力消费量 （亿千瓦小时）
12085.00	—	461.04	944.13
天然气消费量（亿立方米）		气 候	
4.76		亚热带湿润性季风气候	
规模以上工业行业增加值前五行业：采矿业、饮料制造业、电力、燃气及水的生产和供应业、烟草制品业、化学原料及化学制品制造业			

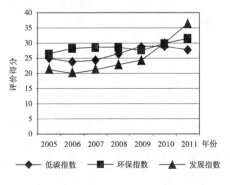
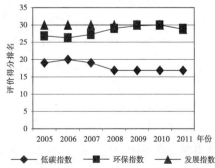

一、低碳指数

(一)低碳生产指数

贵州省的低碳生产指数评价结果表现较差。2011 年,低碳生产指数评价得分只有 7.13 分,与国内其他地区相比有一定差距,得分位居全国第 27 名,处在全国下游位置。尽管其低碳生产指数表现并不好,但近期指数得分一直处在增加趋势中。2005—2011 年,低碳生产指数评价得分连年增加,期间指数得分增加了 2.71 分,年均增速 8.31%;指数在全国的排名提升趋势也很明显,2005—2007 年指数排名全国第 29 名,2008—2010 年排名提升至全国第 28 名,2011 年较 2010 年又有一个位次的提升。

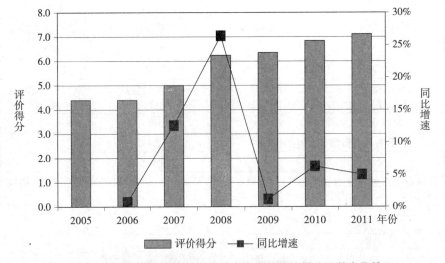

图 30-1　2005—2011 年贵州省低碳生产指数评价得分及其变化情况

(二)低碳消费指数

近年,贵州省的低碳消费指数评价得分不断下降,但其在全国的排名却持续提升。2005—2011 年,贵州省低碳消费指数评价得分由 11.63 分减小到

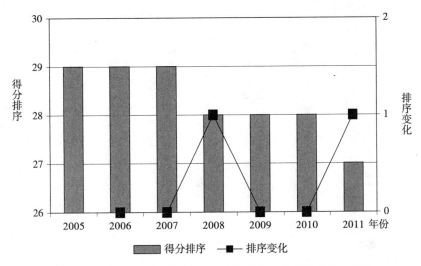

图 30-2　2005—2011 年贵州省低碳生产指数排序及其变化情况

8.44 分,得分减少了 3.19 分,年均降幅 5.2%。在低碳消费指数评价得分不断减小的同时,其在全国的排名由 2005 年的第 15 名提升到 2011 年的第 8 名,六年时间排名提升了 7 个位次,这主要是因为其他地区的低碳消费指数评价得分下降幅度较大造成的。

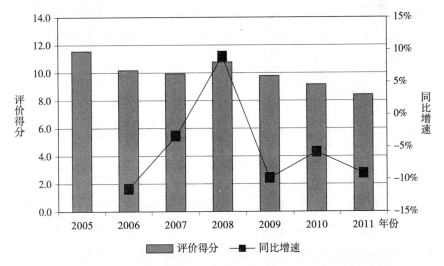

图 30-3　2005—2011 年贵州省低碳消费指数评价得分及其变化情况

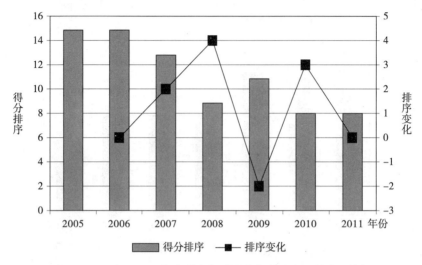

图 30-4   2005—2011 年贵州省低碳消费指数排序及其变化情况

(三)低碳资源指数

贵州省的低碳资源指数的评价结果表现一般。2005—2008 年,低碳资源指数评价得分 9. 26 分,位居全国第 15 名,处在全国中游的位置。2009—2011 年,低碳资源指数评价得分增加到 12. 29 分,相比上一个阶段增加了 3 分多,但其在全国的排名并没有有发生太大变化,排名全国第 14 名,仍处在全国中游的位置。

(四)低碳指数

在低碳生产指数、低碳消费指数和低碳资源指数的共同影响下,近期贵州省的低碳指数评价得分在起伏变化中逐步增加。2005—2011 年,低碳指数评价得分经历了"先下降后上升再下降"的曲折变化,但指数评价得分总体有所增加,期间得分年均增幅 1. 62%。低碳指数在全国的排名则经历了"上升-下降-稳定"阶段,2005、2007 年指数排名全国第 19 名,2006 年指数排名全国第 20 名,2008—2011 年指数排名一直维持在全国第 17 名的位置。

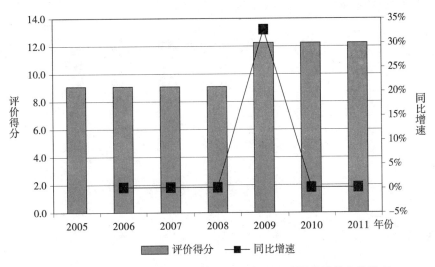

图 30-5　2005—2011 年贵州省低碳资源指数评价得分及其变化情况

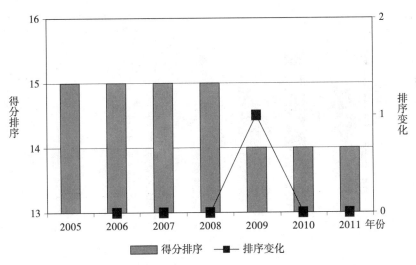

图 30-6　2005—2011 年贵州省低碳资源指数排序及其变化情况

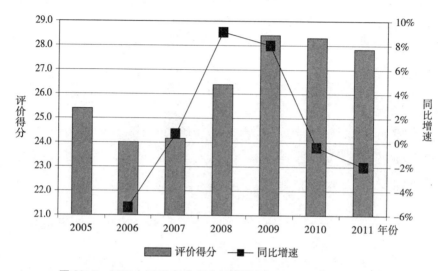

图 30-7 2005—2011 年贵州省低碳指数评价得分及其变化情况

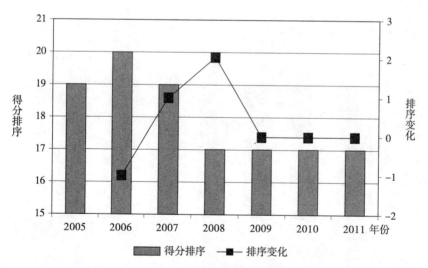

图 30-8 2005—2011 年贵州省低碳指数排序及其变化情况

二、环保指数

（一）环境污染指数

贵州省的环境污染指数评价得分在缓慢增长过程中，其在全国的排名总体保持稳定。2005—2011年，环境污染指数评价得分不断增加（2011年除外），评价得分总体增加了2.56分，年均增幅1.62%。环境污染指数在全国的排名总体保持稳定，2005、2009年指数全国排名第25名，2008年指数排名全国第27名，而其他年份指数排名均为全国第26名，长期以来环境污染指数一直稳居在全国下游的位置。

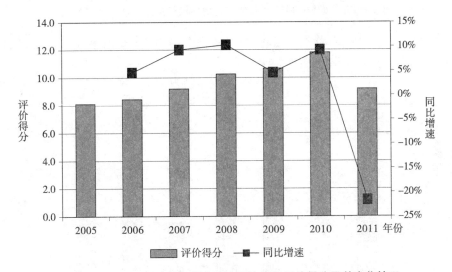

图30-9　2005—2011年贵州省环境污染指数评价得分及其变化情况

（二）环境管理指数

贵州省的环境管理指数评价得分在起伏变化中总体有所增加。评价结果显示，2005—2011年环境管理指数评价得分有一定的曲折变化，得分总体有所增加，增加了3.67分，年均增幅8.21%；指数排名变化幅度也很大，2006年

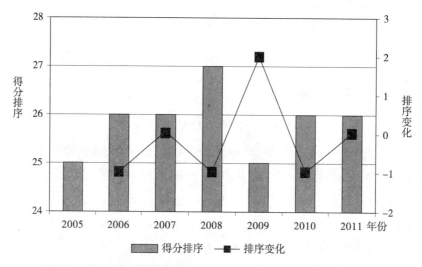

图 30-10　2005—2011 年贵州省环境污染指数排序及其变化情况

指数排名最靠前(第 19 名),2009 年指数排名最靠后(全国倒数第一),最高排名与最低排名相差了 11 个位次。

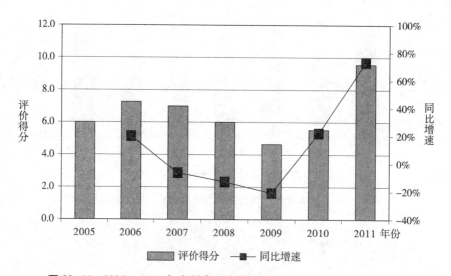

图 30-11　2005—2011 年贵州省环境管理指数评价得分及其变化情况

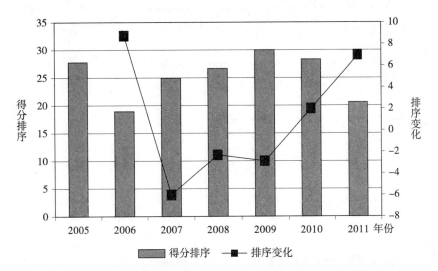

图30-12　2005—2011年贵州省环境管理指数排序及其变化情况

（三）环境质量指数

相对上述各项指数,贵州省的环境质量指数评价结果表现较好。2011年,全省环境质量指数评价得分12.32分,位居全国第六,处在全国中上游的位置。尽管环境质量指数排名较靠前,但动态看指数在小幅变化中排名有所下降。2005—2011年,环境质量指数评价得分总体增加了0.21分,年均增幅只有0.29%;环境质量指数在全国的排名则由起初的全国第五名下降到全国第六名,期间排名下降了1个位次。

（四）环保指数

在环境污染指数、环境管理指数和环境质量指数的综合作用下,贵州省的环保指数评价得分总体有所增加,但其在全国的排名总体却有所下降。2005—2011年,环保指数评价得分经历了"上升-下降-上升"的曲折变化,指数得分总体增加了5.04分,年均增幅2.97%。虽然指数评价得分总体有所增加,但其在全国的排名却由最初的全国倒数第四名,下降到全国倒数第二名。

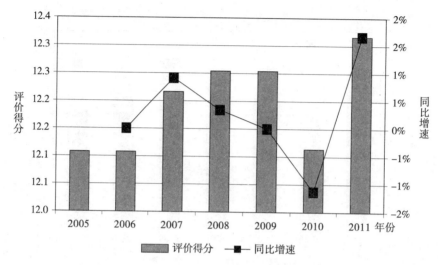

图 30-13 2005—2011 年贵州省环境质量指数评价得分及其变化情况

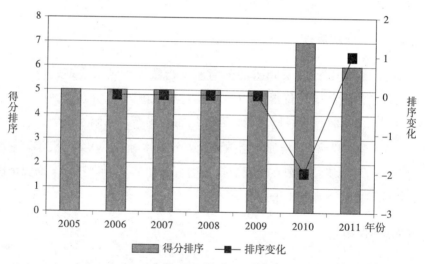

图 30-14 2005—2011 年贵州省环境质量指数排序及其变化情况

三、发 展 指 数

贵州省的发展指数评价结果表现最差,长期一直盘踞在全国倒数位置。2005—2011 年,全省发展指数评价得分经历了平稳增长后增速开始提升,

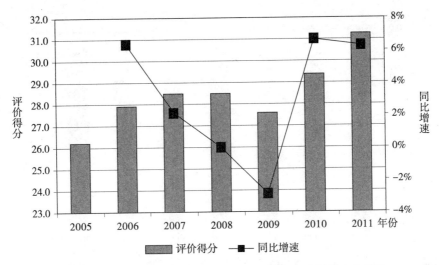

图 30-15 2005—2011 年贵州省环保指数评价得分及其变化情况

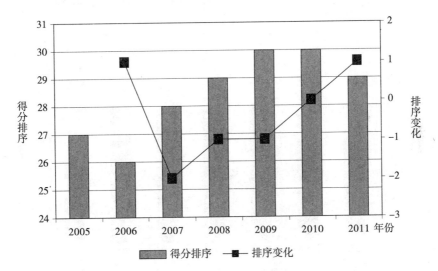

图 30-16 2005—2011 年贵州省环保指数排序及其变化情况

2005—2009 年指数评价得分增幅都没有突破 10%,但 2009 年后指数得分增速快速提升到 20% 以上,总体看指数评价得分年均增幅 9.96%。尽管发展指数评价得分有较大幅度增长,但这并没有改变其在全国末位的位置,2005—2010 年指数一直位居全国倒数第一,尽管 2011 年指数排名有所提升,指数排名也只是全国倒数第二。

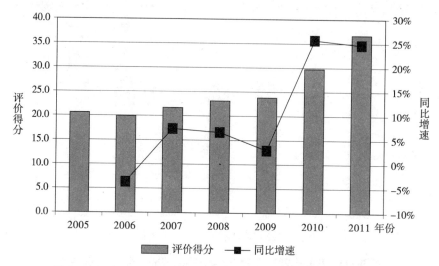

图 30-17 2005—2011 年贵州省发展指数评价得分及其变化情况

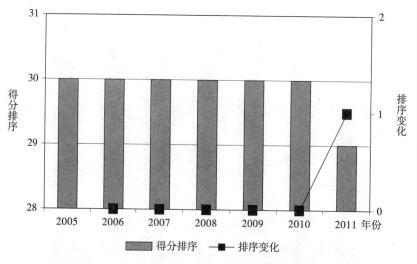

图 30-18 2005—2011 年贵州省发展指数排序及其变化情况

四、低碳环保发展综合指数

2011 年,贵州省的综合指数评价得分只有 96.02 分,低于基准年度 2005

年全国均值水平(100 分),指数位居全国倒数第三。动态看,近年全省综合指数评价得分增加了 23.61 分,年均增幅 4.82%,但其在全国的排名却没有突破全国倒数后三名,2005、2011 年全国排名倒数第三,2006、2008 年全国倒数第二,2007 年、2009 年和 2010 年全国排名倒数第一。

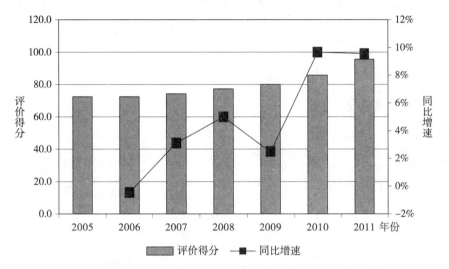

图 30-19　2005—2011 年贵州省低碳环保发展综合指数评价得分及其变化情况

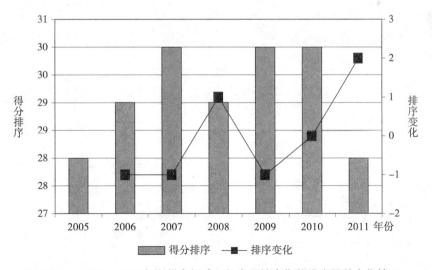

图 30-20　2005—2011 年贵州省低碳环保发展综合指数排序及其变化情况

第三十一章　云南省低碳环保发展指数评价

2011 年云南省概况：

国土面积 （万平方公里）	常驻人口 （万人）	城镇人口 （万人）	GDP （亿元）
39.4	4631	1704	8893.12
工业增加值 （亿元）	三产结构	城镇居民家庭人均 现金消费支出 （元）	城镇居民家庭 平均每百户家 用汽车拥有量 （辆）
2994.30	15.87∶42.51∶41.63	12248.0	23.3
煤炭消费量 （万吨）	原油消费量 （万吨）	汽、煤、柴油消费量 （万吨）	电力消费量 （亿千瓦小时）
9664.00	0.02	911.3	1204.07
天然气消费量 （亿立方米）		气　候	
4.20		高原季风气候	
规模以上工业行业增加值前五行业:烟草制品业、电力、热力的生产和供应业,化学原料及化学制品制造业,煤炭开采和洗选业			

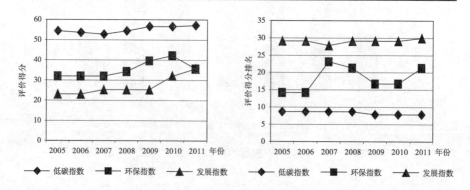

一、低 碳 指 数

（一）低碳生产指数

云南省的低碳生产指数评价得分增长趋势明显。2005—2011 年,全省低碳生产指数评价得分连年增加,由最初的 8.23 分增加到最后的 10.92 分,期间指数得分年均增幅 4.82%。低碳生产指数在全国的排名在起伏变化中总体有所提升,排名由 2005 年的全国第 22 名提升到 2011 年的全国第 19 名,期间排名总体提升了 3 个位次。

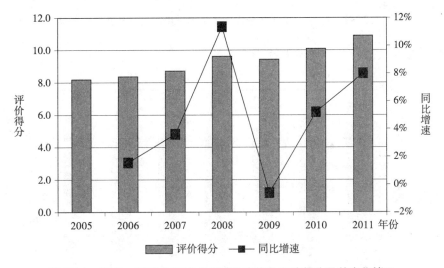

图 31-1　2005—2011 年云南省低碳生产指数评价得分及其变化情况

（二）低碳消费指数

2005—2011 年,全省低碳消费指数评价得分不断下降,由 2005 年的 14.97 分逐渐下降到 2011 年的 11.06 分,期间指数得分年均下降 4.92%。尽管低碳消费指数评价得分连年下降,但其在全国的排名却不断提升。2005—2007 年,指数排名全国第 7 名,2008—2010 年排名提升至全国第 6 名,2011

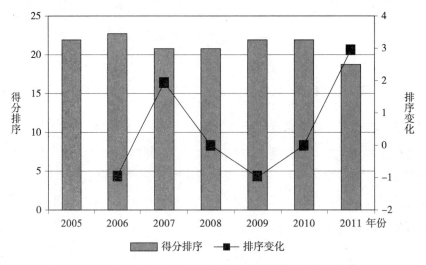

图 31-2 2005—2011 年云南省低碳生产指数排序及其变化情况

年排名继续提升至全国第 4 名,期间指数排名提升了 3 个位次。

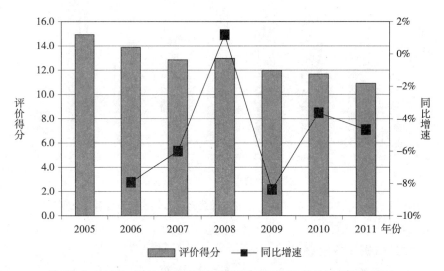

图 31-3 2005—2011 年云南省低碳消费指数评价得分及其变化情况

(三)低碳资源指数

依托其丰富的森林资源,云南省的低碳资源指数评价结果表现突出。

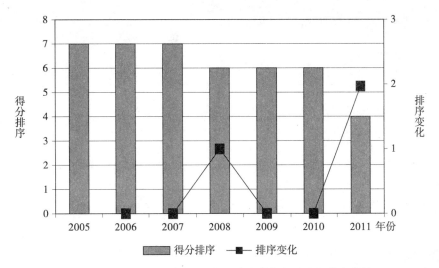

图 31-4　2005—2011 年云南省低碳消费指数排序及其变化情况

2005—2008 年,低碳资源指数评价得分 31.32 分,位居全国第二;2009—2011 年,低碳资源指数评价得分增加到 34.65 分,仍然坚守在全国第二。综合可以判断:云南省的低碳资源指数在不断改善的过程中,在全国的排名保持了较好的稳定性。

(四)低碳指数

2011 年,云南省的低碳指数评价得分 56.63 分,位居全国第三,处在全国上游的位置。动态看,2005—2011 年低碳指数评价得分有所起伏变化,但总体指数得分增加了 2.1 分,年均增幅 0.63%,增幅并不大。低碳指数在全国的排名变化幅度不大,2005—2008 年指数排名全国第 4,2009—2011 年指数排名全国第 3,期间指数排名只有一个位次的提升。

二、环保指数

(一)环境污染指数

云南省的环境污染指数评价结果表现并不好。虽然 2005—2010 年环境

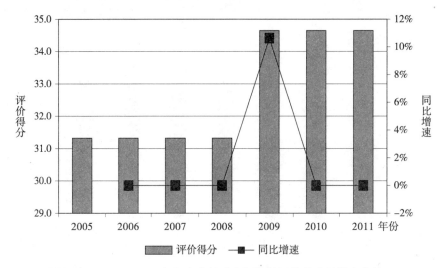

图 31-5　2005—2011 年云南省低碳资源指数评价得分及其变化情况

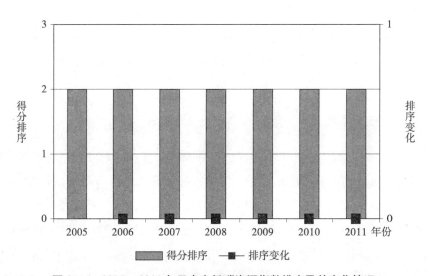

图 31-6　2005—2011 年云南省低碳资源指数排序及其变化情况

污染指数评价得分连年增加,但 2011 年指数得分却出现了大幅下降,最终导致指数得分减少了 1. 39 分。与指数评价得分不同,近期指数在全国的排名不断下滑。2005 年指数在全国排名第 10 名,但到 2011 年指数排名已下降到了全国第 24 名,期间指数排名下降了 14 个位次,下降幅度较大。

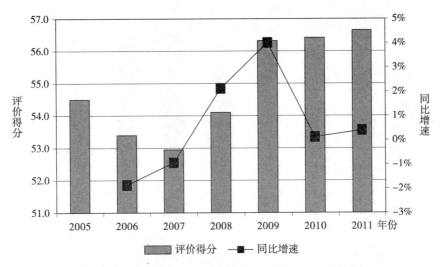

图 31-7　2005—2011 年云南省低碳指数评价得分及其变化情况

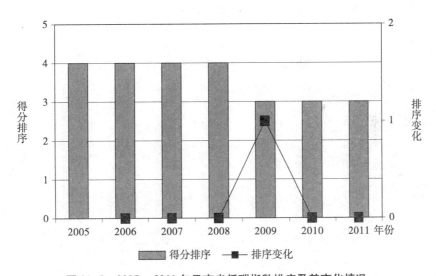

图 31-8　2005—2011 年云南省低碳指数排序及其变化情况

(二)环境管理指数

近年,云南省的环境管理指数评价得分在起伏变化中,其在全国的地位不断上升。2005—2011 年,全省环境管理指数评价得分出现了"下降-上升-下

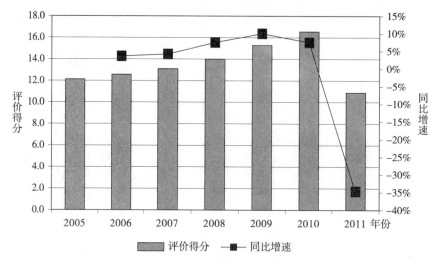

图 31-9　2005—2011 年云南省环境污染指数评价得分及其变化情况

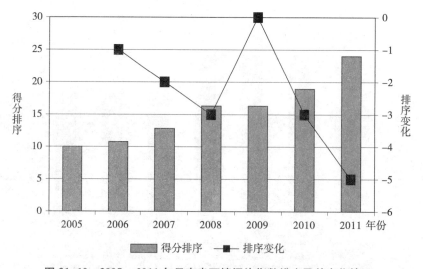

图 31-10　2005—2011 年云南省环境污染指数排序及其变化情况

降"的曲折变化,指数评价得分由 7.01 分增加至 11.45 分,期间指数年均增幅 8.53%。相对于指数评价得分,指数在全国的排名近期出现了"下降-提升-下降"的变化,排名由全国第 25 名提升至第 14 名,期间指数排名总体提升了 11 个位次。

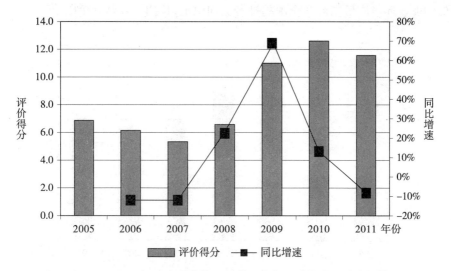

图 31-11　2005—2011 年云南省环境管理指数评价得分及其变化情况

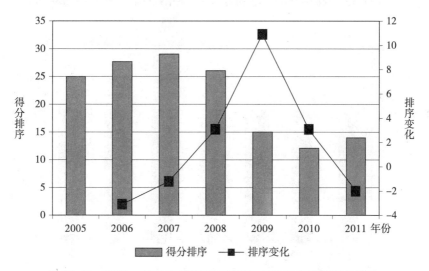

图 31-12　2005—2011 年云南省环境管理指数排序及其变化情况

(三)环境质量指数

评价结果显示,尽管 2005—2011 年指数评价得分有起伏变化,但指数得分总体稳定,期间最高得分与最低得分差只有 0.11 分,得分年均增幅只有

0.09%。环境质量指数在全国的排名更加稳定,长期一直坚守全国第二。

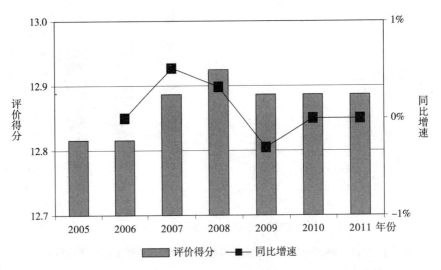

图 31-13　2005—2011 年云南省环境质量指数评价得分及其变化情况

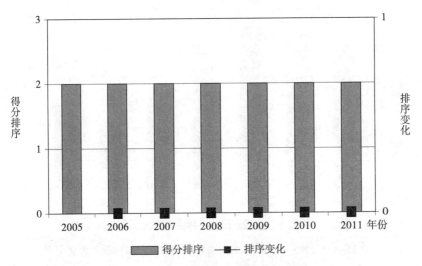

图 31-14　2005—2011 年云南省环境质量指数排序及其变化情况

(四)环保指数

近期,云南省的环保指数在全国的排名也有所下滑。评价结果显示,尽管

2005—2011 年指数评价得分总体有 3.13 分的增加,但其在全国的排名却在起伏变化中总体有所下降,排名由 2005 年的第 14 名下降到 2011 年的第 21 名,期间指数排名下降了 7 个位次,由全国的中游位置下降到中下游位置。

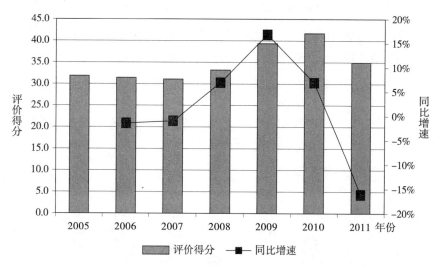

图 31-15 2005—2011 年云南省环保指数评价得分及其变化情况

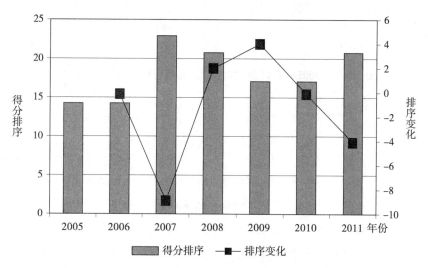

图 31-16 2005—2011 年云南省环保指数排序及其变化情况

三、发展指数

相比其指数,云南省的发展指数评价结果表现最差。2011 年,全省发展指数评价得分只有 35.73 分,仅比基准年度 2005 年全国发展指数 33.34 分高出 1 分多,指数排名全国倒数第一。动态看,2005—2011 年,发展指数评价得分增加了 12.67 分,但其地位却由全国倒数第二滑落到倒数第一。

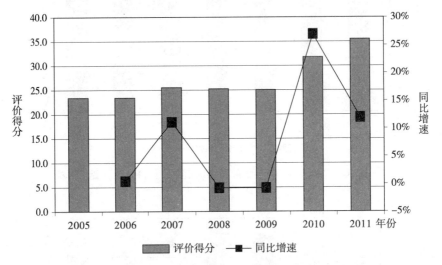

图 31-17　2005—2011 年云南省发展指数评价得分及其变化情况

四、低碳环保发展综合指数

2005—2011 年,综合指数评价得分由 109.63 分增加到 127.52 分,得分增加了 17.90 分,期间得分年均增幅 2.55%;虽然指数评价得分有所增加,但其在全国的排名却由全国第 12 名下滑到第 16 名,排名下降了 4 个位次。之所以出现得分增长而排名下滑的情况,是因为其综合指数得分增长幅度相对于其地区仍显缓慢。

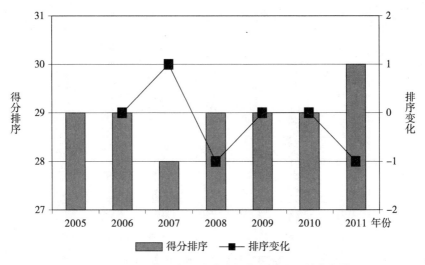

图 31-18　2005—2011 年云南省发展指数排序及其变化情况

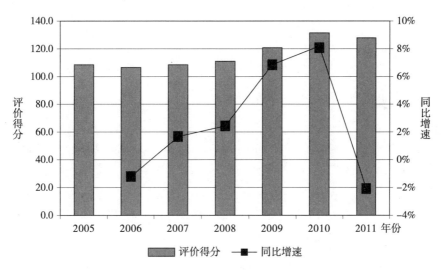

图 31-19　2005—2011 年云南省低碳环保发展综合指数评价得分及其变化情况

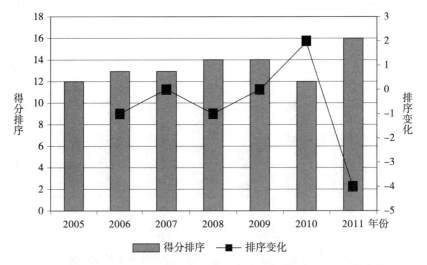

图 31-20　2005—2011 年云南省低碳环保发展综合指数排序及其变化情况

第三十二章　陕西省低碳环保发展指数评价

2011 年陕西省概况：

国土面积 （万平方公里）	常驻人口 （万人）	城镇人口 （万人）	GDP （亿元）
20.6	3743	1770	12512.30
工业增加值 （亿元）	三产结构	城镇居民家庭人均 现金消费支出 （元）	城镇居民家庭 平均每百户家 用汽车拥有量 （辆）
5857.92	9.76：55.43：34.81	13782.8	12.2
煤炭消费量 （万吨）	原油消费量 （万吨）	汽、煤、柴油消费量 （万吨）	电力消费量 （亿千瓦小时）
13318.00	2095.67	863.02	982.47
天然气消费量(亿立方米)		气　候	
62.49		北温带、亚热带季风气候	
规模以上工业行业从业人员前五行业：煤炭开采和洗选业、石油和天然气开采业、汽车制造业、铁路、船舶、航空航天和其他运输设备制造业、非金属矿物制品业			

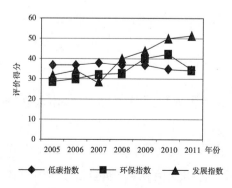

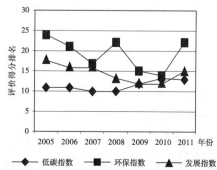

一、低碳指数

(一)低碳生产指数

2011 年,陕西省的低碳生产指数评价得分 13.54 分,位居全国第 14 名,处在全国中游位置。动态看,2005—2011 年全省低碳生产指数评价得分总体增加了 3.11 分,年均增幅 4.44%。相比指数评价得分,近年指数在全国的排名有一定起伏变化,由 2005 年的全国第 16 名提升到 2011 年的第 14 名,期间排名提升了 2 个位次。

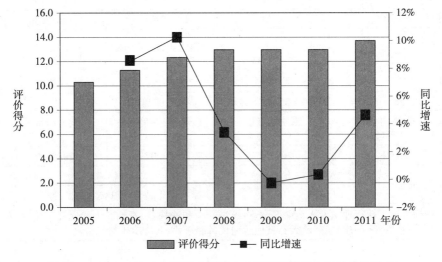

图 32-1 2005—2011 年陕西省低碳生产指数评价得分及其变化情况

(二)低碳消费指数

2005—2011 年,陕西省的低碳消费指数评价得分连续下降,由起初的 13.84 分逐渐下降到最后的 7.88 分,得分下降了近 6 分,年均下降幅度接近 9%。相对于指数评价得分,近期指数排名有一定起伏变化,2005—2006 年排名处在下滑阶段,2008—2011 年指数排名处在上升阶段,期间指数排名总体

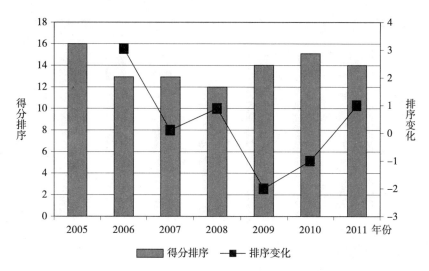

图 32-2　2005—2011 年陕西省低碳生产指数排序及其变化情况

提升了一个位次。

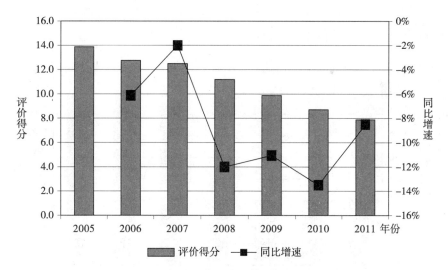

图 32—3　2005—2011 年陕西省低碳消费指数评价得分及其变化情况

(三)低碳资源指数

近年,陕西省的低碳资源指数评价得分在上升中排名有所下降。2005—

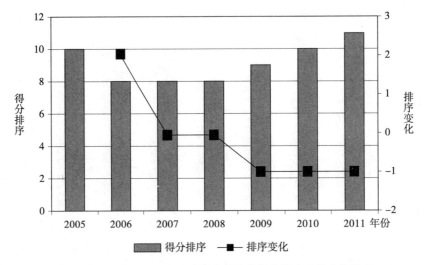

图 32-4 2005—2011 年陕西省低碳消费指数排序及其变化情况

2008 年,低碳资源指数评价得分 12.6 分,位居全国第 10 名;2009—2011 年,指数评价得分 13.62 分,全国排名第 12 名。前后相比,指数评价得分增加了 1.03 分,但排名却下降了 1 个位次。

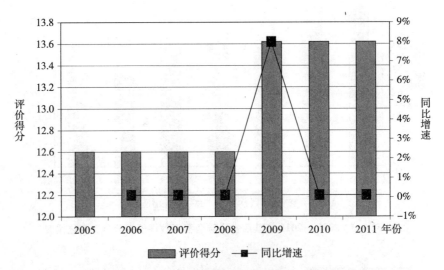

图 32-5 2005—2011 年陕西省低碳资源指数评价得分及其变化情况

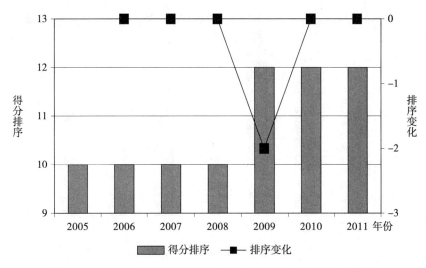

图 32-6　2005—2011 年陕西省低碳资源指数排序及其变化情况

(四)低碳指数

2005—2007 年,陕西省的低碳指数评价得分整体有所增加,但 2007—2011 年指数评价得分开始快速减少,总体看 2005—2011 年间指数评价得分减少了 1.83 分。相对于指数评价得分的变化,近期指数排名则经历了先上升后下降的过程,2005—2007 年指数排名处在上升阶段,2008—2011 年指数排名处在下降阶段,总体看指数排名下降了 2 个位次。

二、环 保 指 数

(一)环境污染指数

2011 年,陕西省的环境污染指数评价得分 13.43 分,位居全国第 19 名,处在全国中下游位置。虽然环境污染指数评价得分不高、排名不靠前,但可喜的是近期指数有一定改善。2005—2011 年,指数评价得分总体增加了 3.91 分,年均增幅 5.90%;指数排名总体提升了 2 个位次。

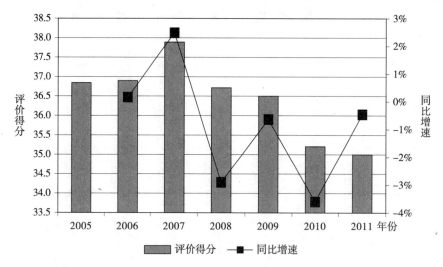

图 32-7 2005—2011 年陕西省低碳指数评价得分及其变化情况

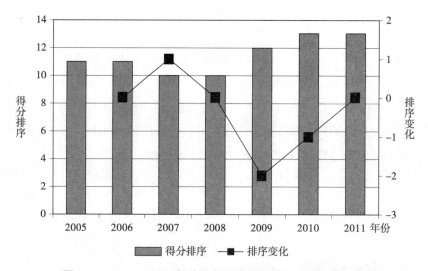

图 32-8 2005—2011 年陕西省低碳指数排序及其变化情况

（二）环境管理指数

近年,陕西省的环境管理指数起伏变化不定。2005—2011 年,环境污染指数评价得分时而上升时而下降,总体指数得分有所增加,期间指数得分增加

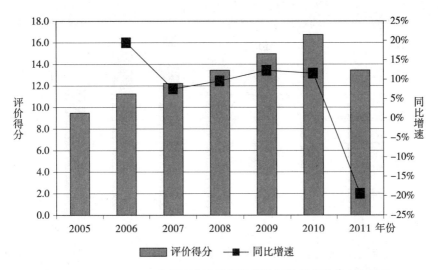

图 32-9　2005—2011 年陕西省环境污染指数评价得分及其变化情况

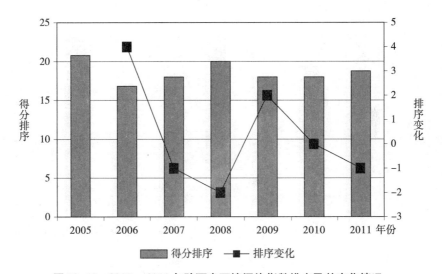

图 32-10　2005—2011 年陕西省环境污染指数排序及其变化情况

了 2.05 分,年均增幅 3.68%。环境管理指数排名也有起伏变化,指数排名最靠前为全国第 7 名,排名最靠后为全国第 17 名,但总体看指数排名并没有发生变化。

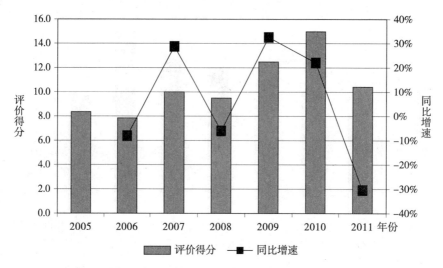

图 32-11　2005—2011 年陕西省环境管理指数评价得分及其变化情况

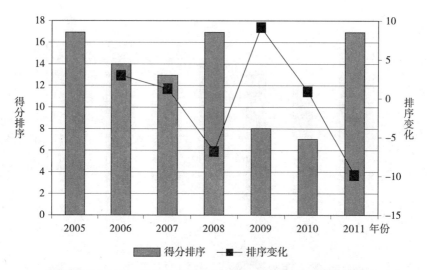

图 32-12　2005—2011 年陕西省环境管理指数排序及其变化情况

(三)环境质量指数

陕西省的环境质量指数比较特殊,指数评价得分在缓慢增长过程中,排名却有所下降。2005—2011 年,全省环境质量指数评价得分总体在缓慢增长

（除2009年得分快速变化外），指数得分年均增幅仅有0.79%。相对于指数得分缓慢增长，指数排名变化幅度较大，排名由最初的全国第21名下降到最后的第26名，排名总体下降了5个位次。

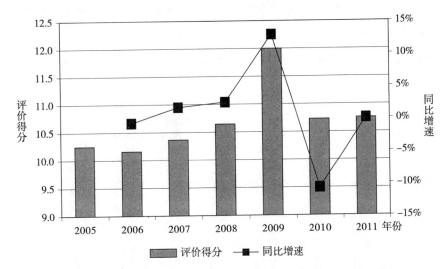

图 32-13　2005—2011年陕西省环境质量指数评价得分及其变化情况

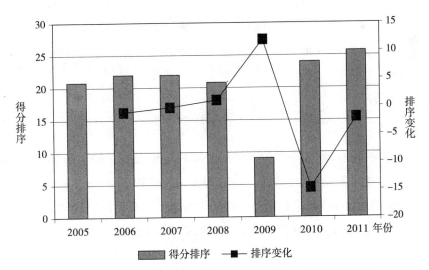

图 32-14　2005—2011年陕西省环境质量指数排序及其变化情况

（四）环保指数

2011 年,陕西省的环保指数评价得分只有 34.72 分,位居全国第 22 名,处在全国中下游位置。虽然指数得分不高、排名不靠前,但近期指数有一定改善。2005—2011 年,指数评价得分总体增加了 6.46 分,实现了 3.49% 的年均增幅;指数排名在大幅度的起伏变化过程中,总体提升了 2 个位次。

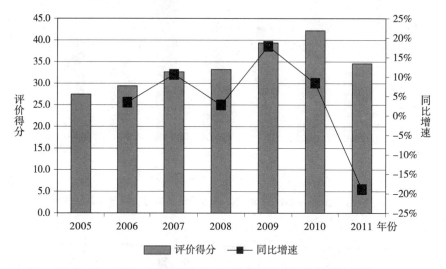

图 32-15　2005—2011 年陕西省环保指数评价得分及其变化情况

三、发 展 指 数

近年,陕西省的发展指数评价得分增长趋势明显。2005—2011 年,发展指数每年都有不同幅度的增加,尤其 2006 年和 2010 年得分增幅较大,最终得分增加了近 20 分,实现了 8.65% 的年均增幅。相对于指数得分的变化,指数排名则由 2005 年的全国第 18 名提升到 2011 年的全国第 15 名,排名提升了 3 个位次。

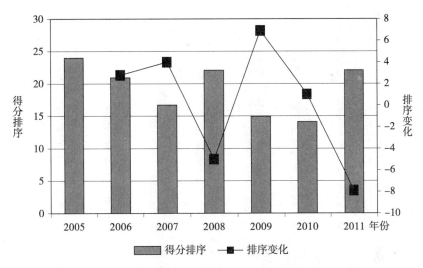

图 32-16　2005—2011 年陕西省环保指数排序及其变化情况

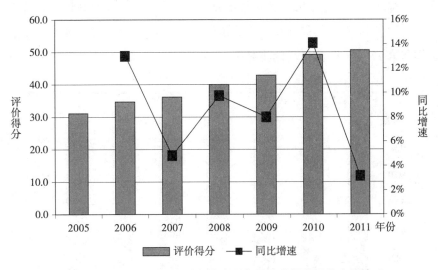

图 32-17　2005—2011 年陕西省发展指数评价得分及其变化情况

四、低碳环保发展综合指数

近年来,陕西省的低碳环保发展综合指数评价得分在增加的过程中,其在

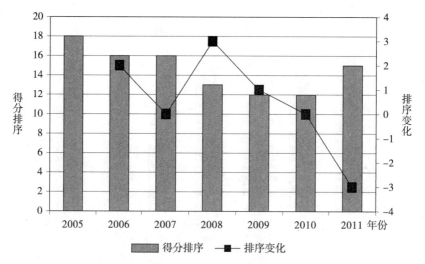

图 32-18　2005—2011 年陕西省发展指数排序及其变化情况

全国的排名却有小幅下降。评价结果显示,2005—2011 年综合指数评价得分总体增加了 24.60 分,但其在全国的地位却有 2 个位次的下降,即由最初的全国排名第 17 名下降到最后的排名第 19 名。

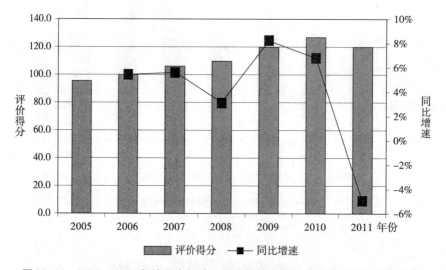

图 32-19　2005—2011 年陕西省低碳环保发展综合指数评价得分及其变化情况

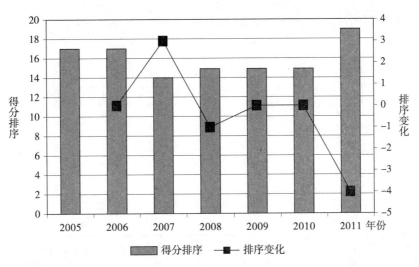

图 32-20　2005—2011 年陕西省低碳环保发展综合指数排序及其变化情况

第三十三章　甘肃省低碳环保发展指数评价

2011 年甘肃省概况:

国土面积 （万平方公里）	常驻人口 （万人）	城镇人口 （万人）	GDP （亿元）
42.58	2564	953	5020.37
工业增加值 （亿元）	三产结构	城镇居民家庭 人均现金消费支出 （元）	城镇居民家庭 平均每百户家 用汽车拥有量 （辆）
1923.95	13.52 : 47.36 : 39.12	11188.6	7.3
煤炭消费量 （万吨）	原油消费量 （万吨）	汽、煤、柴油消费量 （万吨）	电力消费量 （亿千瓦小时）
6303.00	1635.77	285.17	923.45
天然气消费量（亿立方米）		气　候	
15.85		温带季风气候	
规模以上工业行业从业人员前五行业:有色金属冶炼及压延加工业,煤炭开采和洗选业,电力、热力的生产和供应业,化学原料及化学制品制造业,黑色金属冶炼及压延加工业			

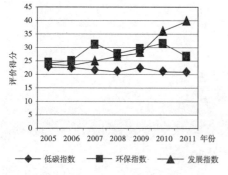

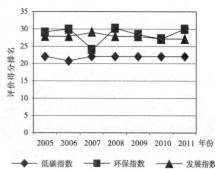

一、低碳指数

(一)低碳生产指数

2011 年,甘肃省的低碳生产指数评价得分只有 8.41 分,位居全国第 24 名,处在全国中下游位置。从低碳生产指数近年的动态变化看,2005—2011 年指数评价得分总体有所增加,但增加幅度并不大,期间得分年均增速 3.55%;指数排名变动幅度也不大,2005—2008 年和 2010 年指数排名全国第 25 名,只有 2009 年和 2011 年指数排名全国第 24 名,指数较为靠后的排名并未发生根本性变化。

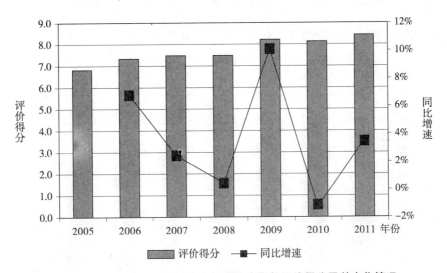

图 33-1 2005—2011 年甘肃省低碳生产指数评价得分及其变化情况

(二)低碳消费指数

由于甘肃省的经济社会发展水平相对较低,居民的消费水平并不高,故其低碳消费指数评价结果的表现相对较好。虽然 2005—2011 年全省低碳消费指数评价得分由 12.70 分下降到 8.35 分,但其在全国的地位并未因此而下

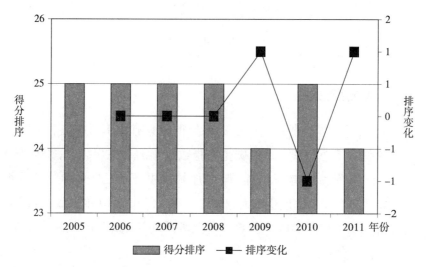

图 33-2 2005—2011 年甘肃省低碳生产指数排序及其变化情况

降,相反指数在全国的地位还有所上升,由 2005 年的排名第 12 名提升到排名第 9 名,长期以来指数一直处在全国中上游位置。

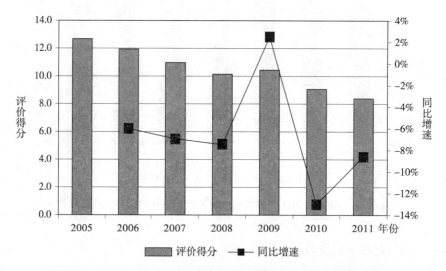

图 33-3 2005—2011 年甘肃省低碳消费指数评价得分及其变化情况

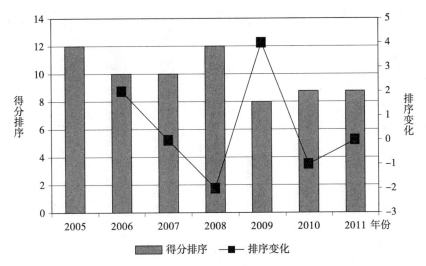

图 33-4 2005—2011 年甘肃省低碳消费指数排序及其变化情况

（三）低碳资源指数

甘肃省地处我国西北,森林资源相对缺乏,故其低碳资源指数评价得分并不高。2005—2008 年,全省低碳资源指数评价得分只有 3. 75 分,位居全国第 21 名;2009—2011 年指数评价得分增加到 4. 17 分,但排名却下降到了全国第 24 名。

（四）低碳指数

2005—2011 年,甘肃省的低碳指数评价得分不断下降(除 2009 年得分较上年有所增加外),期间指数得分减小了 2. 34 分,年均降幅 1. 75%。虽然指数评价得分有所下降,但其在全国的排名并未发生太大变化。评价结果显示,除 2006 年指数排名曾提升到全国第 21 名外,其年度指数排名均为全国第 22 名。

二、环 保 指 数

（一）环境污染指数

甘肃省的环境污染指数评价结果表现更差。2011 年,全省环境管理指数

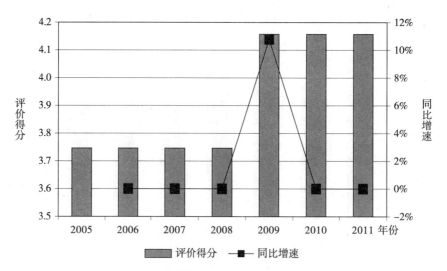

图 33-5 2005—2011 年甘肃省低碳资源指数评价得分及其变化情况

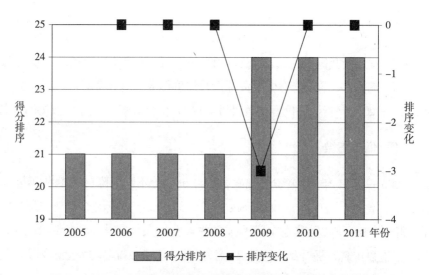

图 33-6 2005—2011 年甘肃省低碳资源指数排序及其变化情况

评价得分只有 7.91 分,全国排名倒数第二。从指数变化角度看,2005—2011
年,环境管理指数评价得分总体增加了 1.26 分,年均增幅 1.75%。相对得分
的变化,指数在全国的排名相对稳定,除 2006 年和 2011 年指数排名全国倒数
第二外,其年度指数排名均为全国倒数第三。

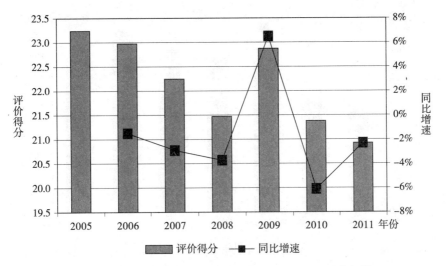

图 33-7 2005—2011 年甘肃省低碳指数评价得分及其变化情况

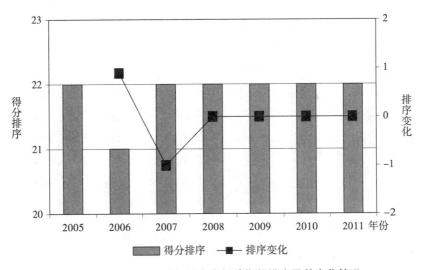

图 33-8 2005—2011 年甘肃省低碳指数排序及其变化情况

(二)环境管理指数

相对于环境污染指数,甘肃省的环境管理指数的评价得分起伏变化较大。
2005—2011 年,全省环境管理指数评价得分先后经历了两次上升和下降过

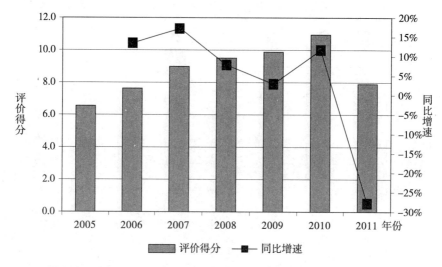

图33-9 2005—2011年甘肃省环境污染指数评价得分及其变化情况

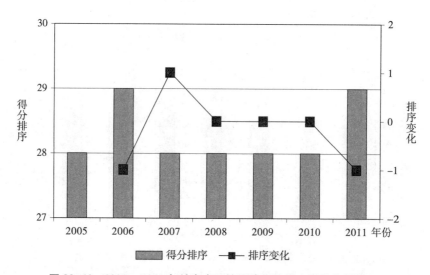

图33-10 2005—2011年甘肃省环境污染指数排序及其变化情况

程,指数得分总体增加了1.2分,年均增幅2.11%。指数排名也经历了两次上升和下降过程,但指数排名总体下降了4个位次。

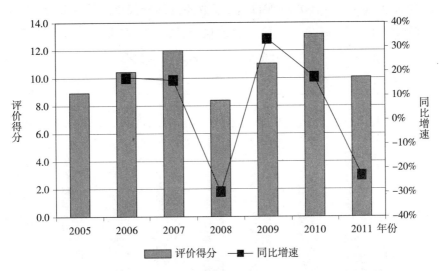

图 33-11　2005—2011 年甘肃省环境管理指数评价得分及其变化情况

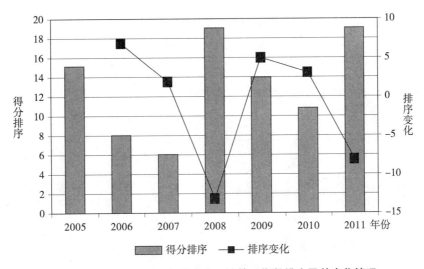

图 33-12　2005—2011 年甘肃省环境管理指数排序及其变化情况

(三)环境质量指数

甘肃省的环境质量指数评价结果表现更差。2011 年,全省环境质量评价得分 8.61 分,全国倒数第一。动态看,近期环境质量指数这种较差的表现还具有较强的稳定性。2005—2011 年,指数评价得分仅增加了 0.2 分,年均增幅只有 0.4%;环境质量指数排名更加稳定,除 2005 年排名全国倒数第二、2008 年全国倒数第三外,其他年度指数排名均为倒数第一。

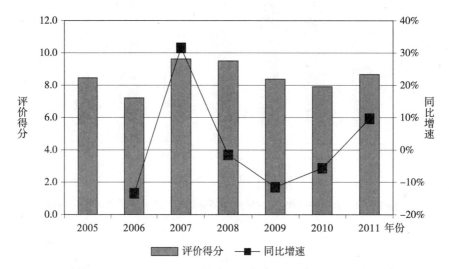

图 33-13　2005—2011 年甘肃省环境质量指数评价得分及其变化情况

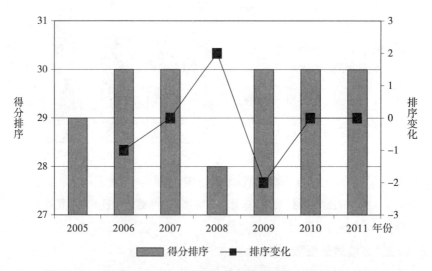

图 33-14　2005—2011 年甘肃省环境质量指数排序及其变化情况

(四)环保指数

2005—2011 年,甘肃省的环保指数评价得分虽然有起伏变化,但变化幅度并不大,指数得分总体增加了 2.67 分,年均增幅只有 1.77%;指数排名在起伏变化幅度也不大,相对于 2005 年排名全国第 29 名的排名,2001 年指数排名下降了一个位次,指数最高排名与最低排名也不过有 6 个位次的变化。

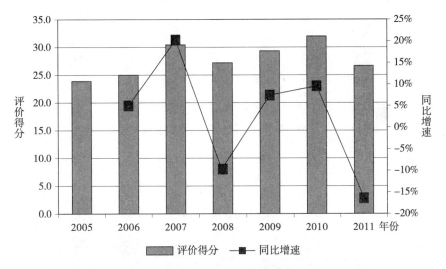

图 33-15　2005—2011 年甘肃省环保指数评价得分及其变化情况

三、发 展 指 数

近年,甘肃省的发展指数评价得分有一定幅度的增长,但其在全国的排名却非常稳定。2005—2011 年,全省发展指数评价得分增加了 15.19 分,年均增幅 8.27%。相对于指数得分的变化,指数排名变化幅度较小。2005—2006 年和 2008—2009 年指数排名全国倒数第三,2007 年全国排名倒数第二,2010—2011 年排名全国倒数第四,由此可见期间指数最大变化幅度也只有一个位次的变化。

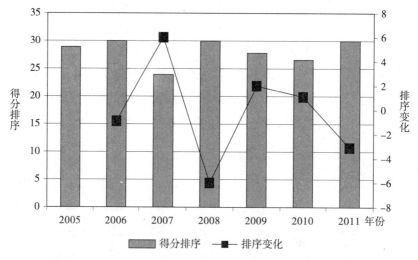

图 33-16　2005—2011 年甘肃省环保指数排序及其变化情况

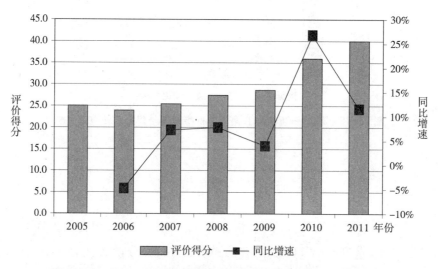

图 33-17　2005—2011 年甘肃省发展指数评价得分及其变化情况

四、低碳环保发展综合指数

甘肃省的低碳指数和发展指数对其低碳环保发展综合指数的影响较大。

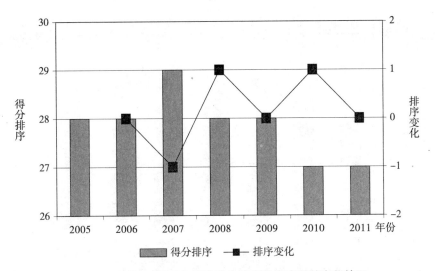

图 33-18 2005—2011年甘肃省发展指数排序及其变化情况

2005—2011年,综合指数评价得分仅增加了15.51分,年均增幅也只有3.3%,相对其他地区得分变化幅度偏小。综合指数在全国的排名更加"引人关注",除2007、2009、2010年指数排名全国倒数第二外,其他年度指数排名均为全国倒数第一。

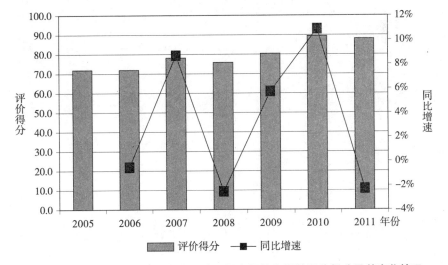

图 33-19 2005—2011年甘肃省低碳环保发展综合指数评价得分及其变化情况

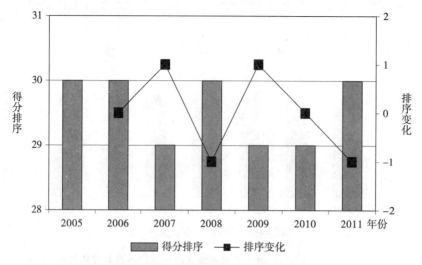

图 33-20　2005—2011 年甘肃省低碳环保发展综合指数排序及其变化情况

第三十四章　青海省低碳环保发展指数评价

2011 年青海省概况：

国土面积 （万平方公里）	常驻人口 （万人）	城镇人口 （万人）	GDP （亿元）
72.1	568	263	1670.44
工业增加值 （亿元）	三产结构	城镇居民家庭人均 现金消费支出 （元）	城镇居民家庭 平均每百户家 用汽车拥有量 （辆）
811.73	9.28：58.38：32.34	10955.5	6.1
煤炭消费量 （万吨）	原油消费量 （万吨）	汽、煤、柴油消费量 （万吨）	电力消费量 （亿千瓦小时）
1508.00	156.25	131.53	560.68
天然气消费量(亿立方米)		气　候	
32.05		大陆性高原气候	
规模以上工业行业增加值前五行业:有色金属冶炼及压延加工业、化学原料及化学制品制造业、石油和天然气开采业、煤炭开采和洗选业、电力、热力的生产和供应业			

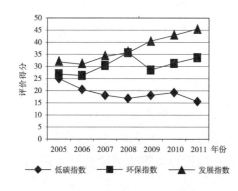

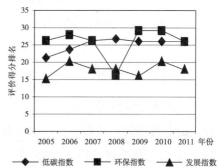

一、低碳指数

（一）低碳生产指数

2011 年,青海省的低碳生产指数评价得分只有 9.14 分,位居全国第 23 名,处于全国中下游位置。动态看,近年低碳指数评价得分有一定的起伏变化,2005—2007 年指数得分处在下降阶段,2008—2010 年指数得分处在上升阶段,2011 年指数得分又有所下降,总体看指数得分下降了 0.74 分,年均降幅 1.29%。低碳生产指数在全国的排名也有所下降,期间指数排名下降了 4 个位次。

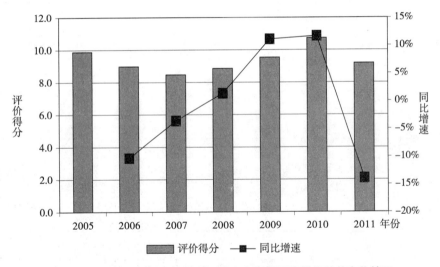

图 34-1　2005—2011 年青海省低碳生产指数评价得分及其变化情况

（二）低碳消费指数

近年青海省的低碳消费指数评价得分减小趋势明显。2005—2011 年,全省低碳消费指数评价得分由 13.96 分下降到 6.05 分,期间得分年均降幅高达 13.02%。与指数评价得分相似,指数在全国的排名下降幅度也很大,由全国

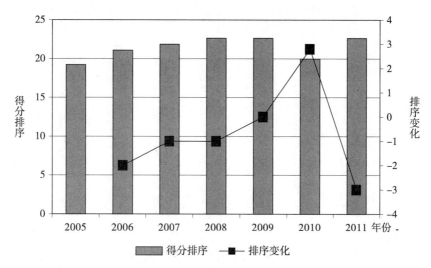

图34-2 2005—2011年青海省低碳生产指数排序及其变化情况

排名第9名一直下降到第19名,指数排名下降了10个位次,下降幅度较大。

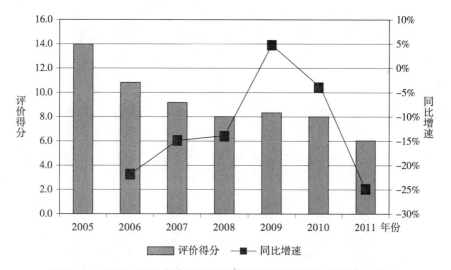

图34-3 2005—2011年青海省低碳消费指数评价得分及其变化情况

(三)低碳资源指数

青海省是青藏高原的一部分,区域内林木稀少,故其低碳资源评价结果的

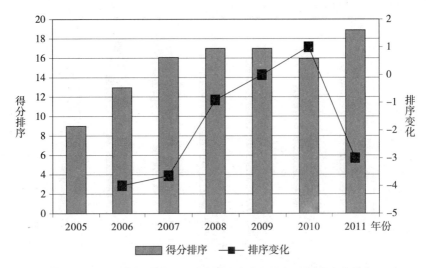

图 34-4 2005—2011 年青海省低碳消费指数排序及其变化情况

表现比较差。2005—2008 年,全省低碳资源指数评价得分只有 0.44 分,2009—2011 年指数评价得分虽有所增加,但得分仍然没有突破 0.5 分。较低的指数评价得分决定了其在全国的排名也比较靠后,长期以来指数排名一直是全国倒数第一。

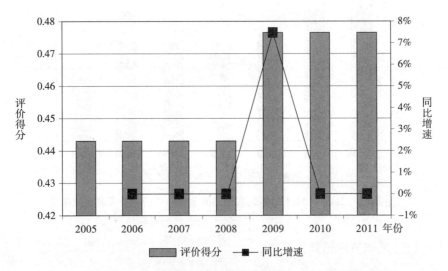

图 34-5 2005—2011 年青海省低碳资源指数评价得分及其变化情况

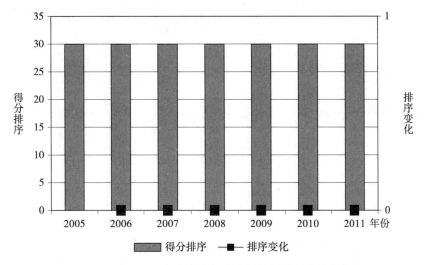

图 34-6　2005—2011 年青海省低碳资源指数排序及其变化情况

(四)低碳指数

受低碳生产指数和低碳消费指数的消极影响,近年青海省的低碳指数评价得分有所减小。评价结果显示,2005—2011 年指数得分虽然有一定起伏变化,但指数得分总体上仍减小了 8.62 分,年均降幅达 7.05%。低碳指数在全国的排名则由 2005 年的第 21 名下降到 2011 年的第 26 名,指数排名下降了 5个位次。

二、环　保　指　数

(一)环境污染指数

虽然青海省的经济社会发展水平并不高,但其经济社会活动环境污染物排放强度却很大,这造成其环境污染指数评价得分较低。2011 年,全省环境污染指数评价得分只有 8.8 分,位居全国倒数第四。虽然指数评价得分不高、排名不靠前,值得庆幸的是近期指数有一定改善,2005—2011 年指数得分增

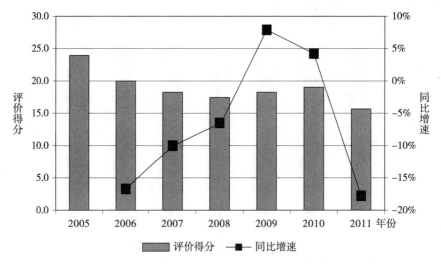

图 34-7 2005—2011 年青海省低碳指数评价得分及其变化情况

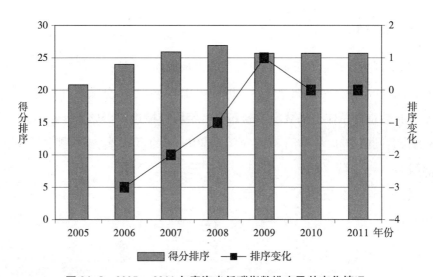

图 34-8 2005—2011 年青海省低碳指数排序及其变化情况

加了 1.29 分。环境污染指数在全国排名比较靠后的"命运"也没有发生改变,2005 年全国排名倒数第五,2006 年和 2011 年全国倒数第四,其他年度全国倒数第三。

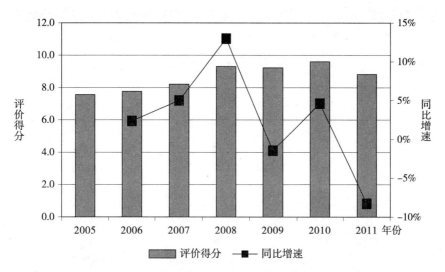

图 34-9 2005—2011 年青海省环境污染指数评价得分及其变化情况

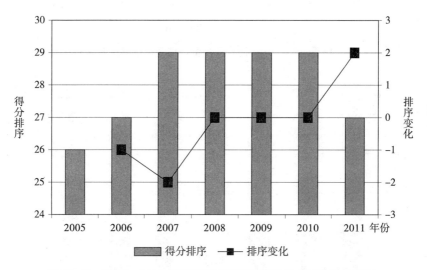

图 34-10 2005—2011 年青海省环境污染指数排序及其变化情况

（二）环境管理指数

相比上述各项指数,青海省的环境管理指数评价结果表现相对要好些。2011 年,全省环境管理指数评价得分 13.42 分,位居全国第 10。动态看,近期环境管理指数经历了两次爬升阶段,2005—2008 年指数处在第一个爬升阶段,得分增加了 7.78 分,排名提升了 12 个位次;2009—2011 年是第二个爬升阶段,得分增加了 3.76 分,排名提升了 9 个位次。

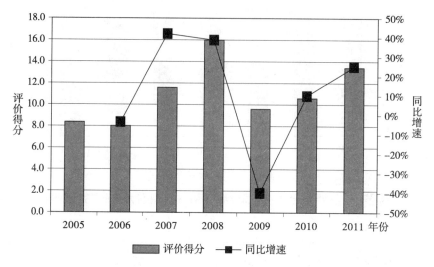

图 34-11 2005—2011 年青海省环境管理指数评价得分及其变化情况

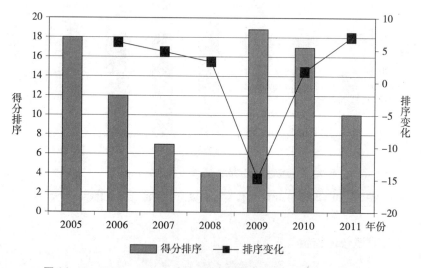

图 34-12 2005—2011 年青海省环境管理指数排序及其变化情况

（三）环境质量指数

2005—2011 年,青海省的环境质量指数评价得分呈现出起伏变化的特点,指数得分总体有所增加,得分增加了 0.36 分,增幅较小。指数在全国的排名也有起伏变化,但总体呈下降趋势,期间指数排名下降了 9 个位次,下降幅度较大。

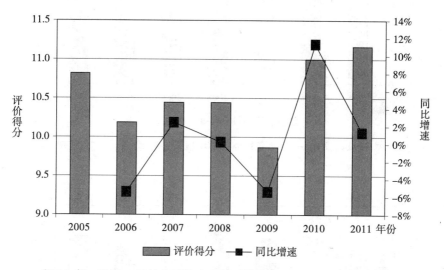

图 34-13　2005—2011 年青海省环境质量指数评价得分及其变化情况

（四）环保指数

在环境污染指数、环境管理指数和环境质量指数的共同影响下,青海省的环保指数评价得分起伏变化较大。2005—2011 年,环保指数评价得分总体经历了两次增长变化,其中 2005—2008 年指数得分增长趋势明显,2009—2011 年指数得分又进入增长阶段,期间得分总体增长了 6.6 分。相对于指数评价得分的变化,指数排名也有一定起伏变化。2006—2008 年指数排名持续提升,2009—2011 年指数排名又一次进入提升阶段,总体看指数排名并未发生变化(2005 年和 2011 年指数排名均为第 26 名)。

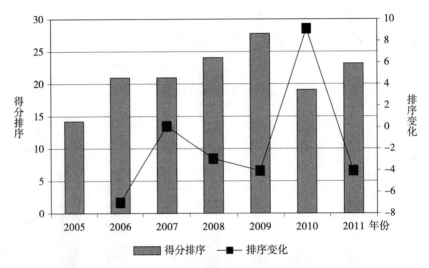

图 34-14　2005—2011 年青海省环境质量指数排序及其变化情况

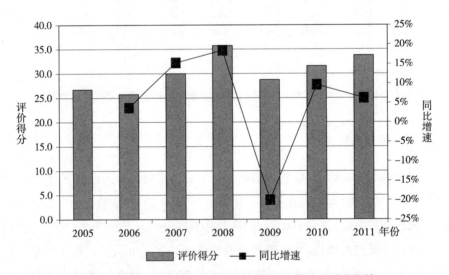

图 34-15　2005—2011 年青海省环保指数评价得分及其变化情况

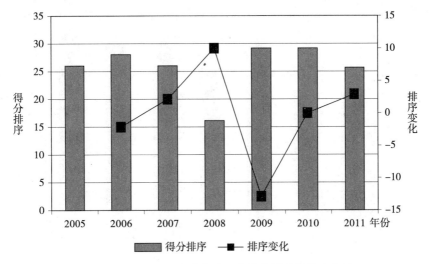

图 34-16　2005—2011 年青海省环保指数排序及其变化情况

三、发 展 指 数

2011 年,青海省的发展指数评价得分 45.86 分,位居全国第 18 名,处在全国中下游位置。动态看,近年发展指数评价得分虽然有所增加,但其在全国的排名却有所下降。2005—2011 年,发展指数评价得分增长了 13.52 分,年均增幅接近 6%,增幅相对于其地区仍显缓慢。正是因为发展指数评价得分的缓慢增长,其在全国的排名总体有所下降,由 2005 年的全国第 15 名下降到 2011 年的全国第 18 名。

四、低碳环保发展综合指数

青海省的低碳环保发展综合指数得分并不高,排名也不靠前。评价结果显示,2005—2011 年全省综合指数评价得分均未突破 100 分,即使最高得分也只有 94.9 分。正是因为如此,综合指数在全国的排名也很靠后,2005—2011 年指数排名全部在倒数位置,即使最靠前的排名,排名也只是第 25 名。

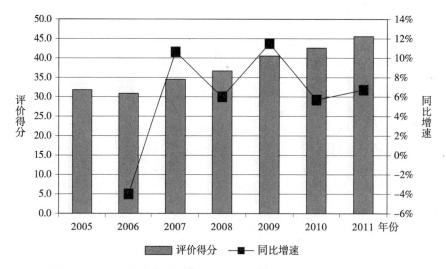

图 34-17　2005—2011 年青海省发展指数评价得分及其变化情况

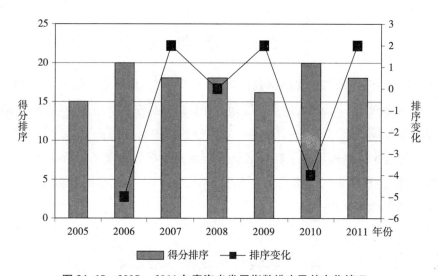

图 34-18　2005—2011 年青海省发展指数排序及其变化情况

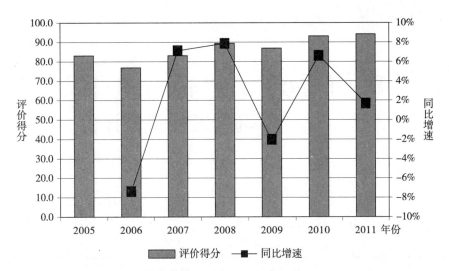

图 34-19 2005—2011 年青海省低碳环保发展综合指数评价得分及其变化情况

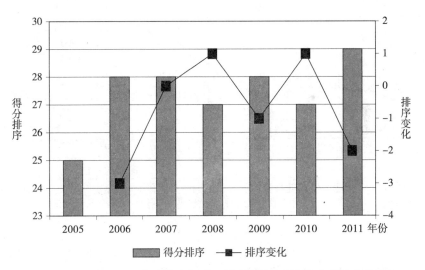

图 34-20 2005—2011 年青海省低碳环保发展综合指数排序及其变化情况

第三十五章 宁夏回族自治区低碳环保发展指数评价

2011 年宁夏回族自治区概况：

国土面积 （万平方公里）	常驻人口 （万人）	城镇人口 （万人）	GDP （亿元）
6.64	639	319	2102.21
工业增加值 （亿元）	三产结构	城镇居民家庭人均 现金消费支出 （元）	城镇居民家庭 平均每百户家 用汽车拥有量（辆）
816.79	8.76∶50.24∶41.00	12896.0	12.4
煤炭消费量 （万吨）	原油消费量 （万吨）	汽、煤、柴油消费量 （万吨）	电力消费量 （亿千瓦小时）
7947.00	91.71	131.42	724.54
天然气消费量（亿立方米）		气　候	
18.58		温带大陆性气候	
规模以上工业行业产值前五行业：电力、热力的生产和供应业、煤炭开采和洗选业、有色 金属冶炼及压延加工业、化学原料及化学制品制造业、黑色金属冶炼及压延加工业			

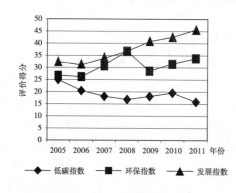

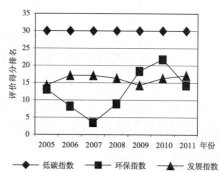

一、低碳指数

（一）低碳生产指数

长期以来,宁夏回族自治区的低碳生产指数在全国一直处于垫底的位置。2005—2011年,虽然低碳生产指数评价得分总体处于上升趋势,但评价得分很低,历年得分全部低于4.5分。正是因为有如此低的评价得分,指数在全国的排名一直稳定在全国倒数第一的位置。

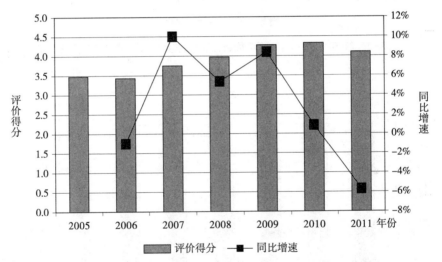

图35-1　2005—2011年宁夏回族自治区低碳生产指数评价得分及其变化情况

（二）低碳消费指数

尽管宁夏回族自治区的经济社会发展水平有限,居民消费能力相对较弱,但其低碳消费指数评价得分却很低。2005—2011年,低碳消费指数评价得分连年下降,由4.79分下降到2.43分,年均下降幅度超过了10%。正是由于其低碳消费指数评价得分较低、且还连续下降,所以其在全国垫底的排名近年并未发生变化,除2005年指数排名全国倒数第一外,其年度排名均为倒数第二。

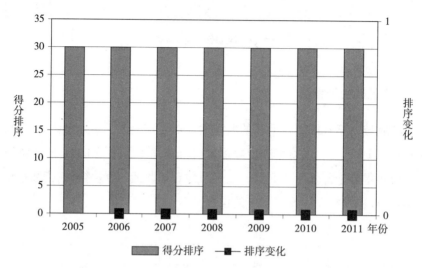

图 35-2　2005—2011 年宁夏回族自治区低碳生产指数排序及其变化情况

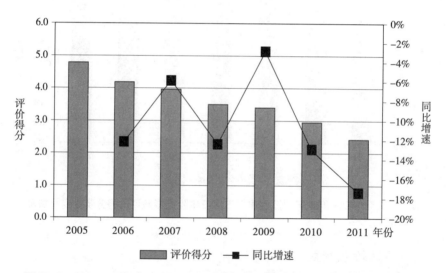

图 35-3　2005—2011 年宁夏回族自治区低碳消费指数评价得分及其变化情况

(三)低碳资源指数

宁夏回族自治区低碳资源指数评价结果的表现也不容乐观。2005—2008 年,低碳资源指数评价得分只有 0.71 分,虽然 2009—2011 年指数得

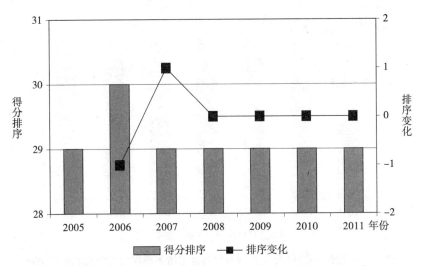

图 35-4　2005—2011 年宁夏回族自治区低碳消费指数排序及其变化情况

分有所增加,但得分仍然没有突破 1 分,评价得分很低。不仅指数得分较低,其在全国的排名很靠后,长期以来指数排名一直维持在全国倒数第二的位置。

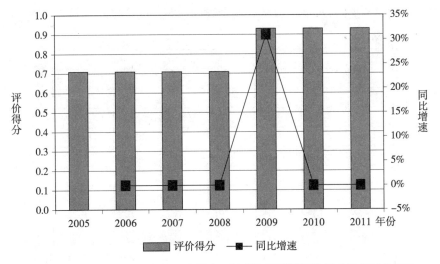

图 35-5　2005—2011 年宁夏回族自治区低碳资源指数评价得分及其变化情况

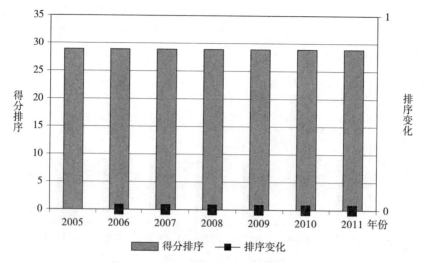

图 35-6 2005—2011 年宁夏回族自治区低碳资源指数排序及其变化情况

(四)低碳指数

2005—2011 年,宁夏回族自治区的低碳指数评价得分全部低于 9 分,虽然期间指数得分有一定起伏变化,但得分总体还是有所恶化。低碳指数在全国的排名表现更差,长期一直坚守在全国倒数第一的位置。

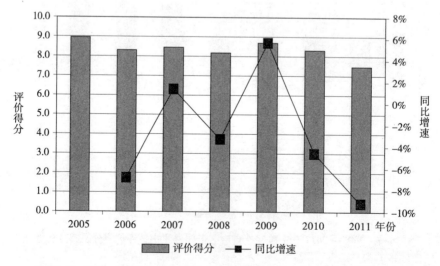

图 35-7 2005—2011 年宁夏回族自治区低碳指数评价得分及其变化情况

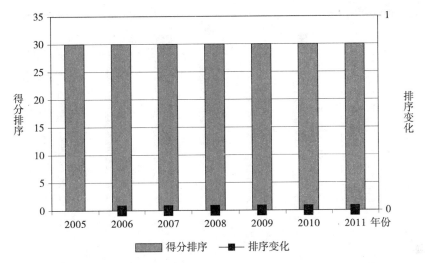

图 35-8　2005—2011 年宁夏回族自治区低碳指数排序及其变化情况

二、环保指数

(一)环境污染指数

近年,宁夏回族自治区的环境污染指数评价得分起伏变化明显,但其在全国的排名却非常稳定。2005—2009 年,环境污染指数评价得分处于上升阶段,2009—2011 年指数得分处于下降阶段,总体看指数得分有小幅增加,年均增幅只有 4.32%。虽然指数评价得分有起伏变化,但其在全国的排名却非常稳定,排名长期维持在全国倒数第一的位置。

(二)环境管理指数

相对于上述各项指数,宁夏回族自治区环境管理指数的评价结果表现比较抢眼。2011 年,环境管理指数评价得分 23.33 分,排名全国第二。动态看,近年环境管理指数评价得分有"增加-减小-增加"的变化过程,2005—2007年得分处在增加阶段,2007—2010 年得分下降趋势明显,2010—2011 年得分

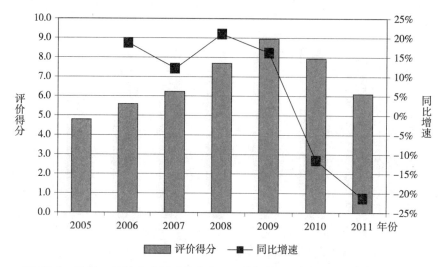

图 35-9   2005—2011 年宁夏回族自治区环境污染指数评价得分及其变化情况

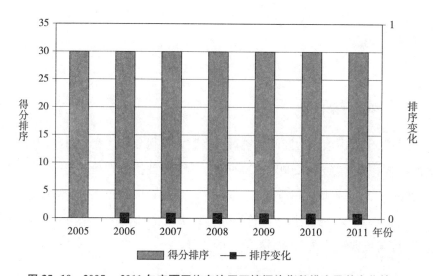

图 35-10   2005—2011 年宁夏回族自治区环境污染指数排序及其变化情况

又有所增加,期间指数得分总体有所增加,但幅度并不大,年均增幅 5.32%。环境管理指数在全国的排名虽然也有所起伏,但总体相对稳定,除 2010 年下滑至全国第五名,2009 年和 2011 年下滑到全国第二名外,其年度指数排名全国第一。

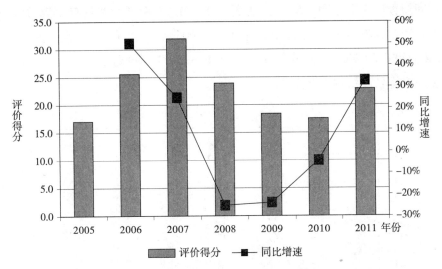

图 35-11　2005—2011 年宁夏回族自治区环境管理指数评价得分及其变化情况

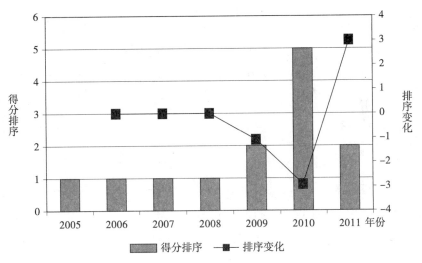

图 35-12　2005—2011 年宁夏回族自治区环境管理指数排序及其变化情况

（三）环境质量指数

2011 年,环境质量指数评价得分 11.75 分,排名全国第 12 名,处在全国中游位置。动态看,近期环境质量指数有一定起伏变化,但变化幅度并不大,期间指数最高得分 11.75 分,最低得分 11.01 分,两者相差只有 0.74 分。环境管理指数排名起伏变化幅度也不大,2005 年和 2008 年排名全国第 10,2006、2007 和 2009 年排名全国第 13,2010—2011 年排名全国第 12,最高排名和最低排名仅相差 3 个位次。

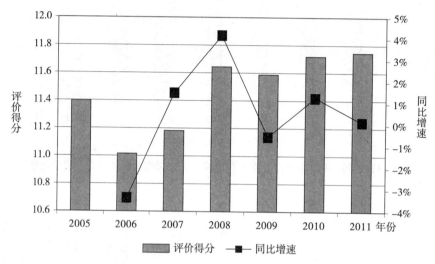

图 35-13　2005—2011 年宁夏回族自治区环境质量指数评价得分及其变化情况

(四)环保指数

2011 年,环保指数评价得分 41.23 分,位居全国第 14,处于全国中游位置。不过近期指数起伏变动幅度较大,2005—2011 年指数评价得分经历了先增加后减小再增加的过程,得分变化幅度达到 16.40 分;指数排名也是经历了先提升后下降再提升的过程,指数排名变化幅度则达到了 19 个位次。

三、发 展 指 数

发展指数在评价得分逐渐增加的过程中,排名总体却有所下降。2005—2011 年,发展指数评价得分获得了连续增加,得分由 32.56 分增加到 48.13

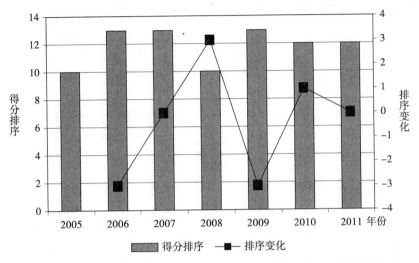

图 35-14 2005—2011 年宁夏回族自治区环境质量指数排序及其变化情况

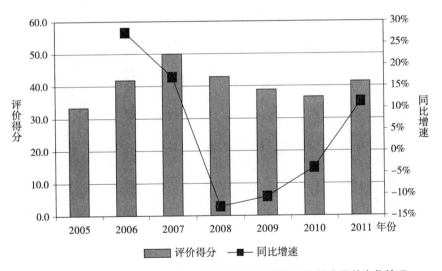

图 35-15 2005—2011 年宁夏回族自治区环保指数评价得分及其变化情况

分,年均增幅 6.73%。在指数得分不断增加的过程中,指数在全国的排名却由全国第 14 名下降全国第 17 名,期间指数排名下降了 3 个位次。

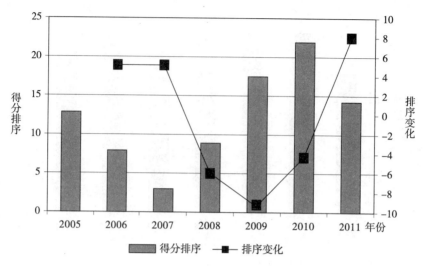

图 35-16　2005—2011 年宁夏回族自治区环保指数排序及其变化情况

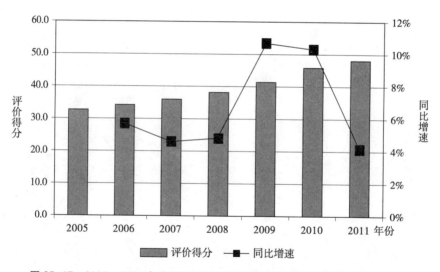

图 35-17　2005—2011 年宁夏回族自治区发展指数评价得分及其变化情况

四、低碳环保发展综合指数

由于低碳指数得分太低,其对低碳环保发展综合指数的影响很大。虽然

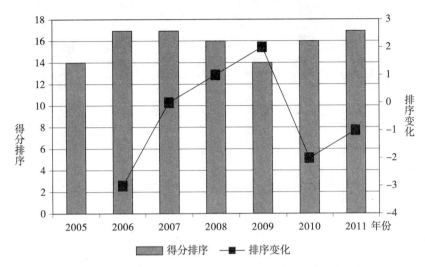

图35-18 2005—2011年宁夏回族自治区发展指数排序及其变化情况

2005—2011年综合指数评价得分总体有所增加(由2005年的74.80分增加到2011年的96.82分),但其在全国的排名却没有发生相应的提升,起初指数排名全国倒数第四,后期指数排名仍然是全国倒数第四。

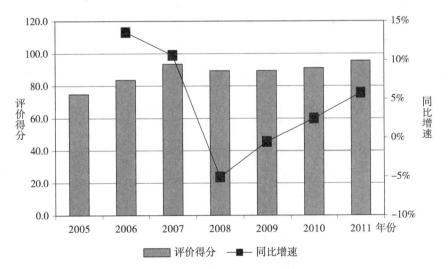

图35-19 2005—2011年宁夏回族自治区低碳环保发展
综合指数评价得分及其变化情况

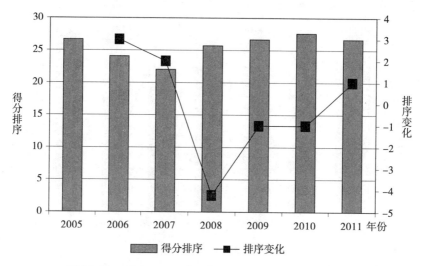

图 35-20　2005—2011 年宁夏回族自治区低碳环保发展
综合指数排序及其变化情况

第三十六章 新疆维吾尔自治区低碳环保发展指数评价

2011 年新疆维吾尔自治区概况：

国土面积 （万平方公里）	常驻人口 （万人）	城镇人口 （万人）	GDP （亿元）
166.49	2209	962	6610.05
工业增加值 （亿元）	三产结构	城镇居民家庭人均 现金消费支出 （元）	城镇居民家庭 平均每百户家 用汽车拥有量 （辆）
2700.20	17.23：48.80：33.97	11839.4	12.3
煤炭消费量 （万吨）	原油消费量 （万吨）	汽、煤、柴油消费量 （万吨）	电力消费量 （亿千瓦小时）
9745.00	2598.46	566.68	839.10
天然气消费量(亿立方米)		气 候	
95.02		温带大陆性气候	
规模以上工业行业增加值前五行业:石油和天然气开采业、石油加工、炼焦及核燃料加工业、电力、热力的生产和供应业、化学原料及化学制品制造业、煤炭开采和洗选业			

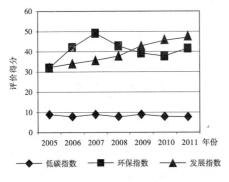

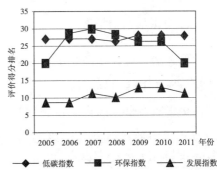

一、低碳指数

（一）低碳生产指数

2005—2011 年,新疆维吾尔自治区的低碳生产指数评价得分在起伏变化中总体有所减小,但减小幅度并不大,年均减小幅度只有 0.07%。虽然指数评价得分减小幅度很小,但这也引起了其在全国排名的下降。2005 年指数排名全国第 23 名,到 2011 年指数排名已经降到全国第 25 名的位置。

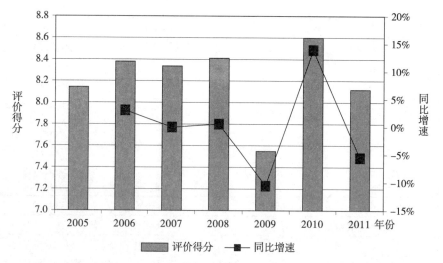

图 36-1 2005—2011 年新疆维吾尔自治区低碳生产指数评价得分及其变化情况

（二）低碳消费指数

低碳消费指数评价得分减小幅度更大。2005—2011 年,低碳消费指数评价得分连年下降,得分由 8.90 分逐渐降到 5.28 分,年均降幅达到 8.34%。低碳消费指数在全国的排名也是逐步下降,2005—2008 年排名全国第 18 名,2009—2010 年排名全国第 29 名,2011 年排名又下降至全国第 21 名,指数排名总体下降了 3 个位次。

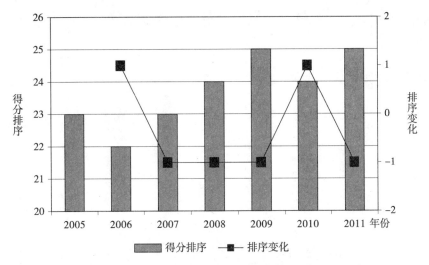

图 36-2　2005—2011 年新疆低碳生产指数排序及其变化情况

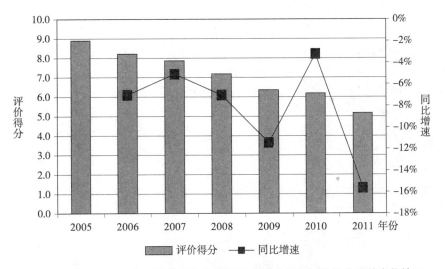

图 36-3　2005—2011 年新疆维吾尔自治区低碳消费指数评价得分及其变化情况

（三）低碳资源指数

新疆地域面积大，区域多山地、沙漠、戈壁，林地所占比重较小，故其低碳资源指数评价得分也很低。2005—2008 年，低碳资源指数评价得分只有 1.46

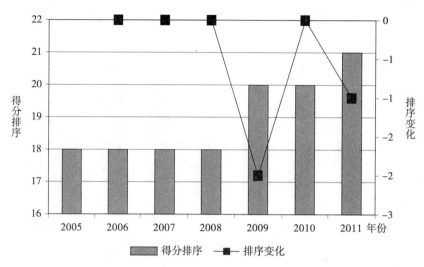

图 36-4 2005—2011 年新疆维吾尔自治区低碳消费指数排序及其变化情况

分,虽然 2009—2011 年指数得分提升至 1.58 分,但得分增幅相对较小。正是由于低碳资源指数评价得分低、增长缓慢,其在全国的排名非常稳定,长期一直排名全国倒数第三。

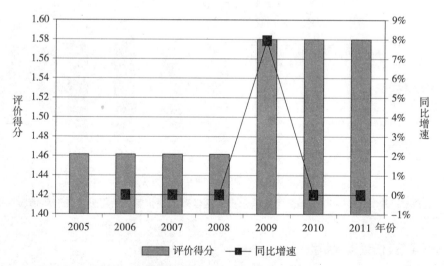

图 36-5 2005—2011 年新疆维吾尔自治区低碳资源指数评价得分及其变化情况

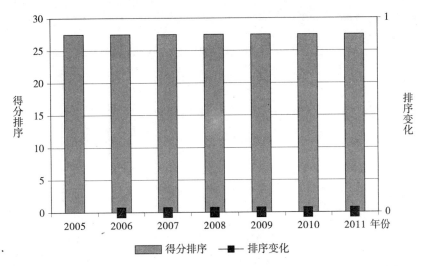

图 36-6　2005—2011 年新疆维吾尔自治区低碳资源指数排序及其变化情况

(四)低碳指数

在低碳生产指数、低碳消费指数和低碳资源指数的共同影响下,近年低碳指数评价得分有所减小。2005—2011 年间,除 2010 年的低碳指数评价得分相对上年有所增加外,其他年度的指数评价得分均有所降低,指数得分总体减小了 3.54 分。低碳指数在全国的排名也有所下降,2005—2007 年指数排名全国倒数第四,2009—2011 年排名全国倒数第三,前后两个阶段指数排名相差了一个位次。

二、环保指数

(一)环境污染指数

2005—2011 年,环境污染指数评价得分虽然有一定起伏变化,但总体有所减小,得分减小了 1.22 分,减小幅度并不大。虽然环境污染指数评价得分变化幅度不大,其在全国的排名却有较大幅度的下降。2005—2006 年指数排

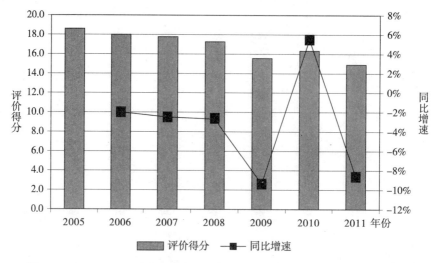

图 36-7　2005—2011 年新疆维吾尔自治区低碳指数评价得分及其变化情况

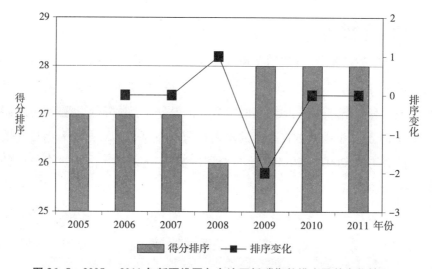

图 36-8　2005—2011 年新疆维吾尔自治区低碳指数排序及其变化情况

名全国第 22 名,但到 2011 年指数排名已经下降到全国倒数第三,期间指数排名下降了 6 个位次。

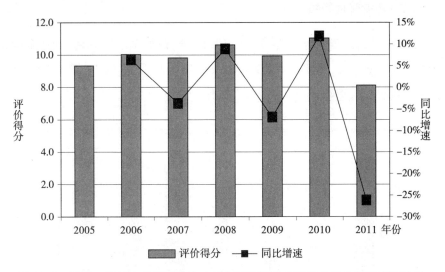

图 36-9　2005—2011 年新疆维吾尔自治区环境污染指数评价得分及其变化情况

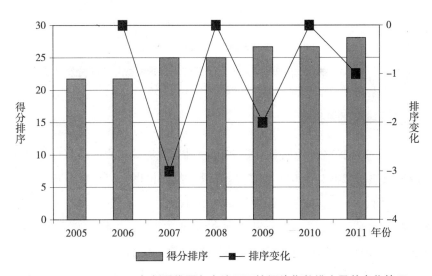

图 36-10　2005—2011 年新疆维吾尔自治区环境污染指数排序及其变化情况

(二)环境管理指数

2011 年,环境管理指数评价得分 17.18 分,位居全国第 7 名,处在全国中上游位置。动态看,近期环境管理指数评价得分经历了"较小-增加-减小-增加"的曲折过程,指数排名则经历了"提升-下降-提升-下降"的过程。

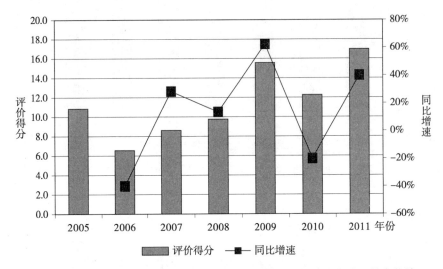

图 36-11 2005—2011 年新疆维吾尔自治区环境管理指数评价得分及其变化情况

(三)环境质量指数

近年,新疆地区环境质量指数在评价得分增加的过程中排名却有所下降。评价结果显示,2005—2011 年,环境质量指数评价得分有小幅增长,评价得分总体增加了 0.7 分,年均增幅 1.26%。相对而言,环境质量指数在全国的排名下降幅度相对要大,2005 年指数排名全国倒数第五,2006—2007 年排名全国倒数第三,2008—2011 年排名进一步下降到全国倒数第二。

(四)环保指数

2005—2011 年,环保指数评价得分总体呈现出"增加-减小"的两个阶段,其中 2005—2006 年指数得分处在下降阶段,2007—2011 年指数得分总体

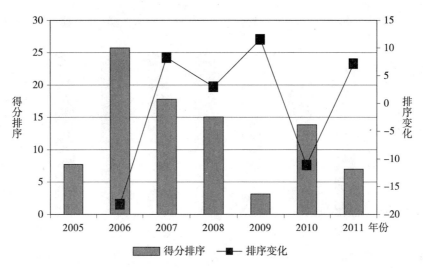

图 36-12　2005—2011 年新疆维吾尔自治区环境管理指数排序及其变化情况

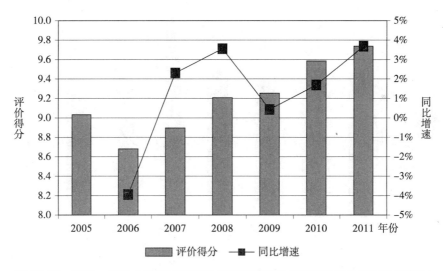

图 36-13　2005—2011 年新疆维吾尔自治区环境质量指数评价得分及其变化情况

处在上升阶段;指数排名"下降-上升"的阶段性更加明显,2005—2006 年指数排名由第 20 名下降到全国倒数第一,2007—2011 年指数排名又有全国倒数第一提升到第 20 名。

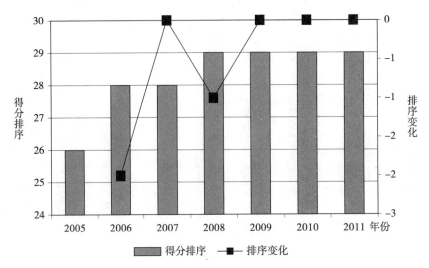

图 36-14　2005—2011 年新疆维吾尔自治区环境质量指数排序及其变化情况

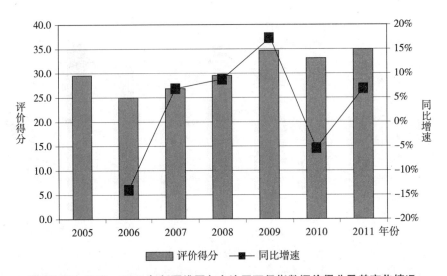

图 36-15　2005—2011 年新疆维吾尔自治区环保指数评价得分及其变化情况

三、发展指数

2011 年,发展指数评价得分 56.65 分,位居全国第 11 名,处在全国中上

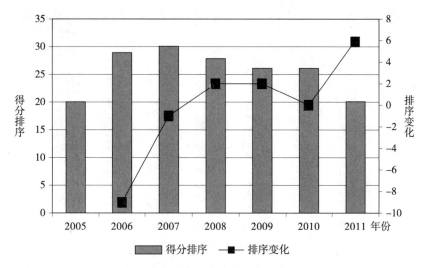

图 36-16　2005—2011 年新疆维吾尔自治区环保指数排序及其变化情况

游位置。动态看,近期指数评价得分增长趋势明显,2005—2011 年指数评价
得分增加了 18.41 分,年均增幅 6.77%。尽管如此,指数得分增幅相对其地区
仍显较小,故其在全国的排名发生了相应的下降,指数排名由 2005 年的全国
第 9 名下降到 2011 年的全国第 11 名。

四、低碳环保发展综合指数

2011 年,低碳环保按照综合指数评价得分 106.81 分,位居全国第 23 名,
处在全国中下游位置。动态看,近期综合指数评价得分在增长的过程中,指数
在全国的排名总体保持稳定。2005—2011 年,综合指数评价得分由 86.22 分
增加到 106.81 分,年均增幅 3.63%;综合指数的排名则经历了曲折性的变化,
2005 年全国排名第 23 名,2006—2008 年指数排名下降到全国第 25 名的,
2009—2010 年排名进一步下降到第 26 名,但 2011 年指数排名又回升到了全
国第 23 名。

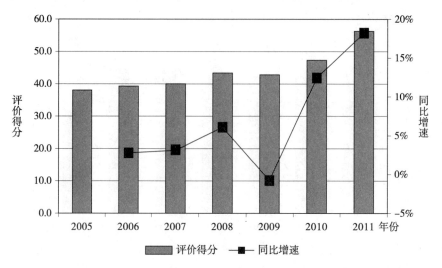

图 36-17　2005—2011 年新疆维吾尔自治区发展指数评价得分及其变化情况

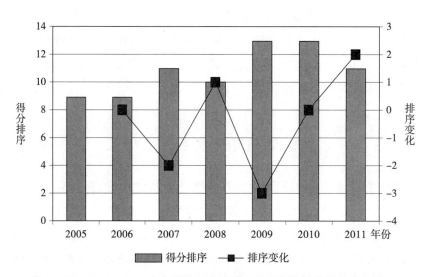

图 36-18　2005—2011 年新疆维吾尔自治区发展指数排序及其变化情况

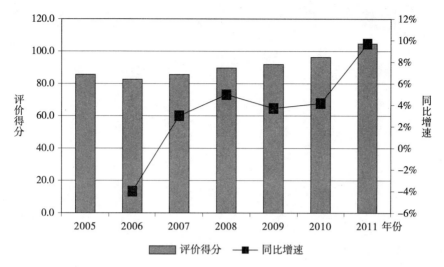

图 36-19　2005—2011 年新疆维吾尔自治区低碳环保发展
综合指数评价得分及其变化情况

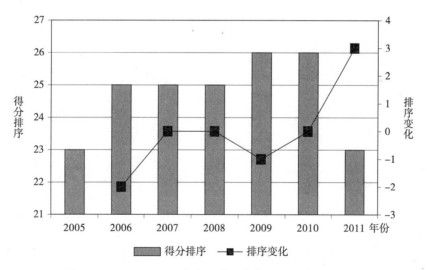

图 36-20　2005—2011 年新疆维吾尔自治区低碳环保发展
综合指数排序及其变化情况

下　篇

中国城市低碳环保发展指数评价

第三十七章　中国城市低碳环保
发展指数总体评价

一、低 碳 指 数

（一）低碳生产指数

1. 低碳生产指数城市差异不大,总体看得分处于不断增长中

2011 年,内江市、巴中市、资阳市、金昌市和庆阳市低碳生产指数评价得分相对较高,它们的低碳生产指数评价得分均超过了 48 分,排名城市前五。但是中卫市、焦作市、石嘴山市、安阳市和乌海市的低碳生产指数评价得分要低很多,它们的评价得分均没有超过 2.3 分,在城市中排名后五位。由于无法获取城市煤炭、汽油、柴油等化石能源消费统计指标,只能利用电力和燃气消费来反映城市碳排放水平,而城市间经济社会活动对电力、燃气消费差异并不大,所以城市间低碳生产指数差异性也较小。这可以从城市低碳生产指数评价得分离散系数得以验证,2011 年样本城市的低碳生产指数评价得分的离散系数只有 1.49。

由于利用指标数据限制,从动态变化角度看,城市低碳生产指数评价得分总体呈现出增加的特点。2005—2011 年,样本城市中指数评价有 217 个得分增加的城市,尤其保山市、三亚市、滁州市、金昌市和赣州市的指数增加较大,期间年均增幅均超过了 34%;样本城市指数下降的城市有 68 个,其中安顺市、曲靖市、梧州市、宿迁市和延安市的指数下降幅度较大,期间它们的年均下降幅度全部超过了 15%。因此,我国城市低碳生产指数评价得分总体处于增加趋势中,这与地区低碳生产指数评价结果恰恰相反。

2. 华北地区沦为低碳生产指数塌陷地,周边个别城市指数有不俗表现

城市低碳生产指数空间分布格局比较特殊,在零散的分布格局中,按照指数评价得分大小,可以把指数划分为三个大类别区。第一个类别区集中分布在陕西、四川、湖北、云南地区,这些城市的低碳生产指数评价得分一般较高;第二个类别区域集中分布在东南沿海以及其腹地区域内,这些城市的低碳生产指数评价得分也不低;第三类别区集中在我国华北及其周边地区,比如内蒙古、山西、宁夏、河北、辽宁、河南和山东西部地区,这些区域内城市的低碳生产指数评价得分最低。

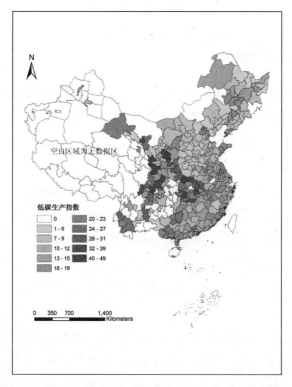

图 37-1　2011 年中国城市低碳生产指数空间分布格局示意图①

---

①　由于市辖区面积较小,利用市辖区面积颜色变化很难反映指数空间格局分布情况,故本文利用市区面积颜色变化来反映市辖区指数情况,下同

　　城市七大区域的低碳生产指数评价得分较为特殊。总体看西南地区、华南地区和华中地区低碳生产指数评价得分较高,华东地区和西北地区的低碳生产指数评价得分其次,东北地区和华北地区的低碳生产指数评价得分明显偏小。另外,近年七大区域指数评价得分起伏变化较大,比如华南地区指数评价得分呈先升后降的特点,但这并没有改变区域总体分布格局。

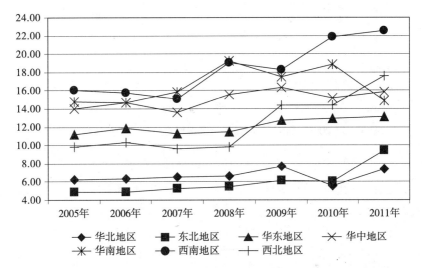

图 37-2　2005—2011 年中国七大区域城市低碳生产指数评价得分

　　城市低碳生产指数在三大区域层面的表现更加特殊。西部地区城市的低碳生产指数得分均值明显高于东部地区和中部地区,而东部地区城市的指数得分均值总体又高于中部地区,这与地区低碳生产指数评价得分在三大区域的分布有所不同。不过 2005—2011 年,东部地区和中部地区城市的指数得分均值有交替变化,2010 年之前东部地区城市的指数得分均值一直高于中部地区,但 2011 年中部地区城市的指数得分均值超过了东部地区。

3. 大型城市低碳生产指数得分较高,中小城市低碳生产指数得分较低

　　从城市类型看,城市低碳生产指数表现出城市规模越大,低碳生产指数评价得分越高的现象。不同人口规模城市低碳生产指数评价得分均值显示,人口规模 100 万以上的城市低碳生产指数明显要高于人口规模 100 万以下的城

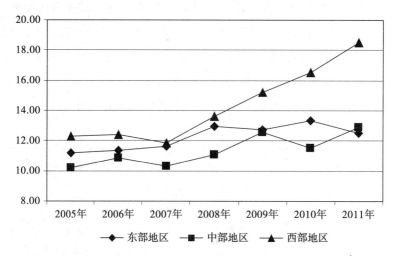

图 37-3 2005—2011 年中国三大区域城市低碳生产指数评价得分

市,评价得分最低的是 50 万—100 万人口规模的城市。尽管 2005—2011 年,不同类型城市低碳生产指数评价得分均有所增加,但这并没有改变大城市低碳生产指数得分较高,中小城市低碳生产指数得分较低的格局。

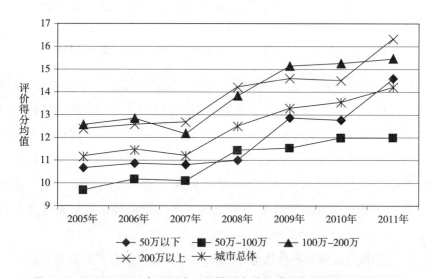

图 37-4 2005—2011 年不同人口规模城市的低碳生产指数评价得分均值

表 37-1　2005—2011 年城市低碳生产指数评价得分

	2005 年	2006 年	2007 年	2008 年	2009 年	2010 年	2011 年
北京市	11.21	13.28	12.80	11.49	12.92	13.77	22.25
天津市	8.16	8.38	8.36	9.03	10.12	10.06	13.11
石家庄市	4.97	5.14	5.76	6.37	6.18	6.06	8.41
唐山市	3.94	4.35	3.90	4.50	4.28	4.17	4.78
秦皇岛市	5.24	5.07	5.29	5.47	5.57	7.40	10.03
邯郸市	3.72	4.94	9.06	9.24	8.42	7.15	8.25
邢台市	3.08	3.29	3.18	3.56	3.09	3.16	3.90
保定市	3.74	3.99	4.45	4.41	6.59	7.77	7.52
张家口市	3.62	4.39	4.54	4.57	4.91	3.87	4.51
承德市	3.62	3.38	3.44	3.64	3.48	3.29	4.37
沧州市	6.82	7.42	8.44	8.09	9.79	6.66	7.85
廊坊市	6.69	7.09	7.41	7.15	8.04	8.20	6.10
衡水市	6.79	6.57	6.58	6.95	6.38	4.68	6.33
太原市	6.98	7.29	7.38	6.47	8.48	5.83	5.95
大同市	5.13	4.53	6.50	7.03	3.94	5.88	7.83
阳泉市	2.87	3.34	2.95	2.64	3.78	3.04	2.96
长治市	4.41	4.61	4.41	5.42	4.99	3.76	4.69
晋城市	9.56	5.37	4.00	6.01	6.34	5.28	6.61
朔州市	6.60	7.30	8.79	5.88	46.86	8.22	9.04
晋中市	6.13	5.42	6.31	4.76	4.89	3.81	6.22
运城市	2.73	2.75	3.15	3.02	3.07	2.35	2.92
忻州市	4.52	4.48	4.86	6.72	4.34	4.00	6.79
临汾市	4.11	4.48	5.67	7.45	5.97	5.43	5.45
吕梁市	12.06	12.23	8.66	11.33	4.33	3.68	9.08
呼和浩特市	9.00	10.04	11.37	11.56	10.97	5.74	8.30
包头市	4.56	5.26	5.29	5.20	7.45	6.89	6.88
乌海市	1.62	1.74	1.65	1.68	2.41	2.48	2.27
赤峰市	3.90	4.39	4.66	4.62	5.16	5.25	8.26
通辽市	7.01	4.39	3.26	3.43	4.55	4.23	4.39
鄂尔多斯市	15.51	16.20	19.72	18.13	17.13	4.84	6.62

续表

	2005 年	2006 年	2007 年	2008 年	2009 年	2010 年	2011 年
呼伦贝尔市	3.86	3.59	4.31	5.17	6.62	6.58	14.20
巴彦淖尔市	9.36	10.02	11.74	9.87	7.75	6.90	10.46
乌兰察布市	14.34	13.88	8.95	7.42	4.75	4.39	7.06
沈阳市	9.63	11.04	11.92	12.66	12.35	11.71	17.42
大连市	8.76	8.47	9.55	10.20	10.14	10.27	15.64
鞍山市	5.32	4.90	5.55	6.36	5.98	5.76	6.62
抚顺市	3.60	4.01	4.66	4.76	4.70	4.60	6.61
本溪市	3.14	3.19	3.46	3.96	3.56	4.15	5.02
丹东市	3.98	4.24	4.12	4.68	3.84	3.93	8.02
锦州市	5.41	5.85	6.13	6.88	7.42	5.32	8.75
营口市	2.92	3.36	4.45	6.84	6.40	4.98	6.30
阜新市	3.51	3.43	3.50	3.72	3.28	3.65	5.72
辽阳市	3.01	3.01	3.66	3.93	3.02	3.81	3.96
盘锦市	8.77	9.21	9.37	9.52	7.74	6.99	10.40
铁岭市	6.41	6.20	6.28	5.85	6.08	8.42	16.69
朝阳市	4.68	3.77	3.71	3.92	2.81	2.82	6.93
葫芦岛市	4.73	4.60	4.74	5.78	4.27	4.50	4.59
长春市	7.02	7.70	8.79	8.34	9.38	9.38	15.70
吉林市	3.56	3.70	4.14	4.64	7.48	7.71	8.42
四平市	3.32	3.70	2.78	7.17	3.61	3.94	4.51
辽源市	5.52	4.75	7.72	6.63	9.53	9.24	12.35
通化市	3.94	4.51	4.80	5.62	5.84	5.78	8.02
白山市	5.67	7.85	8.17	7.00	9.71	7.38	9.19
松原市	6.62	10.53	8.67	8.63	12.04	13.03	17.50
白城市	3.57	4.30	3.13	2.85	7.34	8.26	15.57
哈尔滨市	6.84	6.22	6.85	7.00	8.18	7.83	13.51
齐齐哈尔市	3.48	2.75	2.93	3.20	3.82	4.33	7.84
鸡西市	3.05	3.31	3.14	3.58	3.72	4.02	4.53
鹤岗市	2.57	3.05	3.34	3.47	3.76	3.41	5.78
双鸭山市	3.21	3.09	1.69	1.88	1.95	2.65	6.58
大庆市	5.25	5.42	5.36	5.33	10.84	10.65	14.08

续表

	2005 年	2006 年	2007 年	2008 年	2009 年	2010 年	2011 年
伊春市	4.13	3.07	3.26	3.51	3.82	3.54	5.53
佳木斯市	4.68	4.57	5.08	5.09	6.57	7.04	14.54
七台河市	5.19	4.89	7.17	5.46	5.84	5.71	11.36
牡丹江市	1.45	2.21	2.81	2.06	3.24	3.28	7.60
黑河市	2.63	2.29	3.11	1.62	2.18	2.05	5.67
绥化市	8.54	4.07	5.40	4.88	6.66	5.99	9.44
上海市	12.88	13.48	13.62	13.23	14.74	14.08	14.10
南京市	7.79	8.11	7.35	9.01	9.36	9.61	14.89
无锡市	11.17	11.73	12.29	12.88	15.29	14.00	13.95
徐州市	10.81	11.98	13.38	15.87	12.30	12.27	12.81
常州市	6.89	7.91	9.96	11.07	12.29	12.54	11.50
苏州市	7.97	11.64	12.02	12.41	15.29	15.21	14.06
南通市	8.72	9.33	10.02	10.81	14.57	15.26	14.19
连云港市	11.57	11.35	12.90	12.26	14.23	13.90	12.98
淮安市	10.35	11.53	11.85	11.35	13.25	14.90	13.65
盐城市	16.51	17.83	18.62	19.49	20.82	19.72	19.54
扬州市	15.07	15.83	16.02	13.69	14.58	16.42	25.58
镇江市	8.29	8.75	9.10	9.86	11.12	11.39	10.61
泰州市	11.58	12.25	13.03	15.08	15.27	16.98	16.19
宿迁市	28.90	15.78	15.45	14.76	15.59	13.21	10.53
杭州市	14.84	14.67	14.21	15.13	15.67	15.78	15.89
宁波市	12.17	11.75	11.37	12.32	13.58	14.59	15.90
温州市	13.27	13.09	12.90	13.57	13.72	13.79	13.71
嘉兴市	10.63	10.42	9.63	9.85	10.21	10.53	9.58
湖州市	11.46	10.97	10.50	10.95	11.05	11.64	12.82
绍兴市	7.27	7.41	7.02	7.43	7.18	7.81	12.21
金华市	14.20	13.66	13.21	13.75	14.04	14.44	14.55
衢州市	6.72	6.65	6.10	6.84	7.60	8.48	8.38
舟山市	16.44	20.21	20.13	18.92	18.51	18.04	21.02
台州市	15.12	15.14	14.88	14.73	14.11	15.09	14.92
丽水市	17.44	18.12	16.53	15.48	15.59	16.78	16.18

续表

	2005 年	2006 年	2007 年	2008 年	2009 年	2010 年	2011 年
合肥市	14.88	15.70	16.28	16.24	20.59	20.90	23.38
芜湖市	13.70	15.56	12.27	12.45	13.71	14.95	14.99
蚌埠市	9.01	9.99	9.79	10.11	10.37	5.91	12.21
淮南市	7.30	7.74	7.04	7.84	8.20	9.23	10.73
马鞍山市	8.61	8.52	8.42	5.88	6.17	6.84	7.54
淮北市	9.10	8.91	8.77	10.12	9.82	11.41	13.48
铜陵市	6.47	7.75	7.65	7.35	6.90	8.82	10.03
安庆市	4.81	6.39	4.33	4.09	3.66	4.87	6.69
黄山市	16.29	18.56	16.49	15.87	16.59	15.88	16.44
滁州市	1.88	10.40	7.65	7.29	9.35	9.33	13.35
阜阳市	10.53	10.52	11.15	9.91	8.31	9.52	10.04
宿州市	14.48	14.50	11.00	11.35	11.32	10.36	14.95
六安市	7.70	7.39	8.15	13.62	11.97	9.75	10.71
亳州市	28.48	26.20	32.91	15.08	23.96	21.48	19.99
池州市	8.02	9.15	9.67	8.23	9.52	10.47	10.15
宣城市	17.11	15.58	14.00	13.54	14.38	14.20	14.12
福州市	18.09	20.47	15.40	16.06	18.75	26.89	20.91
厦门市	22.20	24.11	19.42	19.02	20.73	22.18	17.74
莆田市	26.88	29.39	25.60	25.48	26.27	27.64	21.78
三明市	8.04	9.16	6.66	7.46	8.97	12.02	9.02
泉州市	17.01	18.85	15.50	15.22	16.44	19.76	15.85
漳州市	11.41	11.88	9.86	9.30	10.40	21.14	16.20
南平市	9.29	9.31	7.87	7.67	8.23	9.04	5.53
龙岩市	12.71	14.15	12.29	13.63	17.49	20.49	16.35
宁德市	33.84	27.03	21.50	20.42	23.19	26.23	19.02
南昌市	15.03	18.04	14.79	13.80	15.49	15.74	14.96
景德镇市	11.08	14.25	11.24	12.17	23.39	13.15	14.26
萍乡市	6.70	7.35	7.51	8.70	9.48	8.76	8.21
九江市	8.22	11.41	9.17	11.70	11.84	12.32	21.90
新余市	6.46	7.10	6.24	9.88	9.66	9.06	7.38
鹰潭市	8.05	8.87	11.87	12.90	14.11	16.64	17.43

续表

	2005 年	2006 年	2007 年	2008 年	2009 年	2010 年	2011 年
赣州市	2.32	6.38	5.56	6.15	15.29	13.70	13.94
吉安市	8.28	13.33	10.79	10.86	11.13	15.99	9.40
宜春市	13.43	15.50	13.63	14.45	13.44	10.74	9.98
抚州市	11.63	14.35	13.09	14.38	20.53	19.53	16.92
上饶市	7.96	8.67	7.64	8.46	20.52	19.88	17.83
济南市	10.29	11.30	11.29	11.55	13.22	12.39	14.12
青岛市	10.88	11.73	11.68	12.20	12.89	11.70	15.58
淄博市	5.85	5.66	6.67	6.48	7.30	6.60	6.60
枣庄市	8.64	9.36	10.53	12.24	13.05	11.56	11.00
东营市	10.90	10.81	11.48	12.64	12.01	10.83	12.25
烟台市	11.24	12.05	11.67	13.39	14.67	13.76	16.48
潍坊市	6.14	7.17	7.35	6.79	7.32	6.14	7.35
济宁市	6.65	6.16	6.26	6.77	6.00	6.55	9.36
泰安市	7.37	9.16	14.00	16.45	13.81	11.28	12.36
威海市	8.76	10.40	9.35	9.28	8.51	6.55	9.79
日照市	8.37	7.84	6.60	7.07	7.19	7.21	8.22
莱芜市	4.19	4.66	4.58	5.01	5.03	4.57	4.80
临沂市	4.41	4.47	5.08	5.86	5.69	6.03	6.61
德州市	5.98	7.29	7.14	6.35	6.48	6.76	7.49
聊城市	3.95	7.19	4.88	6.17	8.18	5.49	3.24
滨州市	5.47	4.99	5.53	6.15	6.51	4.99	5.79
菏泽市	5.81	5.38	3.87	4.27	4.18	3.33	6.46
郑州市	6.62	7.28	6.79	4.36	5.21	5.23	5.93
开封市	4.27	5.09	6.05	6.44	6.11	5.36	4.80
洛阳市	8.62	5.85	3.55	3.24	3.47	2.37	3.18
平顶山市	5.79	5.86	5.88	6.67	5.75	5.43	5.84
安阳市	2.37	2.90	2.83	3.21	3.11	2.46	2.12
鹤壁市	5.48	5.78	5.84	6.01	7.21	7.09	7.25
新乡市	5.59	6.27	6.38	5.38	5.30	5.02	5.33
焦作市	1.54	1.51	1.34	1.32	1.67	1.75	1.61
濮阳市	5.52	7.15	7.69	7.31	5.70	5.43	6.88

	2005 年	2006 年	2007 年	2008 年	2009 年	2010 年	2011 年
许昌市	6.07	5.95	5.75	6.16	7.05	7.07	8.95
漯河市	10.62	13.20	13.01	14.78	13.64	13.82	14.35
三门峡市	2.32	2.16	3.15	2.59	4.16	3.48	3.74
南阳市	6.46	6.08	6.14	5.64	6.71	6.29	6.23
商丘市	3.86	3.23	3.55	3.07	3.21	2.42	2.41
信阳市	11.78	10.01	11.47	10.88	9.50	8.70	7.75
周口市	15.36	14.68	11.00	9.81	8.87	7.87	10.19
驻马店市	5.13	6.48	6.89	7.11	6.66	6.08	6.39
武汉市	26.25	41.44	25.90	33.20	35.23	30.04	28.67
黄石市	9.40	12.46	10.16	14.13	15.32	12.10	13.73
十堰市	9.47	9.24	20.05	19.29	22.93	21.88	29.02
宜昌市	25.99	34.38	18.98	25.58	27.83	23.03	24.66
襄阳市	26.71	25.14	32.91	37.74	42.51	38.04	44.90
鄂州市	12.33	17.51	13.82	20.98	23.14	17.10	16.89
荆门市	14.99	41.44	14.57	15.92	22.24	22.87	17.28
孝感市	31.12	6.42	29.53	39.53	46.86	35.37	26.66
荆州市	11.31	41.44	10.01	13.06	24.13	22.75	21.90
黄冈市	16.44	16.90	23.31	32.14	34.48	31.96	27.67
咸宁市	22.49	20.56	18.31	30.76	25.47	13.33	34.49
随州市	34.72	1.11	32.91	39.69	34.77	28.97	35.34
长沙市	32.77	28.23	28.69	34.32	36.74	34.52	34.20
株洲市	12.03	10.71	12.08	12.07	13.13	13.52	14.46
湘潭市	12.04	9.56	8.32	6.93	8.22	9.79	7.55
衡阳市	9.84	8.09	8.87	7.62	9.95	9.57	9.01
邵阳市	18.53	17.64	17.73	19.34	17.91	18.31	18.93
岳阳市	10.62	20.71	13.29	13.94	15.08	18.63	16.64
常德市	34.72	38.51	32.91	39.69	39.79	42.17	44.72
张家界市	34.72	41.44	24.27	26.11	15.32	23.41	25.40
益阳市	21.94	19.95	23.71	23.39	23.70	22.02	23.01
郴州市	13.71	11.99	11.17	11.49	13.04	12.95	13.84
永州市	19.46	15.65	14.96	14.74	16.90	16.41	14.18

续表

	2005 年	2006 年	2007 年	2008 年	2009 年	2010 年	2011 年
怀化市	11. 19	8. 85	8. 52	8. 19	7. 95	9. 54	8. 46
娄底市	8. 80	7. 56	8. 20	8. 94	10. 33	11. 08	9. 79
广州市	20. 98	18. 91	21. 40	39. 69	22. 04	21. 33	24. 80
韶关市	6. 71	6. 14	8. 68	9. 19	10. 14	9. 67	9. 45
深圳市	17. 65	15. 33	16. 58	17. 63	18. 89	17. 67	18. 23
珠海市	15. 68	13. 35	10. 63	10. 55	11. 87	11. 75	14. 19
汕头市	10. 76	9. 81	11. 48	11. 56	11. 94	12. 39	9. 85
佛山市	12. 23	10. 61	13. 86	15. 60	17. 06	16. 41	16. 11
江门市	34. 72	9. 32	12. 02	13. 11	14. 91	13. 32	13. 16
湛江市	23. 06	26. 26	28. 86	24. 51	24. 99	24. 06	18. 98
茂名市	18. 80	14. 01	15. 94	17. 37	16. 22	17. 79	19. 02
肇庆市	14. 73	12. 09	13. 07	13. 82	16. 48	14. 10	14. 54
惠州市	11. 98	10. 13	11. 33	12. 37	13. 26	12. 83	13. 12
梅州市	14. 91	14. 22	11. 71	11. 86	12. 17	11. 65	12. 62
汕尾市	15. 74	14. 92	20. 00	16. 20	18. 33	53. 46	17. 81
河源市	9. 19	5. 33	9. 15	9. 76	11. 40	10. 19	9. 79
阳江市	9. 12	15. 66	14. 38	25. 77	13. 59	15. 17	13. 60
清远市	7. 50	6. 71	9. 98	10. 37	12. 33	10. 46	9. 05
东莞市	8. 61	7. 53	9. 63	10. 03	10. 94	9. 94	9. 89
中山市	11. 65	9. 67	12. 33	12. 67	14. 26	13. 31	13. 90
潮州市	6. 93	9. 32	5. 80	5. 70	6. 36	5. 74	6. 37
揭阳市	7. 44	5. 99	8. 97	7. 87	8. 24	53. 46	9. 52
云浮市	11. 94	11. 42	11. 35	11. 33	12. 49	12. 96	11. 25
南宁市	17. 60	21. 82	21. 79	31. 52	30. 17	27. 89	25. 39
柳州市	12. 40	15. 37	16. 30	23. 89	23. 28	23. 39	22. 62
桂林市	14. 19	18. 90	18. 98	34. 04	25. 01	27. 89	24. 48
梧州市	26. 97	25. 98	24. 14	34. 58	20. 61	16. 86	9. 14
北海市	29. 09	34. 11	32. 91	39. 69	37. 43	35. 09	27. 93
防城港市	22. 60	21. 77	21. 19	33. 29	31. 96	30. 15	22. 36
钦州市	16. 63	19. 06	12. 06	39. 69	27. 61	27. 43	20. 27
贵港市	13. 92	13. 86	13. 65	18. 69	15. 12	14. 57	12. 33

续表

	2005 年	2006 年	2007 年	2008 年	2009 年	2010 年	2011 年
玉林市	16. 26	19. 55	17. 60	24. 87	24. 58	20. 90	16. 97
百色市	6. 55	8. 45	32. 91	7. 31	7. 15	5. 77	5. 11
贺州市	9. 18	5. 77	8. 71	15. 69	12. 72	11. 93	7. 69
河池市	7. 48	8. 38	11. 36	13. 25	13. 73	12. 95	9. 25
来宾市	10. 00	11. 65	12. 26	19. 08	9. 47	7. 01	7. 35
崇左市	21. 76	28. 21	31. 39	36. 34	31. 45	27. 65	22. 73
海口市	29. 61	21. 89	17. 66	17. 38	20. 30	20. 06	16. 05
三亚市	2. 12	22. 37	17. 88	17. 27	19. 54	19. 27	16. 24
重庆市	11. 55	9. 11	9. 10	11. 01	14. 84	12. 84	13. 57
成都市	31. 79	20. 46	18. 42	22. 87	24. 76	26. 62	31. 44
自贡市	15. 79	10. 92	13. 09	18. 73	22. 42	31. 82	19. 48
攀枝花市	5. 03	5. 15	5. 58	7. 04	7. 18	11. 89	5. 91
泸州市	17. 09	12. 50	6. 32	10. 09	11. 78	13. 84	14. 99
德阳市	12. 01	6. 56	7. 25	8. 79	9. 92	13. 42	15. 16
绵阳市	16. 47	12. 57	15. 59	18. 94	19. 22	23. 21	26. 36
广元市	3. 46	6. 32	6. 82	8. 24	9. 67	12. 01	14. 04
遂宁市	20. 39	14. 31	18. 60	26. 29	24. 33	34. 01	34. 58
内江市	16. 18	23. 18	26. 35	33. 69	41. 48	51. 23	48. 87
乐山市	9. 22	9. 16	10. 00	12. 57	10. 69	11. 65	13. 17
南充市	11. 93	13. 91	14. 38	18. 70	25. 47	31. 21	32. 56
眉山市	5. 01	5. 13	5. 25	6. 59	17. 05	18. 83	12. 44
宜宾市	13. 42	13. 59	15. 85	17. 87	19. 83	20. 32	23. 85
广安市	30. 17	24. 56	25. 75	32. 54	46. 86	33. 88	35. 39
达州市	10. 42	10. 13	10. 39	11. 41	13. 45	13. 89	14. 00
雅安市	15. 43	14. 14	16. 56	16. 46	16. 69	30. 26	38. 52
巴中市	19. 45	34. 07	31. 63	34. 65	44. 36	53. 46	48. 87
资阳市	18. 36	22. 35	23. 86	25. 40	35. 56	44. 32	48. 87
贵阳市	6. 13	5. 58	6. 27	7. 58	7. 54	6. 87	7. 08
六盘水市	6. 61	5. 04	5. 68	9. 07	6. 17	8. 93	8. 49
遵义市	7. 64	6. 37	6. 61	9. 84	5. 90	9. 47	8. 64
安顺市	34. 72	41. 44	20. 49	38. 83	4. 93	4. 21	4. 62

续表

	2005 年	2006 年	2007 年	2008 年	2009 年	2010 年	2011 年
昆明市	19.44	20.34	19.55	20.85	18.06	26.93	30.79
曲靖市	34.27	33.88	27.80	39.69	4.27	5.00	6.07
玉溪市	26.01	20.30	23.48	25.84	24.71	21.11	29.03
保山市	2.97	19.50	19.31	24.74	27.16	31.48	29.34
昭通市	25.52	20.32	13.52	18.34	16.77	18.98	20.56
丽江市	10.03	11.43	12.66	15.98	14.19	19.02	15.01
思茅市	11.39	10.59	11.10	15.74	11.02	18.86	24.84
临沧市	27.96	26.04	21.08	22.07	8.91	19.22	22.10
西安市	11.29	10.28	9.19	11.00	10.84	11.72	17.03
铜川市	4.56	2.92	2.93	2.53	3.05	2.88	3.86
宝鸡市	9.23	9.14	9.98	11.52	14.63	13.52	17.31
咸阳市	11.96	18.83	19.05	21.41	16.86	16.75	31.14
渭南市	20.59	14.77	18.22	16.98	20.85	53.46	24.95
延安市	34.72	19.88	13.01	12.41	9.82	9.42	12.66
汉中市	11.51	11.79	11.86	15.35	13.82	11.97	14.86
榆林市	12.47	12.08	16.86	3.02	11.99	13.48	16.33
安康市	14.70	10.15	9.20	9.74	11.71	9.86	12.46
商洛市	25.62	19.99	18.69	22.04	27.85	22.85	29.38
兰州市	2.93	3.20	3.78	3.85	4.25	3.91	7.50
嘉峪关市	2.98	3.99	3.63	3.59	3.67	3.69	3.79
金昌市	7.74	8.54	7.31	5.73	46.86	53.46	48.87
白银市	3.23	3.38	3.95	3.69	4.24	3.40	3.61
天水市	11.42	9.17	10.50	8.77	11.75	9.32	12.04
武威市	6.05	8.59	7.87	11.34	11.58	10.86	24.03
张掖市	4.72	8.98	7.16	6.59	7.29	5.83	6.03
平凉市	3.54	6.22	6.04	6.24	11.69	8.62	9.33
酒泉市	8.75	6.29	5.97	5.73	8.93	9.76	20.16
庆阳市	8.35	41.44	32.84	32.04	42.57	36.55	48.87

	2005 年	2006 年	2007 年	2008 年	2009 年	2010 年	2011 年
定西市	14.89	6.96	4.88	5.21	46.86	12.37	42.33
陇南市	28.42	32.04	29.84	38.07	46.86	53.46	48.87
西宁市	3.12	3.24	3.29	3.65	14.17	15.17	17.20
银川市	3.24	2.96	3.09	3.33	4.78	4.46	7.04
石嘴山市	1.53	1.71	2.04	2.19	1.62	1.58	1.65
吴忠市	1.44	3.56	1.86	2.08	1.97	1.94	2.99
固原市	5.27	8.20	6.35	5.86	6.49	6.13	13.46
中卫市	2.01	1.35	1.00	1.48	1.77	4.73	1.53
乌鲁木齐市	7.17	4.46	4.43	3.92	4.21	6.51	9.69
克拉玛依市	11.49	14.53	14.38	16.42	9.47	13.16	19.04

表 37-1　2005—2011 年城市低碳生产指数评价得分的统计分析指标

	极小值	极大值	均　值	标准差	方　差	最大值-最小值	离散系数
2005 年	1.44	34.72	11.11	7.80	60.89	33.28	1.42
2006 年	1.11	41.44	11.44	8.22	67.65	40.33	1.39
2007 年	1.00	32.91	11.21	7.17	51.40	31.91	1.56
2008 年	1.32	39.69	12.47	8.99	80.73	38.37	1.39
2009 年	1.62	46.86	13.28	9.66	93.27	45.24	1.38
2010 年	1.58	53.46	13.47	10.38	107.67	51.88	1.30
2011 年	1.53	48.87	14.13	9.49	90.15	47.34	1.49

(二)低碳消费指数

1. 城市低碳消费指数差异不大,指数得分总体呈现减小趋势

本研究利用人均碳排放、人均居民生活用电量和全年人均乘坐公共汽车次数来反映城市低碳消费状况。现实中,那些经济社会发展水平较低的城市,人均碳排放水平和人均居民用电量都不高,限于城市经济实力公共交通发展也比较落后,所以这样的城市低碳消费指数评价得分相对要高。2011 年,西部地区的保山市、巴中市、广安市、陇南市和定西市的低碳消费指数评价得分较高,位居样本城市前五名。而经济社会发展水平较高的深圳市、厦门市和东莞市以及煤炭利用强度较大的鄂尔多斯市、呼和浩特市的低碳消费指数评价得分要低很多,它们的得分均未超过 2 分,在样本城市中排名后五名。不论城市规模大小、发展水平高低,城市经济社会活动的运行均需要消耗电力、燃气、乘坐公共交通,且消费规模相差不会太大,所以城市间的低碳消费指数评价得分差异较小。2011 年,样本城市低碳消费指数评价得分的离散系数只有 1.27。

　　与地区低碳消费指数类似,近年我国城市低碳消费指数评价得分也出现了不断减小的趋势。2005—2011 年,样本城市中有 264 个城市的低碳消费指数评价得分出现了不同程度的下降,指数下降城市占样本城市的九成以上,尤其安顺市、东莞市、江门市、辽源市和酒泉市的指数下降幅度较大,它们指数评价得分年均下降幅度都超过了 23%。但也有 21 个城市的低碳消费指数评价得分增加了,除金昌市(18.08%)、齐齐哈尔市(13.59%)增幅较大外,其城市指数评价得分增幅有限。因此,可以判断:近年城市的低碳消费指数评价得分总体处在不断减小趋势中。

2. 城市低碳消费指数总体呈"西高-东低和中间高-两头低"的特征

　　城市低碳消费指数空间分布格局更为特殊,虽然指数空间分布相对分散,但总体呈现出"西高-东低和中间高-两头低"的特征。从图 4-4 可以看出,西部地区的甘肃、陕西和四川地区的一些城市的低碳消费指数评价得分明显偏高,在我国西部构建起一道高地,而其以东广大区域的城市低碳消费指数评价得分一般较低,在空间上形成了"低碳消费指数平原区"。此外,指数分别格局中还隐藏着一道中部隆起带,该隆起带西起甘肃、陕西南部和四川北部区域,向东一直延伸自河南、安徽和江苏地带,这一地带城市的低碳消费指数评价得分明显高于其南北两侧地区的城市。

　　城市低碳消费指数在七大区域的分布与地区低碳消费指数大致类似。西南地区和西北地区城市的低碳消费指数得分均值领先于其地区,华南地区、华中地区、华东地区城市的低碳消费指数紧随其后,而东北地区和华北地区城市的低碳消费指数表现最差。2005—2011 年,除个别年份个别区域低碳消费指

图 37-5　2011 年中国城市低碳消费指数空间分布格局示意图

数有起伏变化外,低碳消费指数总体表现出了不断减小的特点。

　　城市低碳消费指数在三大区域中的差异更明显。西部地区城市的低碳消费指数得分均值明显高于东部地区和中部地区,而中部地区又高于东部地区,这与地区低碳消费指数在三大区域中的分布不同。但城市低碳消费指数变化与地区低碳消费指数变化类似,它们的低碳消费指数得分均值都表现出了明显减小的趋势。

3. 特大城市低碳消费指数得分较低,大型城市低碳消费指数得分较高

　　城市低碳消费指数在不同类别城市中的表现与低碳生产指数不同,特大城市低碳消费指数评价得分最低,大型城市的低碳消费指数得分相对较高,而其他类型城市的消费指数得分位于两者之间。图 37-8 显示,人口规模 100万—200 万城市的低碳消费指数得分最高,评价得分均值超过 7 分;而人口规

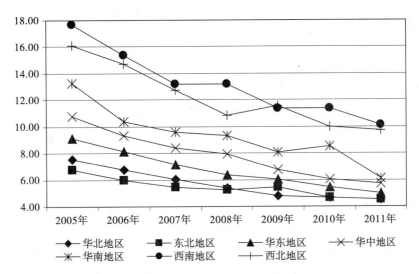

图 37-6　2005—2011 年中国七大区域城市低碳消费指数评价得分

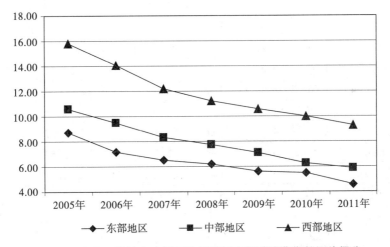

图 37-7　2005—2011 年中国三大区域城市低碳消费指数评价得分

模超过 200 万以上城市的低碳消费指数得分最低,评价得分均值均小于 6 分;人口规模小于 50 万和人口规模 50 万—100 万城市的低碳消费指数评价得分均值与全部城市得分均值相差不大,评价得分位于上述两类城市之间。由此可以得到结论:适宜城市规模容易具有相对较高的低碳消费指数评价得分,超大型城市则容易出现较低的低碳消费指数评价得分。

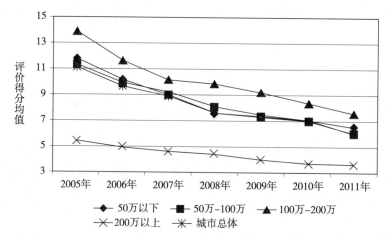

图 37-8　2005—2011 年不同人口规模城市的低碳消费指数评价得分均值

表 37-2　2005—2011 年城市低碳消费指数评价得分

	2005 年	2006 年	2007 年	2008 年	2009 年	2010 年	2011 年
北京市	2.35	2.36	2.14	1.96	1.84	1.77	2.13
天津市	3.53	3.22	2.98	2.71	2.45	2.38	2.38
石家庄市	3.35	3.27	3.16	3.05	3.02	2.53	2.52
唐山市	7.66	6.63	5.85	5.64	5.29	5.28	4.76
秦皇岛市	2.95	2.70	2.51	2.30	2.21	2.69	2.83
邯郸市	4.51	4.60	5.56	4.95	4.39	3.97	3.85
邢台市	3.61	3.20	2.99	2.63	2.22	2.57	2.70
保定市	4.29	3.95	3.43	3.45	2.83	2.97	2.86
张家口市	6.37	5.51	5.01	4.66	4.29	3.64	3.41
承德市	4.23	3.66	3.46	3.12	3.07	3.06	2.94
沧州市	4.29	3.78	4.19	3.67	2.65	2.04	2.43
廊坊市	7.69	6.76	5.15	5.15	4.69	5.08	4.76
衡水市	7.07	4.38	4.60	2.94	2.28	4.17	4.42
太原市	4.34	4.27	3.72	3.40	3.39	2.58	2.19
大同市	7.22	6.77	6.42	5.57	5.16	4.41	3.97
阳泉市	5.21	5.76	5.27	4.59	4.08	3.67	3.29
长治市	8.13	5.83	5.62	5.30	4.00	3.58	3.27

续表

	2005 年	2006 年	2007 年	2008 年	2009 年	2010 年	2011 年
晋城市	7.53	6.80	5.89	5.14	3.74	4.03	3.71
朔州市	14.96	18.44	12.65	11.78	10.74	8.73	9.34
晋中市	11.37	9.24	8.15	7.32	5.20	4.40	5.18
运城市	7.28	6.59	6.13	5.48	13.34	12.83	11.22
忻州市	19.52	18.78	17.16	14.77	10.34	9.39	9.44
临汾市	6.82	6.17	6.23	6.65	6.12	5.83	4.83
吕梁市	18.06	12.57	9.05	7.39	5.86	4.21	6.53
呼和浩特市	3.51	3.03	2.73	2.94	2.43	1.77	1.62
包头市	3.62	3.41	3.09	2.76	2.37	1.86	2.15
乌海市	6.70	5.79	5.33	4.52	4.08	4.00	3.57
赤峰市	11.48	8.32	6.71	4.85	5.22	12.47	11.53
通辽市	13.47	12.59	9.59	8.78	8.29	6.35	5.76
鄂尔多斯市	5.53	4.59	3.70	3.01	2.16	1.59	1.20
呼伦贝尔市	5.83	6.79	6.71	5.87	3.46	3.62	4.61
巴彦淖尔市	15.92	13.88	13.85	12.71	11.60	11.55	9.43
乌兰察布市	10.21	9.34	9.58	7.46	5.30	4.97	5.16
沈阳市	3.80	3.30	3.13	2.90	2.66	2.47	2.88
大连市	2.22	2.13	2.12	2.10	2.12	1.99	2.13
鞍山市	3.65	3.52	3.42	3.22	2.98	2.76	2.88
抚顺市	4.42	4.06	3.82	3.52	3.52	3.09	3.36
本溪市	3.45	3.29	2.92	2.88	2.90	2.61	2.53
丹东市	4.28	4.27	3.92	3.81	3.52	3.27	3.85
锦州市	4.42	4.18	4.22	3.95	4.81	4.32	3.58
营口市	4.20	3.50	2.89	2.85	2.86	3.01	2.53
阜新市	5.93	5.23	5.32	4.76	4.62	4.46	4.23
辽阳市	4.06	3.92	3.73	3.76	4.29	3.38	3.18
盘锦市	4.06	3.80	2.94	2.96	3.59	2.75	3.01
铁岭市	7.08	5.25	4.91	4.30	4.38	3.80	4.46
朝阳市	8.34	7.50	7.59	6.97	5.71	3.95	4.83
葫芦岛市	8.13	4.30	4.54	4.60	5.05	5.58	5.57
长春市	4.08	3.82	3.73	2.87	3.06	2.81	3.08

续表

	2005 年	2006 年	2007 年	2008 年	2009 年	2010 年	2011 年
吉林市	5.37	5.08	4.69	4.41	3.69	3.63	3.29
四平市	4.88	7.13	5.15	6.84	4.33	4.73	4.27
辽源市	20.14	19.70	13.55	12.69	10.71	3.76	3.63
通化市	4.63	4.31	3.92	3.52	3.33	3.19	3.13
白山市	8.14	8.41	8.10	7.10	6.35	5.71	5.80
松原市	3.91	3.64	3.05	5.00	5.12	4.53	4.32
白城市	11.37	10.12	9.08	9.05	8.35	7.63	7.76
哈尔滨市	3.68	3.92	3.52	3.48	3.36	3.15	3.25
齐齐哈尔市	5.92	5.02	4.55	4.12	12.86	12.90	12.71
鸡西市	7.99	7.04	6.78	6.42	6.14	4.80	4.58
鹤岗市	5.91	6.04	6.37	4.75	4.29	2.92	3.08
双鸭山市	7.25	5.04	4.40	4.48	4.86	5.20	6.49
大庆市	2.72	2.85	2.94	2.70	2.85	3.16	3.07
伊春市	13.83	13.29	10.35	8.10	6.73	6.22	6.83
佳木斯市	5.23	4.38	3.69	3.92	4.02	4.30	4.93
七台河市	5.95	5.09	5.43	7.59	10.57	3.50	4.47
牡丹江市	2.63	4.11	3.41	3.13	6.64	5.21	3.81
黑河市	15.10	13.52	12.12	15.03	13.15	13.15	5.31
绥化市	22.15	13.01	13.88	11.61	11.38	9.70	12.14
上海市	2.36	2.24	2.15	2.02	2.00	1.85	1.81
南京市	2.94	2.75	2.54	2.48	2.41	2.20	2.47
无锡市	2.85	2.66	2.70	2.54	2.44	2.11	2.00
徐州市	4.95	4.71	4.42	4.29	3.56	4.13	3.95
常州市	3.45	3.40	3.09	2.75	2.60	2.29	2.15
苏州市	2.51	2.36	2.19	1.98	2.00	1.77	1.65
南通市	3.72	3.50	3.27	3.02	5.53	4.94	4.53
连云港市	6.55	4.18	4.02	4.36	4.30	4.28	3.86
淮安市	11.28	10.89	10.01	9.03	8.45	7.88	6.90
盐城市	30.13	12.80	12.65	11.26	10.90	8.41	7.46
扬州市	4.80	4.50	4.44	3.89	3.58	3.33	6.00
镇江市	4.34	4.00	3.80	3.55	3.50	3.21	3.03

	2005 年	2006 年	2007 年	2008 年	2009 年	2010 年	2011 年
泰州市	6.99	6.71	6.66	7.74	7.12	6.24	4.29
宿迁市	32.67	28.37	23.55	15.78	14.28	13.21	9.05
杭州市	3.05	2.70	2.39	2.22	2.06	1.95	1.84
宁波市	2.88	2.60	2.34	2.17	2.08	1.95	1.91
温州市	2.80	2.59	2.38	2.33	2.28	2.16	2.05
嘉兴市	4.97	4.20	3.81	3.70	3.63	3.15	2.77
湖州市	5.82	4.68	4.87	4.58	4.73	4.37	4.68
绍兴市	3.67	3.30	2.90	2.70	2.50	2.33	2.55
金华市	7.17	6.18	5.65	5.31	4.92	4.41	4.67
衢州市	7.27	6.53	5.69	5.35	5.07	5.03	4.66
舟山市	7.97	7.10	6.27	5.39	4.83	4.45	4.16
台州市	6.67	7.27	7.33	7.45	6.29	6.24	5.78
丽水市	8.64	8.00	6.94	5.76	5.53	5.50	3.68
合肥市	3.22	3.29	3.00	2.70	2.76	2.62	2.52
芜湖市	4.67	6.04	5.00	4.04	3.42	3.44	3.50
蚌埠市	5.56	5.44	4.95	4.78	4.60	3.21	3.90
淮南市	8.74	7.62	7.04	6.40	6.33	6.10	5.74
马鞍山市	4.04	3.66	3.27	3.11	2.84	2.67	2.13
淮北市	12.19	11.40	10.76	8.43	7.61	7.20	6.53
铜陵市	5.41	5.10	4.44	4.42	3.96	3.16	3.04
安庆市	6.17	5.97	5.12	4.45	3.74	3.45	3.95
黄山市	11.75	11.15	9.48	8.41	8.19	6.43	5.66
滁州市	9.83	9.83	8.14	6.49	6.30	5.38	5.95
阜阳市	18.15	19.02	20.45	17.56	11.61	11.56	9.44
宿州市	21.99	21.27	17.90	15.94	13.21	12.56	12.62
六安市	16.91	16.83	17.71	23.30	15.26	12.30	11.72
亳州市	51.59	40.79	35.36	24.19	28.28	26.08	21.46
池州市	19.20	17.68	13.50	10.34	9.20	7.72	7.60
宣城市	33.22	26.43	19.09	14.06	13.02	11.75	10.57
福州市	3.41	3.45	2.66	2.51	2.39	2.77	2.18
厦门市	2.81	2.73	2.24	2.13	2.04	1.98	1.62

续表

	2005 年	2006 年	2007 年	2008 年	2009 年	2010 年	2011 年
莆田市	15.97	15.03	12.97	12.10	10.45	11.06	10.80
三明市	3.53	3.37	2.85	2.56	2.44	2.44	2.03
泉州市	5.15	4.74	3.76	3.27	3.00	2.62	2.74
漳州市	6.90	5.47	4.72	3.92	3.83	3.86	3.60
南平市	5.32	5.07	4.34	3.90	3.79	3.69	3.03
龙岩市	4.52	4.11	3.66	3.38	2.90	3.51	2.29
宁德市	16.09	13.27	10.26	9.11	8.31	7.47	6.29
南昌市	4.30	4.39	3.65	3.48	3.35	2.94	2.77
景德镇市	5.24	5.20	4.15	3.98	6.48	3.20	3.43
萍乡市	5.26	5.13	5.09	4.84	4.90	5.00	4.61
九江市	3.18	3.30	2.84	2.63	2.86	2.56	3.57
新余市	8.53	7.61	8.10	6.46	5.50	4.59	4.78
鹰潭市	7.20	7.27	6.92	5.87	5.10	5.44	4.95
赣州市	5.48	5.88	5.04	4.72	5.67	5.24	4.49
吉安市	12.11	12.47	10.17	8.97	7.79	9.63	6.86
宜春市	23.39	23.01	15.97	15.24	13.59	11.73	10.39
抚州市	16.72	16.21	13.41	12.51	15.45	12.85	11.46
上饶市	8.79	8.47	5.49	4.96	10.78	7.14	6.17
济南市	3.41	3.29	2.98	2.77	2.62	2.29	2.39
青岛市	2.43	2.25	2.20	2.06	1.60	1.81	1.93
淄博市	8.45	5.80	5.56	3.81	4.38	3.60	3.36
枣庄市	11.58	11.70	10.42	10.05	11.01	9.12	9.72
东营市	6.67	6.54	5.81	4.94	4.64	3.68	3.93
烟台市	4.33	4.01	3.62	3.37	3.14	2.79	2.88
潍坊市	6.57	6.08	5.48	5.03	4.88	4.14	3.99
济宁市	6.06	5.58	4.83	4.31	3.69	3.38	3.61
泰安市	9.82	9.23	8.38	11.10	7.12	6.51	6.48
威海市	3.11	2.85	2.68	2.50	2.13	2.06	2.47
日照市	8.06	7.30	6.51	5.41	5.55	5.42	4.87
莱芜市	9.88	9.17	9.28	9.13	10.06	6.68	6.19
临沂市	5.89	4.33	3.96	3.80	3.49	3.36	3.80

续表

	2005 年	2006 年	2007 年	2008 年	2009 年	2010 年	2011 年
德州市	7.76	6.23	4.16	4.11	3.95	3.69	3.46
聊城市	9.18	8.98	6.19	6.75	6.82	6.09	5.65
滨州市	10.17	7.05	6.57	6.13	5.98	5.23	3.48
菏泽市	21.68	20.94	18.30	15.56	13.07	10.14	10.40
郑州市	2.95	2.86	2.52	1.95	1.87	2.95	2.79
开封市	7.42	7.02	6.77	5.46	4.90	4.03	3.98
洛阳市	4.86	3.81	2.92	3.13	3.53	2.93	2.16
平顶山市	8.23	6.08	6.47	5.20	4.08	3.54	3.16
安阳市	4.27	5.02	4.53	4.93	3.66	3.27	3.28
鹤壁市	8.72	8.61	8.50	6.53	7.25	6.55	6.34
新乡市	4.60	4.63	4.32	3.88	3.51	3.00	2.89
焦作市	5.15	4.66	4.34	3.99	3.46	3.16	3.20
濮阳市	9.31	10.85	10.97	9.70	5.40	4.71	4.57
许昌市	5.20	4.77	4.32	3.47	3.16	2.75	3.01
漯河市	15.70	11.79	10.70	9.77	7.96	7.04	6.74
三门峡市	3.89	2.99	2.88	2.53	3.09	2.61	2.61
南阳市	10.83	11.39	10.49	9.61	7.40	7.41	6.71
商丘市	17.95	12.03	10.72	9.23	7.23	6.40	6.13
信阳市	28.23	16.36	16.38	14.88	11.99	10.31	9.55
周口市	12.01	12.00	9.77	8.52	8.57	7.72	8.32
驻马店市	12.84	10.77	8.31	7.68	6.55	6.43	7.31
武汉市	6.80	10.27	3.97	4.28	3.80	3.20	2.83
黄石市	3.75	4.05	3.53	3.83	4.18	3.50	3.24
十堰市	2.81	2.71	3.51	3.39	3.60	3.02	3.35
宜昌市	7.04	8.34	6.06	6.21	5.61	4.51	4.18
襄阳市	13.29	11.48	12.89	12.51	11.09	9.78	9.15
鄂州市	11.18	15.24	9.91	10.37	9.31	7.83	7.33
荆门市	7.38	14.49	6.96	6.41	7.41	7.31	4.92
孝感市	24.48	10.80	21.53	22.48	22.00	16.34	12.76
荆州市	9.22	24.81	7.17	7.62	9.17	7.66	6.53
黄冈市	11.64	10.08	11.41	12.45	12.02	12.02	8.78

续表

	2005 年	2006 年	2007 年	2008 年	2009 年	2010 年	2011 年
咸宁市	21.08	18.61	13.61	15.79	12.70	9.51	15.33
随州市	44.85	17.14	33.41	27.98	12.93	9.94	9.73
长沙市	4.69	3.85	3.60	3.54	3.08	2.81	2.83
株洲市	3.82	3.43	3.26	3.09	3.46	2.31	2.63
湘潭市	5.10	4.00	3.93	4.16	3.11	3.05	2.49
衡阳市	6.33	5.20	4.59	4.27	4.26	3.40	3.01
邵阳市	13.91	11.92	10.74	10.47	8.50	8.03	7.92
岳阳市	4.86	6.32	3.79	2.91	2.81	4.08	3.57
常德市	15.50	13.00	14.95	13.80	9.03	8.55	8.14
张家界市	19.94	20.47	12.11	13.55	8.50	9.98	10.20
益阳市	23.15	16.86	17.03	13.27	11.64	11.59	9.69
郴州市	6.64	4.72	4.14	3.96	3.52	3.48	3.29
永州市	12.01	9.73	8.45	9.26	9.60	9.55	6.79
怀化市	4.99	3.55	3.29	3.16	3.06	3.23	5.47
娄底市	6.03	5.62	4.76	5.69	5.57	5.46	3.36
广州市	2.51	2.16	2.10	10.50	1.83	1.69	1.74
韶关市	6.52	6.10	5.64	5.44	5.08	4.83	4.48
深圳市	1.67	1.53	1.39	1.27	1.20	1.14	1.08
珠海市	2.37	2.08	1.77	1.73	1.77	1.67	1.67
汕头市	12.65	11.12	11.14	10.46	10.59	10.00	8.87
佛山市	4.12	3.66	4.36	4.52	2.93	2.52	2.14
江门市	28.74	4.68	4.38	4.16	4.16	4.39	4.64
湛江市	12.09	8.62	10.66	6.09	6.90	6.68	5.16
茂名市	19.98	18.82	17.90	18.68	16.48	14.96	13.06
肇庆市	5.71	4.91	4.63	4.30	3.92	3.40	3.16
惠州市	4.06	3.45	3.19	3.02	2.73	2.43	2.26
梅州市	8.36	8.09	6.55	3.81	3.59	13.28	5.25
汕尾市	14.99	13.63	13.67	11.87	16.25	28.55	14.50
河源市	7.63	6.36	4.85	4.73	4.62	3.55	2.72
阳江市	11.67	10.47	10.15	12.27	9.31	9.01	8.59
清远市	7.39	5.20	4.99	4.70	4.33	4.54	3.85

	2005 年	2006 年	2007 年	2008 年	2009 年	2010 年	2011 年
东莞市	10.51	1.96	1.80	1.66	1.71	1.64	1.65
中山市	3.37	2.81	2.79	2.59	2.52	2.03	1.78
潮州市	10.74	10.97	3.07	3.01	2.91	2.90	3.04
揭阳市	27.34	20.64	15.85	10.96	14.46	28.73	7.67
云浮市	9.07	7.39	7.04	6.67	8.46	6.53	6.52
南宁市	6.76	6.92	6.27	7.08	5.81	5.05	4.37
柳州市	3.53	3.58	3.38	3.90	3.44	3.07	2.88
桂林市	4.91	5.32	4.84	6.57	4.88	4.66	4.01
梧州市	8.07	8.09	8.08	9.93	6.41	5.54	2.64
北海市	13.40	12.56	11.41	13.53	11.31	9.97	7.62
防城港市	24.62	24.20	20.49	15.80	13.26	10.79	8.68
钦州市	28.91	22.24	15.34	30.65	19.78	21.78	11.90
贵港市	33.54	24.87	19.57	20.81	18.15	17.59	17.51
玉林市	15.09	13.56	10.77	11.88	10.90	9.67	7.83
百色市	7.77	7.48	22.89	6.40	3.94	3.46	2.89
贺州市	23.58	14.84	18.29	19.20	16.25	16.38	14.28
河池市	14.25	6.96	6.49	5.82	6.67	6.87	4.53
来宾市	34.60	27.54	20.06	21.52	14.87	13.48	8.40
崇左市	38.61	32.13	27.78	27.03	24.65	21.84	16.90
海口市	13.63	10.96	8.13	6.99	6.70	6.25	4.85
三亚市	7.58	7.99	12.03	5.79	5.50	4.46	3.59
重庆市	6.11	5.94	5.60	5.45	5.74	4.85	4.79
成都市	7.12	4.83	4.82	5.01	3.93	3.70	3.66
自贡市	10.58	8.06	7.37	11.80	12.01	10.81	7.00
攀枝花市	4.85	4.22	4.28	3.55	3.84	3.99	2.78
泸州市	11.11	8.47	7.18	7.60	7.27	6.68	6.17
德阳市	7.56	5.27	5.05	4.61	4.48	4.48	4.50
绵阳市	7.48	5.84	6.34	6.67	5.95	5.86	5.70
广元市	7.89	10.51	10.25	10.90	12.34	17.41	13.79
遂宁市	31.41	22.42	22.54	24.87	21.86	23.04	20.54
内江市	16.88	18.94	19.23	19.52	20.78	21.41	18.43

续表

	2005 年	2006 年	2007 年	2008 年	2009 年	2010 年	2011 年
乐山市	13.41	11.01	10.55	10.96	11.96	6.17	5.78
南充市	14.70	12.88	11.34	12.93	16.22	16.48	14.72
眉山市	13.82	12.38	9.64	9.38	12.16	14.44	8.05
宜宾市	6.58	5.89	7.19	5.50	5.14	4.99	6.77
广安市	58.10	45.56	37.51	36.41	33.92	31.11	27.17
达州市	7.47	6.54	5.84	5.53	5.64	4.86	4.38
雅安市	16.18	12.71	11.83	10.68	10.15	12.71	12.40
巴中市	54.10	45.24	38.93	33.19	30.30	29.27	24.69
资阳市	26.54	25.98	24.58	22.44	22.92	22.89	20.38
贵阳市	2.87	2.60	2.57	2.57	2.32	2.12	1.90
六盘水市	9.06	9.38	3.27	6.25	5.17	3.96	2.98
遵义市	5.66	3.40	3.26	3.60	2.71	3.05	2.85
安顺市	39.37	34.34	22.42	27.18	8.75	10.17	5.09
昆明市	4.55	4.32	3.86	3.37	2.86	3.68	3.84
曲靖市	14.68	12.88	10.98	9.41	3.78	3.75	3.86
玉溪市	9.45	7.88	6.85	7.23	5.64	5.39	5.89
保山市	34.00	38.95	32.47	28.23	26.20	26.83	21.54
昭通市	49.61	30.87	23.80	23.43	16.13	14.37	12.63
丽江市	7.34	6.65	6.96	6.87	5.04	5.48	12.95
思茅市	11.47	10.30	9.91	11.06	7.15	9.58	10.35
临沧市	38.37	42.33	33.18	32.64	18.85	19.53	18.11
西安市	5.27	4.69	4.61	3.85	3.27	2.97	3.25
铜川市	11.70	10.54	9.43	8.83	8.98	6.93	6.15
宝鸡市	4.37	4.04	3.92	6.29	7.03	6.24	5.49
咸阳市	7.51	9.35	8.63	7.96	5.60	4.81	6.22
渭南市	28.19	23.93	22.12	24.47	24.51	31.06	19.12
延安市	14.83	7.32	6.21	5.49	5.43	4.43	4.46
汉中市	11.36	11.12	10.18	10.73	9.23	7.45	7.17
榆林市	16.08	20.23	16.16	2.45	5.66	5.14	4.73
安康市	25.27	25.52	23.05	18.81	17.07	13.40	13.86
商洛市	42.57	37.59	31.07	29.42	27.37	17.85	18.63

续表

	2005 年	2006 年	2007 年	2008 年	2009 年	2010 年	2011 年
兰州市	3.28	3.26	3.17	3.18	2.85	2.54	2.79
嘉峪关市	3.47	3.69	3.53	3.63	3.37	3.52	2.68
金昌市	6.62	6.36	4.60	4.55	9.34	10.22	17.93
白银市	6.78	5.91	5.73	4.24	3.58	3.50	3.17
天水市	16.57	15.54	15.60	11.43	18.49	8.38	8.57
武威市	19.78	17.26	15.02	16.96	17.49	15.40	18.34
张掖市	14.57	18.58	16.58	15.32	14.50	12.11	10.99
平凉市	14.83	14.46	14.76	11.51	13.15	9.13	10.78
酒泉市	33.03	11.17	8.17	5.63	10.75	5.09	6.43
庆阳市	12.68	29.83	20.51	16.81	17.08	14.31	12.68
定西市	46.93	26.34	21.50	21.59	31.13	27.49	28.77
陇南市	59.26	48.51	38.93	36.41	33.62	32.30	27.77
西宁市	3.53	2.93	2.75	2.61	4.22	3.49	4.04
银川市	3.12	3.05	2.71	2.37	2.37	2.51	2.92
石嘴山市	15.70	15.61	13.38	6.46	8.63	7.94	5.56
吴忠市	9.37	11.33	11.58	8.20	6.75	6.44	5.55
固原市	16.99	23.71	19.02	13.27	12.57	18.72	20.45
中卫市	22.77	22.80	21.70	14.95	15.67	11.08	7.67
乌鲁木齐市	3.17	2.50	2.89	2.45	2.45	2.56	2.77
克拉玛依市	2.98	3.76	4.34	4.60	4.18	2.94	2.78

表 37-4　2005—2011 年城市低碳消费指数评价得分的统计分析指标

	极小值	极大值	均　值	标准差	方　差	最大值-最小值	离散系数
2005 年	1.67	59.26	11.10	10.26	105.21	57.59	1.08
2006 年	1.53	48.51	9.68	8.37	70.06	46.98	1.16
2007 年	1.39	38.93	8.55	7.10	50.40	37.54	1.20
2008 年	1.27	36.41	7.95	6.64	44.12	35.14	1.20
2009 年	1.20	33.92	7.35	5.93	35.14	32.72	1.24
2010 年	1.14	32.30	6.87	5.90	34.80	31.16	1.16
2011 年	1.08	28.77	6.20	4.89	23.92	27.69	1.27

（三）低碳资源指数

1. 城市低碳资源指数空间分布分散，指数评价得分有逐渐增长趋势

2011 年，深圳市、鄂尔多斯市、黄山市、十堰市和随州市凭借着城市人均绿地面积大的优势，低碳资源指数评价得分在样本城市中排名前五，它们的低碳资源指数评价得分均超过了 80 分。不难发现上述五个城市，除鄂尔多斯市处在我国北方地区以外，其城市均处在我国南方，这些城市地理环境优雅、气候条件优越。相反，保山市、巴中市、六盘水市、昭通市和州市的低碳资源指数评价得分要低很多，它们的得分都没有超过 3 分，这是由它们城市人均绿地面积较小造成的。由于城市绿地建设是各个城市发展建设目标之一，国内几乎所有城市都把绿地视为城市环境指标之一。因此，尽管城市所处地理环境有很大差异，但城市人均绿地面积却差异并不是太大，造成城市低碳资源指数评价得分差异也不大，2011 年样本城市的低碳资源指数评价得分的离散系数仅为 0.97。也正是因为如此，我国城市低碳资源指数空间分布非常分散，从中很难发现指数空间分布规律性。

得益于近年我国城市对绿地建设关注度的提高，城市低碳资源指数评价得分不断增长。2005—2011 年，近九成的样本城市的低碳资源指数评价得分增加了，尤其榆林市、鄂尔多斯市、东莞市、吴忠市、思茅市、中卫市和黄山市的低碳资源指数评价增加幅度最大，期间这些城市指数评价得分年均增幅全部超过了 40%，增长幅度很大。但也有部分城市的低碳资源指数评价得分较小了，涉及城市共计 37 个，除贵阳市、保山市、朝阳市和安庆市低碳资源指数减小幅度较大外，其城市低碳指数评价得分减小幅度均没有超过 10%。因此，可以判断：近年城市低碳资源指数评价得分总体有所增长。

2. 城市低碳资源指数总体呈东中西逐步下降的特点

城市低碳资源指数在七大区域的分布与地区低碳资源指数有很大不同。评价结果显示，华南地区城市的低碳资源指数评价得分远远领高于其他地区，相反西南地区城市的低碳资源指数评价得分却较低，其他区域城市的低碳资源指数评价得分介于上述两类城市之间，指数得分差异并不大。从指数变动情况看，七大类区域城市的低碳资源指数评价得分均有所增长。

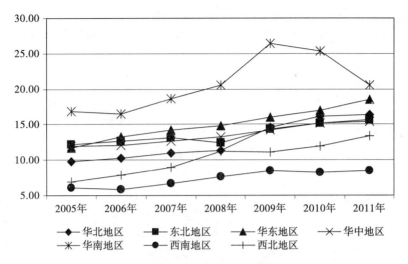

图 37-9 2005—2011 年中国七大区域城市低碳资源指数评价得分

　　城市低碳资源指数在三大区域的分布与地区低碳资源指数也有所不同。东部地区城市的低碳资源指数评价得分最高,中部地区城市的低碳资源指数评价得分其次,西部地区的城市低碳资源指数评价最低,呈"东—中—西"降低的特点(地区低碳资源指数呈"中—西—东"降低的特点)。三大区域城市的低碳资源指数也表现出了增长的趋势,不同区域间城市低碳资源指数评价得分增长幅度大致相当。

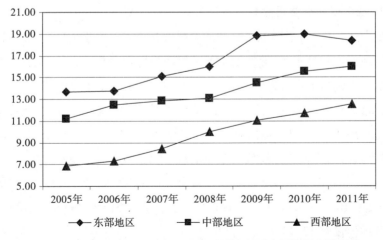

图 37-10 2005—2011 年中国三大区域城市低碳资源指数评价得分

图 37-11 2011 年中国城市低碳资源指数空间分布格局示意图

3. 城市低碳资源指数与城市类型关系并不大

如上述分析,由于城市绿地是衡量城市竞争力主要指标之一,故城市之间人均绿地面积相差不大,导致城市低碳资源指数得分相差也不大,各类城市之间的低碳资源指数得分差异性较小。城市评价得分统计分析结果显示,人口规模超过 200 万以上的城市和小于 50 万的城市的低碳资源指数评价得分均值相对较高,2011 年两类城市的指数得分均值全部超过了 19 分,人口规模小于 50 万城市的低碳资源指数近年还呈现出"先增后减"的特点;相反,人口规模在 50 万—100 万、100 万—200 万城市的低碳资源指数评价得分均值相对要低,其中 100 万—200 万人口规模城市的低碳资源指数得分最低,2011 年评价得分均值仅有 12.45 分。

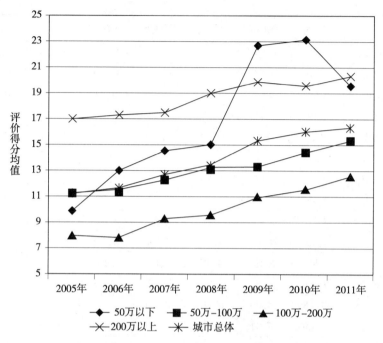

图 37-12　2005—2011 年不同人口规模城市的低碳资源指数评价得分均值

表 37-5　2005—2011 年城市低碳资源指数评价得分

	2005 年	2006 年	2007 年	2008 年	2009 年	2010 年	2011 年
北京市	15.44	18.23	15.66	15.67	20.29	20.48	19.51
天津市	7.90	8.20	7.69	8.03	8.36	9.27	10.28
石家庄市	9.33	11.04	11.44	10.79	13.09	13.91	14.53
唐山市	9.62	9.83	9.99	10.36	11.00	11.59	10.97
秦皇岛市	18.35	14.81	19.01	15.91	19.31	21.64	21.94
邯郸市	13.05	9.55	10.13	10.14	15.97	18.93	20.76
邢台市	20.05	20.29	23.26	13.60	23.70	20.48	20.29
保定市	11.70	11.53	11.93	15.50	16.24	18.55	18.50
张家口市	12.00	9.71	9.90	11.14	11.68	12.36	12.31
承德市	13.39	16.70	16.01	22.89	22.88	25.50	24.95
沧州市	7.81	8.35	8.63	9.34	10.25	11.59	13.27
廊坊市	17.81	19.67	19.39	11.34	20.02	20.48	20.43

续表

	2005 年	2006 年	2007 年	2008 年	2009 年	2010 年	2011 年
衡水市	7.70	6.62	6.79	10.19	12.07	12.36	12.80
太原市	9.00	9.05	10.07	12.16	10.44	11.21	13.55
大同市	5.60	5.61	7.34	7.35	9.82	11.59	10.26
阳泉市	5.49	5.43	5.50	9.98	10.17	10.43	10.79
长治市	10.57	10.67	10.96	10.96	11.19	13.91	12.60
晋城市	11.63	16.44	16.32	14.48	16.53	16.62	16.31
朔州市	6.26	6.66	6.86	6.29	9.21	9.27	9.29
晋中市	5.63	5.95	6.71	7.72	8.78	8.89	9.97
运城市	2.26	2.82	3.66	5.20	5.42	5.80	6.92
忻州市	0.95	0.97	1.19	1.48	1.70	3.48	3.78
临汾市	5.80	6.15	4.75	4.68	5.54	6.18	6.54
吕梁市	10.66	10.61	5.90	6.10	7.80	8.11	8.39
呼和浩特市	11.88	14.69	16.18	18.71	8.60	8.50	8.52
包头市	19.09	17.41	18.54	18.74	19.23	21.25	21.11
乌海市	9.51	9.46	9.35	9.40	7.69	15.46	15.11
赤峰市	4.80	4.95	4.92	5.06	8.11	8.11	8.59
通辽市	4.52	5.03	6.49	7.47	9.23	9.66	11.35
鄂尔多斯市	6.18	11.24	27.86	32.99	94.39	112.44	114.07
呼伦贝尔市	13.03	12.99	13.06	13.01	12.70	12.75	12.65
巴彦淖尔市	4.80	5.58	5.58	5.77	6.85	7.34	7.98
乌兰察布市	11.24	11.26	12.75	12.16	12.34	12.36	12.55
沈阳市	16.05	16.70	17.26	17.43	19.61	19.32	19.86
大连市	15.47	15.70	15.56	15.54	15.60	23.18	23.69
鞍山市	12.81	12.99	13.37	13.89	14.69	15.84	15.49
抚顺市	10.97	12.79	11.64	12.04	12.41	17.39	12.82
本溪市	17.44	18.84	17.88	18.07	19.30	19.71	20.05
丹东市	9.42	10.10	9.67	9.69	10.32	9.66	10.32
锦州市	11.82	12.24	11.77	10.29	10.75	10.82	10.92
营口市	12.18	12.86	13.78	14.97	14.83	16.23	16.77
阜新市	9.53	9.79	9.86	10.58	11.48	13.52	15.22
辽阳市	14.14	14.63	15.03	15.28	15.53	18.16	19.74

续表

	2005 年	2006 年	2007 年	2008 年	2009 年	2010 年	2011 年
盘锦市	12.05	12.69	12.50	12.74	13.02	13.14	12.86
铁岭市	13.80	13.20	12.89	13.21	14.85	13.52	13.44
朝阳市	16.12	16.68	15.16	15.17	16.04	6.18	6.22
葫芦岛市	10.73	10.62	10.54	10.51	10.61	10.82	11.36
长春市	9.01	10.07	10.67	12.74	12.34	14.30	14.19
吉林市	14.63	12.96	12.93	12.78	13.57	13.52	13.75
四平市	5.04	5.04	5.03	8.81	9.26	10.05	10.58
辽源市	6.78	6.71	8.65	9.10	10.39	13.14	14.18
通化市	9.46	9.44	12.24	12.34	12.74	12.75	12.91
白山市	5.75	6.32	3.69	3.90	6.37	6.57	6.52
松原市	8.64	10.12	9.47	9.30	10.63	10.05	10.66
白城市	4.83	7.37	8.00	8.08	8.46	8.50	8.45
哈尔滨市	7.23	6.83	7.37	8.24	9.91	10.43	10.60
齐齐哈尔市	17.96	9.87	11.57	11.57	13.28	13.14	16.74
鸡西市	9.62	9.73	9.81	12.16	10.79	10.82	13.92
鹤岗市	9.15	10.92	11.09	11.85	12.41	13.52	14.37
双鸭山市	12.68	12.75	15.49	13.59	17.99	17.00	22.76
大庆市	41.44	42.07	52.84	18.92	58.47	59.50	60.21
伊春市	17.12	17.36	18.13	19.44	20.45	24.73	24.61
佳木斯市	10.48	10.63	10.76	11.28	11.73	17.00	17.77
七台河市	6.40	11.76	13.55	13.74	15.19	17.39	15.80
牡丹江市	30.12	30.32	29.96	24.60	24.48	22.02	22.08
黑河市	3.96	7.04	6.99	8.56	8.55	9.27	8.77
绥化市	2.71	2.00	2.57	2.67	2.81	3.48	3.42
上海市	8.64	9.11	9.39	10.02	33.93	34.39	34.98
南京市	53.45	54.71	54.67	54.48	54.66	54.48	56.58
无锡市	23.68	24.99	24.86	25.63	26.87	27.82	28.37
徐州市	13.87	15.51	17.16	19.37	21.63	15.84	16.86
常州市	9.68	7.01	10.41	11.07	11.55	12.36	12
苏州市	14.42	13.40	14.25	20.24	20.92	22.41	22
南通市	10.09	11.19	12.27	13.91	6.96	8.50	9.92

续表

	2005 年	2006 年	2007 年	2008 年	2009 年	2010 年	2011 年
连云港市	13.90	15.02	27.15	16.45	15.74	17.39	75.79
淮安市	3.88	4.37	4.79	5.10	6.47	6.18	7.51
盐城市	5.25	5.85	6.49	6.48	8.28	8.50	9.12
扬州市	8.36	8.68	9.50	9.69	10.83	10.82	10.70
镇江市	19.36	20.08	21.94	22.91	23.90	24.34	25.21
泰州市	20.52	22.28	28.44	10.16	10.48	11.21	11.50
宿迁市	2.90	4.21	15.90	16.09	16.52	17.39	18.40
杭州市	10.17	10.55	11.18	11.81	14.12	13.52	13.95
宁波市	7.38	13.08	13.32	14.43	15.03	17.00	17.96
温州市	8.71	8.74	8.81	8.95	9.12	9.27	10.21
嘉兴市	15.81	15.11	16.21	17.14	18.16	18.93	19.68
湖州市	10.61	9.01	10.08	10.65	11.94	13.14	13.89
绍兴市	18.77	19.18	19.76	20.42	20.61	20.48	23.40
金华市	8.78	10.32	10.43	10.71	10.89	11.21	11.13
衢州市	8.74	7.40	7.99	8.41	9.42	10.05	10.30
舟山市	14.59	5.46	9.69	9.86	10.02	10.05	10.41
台州市	5.16	4.85	6.09	12.68	12.87	12.75	13.19
丽水市	4.70	7.31	7.75	8.39	11.31	11.59	16.23
合肥市	13.16	13.06	15.05	17.40	19.52	20.87	21.94
芜湖市	14.46	16.80	16.43	16.83	18.34	17.77	17.11
蚌埠市	18.16	21.60	11.02	12.16	13.03	13.91	14.60
淮南市	8.22	8.19	8.37	8.68	8.21	8.11	8.39
马鞍山市	28.42	28.63	24.59	28.97	29.52	30.14	31.40
淮北市	7.70	8.04	13.18	13.25	13.20	13.52	13.97
铜陵市	15.13	16.76	19.04	19.70	39.93	40.19	40.71
安庆市	34.65	37.98	12.01	12.63	14.04	14.30	14.88
黄山市	14.40	111.46	110.35	109.79	102.45	109.74	110.07
滁州市	15.88	15.76	15.60	16.50	18.32	21.25	23.43
阜阳市	3.67	2.87	2.93	3.12	5.60	5.80	6.16
宿州市	1.25	1.40	2.27	2.74	2.79	3.09	4.18
六安市	2.31	2.59	3.52	3.89	5.01	4.64	5.63

续表

	2005 年	2006 年	2007 年	2008 年	2009 年	2010 年	2011 年
亳州市	1.04	1.06	1.64	1.67	2.22	2.32	2.66
池州市	2.86	3.68	5.29	6.12	6.70	7.73	7.69
宣城市	2.45	11.99	11.97	11.99	12.08	13.14	13.50
福州市	12.40	14.79	12.42	14.25	15.72	16.62	17.50
厦门市	11.64	13.64	14.67	29.47	31.22	35.16	35.67
莆田市	2.43	3.23	4.30	3.69	4.14	3.86	3.88
三明市	14.98	16.87	12.27	12.43	12.81	14.30	14.99
泉州市	11.36	9.91	14.71	14.05	12.12	22.41	25.02
漳州市	13.71	13.49	13.15	13.59	13.66	14.30	14.51
南平市	5.13	5.89	5.76	5.78	6.12	6.96	7.74
龙岩市	8.53	10.64	9.49	10.65	10.96	10.05	12.51
宁德市	3.91	3.76	5.39	5.34	5.52	6.18	6.54
南昌市	8.81	10.82	11.79	12.47	12.90	14.68	14.78
景德镇市	16.91	24.89	29.74	30.25	30.61	31.30	34.67
萍乡市	7.98	8.23	6.37	6.70	6.87	8.50	8.72
九江市	39.50	15.40	21.66	24.70	24.25	28.98	29.30
新余市	9.15	9.22	8.96	9.70	9.92	11.21	15.28
鹰潭市	14.00	13.67	14.73	14.93	16.51	16.23	17.40
赣州市	8.02	8.03	16.47	15.24	16.68	18.55	19.78
吉安市	6.80	10.54	12.14	7.68	10.35	12.75	13.60
宜春市	4.96	4.97	4.97	5.01	5.41	7.34	7.86
抚州市	2.96	3.59	3.62	3.59	7.25	7.73	7.92
上饶市	8.36	11.01	11.76	12.16	14.56	18.93	18.35
济南市	8.73	10.29	11.12	11.34	12.17	13.14	13.22
青岛市	16.21	16.76	21.55	21.86	22.45	23.18	25.12
淄博市	17.71	18.20	19.12	19.85	20.41	20.87	21.37
枣庄市	4.61	3.91	5.72	6.09	6.50	6.96	7.58
东营市	24.27	23.69	23.81	24.47	25.65	26.27	26.78
烟台市	13.91	14.42	15.90	17.28	19.47	22.41	23.38
潍坊市	12.79	12.74	15.61	17.30	16.44	17.00	17.87
济宁市	14.43	7.80	8.42	11.78	14.37	16.23	16.75

续表

	2005 年	2006 年	2007 年	2008 年	2009 年	2010 年	2011 年
泰安市	8.40	8.44	8.35	8.37	9.47	12.36	10.91
威海市	21.86	24.68	28.55	31.12	33.21	34.39	35.20
日照市	6.94	7.37	7.91	8.64	9.47	10.82	11.28
莱芜市	7.01	7.25	7.45	7.55	9.03	8.89	9.01
临沂市	9.06	7.97	8.32	11.68	16.34	16.62	14.73
德州市	10.55	11.24	11.41	11.49	10.82	13.14	16.59
聊城市	6.79	6.67	6.74	7.04	8.93	7.34	7.92
滨州市	5.17	5.36	13.74	15.18	16.36	17.39	18.98
菏泽市	4.28	6.93	6.98	7.28	7.47	7.73	7.88
郑州市	11.44	11.93	13.31	13.74	13.96	8.50	8.52
开封市	8.25	8.28	8.32	12.72	12.70	13.14	13.07
洛阳市	11.21	11.84	11.89	11.76	11.89	11.98	12.04
平顶山市	6.37	5.96	6.65	7.95	8.15	9.27	9.22
安阳市	7.40	7.18	8.27	8.49	8.69	8.89	8.88
鹤壁市	9.34	9.93	10.22	10.74	10.50	11.59	12.98
新乡市	11.38	11.99	11.85	13.20	13.94	14.30	15.42
焦作市	12.58	13.09	12.47	12.75	12.78	15.07	15.14
濮阳市	8.97	7.69	7.99	8.74	8.59	8.11	8.79
许昌市	17.62	18.14	23.27	23.35	26.30	26.66	26.75
漯河市	4.42	4.76	5.20	5.22	5.19	5.02	5.54
三门峡市	8.07	14.32	14.94	15.42	15.84	15.84	15.52
南阳市	4.33	4.42	5.03	5.06	5.00	5.02	4.94
商丘市	2.74	2.93	4.10	4.23	4.36	4.25	4.36
信阳市	3.06	3.20	3.16	9.23	9.54	10.05	10.02
周口市	12.15	10.58	13.34	13.93	13.72	15.07	13.24
驻马店市	5.85	7.11	7.99	9.03	10.11	10.43	7.97
武汉市	3.41	5.53	10.94	11.15	11.45	11.59	12.26
黄石市	13.08	13.59	13.76	14.18	12.85	13.52	13.66
十堰市	92.28	91.71	91.71	91.46	90.73	89.64	90.11
宜昌市	7.88	8.07	7.99	8.96	9.42	10.05	11.10
襄阳市	7.72	7.76	8.22	8.45	8.65	6.18	6.51

续表

	2005 年	2006 年	2007 年	2008 年	2009 年	2010 年	2011 年
鄂州市	4.03	4.13	4.17	4.69	4.79	5.41	5.73
荆门市	11.72	11.36	11.52	11.53	11.34	9.66	10.03
孝感市	6.86	6.13	6.17	6.18	6.00	6.18	5.63
荆州市	5.38	6.35	6.33	6.11	6.10	8.11	8.02
黄冈市	7.36	7.42	9.15	9.43	10.56	13.91	14.39
咸宁市	3.73	3.66	3.55	8.12	8.09	15.46	22.28
随州市	37.21	38.42	38.02	37.79	70.37	85.01	84.05
长沙市	11.56	12.07	9.99	12.47	13.04	13.91	11.96
株洲市	13.17	15.70	15.68	16.53	13.34	18.55	20.25
湘潭市	23.11	23.15	20.27	20.90	15.35	16.23	16.14
衡阳市	13.78	13.57	13.29	13.33	13.17	15.84	16.25
邵阳市	4.89	5.42	8.90	9.04	8.04	8.11	8.77
岳阳市	11.90	11.13	13.83	14.05	17.27	13.91	14.85
常德市	5.51	5.61	7.17	7.35	7.85	8.11	8.37
张家界市	8.21	8.18	7.74	7.46	10.02	11.98	7.47
益阳市	4.01	4.13	4.79	4.91	5.12	6.18	6.72
郴州市	6.54	8.98	7.50	7.60	9.44	11.21	12.85
永州市	4.32	4.30	4.90	5.15	5.46	5.41	5.66
怀化市	15.92	19.00	18.94	18.33	18.82	20.48	19.03
娄底市	31.79	15.78	16.76	16.50	18.20	18.93	20.20
广州市	70.07	71.28	70.70	69.71	73.43	72.26	74.68
韶关市	7.64	10.26	11.81	92.58	13.00	14.68	14.59
深圳市	206.23	189.74	175.36	163.29	151.40	143.35	138.97
珠海市	21.17	19.78	20.61	19.82	19.64	21.25	22.33
汕头市	4.42	4.49	4.51	4.52	5.22	5.02	5.50
佛山市	6.39	4.72	4.98	5.43	8.82	5.41	8.62
江门市	23.92	11.63	11.83	12.30	12.93	13.91	26.63
湛江市	14.50	7.77	7.94	9.85	28.32	8.50	9.55
茂名市	4.08	7.67	7.80	8.32	8.35	8.50	8.63
肇庆市	34.31	33.35	34.29	35.98	35.53	35.55	56.74
惠州市	9.40	11.21	11.54	11.43	16.17	17.77	18.72

	2005 年	2006 年	2007 年	2008 年	2009 年	2010 年	2011 年
梅州市	11.31	15.54	14.93	14.93	20.11	20.09	21.02
汕尾市	3.66	2.94	2.80	2.84	4.15	4.25	4.58
河源市	11.53	12.11	12.82	13.04	279.87	239.57	14.68
阳江市	5.40	5.31	6.72	6.63	6.58	10.05	10.46
清远市	8.46	8.69	9.05	9.90	12.11	11.98	11.74
东莞市	6.07	11.21	60.19	61.73	60.54	70.32	75.46
中山市	3.25	3.44	3.50	3.62	3.68	3.86	3.80
潮州市	16.55	6.77	17.17	17.24	17.37	17.77	18.30
揭阳市	5.59	5.52	15.36	16.10	15.31	15.46	15.41
云浮市	8.39	11.36	11.49	14.63	10.98	13.14	8.21
南宁市	8.93	50.73	50.52	51.85	50.52	52.94	52.55
柳州市	21.33	17.61	19.66	21.32	21.77	22.02	21.80
桂林市	11.31	11.21	11.16	11.28	11.63	12.75	12.73
梧州市	14.78	15.01	22.23	15.07	15.04	15.07	14.88
北海市	24.59	7.52	13.45	7.22	12.92	13.14	13.09
防城港市	2.00	2.52	3.06	2.79	3.17	6.18	6.68
钦州市	7.21	1.94	4.21	3.01	2.97	3.86	4.39
贵港市	2.52	2.16	2.12	2.75	2.81	2.70	2.77
玉林市	5.32	5.26	5.17	6.84	7.20	7.34	9.23
百色市	13.11	10.75	11.55	14.22	13.85	15.46	13.57
贺州市	3.49	2.40	2.35	2.14	2.33	1.93	4.71
河池市	5.83	5.18	5.26	6.04	5.48	5.80	5.93
来宾市	0.73	0.88	1.19	1.23	1.32	1.93	3.30
崇左市	6.67	6.61	6.57	5.70	6.27	6.57	6.98
海口市	7.09	7.09	8.30	8.82	8.82	8.89	8.74
三亚市	6.81	7.62	5.96	8.28	8.64	8.50	9.26
重庆市	5.14	4.56	6.12	17.21	23.16	10.43	9.58
成都市	10.67	11.09	11.14	11.70	11.96	11.98	12.14
自贡市	3.65	3.88	3.77	4.48	5.25	6.96	7.92
攀枝花市	9.23	10.72	11.00	11.19	11.28	11.59	11.78
泸州市	5.13	3.80	4.36	5.49	7.76	8.89	10.30

续表

	2005 年	2006 年	2007 年	2008 年	2009 年	2010 年	2011 年
德阳市	7.08	6.48	7.26	8.58	11.11	10.43	11.88
绵阳市	7.47	11.46	11.21	12.50	11.20	11.59	11.61
广元市	5.21	4.79	10.15	11.21	5.45	5.80	6.59
遂宁市	2.35	3.72	3.81	4.00	4.33	4.64	14.23
内江市	1.39	1.32	1.79	2.16	2.81	3.48	5.25
乐山市	5.08	5.29	5.31	6.10	6.32	6.96	6.83
南充市	4.14	4.70	4.38	5.48	6.00	5.41	6.04
眉山市	4.19	4.17	4.30	4.35	6.11	5.02	5.59
宜宾市	4.48	5.05	6.39	7.36	8.44	8.89	7.77
广安市	5.19	2.27	2.38	2.40	3.11	3.09	3.65
达州市	6.15	6.03	7.84	10.00	9.59	12.75	10.73
雅安市	12.43	14.47	9.36	9.02	4.93	8.11	8.42
巴中市	1.17	1.11	1.27	1.55	1.27	1.93	1.45
资阳市	1.49	1.96	2.17	2.76	3.86	4.64	4.76
贵阳市	38.79	9.51	9.34	10.20	10.15	11.59	11.83
六盘水市	2.47	2.66	3.94	3.89	1.55	1.55	1.68
遵义市	9.53	9.61	13.28	10.91	10.77	9.66	9.46
安顺市	1.78	2.21	9.04	9.97	9.95	9.66	2.69
昆明市	8.88	10.92	12.70	14.19	15.50	13.14	16.86
曲靖市	4.32	4.44	6.77	7.84	18.15	10.82	11.96
玉溪市	6.50	8.30	8.24	8.51	9.12	7.73	8.55
保山市	2.13	1.01	1.00	3.02	3.03	3.09	0.72
昭通市	1.24	1.28	1.36	1.35	1.35	1.55	2.29
丽江市	6.21	12.89	14.42	14.64	14.64	18.16	18.81
思茅市	1.65	10.71	10.54	10.50	17.62	19.32	13.41
临沧市	2.10	1.09	1.07	4.09	4.93	5.80	8.20
西安市	3.54	5.79	7.80	8.09	8.30	7.34	8.72
铜川市	9.34	5.13	5.12	5.07	8.02	8.11	7.63

续表

	2005 年	2006 年	2007 年	2008 年	2009 年	2010 年	2011 年
宝鸡市	8.53	10.71	10.60	8.40	9.06	9.66	9.11
咸阳市	7.16	7.01	7.56	8.13	9.08	10.05	11.80
渭南市	2.53	3.54	4.73	4.57	5.41	5.41	6.42
延安市	3.96	3.92	6.56	7.46	7.72	9.66	10.29
汉中市	2.06	1.62	3.46	7.31	8.16	7.34	7.19
榆林市	0.44	0.22	0.38	14.51	16.02	8.50	11.88
安康市	2.77	3.43	3.45	3.42	3.39	3.48	4.91
商洛市	2.51	2.52	3.61	3.67	3.67	3.48	3.20
兰州市	9.50	9.05	7.28	7.96	8.03	8.11	8.26
嘉峪关市	24.77	25.93	28.78	29.62	27.96	30.91	38.56
金昌市	11.36	9.68	17.11	18.81	11.74	20.87	18.70
白银市	7.36	7.58	7.81	8.15	8.32	8.50	10.24
天水市	3.59	3.92	3.36	3.94	3.96	3.86	3.88
武威市	1.15	2.06	2.35	2.89	3.11	3.09	3.24
张掖市	3.14	3.10	3.75	4.32	5.51	5.80	7.15
平凉市	3.59	3.78	3.76	9.81	7.79	8.11	8.07
酒泉市	6.07	9.94	10.10	11.68	11.11	11.98	12.37
庆阳市	2.54	2.50	2.45	2.44	2.82	3.48	5.92
定西市	1.22	1.92	2.09	5.39	5.43	5.41	5.40
陇南市	6.79	6.79	6.79	6.79	6.79	6.79	6.79
西宁市	6.68	7.32	8.02	7.84	4.61	10.05	8.65
银川市	16.36	19.37	21.81	22.79	21.90	22.02	21.49
石嘴山市	22.77	31.41	36.02	37.99	51.89	57.19	62.10
吴忠市	1.84	8.47	8.46	8.35	9.64	11.21	20.68
固原市	4.95	5.93	6.61	7.93	7.93	10.43	8.76
中卫市	1.19	4.16	8.36	14.02	9.64	9.27	9.36
乌鲁木齐市	8.27	8.69	9.69	36.35	25.63	25.89	31.57
克拉玛依市	20.42	20.55	20.83	20.40	21.61	22.80	30.29

表 37-6　2005—2011 年城市低碳资源指数评价得分的统计分析指标

	极小值	极大值	均　值	标准差	方　差	最大值-最小值	离散系数
2005 年	0.44	206.23	11.11	15.07	226.97	205.79	0.74
2006 年	0.22	189.74	11.70	15.48	239.74	189.52	0.76
2007 年	0.38	175.36	12.67	15.20	231.02	174.98	0.83
2008 年	1.23	163.29	13.48	15.26	232.90	162.06	0.88
2009 年	1.27	279.87	15.40	22.01	484.45	278.60	0.70
2010 年	1.55	239.57	16.00	20.81	433.20	238.02	0.77
2011 年	0.72	138.97	16.10	16.67	277.93	138.25	0.97

（四）低碳指数

1. 低碳指数城市差异较小

在低碳生产指数、低碳消费指数和低碳资源指数的共同带动下,2011 年深圳市、黄山市、随州市、十堰市和鄂尔多斯市的低碳指数评价得分较高,得分均超过了 100 分,位居样本城市前五。相反,安顺市、商丘市、六盘水市、安阳市和南平市的低碳指数评价得分要低很多,评价得分都不足 17 分,处在样本城市后五名。不同于地区低碳指数,城市低碳指数空间分布格局较为分散,并没有呈现出明显空间规律性,即使有些低碳指数高地并没有处在东部沿海地区,也没有分布在南方地区。相反,低碳指数评价得分相对较高的几个城市,却分布在了我国中西部地区,这主要是由于这些城市经济社会活动对能源消费水平较低造成的。另外,由于城市低碳生产指数、低碳消费指数和低碳资源指数得分差异较小,故城市间的低碳指数评价得分差异也不大,2011 年城市低碳指数评价得分的离散系数只有 1.85。

2. 低碳指数空间分布无规律可循

根据七大区域城市低碳指数得分大小,可以划分成三组类型:华南地区的城市低碳指数得分相对较高为一组,西南地区、华中地区、华东地区和西北地区为另外一组,它们的城市低碳指数评级按得分得分一般;东北地区和华北地区的城市低碳指数最低,它们组成了第三组。2005—2011 年,除华中地区和华南地区的城市低碳指数得分有所减小外,其五类地区的城市低碳指数评价

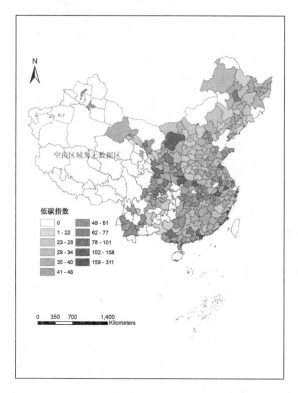

图 37-13　2011 年中国城市低碳指数空间分布格局示意图

得分均有所增长。

近年,三大区域的城市低碳指数起伏变化较大。2005—2006 年,西部地区的城市低碳指数评价得分一直领先,但 2007—2009 年指数得分却下降到中间位置,到 2010 年之后指数又提升到第一的位置。2005 年东部地区的城市低碳指数得分位居第二,2006 年指数得分下降到第三,2007—2009 年指数又上升到第一位置,2010 年之后指数又下降到第二位置。中部地区的城市低碳指数得分起伏变化也很大,但除 2006 年指数位居到第二外,其他年度指数均位居第三。

3. 低碳指数具有"两头高中间低"的特征

城市低碳指数在不同类型城市之间表现出明显的"两头高中间低"的特征,即超大型城市和小型城市的低碳指数评价得分较高,而中小型城市的低碳

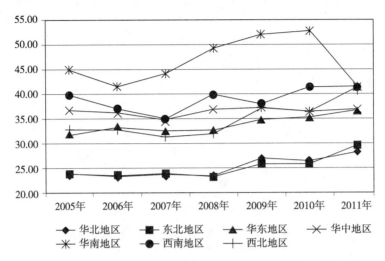

图 37-14　2005—2011 年中国七大区域城市低碳指数评价得分

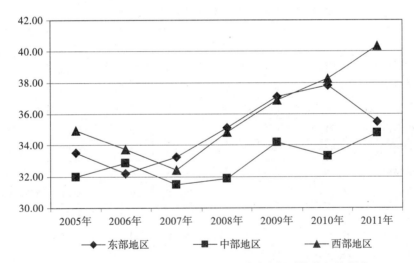

图 37-15　2005—2011 年中国三大区域城市低碳指数评价得分

指数评价得分相对较低。由图 37-16 可知,人口规模 50 万以下和 200 万以上
城市的低碳指数评价得分均值总体要高于其他类型城市(2005 年和 2008 年
人口规模 50 万以下城市指数得分均值较低),人口规模 100 万—200 万城市
的指数得分均值次之,人口规模在 50 万—100 万城市的指数得分均值最低,
且后两类城市指数得分变化幅度相对较小。

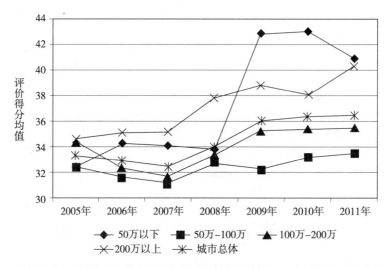

图 37-16 2005—2011 年不同人口规模城市的低碳指数评价得分均值

表 37-7 2005—2011 年城市低碳指数评价得分

	2005 年	2006 年	2007 年	2008 年	2009 年	2010 年	2011 年
北京市	29.01	33.87	30.60	29.12	35.05	36.02	43.88
天津市	19.59	19.80	19.03	19.77	20.92	21.71	25.78
石家庄市	17.64	19.46	20.36	20.20	22.29	22.50	25.45
唐山市	21.21	20.81	19.75	20.50	20.56	21.05	20.50
秦皇岛市	26.54	22.59	26.80	23.68	27.09	31.73	34.80
邯郸市	21.28	19.09	24.74	24.34	28.78	30.05	32.86
邢台市	26.74	26.77	29.43	19.80	29.01	26.21	26.90
保定市	19.74	19.48	19.82	23.36	25.66	29.29	28.88
张家口市	21.99	19.61	19.45	20.36	20.88	19.88	20.23
承德市	21.25	23.73	22.90	29.65	29.43	31.85	32.26
沧州市	18.91	19.55	21.27	21.10	22.69	20.30	23.55
廊坊市	32.19	33.52	31.95	23.64	32.75	33.76	31.29
衡水市	21.57	17.57	17.98	20.07	20.73	21.22	23.56
太原市	20.32	20.61	21.17	22.02	22.30	19.62	21.69
大同市	17.95	16.91	20.25	19.96	18.92	21.88	22.06
阳泉市	13.57	14.53	13.72	17.21	18.03	17.15	17.04

续表

	2005 年	2006 年	2007 年	2008 年	2009 年	2010 年	2011 年
长治市	23.11	21.12	20.99	21.67	20.18	21.25	20.55
晋城市	28.71	28.60	26.21	25.64	26.61	25.93	26.62
朔州市	27.82	32.40	28.30	23.95	66.81	26.23	27.66
晋中市	23.13	20.62	21.17	19.79	18.88	17.09	21.37
运城市	12.28	12.16	12.93	13.70	21.84	20.98	21.06
忻州市	24.99	24.22	23.22	22.97	16.38	16.86	20.01
临汾市	16.72	16.79	16.66	18.77	17.63	17.44	16.82
吕梁市	40.78	35.40	23.60	24.82	17.99	16.00	23.99
呼和浩特市	24.40	27.76	30.29	33.21	22.00	16.01	18.44
包头市	27.27	26.08	26.92	26.70	29.06	30.00	30.13
乌海市	17.83	16.98	16.33	15.61	14.19	21.94	20.95
赤峰市	20.19	17.65	16.29	14.53	18.49	25.83	28.38
通辽市	25.00	22.01	19.34	19.68	22.07	20.23	21.50
鄂尔多斯市	27.22	32.02	51.28	54.13	113.68	118.87	121.89
呼伦贝尔市	22.72	23.36	24.08	24.05	22.78	22.96	31.46
巴彦淖尔市	30.08	29.48	31.17	28.34	26.19	25.79	27.87
乌兰察布市	35.79	34.48	31.28	27.04	22.39	21.72	24.76
沈阳市	29.49	31.04	32.31	32.99	34.62	33.49	40.16
大连市	26.44	26.30	27.24	27.84	27.86	35.44	41.46
鞍山市	21.78	21.40	22.34	23.47	23.65	24.36	24.99
抚顺市	18.99	20.86	20.12	20.31	20.64	25.08	22.79
本溪市	24.04	25.31	24.25	24.90	25.76	26.47	27.60
丹东市	17.68	18.61	17.71	18.17	17.69	16.86	22.19
锦州市	21.65	22.27	22.12	21.12	22.97	20.46	23.25
营口市	19.29	19.71	21.11	24.66	24.08	24.22	25.60
阜新市	18.97	18.45	18.67	19.06	19.38	21.64	25.18
辽阳市	21.21	21.55	22.42	22.97	22.85	25.34	26.88
盘锦市	24.88	25.70	24.81	25.23	24.34	22.88	26.26
铁岭市	27.29	24.65	24.09	23.37	25.32	25.75	34.59
朝阳市	29.14	27.94	26.47	26.07	24.56	12.95	17.97
葫芦岛市	23.59	19.51	19.83	20.89	19.93	20.90	21.52

续表

	2005 年	2006 年	2007 年	2008 年	2009 年	2010 年	2011 年
长春市	20.11	21.59	23.19	23.95	24.78	26.48	32.96
吉林市	23.56	21.73	21.76	21.83	24.75	24.86	25.46
四平市	13.25	15.87	12.96	22.83	17.20	18.71	19.36
辽源市	32.43	31.16	29.91	28.41	30.63	26.13	30.16
通化市	18.03	18.25	20.96	21.48	21.91	21.72	24.05
白山市	19.56	22.58	19.97	18.00	22.42	19.66	21.51
松原市	19.17	24.29	21.19	22.94	27.78	27.61	32.48
白城市	19.78	21.79	20.20	19.98	24.15	24.39	31.78
哈尔滨市	17.75	16.97	17.75	18.72	21.46	21.41	27.35
齐齐哈尔市	27.35	17.63	19.06	18.90	29.97	30.37	37.30
鸡西市	20.65	20.08	19.74	22.16	20.64	19.64	23.03
鹤岗市	17.63	20.01	20.79	20.07	20.46	19.85	23.23
双鸭山市	23.13	20.87	21.58	19.95	24.81	24.85	35.83
大庆市	49.41	50.34	61.14	26.95	72.16	73.32	77.37
伊春市	35.08	33.73	31.73	31.05	30.99	34.49	36.97
佳木斯市	20.39	19.58	19.53	20.29	22.32	28.34	37.24
七台河市	17.54	21.74	26.15	26.79	31.59	26.60	31.63
牡丹江市	34.21	36.64	36.18	29.78	34.36	30.52	33.48
黑河市	21.70	22.85	22.21	25.21	23.88	24.47	19.74
绥化市	33.40	19.08	21.85	19.17	20.85	19.16	25.00
上海市	23.89	24.82	25.16	25.26	50.67	50.32	50.90
南京市	64.18	65.57	64.55	65.98	66.43	66.29	73.94
无锡市	37.70	39.38	39.85	41.04	44.60	43.93	44.31
徐州市	29.63	32.19	34.97	39.53	37.49	32.23	33.16
常州市	20.02	18.32	23.47	24.89	26.43	27.19	26.36
苏州市	24.89	27.40	28.46	34.62	38.20	39.39	37.96
南通市	22.53	24.02	25.56	27.73	27.06	28.70	28.63
连云港市	32.02	30.55	44.06	33.07	34.27	35.57	92.63
淮安市	25.51	26.78	26.64	25.48	28.17	28.95	28.06
盐城市	51.90	36.48	37.76	37.23	40.01	36.63	36.13
扬州市	28.23	29.01	29.96	27.27	28.99	30.56	42.28

	2005 年	2006 年	2007 年	2008 年	2009 年	2010 年	2011 年
镇江市	31.98	32.82	34.84	36.32	38.52	38.94	38.86
泰州市	39.09	41.25	48.13	32.98	32.87	34.42	31.97
宿迁市	64.48	48.36	54.90	46.63	46.39	43.80	37.98
杭州市	28.05	27.92	27.79	29.16	31.84	31.26	31.69
宁波市	22.43	27.43	27.03	28.92	30.69	33.54	35.77
温州市	24.77	24.42	24.09	24.85	25.12	25.22	25.97
嘉兴市	31.42	29.72	29.65	30.69	31.99	32.62	32.03
湖州市	27.89	24.67	25.45	26.18	27.72	29.16	31.39
绍兴市	29.70	29.89	29.68	30.56	30.30	30.62	38.15
金华市	30.15	30.16	29.29	29.78	29.86	30.05	30.35
衢州市	22.74	20.58	19.77	20.60	22.09	23.56	23.33
舟山市	38.99	32.78	36.08	34.17	33.37	32.53	35.58
台州市	26.95	27.26	28.30	34.86	33.27	34.08	33.89
丽水市	30.78	33.43	31.21	29.63	32.43	33.87	36.09
合肥市	31.27	32.05	34.32	36.33	42.87	44.38	47.85
芜湖市	32.83	38.40	33.69	33.32	35.48	36.17	35.59
蚌埠市	32.73	37.02	25.76	27.06	28.00	23.03	30.72
淮南市	24.26	23.55	22.44	22.92	22.75	23.45	24.86
马鞍山市	41.06	40.80	36.28	37.96	38.53	39.65	41.07
淮北市	28.99	28.35	32.71	31.79	30.63	32.13	33.97
铜陵市	27.01	29.61	31.14	31.47	50.79	52.17	53.78
安庆市	45.63	50.34	21.46	21.16	21.44	22.61	25.52
黄山市	42.44	141.17	136.31	134.07	127.22	132.04	132.17
滁州市	27.58	35.99	31.39	30.27	33.96	35.97	42.74
阜阳市	32.36	32.41	34.52	30.59	25.53	26.87	25.63
宿州市	37.72	37.17	31.17	30.03	27.32	26.01	31.75
六安市	26.92	26.81	29.39	40.81	32.24	26.68	28.05
亳州市	81.11	68.06	69.92	40.93	54.45	49.88	44.11
池州市	30.07	30.51	28.46	24.68	25.42	25.92	25.43
宣城市	52.78	54.00	45.06	39.59	39.48	39.09	38.18
福州市	33.90	38.71	30.49	32.83	36.86	46.28	40.58

	2005 年	2006 年	2007 年	2008 年	2009 年	2010 年	2011 年
厦门市	36.65	40.48	36.32	50.63	54.00	59.32	55.02
莆田市	45.29	47.65	42.87	41.27	40.85	42.56	36.46
三明市	26.56	29.40	21.77	22.45	24.23	28.75	26.04
泉州市	33.53	33.50	33.98	32.54	31.55	44.79	43.62
漳州市	32.01	30.84	27.73	26.81	27.88	39.29	34.31
南平市	19.74	20.27	17.97	17.35	18.15	19.68	16.30
龙岩市	25.75	28.90	25.44	27.65	31.35	34.04	31.16
宁德市	53.83	44.06	37.14	34.86	37.02	39.89	31.85
南昌市	28.14	33.26	30.23	29.75	31.74	33.36	32.50
景德镇市	33.23	44.34	45.14	46.40	60.49	47.66	52.36
萍乡市	19.93	20.70	18.97	20.25	21.26	22.25	21.55
九江市	50.91	30.12	33.67	39.03	38.95	43.85	54.76
新余市	24.14	23.94	23.31	26.04	25.08	24.86	27.44
鹰潭市	29.25	29.81	33.51	33.70	35.72	38.31	39.78
赣州市	15.82	20.29	27.07	26.11	37.63	37.49	38.20
吉安市	27.20	36.34	33.11	27.51	29.27	38.37	29.86
宜春市	41.78	43.47	34.58	34.70	32.43	29.81	28.24
抚州市	31.31	34.15	30.12	30.48	43.23	40.11	36.30
上饶市	25.11	28.15	24.88	25.58	45.86	45.95	42.35
济南市	22.42	24.88	25.38	25.65	28.01	27.81	29.74
青岛市	29.53	30.74	35.44	36.13	36.94	36.69	42.63
淄博市	32.01	29.67	31.35	30.14	32.09	31.07	31.34
枣庄市	24.82	24.98	26.68	28.38	30.56	27.63	28.30
东营市	41.83	41.04	41.10	42.05	42.30	40.78	42.97
烟台市	29.49	30.48	31.18	34.04	37.28	38.97	42.74
潍坊市	25.49	25.99	28.44	29.13	28.64	27.28	29.20
济宁市	27.14	19.53	19.51	22.86	24.06	26.16	29.71
泰安市	25.59	26.82	30.74	35.92	30.39	30.16	29.76
威海市	33.73	37.93	40.59	42.90	43.86	43.00	47.46
日照市	23.37	22.51	21.02	21.12	22.20	23.44	24.36
莱芜市	21.08	21.08	21.31	21.69	24.12	20.15	20.00

	2005 年	2006 年	2007 年	2008 年	2009 年	2010 年	2011 年
临沂市	19.36	16.78	17.36	21.34	25.52	26.00	25.15
德州市	24.29	24.76	22.70	21.96	21.25	23.59	27.53
聊城市	19.92	22.85	17.82	19.95	23.94	18.91	16.81
滨州市	20.81	17.40	25.85	27.46	28.85	27.60	28.26
菏泽市	31.77	33.26	29.15	27.11	24.73	21.20	24.74
郑州市	21.00	22.07	22.62	20.05	21.05	16.69	17.24
开封市	19.94	20.38	21.14	24.62	23.71	22.54	21.85
洛阳市	24.69	21.50	18.36	18.13	18.88	17.28	17.38
平顶山市	20.39	17.90	19.00	19.82	17.98	18.24	18.22
安阳市	14.04	15.11	15.63	16.63	15.46	14.62	14.28
鹤壁市	23.53	24.32	24.56	23.27	24.97	25.23	26.57
新乡市	21.57	22.89	22.55	22.46	22.76	22.32	23.64
焦作市	19.27	19.26	18.14	18.06	17.91	19.97	19.95
濮阳市	23.79	25.69	26.65	25.75	19.69	18.26	20.24
许昌市	28.88	28.87	33.34	32.98	36.51	36.49	38.71
漯河市	30.75	29.75	28.91	29.77	26.79	25.88	26.64
三门峡市	14.28	19.46	20.97	20.55	23.09	21.93	21.87
南阳市	21.62	21.89	21.66	20.31	19.11	18.72	17.87
商丘市	24.56	18.19	18.38	16.53	14.80	13.07	12.90
信阳市	43.07	29.57	31.00	35.00	31.03	29.05	27.32
周口市	39.52	37.25	34.10	32.26	31.16	30.67	31.75
驻马店市	23.82	24.36	23.19	23.81	23.31	22.94	21.67
武汉市	36.46	57.23	40.80	48.64	50.48	44.83	43.76
黄石市	26.23	30.11	27.44	32.14	32.34	29.12	30.63
十堰市	104.55	103.66	115.26	114.15	117.26	114.55	122.48
宜昌市	40.91	50.79	33.03	40.75	42.87	37.59	39.94
襄阳市	47.72	44.38	54.03	58.69	62.25	54.00	60.56
鄂州市	27.54	36.88	27.90	36.03	37.24	30.34	29.95
荆门市	34.08	67.28	33.05	33.86	40.99	39.85	32.23
孝感市	62.46	23.35	57.24	68.18	74.86	57.89	45.05
荆州市	25.91	72.59	23.51	26.80	39.40	38.52	36.45

	2005 年	2006 年	2007 年	2008 年	2009 年	2010 年	2011 年
黄冈市	35.44	34.40	43.88	54.01	57.06	57.89	50.83
咸宁市	47.30	42.84	35.46	54.67	46.26	38.29	72.10
随州市	116.78	56.67	104.34	105.46	118.08	123.91	129.13
长沙市	49.03	44.15	42.28	50.33	52.87	51.24	49.00
株洲市	29.02	29.84	31.03	31.70	29.93	34.38	37.34
湘潭市	40.24	36.71	32.52	31.98	26.67	29.08	26.18
衡阳市	29.96	26.86	26.76	25.22	27.38	28.81	28.27
邵阳市	37.33	34.98	37.37	38.85	34.45	34.46	35.62
岳阳市	27.38	38.16	30.91	30.90	35.15	36.61	35.06
常德市	55.73	57.12	55.03	60.84	56.67	58.83	61.23
张家界市	62.87	70.08	44.11	47.12	33.83	45.37	43.08
益阳市	49.11	40.93	45.53	41.57	40.45	39.79	39.42
郴州市	26.90	25.68	22.81	23.05	26.00	27.64	29.99
永州市	35.78	29.69	28.31	29.16	31.96	31.37	26.63
怀化市	32.10	31.40	30.76	29.69	29.83	33.25	32.97
娄底市	46.62	28.95	29.72	31.13	34.10	35.47	33.36
广州市	93.55	92.35	94.21	119.90	97.30	95.27	101.22
韶关市	20.87	22.50	26.12	107.21	28.22	29.18	28.52
深圳市	225.55	206.60	193.32	182.19	171.49	162.16	158.27
珠海市	39.23	35.20	33.01	32.10	33.27	34.67	38.19
汕头市	27.83	25.42	27.14	26.55	27.75	27.42	24.22
佛山市	22.74	18.99	23.19	25.55	28.81	24.34	26.87
江门市	87.38	25.63	28.23	29.56	32.00	31.62	44.43
湛江市	49.64	42.65	47.47	40.45	60.20	39.24	33.69
茂名市	42.86	40.50	41.64	44.37	41.04	41.25	40.71
肇庆市	54.75	50.35	51.98	54.11	55.93	53.04	74.45
惠州市	25.45	24.79	26.05	26.82	32.15	33.03	34.10
梅州市	34.58	37.85	33.19	30.59	35.87	45.02	38.90
汕尾市	34.39	31.49	36.47	30.90	38.73	86.26	36.90
河源市	28.35	23.81	26.82	27.54	295.88	253.30	27.20
阳江市	26.19	31.44	31.26	44.68	29.47	34.23	32.65

续表

	2005 年	2006 年	2007 年	2008 年	2009 年	2010 年	2011 年
清远市	23.36	20.60	24.02	24.98	28.76	26.98	24.64
东莞市	25.19	20.70	71.62	73.42	73.19	81.91	87.00
中山市	18.28	15.92	18.62	18.89	20.47	19.21	19.48
潮州市	34.22	27.07	26.04	25.95	26.64	26.41	27.71
揭阳市	40.37	32.14	40.18	34.92	38.01	97.65	32.60
云浮市	29.40	30.17	29.89	32.63	31.93	32.63	25.98
南宁市	33.29	79.47	78.58	90.46	86.50	85.87	82.31
柳州市	37.27	36.56	39.34	49.11	48.49	48.48	47.30
桂林市	30.41	35.43	34.97	51.89	41.53	45.30	41.21
梧州市	49.82	49.08	54.45	59.58	42.07	37.46	26.65
北海市	67.08	54.19	57.78	60.44	61.65	58.20	48.64
防城港市	49.22	48.49	44.75	51.88	48.39	47.12	37.72
钦州市	52.74	43.24	31.61	73.35	50.36	53.07	36.56
贵港市	49.98	40.89	35.35	42.26	36.08	34.87	32.60
玉林市	36.66	38.36	33.53	43.59	42.68	37.92	34.04
百色市	27.44	26.68	67.35	27.93	24.93	24.69	21.57
贺州市	36.25	23.01	29.34	37.04	31.31	30.24	26.68
河池市	27.56	20.52	23.11	25.11	25.88	25.61	19.71
来宾市	45.34	40.06	33.52	41.83	25.66	22.43	19.06
崇左市	67.04	66.95	65.73	69.07	62.38	56.06	46.61
海口市	50.33	39.94	34.09	33.19	35.83	35.20	29.64
三亚市	16.51	37.98	35.87	31.34	33.67	32.23	29.10
重庆市	22.80	19.61	20.82	33.67	43.73	28.12	27.94
成都市	49.58	36.37	34.38	39.58	40.65	42.31	47.24
自贡市	30.02	22.86	24.23	35.01	39.68	49.58	34.40
攀枝花市	19.11	20.09	20.87	21.78	22.29	27.47	20.47
泸州市	33.33	24.77	17.85	23.18	26.81	29.40	31.46
德阳市	26.65	18.31	19.57	21.98	25.50	28.33	31.54
绵阳市	31.42	29.88	33.14	38.11	36.37	40.66	43.67
广元市	16.56	21.62	27.23	30.35	27.45	35.22	34.42
遂宁市	54.15	40.46	44.94	55.17	50.52	61.69	69.35

续表

	2005 年	2006 年	2007 年	2008 年	2009 年	2010 年	2011 年
内江市	34.45	43.44	47.37	55.38	65.07	76.11	72.55
乐山市	27.71	25.46	25.87	29.62	28.97	24.78	25.78
南充市	30.77	31.49	30.10	37.11	47.69	53.10	53.32
眉山市	23.02	21.68	19.19	20.32	35.32	38.30	26.07
宜宾市	24.49	24.53	29.43	30.73	33.40	34.20	38.40
广安市	93.46	72.39	65.64	71.35	83.89	68.07	66.21
达州市	24.05	22.70	24.07	26.94	28.67	31.50	29.11
雅安市	44.03	41.31	37.75	36.16	31.77	51.08	59.33
巴中市	74.71	80.42	71.82	69.39	75.93	84.67	75.01
资阳市	46.39	50.28	50.61	50.61	62.33	71.84	74.00
贵阳市	47.79	17.69	18.18	20.36	20.01	20.58	20.81
六盘水市	18.13	17.08	12.89	19.21	12.89	14.43	13.16
遵义市	22.84	19.37	23.14	24.36	19.38	22.18	20.94
安顺市	75.86	77.99	51.95	75.98	23.64	24.04	12.41
昆明市	32.87	35.59	36.11	38.41	36.42	43.74	51.48
曲靖市	53.28	51.20	45.56	56.94	26.19	19.57	21.89
玉溪市	41.97	36.49	38.58	41.58	39.48	34.23	43.47
保山市	39.09	59.46	52.78	56.00	56.38	61.40	51.60
昭通市	76.38	52.46	38.68	43.12	34.25	34.90	35.48
丽江市	23.58	30.97	34.04	37.49	33.88	42.66	46.77
思茅市	24.51	31.60	31.55	37.30	35.79	47.75	48.60
临沧市	68.42	69.46	55.33	58.79	32.69	44.55	48.42
西安市	20.09	20.76	21.60	22.93	22.41	22.04	28.99
铜川市	25.60	18.60	17.48	16.43	20.05	17.92	17.64
宝鸡市	22.12	23.89	24.50	26.21	30.73	29.43	31.90
咸阳市	26.62	35.19	35.24	37.50	31.54	31.61	49.15
渭南市	51.31	42.25	45.07	46.02	50.78	89.93	50.49
延安市	53.51	31.12	25.78	25.36	22.97	23.51	27.40
汉中市	24.93	24.53	25.51	33.38	31.21	26.76	29.23
榆林市	29.00	32.54	33.41	19.99	33.68	27.13	32.95
安康市	42.74	39.10	35.70	31.97	32.17	26.74	31.23

续表

	2005 年	2006 年	2007 年	2008 年	2009 年	2010 年	2011 年
商洛市	70.70	60.10	53.36	55.14	58.89	44.17	51.21
兰州市	15.71	15.50	14.22	14.99	15.13	14.57	18.55
嘉峪关市	31.23	33.61	35.94	36.83	35.00	38.12	45.03
金昌市	25.72	24.59	29.02	29.08	67.94	84.55	85.50
白银市	17.36	16.87	17.49	16.08	16.14	15.40	17.03
天水市	31.58	28.63	29.46	24.14	34.20	21.56	24.50
武威市	26.97	27.90	25.24	31.19	32.17	29.35	45.62
张掖市	22.42	30.66	27.50	26.23	27.30	23.73	24.17
平凉市	21.95	24.46	24.57	27.56	32.64	25.87	28.18
酒泉市	47.86	27.40	24.23	23.05	30.78	26.83	38.97
庆阳市	23.57	73.77	55.80	51.29	62.47	54.34	67.47
定西市	63.04	35.22	28.47	32.20	83.42	45.27	76.51
陇南市	94.48	87.33	75.56	81.27	87.27	92.56	83.42
西宁市	13.34	13.50	14.06	14.10	22.99	28.71	29.89
银川市	22.72	25.37	27.61	28.49	29.04	29.00	31.46
石嘴山市	40.00	48.73	51.45	46.63	62.15	66.71	69.31
吴忠市	12.65	23.36	21.90	18.63	18.36	19.59	29.22
固原市	27.21	37.84	31.97	27.06	26.99	35.28	42.67
中卫市	25.97	28.31	31.06	30.44	27.08	25.08	18.56
乌鲁木齐市	18.61	15.65	17.00	42.72	32.29	34.95	44.03
克拉玛依市	34.90	38.85	39.55	41.41	35.26	38.90	52.11

表 37-8　2005—2011 年城市低碳指数评价得分的统计分析指标

	极小值	极大值	均　值	标准差	方　差	最大值-最小值	离散系数
2005 年	12.28	225.55	33.32	19.65	386.15	213.27	1.70
2006 年	12.16	206.60	32.82	18.86	355.76	194.44	1.74
2007 年	12.89	193.32	32.43	18.15	329.24	180.43	1.79
2008 年	13.70	182.19	33.91	19.17	367.38	168.49	1.77
2009 年	12.89	295.88	36.03	24.60	605.31	282.99	1.46
2010 年	12.95	253.30	36.34	23.73	562.91	240.35	1.53
2011 年	12.41	158.27	36.43	19.73	389.10	145.86	1.85

二、环保指数

（一）环境污染指数

1. 城市环境污染指数总体具有"东低—西高"的特征

本书使用城市环境污染指数来反映城市生产和生活的环境污染物排放强度,而环境污染物排放强度又与城市经济发展水平和居民消费水平有关,那些经济发展水平较高、居民消费水平较高的城市,其环境污染物排放强度较大,环境污染指数评价得分相对要低。2011 年,东莞市、珠海市、上海市、苏州市和无锡市凭借着较高的经济发展水平和居民消费水平,环境污染指数评价得分均低于 2.1 分,处在样本城市最后五名。相反,经济发展水平和居民消费水平相对较低的酒泉市、武威市、巴中市、庆阳市和黑河市的环境污染指数评价得分要高很多,得分全部超过了 40 分,在样本城市中位居前五。从指数空间分布格局看,城市环境污染指数空间分布相对分散,但总体具有"东低-西高"的特征,经济发展水平和居民消费水平相对较高的东部地区的城市,其环境污染指数评价得分一般较低,而经济发展水平和居民消费水平相对较低的中西部地区的城市,其环境污染指数得分一般较高,但其中又有些跳跃点。

七大区域的城市污染指数差异很明显。西北地区的城市环境污染指数得分最高,西南地区的城市环境污染指数得分其次,西北地区和西南地区的城市环境污染指数明显领先于其区域,其他区域的城市环境污染指数得分较低,不过区域间差异并不大。从指数变动情况看,2005—2010 年城市环境污染指数评价得分变动幅度并不大,但 2011 年七大区域的城市环境污染指数减小幅度较大。

城市环境污染指数三大区域差异也比较明显。西部地区的城市环境污染污染指数评价得分远高于中部地区和东部地区,而中部地区的环境污染指数评价得分又略高于东部地区。从指数动态变化看,三大区域的城市环境污染指数评价得分均表现出下降的趋势,尤其 2011 年指数得分下降幅度明显。

图 37-17 2011 年中国城市环境污染指数空间分布格局示意图

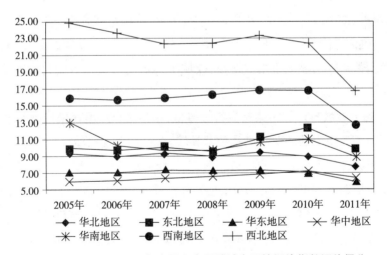

图 37-18 2005—2011 年中国七大区域城市环境污染指数评价得分

2. 城市环境污染指数变动方向并不明显

从环境污染指数评价得分变动情况看,近期城市环境污染指数变动方向

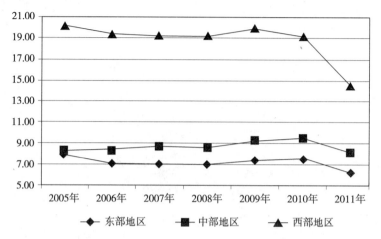

图37-19　2005—2011年中国三大区域城市环境污染指数评价得分

并不明显。评价结果显示,2005—2011年环境污染指数评价得分上升的城市有125个,其中齐齐哈尔市、娄底市、梧州市、深圳市、佳木斯市、宜宾市、铜陵市、鹤壁市、衡水市和鄂州市的指数评价得分增幅较大,得分年均增幅超过10%;环境污染指数评价得分下降的城市有160个,其中潮州市、海口市、梅州市、惠州市、汕尾市、宁德市、双鸭山市、银川市、咸阳市和临沧市的指数下降幅度较大,得分下降幅度全部超过了15%。样本城市增减数量大致相当,但样本城市指数减幅明显大于指数增幅,故城市的环境污染指数变化方向比较难判断。

3. 超大型城市环境污染指数得分较低,小型城市环境污染指数得分较高

不同类型城市的环境污染指数差异较大,总体表现出城市规模越大,其环境污染指数评价得分越低的特点。图37-20显示,人口规模低于50万城市的环境污染指数评价得分均值最高,近年指数得分均值均超过了12分,即使最低的2011年得分也有12.94分;相反人口规模超过200万城市环境污染指数评价得分均值要低很多,近年得分均值都低于6分,即使最高的2009年得分也只有5.21分;而人口规模处在50万—100万和100万—200万城市的环境污染指数评价得分均值位于上述两类城市之间,且两者之间的差异很小,与全部城市环境污染指数的评价得分均值不相上下。

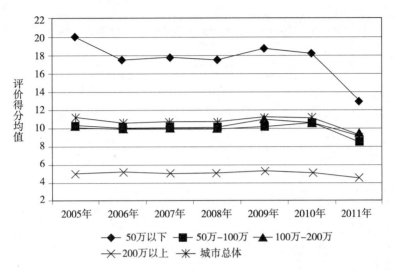

图 37-20 2005—2011 年不同人口规模城市的环境污染指数评价得分均值

表 37-9 2005—2011 年城市环境污染指数评价得分

	2005 年	2006 年	2007 年	2008 年	2009 年	2010 年	2011 年
北京市	3.96	4.17	3.81	4.02	4.01	4.01	3.68
天津市	4.26	4.18	4.08	4.04	3.93	4.04	3.92
石家庄市	2.75	2.70	2.68	3.01	3.13	3.34	3.03
唐山市	4.30	4.34	5.00	7.05	5.50	5.45	4.56
秦皇岛市	3.00	3.18	3.51	3.66	3.59	3.43	2.86
邯郸市	2.97	3.39	3.40	3.68	4.33	4.08	3.52
邢台市	2.62	2.65	2.65	2.96	2.94	4.57	3.95
保定市	4.90	4.89	5.48	6.01	6.25	5.77	4.35
张家口市	6.39	5.65	6.38	6.62	7.07	6.61	6.21
承德市	7.64	6.70	6.11	6.28	7.47	8.20	11.89
沧州市	5.82	6.09	6.28	7.07	8.42	7.96	4.33
廊坊市	6.92	6.71	7.14	7.54	6.91	6.55	5.82
衡水市	4.24	4.35	4.22	2.96	2.48	4.27	7.85
太原市	3.42	3.71	3.91	4.17	3.98	3.81	2.75
大同市	5.05	4.64	5.56	5.80	5.90	6.24	4.29
阳泉市	3.68	4.83	4.94	5.64	6.53	5.76	5.00

	2005 年	2006 年	2007 年	2008 年	2009 年	2010 年	2011 年
长治市	4.47	4.46	4.29	4.48	4.59	4.53	4.29
晋城市	3.94	3.68	3.43	4.24	4.05	4.01	3.19
朔州市	8.33	7.28	7.36	7.47	8.15	8.25	8.77
晋中市	7.90	7.04	8.14	9.35	9.73	8.81	7.08
运城市	5.06	5.70	4.46	5.40	5.38	5.03	7.08
忻州市	10.34	11.94	12.08	10.68	10.40	14.20	8.83
临汾市	6.28	6.76	7.86	7.43	7.36	8.78	7.87
吕梁市	14.80	15.75	10.04	8.53	8.31	7.42	8.07
呼和浩特市	5.97	6.68	8.72	6.45	6.74	6.72	4.77
包头市	4.68	4.76	5.80	5.20	6.19	5.75	4.54
乌海市	2.54	2.62	3.03	3.75	3.99	3.52	2.63
赤峰市	23.07	22.62	23.14	23.93	26.71	28.42	15.96
通辽市	27.55	22.75	21.18	17.29	13.06	12.97	13.17
鄂尔多斯市	11.29	11.15	15.93	14.46	18.91	11.95	16.07
呼伦贝尔市	41.96	39.02	40.20	44.74	45.27	42.74	32.43
巴彦淖尔市	23.92	21.79	22.09	16.27	17.56	17.95	17.17
乌兰察布市	30.68	30.13	36.25	28.14	32.66	20.24	13.20
沈阳市	4.06	3.69	3.44	3.55	3.62	3.47	2.51
大连市	3.93	3.95	4.06	4.16	4.10	4.15	2.15
鞍山市	3.58	3.56	3.38	3.20	3.03	3.36	2.24
抚顺市	3.71	3.86	4.16	3.78	4.13	5.23	4.16
本溪市	2.48	2.42	3.79	2.70	2.96	3.62	2.47
丹东市	5.52	5.20	7.46	5.53	5.98	19.23	5.42
锦州市	3.22	3.42	3.47	4.00	3.99	3.84	4.49
营口市	3.74	3.93	3.73	3.55	3.29	3.81	4.12
阜新市	5.17	6.57	5.89	6.47	6.42	9.21	3.82
辽阳市	3.07	3.24	3.38	3.15	3.34	4.36	3.59
盘锦市	4.58	5.17	5.25	4.76	5.14	4.98	4.66
铁岭市	4.97	5.40	5.05	5.70	6.42	6.28	6.38
朝阳市	5.40	5.34	5.68	5.78	5.44	5.83	8.23
葫芦岛市	6.74	9.33	11.92	7.31	7.75	6.84	6.16

	2005 年	2006 年	2007 年	2008 年	2009 年	2010 年	2011 年
长春市	6.69	6.21	6.00	5.28	5.53	5.18	5.01
吉林市	5.61	5.69	6.18	6.40	6.26	6.07	5.41
四平市	15.48	16.58	10.90	10.13	10.75	9.60	5.84
辽源市	7.52	7.59	7.87	7.62	7.34	6.22	6.54
通化市	5.13	4.19	4.18	5.36	4.79	5.11	5.38
白山市	8.72	11.23	11.42	10.48	9.43	10.29	11.33
松原市	10.85	8.51	10.09	10.61	9.16	19.17	8.44
白城市	14.08	14.13	16.18	14.19	14.37	16.34	16.33
哈尔滨市	9.22	10.48	11.47	10.84	11.74	13.06	8.94
齐齐哈尔市	7.31	7.02	6.96	7.47	20.91	21.61	35.61
鸡西市	8.20	12.41	11.06	11.35	12.86	9.41	8.12
鹤岗市	7.49	6.06	5.38	5.67	5.99	6.12	15.02
双鸭山市	20.79	17.38	17.86	13.31	13.23	11.84	6.69
大庆市	4.80	4.89	5.77	6.06	5.66	5.61	5.29
伊春市	22.02	21.42	17.09	20.06	21.30	26.24	25.28
佳木斯市	6.86	7.28	8.14	8.62	9.53	10.00	16.59
七台河市	3.82	3.73	5.14	4.54	4.35	4.44	4.54
牡丹江市	7.90	6.07	9.12	10.89	9.38	10.62	13.11
黑河市	55.60	54.84	58.77	46.60	52.31	60.14	42.47
绥化市	45.37	39.66	39.95	42.01	78.68	74.87	26.89
上海市	1.89	1.85	1.83	1.88	1.85	1.81	1.79
南京市	2.61	2.77	2.79	2.80	2.88	2.62	2.40
无锡市	2.50	2.53	2.57	2.35	2.35	2.14	2.09
徐州市	4.12	4.02	4.26	4.59	10.10	6.57	5.74
常州市	3.91	5.08	4.10	3.95	3.84	3.72	3.55
苏州市	2.98	2.70	2.40	2.01	1.92	1.93	1.92
南通市	3.61	3.71	3.32	3.31	5.41	4.88	4.15
连云港市	4.09	4.10	5.35	5.58	6.21	6.30	4.77
淮安市	13.12	13.98	13.03	11.18	10.49	9.52	7.10
盐城市	13.03	13.61	14.52	11.20	10.87	9.48	7.35
扬州市	5.26	5.04	4.85	4.77	5.18	4.63	5.61

续表

	2005 年	2006 年	2007 年	2008 年	2009 年	2010 年	2011 年
镇江市	4.31	3.41	3.28	3.26	3.41	3.82	2.81
泰州市	5.68	5.81	4.98	5.24	5.28	5.19	4.38
宿迁市	15.35	15.10	14.62	13.89	12.80	11.37	10.63
杭州市	3.28	3.42	3.21	3.10	2.78	3.15	3.03
宁波市	3.83	3.38	3.20	3.01	2.87	2.77	2.56
温州市	4.36	5.00	4.58	4.56	5.00	4.70	3.22
嘉兴市	3.02	3.65	3.37	4.44	4.19	3.82	3.46
湖州市	5.25	5.41	5.35	4.70	4.75	4.67	4.29
绍兴市	3.22	3.15	3.06	3.48	2.99	3.29	2.88
金华市	6.59	6.47	6.08	6.04	5.62	5.83	4.90
衢州市	4.77	7.25	6.70	6.80	7.37	6.99	6.17
舟山市	3.44	4.58	5.29	4.61	4.58	4.25	4.36
台州市	5.47	6.39	5.57	5.72	6.13	6.15	4.01
丽水市	7.97	8.30	13.14	13.48	13.76	16.16	4.73
合肥市	4.33	4.30	4.68	5.05	4.94	4.36	3.67
芜湖市	3.03	3.26	3.74	3.62	3.39	3.43	3.51
蚌埠市	3.93	3.93	3.79	4.01	3.99	3.97	4.15
淮南市	4.44	4.47	4.44	3.25	5.06	4.27	5.12
马鞍山市	3.53	3.14	3.19	2.98	2.78	2.78	2.96
淮北市	5.12	7.40	8.71	8.78	8.68	8.36	6.48
铜陵市	1.63	2.61	2.38	1.91	1.66	4.63	3.41
安庆市	6.80	7.93	7.28	7.54	7.59	7.58	6.41
黄山市	14.28	14.97	18.67	18.57	19.99	19.12	18.00
滁州市	8.53	8.12	7.73	7.53	7.23	7.40	7.47
阜阳市	17.53	15.79	15.10	14.19	15.06	14.73	11.30
宿州市	13.35	14.84	11.79	14.69	12.59	12.41	9.94
六安市	14.25	17.90	22.31	19.74	19.48	19.05	16.19
亳州市	25.78	20.83	28.14	29.10	29.51	19.56	15.42
池州市	9.63	10.04	9.83	10.52	10.24	10.44	10.41
宣城市	16.37	14.32	15.60	13.54	12.98	13.49	10.82
福州市	3.97	3.90	4.83	5.10	5.65	5.15	3.61

续表

	2005 年	2006 年	2007 年	2008 年	2009 年	2010 年	2011 年
厦门市	2.47	2.38	2.44	3.36	3.19	2.78	2.59
莆田市	14.88	14.56	13.67	12.40	12.88	10.43	9.73
三明市	4.44	5.20	5.39	5.84	6.19	4.35	4.23
泉州市	4.42	4.44	4.53	4.41	4.39	3.83	3.18
漳州市	10.07	10.54	9.93	9.08	8.73	8.06	6.01
南平市	11.06	12.01	10.53	11.52	12.30	10.30	11.46
龙岩市	7.25	7.07	7.23	6.88	6.93	9.76	5.50
宁德市	40.58	19.06	16.51	15.05	13.69	13.35	12.26
南昌市	4.05	3.51	4.07	4.25	4.50	4.42	3.48
景德镇市	4.11	3.99	4.26	4.46	3.87	4.18	3.73
萍乡市	4.50	4.43	5.06	5.32	5.51	7.33	6.21
九江市	4.35	4.46	5.48	5.78	5.84	5.20	4.53
新余市	3.61	3.51	5.14	7.25	7.46	6.85	5.12
鹰潭市	2.92	3.01	4.11	3.87	5.08	5.47	4.76
赣州市	12.18	10.99	11.33	10.27	9.40	9.40	6.38
吉安市	8.84	7.81	9.20	8.96	9.12	9.02	9.93
宜春市	15.21	15.61	15.78	15.37	14.55	13.40	9.25
抚州市	12.33	13.17	11.81	11.90	12.39	11.13	11.17
上饶市	7.58	8.11	8.23	8.51	8.59	9.57	6.60
济南市	4.30	4.46	4.53	4.53	4.43	4.60	3.96
青岛市	3.54	3.46	3.43	3.27	3.17	3.55	3.08
淄博市	3.11	4.34	4.60	4.60	4.39	4.18	4.01
枣庄市	6.18	7.07	6.60	6.13	5.76	5.82	5.82
东营市	3.67	4.40	4.91	5.28	5.41	5.62	5.38
烟台市	6.51	6.67	6.46	6.34	5.87	5.14	4.37
潍坊市	4.80	5.55	6.53	5.79	7.59	6.88	6.07
济宁市	4.99	4.67	4.46	4.38	4.45	4.06	4.44
泰安市	7.91	7.89	7.54	7.38	9.97	8.91	8.38
威海市	4.17	4.07	4.44	4.62	4.74	4.43	3.76
日照市	7.29	8.63	7.27	7.33	6.85	6.79	6.57
莱芜市	7.50	8.49	7.36	7.92	8.46	8.42	7.71

续表

	2005 年	2006 年	2007 年	2008 年	2009 年	2010 年	2011 年
临沂市	7.00	7.73	7.97	6.37	6.11	5.36	6.25
德州市	3.40	3.43	3.44	3.58	3.65	3.59	3.80
聊城市	6.10	6.15	7.33	7.23	6.99	8.36	8.12
滨州市	2.70	2.70	4.95	4.56	4.92	4.77	4.08
菏泽市	10.16	9.65	9.88	9.83	10.47	9.29	8.57
郑州市	2.72	2.88	2.72	2.51	2.54	3.63	3.58
开封市	4.30	4.34	4.26	4.76	3.97	3.92	3.48
洛阳市	2.87	3.10	3.89	4.15	3.87	4.80	3.92
平顶山市	4.13	3.98	4.15	3.88	3.84	3.60	3.48
安阳市	2.93	2.98	3.46	3.69	4.07	3.89	3.58
鹤壁市	3.41	3.33	4.00	3.95	4.35	4.63	4.29
新乡市	3.32	3.55	3.83	4.01	4.29	4.36	4.11
焦作市	3.09	3.10	3.18	3.19	2.89	2.74	3.00
濮阳市	3.58	4.10	3.58	4.13	4.86	4.65	4.62
许昌市	3.32	3.21	3.33	3.02	4.31	4.40	2.93
漯河市	5.21	5.30	5.61	5.33	6.55	6.35	6.41
三门峡市	5.12	5.13	4.68	5.13	4.98	5.12	4.89
南阳市	8.63	8.71	9.19	9.28	8.83	10.76	9.62
商丘市	7.24	7.33	9.34	9.78	9.09	8.61	7.82
信阳市	15.35	12.41	12.77	13.71	13.47	13.95	14.13
周口市	6.18	6.81	8.31	10.52	11.48	12.27	8.23
驻马店市	7.27	7.45	7.06	7.72	7.82	7.76	7.67
武汉市	2.91	2.36	2.45	2.51	2.62	3.20	2.69
黄石市	2.59	2.15	2.38	2.46	2.84	2.68	2.41
十堰市	7.44	7.62	10.23	10.56	11.40	11.45	8.74
宜昌市	5.43	5.73	7.09	7.09	7.80	7.41	5.83
襄阳市	8.28	8.02	8.80	8.46	9.58	8.40	9.39
鄂州市	4.71	4.81	4.75	4.64	7.25	8.37	8.64
荆门市	4.46	5.25	5.50	5.66	5.58	5.62	4.93
孝感市	10.31	10.29	10.33	10.26	10.67	10.48	9.62
荆州市	6.22	6.12	5.89	6.61	6.75	5.68	4.74

续表

	2005 年	2006 年	2007 年	2008 年	2009 年	2010 年	2011 年
黄冈市	12.18	12.08	12.55	11.71	11.36	10.03	6.89
咸宁市	6.71	6.54	6.65	6.08	6.98	8.37	7.49
随州市	16.16	19.06	19.74	19.00	12.26	13.44	12.49
长沙市	3.98	4.13	3.90	3.80	3.86	3.77	5.25
株洲市	3.07	3.10	3.21	3.13	3.74	5.00	3.89
湘潭市	2.10	2.07	2.40	2.75	3.21	3.26	3.19
衡阳市	4.00	4.03	4.15	4.04	4.17	4.15	3.95
邵阳市	6.43	5.80	6.04	9.86	12.94	12.26	8.81
岳阳市	4.71	4.91	4.51	4.42	5.13	6.03	5.54
常德市	8.53	8.57	8.65	7.80	8.98	9.37	8.06
张家界市	11.62	14.01	15.79	14.74	16.00	18.29	13.14
益阳市	7.94	9.52	10.06	8.08	9.30	8.42	8.57
郴州市	4.90	5.33	5.37	6.43	5.80	6.09	5.13
永州市	9.11	9.03	9.87	9.50	9.05	11.75	8.38
怀化市	5.89	5.81	7.46	8.50	6.79	6.57	6.40
娄底市	2.17	2.50	2.69	2.80	4.22	4.14	8.64
广州市	2.38	2.52	2.40	2.63	2.64	2.61	2.45
韶关市	6.06	7.12	8.02	7.71	7.39	11.46	6.98
深圳市	1.31	1.54	1.75	1.78	1.98	3.80	3.72
珠海市	2.35	2.11	2.06	1.73	1.59	1.90	1.78
汕头市	7.07	7.16	6.51	7.38	7.48	7.22	7.34
佛山市	2.28	4.18	3.85	4.36	4.22	3.89	3.87
江门市	4.84	4.59	3.81	3.80	3.88	4.37	4.00
湛江市	6.22	6.49	6.51	7.54	8.00	7.59	7.77
茂名市	8.67	8.48	7.88	8.77	8.92	9.25	8.35
肇庆市	8.83	7.11	5.25	5.31	5.37	5.01	5.14
惠州市	20.53	11.65	8.33	8.67	7.95	7.72	4.66
梅州市	35.70	6.12	4.64	5.87	6.59	7.66	7.93
汕尾市	35.44	30.35	11.71	8.69	9.37	8.58	10.65
河源市	14.07	11.83	7.83	8.55	7.76	27.92	9.15
阳江市	13.60	11.43	8.67	15.96	5.88	8.56	7.56

续表

	2005 年	2006 年	2007 年	2008 年	2009 年	2010 年	2011 年
清远市	11.13	14.17	15.60	9.12	10.24	9.47	6.19
东莞市	2.16	0.99	1.04	1.02	1.03	1.26	1.20
中山市	5.58	7.12	5.09	4.76	17.90	4.41	4.67
潮州市	29.35	7.39	3.21	3.36	3.49	3.35	3.26
揭阳市	20.05	14.28	3.68	3.53	4.44	6.70	8.13
云浮市	5.59	7.76	6.86	5.92	6.29	7.03	6.87
南宁市	6.19	6.05	5.89	5.83	6.04	5.75	6.11
柳州市	3.64	3.96	3.88	3.99	4.13	4.09	4.53
桂林市	6.56	7.72	7.96	9.79	9.71	9.53	7.61
梧州市	5.51	4.98	5.02	5.33	6.69	6.95	17.69
北海市	6.36	5.74	5.00	4.95	5.33	5.73	5.43
防城港市	8.67	8.53	7.72	7.18	7.76	8.08	8.30
钦州市	14.83	14.01	11.00	10.61	12.15	11.83	12.96
贵港市	11.06	9.82	9.30	9.14	11.06	11.47	11.13
玉林市	7.26	7.38	7.49	7.95	7.12	7.56	11.82
百色市	8.10	7.82	8.15	9.77	10.32	10.93	12.38
贺州市	16.12	19.10	19.17	19.60	17.94	19.76	17.34
河池市	8.31	11.72	24.38	18.16	20.83	13.46	10.28
来宾市	16.58	16.55	14.32	14.71	15.80	15.30	14.21
崇左市	18.56	10.74	11.21	11.55	12.39	12.07	15.36
海口市	52.09	35.94	32.70	34.10	46.41	44.02	10.55
三亚市	44.63	30.52	63.87	60.51	68.47	68.05	40.83
重庆市	5.22	6.95	8.21	7.73	7.57	7.26	7.40
成都市	3.44	3.68	3.42	3.29	3.04	3.24	3.61
自贡市	10.46	8.50	10.89	8.31	7.10	7.56	9.18
攀枝花市	3.78	4.63	5.02	5.87	5.54	4.10	3.60
泸州市	6.06	7.26	7.11	7.95	7.76	7.31	7.17
德阳市	5.17	5.78	6.45	9.42	9.27	7.39	5.54
绵阳市	7.28	7.84	8.09	8.19	7.37	7.24	7.45
广元市	10.48	12.91	11.29	11.72	12.23	11.29	13.62
遂宁市	13.66	13.35	18.73	16.60	13.30	16.98	12.11

续表

	2005 年	2006 年	2007 年	2008 年	2009 年	2010 年	2011 年
内江市	11.93	10.92	10.98	10.92	11.98	13.21	10.86
乐山市	6.33	7.79	8.91	8.65	8.44	8.42	8.58
南充市	10.32	14.61	17.71	26.16	30.28	22.64	11.92
眉山市	9.35	8.59	7.41	8.85	9.30	8.69	8.14
宜宾市	3.67	6.60	6.97	6.55	6.90	7.30	8.71
广安市	16.38	17.83	18.56	19.30	18.23	18.89	17.21
达州市	4.98	4.79	5.85	9.43	9.30	8.32	7.33
雅安市	27.69	26.67	24.03	20.44	20.03	18.24	12.73
巴中市	43.89	21.67	21.49	21.83	23.65	24.66	45.53
资阳市	12.74	11.93	11.91	14.95	15.89	14.65	19.79
贵阳市	4.46	4.83	4.73	5.19	4.98	4.81	4.43
六盘水市	4.88	4.99	5.61	6.11	6.06	5.78	4.99
遵义市	13.03	17.93	15.07	13.14	12.04	12.80	12.03
安顺市	18.44	17.98	19.92	15.89	15.24	12.94	11.09
昆明市	6.08	5.62	5.82	6.33	7.51	7.17	3.32
曲靖市	9.81	7.91	9.08	8.73	8.48	8.96	6.58
玉溪市	18.40	15.49	13.41	21.35	14.40	15.24	14.21
保山市	35.33	38.69	25.45	26.74	31.37	35.80	18.32
昭通市	24.53	27.29	30.04	35.11	36.67	37.76	24.18
丽江市	53.81	53.27	63.19	52.48	62.23	64.11	26.39
思茅市	40.57	41.29	40.22	41.09	44.56	46.97	29.00
临沧市	52.00	48.36	48.61	48.86	53.13	50.93	18.25
西安市	4.77	4.84	4.92	5.28	4.43	4.22	3.47
铜川市	16.00	14.20	15.02	14.98	13.29	14.04	11.86
宝鸡市	5.20	6.67	6.37	9.57	9.03	9.02	8.75
咸阳市	11.26	18.52	3.75	4.76	4.50	4.63	3.81
渭南市	6.92	7.70	8.18	8.34	7.80	8.07	7.42
延安市	33.06	33.95	29.29	34.13	30.25	28.23	21.79
汉中市	11.55	12.51	9.31	9.82	12.24	12.55	11.72
榆林市	20.96	23.73	19.58	16.96	12.79	12.37	8.69
安康市	35.72	40.26	38.45	34.44	40.40	46.76	37.80

续表

	2005 年	2006 年	2007 年	2008 年	2009 年	2010 年	2011 年
商洛市	22.73	26.03	18.54	20.54	21.33	22.59	18.48
兰州市	4.19	5.05	4.53	4.62	5.51	5.52	3.58
嘉峪关市	3.10	4.06	3.25	3.21	3.34	3.26	2.76
金昌市	3.59	4.42	4.27	4.44	3.85	4.53	4.25
白银市	8.07	8.74	11.63	9.11	8.49	9.56	9.71
天水市	21.64	26.14	26.50	25.63	26.36	26.17	23.18
武威市	72.79	65.09	61.86	58.30	59.93	54.12	47.15
张掖市	40.67	37.97	39.88	42.70	46.15	31.92	19.19
平凉市	11.75	11.62	13.55	13.70	12.03	12.64	10.39
酒泉市	78.61	65.23	69.73	61.48	76.17	70.36	54.70
庆阳市	84.99	66.72	74.50	66.40	80.69	73.74	43.86
定西市	74.74	67.84	54.36	70.05	75.65	66.75	40.87
陇南市	68.11	58.90	63.56	55.04	43.58	57.18	37.45
西宁市	3.33	3.37	3.56	3.67	3.34	3.20	3.27
银川市	9.07	7.99	7.22	6.40	5.86	5.40	2.99
石嘴山市	2.91	2.38	1.91	3.02	3.12	3.31	2.94
吴忠市	6.54	9.43	5.36	5.51	7.42	6.25	6.58
固原市	60.59	55.17	51.07	52.69	59.27	52.95	34.97
中卫市	10.90	9.21	9.05	14.46	10.34	10.57	10.20
乌鲁木齐市	3.49	3.66	3.57	4.02	3.93	3.95	3.53
克拉玛依市	7.14	7.61	8.30	9.51	7.49	6.58	6.17

表 37-10　2005—2011 年城市环境污染指数评价得分的统计分析指标

	极小值	极大值	均　值	标准差	方　差	最大值-最小值	离散系数
2005 年	1.31	84.99	11.10	13.49	181.98	83.68	0.82
2006 年	0.99	67.84	10.54	11.65	135.80	66.85	0.90
2007 年	1.04	74.50	10.60	12.05	145.25	73.46	0.88
2008 年	1.02	70.05	10.52	11.52	132.66	69.03	0.91
2009 年	1.03	80.69	11.12	13.22	174.87	79.66	0.84
2010 年	1.26	74.87	11.06	12.76	162.83	73.61	0.87
2011 年	1.20	54.70	8.93	8.39	70.37	53.50	1.06

（二）环境管理指数

1. 环境管理指数呈现"东高—西低"的空间分布特征

城市环境管理指数是反映城市环境污染物治理能力和效率的指数。而环境污染物治理能力、效率又与城市经济实力、基础设施水平以及城市发展定位等有关。经济社会发展水平较高的城市，其环境污染物治理投入强度大，环境污染物处理基础设施水平高，故其环境管理指数评价得分要高。2011年，海口市、深圳市、秦皇岛市、铜陵市和鹰潭市的环境管理指数评价得分表现突出，在样本城市中排名前五；但定西市、南充市、抚州市、庆阳市和保山市的环境管理指数得分表现则差很多，环境管理指数评价得分均低于10分，在样本城市中排名后五位。从指数空间分布格局看，城市环境管理指数与环境污染指数恰恰相反，环境管理指数在空间上总体呈现出"东高—西低"的特征，东部地区经济社会发展水平相对较高的城市，其环境管理指数获得的评价得分较高，而中西部经济社会发展水平相对较低的城市，其环境管理指数评价得分往往较低。

七大区域的城市环境管理指数区域差异并不大。评价得分统计分析结果显示，华北地区、华东地区的城市环境管理指数得分相对较高，东北地区和西南地区的城市环境管理指数得分相对较低，其区域的城市环境管理指数位于之间。从指数得分变动情况看，七大区域的城市环境管理指数均表现出了整体增加的趋势，而在2011年指数得分又全部出现减小的现象。

三大区域的城市环境管理指数也有上述特点。东部地区的环境管理指数评价得分要高于中西部地区，而中部地区和西部地区的环境管理指数评价得分相差并不大。三大区域的城市环境管理指数也表现出了持续增长的趋势，不过2011年三地区环境管理指数都出现了减小。

2. 城市环境管理指数评价得分持续增长

近年，城市在环境基础设施以及环境治理方面的投入逐年增加，城市环境污染物治理能力和治理效率逐年提高，城市环境管理指数评价得分不断增长。2005—2011年，样本城市中有255个城市的环境管理指数评价得分增加了，涉及城市数量占样本城市数量的近90%，其中忻州市、陇南市、河源市、吉安

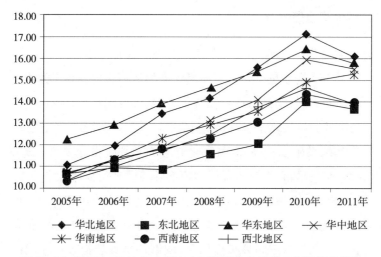

图37-21　2005—2011年中国七大区域城市环境管理指数评价得分

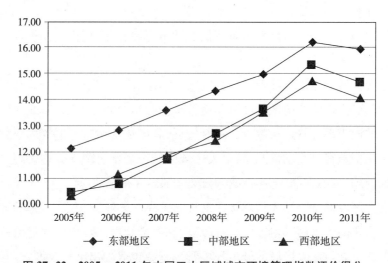

图37-22　2005—2011年中国三大区域城市环境管理指数评价得分

市、防城港市、内江市和玉林市的指数增幅最大,这些城市环境管理指数评价得分年均增幅全部超过15%;但也有30个城市的环境管理指数评价得分出现了减小,这些城市的环境污染物治理能力改善跟不上污染物排放增加的速度,所以它们的指数评价得分有所减小。

图 37-23　2011 年中国城市环境管理指数空间分布格局示意图

3. 城市环境管理指数具有由大到小逐步降低的特点

城市环境管理指数严格保持由大到小逐步降低的特点,即城市规模越大,城市环境管理指数评价得分越高。评价得分统计结果显示,人口规模超过200 万城市的指数得分均值要明显高于其类型城市,100 万—200 万人口规模城市的指数得分均值其次,然后是 50 万—100 万人口规模的城市,得分最低的是 50 万以下人口规模的城市。动态变化角度看,不同类型城市的环境管理指数之间的差异也很明显,且这种差异性较为稳定。

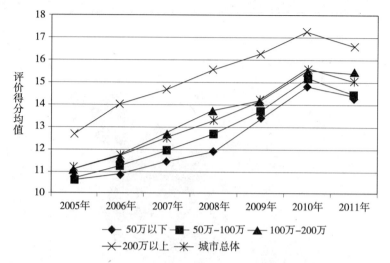

图 37-24　2005—2011 年不同人口规模城市的环境管理指数评价得分均值

表 37-11　2005—2011 年城市环境管理指数评价得分

	2005 年	2006 年	2007 年	2008 年	2009 年	2010 年	2011 年
北京市	13.22	15.77	16.69	17.54	17.65	18.21	17.36
天津市	13.16	15.00	15.38	16.25	17.13	17.74	17.67
石家庄市	14.49	15.90	15.91	16.55	18.04	19.21	18.86
唐山市	14.38	15.02	17.31	15.65	16.98	18.21	16.97
秦皇岛市	14.55	13.67	15.06	16.03	16.87	17.75	20.30
邯郸市	15.01	13.54	14.10	16.50	17.67	18.41	17.78
邢台市	11.17	12.69	13.78	14.54	14.80	15.63	15.56
保定市	14.57	13.77	13.77	16.10	16.42	18.33	18.55
张家口市	9.67	11.05	10.41	12.38	15.02	17.81	17.52
承德市	10.59	11.68	10.27	11.54	14.39	15.64	15.84
沧州市	13.15	12.78	13.69	17.48	18.15	19.02	18.58
廊坊市	11.84	12.72	19.29	15.15	15.98	16.08	15.14
衡水市	13.39	13.73	14.02	14.09	14.46	17.10	15.89
太原市	13.17	14.24	15.89	16.44	17.17	17.82	18.14
大同市	13.31	13.65	14.54	15.70	16.20	16.79	16.29
阳泉市	10.56	12.32	13.10	15.46	15.59	17.75	16.98

续表

	2005 年	2006 年	2007 年	2008 年	2009 年	2010 年	2011 年
长治市	10.21	11.35	15.51	15.34	17.60	17.56	16.17
晋城市	7.94	9.93	14.09	15.28	15.76	16.40	16.46
朔州市	6.73	7.16	12.03	13.78	16.88	17.28	14.48
晋中市	12.88	12.53	12.83	12.76	14.52	18.07	10.58
运城市	12.69	10.89	13.55	15.87	16.55	18.87	13.83
忻州市	2.25	5.37	7.47	8.59	10.49	14.35	11.71
临汾市	8.27	10.10	14.60	11.21	11.69	16.07	15.63
吕梁市	8.19	8.82	9.69	12.26	14.88	14.94	14.65
呼和浩特市	10.36	11.19	15.55	14.98	17.94	20.35	19.13
包头市	13.33	14.94	16.91	17.36	17.30	17.55	18.67
乌海市	10.82	16.17	14.89	15.93	16.18	13.18	11.65
赤峰市	12.23	11.95	12.14	11.94	14.73	18.74	18.55
通辽市	6.74	7.72	7.93	7.55	12.86	17.04	11.45
鄂尔多斯市	9.82	9.45	10.59	13.63	15.87	17.45	17.88
呼伦贝尔市	7.29	7.31	7.76	7.54	7.80	11.39	11.09
巴彦淖尔市	8.36	11.45	13.94	14.26	13.43	16.69	12.34
乌兰察布市	10.53	10.97	11.44	12.00	15.41	16.44	18.41
沈阳市	12.92	13.37	13.31	13.47	14.62	16.39	16.26
大连市	17.03	16.95	17.30	17.29	19.02	19.49	15.11
鞍山市	9.75	11.10	10.67	10.89	11.68	13.54	11.40
抚顺市	11.24	13.00	10.32	12.10	12.89	17.55	16.17
本溪市	10.43	11.21	15.34	13.14	12.29	14.35	11.34
丹东市	9.27	8.87	8.69	8.82	9.17	15.45	15.96
锦州市	11.37	11.94	12.01	12.02	11.76	14.65	15.24
营口市	13.23	13.74	9.79	12.37	12.69	15.51	12.44
阜新市	12.12	13.78	12.70	14.84	14.49	15.75	13.91
辽阳市	12.82	13.03	14.68	13.27	13.32	17.72	16.03
盘锦市	16.91	15.50	12.90	14.12	14.08	14.65	15.74
铁岭市	10.14	10.17	11.36	11.68	13.35	15.74	17.41
朝阳市	10.38	9.89	11.91	10.83	10.71	11.77	13.29
葫芦岛市	19.26	19.47	17.41	18.91	17.13	17.65	17.43

续表

	2005 年	2006 年	2007 年	2008 年	2009 年	2010 年	2011 年
长春市	11.43	11.79	10.24	11.46	12.96	15.20	15.06
吉林市	8.62	13.53	14.51	14.70	15.47	17.43	14.98
四平市	10.28	10.42	8.42	9.43	10.16	12.18	12.91
辽源市	9.80	8.99	9.19	8.91	12.66	16.52	16.48
通化市	10.98	9.42	9.84	12.64	13.94	13.35	13.47
白山市	8.86	9.58	9.15	12.26	12.82	12.90	15.84
松原市	7.91	7.45	7.30	9.11	9.54	11.72	11.74
白城市	5.78	7.39	8.01	7.99	9.40	8.47	11.46
哈尔滨市	8.10	10.86	11.75	12.79	12.73	13.97	13.56
齐齐哈尔市	10.06	7.81	8.56	8.45	8.49	11.07	10.45
鸡西市	7.99	9.56	9.24	10.08	10.08	11.51	10.27
鹤岗市	7.97	8.56	9.28	10.52	11.64	11.57	12.99
双鸭山市	8.75	8.54	8.32	8.47	9.20	10.87	12.53
大庆市	14.37	10.99	11.78	11.98	10.61	14.08	13.16
伊春市	9.12	9.44	9.55	9.90	10.09	11.61	10.08
佳木斯市	8.81	8.75	9.38	9.90	9.60	11.49	12.61
七台河市	7.98	8.13	8.91	10.22	12.02	12.13	15.88
牡丹江市	9.53	9.43	9.18	10.84	11.64	11.30	11.37
黑河市	9.60	9.87	9.06	10.49	8.28	15.11	10.09
绥化市	8.85	8.96	9.34	9.96	11.89	13.36	11.23
上海市	10.92	12.25	12.10	15.32	16.88	17.42	17.17
南京市	17.52	17.89	17.40	18.83	17.24	18.48	15.02
无锡市	13.28	15.02	16.78	18.29	18.11	17.96	18.35
徐州市	14.21	16.20	17.00	16.60	17.47	18.26	17.52
常州市	13.09	13.95	14.22	16.00	15.72	16.60	18.56
苏州市	14.94	17.15	17.01	19.03	18.39	13.75	17.53
南通市	11.98	14.48	15.01	17.04	17.23	18.35	18.80
连云港市	13.61	15.03	15.43	16.14	15.60	14.82	9.61
淮安市	12.35	14.35	15.89	16.12	14.56	16.41	12.10
盐城市	14.04	15.01	14.71	15.66	15.46	13.87	13.06
扬州市	13.20	14.44	14.95	16.68	16.09	17.15	18.22

续表

	2005 年	2006 年	2007 年	2008 年	2009 年	2010 年	2011 年
镇江市	13.57	14.15	15.35	17.76	17.32	18.10	17.56
泰州市	13.09	13.95	12.21	14.93	14.24	14.30	10.44
宿迁市	11.92	12.49	13.06	14.51	14.66	15.00	12.69
杭州市	13.51	14.81	14.99	15.94	16.33	16.88	16.00
宁波市	16.15	16.86	18.70	19.42	18.84	19.30	19.37
温州市	9.53	11.41	12.36	13.53	14.40	15.98	16.64
嘉兴市	11.27	13.08	12.98	13.79	16.49	17.23	16.76
湖州市	17.15	15.10	16.44	17.07	16.86	15.74	17.18
绍兴市	14.54	15.57	15.92	16.23	15.31	15.35	15.93
金华市	11.69	13.54	16.33	17.98	16.70	17.10	17.31
衢州市	14.54	14.99	15.25	16.13	17.10	17.26	15.52
舟山市	8.08	8.46	10.50	9.46	13.95	13.53	15.16
台州市	9.88	10.95	15.03	17.87	18.64	19.60	18.80
丽水市	10.38	10.44	10.77	11.27	12.06	12.28	11.43
合肥市	11.80	12.89	13.16	12.09	15.19	15.69	15.70
芜湖市	8.71	8.80	11.08	13.59	14.82	15.52	17.05
蚌埠市	9.90	9.40	10.05	10.53	14.95	17.41	17.16
淮南市	9.17	10.66	9.33	12.60	15.54	17.22	16.62
马鞍山市	12.71	12.52	14.18	15.46	15.75	16.51	16.34
淮北市	11.49	9.28	11.98	11.56	11.90	15.20	14.65
铜陵市	18.82	19.84	20.00	20.06	19.82	20.22	20.56
安庆市	11.56	9.78	11.67	12.92	16.09	19.88	14.41
黄山市	7.14	7.02	9.00	9.14	9.18	11.20	11.13
滁州市	8.48	8.55	9.36	7.96	10.01	12.08	13.97
阜阳市	11.81	14.12	16.79	17.44	17.21	18.01	15.75
宿州市	10.01	9.03	10.88	14.63	14.20	17.51	13.41
六安市	11.05	11.08	17.96	13.60	13.98	12.14	11.37
亳州市	11.01	11.22	11.12	13.32	12.21	11.45	10.75
池州市	14.37	10.68	13.42	14.51	13.58	13.26	17.92
宣城市	10.00	15.78	13.62	14.46	14.52	16.76	13.42
福州市	11.47	11.79	13.77	14.80	15.82	16.85	18.47

续表

	2005 年	2006 年	2007 年	2008 年	2009 年	2010 年	2011 年
厦门市	20.23	11.86	15.05	17.01	16.75	15.55	18.03
莆田市	10.67	9.95	10.27	10.36	12.18	16.56	17.59
三明市	9.07	9.30	9.69	8.81	10.28	12.80	14.37
泉州市	11.11	15.38	16.38	13.64	16.07	17.04	16.44
漳州市	19.52	19.41	19.55	17.06	18.17	19.41	18.59
南平市	7.28	6.98	7.65	6.31	7.61	10.87	9.63
龙岩市	10.39	8.88	10.44	11.15	12.75	14.75	16.09
宁德市	8.79	10.05	11.77	10.16	12.06	13.28	17.94
南昌市	14.50	14.58	15.60	16.51	15.20	17.78	15.98
景德镇市	11.99	12.47	12.01	10.34	12.73	14.10	10.32
萍乡市	12.21	11.90	12.14	12.15	12.34	13.68	12.04
九江市	12.09	13.55	12.88	13.90	14.39	17.23	15.34
新余市	11.13	10.77	9.82	12.80	14.31	16.53	16.58
鹰潭市	19.96	20.06	20.32	18.47	20.96	21.14	21.20
赣州市	7.33	7.24	7.92	8.08	11.95	12.35	10.90
吉安市	6.41	6.44	8.66	7.43	12.49	16.41	15.80
宜春市	9.17	9.40	14.78	16.63	17.04	16.02	13.55
抚州市	7.34	7.92	8.15	8.25	6.90	9.40	8.82
上饶市	13.44	11.72	13.35	15.80	16.84	18.42	16.67
济南市	15.02	15.57	15.63	16.89	17.32	18.49	13.74
青岛市	13.05	15.39	16.30	17.80	18.14	18.47	18.95
淄博市	14.69	16.52	16.17	17.81	18.44	19.00	18.02
枣庄市	11.14	13.21	14.93	16.06	16.69	18.11	14.76
东营市	13.86	14.33	14.64	14.70	17.16	19.47	19.82
烟台市	16.45	16.88	17.12	17.69	17.89	18.58	19.36
潍坊市	14.24	16.09	16.99	17.18	17.99	17.74	18.12
济宁市	13.97	14.72	17.33	18.26	18.56	19.13	15.90
泰安市	15.08	16.69	17.44	17.30	18.11	18.93	18.58
威海市	13.10	11.89	11.94	11.80	12.24	16.32	12.67
日照市	10.83	17.23	14.17	14.42	16.21	18.40	17.97
莱芜市	11.75	12.65	15.84	18.31	18.83	19.55	17.83

续表

	2005 年	2006 年	2007 年	2008 年	2009 年	2010 年	2011 年
临沂市	13.22	15.82	16.45	16.87	17.23	17.49	17.54
德州市	11.66	10.82	11.53	12.99	16.25	18.18	18.12
聊城市	12.72	13.08	14.51	19.03	19.60	18.61	18.36
滨州市	11.20	11.98	10.40	14.33	15.53	18.01	14.54
菏泽市	9.48	12.18	13.61	14.16	15.84	17.71	16.96
郑州市	11.87	12.44	14.40	15.12	15.29	15.28	15.16
开封市	9.34	10.91	11.35	12.94	12.26	12.46	16.89
洛阳市	10.87	11.64	13.55	15.38	15.46	16.36	18.02
平顶山市	12.13	12.99	13.12	13.88	15.12	16.18	17.46
安阳市	11.20	12.28	12.78	12.99	14.84	16.61	16.23
鹤壁市	7.62	8.78	12.00	14.45	15.27	15.30	16.88
新乡市	7.89	11.77	13.22	16.22	16.49	18.35	17.73
焦作市	11.16	11.41	12.48	14.45	15.65	15.90	15.48
濮阳市	11.79	12.93	10.04	13.97	13.29	15.00	16.40
许昌市	11.50	11.35	11.98	11.42	17.01	19.36	18.77
漯河市	10.89	10.83	11.17	11.50	10.85	17.83	17.64
三门峡市	14.94	16.64	18.15	18.98	19.32	17.37	15.45
南阳市	8.94	9.35	9.70	10.03	11.03	16.35	15.06
商丘市	8.93	9.44	11.21	13.10	14.54	17.61	16.68
信阳市	10.24	10.48	11.24	11.72	11.92	16.49	15.35
周口市	10.89	11.33	12.06	11.64	11.32	13.07	11.42
驻马店市	13.21	13.16	15.75	17.15	16.57	17.63	15.54
武汉市	11.03	12.83	15.08	15.48	16.00	18.35	17.55
黄石市	15.90	17.67	17.99	18.18	18.68	18.70	18.33
十堰市	10.22	10.18	9.39	9.62	10.95	12.78	14.14
宜昌市	15.10	16.65	14.90	16.99	17.34	16.42	15.92
襄阳市	10.48	10.94	11.63	13.41	15.70	17.41	15.18
鄂州市	10.74	11.47	12.10	14.39	14.93	16.80	17.98
荆门市	12.02	11.96	13.87	15.56	15.03	17.06	16.01
孝感市	9.87	7.94	7.96	8.60	12.95	15.32	12.49
荆州市	9.45	8.85	9.04	9.68	10.07	17.13	13.17

	2005 年	2006 年	2007 年	2008 年	2009 年	2010 年	2011 年
黄冈市	8.96	9.26	12.24	12.88	13.05	17.65	13.53
咸宁市	6.42	5.69	5.85	9.63	12.82	16.66	13.95
随州市	7.04	7.04	7.28	7.46	9.27	9.77	10.78
长沙市	10.56	9.69	11.29	13.64	14.88	15.39	18.06
株洲市	17.37	17.82	18.63	18.82	18.08	19.57	13.36
湘潭市	12.62	12.01	12.90	15.17	14.78	15.66	14.66
衡阳市	11.22	11.51	11.17	11.73	11.68	14.62	11.36
邵阳市	10.32	9.09	10.18	12.12	14.10	13.35	13.29
岳阳市	12.01	12.85	9.76	12.29	14.69	17.23	17.87
常德市	8.41	10.74	8.92	11.40	13.24	16.52	17.16
张家界市	9.57	12.71	15.49	14.92	15.02	16.57	12.07
益阳市	10.68	11.04	10.64	13.23	13.45	13.36	15.86
郴州市	11.09	8.46	10.23	11.89	13.31	17.85	16.91
永州市	5.88	5.79	7.53	9.96	9.00	8.38	12.06
怀化市	9.11	8.01	8.58	9.34	10.09	14.04	13.30
娄底市	11.99	11.60	12.03	10.22	15.29	15.21	19.08
广州市	15.04	16.38	17.93	18.33	18.56	18.56	18.80
韶关市	7.23	12.15	14.98	14.57	15.01	16.37	15.29
深圳市	13.80	14.82	15.91	17.21	17.17	17.11	20.19
珠海市	10.08	11.65	15.86	17.92	17.38	17.52	18.43
汕头市	10.86	16.19	14.78	15.80	16.28	17.65	18.20
佛山市	11.08	12.87	13.10	13.36	14.20	16.10	16.95
江门市	12.81	12.94	13.95	13.49	14.95	17.88	17.78
湛江市	8.47	8.72	10.09	13.42	13.51	12.01	16.79
茂名市	15.99	14.14	15.83	17.99	16.44	18.08	17.57
肇庆市	8.26	7.99	12.08	9.85	8.62	11.31	11.92
惠州市	9.74	9.44	10.39	10.12	11.00	13.95	16.58
梅州市	16.71	8.49	7.88	11.74	15.63	17.11	17.67
汕尾市	8.03	9.53	7.05	14.59	13.98	14.53	16.25
河源市	6.71	9.22	9.37	9.94	13.39	16.65	18.08
阳江市	8.96	10.21	9.02	9.72	11.57	11.73	13.82

	2005 年	2006 年	2007 年	2008 年	2009 年	2010 年	2011 年
清远市	12.62	10.96	10.83	9.03	10.55	12.44	12.78
东莞市	7.40	11.96	15.63	14.28	14.28	17.22	14.66
中山市	11.31	12.81	12.75	11.84	13.03	12.06	10.91
潮州市	8.49	14.64	13.13	15.00	15.01	16.28	10.51
揭阳市	10.05	8.15	11.37	14.16	14.88	16.29	14.55
云浮市	6.81	9.86	11.34	9.30	12.50	15.85	10.62
南宁市	10.03	11.35	10.28	10.75	13.03	14.08	15.19
柳州市	12.42	12.29	13.67	15.53	14.67	13.95	14.47
桂林市	11.68	12.19	14.31	16.80	14.72	17.06	16.47
梧州市	7.37	7.12	8.57	7.77	8.08	9.93	13.37
北海市	7.76	7.99	8.98	10.63	11.98	12.47	13.09
防城港市	6.29	7.01	9.19	12.04	9.85	15.10	15.37
钦州市	10.71	8.12	15.69	14.22	14.46	13.12	10.47
贵港市	11.33	11.41	13.49	13.22	11.14	16.78	15.89
玉林市	5.81	6.44	6.60	4.80	5.98	7.69	13.60
百色市	8.48	8.30	6.29	9.53	11.53	14.10	14.80
贺州市	8.48	8.72	9.24	8.61	9.21	9.39	11.04
河池市	14.29	15.87	14.73	12.84	15.17	18.47	18.44
来宾市	13.26	13.15	15.00	14.86	15.07	15.25	14.82
崇左市	8.26	8.03	10.24	9.75	10.34	8.98	11.47
海口市	19.64	18.47	18.19	17.80	19.68	20.27	19.92
三亚市	18.07	17.78	17.65	17.74	19.82	19.94	19.37
重庆市	12.45	12.63	14.48	15.27	16.50	17.47	17.92
成都市	10.14	11.41	13.06	14.98	14.61	16.64	17.25
自贡市	12.93	12.75	12.54	12.38	11.92	12.41	19.22
攀枝花市	6.82	8.61	9.64	9.86	10.48	11.00	11.33
泸州市	9.53	12.39	9.91	10.89	8.48	11.27	13.97
德阳市	8.96	8.93	8.63	9.69	9.56	13.31	18.10
绵阳市	13.04	9.08	12.29	12.74	13.74	14.71	16.68
广元市	6.45	7.01	9.75	8.76	10.13	9.79	11.55
遂宁市	9.90	15.09	11.97	13.26	13.47	14.10	13.39

续表

	2005 年	2006 年	2007 年	2008 年	2009 年	2010 年	2011 年
内江市	5.49	6.55	9.43	12.95	13.81	17.00	12.97
乐山市	8.09	7.92	8.56	9.82	10.25	12.71	11.67
南充市	8.48	8.16	8.88	8.98	11.12	7.81	7.76
眉山市	8.91	10.77	9.22	8.86	9.17	10.67	11.75
宜宾市	9.37	9.69	12.80	14.87	12.46	14.49	13.94
广安市	10.44	13.90	14.47	14.52	15.75	18.90	17.41
达州市	8.73	12.23	11.13	11.31	8.14	12.47	11.89
雅安市	14.00	13.81	14.17	12.66	17.10	17.57	13.55
巴中市	6.76	5.77	6.57	7.12	6.78	5.60	12.08
资阳市	7.34	7.68	8.23	11.19	10.65	10.88	10.77
贵阳市	10.69	13.91	15.84	16.08	17.03	18.70	19.28
六盘水市	8.84	8.38	8.23	11.38	15.93	18.39	16.47
遵义市	11.75	18.92	14.34	15.04	17.33	17.22	17.73
安顺市	11.27	12.56	13.47	11.56	13.82	16.42	16.00
昆明市	18.62	18.56	18.10	19.97	19.24	20.03	13.07
曲靖市	13.57	14.56	14.67	11.30	18.09	16.42	15.76
玉溪市	15.42	14.72	14.71	17.21	19.13	20.22	17.38
保山市	12.35	12.98	13.88	13.63	13.48	13.50	9.41
昭通市	12.59	11.29	13.88	12.42	12.90	16.18	10.24
丽江市	8.81	9.73	9.96	10.47	11.45	11.62	10.71
思茅市	10.02	10.62	13.81	14.67	12.29	13.98	10.62
临沧市	8.74	9.22	9.74	8.37	10.94	12.25	12.23
西安市	9.95	10.98	11.68	12.08	13.61	15.32	11.35
铜川市	11.49	8.69	10.48	10.39	16.02	18.43	11.58
宝鸡市	11.53	11.88	12.21	11.93	16.34	16.75	19.70
咸阳市	8.04	9.61	10.12	10.16	10.45	17.16	14.71
渭南市	8.47	11.49	11.36	13.77	14.60	16.96	16.45
延安市	10.92	8.49	9.85	9.91	12.83	17.24	13.24
汉中市	14.77	16.39	16.62	16.07	15.40	16.85	17.61
榆林市	8.10	9.53	8.76	10.23	10.59	15.63	13.52
安康市	7.40	10.06	13.22	17.50	14.04	16.67	10.90

续表

	2005 年	2006 年	2007 年	2008 年	2009 年	2010 年	2011 年
商洛市	6.71	12.88	13.85	15.96	17.66	17.82	10.85
兰州市	8.56	10.45	10.18	11.13	17.68	16.31	15.74
嘉峪关市	11.69	11.60	12.58	14.27	13.90	14.21	16.32
金昌市	17.07	18.32	19.60	15.97	17.43	20.50	18.90
白银市	13.00	13.09	12.73	14.95	15.11	17.05	16.64
天水市	11.24	11.56	10.52	13.21	15.46	14.31	15.52
武威市	10.79	12.18	11.72	11.75	12.29	12.05	10.43
张掖市	10.75	10.64	13.88	15.83	15.80	13.85	11.03
平凉市	7.49	7.59	8.12	9.51	13.94	14.17	13.64
酒泉市	12.76	13.77	14.13	12.75	9.73	10.90	10.11
庆阳市	8.08	7.26	8.02	10.57	10.79	6.45	9.26
定西市	11.11	8.28	6.03	6.96	7.37	8.53	6.26
陇南市	6.01	6.29	12.79	11.06	10.36	10.63	17.37
西宁市	9.89	10.00	10.77	11.40	10.67	12.95	13.84
银川市	14.25	14.65	16.08	16.65	18.33	17.36	18.94
石嘴山市	9.56	9.75	13.13	13.51	15.73	16.34	16.28
吴忠市	8.23	9.07	9.68	11.82	10.63	11.84	16.00
固原市	7.96	8.21	8.24	8.66	12.01	10.51	11.96
中卫市	9.99	11.13	11.26	9.21	15.93	14.13	13.80
乌鲁木齐市	12.27	12.03	9.98	9.16	10.95	14.27	11.26
克拉玛依市	14.58	13.63	15.09	17.11	15.73	13.22	12.42

表 37-12　2005—2011 年城市环境管理指数评价得分的统计分析指标

	极小值	极大值	均　值	标准差	方　差	最大值-最小值	离散系数
2005 年	2.25	20.23	11.10	2.95	8.67	17.98	3.77
2006 年	5.37	20.06	11.72	3.03	9.19	14.69	3.87
2007 年	5.85	20.32	12.51	3.07	9.42	14.47	4.08
2008 年	4.80	20.06	13.29	3.11	9.70	15.26	4.27
2009 年	5.98	20.96	14.16	2.97	8.81	14.98	4.77
2010 年	5.60	21.14	15.53	2.87	8.21	15.54	5.42
2011 年	6.26	21.20	15.05	2.87	8.26	14.94	5.24

（三）环境质量指数

1. 城市环境质量指数差异性较大

由于本书采用年均空气质量指数来反映城市环境质量水平,而我国目前公开的年均空气质量指数又存在较大争议,这在一定程度上影响城市环境质量指数评价结果的准确性。评价结果显示,2011 年黄山市、池州市、景德镇市、鹰潭市和赣州市的环境质量指数评价得分较高,在样本城市中位居前五;但日照市、河池市、清远市、湘潭市和白银市的环境质量指数评价得分较低,在样本城市中处在最后五名。由于城市环境质量指数评价得分集中分布在 11 分—12 分之间,所以利用图 37-25 难以判断城市环境质量指数的空间分布格局。而由于绝大多数城市环境质量指数评价得分集中性,以及少数城市环境质量指数评价得分相对较低的缘故,城市环境质量指数评价得分的离散系数很大,造成城市环境质量指数表现出较大的差异性。[①]

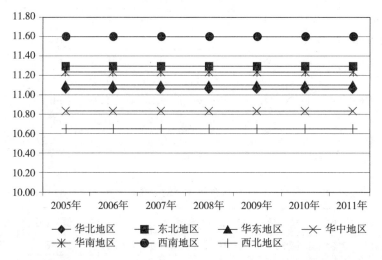

图 37-25　2005—2011 年中国七大区域城市环境质量指数评价得分

从大区域划分角度看,城市环境质量指数也存在一定差异。2011 年,西

---

① 说明:由于城市空气质量指数数据仅有 2011 年数据,故无法做城市环境质量指数变化分析

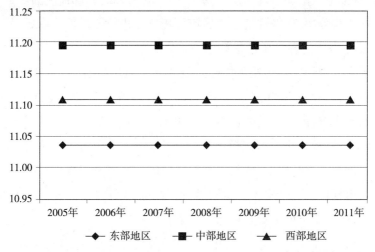

图 37-26　2005—2011 年中国三大区域城市环境质量指数评价得分

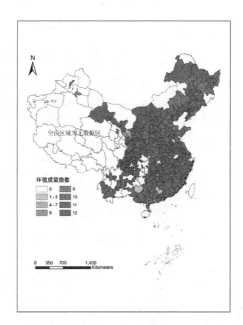

图 37-27　2011 年中国城市环境质量指数空间分布格局示意图

南地区的城市环境质量指数评价得分明显高于其地区,华中地区和西北地区
的城市环境质量指数评价得分则低很多。三大区域的城市环境质量指数差异

更明显,中部地区的城市环境质量指数评价得分最高,西部地区的城市环境质量指数评价得分次之,东部地区的城市环境质量指数评价得分最低。

2. 小型城市的环境质量指数评价得分较高

由于本书采用了空气质量指标来反映环境质量指数,而小型城市经济社会活动所排放的污染物相对较少,且小城市空间组织形态以及自然地理环境有利于空气污染物扩散,故小型城市的环境质量指数评价得分较高。图37-28显示,50万以下人口规模城市的环境质量指数评价得分均值明显要高于其他类型城市,而其他三种类型城市之间的环境质量指数相差并不大,这说明只要城市规模大到一定程度,城市环境质量指数评价得分就会减小,一旦出现减小后,这种状态就会稳定地保持下去。

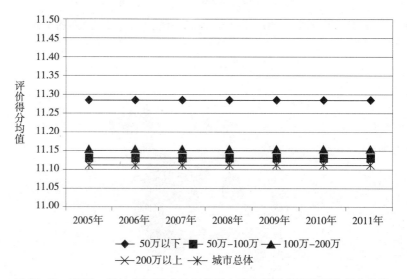

图 37-28 2005—2011 年不同人口规模城市的环境质量指数评价得分均值

表 37-13 2005—2011 年城市环境质量指数评价得分

	2005 年	2006 年	2007 年	2008 年	2009 年	2010 年	2011 年
北京市	9.36	9.36	9.36	9.36	9.36	9.36	9.36
天津市	10.48	10.48	10.48	10.48	10.48	10.48	10.48
石家庄市	10.48	10.48	10.48	10.48	10.48	10.48	10.48
唐山市	10.84	10.84	10.84	10.84	10.84	10.84	10.84

续表

	2005 年	2006 年	2007 年	2008 年	2009 年	2010 年	2011 年
秦皇岛市	11.59	11.59	11.59	11.59	11.59	11.59	11.59
邯郸市	10.70	10.70	10.70	10.70	10.70	10.70	10.70
邢台市	11.13	11.13	11.13	11.13	11.13	11.13	11.13
保定市	10.84	10.84	10.84	10.84	10.84	10.84	10.84
张家口市	11.13	11.13	11.13	11.13	11.13	11.13	11.13
承德市	11.43	11.43	11.43	11.43	11.43	11.43	11.43
沧州市	11.29	11.29	11.29	11.29	11.29	11.29	11.29
廊坊市	11.33	11.33	11.33	11.33	11.33	11.33	11.33
衡水市	11.16	11.16	11.16	11.16	11.16	11.16	11.16
太原市	10.08	10.08	10.08	10.08	10.08	10.08	10.08
大同市	11.36	11.36	11.36	11.36	11.36	11.36	11.36
阳泉市	11.00	11.00	11.00	11.00	11.00	11.00	11.00
长治市	11.69	11.69	11.69	11.69	11.69	11.69	11.69
晋城市	11.59	11.59	11.59	11.59	11.59	11.59	11.59
朔州市	11.43	11.43	11.43	11.43	11.43	11.43	11.43
晋中市	11.79	11.79	11.79	11.79	11.79	11.79	11.79
运城市	11.65	11.65	11.65	11.65	11.65	11.65	11.65
忻州市	11.75	11.75	11.75	11.75	11.75	11.75	11.75
临汾市	11.10	11.10	11.10	11.10	11.10	11.10	11.10
吕梁市	11.72	11.72	11.72	11.72	11.72	11.72	11.72
呼和浩特市	11.36	11.36	11.36	11.36	11.36	11.36	11.36
包头市	10.51	10.51	10.51	10.51	10.51	10.51	10.51
乌海市	9.66	9.66	9.66	9.66	9.66	9.66	9.66
赤峰市	10.38	10.38	10.38	10.38	10.38	10.38	10.38
通辽市	10.93	10.93	10.93	10.93	10.93	10.93	10.93
鄂尔多斯市	11.26	11.26	11.26	11.26	11.26	11.26	11.26
呼伦贝尔市	11.59	11.59	11.59	11.59	11.59	11.59	11.59
巴彦淖尔市	11.23	11.23	11.23	11.23	11.23	11.23	11.23
乌兰察布市	11.43	11.43	11.43	11.43	11.43	11.43	11.43
沈阳市	10.84	10.84	10.84	10.84	10.84	10.84	10.84
大连市	11.59	11.59	11.59	11.59	11.59	11.59	11.59

续表

	2005 年	2006 年	2007 年	2008 年	2009 年	2010 年	2011 年
鞍山市	10.61	10.61	10.61	10.61	10.61	10.61	10.61
抚顺市	10.84	10.84	10.84	10.84	10.84	10.84	10.84
本溪市	11.43	11.43	11.43	11.43	11.43	11.43	11.43
丹东市	11.52	11.52	11.52	11.52	11.52	11.52	11.52
锦州市	11.39	11.39	11.39	11.39	11.39	11.39	11.39
营口市	11.72	11.72	11.72	11.72	11.72	11.72	11.72
阜新市	11.36	11.36	11.36	11.36	11.36	11.36	11.36
辽阳市	11.56	11.56	11.56	11.56	11.56	11.56	11.56
盘锦市	11.65	11.65	11.65	11.65	11.65	11.65	11.65
铁岭市	11.43	11.43	11.43	11.43	11.43	11.43	11.43
朝阳市	11.62	11.62	11.62	11.62	11.62	11.62	11.62
葫芦岛市	11.69	11.69	11.69	11.69	11.69	11.69	11.69
长春市	11.29	11.29	11.29	11.29	11.29	11.29	11.29
吉林市	11.36	11.36	11.36	11.36	11.36	11.36	11.36
四平市	11.65	11.65	11.65	11.65	11.65	11.65	11.65
辽源市	11.52	11.52	11.52	11.52	11.52	11.52	11.52
通化市	11.33	11.33	11.33	11.33	11.33	11.33	11.33
白山市	11.59	11.59	11.59	11.59	11.59	11.59	11.59
松原市	11.79	11.79	11.79	11.79	11.79	11.79	11.79
白城市	11.62	11.62	11.62	11.62	11.62	11.62	11.62
哈尔滨市	10.38	10.38	10.38	10.38	10.38	10.38	10.38
齐齐哈尔市	11.33	11.33	11.33	11.33	11.33	11.33	11.33
鸡西市	10.74	10.74	10.74	10.74	10.74	10.74	10.74
鹤岗市	11.09	11.09	11.09	11.09	11.09	11.09	11.09
双鸭山市	10.80	10.80	10.80	10.80	10.80	10.80	10.80
大庆市	11.82	11.82	11.82	11.82	11.82	11.82	11.82
伊春市	11.82	11.82	11.82	11.82	11.82	11.82	11.82
佳木斯市	11.29	11.29	11.29	11.29	11.29	11.29	11.29
七台河市	10.15	10.15	10.15	10.15	10.15	10.15	10.15
牡丹江市	11.23	11.23	11.23	11.23	11.23	11.23	11.23
黑河市	11.82	11.82	11.82	11.82	11.82	11.82	11.82

续表

	2005 年	2006 年	2007 年	2008 年	2009 年	2010 年	2011 年
绥化市	10.61	10.61	10.61	10.61	10.61	10.61	10.61
上海市	11.03	11.03	11.03	11.03	11.03	11.03	11.03
南京市	10.38	10.38	10.38	10.38	10.38	10.38	10.38
无锡市	11.23	11.23	11.23	11.23	11.23	11.23	11.23
徐州市	10.80	10.80	10.80	10.80	10.80	10.80	10.80
常州市	11.26	11.26	11.26	11.26	11.26	11.26	11.26
苏州市	11.56	11.56	11.56	11.56	11.56	11.56	11.56
南通市	11.10	11.10	11.10	11.10	11.10	11.10	11.10
连云港市	10.90	10.90	10.90	10.90	10.90	10.90	10.90
淮安市	11.43	11.43	11.43	11.43	11.43	11.43	11.43
盐城市	10.28	10.28	10.28	10.28	10.28	10.28	10.28
扬州市	11.03	11.03	11.03	11.03	11.03	11.03	11.03
镇江市	11.10	11.10	11.10	11.10	11.10	11.10	11.10
泰州市	10.87	10.87	10.87	10.87	10.87	10.87	10.87
宿迁市	10.87	10.87	10.87	10.87	10.87	10.87	10.87
杭州市	10.90	10.90	10.90	10.90	10.90	10.90	10.90
宁波市	10.57	10.57	10.57	10.57	10.57	10.57	10.57
温州市	11.00	11.00	11.00	11.00	11.00	11.00	11.00
嘉兴市	10.84	10.84	10.84	10.84	10.84	10.84	10.84
湖州市	10.34	10.34	10.34	10.34	10.34	10.34	10.34
绍兴市	10.57	10.57	10.57	10.57	10.57	10.57	10.57
金华市	10.87	10.87	10.87	10.87	10.87	10.87	10.87
衢州市	11.62	11.62	11.62	11.62	11.62	11.62	11.62
舟山市	11.75	11.75	11.75	11.75	11.75	11.75	11.75
台州市	11.62	11.62	11.62	11.62	11.62	11.62	11.62
丽水市	11.13	11.13	11.13	11.13	11.13	11.13	11.13
合肥市	9.92	9.92	9.92	9.92	9.92	9.92	9.92
芜湖市	11.69	11.69	11.69	11.69	11.69	11.69	11.69
蚌埠市	11.52	11.52	11.52	11.52	11.52	11.52	11.52
淮南市	10.90	10.90	10.90	10.90	10.90	10.90	10.90
马鞍山市	11.00	11.00	11.00	11.00	11.00	11.00	11.00

续表

	2005 年	2006 年	2007 年	2008 年	2009 年	2010 年	2011 年
淮北市	11.43	11.43	11.43	11.43	11.43	11.43	11.43
铜陵市	11.88	11.88	11.88	11.88	11.88	11.88	11.88
安庆市	11.39	11.39	11.39	11.39	11.39	11.39	11.39
黄山市	11.95	11.95	11.95	11.95	11.95	11.95	11.95
滁州市	11.79	11.79	11.79	11.79	11.79	11.79	11.79
阜阳市	11.49	11.49	11.49	11.49	11.49	11.49	11.49
宿州市	11.62	11.62	11.62	11.62	11.62	11.62	11.62
六安市	11.49	11.49	11.49	11.49	11.49	11.49	11.49
亳州市	11.69	11.69	11.69	11.69	11.69	11.69	11.69
池州市	11.95	11.95	11.95	11.95	11.95	11.95	11.95
宣城市	11.82	11.82	11.82	11.82	11.82	11.82	11.82
福州市	11.79	11.79	11.79	11.79	11.79	11.79	11.79
厦门市	11.88	11.88	11.88	11.88	11.88	11.88	11.88
莆田市	11.88	11.88	11.88	11.88	11.88	11.88	11.88
三明市	10.93	10.93	10.93	10.93	10.93	10.93	10.93
泉州市	11.79	11.79	11.79	11.79	11.79	11.79	11.79
漳州市	11.85	11.85	11.85	11.85	11.85	11.85	11.85
南平市	11.88	11.88	11.88	11.88	11.88	11.88	11.88
龙岩市	11.75	11.75	11.75	11.75	11.75	11.75	11.75
宁德市	11.62	11.62	11.62	11.62	11.62	11.62	11.62
南昌市	11.33	11.33	11.33	11.33	11.33	11.33	11.33
景德镇市	11.95	11.95	11.95	11.95	11.95	11.95	11.95
萍乡市	11.79	11.79	11.79	11.79	11.79	11.79	11.79
九江市	11.88	11.88	11.88	11.88	11.88	11.88	11.88
新余市	11.85	11.85	11.85	11.85	11.85	11.85	11.85
鹰潭市	11.95	11.95	11.95	11.95	11.95	11.95	11.95
赣州市	11.95	11.95	11.95	11.95	11.95	11.95	11.95
吉安市	11.85	11.85	11.85	11.85	11.85	11.85	11.85
宜春市	11.95	11.95	11.95	11.95	11.95	11.95	11.95
抚州市	11.92	11.92	11.92	11.92	11.92	11.92	11.92
上饶市	11.95	11.95	11.95	11.95	11.95	11.95	11.95

续表

	2005 年	2006 年	2007 年	2008 年	2009 年	2010 年	2011 年
济南市	10. 48	10. 48	10. 48	10. 48	10. 48	10. 48	10. 48
青岛市	10. 93	10. 93	10. 93	10. 93	10. 93	10. 93	10. 93
淄博市	10. 54	10. 54	10. 54	10. 54	10. 54	10. 54	10. 54
枣庄市	10. 21	10. 21	10. 21	10. 21	10. 21	10. 21	10. 21
东营市	11. 56	11. 56	11. 56	11. 56	11. 56	11. 56	11. 56
烟台市	11. 49	11. 49	11. 49	11. 49	11. 49	11. 49	11. 49
潍坊市	11. 43	11. 43	11. 43	11. 43	11. 43	11. 43	11. 43
济宁市	10. 74	10. 74	10. 74	10. 74	10. 74	10. 74	10. 74
泰安市	8. 28	8. 28	8. 28	8. 28	8. 28	8. 28	8. 28
威海市	11. 39	11. 39	11. 39	11. 39	11. 39	11. 39	11. 39
日照市	3. 04	3. 04	3. 04	3. 04	3. 04	3. 04	3. 04
莱芜市	11. 03	11. 03	11. 03	11. 03	11. 03	11. 03	11. 03
临沂市	11. 00	11. 00	11. 00	11. 00	11. 00	11. 00	11. 00
德州市	10. 84	10. 84	10. 84	10. 84	10. 84	10. 84	10. 84
聊城市	10. 09	10. 09	10. 09	10. 09	10. 09	10. 09	10. 09
滨州市	8. 32	8. 32	8. 32	8. 32	8. 32	8. 32	8. 32
菏泽市	10. 15	10. 15	10. 15	10. 15	10. 15	10. 15	10. 15
郑州市	10. 41	10. 41	10. 41	10. 41	10. 41	10. 41	10. 41
开封市	10. 57	10. 57	10. 57	10. 57	10. 57	10. 57	10. 57
洛阳市	10. 34	10. 34	10. 34	10. 34	10. 34	10. 34	10. 34
平顶山市	10. 57	10. 57	10. 57	10. 57	10. 57	10. 57	10. 57
安阳市	10. 38	10. 38	10. 38	10. 38	10. 38	10. 38	10. 38
鹤壁市	10. 77	10. 77	10. 77	10. 77	10. 77	10. 77	10. 77
新乡市	10. 57	10. 57	10. 57	10. 57	10. 57	10. 57	10. 57
焦作市	10. 28	10. 28	10. 28	10. 28	10. 28	10. 28	10. 28
濮阳市	10. 48	10. 48	10. 48	10. 48	10. 48	10. 48	10. 48
许昌市	10. 44	10. 44	10. 44	10. 44	10. 44	10. 44	10. 44
漯河市	10. 84	10. 84	10. 84	10. 84	10. 84	10. 84	10. 84
三门峡市	10. 57	10. 57	10. 57	10. 57	10. 57	10. 57	10. 57
南阳市	10. 38	10. 38	10. 38	10. 38	10. 38	10. 38	10. 38
商丘市	10. 80	10. 80	10. 80	10. 80	10. 80	10. 80	10. 80

续表

	2005 年	2006 年	2007 年	2008 年	2009 年	2010 年	2011 年
信阳市	11.26	11.26	11.26	11.26	11.26	11.26	11.26
周口市	10.70	10.70	10.70	10.70	10.70	10.70	10.70
驻马店市	10.90	10.90	10.90	10.90	10.90	10.90	10.90
武汉市	10.02	10.02	10.02	10.02	10.02	10.02	10.02
黄石市	10.41	10.41	10.41	10.41	10.41	10.41	10.41
十堰市	11.33	11.33	11.33	11.33	11.33	11.33	11.33
宜昌市	11.39	11.39	11.39	11.39	11.39	11.39	11.39
襄阳市	10.18	10.18	10.18	10.18	10.18	10.18	10.18
鄂州市	11.26	11.26	11.26	11.26	11.26	11.26	11.26
荆门市	10.44	10.44	10.44	10.44	10.44	10.44	10.44
孝感市	11.72	11.72	11.72	11.72	11.72	11.72	11.72
荆州市	11.06	11.06	11.06	11.06	11.06	11.06	11.06
黄冈市	11.16	11.16	11.16	11.16	11.16	11.16	11.16
咸宁市	11.95	11.95	11.95	11.95	11.95	11.95	11.95
随州市	11.46	11.46	11.46	11.46	11.46	11.46	11.46
长沙市	11.16	11.16	11.16	11.16	11.16	11.16	11.16
株洲市	11.06	11.06	11.06	11.06	11.06	11.06	11.06
湘潭市	6.55	6.55	6.55	6.55	6.55	6.55	6.55
衡阳市	11.62	11.62	11.62	11.62	11.62	11.62	11.62
邵阳市	10.64	10.64	10.64	10.64	10.64	10.64	10.64
岳阳市	10.61	10.61	10.61	10.61	10.61	10.61	10.61
常德市	10.61	10.61	10.61	10.61	10.61	10.61	10.61
张家界市	11.33	11.33	11.33	11.33	11.33	11.33	11.33
益阳市	11.79	11.79	11.79	11.79	11.79	11.79	11.79
郴州市	11.95	11.95	11.95	11.95	11.95	11.95	11.95
永州市	11.52	11.52	11.52	11.52	11.52	11.52	11.52
怀化市	11.82	11.82	11.82	11.82	11.82	11.82	11.82
娄底市	11.95	11.95	11.95	11.95	11.95	11.95	11.95
广州市	11.34	11.34	11.34	11.34	11.34	11.34	11.34
韶关市	11.82	11.82	11.82	11.82	11.82	11.82	11.82
深圳市	11.85	11.85	11.85	11.85	11.85	11.85	11.85

续表

	2005 年	2006 年	2007 年	2008 年	2009 年	2010 年	2011 年
珠海市	11.95	11.95	11.95	11.95	11.95	11.95	11.95
汕头市	11.95	11.95	11.95	11.95	11.95	11.95	11.95
佛山市	11.69	11.69	11.69	11.69	11.69	11.69	11.69
江门市	11.88	11.88	11.88	11.88	11.88	11.88	11.88
湛江市	11.95	11.95	11.95	11.95	11.95	11.95	11.95
茂名市	11.95	11.95	11.95	11.95	11.95	11.95	11.95
肇庆市	11.95	11.95	11.95	11.95	11.95	11.95	11.95
惠州市	11.65	11.65	11.65	11.65	11.65	11.65	11.65
梅州市	11.95	11.95	11.95	11.95	11.95	11.95	11.95
汕尾市	11.95	11.95	11.95	11.95	11.95	11.95	11.95
河源市	11.95	11.95	11.95	11.95	11.95	11.95	11.95
阳江市	9.49	9.49	9.49	9.49	9.49	9.49	9.49
清远市	3.27	3.27	3.27	3.27	3.27	3.27	3.27
东莞市	11.72	11.72	11.72	11.72	11.72	11.72	11.72
中山市	11.95	11.95	11.95	11.95	11.95	11.95	11.95
潮州市	11.95	11.95	11.95	11.95	11.95	11.95	11.95
揭阳市	11.95	11.95	11.95	11.95	11.95	11.95	11.95
云浮市	11.92	11.92	11.92	11.92	11.92	11.92	11.92
南宁市	11.49	11.49	11.49	11.49	11.49	11.49	11.49
柳州市	11.02	11.02	11.02	11.02	11.02	11.02	11.02
桂林市	11.56	11.56	11.56	11.56	11.56	11.56	11.56
梧州市	11.95	11.95	11.95	11.95	11.95	11.95	11.95
北海市	11.88	11.88	11.88	11.88	11.88	11.88	11.88
防城港市	11.95	11.95	11.95	11.95	11.95	11.95	11.95
钦州市	11.92	11.92	11.92	11.92	11.92	11.92	11.92
贵港市	11.69	11.69	11.69	11.69	11.69	11.69	11.69
玉林市	11.88	11.88	11.88	11.88	11.88	11.88	11.88
百色市	11.02	11.02	11.02	11.02	11.02	11.02	11.02
贺州市	11.02	11.02	11.02	11.02	11.02	11.02	11.02
河池市	3.27	3.27	3.27	3.27	3.27	3.27	3.27
来宾市	11.79	11.79	11.79	11.79	11.79	11.79	11.79

续表

	2005 年	2006 年	2007 年	2008 年	2009 年	2010 年	2011 年
崇左市	11.88	11.88	11.88	11.88	11.88	11.88	11.88
海口市	11.95	11.95	11.95	11.95	11.95	11.95	11.95
三亚市	11.95	11.95	11.95	11.95	11.95	11.95	11.95
重庆市	10.61	10.61	10.61	10.61	10.61	10.61	10.61
成都市	10.54	10.54	10.54	10.54	10.54	10.54	10.54
自贡市	11.39	11.39	11.39	11.39	11.39	11.39	11.39
攀枝花市	10.90	10.90	10.90	10.90	10.90	10.90	10.90
泸州市	11.20	11.20	11.20	11.20	11.20	11.20	11.20
德阳市	11.65	11.65	11.65	11.65	11.65	11.65	11.65
绵阳市	11.95	11.95	11.95	11.95	11.95	11.95	11.95
广元市	11.95	11.95	11.95	11.95	11.95	11.95	11.95
遂宁市	11.79	11.79	11.79	11.79	11.79	11.79	11.79
内江市	11.95	11.95	11.95	11.95	11.95	11.95	11.95
乐山市	11.79	11.79	11.79	11.79	11.79	11.79	11.79
南充市	11.92	11.92	11.92	11.92	11.92	11.92	11.92
眉山市	11.06	11.06	11.06	11.06	11.06	11.06	11.06
宜宾市	11.82	11.82	11.82	11.82	11.82	11.82	11.82
广安市	11.85	11.85	11.85	11.85	11.85	11.85	11.85
达州市	11.85	11.85	11.85	11.85	11.85	11.85	11.85
雅安市	11.95	11.95	11.95	11.95	11.95	11.95	11.95
巴中市	11.92	11.92	11.92	11.92	11.92	11.92	11.92
资阳市	11.82	11.82	11.82	11.82	11.82	11.82	11.82
贵阳市	11.43	11.43	11.43	11.43	11.43	11.43	11.43
六盘水市	11.95	11.95	11.95	11.95	11.95	11.95	11.95
遵义市	11.43	11.43	11.43	11.43	11.43	11.43	11.43
安顺市	11.88	11.88	11.88	11.88	11.88	11.88	11.88
昆明市	11.95	11.95	11.95	11.95	11.95	11.95	11.95
曲靖市	11.49	11.49	11.49	11.49	11.49	11.49	11.49
玉溪市	11.79	11.79	11.79	11.79	11.79	11.79	11.79
保山市	11.88	11.88	11.88	11.88	11.88	11.88	11.88
昭通市	10.93	10.93	10.93	10.93	10.93	10.93	10.93

续表

	2005 年	2006 年	2007 年	2008 年	2009 年	2010 年	2011 年
丽江市	11.29	11.29	11.29	11.29	11.29	11.29	11.29
思茅市	11.88	11.88	11.88	11.88	11.88	11.88	11.88
临沧市	11.95	11.95	11.95	11.95	11.95	11.95	11.95
西安市	9.95	9.95	9.95	9.95	9.95	9.95	9.95
铜川市	10.74	10.74	10.74	10.74	10.74	10.74	10.74
宝鸡市	10.38	10.38	10.38	10.38	10.38	10.38	10.38
咸阳市	10.41	10.41	10.41	10.41	10.41	10.41	10.41
渭南市	10.28	10.28	10.28	10.28	10.28	10.28	10.28
延安市	10.34	10.34	10.34	10.34	10.34	10.34	10.34
汉中市	11.26	11.26	11.26	11.26	11.26	11.26	11.26
榆林市	10.93	10.93	10.93	10.93	10.93	10.93	10.93
安康市	11.85	11.85	11.85	11.85	11.85	11.85	11.85
商洛市	11.49	11.49	11.49	11.49	11.49	11.49	11.49
兰州市	7.92	7.92	7.92	7.92	7.92	7.92	7.92
嘉峪关市	9.89	9.89	9.89	9.89	9.89	9.89	9.89
金昌市	11.26	11.26	11.26	11.26	11.26	11.26	11.26
白银市	7.27	7.27	7.27	7.27	7.27	7.27	7.27
天水市	11.52	11.52	11.52	11.52	11.52	11.52	11.52
武威市	11.49	11.49	11.49	11.49	11.49	11.49	11.49
张掖市	11.23	11.23	11.23	11.23	11.23	11.23	11.23
平凉市	11.56	11.56	11.56	11.56	11.56	11.56	11.56
酒泉市	11.00	11.00	11.00	11.00	11.00	11.00	11.00
庆阳市	11.52	11.52	11.52	11.52	11.52	11.52	11.52
定西市	11.95	11.95	11.95	11.95	11.95	11.95	11.95
陇南市	10.77	10.77	10.77	10.77	10.77	10.77	10.77
西宁市	10.21	10.21	10.21	10.21	10.21	10.21	10.21
银川市	10.90	10.90	10.90	10.90	10.90	10.90	10.90
石嘴山市	10.54	10.54	10.54	10.54	10.54	10.54	10.54
吴忠市	10.64	10.64	10.64	10.64	10.64	10.64	10.64
固原市	11.00	11.00	11.00	11.00	11.00	11.00	11.00
中卫市	10.34	10.34	10.34	10.34	10.34	10.34	10.34

续表

	2005 年	2006 年	2007 年	2008 年	2009 年	2010 年	2011 年
乌鲁木齐市	9.04	9.04	9.04	9.04	9.04	9.04	9.04
克拉玛依市	11.85	11.85	11.85	11.85	11.85	11.85	11.85

表 37-14　2005—2011 年城市环境质量指数评价得分的统计分析指标

	极小值	极大值	均　值	标准差	方　差	最大值-最小值	离散系数
2005 年	3.04	11.95	11.11	1.12	1.25	8.91	9.95
2006 年	3.04	11.95	11.11	1.12	1.25	8.91	9.95
2007 年	3.04	11.95	11.11	1.12	1.25	8.91	9.95
2008 年	3.04	11.95	11.11	1.12	1.25	8.91	9.95
2009 年	3.04	11.95	11.11	1.12	1.25	8.91	9.95
2010 年	3.04	11.95	11.11	1.12	1.25	8.91	9.95
2011 年	3.04	11.95	11.11	1.12	1.25	8.91	9.95

（四）环保指数

1. 环保指数总体呈现"东低-西高"的空间分布特征

在环境污染指数、环境管理指数和环境质量共同影响下,城市环保指数评价得分表现出与环境污染指数类似的空间分布格局,即环保指数总体呈现"东低-西高"的空间分布特征。比如,2011 年中西部地区的陇南市、武威市、巴中市、三亚市和酒泉市获得了较高的环保指数评价得分,环保指数在样本城市中排名前五。但环保指数表现最差的部分城市也在中西部地区,2011 年清远市、乌鲁木齐市、乌海市、鞍山市、湘潭市和西安市的环保指数评价得分最低,其中乌鲁木齐市、乌海市和西安市就属于中西部地区的城市。从历年城市环保指数评价得分离散系数看,近年城市环保指数评价得分城市间差异有所扩大,2005 年指数离散系数为 2.47,到 2011 年离散系数就增加到了 4.50。

七大区域的城市环保指数与区域环保指数不同,区域间指数差异相对明显。总体看,西北地区、西南地区的城市环保指数评价得分相对较高,而华中

图 37—29　2011 年中国城市环保指数空间分布格局示意图

地区的城市环保指数评价得分相对较低,华北地区、东北地区、华东地区和华南地区的城市环保指数评价得分居中,且四类区域间的指数评价得分差异较小。2005—2011 年,城市环保指数表现出整体增长趋势,但也不排除个别区域个别年份有起伏变化。

三大区域的环保指数评价得分表现也比较特殊。总体看,西部地区的城市环保指数评价得分要高于东部、西部地区,东部地区和中部地区的城市环保指数评价得分相差不大,2005—2007 年东部地区的城市环保指数评价得分高于中部地区,2008—2011 年中部地区的环保指数评价得分超过了东部地区。从指数变动情况看,除 2011 年指数评价得分有所减小外,其他年度三大区域的城市环保指数评价得分均表现出增长趋势。

2. 城市环保指数总体有所增长

受环境污染指数和环境管理指数两者变化的影响,近年城市环保指数评价得分总体也是趋于不断增加。2005—2011 年,城市环保指数评价得分增加的城市有 209 个,但增幅并不是太大,只有齐齐哈尔市指数得分年均增幅超过

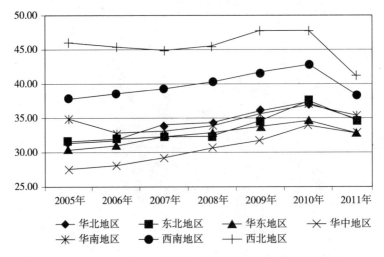

图 37-30 2005—2011 年中国七大区域城市环保指数评价得分

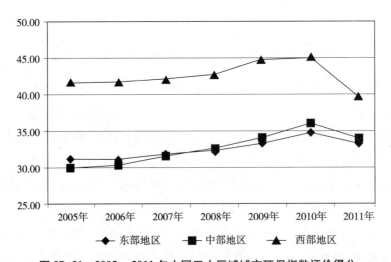

图 37-31 2005—2011 年中国三大区域城市环保指数评价得分

了 10%,其他城市指数增幅控制在了 10% 以内,其中又有一半以上的城市指数增幅控制在了 3% 以内;城市环保指数评价得分下降的城市有 76 个,除海口市和潮州市的环保指数评价得分年均下降幅度超过 10% 以外,其他城市指数下降幅度相对有限。因此,从环保指数变化涉及城市数量和变化幅度可以判断,近年我国城市环保指数处于不断增长的趋势中。

3. 城市规模越小环保指数评价得分越高

城市环保指数评价得分在不同类型城市也有不同表现,即城市规模越大,环保指数评价得分越低。图37-32显示,2005—2011年人口规模50万以下城市的环保指数评价得分均值全部高于38分,而人口规模200万以上城市的环保指数评价得分均值都低于34分,人口规模50万—100万和100万—200万城市的指数评价得分均值位于两类城市之间,与全部城市指数的评价得分均值相差不大。

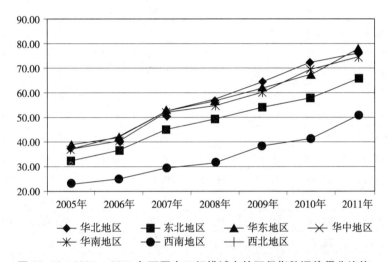

图37-32 2005—2011年不同人口规模城市的环保指数评价得分均值

表37-15 2005—2011年城市环保指数评价得分

	2005 年	2006 年	2007 年	2008 年	2009 年	2010 年	2011 年
北京市	26.55	29.30	29.86	30.92	31.02	31.58	30.40
天津市	27.90	29.66	29.94	30.77	31.54	32.25	32.06
石家庄市	27.72	29.08	29.07	30.04	31.64	33.02	32.36
唐山市	29.52	30.19	33.15	33.53	33.32	34.49	32.36
秦皇岛市	29.14	28.44	30.16	31.28	32.05	32.77	34.75
邯郸市	28.69	27.63	28.21	30.89	32.70	33.20	32.01
邢台市	24.92	26.47	27.56	28.63	28.87	31.33	30.64
保定市	30.31	29.49	30.08	32.94	33.51	34.93	33.74

	2005 年	2006 年	2007 年	2008 年	2009 年	2010 年	2011 年
张家口市	27.19	27.83	27.92	30.13	33.22	35.55	34.86
承德市	29.65	29.80	27.80	29.25	33.29	35.26	39.15
沧州市	30.27	30.17	31.26	35.85	37.86	38.28	34.21
廊坊市	30.08	30.76	37.76	34.02	34.22	33.95	32.29
衡水市	28.79	29.25	29.41	28.21	28.10	32.53	34.90
太原市	26.67	28.03	29.88	30.69	31.23	31.72	30.97
大同市	29.71	29.65	31.46	32.87	33.46	34.39	31.94
阳泉市	25.24	28.15	29.04	32.10	33.12	34.50	32.98
长治市	26.36	27.50	31.49	31.51	33.88	33.78	32.15
晋城市	23.47	25.20	29.11	31.12	31.40	32.00	31.24
朔州市	26.48	25.87	30.82	32.68	36.46	36.96	34.68
晋中市	32.57	31.35	32.75	33.90	36.04	38.66	29.45
运城市	29.40	28.25	29.67	32.92	33.59	35.56	32.56
忻州市	24.34	29.06	31.31	31.03	32.64	40.31	32.29
临汾市	25.65	27.96	33.55	29.74	30.15	35.95	34.60
吕梁市	34.71	36.29	31.45	32.50	34.91	34.08	34.43
呼和浩特市	27.69	29.23	35.63	32.79	36.04	38.43	35.26
包头市	28.51	30.21	33.22	33.07	34.00	33.81	33.72
乌海市	23.02	28.45	27.58	29.33	29.83	26.36	23.93
赤峰市	45.67	44.95	45.65	46.25	51.82	57.54	44.89
通辽市	45.23	41.41	40.04	35.77	36.86	40.94	35.55
鄂尔多斯市	32.37	31.86	37.78	39.35	46.04	40.65	45.21
呼伦贝尔市	60.83	57.92	59.54	63.87	64.65	65.72	55.11
巴彦淖尔市	43.51	44.47	47.26	41.77	42.22	45.87	40.75
乌兰察布市	52.64	52.53	59.11	51.57	59.50	48.11	43.04
沈阳市	27.82	27.90	27.59	27.85	29.07	30.70	29.61
大连市	32.55	32.49	32.95	33.04	34.70	35.23	28.85
鞍山市	23.94	25.27	24.65	24.70	25.31	27.50	24.25
抚顺市	25.78	27.70	25.32	26.71	27.85	33.62	31.17
本溪市	24.34	25.05	30.56	27.27	26.67	29.40	25.24
丹东市	26.31	25.59	27.67	25.87	26.68	46.20	32.91

	2005 年	2006 年	2007 年	2008 年	2009 年	2010 年	2011 年
锦州市	25.98	26.76	26.88	27.41	27.14	29.88	31.12
营口市	28.69	29.39	25.24	27.64	27.70	31.05	28.27
阜新市	28.65	31.71	29.95	32.67	32.27	36.32	29.10
辽阳市	27.45	27.82	29.61	27.98	28.22	33.64	31.18
盘锦市	33.15	32.33	29.80	30.53	30.88	31.28	32.05
铁岭市	26.54	26.99	27.83	28.81	31.20	33.44	35.21
朝阳市	27.39	26.85	29.22	28.23	27.77	29.22	33.14
葫芦岛市	37.69	40.49	41.03	37.91	36.57	36.18	35.28
长春市	29.42	29.30	27.53	28.04	29.78	31.67	31.36
吉林市	25.59	30.58	32.04	32.47	33.09	34.86	31.75
四平市	37.42	38.66	30.97	31.22	32.57	33.44	30.40
辽源市	28.83	28.09	28.58	28.05	31.52	34.26	34.54
通化市	27.43	24.94	25.34	29.33	30.06	29.78	30.17
白山市	29.17	32.40	32.16	34.33	33.84	34.78	38.76
松原市	30.54	27.75	29.17	31.51	30.49	42.68	31.96
白城市	31.48	33.14	35.81	33.80	35.39	36.43	39.41
哈尔滨市	27.70	31.71	33.60	34.00	34.84	37.41	32.87
齐齐哈尔市	28.70	26.16	26.85	27.24	40.72	44.01	57.39
鸡西市	26.93	32.71	31.04	32.17	33.68	31.66	29.13
鹤岗市	26.56	25.72	25.75	27.27	28.72	28.78	39.09
双鸭山市	40.34	36.71	36.98	32.58	33.24	33.51	30.03
大庆市	30.99	27.70	29.37	29.86	28.09	31.51	30.27
伊春市	42.95	42.68	38.47	41.77	43.21	49.67	47.18
佳木斯市	26.97	27.32	28.82	29.82	30.42	32.78	40.49
七台河市	21.95	22.01	24.20	24.91	26.52	26.72	30.57
牡丹江市	28.66	26.73	29.53	32.96	32.25	33.14	35.70
黑河市	77.01	76.53	79.65	68.91	72.41	87.07	64.37
绥化市	64.83	59.22	59.89	62.57	101.18	98.83	48.72
上海市	23.84	25.13	24.96	28.23	29.77	30.26	29.99
南京市	30.51	31.03	30.57	32.01	30.50	31.48	27.80
无锡市	27.01	28.78	30.58	31.87	31.69	31.33	31.68

续表

	2005 年	2006 年	2007 年	2008 年	2009 年	2010 年	2011 年
徐州市	29.13	31.02	32.06	32.00	38.38	35.63	34.07
常州市	28.26	30.29	29.58	31.21	30.82	31.58	33.37
苏州市	29.47	31.40	30.97	32.60	31.87	27.24	31.01
南通市	26.68	29.29	29.43	31.45	33.74	34.32	34.05
连云港市	28.59	30.03	31.68	32.62	32.71	32.02	25.27
淮安市	36.90	39.75	40.35	38.73	36.47	37.35	30.63
盐城市	37.35	38.90	39.51	37.13	36.61	33.63	30.69
扬州市	29.49	30.51	30.83	32.48	32.30	32.81	34.86
镇江市	28.97	28.66	29.72	32.12	31.82	33.02	31.47
泰州市	29.64	30.63	28.05	31.04	30.39	30.36	25.68
宿迁市	38.14	38.46	38.55	39.27	38.33	37.25	34.19
杭州市	27.69	29.13	29.11	29.94	30.01	30.93	29.94
宁波市	30.55	30.80	32.48	33.01	32.28	32.64	32.51
温州市	24.88	27.42	27.94	29.10	30.40	31.67	30.86
嘉兴市	25.13	27.57	27.19	29.07	31.52	31.88	31.05
湖州市	32.75	30.85	32.14	32.12	31.96	30.76	31.82
绍兴市	28.33	29.30	29.55	30.28	28.87	29.21	29.38
金华市	29.15	30.87	33.27	34.89	33.19	33.80	33.07
衢州市	30.93	33.87	33.57	34.55	36.09	35.87	33.31
舟山市	23.27	24.79	27.54	25.83	30.28	29.53	31.28
台州市	26.97	28.97	32.22	35.21	36.40	37.38	34.44
丽水市	29.48	29.87	35.04	35.89	36.94	39.57	27.29
合肥市	26.06	27.11	27.76	27.06	30.04	29.97	29.29
芜湖市	23.43	23.75	26.50	28.90	29.90	30.63	32.25
蚌埠市	25.35	24.85	25.37	26.06	30.46	32.91	32.84
淮南市	24.51	26.03	24.66	26.75	31.50	32.39	32.64
马鞍山市	27.24	26.66	28.37	29.44	29.53	30.29	30.31
淮北市	28.03	28.10	32.11	31.77	32.00	34.99	32.56
铜陵市	32.34	34.33	34.26	33.86	33.36	36.73	35.85
安庆市	29.75	29.11	30.34	31.85	35.08	38.85	32.22
黄山市	33.37	33.95	39.61	39.66	41.11	42.27	41.08

	2005 年	2006 年	2007 年	2008 年	2009 年	2010 年	2011 年
滁州市	28.79	28.46	28.88	27.28	29.03	31.26	33.22
阜阳市	40.83	41.39	43.38	43.12	43.77	44.22	38.55
宿州市	34.99	35.49	34.29	40.94	38.42	41.55	34.96
六安市	36.80	40.48	51.77	44.83	44.96	42.68	39.06
亳州市	48.47	43.74	50.95	54.10	53.40	42.70	37.85
池州市	35.96	32.67	35.20	36.97	35.77	35.65	40.27
宣城市	38.19	41.92	41.04	39.82	39.33	42.07	36.05
福州市	27.22	27.47	30.38	31.68	33.25	33.78	33.87
厦门市	34.58	26.12	29.38	32.25	31.82	30.21	32.50
莆田市	37.44	36.40	35.82	34.64	36.94	38.87	39.20
三明市	24.45	25.43	26.01	25.58	27.41	28.08	29.54
泉州市	27.32	31.61	32.69	29.84	32.25	32.66	31.40
漳州市	41.44	41.80	41.34	37.99	38.76	39.32	36.45
南平市	30.22	30.88	30.06	29.72	31.79	33.06	32.97
龙岩市	29.39	27.70	29.42	29.79	31.43	36.26	33.34
宁德市	60.99	40.73	39.90	36.83	37.37	38.25	41.82
南昌市	29.87	29.41	30.99	32.08	31.03	33.53	30.79
景德镇市	28.05	28.41	28.21	26.75	28.55	30.22	26.00
萍乡市	28.49	28.12	28.99	29.25	29.63	32.79	30.03
九江市	28.33	29.89	30.24	31.57	32.12	34.31	31.76
新余市	26.60	26.14	26.81	31.91	33.62	35.23	33.56
鹰潭市	34.83	35.02	36.38	34.29	37.98	38.56	37.91
赣州市	31.46	30.18	31.20	30.29	33.30	33.70	29.23
吉安市	27.10	26.10	29.71	28.24	33.45	37.28	37.59
宜春市	36.32	36.96	42.52	43.95	43.53	41.37	34.74
抚州市	31.58	33.01	31.88	32.06	31.20	32.44	31.91
上饶市	32.97	31.78	33.53	36.26	37.38	39.93	35.22
济南市	29.79	30.51	30.63	31.90	32.23	33.57	28.18
青岛市	27.53	29.78	30.67	32.00	32.25	32.96	32.96
淄博市	28.35	31.40	31.31	32.95	33.38	33.73	32.57
枣庄市	27.53	30.49	31.74	32.41	32.66	34.15	30.79

	2005 年	2006 年	2007 年	2008 年	2009 年	2010 年	2011 年
东营市	29.09	30.29	31.11	31.53	34.13	36.64	36.76
烟台市	34.44	35.04	35.06	35.52	35.25	35.21	35.21
潍坊市	30.47	33.07	34.95	34.39	37.00	36.04	35.62
济宁市	29.70	30.13	32.53	33.37	33.75	33.92	31.08
泰安市	31.26	32.86	33.26	32.96	36.37	36.12	35.24
威海市	28.66	27.35	27.77	27.82	28.38	32.14	27.82
日照市	21.16	28.90	24.49	24.80	26.10	28.23	27.58
莱芜市	30.28	32.18	34.23	37.26	38.32	39.00	36.58
临沂市	31.21	34.54	35.42	34.24	34.34	33.85	34.79
德州市	25.90	25.08	25.81	27.40	30.74	32.61	32.76
聊城市	28.91	29.32	31.93	36.35	36.67	37.05	36.56
滨州市	22.21	22.99	23.67	27.20	28.77	31.10	26.93
菏泽市	29.79	31.97	33.63	34.15	36.46	37.15	35.68
郑州市	25.01	25.73	27.52	28.04	28.25	29.31	29.15
开封市	24.21	25.83	26.19	28.27	26.80	26.96	30.94
洛阳市	24.09	25.08	27.78	29.88	29.67	31.51	32.28
平顶山市	26.83	27.54	27.84	28.33	29.53	30.36	31.51
安阳市	24.51	25.64	26.61	27.06	29.28	30.87	30.18
鹤壁市	21.80	22.87	26.77	29.16	30.39	30.70	31.94
新乡市	21.79	25.90	27.62	30.81	31.36	33.29	32.41
焦作市	24.53	24.79	25.94	27.92	28.81	28.92	28.76
濮阳市	25.85	27.51	24.10	28.58	28.63	30.12	31.50
许昌市	25.26	25.01	25.75	24.89	31.77	34.20	32.14
漯河市	26.93	26.96	27.62	27.66	28.23	35.01	34.89
三门峡市	30.63	32.34	33.40	34.69	34.88	33.06	30.92
南阳市	27.94	28.44	29.27	29.69	30.24	37.49	35.06
商丘市	26.98	27.57	31.35	33.68	34.43	37.02	35.31
信阳市	36.85	34.15	35.28	36.70	36.65	41.71	40.75
周口市	27.77	28.85	31.07	32.86	33.50	36.05	30.35
驻马店市	31.37	31.51	33.71	35.77	35.29	36.29	34.11
武汉市	23.96	25.21	27.55	28.01	28.63	31.57	30.26

	2005 年	2006 年	2007 年	2008 年	2009 年	2010 年	2011 年
黄石市	28.89	30.23	30.78	31.05	31.93	31.80	31.15
十堰市	28.98	29.13	30.94	31.51	33.67	35.56	34.21
宜昌市	31.92	33.77	33.38	35.47	36.52	35.23	33.14
襄阳市	28.94	29.14	30.61	32.06	35.46	35.99	34.76
鄂州市	26.71	27.54	28.10	30.29	33.44	36.43	37.87
荆门市	26.92	27.66	29.81	31.67	31.06	33.11	31.38
孝感市	31.90	29.95	30.01	30.58	35.34	37.52	33.83
荆州市	26.74	26.03	26.00	27.36	27.88	33.87	28.98
黄冈市	32.31	32.50	35.96	35.75	35.57	38.85	31.58
咸宁市	25.08	24.18	24.45	27.66	31.75	36.98	33.39
随州市	34.66	37.56	38.48	37.93	32.99	34.67	34.72
长沙市	25.70	24.98	26.35	28.61	29.90	30.32	34.48
株洲市	31.51	31.99	32.91	33.01	32.89	35.64	28.32
湘潭市	21.27	20.62	21.85	24.47	24.54	25.47	24.39
衡阳市	26.85	27.16	26.94	27.40	27.47	30.40	26.93
邵阳市	27.38	25.53	26.86	32.62	37.68	36.25	32.74
岳阳市	27.33	28.36	24.88	27.32	30.42	33.86	34.02
常德市	27.54	29.92	28.18	29.81	32.83	36.50	35.83
张家界市	32.52	38.04	42.60	40.99	42.34	46.18	36.53
益阳市	30.40	32.35	32.49	33.09	34.54	33.56	36.22
郴州市	27.94	25.74	27.55	30.27	31.05	35.89	33.99
永州市	26.52	26.34	28.93	30.98	29.58	31.65	31.97
怀化市	26.82	25.64	27.85	29.66	28.70	32.43	31.52
娄底市	26.11	26.05	26.67	24.97	31.46	31.30	39.67
广州市	28.75	30.24	31.67	32.29	32.54	32.50	32.59
韶关市	25.11	31.09	34.82	34.10	34.22	39.65	34.08
深圳市	26.96	28.21	29.51	30.84	31.01	32.76	35.76
珠海市	24.37	25.71	29.87	31.60	30.92	31.37	32.15
汕头市	29.88	35.30	33.24	35.13	35.71	36.81	37.48
佛山市	25.05	28.74	28.63	29.40	30.11	31.68	32.51
江门市	29.54	29.42	29.63	29.17	30.71	34.13	33.66

续表

	2005 年	2006 年	2007 年	2008 年	2009 年	2010 年	2011 年
湛江市	26.63	27.16	28.54	32.91	33.45	31.54	36.51
茂名市	36.60	34.57	35.66	38.70	37.31	39.28	37.86
肇庆市	29.04	27.05	29.29	27.10	25.94	28.27	29.01
惠州市	41.92	32.75	30.38	30.44	30.60	33.33	32.90
梅州市	64.35	26.56	24.47	29.55	34.17	36.72	37.54
汕尾市	55.42	51.83	30.70	35.24	35.30	35.06	38.85
河源市	32.73	33.01	29.15	30.44	33.09	56.52	39.18
阳江市	32.06	31.13	27.19	35.17	26.95	29.79	30.87
清远市	27.02	28.40	29.70	21.43	24.06	25.19	22.24
东莞市	21.27	24.67	28.39	27.03	27.03	30.20	27.58
中山市	28.84	31.89	29.79	28.55	42.88	28.42	27.53
潮州市	49.78	33.98	28.29	30.31	30.45	31.58	25.71
揭阳市	42.05	34.38	26.99	29.64	31.27	34.94	34.63
云浮市	24.32	29.54	30.12	27.14	30.70	34.80	29.41
南宁市	27.71	28.89	27.66	28.08	30.56	31.31	32.79
柳州市	27.09	27.27	28.58	30.54	29.83	29.07	30.02
桂林市	29.79	31.46	33.83	38.15	35.99	38.14	35.63
梧州市	24.84	24.04	25.54	25.05	26.72	28.83	43.01
北海市	26.01	25.62	25.87	27.46	29.19	30.08	30.41
防城港市	26.91	27.49	28.86	31.17	29.55	35.13	35.62
钦州市	37.46	34.04	38.60	36.74	38.52	36.87	35.35
贵港市	34.08	32.92	34.48	34.05	33.89	39.94	38.70
玉林市	24.96	25.70	25.98	24.64	24.98	27.13	37.30
百色市	27.60	27.14	25.46	30.32	32.87	36.05	38.21
贺州市	35.62	38.84	39.43	39.23	38.17	40.17	39.41
河池市	25.88	30.87	42.38	34.27	39.28	35.20	32.00
来宾市	41.62	41.49	41.10	41.36	42.66	42.33	40.82
崇左市	38.71	30.65	33.34	33.19	34.62	32.93	38.71
海口市	83.68	66.37	62.84	63.85	78.04	76.23	42.42
三亚市	74.65	60.26	93.47	90.20	100.23	99.94	72.15
重庆市	28.27	30.19	33.30	33.61	34.67	35.34	35.93

续表

	2005 年	2006 年	2007 年	2008 年	2009 年	2010 年	2011 年
成都市	24.11	25.63	27.02	28.81	28.18	30.43	31.40
自贡市	34.78	32.64	34.82	32.08	30.41	31.36	39.79
攀枝花市	21.50	24.14	25.56	26.62	26.92	26.00	25.83
泸州市	26.79	30.85	28.21	30.04	27.44	29.77	32.34
德阳市	25.78	26.36	26.73	30.77	30.49	32.36	35.29
绵阳市	32.27	28.86	32.33	32.87	33.05	33.90	36.08
广元市	28.88	31.87	32.99	32.43	34.31	33.04	37.12
遂宁市	35.35	40.23	42.49	41.65	38.56	42.87	37.29
内江市	29.37	29.42	32.36	35.82	37.74	42.16	35.78
乐山市	26.21	27.49	29.26	30.25	30.48	32.92	32.04
南充市	30.71	34.68	38.51	47.06	53.32	42.37	31.59
眉山市	29.32	30.42	27.69	28.78	29.54	30.43	30.95
宜宾市	24.86	28.12	31.59	33.24	31.18	33.60	34.47
广安市	38.67	43.58	44.88	45.67	45.83	49.64	46.47
达州市	25.56	28.87	28.83	32.59	29.29	32.64	31.07
雅安市	53.64	52.43	50.15	45.04	49.08	47.76	38.23
巴中市	62.57	39.36	39.97	40.87	42.34	42.18	69.52
资阳市	31.90	31.43	31.96	37.96	38.36	37.35	42.38
贵阳市	26.58	30.16	31.99	32.69	33.44	34.93	35.13
六盘水市	25.67	25.32	25.80	29.44	33.94	36.13	33.41
遵义市	36.20	48.28	40.83	39.61	40.80	41.44	41.18
安顺市	41.59	42.42	45.27	39.33	40.94	41.25	38.98
昆明市	36.65	36.13	35.86	38.25	38.70	39.15	28.34
曲靖市	34.88	33.96	35.23	31.51	38.06	36.87	33.84
玉溪市	45.60	41.99	39.90	50.35	45.32	47.25	43.37
保山市	59.56	63.55	51.22	52.26	56.74	61.18	39.61
昭通市	48.05	49.52	54.86	58.47	60.51	64.87	45.36
丽江市	73.91	74.29	84.44	74.24	84.98	87.02	48.40
思茅市	62.48	63.79	65.92	67.64	68.73	72.83	51.51
临沧市	72.68	69.53	70.30	69.18	76.02	75.13	42.42
西安市	24.67	25.77	26.55	27.32	27.99	29.49	24.77

续表

	2005 年	2006 年	2007 年	2008 年	2009 年	2010 年	2011 年
铜川市	38.24	33.63	36.24	36.11	40.05	43.20	34.18
宝鸡市	27.11	28.93	28.95	31.88	35.75	36.15	38.83
咸阳市	29.71	38.54	24.27	25.34	25.35	32.19	28.93
渭南市	25.67	29.47	29.82	32.39	32.68	35.31	34.15
延安市	54.32	52.79	49.48	54.39	53.42	55.82	45.37
汉中市	37.59	40.17	37.19	37.15	38.90	40.66	40.59
榆林市	40.00	44.19	39.27	38.12	34.32	38.93	33.14
安康市	54.97	62.17	63.52	63.79	66.29	75.28	60.55
商洛市	40.94	50.40	43.88	47.98	50.48	51.90	40.82
兰州市	20.68	23.43	22.64	23.67	31.11	29.75	27.24
嘉峪关市	24.67	25.55	25.73	27.37	27.13	27.36	28.97
金昌市	31.92	34.00	35.14	31.67	32.54	36.29	34.41
白银市	28.34	29.09	31.63	31.32	30.87	33.88	33.61
天水市	44.41	49.22	48.55	50.36	53.35	52.00	50.22
武威市	95.07	88.76	85.07	81.54	83.71	77.66	69.06
张掖市	62.65	59.84	64.99	69.76	73.18	57.00	41.44
平凉市	30.80	30.77	33.23	34.76	37.52	38.37	35.59
酒泉市	102.37	90.01	94.86	85.23	96.90	92.26	75.81
庆阳市	104.59	85.51	94.04	88.49	103.01	91.71	64.64
定西市	97.80	88.07	72.33	88.96	94.96	87.23	59.08
陇南市	84.89	75.96	87.12	76.87	64.71	78.58	65.59
西宁市	23.43	23.59	24.54	25.28	24.23	26.37	27.33
银川市	34.23	33.55	34.20	33.95	35.09	33.67	32.83
石嘴山市	23.01	22.68	25.58	27.08	29.39	30.19	29.76
吴忠市	25.42	29.14	25.68	27.96	28.69	28.73	33.22
固原市	79.56	74.38	70.30	72.36	82.28	74.47	57.93
中卫市	31.24	30.68	30.65	34.01	36.62	35.05	34.34
乌鲁木齐市	24.79	24.72	22.58	22.22	23.92	27.26	23.83
克拉玛依市	33.57	33.09	35.24	38.47	35.08	31.64	30.44

表 37-16　2005—2011 年城市环保指数评价得分的统计分析指标

	极小值	极大值	均　值	标准差	方　差	最大值-最小值	离散系数
2005 年	20.68	104.59	33.31	13.48	181.79	83.91	2.47
2006 年	20.62	90.01	33.37	11.48	131.87	69.39	2.91
2007 年	21.85	94.86	34.22	11.98	143.63	73.01	2.86
2008 年	21.43	90.20	34.92	11.28	127.20	68.77	3.10
2009 年	23.92	103.01	36.39	12.89	166.04	79.09	2.82
2010 年	25.19	99.94	37.70	12.29	150.95	74.75	3.07
2011 年	22.24	75.81	35.10	7.80	60.80	53.57	4.50

三、发展指数

1. 城市发展指数呈现出"东高—西低"的空间分布特征

2011 年,深圳市、北京市、上海市、东莞市和克拉玛依市的发展指数评价得分较高,指数评价得分均超过了 180 分,遥遥领先国内其他城市,位居样本城市前五。上述五个城市发展指数之所以获得如此高的评价得分,主要是由于五城市的人均教育科技活动经费支出远远高于其他城市,比如北京市发展指数下面的创新指数评价得分就达到 140 分,占发展指数评价得分总体的 2/3。绥化市、抚州市、巴中市、宜春市和平凉市的发展指数评价得分则低了很多,这些城市的经济发展指数、社会发展指数和创新指数评价得分都很低,造成它们的发展评价得分均没有超过 30 分,位居样本城市后五名。从指数空间分布情况看,城市发展指数在空间上总体呈现出"东高-西低"的特征。东部沿海地区多数城市的发展指数评价得分相对较高,而中西部地区多数城市的发展指数评价得分相对较低,但其中也存在很多跳跃点,比如西部地区的克拉玛依市、自贡市等发展指数评价得分就很高,而东部地区的阳江市、聊城市等发展指数评价得分较低。

七大区域的城市发展指数差异相对明显。统计分析结果显示,华北地区、华南地区和华东地区的城市发展指数评价得分较高,东北地区的城市发展指

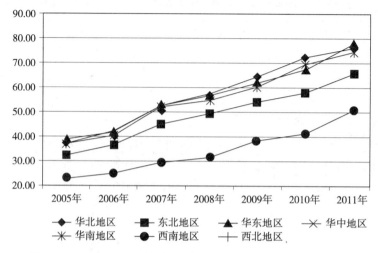

图 37-33 2005—2011 年中国七大区域城市发展指数评价得分

数评价得分紧随其后,西北地区和华中地区的城市发展指数评价得分又次之,
而西南地区的城市发展指数评价得分最低。2005—2011 年,七大区域的城市
发展指数评价得分表现出了整体增长的趋势,且这种整体增长并未改变七大
区域城市发展指数的空间分布格局。

三大区域的城市发展指数与地区发展指数更类似,东部地区的城市发展
指数评价得分远高于中部地区和西部地区,而中部地区和西部地区的城市发
展指数评价得分相差很小。2005—2011 年,三大区域的城市发展指数也表现
出了整体增长的趋势,指数增长幅度均超过了一倍,指数增长幅度明显快于地
区发展指数的增长幅度。

2. 几乎所有城市的发展指数评价得分都有所长增加

不同于上述其他指数的变化,城市发展指数评价得分的变化出现了一边
倒的局面,近年几乎所有城市的发展指数评价得分都有所增加。2005—2011
年,城市发展指数评价得分年均增幅超过 20% 的城市有 5 个,指数得分年均增
幅在 10%—20% 之间的城市有 213 个,指数得分年均增幅低于 10% 的城市有
65 个,由此可见城市发展指数增长速度相对较快。但可惜济南市发展指数评
价得分却出现了小幅度的下降,这主要是由于其创新指数剧烈变化引起的。

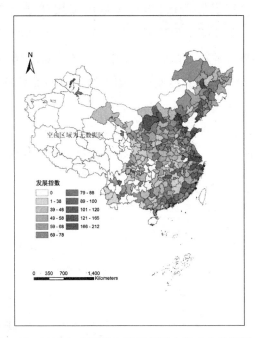

图 37-34　2011 年中国城市发展指数空间分布格局示意图

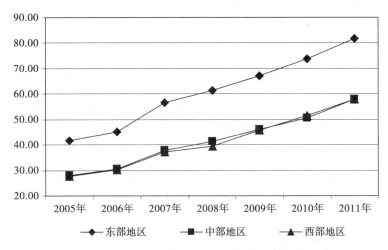

图 37-35　2005—2011 年中国三大区域城市发展指数评价得分

3. 超大型城市的发展指数远远领先于其类型城市

受城市规模经济、城市发展战略、城市发展政策等因素的影响,近年我国超大型城市进入快速发展阶段,城市发展明显要优于其他类型城市。图37-36显示,2005—2011年超大型城市发展指数得分均值明显要高于其他类型城市很多,2005年指数得分均值比全部城市得分均值高近16分,到2011年该分值差扩大到了近28分,即超大型城市发展指数与其他类型城市不仅存在明显差距,且这种差距在快速扩大,这应引起有关管理部门的关注。其他类型城市低碳指数之间的差异并不明显,尤其50万以下和100万—200万人口规模城市之间的差异更小,50万—100万人口规模城市的发展指数评价得分最低。

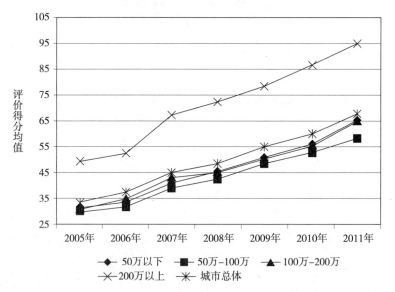

图 37-36 2005—2011 年不同人口规模城市的发展指数评价得分均值

表 37-17 2005—2011 年城市发展指数评价得分

	2005 年	2006 年	2007 年	2008 年	2009 年	2010 年	2011 年
北京市	98.42	104.55	146.96	148.38	138.78	187.69	205.30
天津市	66.12	76.29	90.51	101.19	123.57	136.33	156.14
石家庄市	42.59	45.01	42.36	57.13	63.29	67.70	73.53
唐山市	41.22	42.74	50.64	61.75	68.69	76.95	85.58
秦皇岛市	46.47	47.30	54.29	59.12	61.42	72.28	71.48
邯郸市	27.41	29.80	38.00	43.70	49.87	56.35	55.28
邢台市	30.36	29.43	37.33	47.18	49.89	48.65	60.50

续表

	2005 年	2006 年	2007 年	2008 年	2009 年	2010 年	2011 年
保定市	29.68	30.23	37.73	52.50	53.75	62.37	59.86
张家口市	29.02	30.67	43.36	32.78	61.87	41.80	40.69
承德市	33.63	34.21	50.38	58.11	63.54	62.60	74.17
沧州市	52.79	65.79	63.83	72.24	81.99	95.60	100.33
廊坊市	37.72	40.01	45.75	55.15	58.70	65.14	71.50
衡水市	33.34	32.62	36.30	52.54	64.38	55.40	63.08
太原市	39.64	43.66	56.19	61.79	67.30	73.74	77.46
大同市	31.57	34.21	40.74	48.28	61.42	64.43	58.69
阳泉市	39.53	40.68	47.69	51.12	58.84	63.47	69.02
长治市	37.32	35.88	54.94	46.14	51.30	62.77	55.42
晋城市	58.05	50.37	59.27	66.02	78.38	78.48	84.24
朔州市	42.33	46.48	54.33	83.24	95.93	104.60	115.54
晋中市	22.66	25.83	29.63	28.61	33.03	37.57	40.99
运城市	27.59	29.67	30.07	33.53	35.26	30.27	34.28
忻州市	22.52	25.47	30.20	30.65	34.13	36.02	43.41
临汾市	26.96	24.03	27.94	30.03	31.40	30.94	35.65
吕梁市	34.77	38.10	47.95	52.45	37.95	45.28	57.62
呼和浩特市	45.17	48.80	61.29	61.41	83.92	58.42	90.46
包头市	55.24	61.22	77.10	80.02	99.35	104.80	92.04
乌海市	39.01	49.40	61.56	68.11	84.94	91.91	95.59
赤峰市	23.57	26.74	42.58	44.16	48.15	51.69	58.86
通辽市	21.48	23.71	28.96	31.78	38.32	45.42	49.76
鄂尔多斯市	49.62	47.06	81.84	92.04	115.24	234.35	173.00
呼伦贝尔市	24.11	28.24	33.44	41.12	49.21	56.05	65.80
巴彦淖尔市	22.56	25.75	28.57	32.43	40.74	43.07	44.48
乌兰察布市	16.27	21.18	27.48	31.12	35.02	38.82	42.07
沈阳市	49.19	56.21	72.23	77.65	81.01	83.31	90.92
大连市	59.00	62.02	89.22	101.75	113.57	123.27	135.70
鞍山市	45.72	49.56	62.94	68.59	72.00	70.86	86.36
抚顺市	33.01	35.80	40.66	41.94	44.87	46.83	67.92
本溪市	40.52	45.71	55.43	61.79	69.13	70.18	73.06

续表

	2005 年	2006 年	2007 年	2008 年	2009 年	2010 年	2011 年
丹东市	29.94	32.60	49.52	40.00	41.40	47.86	51.57
锦州市	28.40	30.98	37.46	42.57	48.53	57.35	63.37
营口市	29.44	27.26	43.66	49.89	62.22	68.58	82.53
阜新市	23.09	25.13	29.19	31.25	36.39	30.41	53.21
辽阳市	30.98	32.66	47.85	51.96	58.12	60.61	70.12
盘锦市	61.77	71.92	73.35	74.73	85.26	92.89	91.53
铁岭市	32.86	35.56	42.99	44.48	69.01	61.81	79.89
朝阳市	29.05	32.76	36.01	40.47	44.36	49.15	37.55
葫芦岛市	27.02	31.83	35.33	37.81	39.97	41.30	46.75
长春市	40.33	41.97	52.27	58.56	61.68	70.22	79.75
吉林市	28.56	32.86	47.61	53.14	62.52	62.69	70.76
四平市	23.87	20.61	26.71	35.87	39.80	48.29	53.58
辽源市	22.28	31.05	38.85	42.38	49.85	53.22	60.37
通化市	27.76	35.10	46.47	49.26	58.44	59.34	61.47
白山市	23.39	28.75	38.91	41.89	51.32	52.23	58.05
松原市	31.62	44.50	53.04	54.95	58.06	56.53	66.64
白城市	22.74	28.84	27.36	30.75	36.71	36.06	43.88
哈尔滨市	40.60	41.22	51.40	55.37	63.17	65.39	72.16
齐齐哈尔市	23.19	25.99	32.34	38.26	44.54	52.72	58.22
鸡西市	23.31	23.95	28.65	30.48	32.36	38.84	43.24
鹤岗市	26.04	29.08	35.10	42.24	45.54	47.34	52.16
双鸭山市	29.15	33.61	39.40	40.10	43.87	49.34	58.92
大庆市	84.68	93.21	116.73	125.59	119.16	132.34	148.41
伊春市	20.74	24.53	24.36	29.16	32.49	36.02	40.02
佳木斯市	24.18	24.55	26.02	28.70	33.66	36.40	40.43
七台河市	29.60	34.15	41.34	46.18	44.38	64.42	61.77
牡丹江市	23.03	26.06	32.20	34.65	41.38	45.86	49.04
黑河市	22.74	38.32	39.03	50.04	33.56	32.33	62.04
绥化市	14.25	14.03	17.73	21.31	19.51	20.47	23.15
上海市	95.50	101.82	144.00	146.11	135.59	179.54	196.02
南京市	56.69	60.85	72.28	79.39	87.68	89.47	99.75

续表

	2005 年	2006 年	2007 年	2008 年	2009 年	2010 年	2011 年
无锡市	71.66	80.69	95.46	101.46	123.68	124.13	139.04
徐州市	37.77	44.49	50.82	58.20	66.67	61.68	77.49
常州市	46.51	55.42	72.42	76.83	88.95	87.94	103.47
苏州市	62.29	77.07	109.87	121.00	138.66	129.23	133.09
南通市	40.33	46.77	70.30	74.85	67.62	75.37	84.76
连云港市	32.97	37.43	49.60	52.84	59.49	63.95	75.47
淮安市	24.77	26.39	33.55	37.51	43.22	51.74	61.32
盐城市	26.31	29.86	35.46	36.97	42.53	51.49	70.68
扬州市	39.36	43.68	56.67	60.82	71.69	79.79	79.79
镇江市	42.98	49.06	62.87	67.05	79.72	83.43	94.76
泰州市	41.76	43.51	60.08	60.24	71.69	82.16	90.19
宿迁市	21.17	21.70	28.75	30.44	39.77	45.59	54.12
杭州市	67.41	74.07	88.02	105.83	107.64	119.47	131.42
宁波市	75.18	82.04	116.99	119.37	127.57	132.39	154.83
温州市	60.95	65.31	80.98	86.09	97.07	103.53	110.55
嘉兴市	46.51	53.96	64.57	65.74	69.16	76.59	90.29
湖州市	39.16	43.35	53.01	56.75	60.73	63.63	68.19
绍兴市	51.55	54.21	66.42	74.72	84.41	93.39	108.37
金华市	39.11	42.37	49.14	54.37	61.69	64.96	69.39
衢州市	35.74	39.30	49.18	49.15	54.71	60.86	67.34
舟山市	50.10	54.85	69.38	75.38	82.09	90.06	104.95
台州市	48.10	50.85	59.73	61.91	66.05	71.07	75.68
丽水市	44.08	49.54	60.65	63.56	71.68	71.75	90.19
合肥市	40.68	43.27	53.46	59.66	67.52	95.55	113.62
芜湖市	40.56	39.88	49.90	57.48	77.76	89.16	100.29
蚌埠市	23.80	21.11	24.17	26.10	41.72	47.84	58.03
淮南市	26.67	30.53	34.92	38.21	41.26	45.53	52.10
马鞍山市	49.25	53.30	71.46	72.47	81.32	92.56	109.77
淮北市	27.25	28.77	33.82	39.04	42.47	45.24	53.14
铜陵市	41.38	47.60	56.13	61.72	67.01	67.74	76.90
安庆市	24.20	26.29	32.70	33.13	36.56	43.73	41.80

续表

	2005 年	2006 年	2007 年	2008 年	2009 年	2010 年	2011 年
黄山市	27.13	28.96	33.59	37.14	40.03	46.62	55.49
滁州市	24.04	25.97	34.22	37.61	40.27	47.83	63.81
阜阳市	18.65	14.13	31.54	34.03	34.44	30.41	39.59
宿州市	17.83	21.57	28.02	28.83	25.92	26.43	32.13
六安市	19.80	21.14	23.91	26.72	29.83	21.50	38.36
亳州市	16.58	18.12	20.10	22.71	23.98	27.37	31.76
池州市	20.71	23.49	25.47	32.51	36.12	42.67	48.54
宣城市	18.06	19.84	22.03	23.09	28.15	29.12	41.96
福州市	41.95	44.48	55.70	60.38	67.56	73.76	90.97
厦门市	75.58	81.52	110.40	117.83	127.01	127.39	144.32
莆田市	35.68	38.59	43.50	46.13	53.60	62.83	60.86
三明市	34.96	40.16	51.40	58.05	67.89	73.22	98.91
泉州市	53.52	57.66	65.78	70.47	77.34	81.82	87.44
漳州市	36.46	36.60	43.04	58.00	62.45	59.94	65.91
南平市	25.00	26.71	32.39	37.55	42.76	45.92	52.32
龙岩市	36.60	39.85	55.82	63.66	79.87	69.66	89.80
宁德市	19.57	22.41	32.97	35.81	41.44	48.01	55.83
南昌市	34.27	39.27	41.92	54.51	59.56	65.81	75.29
景德镇市	29.38	32.92	41.13	43.71	47.41	59.45	80.23
萍乡市	25.69	26.83	42.54	34.94	44.28	47.69	56.12
九江市	33.46	37.26	31.38	40.12	43.66	52.38	91.84
新余市	33.47	34.36	43.74	48.72	56.60	61.65	74.14
鹰潭市	22.01	22.92	33.25	37.68	42.00	44.34	64.45
赣州市	22.04	24.44	29.69	26.60	30.19	30.56	37.43
吉安市	16.79	18.25	26.81	30.22	28.18	29.69	36.67
宜春市	13.40	14.64	16.95	17.60	20.26	21.94	26.48
抚州市	16.10	17.23	20.64	21.26	23.99	28.64	24.15
上饶市	19.82	21.27	21.39	26.35	29.07	30.96	41.16
济南市	84.21	49.00	60.93	60.70	66.86	76.08	81.07
青岛市	64.27	71.75	92.55	97.94	105.25	113.80	132.21
淄博市	50.59	54.88	65.91	69.26	67.73	70.71	73.78

续表

	2005 年	2006 年	2007 年	2008 年	2009 年	2010 年	2011 年
枣庄市	31.13	33.15	38.05	40.98	45.17	48.36	52.59
东营市	114.73	102.37	115.67	123.76	123.19	128.08	150.54
烟台市	44.36	50.24	62.65	67.66	75.74	94.49	102.97
潍坊市	37.66	48.20	51.06	55.28	55.24	62.00	68.02
济宁市	40.93	41.11	54.10	64.34	66.70	74.31	88.35
泰安市	33.89	37.86	41.44	47.85	41.39	46.67	49.83
威海市	64.10	70.75	81.59	87.78	92.37	101.05	67.82
日照市	30.54	32.01	39.78	49.11	58.74	70.87	86.18
莱芜市	39.40	43.44	55.23	58.99	63.67	66.72	65.78
临沂市	30.81	33.57	43.67	50.01	52.77	59.00	61.82
德州市	32.09	36.09	44.63	47.69	39.76	45.88	54.50
聊城市	22.35	22.95	27.55	29.73	27.21	29.36	36.91
滨州市	33.34	38.26	49.22	54.09	58.55	69.53	85.86
菏泽市	17.21	19.89	26.80	27.34	30.61	34.97	44.28
郑州市	40.84	46.42	61.29	67.67	73.80	60.17	68.08
开封市	18.77	22.05	27.05	30.94	34.58	38.45	49.31
洛阳市	30.09	34.19	44.57	47.49	54.23	55.34	71.95
平顶山市	30.13	32.38	42.32	46.34	54.43	55.98	64.28
安阳市	29.01	31.06	42.47	45.09	48.21	52.49	63.46
鹤壁市	29.85	33.71	40.10	43.93	47.85	52.38	58.20
新乡市	29.77	29.04	37.90	38.81	43.43	46.98	62.76
焦作市	28.12	30.50	38.65	40.51	45.97	49.16	64.51
濮阳市	44.26	48.53	57.41	58.05	60.71	62.97	68.15
许昌市	29.83	41.43	38.85	42.85	52.48	57.08	80.96
漯河市	27.39	26.67	34.31	35.41	39.83	43.46	47.22
三门峡市	27.19	32.18	43.71	43.28	57.24	67.57	84.07
南阳市	18.94	23.95	29.70	30.34	32.94	35.94	42.15
商丘市	15.45	17.85	22.78	24.68	26.35	30.44	36.14
信阳市	19.62	21.06	25.58	28.73	34.08	35.74	43.62
周口市	18.24	20.42	27.48	31.06	31.16	37.23	43.13
驻马店市	25.71	29.45	33.31	32.88	37.39	40.98	45.72

续表

	2005 年	2006 年	2007 年	2008 年	2009 年	2010 年	2011 年
武汉市	40.39	51.06	59.79	64.24	74.16	76.32	77.65
黄石市	31.30	35.84	39.30	41.12	41.84	52.62	57.45
十堰市	44.51	44.12	53.17	54.81	64.81	70.81	75.04
宜昌市	32.03	33.64	43.48	38.99	54.14	60.04	71.52
襄阳市	24.64	26.06	30.38	33.86	39.70	44.10	51.62
鄂州市	27.52	29.24	36.07	40.46	45.15	47.81	54.50
荆门市	24.03	26.17	32.16	36.05	40.76	42.26	53.64
孝感市	17.23	19.64	23.16	23.66	29.94	37.26	35.36
荆州市	16.82	19.08	22.26	23.50	27.04	29.63	34.30
黄冈市	23.45	26.59	31.19	38.98	43.19	51.34	37.34
咸宁市	14.93	16.65	22.29	26.80	34.21	39.38	37.17
随州市	20.24	22.81	26.34	29.25	33.91	38.52	46.40
长沙市	43.54	49.79	73.61	81.11	95.01	104.37	107.59
株洲市	32.17	34.98	50.13	58.56	62.36	74.08	74.64
湘潭市	28.44	30.13	40.38	45.52	59.70	62.26	62.14
衡阳市	20.53	22.62	25.72	34.18	41.02	47.47	39.56
邵阳市	17.51	18.40	22.15	26.34	32.02	33.01	36.27
岳阳市	30.38	31.83	53.99	60.80	62.39	57.69	63.25
常德市	23.57	25.85	38.34	44.88	48.65	53.49	57.23
张家界市	24.18	25.23	29.63	31.63	35.87	44.55	43.88
益阳市	18.59	18.82	25.13	28.03	30.03	32.55	36.94
郴州市	30.32	32.65	42.72	49.71	60.39	61.49	72.49
永州市	19.89	20.66	22.08	22.31	32.90	34.37	41.61
怀化市	20.39	24.38	35.50	33.27	32.94	40.71	42.53
娄底市	26.74	26.24	29.03	26.82	31.48	33.74	53.39
广州市	87.16	81.21	100.74	108.04	120.70	120.01	119.55
韶关市	30.92	33.94	40.57	45.02	47.38	51.67	53.48
深圳市	108.42	114.93	158.59	159.92	147.50	197.34	212.02
珠海市	79.74	85.12	111.94	119.17	131.13	139.75	153.51
汕头市	34.18	36.15	39.24	39.03	42.29	44.90	48.94
佛山市	66.78	74.61	92.12	100.85	109.06	118.10	120.37

续表

	2005 年	2006 年	2007 年	2008 年	2009 年	2010 年	2011 年
江门市	35.85	40.30	49.31	55.02	59.99	67.71	61.59
湛江市	25.93	33.85	44.60	53.74	54.46	58.78	60.80
茂名市	30.43	32.13	37.87	36.32	42.44	47.56	56.46
肇庆市	37.94	41.05	54.24	57.91	71.07	77.07	84.48
惠州市	48.42	50.37	63.62	63.88	76.80	88.88	99.41
梅州市	32.09	25.92	53.70	56.55	66.59	82.47	77.57
汕尾市	21.87	24.51	31.64	37.32	36.92	38.23	49.98
河源市	35.76	38.62	47.65	55.79	70.83	77.65	82.78
阳江市	25.18	26.29	30.06	32.66	36.66	44.74	33.08
清远市	31.18	35.53	47.26	50.17	63.67	64.41	69.65
东莞市	50.61	90.33	134.99	121.03	87.12	162.91	186.50
中山市	64.75	73.19	95.96	102.60	115.61	136.18	150.88
潮州市	26.22	28.90	37.82	35.53	39.75	49.03	42.83
揭阳市	23.03	22.66	27.69	31.95	37.89	42.54	47.89
云浮市	29.35	35.21	40.94	51.16	55.90	62.99	59.61
南宁市	31.07	34.16	41.12	46.51	52.57	58.02	67.05
柳州市	38.99	43.98	56.95	59.06	75.39	80.40	82.31
桂林市	33.68	35.27	44.96	51.92	49.39	49.70	54.99
梧州市	29.74	34.49	31.65	41.25	46.85	59.20	70.65
北海市	30.63	32.58	40.69	35.84	50.05	52.56	60.49
防城港市	28.73	29.21	36.37	41.72	50.29	54.34	61.54
钦州市	18.51	19.57	23.26	29.80	31.41	35.53	42.39
贵港市	19.79	20.94	24.06	24.00	30.42	34.73	34.98
玉林市	23.40	26.00	29.65	29.72	34.42	37.95	40.58
百色市	25.50	28.64	38.39	40.40	43.93	39.82	64.11
贺州市	19.57	22.27	26.34	25.63	32.29	32.48	40.55
河池市	21.31	24.35	30.84	29.92	31.83	39.42	40.10
来宾市	24.31	28.16	29.11	32.16	38.24	34.33	36.47
崇左市	19.29	22.72	25.67	28.00	29.08	33.26	36.25
海口市	35.03	40.70	46.73	48.14	53.87	60.67	72.00
三亚市	43.38	47.08	53.14	58.64	71.74	88.10	89.41

	2005 年	2006 年	2007 年	2008 年	2009 年	2010 年	2011 年
重庆市	29.04	27.80	34.61	37.87	46.15	49.52	56.63
成都市	38.26	42.58	44.97	49.26	59.61	84.82	82.78
自贡市	20.56	22.67	29.73	28.20	32.62	36.81	164.60
攀枝花市	34.60	42.38	52.35	56.13	63.28	72.50	91.98
泸州市	18.47	20.07	25.09	27.28	33.05	39.09	47.13
德阳市	23.31	26.46	34.22	29.89	45.31	49.92	54.00
绵阳市	22.08	24.26	34.08	34.60	42.42	46.54	50.82
广元市	18.02	18.21	19.83	31.22	32.49	38.88	44.51
遂宁市	15.93	17.11	21.31	22.64	28.64	28.03	32.15
内江市	16.36	18.32	22.03	25.36	28.63	30.44	33.01
乐山市	22.13	24.15	27.18	25.15	34.77	39.80	42.95
南充市	17.04	19.40	23.66	24.77	30.91	32.92	37.08
眉山市	16.66	17.50	20.87	23.07	29.70	34.72	33.81
宜宾市	24.27	27.82	37.13	39.99	45.27	44.39	52.02
广安市	14.62	17.26	21.01	20.93	22.09	29.34	33.25
达州市	28.40	21.53	25.89	27.14	34.25	33.59	39.42
雅安市	17.69	19.43	21.05	23.33	25.76	27.65	31.92
巴中市	14.50	14.84	18.98	21.27	24.20	24.83	25.76
资阳市	15.80	17.86	20.67	23.75	27.99	32.36	35.41
贵阳市	35.66	38.71	50.28	56.16	57.32	63.10	77.38
六盘水市	29.87	28.19	35.47	38.87	48.82	40.44	43.09
遵义市	23.19	26.31	29.98	31.35	45.92	36.74	42.06
安顺市	15.85	17.57	22.33	24.38	27.90	32.93	41.89
昆明市	40.38	40.81	48.78	42.84	50.24	49.75	64.85
曲靖市	23.71	33.01	31.33	34.92	41.84	53.66	52.32
玉溪市	50.79	48.35	52.54	54.93	65.28	65.47	71.59
保山市	18.48	20.36	22.83	26.04	29.54	33.00	37.34
昭通市	20.54	21.04	20.01	22.26	26.41	29.00	32.00
丽江市	27.64	31.54	35.48	36.14	43.33	50.87	65.59
思茅市	19.87	22.49	28.70	30.04	39.21	33.15	32.06
临沧市	15.12	17.96	20.54	20.75	27.39	27.98	38.19

续表

	2005 年	2006 年	2007 年	2008 年	2009 年	2010 年	2011 年
西安市	30.90	34.70	37.85	42.42	49.16	55.31	63.46
铜川市	24.25	28.17	32.96	42.90	48.65	55.55	67.13
宝鸡市	43.78	50.66	58.49	48.09	53.89	56.45	62.63
咸阳市	33.26	30.02	35.37	34.39	46.35	54.20	56.47
渭南市	16.67	19.74	25.15	25.60	28.80	32.77	38.15
延安市	35.60	37.62	37.86	46.16	45.54	46.72	52.07
汉中市	14.76	16.57	19.21	25.73	29.53	29.89	33.47
榆林市	31.11	24.01	31.68	36.39	48.38	59.40	69.18
安康市	16.55	18.32	21.05	25.39	33.45	34.28	38.66
商洛市	26.98	29.84	25.54	26.92	31.35	33.07	38.62
兰州市	41.86	41.32	50.12	54.32	60.44	63.26	64.88
嘉峪关市	43.84	46.67	65.77	69.24	72.22	74.82	87.14
金昌市	37.05	46.41	77.61	50.88	53.13	56.15	56.54
白银市	26.91	31.61	45.66	47.57	55.68	58.63	61.83
天水市	15.86	45.44	25.97	27.29	32.17	30.66	33.45
武威市	22.55	24.10	26.33	27.26	30.02	31.22	35.74
张掖市	20.53	22.65	25.94	29.27	33.33	37.99	41.48
平凉市	17.46	18.40	19.92	26.04	27.32	26.52	29.03
酒泉市	23.23	24.51	27.77	32.75	36.99	39.78	42.66
庆阳市	25.26	28.40	36.60	42.99	52.04	54.47	75.54
定西市	23.35	25.82	28.69	31.71	34.97	33.33	36.46
陇南市	14.02	14.87	19.93	31.24	29.47	28.85	30.91
西宁市	27.30	29.52	36.79	29.12	33.72	89.30	81.54
银川市	36.69	39.90	51.77	50.15	58.38	65.37	64.91
石嘴山市	30.87	31.34	49.66	54.36	60.51	69.05	74.24
吴忠市	21.60	24.71	34.47	40.01	41.16	48.03	49.55
固原市	21.60	21.68	26.80	32.12	37.06	45.53	41.45
中卫市	21.68	23.92	31.33	37.94	42.61	45.31	48.06
乌鲁木齐市	40.19	42.50	51.95	53.65	67.84	69.36	84.55
克拉玛依市	113.58	121.80	162.59	160.61	141.60	165.50	185.82

表 37-18 2005—2011 年城市发展指数评价得分的统计分析指标

	极小值	极大值	均　值	标准差	方　差	最大值-最小值	离散系数
2005 年	13.40	114.73	33.32	16.84	283.63	101.33	1.98
2006 年	14.03	121.80	36.36	17.85	318.64	107.77	2.04
2007 年	16.95	162.59	45.21	23.97	574.80	145.64	1.89
2008 年	17.60	160.61	48.88	24.72	610.87	143.01	1.98
2009 年	19.51	147.50	54.59	25.21	635.38	127.99	2.17
2010 年	20.47	234.35	60.15	30.71	943.23	213.88	1.96
2011 年	23.15	212.02	67.50	32.68	1068.24	188.87	2.07

四、低碳环保发展综合指数

1. 城市低碳环保发展综合指数城市差异相对较大

受低碳指数、环保指数和发展指数的共同影响,2011 年深圳市、鄂尔多斯市、东莞市、北京市和上海市的低碳环保发展综合指数评价得分全部超过了276 分,在样本城市中排名前五。而商丘市、临汾市、运城市、朝阳市和宜春市的综合指数发展指数评价得分相对较低,综合指数评价得分均没有超过 90分,样本城市中位居倒数五名。在低碳指数、环保指数和发展指数的叠加作用下,城市综合指数城市间的差异相对较大,2011 年城市综合发展指数评价得分的离散系数为 3.33,比低碳指数和发展指数的离散系数高,但低于环保指数的离散系数。

2. 城市低碳环保发展综合指数中间地带塌陷现象严重

七大区域的城市低碳环保发展综合指数与地区综合指数存在较大不同,华南地区的城市综合指数评价得分最高,西北地区和华东地区的综合指数评价得分其次,而东北地区、华北地区、华中地区的城市综合指数评价得分最低。三大区域的城市综合指数与地区综合指数也不同,东部地区的城市综合指数评价得分较高,西部地区的城市综合指数评价得分其次,而中部地区的城市综合指数评价得分最低。从指数动态变化情况看,七大区域和三大区域的城市

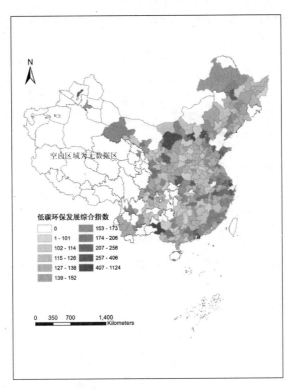

图 37-37　2011 年中国城市低碳环保发展综合指数空间分布格局示意图

综合指数均表现出整体增长的趋势。

3. 城市低碳环保发展综合指数改善趋势明显

2005—2011 年,有 265 个样本城市的综合指数评价得分增加了,其中鄂尔多斯市、东莞市、自贡市、黄山市、西宁市、连云港市和南宁市的指数增幅较大,指数评价得分年均增幅全部超过了 10%,指数得分超过 5% 的城市也有 171 个;样本城市中也有 20 个城市的综合指数评价得分出现了减小,但减小幅度都有限,减小幅度最大的安顺市、亳州市和昭通市,其指数得分减小幅度也没有超过 6%。因此,总体看近期城市低碳保环发展综合指数增长趋势较为明显。

4. 城市低碳环保发展综合指数"两头高中间低"的特点明显

城市低碳环保发展综合指数在不同类型城市也表现出"两头高中间的"

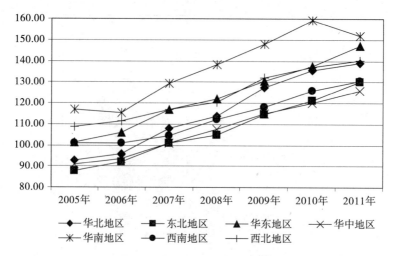

图 37-38 2005—2011 年中国七大区域城市低碳环保发展综合指数评价得分

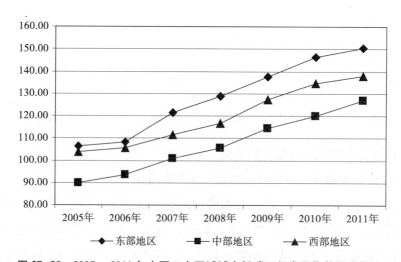

图 37-39 2005—2011 年中国三大区域城市低碳环保发展指数评价得分

特特征,即城市规模越大和城市规模越小的城市指数评价得分越高,而广大中小类型城市的综合指数评价得分一般。由图 37-40 可知,在发展指数的强势拉动下,人口规模在 200 万以上城市的综合指数评价得分最高,指数得分均值明显要高于其类型的城市;人口规模 50 万以下城市的综合指数评价得分其次,指数得分均值高于全部城市得分均值;人口规模在 50 万—100 万和 100

万—200万城市的综合指数得分均值要低于全部城市的得分均值,尤其50万—100万城市的综合指数得分均值最低。

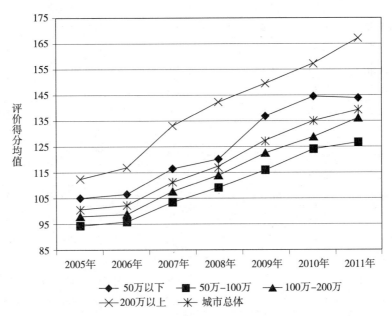

图37-40　2005—2011年不同人口规模城市的低碳环保发展综合指数评价得分均值

表37-19　2005—2011年城市低碳环保发展综合指数评价得分

	2005 年	2006 年	2007 年	2008 年	2009 年	2010 年	2011 年
北京市	153.97	167.72	207.42	208.42	204.85	255.29	279.58
天津市	113.61	125.75	139.49	151.73	176.03	190.30	213.98
石家庄市	87.95	93.55	91.79	107.36	117.23	123.22	131.34
唐山市	91.96	93.73	103.54	115.79	122.58	132.49	138.44
秦皇岛市	102.14	98.33	111.25	114.08	120.56	136.78	141.03
邯郸市	77.38	76.52	90.95	98.93	111.35	119.59	120.15
邢台市	82.02	82.67	94.32	95.61	107.78	106.20	118.03
保定市	79.72	79.20	87.63	108.79	112.92	126.60	122.48
张家口市	78.20	78.12	90.73	83.27	115.97	97.22	95.79
承德市	84.53	87.74	101.09	117.01	126.25	129.71	145.59
沧州市	101.97	115.50	116.37	129.18	142.54	154.17	158.08

续表

	2005 年	2006 年	2007 年	2008 年	2009 年	2010 年	2011 年
廊坊市	99. 99	104. 28	115. 46	112. 82	125. 67	132. 85	135. 09
衡水市	83. 70	79. 44	83. 68	100. 83	113. 22	109. 15	121. 54
太原市	86. 63	92. 30	107. 24	114. 50	120. 84	125. 08	130. 12
大同市	79. 23	80. 76	92. 46	101. 11	113. 79	120. 71	112. 68
阳泉市	78. 33	83. 37	90. 45	100. 43	109. 99	115. 12	119. 03
长治市	86. 80	84. 50	107. 41	99. 32	105. 36	117. 81	108. 12
晋城市	110. 24	104. 17	114. 58	122. 78	136. 38	136. 41	142. 09
朔州市	96. 63	104. 74	113. 45	139. 87	199. 20	167. 79	177. 88
晋中市	78. 36	77. 80	83. 55	82. 29	87. 95	93. 33	91. 81
运城市	69. 26	70. 08	72. 67	80. 15	90. 69	86. 81	87. 90
忻州市	71. 86	78. 75	84. 72	84. 65	83. 14	93. 18	95. 71
临汾市	69. 33	68. 78	78. 16	78. 55	79. 18	84. 33	87. 08
吕梁市	110. 26	109. 79	103. 00	109. 77	90. 85	95. 36	116. 04
呼和浩特市	97. 25	105. 79	127. 20	127. 41	141. 96	112. 86	144. 17
包头市	111. 03	117. 51	137. 24	139. 80	162. 40	168. 61	155. 89
乌海市	79. 86	94. 83	105. 48	113. 05	128. 95	140. 21	140. 48
赤峰市	89. 43	89. 35	104. 52	104. 94	118. 45	135. 06	132. 14
通辽市	91. 72	87. 13	88. 34	87. 24	97. 25	106. 60	106. 81
鄂尔多斯市	109. 20	110. 94	170. 90	185. 52	274. 95	393. 88	340. 10
呼伦贝尔市	107. 67	109. 53	117. 07	129. 04	136. 64	144. 72	152. 38
巴彦淖尔市	96. 15	99. 69	107. 00	102. 54	109. 15	114. 74	113. 10
乌兰察布市	104. 70	108. 18	117. 87	109. 73	116. 91	108. 64	109. 87
沈阳市	106. 49	115. 16	132. 12	138. 49	144. 70	147. 50	160. 70
大连市	117. 99	120. 80	149. 41	162. 63	176. 13	193. 94	206. 01
鞍山市	91. 44	96. 23	109. 94	116. 76	120. 96	122. 72	135. 61
抚顺市	77. 79	84. 35	86. 10	88. 97	93. 36	105. 52	121. 87
本溪市	88. 90	96. 07	110. 24	113. 96	121. 57	126. 05	125. 90
丹东市	73. 94	76. 81	94. 89	84. 04	85. 76	110. 92	106. 67
锦州市	76. 03	80. 01	86. 46	91. 10	98. 64	107. 69	117. 73
营口市	77. 42	76. 36	90. 01	102. 18	114. 00	123. 85	136. 40
阜新市	70. 71	75. 29	77. 81	82. 99	88. 03	88. 36	107. 49

续表

	2005 年	2006 年	2007 年	2008 年	2009 年	2010 年	2011 年
辽阳市	79.64	82.04	99.88	102.91	109.19	119.60	128.19
盘锦市	119.80	129.95	127.96	130.49	140.48	147.05	149.85
铁岭市	86.69	87.20	94.92	96.66	125.53	121.00	149.69
朝阳市	85.59	87.55	91.69	94.77	96.69	91.32	88.67
葫芦岛市	88.30	91.83	96.18	96.62	96.47	98.38	103.55
长春市	89.86	92.86	102.99	110.54	116.24	128.37	144.06
吉林市	77.70	85.17	101.41	107.44	120.36	122.42	127.97
四平市	74.53	75.13	70.64	89.92	89.56	100.44	103.34
辽源市	83.55	90.30	97.34	98.85	112.00	113.60	125.07
通化市	73.22	78.29	92.77	100.07	110.41	110.85	115.70
白山市	72.12	83.74	91.04	94.22	107.58	106.66	118.32
松原市	81.33	96.54	103.40	109.40	116.33	126.82	131.09
白城市	74.01	83.77	83.37	84.53	96.25	96.89	115.07
哈尔滨市	86.05	89.90	102.74	108.09	119.47	124.20	132.38
齐齐哈尔市	79.24	69.78	78.25	84.40	115.23	127.09	152.91
鸡西市	70.89	76.74	79.43	84.81	86.69	90.15	95.40
鹤岗市	70.23	74.80	81.65	89.58	94.71	95.97	114.48
双鸭山市	92.63	91.20	97.97	92.63	101.91	107.71	124.77
大庆市	165.07	171.25	207.24	182.40	219.41	237.17	256.05
伊春市	98.77	100.94	94.56	101.98	106.69	120.18	124.18
佳木斯市	71.53	71.45	74.37	78.81	86.40	97.53	118.16
七台河市	69.09	77.90	91.70	97.88	102.50	117.74	123.97
牡丹江市	85.89	89.43	97.91	97.38	107.99	109.51	118.22
黑河市	121.46	137.70	140.89	144.17	129.85	143.87	146.15
绥化市	112.48	92.34	99.47	103.05	141.54	138.47	96.88
上海市	143.23	151.77	194.12	199.60	216.03	260.12	276.91
南京市	151.38	157.45	167.40	177.37	184.61	187.25	201.49
无锡市	136.38	148.85	165.89	174.38	199.96	199.38	215.02
徐州市	96.53	107.70	117.84	129.72	142.54	129.54	144.71
常州市	94.79	104.03	125.47	132.93	146.20	146.72	163.21
苏州市	116.65	135.87	169.30	188.22	208.74	195.85	202.06

	2005 年	2006 年	2007 年	2008 年	2009 年	2010 年	2011 年
南通市	89.55	100.08	125.28	134.03	128.42	138.39	147.44
连云港市	93.58	98.01	125.34	118.53	126.48	131.54	193.38
淮安市	87.18	92.93	100.54	101.73	107.87	118.04	120.01
盐城市	115.55	105.24	112.74	111.34	119.15	121.75	137.50
扬州市	97.08	103.21	117.46	120.57	132.98	143.16	156.93
镇江市	103.94	110.54	127.44	135.49	150.07	155.39	165.10
泰州市	110.49	115.39	136.26	124.26	134.95	146.94	147.85
宿迁市	123.78	108.52	122.20	116.33	124.49	126.64	126.29
杭州市	123.15	131.12	144.92	164.93	169.50	181.65	193.05
宁波市	128.17	140.28	176.50	181.30	190.54	198.56	223.12
温州市	110.61	117.14	133.01	140.04	152.60	160.42	167.38
嘉兴市	103.05	111.25	121.41	125.50	132.67	141.09	153.37
湖州市	99.80	98.87	110.60	115.05	120.41	123.55	131.39
绍兴市	109.59	113.40	125.65	135.56	143.57	153.22	175.90
金华市	98.40	103.40	111.70	119.03	124.73	128.82	132.82
衢州市	89.41	93.75	102.52	104.30	112.90	120.30	123.98
舟山市	112.36	112.41	133.00	135.37	145.74	152.12	171.81
台州市	102.03	107.08	120.25	131.98	135.71	142.53	144.01
丽水市	104.34	112.83	126.90	129.08	141.05	145.19	153.56
合肥市	98.01	102.43	115.54	123.05	140.44	169.90	190.76
芜湖市	96.81	102.02	110.09	119.70	143.14	155.96	168.13
蚌埠市	81.88	82.99	75.30	79.21	100.18	103.78	121.58
淮南市	75.44	80.11	82.02	87.87	95.51	101.37	109.61
马鞍山市	117.55	120.76	136.10	139.87	149.38	162.50	181.14
淮北市	84.27	85.22	98.63	102.61	105.11	112.36	119.67
铜陵市	100.73	111.54	121.52	127.05	151.16	156.65	166.53
安庆市	99.58	105.73	84.50	86.15	93.07	105.20	99.54
黄山市	102.94	204.08	209.52	210.87	208.36	220.93	228.74
滁州市	80.41	90.42	94.48	95.16	103.26	115.05	139.77
阜阳市	91.84	87.93	109.44	107.74	103.74	101.50	103.77
宿州市	90.54	94.23	93.47	99.80	91.66	93.98	98.84

续表

	2005 年	2006 年	2007 年	2008 年	2009 年	2010 年	2011 年
六安市	83.52	88.43	105.06	112.37	107.03	90.87	105.47
亳州市	146.16	129.92	140.97	117.74	131.84	119.94	113.72
池州市	86.74	86.66	89.13	94.16	97.31	104.24	114.24
宣城市	109.03	115.76	108.14	102.50	106.95	110.28	116.20
福州市	103.07	110.66	116.56	124.89	137.67	153.82	165.42
厦门市	146.82	148.12	176.11	200.70	212.83	216.92	231.84
莆田市	118.40	122.64	122.19	122.04	131.40	144.26	136.52
三明市	85.97	94.99	99.17	106.08	119.52	130.05	154.49
泉州市	114.36	122.76	132.44	132.85	141.14	159.28	162.46
漳州市	109.91	109.24	112.11	122.81	129.10	138.55	136.66
南平市	74.96	77.85	80.43	84.62	92.70	98.66	101.59
龙岩市	91.74	96.45	110.68	121.11	142.65	139.96	154.30
宁德市	134.39	107.20	110.02	107.51	115.84	126.15	129.50
南昌市	92.28	101.95	103.14	116.34	122.33	132.71	138.58
景德镇市	90.66	105.66	114.48	116.85	136.45	137.33	158.59
萍乡市	74.12	75.65	90.50	84.44	95.17	102.74	107.69
九江市	112.70	97.26	95.29	110.71	114.73	130.54	178.36
新余市	84.21	84.44	93.86	106.67	115.30	121.74	135.14
鹰潭市	86.10	87.75	103.14	105.67	115.71	121.20	142.14
赣州市	69.33	74.91	87.97	83.00	101.12	101.76	104.87
吉安市	71.08	80.69	89.62	85.97	90.91	105.34	104.11
宜春市	91.50	95.07	94.05	96.25	96.23	93.12	89.46
抚州市	78.98	84.40	82.63	83.81	98.43	101.19	92.36
上饶市	77.89	81.21	79.81	88.19	112.31	116.85	118.73
济南市	136.43	104.39	116.95	118.26	127.10	137.46	138.99
青岛市	121.32	132.28	158.65	166.07	174.44	183.45	207.80
淄博市	110.95	115.95	128.57	132.35	133.20	135.51	137.69
枣庄市	83.48	88.62	96.46	101.77	108.39	110.14	111.68
东营市	185.66	173.70	187.89	197.33	199.61	205.51	230.27
烟台市	108.30	115.76	128.90	137.21	148.27	168.67	180.93
潍坊市	93.62	107.25	114.45	118.79	120.89	125.32	132.84

	2005 年	2006 年	2007 年	2008 年	2009 年	2010 年	2011 年
济宁市	97.77	90.77	106.14	120.57	124.51	134.40	149.14
泰安市	90.75	97.54	105.44	116.73	108.15	112.94	114.82
威海市	126.49	136.03	149.95	158.50	164.61	176.19	143.10
日照市	75.07	83.41	85.28	95.02	107.04	122.54	138.13
莱芜市	90.77	96.70	110.77	117.94	126.11	125.86	122.35
临沂市	81.38	84.90	96.45	105.59	112.63	118.86	121.76
德州市	82.28	85.94	93.14	97.04	91.75	102.08	114.79
聊城市	71.18	75.12	77.29	86.03	87.82	85.32	90.28
滨州市	76.36	78.64	98.74	108.75	116.18	128.23	141.05
菏泽市	78.76	85.12	89.59	88.59	91.80	93.32	104.70
郑州市	86.85	94.21	111.44	115.76	123.10	106.17	114.47
开封市	62.93	68.26	74.37	83.82	85.10	87.95	102.10
洛阳市	78.88	80.77	90.71	95.50	102.78	104.13	121.61
平顶山市	77.35	77.82	89.16	94.50	101.94	104.58	114.01
安阳市	67.56	71.81	84.71	88.77	92.95	97.98	107.92
鹤壁市	75.18	80.91	91.43	96.36	103.21	108.32	116.71
新乡市	73.12	77.82	88.07	92.08	97.55	102.58	118.81
焦作市	71.92	74.56	82.74	86.49	92.70	98.05	113.22
濮阳市	93.91	101.73	108.16	112.38	109.03	111.35	119.89
许昌市	83.98	95.30	97.94	100.72	120.76	127.77	151.82
漯河市	85.07	83.38	90.84	92.83	94.85	104.35	108.74
三门峡市	72.09	83.98	98.07	98.51	115.21	122.57	136.86
南阳市	68.50	74.29	80.63	80.34	82.29	92.15	95.09
商丘市	66.98	63.61	72.51	74.90	75.57	80.53	84.35
信阳市	99.53	84.79	91.85	100.43	101.76	106.50	111.69
周口市	85.53	86.52	92.66	96.18	95.82	103.95	105.24
驻马店市	80.90	85.32	90.20	92.46	96.00	100.21	101.50
武汉市	100.81	133.50	128.14	140.89	153.28	152.72	151.68
黄石市	86.42	96.18	97.52	104.31	106.12	113.54	119.22
十堰市	178.05	176.91	199.37	200.46	215.75	220.92	231.73
宜昌市	104.86	118.20	109.89	115.22	133.53	132.86	144.60

续表

	2005 年	2006 年	2007 年	2008 年	2009 年	2010 年	2011 年
襄阳市	101.30	99.59	115.02	124.61	137.41	134.09	146.94
鄂州市	81.77	93.66	92.07	106.78	115.83	114.58	122.32
荆门市	85.03	121.11	95.02	101.58	112.81	115.22	117.25
孝感市	111.59	72.94	110.41	122.42	140.14	132.67	114.24
荆州市	69.46	117.71	71.76	77.65	94.32	102.02	99.73
黄冈市	91.21	93.49	111.03	128.74	135.82	148.08	119.75
咸宁市	87.31	83.67	82.20	109.12	112.22	114.66	142.66
随州市	171.68	117.04	169.16	172.64	184.98	197.09	210.25
长沙市	118.27	118.92	142.25	160.05	177.78	185.93	191.06
株洲市	92.70	96.81	114.07	123.28	125.17	144.10	140.30
湘潭市	89.95	87.47	94.75	101.97	110.92	116.81	112.71
衡阳市	77.34	76.65	79.41	86.80	95.87	106.68	94.76
邵阳市	82.23	78.91	86.38	97.81	104.15	103.71	104.63
岳阳市	85.09	98.35	109.78	119.02	127.96	128.16	132.33
常德市	106.84	112.88	121.54	135.54	138.15	148.82	154.29
张家界市	119.57	133.35	116.35	119.74	112.05	136.10	123.49
益阳市	98.11	92.10	103.15	102.69	105.02	105.90	112.58
郴州市	85.16	84.07	93.08	103.03	117.45	125.02	136.47
永州市	82.19	76.69	79.32	82.46	94.43	97.39	100.21
怀化市	79.31	81.43	94.11	92.62	91.46	106.39	107.01
娄底市	99.48	81.24	85.42	82.92	97.04	100.51	126.42
广州市	209.46	203.80	226.62	260.24	250.54	247.78	253.36
韶关市	76.90	87.54	101.51	186.33	109.82	120.50	116.09
深圳市	360.94	349.74	381.43	372.95	350.00	392.26	406.05
珠海市	143.34	146.02	174.82	182.87	195.32	205.79	223.85
汕头市	91.90	96.86	99.62	100.71	105.75	109.13	110.65
佛山市	114.56	122.35	143.95	155.80	167.98	174.11	179.75
江门市	152.78	95.35	107.17	113.75	122.70	133.47	139.67
湛江市	102.20	103.66	120.61	127.10	148.11	129.57	131.00
茂名市	109.89	107.21	115.17	119.39	120.80	128.09	135.04
肇庆市	121.73	118.46	135.51	139.13	152.93	158.38	187.94

	2005 年	2006 年	2007 年	2008 年	2009 年	2010 年	2011 年
惠州市	115.78	107.91	120.05	121.14	139.56	155.24	166.41
梅州市	131.03	90.34	111.36	116.70	136.64	164.22	154.01
汕尾市	111.68	107.83	98.80	103.46	110.95	159.55	125.73
河源市	96.84	95.44	103.62	113.76	399.80	387.47	149.15
阳江市	83.43	88.86	88.50	112.50	93.08	108.76	96.60
清远市	81.57	84.52	100.98	96.57	116.49	116.59	116.53
东莞市	97.07	135.70	235.00	221.47	187.34	275.02	301.08
中山市	111.87	121.00	144.36	150.04	178.96	183.80	197.89
潮州市	110.22	89.95	92.14	91.79	96.84	107.02	96.25
揭阳市	105.46	89.18	94.87	96.51	107.17	175.14	115.11
云浮市	83.07	94.91	100.94	110.92	118.53	130.41	115.00
南宁市	92.07	142.51	147.35	165.05	169.64	175.21	182.14
柳州市	103.35	107.81	124.87	138.72	153.72	157.95	159.63
桂林市	93.87	102.16	113.76	141.95	126.91	133.14	131.84
梧州市	104.40	107.61	111.65	125.88	115.64	125.50	140.31
北海市	123.72	112.38	124.34	123.74	140.89	140.83	139.53
防城港市	104.86	105.19	109.98	124.77	128.23	136.59	134.88
钦州市	108.71	96.85	93.47	139.90	120.28	125.47	114.30
贵港市	103.84	94.74	93.89	100.30	100.39	109.53	106.29
玉林市	85.01	90.07	89.15	97.95	102.08	103.00	111.92
百色市	80.53	82.46	131.20	98.65	101.74	100.56	123.89
贺州市	91.45	84.13	95.12	101.90	101.77	102.88	106.64
河池市	74.75	75.73	96.33	89.30	96.99	100.23	91.81
来宾市	111.26	109.71	103.73	115.35	106.56	99.09	96.34
崇左市	125.04	120.32	124.74	130.26	126.07	122.25	121.57
海口市	169.03	147.01	143.66	145.18	167.75	172.10	144.05
三亚市	134.54	145.32	182.48	180.18	205.65	220.27	190.66
重庆市	80.11	77.59	88.72	105.15	124.55	112.98	120.50
成都市	111.95	104.58	106.37	117.65	128.44	157.56	161.41
自贡市	85.36	78.17	88.78	95.29	102.72	117.75	238.79
攀枝花市	75.22	86.61	98.78	104.54	112.49	125.97	138.28

	2005 年	2006 年	2007 年	2008 年	2009 年	2010 年	2011 年
泸州市	78.58	75.70	71.15	80.49	87.31	98.26	110.93
德阳市	75.74	71.12	80.51	82.64	101.31	110.60	120.82
绵阳市	85.77	83.00	99.55	105.59	111.84	121.10	130.57
广元市	63.46	71.70	80.05	93.99	94.26	107.13	116.05
遂宁市	105.42	97.79	108.74	119.46	117.72	132.59	138.80
内江市	80.18	91.17	101.76	116.56	131.44	148.71	141.34
乐山市	76.05	77.09	82.30	85.03	94.22	97.50	100.77
南充市	78.53	85.58	92.28	108.94	131.92	128.38	121.99
眉山市	69.00	69.59	67.75	72.17	94.56	103.44	90.83
宜宾市	73.62	80.46	98.14	103.95	109.86	112.19	124.88
广安市	146.75	133.24	131.52	137.95	151.81	147.06	145.93
达州市	78.02	73.09	78.78	86.67	92.21	97.73	99.60
雅安市	115.36	113.17	108.95	104.54	106.60	126.49	129.48
巴中市	151.79	134.62	130.77	131.53	142.47	151.69	170.29
资阳市	94.09	99.58	103.24	112.32	128.68	141.55	151.79
贵阳市	110.04	86.56	100.45	109.22	110.77	118.62	133.32
六盘水市	73.67	70.59	74.16	87.51	95.65	91.00	89.66
遵义市	82.23	93.96	93.95	95.32	106.10	100.36	104.19
安顺市	133.31	137.98	119.56	139.69	92.48	98.22	93.27
昆明市	109.89	112.53	120.75	119.49	125.36	132.65	144.67
曲靖市	111.87	118.17	112.12	123.38	106.09	110.10	108.05
玉溪市	138.36	126.83	131.02	146.85	150.08	146.95	158.43
保山市	117.14	143.37	126.83	134.29	142.66	155.58	128.55
昭通市	144.96	123.02	113.55	123.85	121.18	128.78	112.84
丽江市	125.14	136.80	153.96	147.87	162.18	180.55	160.75
思茅市	106.86	117.89	126.17	134.99	143.73	153.74	132.16
临沧市	156.23	156.96	146.17	148.73	136.10	147.66	129.04
西安市	75.66	81.23	86.00	92.67	99.55	106.84	117.22
铜川市	88.09	80.39	86.68	95.44	108.75	116.67	118.95
宝鸡市	93.01	103.48	111.94	106.18	120.38	122.03	133.37
咸阳市	89.60	103.75	94.89	97.23	103.24	118.00	134.55

续表

	2005 年	2006 年	2007 年	2008 年	2009 年	2010 年	2011 年
渭南市	93.66	91.46	100.05	104.01	112.25	158.00	122.79
延安市	143.44	121.53	113.13	125.91	121.93	126.05	124.85
汉中市	77.28	81.27	81.91	96.26	99.65	97.31	103.29
榆林市	100.11	100.74	104.36	94.50	116.38	125.47	135.28
安康市	114.25	119.59	120.27	121.15	131.91	136.30	130.44
商洛市	138.62	140.34	122.78	130.04	140.72	129.15	130.66
兰州市	78.25	80.25	86.97	92.99	106.69	107.58	110.68
嘉峪关市	99.74	105.83	127.43	133.44	134.35	140.30	161.15
金昌市	94.69	105.00	141.76	111.63	153.60	176.99	176.45
白银市	72.61	77.57	94.78	94.97	102.69	107.90	112.48
天水市	91.85	123.29	103.98	101.79	119.72	104.22	108.17
武威市	144.60	140.76	136.64	139.98	145.91	138.22	150.42
张掖市	105.60	113.14	118.43	125.26	133.82	118.72	107.10
平凉市	70.21	73.63	77.71	88.36	97.48	90.76	92.80
酒泉市	173.45	141.92	146.87	141.02	164.67	158.87	157.44
庆阳市	153.42	187.68	186.44	182.77	217.52	200.53	207.65
定西市	184.19	149.11	129.50	152.87	213.35	165.83	172.05
陇南市	193.39	178.17	182.61	189.38	181.45	199.99	179.93
西宁市	64.08	66.61	75.39	68.50	80.94	144.38	138.76
银川市	93.64	98.81	113.59	112.59	122.51	128.03	129.20
石嘴山市	93.89	102.74	126.69	128.07	152.04	165.95	173.32
吴忠市	59.67	77.21	82.06	86.60	88.21	96.35	111.99
固原市	128.37	133.90	129.07	131.54	146.33	155.27	142.06
中卫市	78.89	82.91	93.05	102.40	106.30	105.44	100.96
乌鲁木齐市	83.59	82.88	91.53	118.59	124.05	131.57	152.40
克拉玛依市	182.05	193.73	237.39	240.49	211.94	236.04	268.38

表 37-20 2005—2011 年城市低碳环保发展综合指数评价得分的统计分析指标

	极小值	极大值	均 值	标准差	方 差	最大值-最小值	离散系数
2005 年	59.67	360.94	99.95	30.07	903.99	301.27	3.32
2006 年	63.61	349.74	102.55	29.03	842.52	286.13	3.53
2007 年	67.75	381.43	111.86	33.40	1115.87	313.68	3.35
2008 年	68.50	372.95	117.71	33.74	1138.48	304.45	3.49
2009 年	75.57	399.80	127.01	38.47	1479.93	324.23	3.30
2010 年	80.53	393.88	134.20	42.72	1825.22	313.35	3.14
2011 年	84.35	406.05	139.03	41.78	1745.88	321.70	3.33

第三十八章　人口 50 万以下城市低碳
环保发展指数评价

一、低碳指数

（一）低碳生产指数

人口规模 50 万以下的城市在我国属于相对较小的城市,城市之间低碳生产指数的差异依然明显。2011 年,庆阳市、金昌市和定西市分别以 48.87 分、48.87 分和 42.33 分的评价得分,低碳生产指数位居城市前三位,而中卫市、石嘴山市和吴忠市的低碳生产指数评价得分较低,分别只有 1.53 分、1.65 分和 2.99 分,排名城市最后三名,其中庆阳市的指数评价得分是中卫市的近 32 倍。

表 38-1　2011 年人口规模 50 万以下城市的低碳生产指数评价情况

城　市	排　序	评价得分	城　市	排　序	评价得分
庆阳市	1	48.87	云浮市	27	11.25
金昌市	2	48.87	铜陵市	28	10.03
定西市	3	42.33	河源市	29	9.79
雅安市	4	38.52	娄底市	30	9.79
玉溪市	5	29.03	河池市	31	9.25
黄冈市	6	27.67	吕梁市	32	9.08
思茅市	7	24.84	三明市	33	9.02
崇左市	8	22.73	许昌市	34	8.95

城　市	排　序	评价得分	城　市	排　序	评价得分
临沧市	9	22.10	六盘水市	35	8.49
酒泉市	10	20.16	怀化市	36	8.46
克拉玛依市	11	19.04	通化市	37	8.02
宁德市	12	19.02	乌兰察布市	38	7.06
上饶市	13	17.83	鄂尔多斯市	39	6.62
鹰潭市	14	17.43	晋城市	40	6.61
铁岭市	15	16.69	双鸭山市	41	6.58
黄山市	16	16.44	潮州市	42	6.37
龙岩市	17	16.35	衡水市	43	6.33
丽水市	18	16.18	黑河市	44	5.67
丽江市	19	15.01	南平市	45	5.53
景德镇市	20	14.26	百色市	46	5.11
呼伦贝尔市	21	14.20	嘉峪关市	47	3.79
达州市	22	14.00	三门峡市	48	3.74
固原市	23	13.46	吴忠市	49	2.99
延安市	24	12.66	石嘴山市	50	1.65
梅州市	25	12.62	中卫市	51	1.53
辽源市	26	12.35			

虽然该类城市人口规模较少,但低碳生产指数评价得分并不高。2005—2011 年期间,除 2011 年城市低碳生产指数评价得分均值高于全部城市得分均值外,其年度指数的得分均低于全部城市得分均值,尤其 2008 年与全部城市得分均值差异较大,故可以判断该类城市低碳生产指数要逊色于 285 个样本城市的总体表现。

(二)低碳消费指数

相比低碳生产指数,城市低碳消费指数城市间的差异相对要小。2011 年,定西市、固原市和临沧市的指数评价得分最高,得分均在 18 分以上,位居前三,这三个城市均位于我国西部地区,城市经济社会发展水平较低,城市居

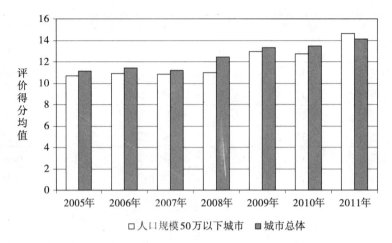

图 38-1　2005—2011 年城市低碳生产指数评价得分均值对比

民消费能力较弱;而鄂尔多斯市、三明市和龙岩市的指数评价得分均未超过
2.3 分,排名最后三名,这三个城市经济社会发展水平相对较高,居民消费能
力也强,故城市低碳消费指数评价得分较低。

表 38-2　2011 年人口规模 50 万以下城市的低碳消费指数评价情况

城　市	排　序	评价得分	城　市	排　序	评价得分
定西市	1	28.77	呼伦贝尔市	27	4.61
固原市	2	20.45	河池市	28	4.53
临沧市	3	18.11	延安市	29	4.46
金昌市	4	17.93	铁岭市	30	4.46
崇左市	5	16.90	衡水市	31	4.42
丽江市	6	12.95	达州市	32	4.38
庆阳市	7	12.68	晋城市	33	3.71
雅安市	8	12.40	丽水市	34	3.68
思茅市	9	10.35	辽源市	35	3.63
黄冈市	10	8.78	景德镇市	36	3.43
中卫市	11	7.67	娄底市	37	3.36
吕梁市	12	6.53	通化市	38	3.13

续表

城 市	排 序	评价得分	城 市	排 序	评价得分
云浮市	13	6.52	铜陵市	39	3.04
双鸭山市	14	6.49	潮州市	40	3.04
酒泉市	15	6.43	南平市	41	3.03
宁德市	16	6.29	许昌市	42	3.01
上饶市	17	6.17	六盘水市	43	2.98
玉溪市	18	5.89	百色市	44	2.89
黄山市	19	5.66	克拉玛依市	45	2.78
石嘴山市	20	5.56	河源市	46	2.72
吴忠市	21	5.55	嘉峪关市	47	2.68
怀化市	22	5.47	三门峡市	48	2.61
黑河市	23	5.31	龙岩市	49	2.29
梅州市	24	5.25	三明市	50	2.03
乌兰察布市	25	5.16	鄂尔多斯市	51	1.20
鹰潭市	26	4.95			

整体看,目前我国中小城市经济社会发展水平相比大型城市仍有一定差距,居民消费水平之间的差异也很明显,所以理论上中小城市低碳消费指数表现会好一些。指数评价得分统计结果也证实了这一猜想,统计结果显示:2005—2011 年间,除 2008 年该类型城市的低碳消费指数评价得分均值高于 285 个城市的得分均值外,其他年度指数得分均值均高于整体样本城市。

(三)低碳资源指数

城市低碳资源指数城市间的差异最大。2011 年,鄂尔多斯市、黄山市和石嘴山市的低碳资源指数评价得分最高,尤其鄂尔多斯市和黄山市的指数得分都高于 100 分,指数得分排名前三;六盘水市、定西市和庆阳市的指数得分最低,尤其六盘水市指数得分只有 1.68 分,鄂尔多斯市的指数得分是六盘水市的 68 倍之多。

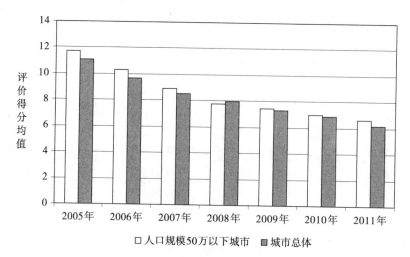

图 38-2 2005—2011 年城市低碳消费指数评价得分均值对比

表 38-3 2011 年人口规模 50 万以下城市的低碳资源指数评价情况

城　市	排　序	评价得分	城　市	排　序	评价得分
鄂尔多斯市	1	114.07	铁岭市	27	13.44
黄山市	2	110.07	思茅市	28	13.41
石嘴山市	3	62.10	通化市	29	12.91
铜陵市	4	40.71	衡水市	30	12.80
嘉峪关市	5	38.56	呼伦贝尔市	31	12.65
景德镇市	6	34.67	乌兰察布市	32	12.55
克拉玛依市	7	30.29	龙岩市	33	12.51
许昌市	8	26.75	酒泉市	34	12.37
双鸭山市	9	22.76	达州市	35	10.73
梅州市	10	21.02	延安市	36	10.29
吴忠市	11	20.68	中卫市	37	9.36
娄底市	12	20.20	黑河市	38	8.77
怀化市	13	19.03	固原市	39	8.76
丽江市	14	18.81	玉溪市	40	8.55
金昌市	15	18.70	雅安市	41	8.42
上饶市	16	18.35	吕梁市	42	8.39
潮州市	17	18.30	云浮市	43	8.21

续表

城　市	排　序	评价得分	城　市	排　序	评价得分
鹰潭市	18	17.40	临沧市	44	8.20
晋城市	19	16.31	南平市	45	7.74
丽水市	20	16.23	崇左市	46	6.98
三门峡市	21	15.52	宁德市	47	6.54
三明市	22	14.99	河池市	48	5.93
河源市	23	14.68	庆阳市	49	5.92
黄冈市	24	14.39	定西市	50	5.40
辽源市	25	14.18	六盘水市	51	1.68
百色市	26	13.57			

　　近年城市低碳资源指数也有不断增长的趋势。评价得分的统计结果显示,评价得分均值由 2005 年的 11.11 分提升到 2011 年的 16.10 分,年均增幅高达 12.12%。不仅指数得分增幅较大,近年该类城市低碳资源指数表现明显优于 285 个城市的总体表现,尤其 2008 年和 2009 年指数评价得分均值明显高于 285 个城市的得分均值。

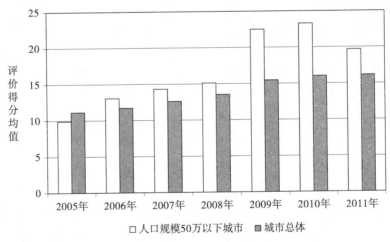

图 38-3　2005—2011 年城市低碳资源指数评价得分均值对比

（四）低碳指数

在上述三个指数的共同影响下,城市低碳指数城市间差异相对较小。2011 年,黄山市、鄂尔多斯市和金昌市的低碳指数评价得分 132.17 分、121.89 分和 85.50 分,位居该类城市前三;六盘水市、南平市和中卫市的低碳指数评价得分较低,得分均在 20 分以下,排名该类城市最后三名;黄山市的指数评价得分是六盘水市的 10 倍多,相比其他指数城市间的差异并不是太大。

表 38-4　2011 年人口规模 50 万以下城市的低碳指数评价情况

城　市	排　序	评价得分	城　市	排　序	评价得分
黄山市	1	132.17	娄底市	27	33.36
鄂尔多斯市	2	121.89	怀化市	28	32.97
金昌市	3	85.50	宁德市	29	31.85
定西市	4	76.51	呼伦贝尔市	30	31.46
石嘴山市	5	69.31	龙岩市	31	31.16
庆阳市	6	67.47	辽源市	32	30.16
雅安市	7	59.33	吴忠市	33	29.22
铜陵市	8	53.78	达州市	34	29.11
景德镇市	9	52.36	潮州市	35	27.71
克拉玛依市	10	52.11	延安市	36	27.40
黄冈市	11	50.83	河源市	37	27.20
思茅市	12	48.60	晋城市	38	26.62
临沧市	13	48.42	三明市	39	26.04
丽江市	14	46.77	云浮市	40	25.98
崇左市	15	46.61	乌兰察布市	41	24.76
嘉峪关市	16	45.03	通化市	42	24.05
玉溪市	17	43.47	吕梁市	43	23.99
固原市	18	42.67	衡水市	44	23.56
上饶市	19	42.35	三门峡市	45	21.87

续表

城　市	排　序	评价得分	城　市	排　序	评价得分
鹰潭市	20	39.78	百色市	46	21.57
酒泉市	21	38.97	黑河市	47	19.74
梅州市	22	38.90	河池市	48	19.71
许昌市	23	38.71	中卫市	49	18.56
丽水市	24	36.09	南平市	50	16.30
双鸭山市	25	35.83	六盘水市	51	13.16
铁岭市	26	34.59			

　　从城市得分均值对比情况看,人口规模 50 万以下城市的低碳指数表现要优于城市总体的表现,即小型城市低碳指数的表现要好于大型城市。评价得分统计分析结果显示:2005 — 2011 年间,除 2005 年和 2008 年 285 个城市的低碳指数得分均值高于该类城市外,其他年度该类城市低碳指数评价得分均值高于城市总体得分均值,尤其 2009 — 2011 年得分均值明显要高于城市总体。

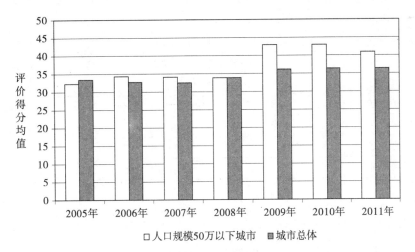

图 38-4　2005 — 2011 年城市低碳指数评价得分均值对比

二、环　保　指　数

（一）环境污染指数

2011 年,酒泉市、庆阳市和黑河市分别凭借着 54.70 分、43.86 分和 42.47 分的环境污染指数评价得分,位居该类型城市前三名,三者得分远高于 2005 年城市得分均值(11.11 分)。嘉峪关市、许昌市和石嘴山市的环境污染指数评价得分要低很多,三市指数得分均未超过 3 分,指数在该类城市中排名最后三名。

表 38-5　2011 年人口规模 50 万以下城市的环境污染指数评价情况

城　市	排　序	评价得分	城　市	排　　序	评价得分
酒泉市	1	54.70	达州市	27	7.33
庆阳市	2	43.86	黄冈市	28	6.89
黑河市	3	42.47	云浮市	29	6.87
定西市	4	40.87	双鸭山市	30	6.69
固原市	5	34.97	上饶市	31	6.60
呼伦贝尔市	6	32.43	吴忠市	32	6.58
思茅市	7	29.00	辽源市	33	6.54
丽江市	8	26.39	怀化市	34	6.40
延安市	9	21.79	铁岭市	35	6.38
临沧市	10	18.25	克拉玛依市	36	6.17
黄山市	11	18.00	龙岩市	37	5.50
鄂尔多斯市	12	16.07	通化市	38	5.38
崇左市	13	15.36	六盘水市	39	4.99
玉溪市	14	14.21	三门峡市	40	4.89
乌兰察布市	15	13.20	鹰潭市	41	4.76
雅安市	16	12.73	丽水市	42	4.73
百色市	17	12.38	金昌市	43	4.25
宁德市	18	12.26	三明市	44	4.23

续表

城　市	排　序	评价得分	城　市	排　序	评价得分
南平市	19	11.46	景德镇市	45	3.73
河池市	20	10.28	铜陵市	46	3.41
中卫市	21	10.20	潮州市	47	3.26
河源市	22	9.15	晋城市	48	3.19
娄底市	23	8.64	石嘴山市	49	2.94
吕梁市	24	8.07	许昌市	50	2.93
梅州市	25	7.93	嘉峪关市	51	2.76
衡水市	26	7.85			

从指数评价得分统计分析结果看,该类型城市的环境污染指数评价得分远高于样本城市。2005—2011年,人口规模50万以下城市的环境污染指数得分均值全部高于城市总体,尤其2005年高出全部城市近9分(但以后两者得分均值的差异有缩小趋势)。尽管该类城市环境污染指数较高,但近期却有总体减小的特点。2005年,城市环境污染指数评价得分均值为19.99分,但到2011年分值则降低到了12.94分,减小了7分之多。

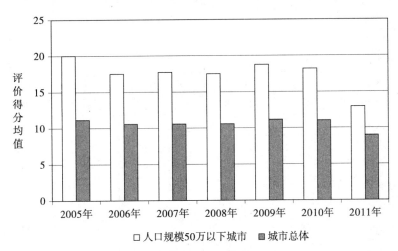

图38-5　2005—2011年城市环境污染指数评价得分均值对比

（二）环境管理指数

城市保护治理是各级政府工作的主要内容,不管经济社会活动环境污染物排放强度有多大,环境质量处于一个什么水平,城市管理部门都需要投入一定资金用于环境保护和环境治理。不仅如此,环保投资在一定条件下具有明显规模经济特点。因此,环境管理指数评价得分在城市之间的差异并不会太大。2011 年,鹰潭市、铜陵市和娄底市的环境管理指数评价得分 21.20 分、20.56 分和 19.08 分,位居该类型城市前三,而定西市、庆阳市和南平市的环境管理指数评价得分相对较低,评价得分均未超过 10 分,在该类城市中排名最后三名,鹰潭市的指数评价得分是定西市的 3.39 倍,由此可见城市间的环境管理指数评价得分差异并不大。

表 38-6　2011 年人口规模 50 万以下城市的环境管理指数评价情况

城　市	排　序	评价得分	城　市	排　序	评价得分
鹰潭市	1	21.20	中卫市	27	13.80
铜陵市	2	20.56	雅安市	28	13.55
娄底市	3	19.08	黄冈市	29	13.53
金昌市	4	18.90	通化市	30	13.47
许昌市	5	18.77	怀化市	31	13.30
河池市	6	18.44	延安市	32	13.24
乌兰察布市	7	18.41	双鸭山市	33	12.53
河源市	8	18.08	克拉玛依市	34	12.42
宁德市	9	17.94	临沧市	35	12.23
鄂尔多斯市	10	17.88	固原市	36	11.96
梅州市	11	17.67	达州市	37	11.89
铁岭市	12	17.41	崇左市	38	11.47
玉溪市	13	17.38	丽水市	39	11.43
上饶市	14	16.67	黄山市	40	11.13
辽源市	15	16.48	呼伦贝尔市	41	11.09
六盘水市	16	16.47	丽江市	42	10.71
晋城市	17	16.46	云浮市	43	10.62

续表

城　市	排　序	评价得分	城　市	排　序	评价得分
嘉峪关市	18	16.32	思茅市	44	10.62
石嘴山市	19	16.28	潮州市	45	10.51
龙岩市	20	16.09	景德镇市	46	10.32
吴忠市	21	16.00	酒泉市	47	10.11
衡水市	22	15.89	黑河市	48	10.09
三门峡市	23	15.45	南平市	49	9.63
百色市	24	14.80	庆阳市	50	9.26
吕梁市	25	14.65	定西市	51	6.26
三明市	26	14.37			

　　虽然治理环境是城市工作的主要内容,但鉴于城市经济实力和环境污染程度的不同,城市用于环境质量的投资强度也会不同。评价得分统计结果显示,2005—2011 年,人口规模 50 万以下城市的环境管理指数得分均值明显低于 285 个城市,这说明小型城市环境管理指数的表现不及城市总体,原因就是这些城市经济社会活动环境污染物排放强度相对要小,且城市经济实力相对有限。

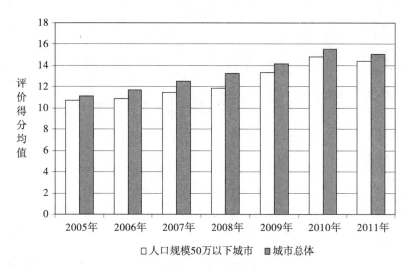

图 38-6　2005—2011 年城市环境管理指数评价得分均值对比

(三)环境质量指数

城市环境质量指数总体相对稳定,且城市间的指数差异很小。2011 年,52 个城市中有 12 个城市的指数评价得分为 11.95 分,有 41 个城市的指数得分在 11—12 分之间,高于 10 分以上的城市多达 49 个,因此可以判断城市间的指数差异相对较小。

表 38-7　2011 年人口规模 50 万以下城市的环境质量指数评价情况

城　市	排　序	评价得分	城　市	排　序	评价得分
六盘水市	1	11.95	呼伦贝尔市	27	11.59
娄底市	2	11.95	庆阳市	28	11.52
定西市	3	11.95	辽源市	29	11.52
景德镇市	4	11.95	铁岭市	30	11.43
黄山市	5	11.95	乌兰察布市	31	11.43
上饶市	6	11.95	通化市	32	11.33
潮州市	7	11.95	丽江市	33	11.29
雅安市	8	11.95	鄂尔多斯市	34	11.26
梅州市	9	11.95	金昌市	35	11.26
临沧市	10	11.95	衡水市	36	11.16
河源市	11	11.95	黄冈市	37	11.16
鹰潭市	12	11.95	丽水市	38	11.13
云浮市	13	11.92	百色市	39	11.02
南平市	14	11.88	固原市	40	11.00
铜陵市	15	11.88	酒泉市	41	11.00
崇左市	16	11.88	三明市	42	10.93
思茅市	17	11.88	双鸭山市	43	10.80
达州市	18	11.85	吴忠市	44	10.64
克拉玛依市	19	11.85	三门峡市	45	10.57
怀化市	20	11.82	石嘴山市	46	10.54
黑河市	21	11.82	许昌市	47	10.44
玉溪市	22	11.79	延安市	48	10.34

城　市	排　序	评价得分	城　市	排　序	评价得分
龙岩市	23	11.75	中卫市	49	10.34
吕梁市	24	11.72	嘉峪关市	50	9.89
宁德市	25	11.62	河池市	51	3.27
晋城市	26	11.59			

小型城市经济社会活动环境污染物排放强度并不大,且相对较小的占地面积也有利于空气污染物等污染物的疏散,故它们的环境质量水平总体相对要好。图 38-7 显示,人口规模 50 万以下城市的环境质量指数评价得分明显低于城市总体,但它们之间的差异并不大,差异只有 0.17 分。

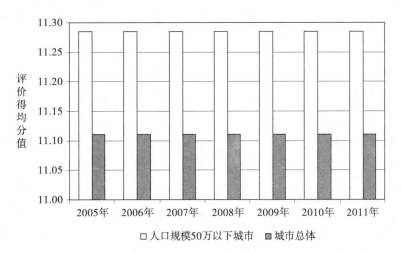

图 38-7　2005—2011 年城市环境质量指数评价得分均值对比

(四)环保指数

环保指数在该类城市间的差异也不大。2011 年,酒泉市、庆阳市和黑河市的环保指数评价得分 75.81 分、64.64 分和 64.37 分,位居该类型城市前三,而潮州市、景德镇市和丽水市的环保指数评价得分只有 25.71 分、26 分和27.29 分,位居城市后三名,其中酒泉市的环保指数得分是潮州市的近 3 倍。

表 38-8　2011 年人口规模 50 万以下城市的环保指数评价情况

城　市	排　序	评价得分	城　市	排　序	评价得分
酒泉市	1	75.81	辽源市	27	34.54
庆阳市	2	64.64	吕梁市	28	34.43
黑河市	3	64.37	金昌市	29	34.41
定西市	4	59.08	中卫市	30	34.34
固原市	5	57.93	六盘水市	31	33.41
呼伦贝尔市	6	55.11	龙岩市	32	33.34
思茅市	7	51.51	吴忠市	33	33.22
丽江市	8	48.40	南平市	34	32.97
延安市	9	45.37	许昌市	35	32.14
鄂尔多斯市	10	45.21	河池市	36	32.00
玉溪市	11	43.37	黄冈市	37	31.58
乌兰察布市	12	43.04	怀化市	38	31.52
临沧市	13	42.42	晋城市	39	31.24
宁德市	14	41.82	达州市	40	31.07
黄山市	15	41.08	三门峡市	41	30.92
娄底市	16	39.67	克拉玛依市	42	30.44
河源市	17	39.18	通化市	43	30.17
崇左市	18	38.71	双鸭山市	44	30.03
雅安市	19	38.23	石嘴山市	45	29.76
百色市	20	38.21	三明市	46	29.54
鹰潭市	21	37.91	云浮市	47	29.41
梅州市	22	37.54	嘉峪关市	48	28.97
铜陵市	23	35.85	丽水市	49	27.29
上饶市	24	35.22	景德镇市	50	26.00
铁岭市	25	35.21	潮州市	51	25.71
衡水市	26	34.90			

由于人口规模50万以下城市的环境污染指数和环境质量指数表现均高于样本城市总体,在其带动下该类城市环保指数的表现也高于样本城市总体。评价得分统计分析结果显示:2005—2011年,该类型城市环保指数评价得分均值均高于城市总体,不过两者得分均值差异有缩小趋势,得分均值差由2005年的8.68分下降到2011年的3.5分。

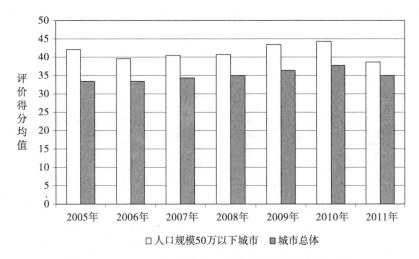

图38-8 2005—2011年城市环保指数评价得分均值对比

三、发 展 指 数

人口规模50万以下城市遍布全国各地,即有西部地区的克拉玛依、嘉峪关等城市,也有东部地区的三明、龙岩等城市,故城市间的发展差异明显存在,且这种差异相对较大。2011年,建立在能源开发基础之上的克拉玛依市和鄂尔多斯市发展指数评价得分最高,得分均超过100分,尤其克拉玛依市的得分高达185.82分,两城市位居全国前两位;四川的雅安市、云南的思茅市和海南的崇左市的发展指数的评价得分相对要低,指数得分均在40分以下,三地自然环境并不好,经济社会活动难度大,且发展起步较晚,三城市发展指数评价得分低也就不难理解了。

表 38-9　2011 年人口规模 50 万以下城市的发展指数评价情况

城　市	排　序	评价得分	城　市	排　序	评价得分
克拉玛依市	1	185.82	双鸭山市	27	58.92
鄂尔多斯市	2	173.00	吕梁市	28	57.62
三明市	3	98.91	金昌市	29	56.54
丽水市	4	90.19	宁德市	30	55.83
龙岩市	5	89.80	黄山市	31	55.49
嘉峪关市	6	87.14	娄底市	32	53.39
晋城市	7	84.24	南平市	33	52.32
三门峡市	8	84.07	延安市	34	52.07
河源市	9	82.78	吴忠市	35	49.55
许昌市	10	80.96	中卫市	36	48.06
景德镇市	11	80.23	六盘水市	37	43.09
铁岭市	12	79.89	潮州市	38	42.83
梅州市	13	77.57	酒泉市	39	42.66
铜陵市	14	76.90	怀化市	40	42.53
庆阳市	15	75.54	乌兰察布市	41	42.07
石嘴山市	16	74.24	固原市	42	41.45
玉溪市	17	71.59	上饶市	43	41.16
呼伦贝尔市	18	65.80	河池市	44	40.10
丽江市	19	65.59	达州市	45	39.42
鹰潭市	20	64.45	临沧市	46	38.19
百色市	21	64.11	黄冈市	47	37.34
衡水市	22	63.08	定西市	48	36.46
黑河市	23	62.04	崇左市	49	36.25
通化市	24	61.47	思茅市	50	32.06
辽源市	25	60.37	雅安市	51	31.92
云浮市	26	59.61			

与上述低碳指数和环保指数不同,人口规模 50 万以下城市的发展指数评价得分要低很多。2005—2011 年,虽然该类型城市发展指数评价得分均值持续保持增加趋势,但指数评价得分与城市总体仍存在一定差异,评价得分低于城市总体,且得分差一直维持在 3 分左右徘徊。故可以判断:城市规模较小的城市,其发展指数总体表现要差。

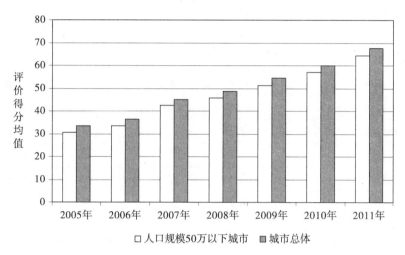

图 38-9　2005—2011 年城市发展指数评价得分均值对比

四、低碳环保发展综合指数

2011 年,鄂尔多斯市、克拉玛依市依靠较高的发展指数得分,低碳环保发展综合指数评价得分也很高,得分分别为 340.1 分和 268.38 分,位居该类城市前两名;黄山市和庆阳市的综合指数评价得分也都超过了 200 分,分别处在第三、第四,其中黄山市综合指数评价得分较高主要得益于低碳指数的带动,而庆阳市综合指数得分主要来自环保指数的推动。相反,六盘水市、河池市、潮州市和达州市的综合指数评价得分均为过 100 分,在该类型城市中排名最后四名,六盘水市综合指数得分低是因为其低碳指数得分低的缘故,潮州市较低的综合指数得分是由于环保指数拖动的结果,河池市和达州市则是表现平平的三个指数共同作用的结果。

表 38-10　2011 年人口规模 50 万以下城市的低碳环保发展综合指数评价情况

城　市	排　序	评价得分	城　市	排　序	评价得分
鄂尔多斯市	1	340.10	思茅市	27	132.16
克拉玛依市	2	268.38	宁德市	28	129.50
黄山市	3	228.74	雅安市	29	129.48
庆阳市	4	207.65	临沧市	30	129.04
金昌市	5	176.45	娄底市	31	126.42
石嘴山市	6	173.32	辽源市	32	125.07
定西市	7	172.05	延安市	33	124.85
铜陵市	8	166.53	双鸭山市	34	124.77
嘉峪关市	9	161.15	百色市	35	123.89
丽江市	10	160.75	崇左市	36	121.57
景德镇市	11	158.59	衡水市	37	121.54
玉溪市	12	158.43	黄冈市	38	119.75
酒泉市	13	157.44	上饶市	39	118.73
三明市	14	154.49	吕梁市	40	116.04
龙岩市	15	154.30	通化市	41	115.70
梅州市	16	154.01	云浮市	42	115.00
丽水市	17	153.56	吴忠市	43	111.99
呼伦贝尔市	18	152.38	乌兰察布市	44	109.87
许昌市	19	151.82	怀化市	45	107.01
铁岭市	20	149.69	南平市	46	101.59
河源市	21	149.15	中卫市	47	100.96
黑河市	22	146.15	达州市	48	99.60
鹰潭市	23	142.14	潮州市	49	96.25
晋城市	24	142.09	河池市	50	91.81
固原市	25	142.06	六盘水市	51	89.66
三门峡市	26	136.86			

由上述分析可知,人口规模 50 万以下城市的低碳指数和环保指数表现均高于城市总体,而发展指数则低于城市总体,其中低碳指数和环保指数形成的力量要大于发展指数的力量,所以在三者的共同作用下,该类型城市综合指数的表现也高于城市总体。如图 38-10 所示,2005 — 2011 年,该类型城市综合指数评价得分均值一直领先城市总体,尤其 2009 年和 2010 年得分均值超过城市总体得分有 10 分之多。

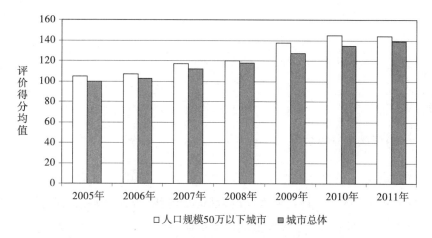

图 38-10　2005 — 2011 年城市低碳环保发展综合指数评价得分均值对比

第三十九章 人口 50 万—100 万城市低碳环保发展指数评价

一、低碳指数

(一)低碳生产指数

本书所选取的样本城市中,人口规模在 50 万—100 万之间的城市数量较多,城市共计 108 个。该类城市间的低碳生产指数得分差异也很明显。2011年,陇南市、随州市和咸宁市的低碳生产指数评价得分最高,得分均超过了 34分。由此可以判断:该类城市的低碳生产指数评价总体偏低(因为 2005 年285 个样本城市的评价得分均值为 33.33 分)。焦作市、乌海市和运城市的低碳生产指数评价得分最低,得分均低于 3 分,尤其焦作市的低碳生产指数得分还不足 2 分,陇南市的指数评价得分是焦作市的 30 多倍。

表 39-1 2011 年人口规模 50 万—100 万城市的低碳生产指数评价情况

城　市	排　序	评价得分	城　市	排　序	评价得分
陇南市	1	48.87	吉安市	55	9.40
随州市	2	35.34	平凉市	56	9.33
咸宁市	3	34.49	白山市	57	9.19
咸阳市	4	31.14	梧州市	58	9.14
商洛市	5	29.38	清远市	59	9.05
保山市	6	29.34	朔州市	60	9.04

续表

城 市	排 序	评价得分	城 市	排 序	评价得分
十堰市	7	29.02	衡阳市	61	9.01
北海市	8	27.93	锦州市	62	8.75
孝感市	9	26.66	遵义市	63	8.64
张家界市	10	25.40	衢州市	64	8.38
渭南市	11	24.95	萍乡市	65	8.21
桂林市	12	24.48	丹东市	66	8.02
防城港市	13	22.36	沧州市	67	7.85
九江市	14	21.90	牡丹江市	68	7.60
舟山市	15	21.02	湘潭市	69	7.55
昭通市	16	20.56	马鞍山市	70	7.54
邵阳市	17	18.93	德州市	71	7.49
汕尾市	18	17.81	新余市	72	7.38
松原市	19	17.50	鹤壁市	73	7.25
荆门市	20	17.28	银川市	74	7.04
榆林市	21	16.33	朝阳市	75	6.93
三亚市	22	16.24	濮阳市	76	6.88
漳州市	23	16.20	忻州市	77	6.79
泰州市	24	16.19	安庆市	78	6.69
白城市	25	15.57	驻马店市	79	6.39
德阳市	26	15.16	营口市	80	6.30
汉中市	27	14.86	晋中市	81	6.22
金华市	28	14.55	廊坊市	82	6.10
佳木斯市	29	14.54	曲靖市	83	6.07
肇庆市	30	14.54	张掖市	84	6.03
株洲市	31	14.46	攀枝花市	85	5.91
宣城市	32	14.12	滨州市	86	5.79
广元市	33	14.04	鹤岗市	87	5.78
赣州市	34	13.94	阜新市	88	5.72
郴州市	35	13.84	伊春市	89	5.53
黄石市	36	13.73	临汾市	90	5.45
阳江市	37	13.60	本溪市	91	5.02

续表

城　市	排　序	评价得分	城　市	排　序	评价得分
滁州市	38	13.35	开封市	92	4.80
连云港市	39	12.98	长治市	93	4.69
眉山市	40	12.44	安顺市	94	4.62
东营市	41	12.25	葫芦岛市	95	4.59
蚌埠市	42	12.21	鸡西市	96	4.53
绍兴市	43	12.21	张家口市	97	4.51
七台河市	44	11.36	四平市	98	4.51
巴彦淖尔市	45	10.46	通辽市	99	4.39
盘锦市	46	10.40	承德市	100	4.37
周口市	47	10.19	辽阳市	101	3.96
池州市	48	10.15	邢台市	102	3.90
秦皇岛市	49	10.03	铜川市	103	3.86
威海市	50	9.79	白银市	104	3.61
嘉兴市	51	9.58	阳泉市	105	2.96
揭阳市	52	9.52	运城市	106	2.92
韶关市	53	9.45	乌海市	107	2.27
绥化市	54	9.44	焦作市	108	1.61

城市低碳生产指数评价得分均值也显示出该类城市指数得分较低的特点。图39-1显示,2005—2011年,人口规模50万—100万城市的低碳生产指数得分均值明显要低于285个样本城市的得分均值,尤其2011年得分差异最大,得分差达2.11分。时间变化角度看,两者之间的得分差并非一开始就很大,而是得分差经历了由大变小、然后由小变大的过程。2005—2008年,得分差逐年减小,但2008年后得分差又开始有所增加。

(二)低碳消费指数

该类城市间的低碳消费指数差异相对较小。2011年,陇南市、保山市和渭南市的低碳消费指数评价得分分别为27.77分、21.54分和19.12分,位居城市前三,而马鞍山市、沧州市和威海市的指数评价得分最低,位居城市最后

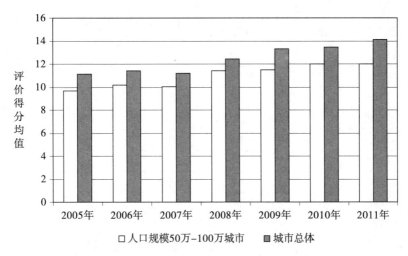

图 39-1　2005—2011 年城市低碳生产指数评价得分均值对比

三名,得分均未超过 2.5 分,陇南市得分是马鞍山市得分的 13 倍多。从低碳消费指数的得分和排序上还可以看出,中西部地区城市的低碳消费指数评价得分总体要高于东部地区,排名前 20 的城市多数在我国中西部地区,而排名后 20 的城市多数在我国东部地区。

表 39-2　2011 年人口规模 50 万—100 万城市的低碳消费指数评价情况

城　　市	排　　序	评价得分	城　　市	排　　序	评价得分
陇南市	1	27.77	赣州市	55	4.49
保山市	2	21.54	韶关市	56	4.48
渭南市	3	19.12	七台河市	57	4.47
商洛市	4	18.63	松原市	58	4.32
咸宁市	5	15.33	泰州市	59	4.29
汕尾市	6	14.50	四平市	60	4.27
广元市	7	13.79	阜新市	61	4.23
孝感市	8	12.76	舟山市	62	4.16
昭通市	9	12.63	桂林市	63	4.01
绥化市	10	12.14	开封市	64	3.98
运城市	11	11.22	安庆市	65	3.95

城　市	排　序	评价得分	城　市	排　序	评价得分
张掖市	12	10.99	东营市	66	3.93
平凉市	13	10.78	蚌埠市	67	3.90
宣城市	14	10.57	连云港市	68	3.86
张家界市	15	10.20	曲靖市	69	3.86
随州市	16	9.73	清远市	70	3.85
忻州市	17	9.44	丹东市	71	3.85
巴彦淖尔市	18	9.43	牡丹江市	72	3.81
朔州市	19	9.34	漳州市	73	3.60
防城港市	20	8.68	三亚市	74	3.59
阳江市	21	8.59	锦州市	75	3.58
周口市	22	8.32	乌海市	76	3.57
眉山市	23	8.05	九江市	77	3.57
邵阳市	24	7.92	滨州市	78	3.48
白城市	25	7.76	德州市	79	3.46
揭阳市	26	7.67	张家口市	80	3.41
北海市	27	7.62	十堰市	81	3.35
池州市	28	7.60	郴州市	82	3.29
驻马店市	29	7.31	阳泉市	83	3.29
汉中市	30	7.17	长治市	84	3.27
吉安市	31	6.86	黄石市	85	3.24
伊春市	32	6.83	焦作市	86	3.20
鹤壁市	33	6.34	辽阳市	87	3.18
咸阳市	34	6.22	白银市	88	3.17
铜川市	35	6.15	肇庆市	89	3.16
滁州市	36	5.95	鹤岗市	90	3.08
白山市	37	5.80	衡阳市	91	3.01
通辽市	38	5.76	盘锦市	92	3.01
葫芦岛市	39	5.57	承德市	93	2.94
晋中市	40	5.18	银川市	94	2.92
安顺市	41	5.09	遵义市	95	2.85
佳木斯市	42	4.93	秦皇岛市	96	2.83

续表

城　　市	排　　序	评价得分	城　　市	排　　序	评价得分
荆门市	43	4.92	攀枝花市	97	2.78
临汾市	44	4.83	嘉兴市	98	2.77
朝阳市	45	4.83	邢台市	99	2.70
新余市	46	4.78	梧州市	100	2.64
廊坊市	47	4.76	株洲市	101	2.63
榆林市	48	4.73	绍兴市	102	2.55
金华市	49	4.67	本溪市	103	2.53
衢州市	50	4.66	营口市	104	2.53
萍乡市	51	4.61	湘潭市	105	2.49
鸡西市	52	4.58	威海市	106	2.47
濮阳市	53	4.57	沧州市	107	2.43
德阳市	54	4.50	马鞍山市	108	2.13

　　人口规模在 50 万—100 万的城市在理论上是大型城市,但在我国城市中规模并不大,城市经济社会发展水平也较为一般,居民消费水平相对于一些大型城市也不高,所以其低碳消费指数相对于大型城市也有一定差异。2005—2011 年,人口规模 50 万—100 万城市的低碳消费指数评价得分均值,除 2009 年和 2011 年低于全部样本城市均值外,其他年度指数评价得分均值均高于总体城市均值,尤其 2007 年两类城市得分均值差达 0.25 分。

(三)低碳资源指数

　　在各类指数中,城市低碳资源指数评价得分差异最大。2011 年,十堰市、随州市和连云港市的低碳资源指数评价得分最高,位居该类城市前三,尤其十堰市的低碳资源指数评价得分高达 90.11 分,而保山市、昭通市和安顺市的低碳资源指数评价得分低很多,指数得分均不足 3 分,位居该类城市最后三名,十堰市的指数得分是保山市的 125 倍之多。

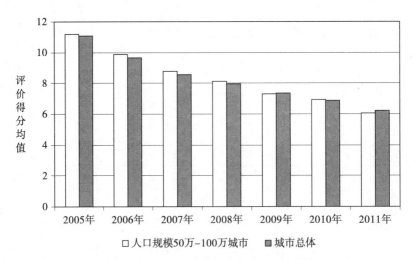

图 39-2　2005—2011 年城市低碳消费指数评价得分均值对比

表 39-3　2011 年人口规模 50 万—100 万城市的低碳资源指数评价情况

城　市	排　序	评价得分	城　市	排　序	评价得分
十堰市	1	90.11	张家口市	55	12.31
随州市	2	84.05	曲靖市	56	11.96
连云港市	3	75.79	榆林市	57	11.88
肇庆市	4	56.74	德阳市	58	11.88
威海市	5	35.20	咸阳市	59	11.80
马鞍山市	6	31.40	攀枝花市	60	11.78
九江市	7	29.30	清远市	61	11.74
东营市	8	26.78	泰州市	62	11.50
承德市	9	24.95	葫芦岛市	63	11.36
伊春市	10	24.61	通辽市	64	11.35
滁州市	11	23.43	金华市	65	11.13
绍兴市	12	23.40	锦州市	66	10.92
咸宁市	13	22.28	阳泉市	67	10.79
牡丹江市	14	22.08	松原市	68	10.66
秦皇岛市	15	21.94	四平市	69	10.58

城　市	排　序	评价得分	城　市	排　序	评价得分
银川市	16	21.49	阳江市	70	10.46
廊坊市	17	20.43	舟山市	71	10.41
邢台市	18	20.29	丹东市	72	10.32
株洲市	19	20.25	衢州市	73	10.30
本溪市	20	20.05	白银市	74	10.24
赣州市	21	19.78	荆门市	75	10.03
辽阳市	22	19.74	晋中市	76	9.97
嘉兴市	23	19.68	遵义市	77	9.46
滨州市	24	18.98	朔州市	78	9.29
佳木斯市	25	17.77	三亚市	79	9.26
营口市	26	16.77	濮阳市	80	8.79
德州市	27	16.59	邵阳市	81	8.77
衡阳市	28	16.25	萍乡市	82	8.72
湘潭市	29	16.14	白城市	83	8.45
七台河市	30	15.80	平凉市	84	8.07
揭阳市	31	15.41	巴彦淖尔市	85	7.98
新余市	32	15.28	驻马店市	86	7.97
阜新市	33	15.22	池州市	87	7.69
焦作市	34	15.14	铜川市	88	7.63
乌海市	35	15.11	张家界市	89	7.47
安庆市	36	14.88	汉中市	90	7.19
梧州市	37	14.88	张掖市	91	7.15
蚌埠市	38	14.60	运城市	92	6.92
韶关市	39	14.59	陇南市	93	6.79
漳州市	40	14.51	防城港市	94	6.68
鹤岗市	41	14.37	广元市	95	6.59
鸡西市	42	13.92	临汾市	96	6.54
黄石市	43	13.66	白山市	97	6.52
吉安市	44	13.60	渭南市	98	6.42

续表

城 市	排 序	评价得分	城 市	排 序	评价得分
宣城市	45	13.50	朝阳市	99	6.22
沧州市	46	13.27	孝感市	100	5.63
周口市	47	13.24	眉山市	101	5.59
北海市	48	13.09	汕尾市	102	4.58
开封市	49	13.07	忻州市	103	3.78
鹤壁市	50	12.98	绥化市	104	3.42
盘锦市	51	12.86	商洛市	105	3.20
郴州市	52	12.85	安顺市	106	2.69
桂林市	53	12.73	昭通市	107	2.29
长治市	54	12.60	保山市	108	0.72

从时间变化角度看,近期该类型城市的低碳资源指数总体处于不断增长中。2005 年,城市低碳资源指数评价得分均值 11.49 分,到 2011 年指数得分均值就增加到了 15.36 分,得分均值增加了 3.87 分,年均增速接近 5%。虽然指数得分近期增速较快,但与全部样本城市得分均值相比,增速仍略显较慢。2005—2011 年,全部样本城市得分均值增加了近 5 分,年均增幅为 6.38%。正是由于两者得分增速不同,样本城市总体得分均值由开始领先人口规模 50 万—100 万城市得分均值,演化为得分均值落后于人口规模 50 万—100 万城市,且两者差异还有不断扩大的趋势。

(四)低碳指数

从指数评价得分大小情况看,城市低碳指数受低碳资源指数影响较大。2011 年,低碳资源指数评价得分较高的随州市、十堰市和连云港市,其低碳指数评价得分也很高,指数得分均超过了 90 分,位居该类城市前三。而安顺市、临汾市和白银市的低碳指数评价得分相对较低,得分分别为 12.41 分、16.82 分和 17.03 分,位居该类城市最后三位。受低碳生产指数、低碳消费指数和低碳资源指数的叠加影响,城市间的低碳指数得分差异并不大,得分最高的随州市是得分最低安顺市的 10 倍多。

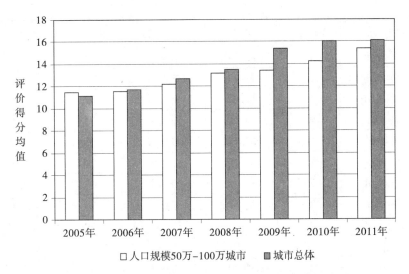

图 39-3　2005—2011 年城市低碳资源指数评价得分均值对比

表 39-4　2011 年人口规模 50 万—100 万城市的低碳指数评价情况

城　　市	排　序	评价得分	城　　市	排　　序	评价得分
随州市	1	129.13	三亚市	55	29.10
十堰市	2	122.48	韶关市	56	28.52
连云港市	3	92.63	衡阳市	57	28.27
陇南市	4	83.42	滨州市	58	28.26
肇庆市	5	74.45	平凉市	59	28.18
咸宁市	6	72.10	巴彦淖尔市	60	27.87
九江市	7	54.76	朔州市	61	27.66
保山市	8	51.60	本溪市	62	27.60
商洛市	9	51.21	德州市	63	27.53
渭南市	10	50.49	新余市	64	27.44
咸阳市	11	49.15	邢台市	65	26.90
北海市	12	48.64	辽阳市	66	26.88
威海市	13	47.46	梧州市	67	26.65
孝感市	14	45.05	鹤壁市	68	26.57
张家界市	15	43.08	盘锦市	69	26.26
东营市	16	42.97	湘潭市	70	26.18

续表

城　市	排　序	评价得分	城　市	排　序	评价得分
滁州市	17	42.74	眉山市	71	26.07
桂林市	18	41.21	营口市	72	25.60
马鞍山市	19	41.07	安庆市	73	25.52
赣州市	20	38.20	池州市	74	25.43
宣城市	21	38.18	阜新市	75	25.18
绍兴市	22	38.15	绥化市	76	25.00
防城港市	23	37.72	清远市	77	24.64
株洲市	24	37.34	张掖市	78	24.17
佳木斯市	25	37.24	沧州市	79	23.55
伊春市	26	36.97	衢州市	80	23.33
汕尾市	27	36.90	锦州市	81	23.25
邵阳市	28	35.62	鹤岗市	82	23.23
舟山市	29	35.58	鸡西市	83	23.03
昭通市	30	35.48	丹东市	84	22.19
秦皇岛市	31	34.80	曲靖市	85	21.89
广元市	32	34.42	开封市	86	21.85
漳州市	33	34.31	驻马店市	87	21.67
牡丹江市	34	33.48	萍乡市	88	21.55
榆林市	35	32.95	葫芦岛市	89	21.52
阳江市	36	32.65	白山市	90	21.51
揭阳市	37	32.60	通辽市	91	21.50
松原市	38	32.48	晋中市	92	21.37
承德市	39	32.26	运城市	93	21.06
荆门市	40	32.23	乌海市	94	20.95
嘉兴市	41	32.03	遵义市	95	20.94
泰州市	42	31.97	长治市	96	20.55
白城市	43	31.78	攀枝花市	97	20.47
周口市	44	31.75	濮阳市	98	20.24
七台河市	45	31.63	张家口市	99	20.23
德阳市	46	31.54	忻州市	100	20.01
银川市	47	31.46	焦作市	101	19.95

续表

城　市	排　序	评价得分	城　市	排　序	评价得分
廊坊市	48	31.29	四平市	102	19.36
蚌埠市	49	30.72	朝阳市	103	17.97
黄石市	50	30.63	铜川市	104	17.64
金华市	51	30.35	阳泉市	105	17.04
郴州市	52	29.99	白银市	106	17.03
吉安市	53	29.86	临汾市	107	16.82
汉中市	54	29.23	安顺市	108	12.41

　　该类城市低碳指数评价得分的变化相对要复杂。2005—2007年,城市低碳指数评价得分均值总体处于下降趋势中,得分均值由2005年的32.39分下滑至2007年的31.09分;2009—2011年,指数得分均值增长趋势明显,得分均值由32.23分增加至33.45分。如果与样本城市总体相比,该类型城市的低碳指数评价得分要低于城市总体的表现。图39-4显示,样本城市得分均值明显要高于人口规模50万—100万城市的得分均值,尤其2009年两者之间的得分均值差达到3.8分。

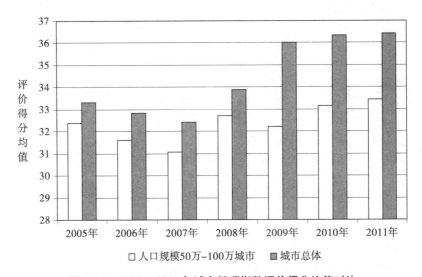

图39-4　2005—2011年城市低碳指数评价得分均值对比

二、环保指数

（一）环境污染指数

城市间的环境污染指数评价得分也存在较大差异，但相比其他指数差异并不是很大。2011 年，三亚市、陇南市和绥化市的环境污染指数评价得分最高，评价得分分别为 40.83 分、37.45 分和 26.89 分的，位居该类城市前三；黄石市、本溪市和乌海市的环境污染指数评价得分相对要低很多，评价得分只有 2.41 分、2.47 分和 2.63 分，在该类城市中排名最后三名。此外，该类型城市的环境污染指数空间分布较分散，很难从中发现空间分布规律性，比如排名前十的城市，既有东部地区的城市，也有中西部地区的城市，排名后十名的城市也是如此。

表 39-5　2011 年人口规模 50 万—100 万城市的环境污染指数评价情况

城　市	排　序	评价得分	城　市	排　序	评价得分
三亚市	1	40.83	安庆市	55	6.41
陇南市	2	37.45	赣州市	56	6.38
绥化市	3	26.89	张家口市	57	6.21
伊春市	4	25.28	萍乡市	58	6.21
昭通市	5	24.18	清远市	59	6.19
张掖市	6	19.19	衢州市	60	6.17
商洛市	7	18.48	葫芦岛市	61	6.16
保山市	8	18.32	漳州市	62	6.01
梧州市	9	17.69	四平市	63	5.84
巴彦淖尔市	10	17.17	廊坊市	64	5.82
佳木斯市	11	16.59	德阳市	65	5.54
白城市	12	16.33	北海市	66	5.43
鹤岗市	13	15.02	丹东市	67	5.42
广元市	14	13.62	东营市	68	5.38
通辽市	15	13.17	肇庆市	69	5.14

城　市	排　序	评价得分	城　市	排　序	评价得分
张家界市	16	13.14	郴州市	70	5.13
牡丹江市	17	13.11	新余市	71	5.12
随州市	18	12.49	阳泉市	72	5.00
遵义市	19	12.03	荆门市	73	4.93
承德市	20	11.89	金华市	74	4.90
铜川市	21	11.86	连云港市	75	4.77
汉中市	22	11.72	盘锦市	76	4.66
白山市	23	11.33	濮阳市	77	4.62
安顺市	24	11.09	七台河市	78	4.54
宣城市	25	10.82	九江市	79	4.53
汕尾市	26	10.65	锦州市	80	4.49
池州市	27	10.41	泰州市	81	4.38
平凉市	28	10.39	舟山市	82	4.36
吉安市	29	9.93	沧州市	83	4.33
白银市	30	9.71	长治市	84	4.29
孝感市	31	9.62	鹤壁市	85	4.29
忻州市	32	8.83	蚌埠市	86	4.15
邵阳市	33	8.81	营口市	87	4.12
朔州市	34	8.77	滨州市	88	4.08
十堰市	35	8.74	衡阳市	89	3.95
榆林市	36	8.69	邢台市	90	3.95
松原市	37	8.44	株洲市	91	3.89
防城港市	38	8.30	阜新市	92	3.82
周口市	39	8.23	咸阳市	93	3.81
朝阳市	40	8.23	德州市	94	3.80
眉山市	41	8.14	威海市	95	3.76
揭阳市	42	8.13	攀枝花市	96	3.60
鸡西市	43	8.12	辽阳市	97	3.59
临汾市	44	7.87	开封市	98	3.48
驻马店市	45	7.67	嘉兴市	99	3.46
桂林市	46	7.61	湘潭市	100	3.19

续表

城　市	排　序	评价得分	城　市	排　序	评价得分
阳江市	47	7.56	焦作市	101	3.00
咸宁市	48	7.49	银川市	102	2.99
滁州市	49	7.47	马鞍山市	103	2.96
渭南市	50	7.42	绍兴市	104	2.88
晋中市	51	7.08	秦皇岛市	105	2.86
运城市	52	7.08	乌海市	106	2.63
韶关市	53	6.98	本溪市	107	2.47
曲靖市	54	6.58	黄石市	108	2.41

相比其他类型城市,该类型城市的环境污染指数的评价得分表现较好。由图 39-5 可以看出,2005 — 2011 年,人口规模 50 万—100 万城市的环境污染指数评价得分均值明显低于全部样本城市,但两者之间的得分差值并不大,均控制在了 1 分之内,即使 2005 年得分差最大也只有 0.99 分。与其他指数相比,2005 — 2011 年,该类型城市的环境污染指数评价得分均值总体呈下降趋势,年均下降幅度为 2.74%。

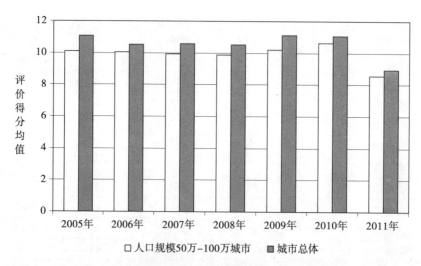

图 39-5　2005 — 2011 年城市环境污染指数评价得分均值对比

(二)环境管理指数

加强城市环境保护是每一个城市工作的核心内容,加大环境污染物的治理又是每一个城市环保工作的重点,因此城市间环境管理指数的得分差异不会太大。2011 年,秦皇岛市、东营市和三亚市的环境管理指数评价得分为20.30 分、19.82 分和 19.37 分,位居该类城市前三;保山市、连云港市和宜春市的环境管理指数评价得分也有 9.41 分、9.61 分和 10.06 分,指数得分在该类城市中最低。不难看出,指数得分最高的秦皇岛市是得分最低宜春市的 2倍多,相比其他指数得分差,城市间的环境管理指数评价得分差异并不大。

表 39-6　2011 年人口规模 50 万—100 万城市环境管理指数评价情况

城　市	排　序	评价得分	城　市	排　序	评价得分
秦皇岛市	1	20.30	揭阳市	55	14.55
东营市	2	19.82	滨州市	56	14.54
三亚市	3	19.37	朔州市	57	14.48
银川市	4	18.94	安庆市	58	14.41
漳州市	5	18.59	十堰市	59	14.14
沧州市	6	18.58	滁州市	60	13.97
黄石市	7	18.33	咸宁市	61	13.95
德州市	8	18.12	阜新市	62	13.91
德阳市	9	18.10	运城市	63	13.83
池州市	10	17.92	阳江市	64	13.82
遵义市	11	17.73	平凉市	65	13.64
汉中市	12	17.61	榆林市	66	13.52
张家口市	13	17.52	宣城市	67	13.42
葫芦岛市	14	17.43	梧州市	68	13.37
陇南市	15	17.37	株洲市	69	13.36
金华市	16	17.31	朝阳市	70	13.29
蚌埠市	17	17.16	邵阳市	71	13.29
阳泉市	18	16.98	北海市	72	13.09
郴州市	19	16.91	鹤岗市	73	12.99

续表

城　市	排　序	评价得分	城　市	排　　序	评价得分
开封市	20	16.89	四平市	74	12.91
鹤壁市	21	16.88	清远市	75	12.78
嘉兴市	22	16.76	威海市	76	12.67
白银市	23	16.64	佳木斯市	77	12.61
新余市	24	16.58	孝感市	78	12.49
桂林市	25	16.47	营口市	79	12.44
渭南市	26	16.45	巴彦淖尔市	80	12.34
濮阳市	27	16.40	张家界市	81	12.07
马鞍山市	28	16.34	萍乡市	82	12.04
汕尾市	29	16.25	肇庆市	83	11.92
长治市	30	16.17	眉山市	84	11.75
辽阳市	31	16.03	松原市	85	11.74
荆门市	32	16.01	忻州市	86	11.71
安顺市	33	16.00	乌海市	87	11.65
丹东市	34	15.96	铜川市	88	11.58
绍兴市	35	15.93	广元市	89	11.55
七台河市	36	15.88	白城市	90	11.46
承德市	37	15.84	通辽市	91	11.45
白山市	38	15.84	周口市	92	11.42
吉安市	39	15.80	牡丹江市	93	11.37
曲靖市	40	15.76	衡阳市	94	11.36
盘锦市	41	15.74	本溪市	95	11.34
临汾市	42	15.63	攀枝花市	96	11.33
邢台市	43	15.56	绥化市	97	11.23
驻马店市	44	15.54	张掖市	98	11.03
衢州市	45	15.52	赣州市	99	10.90
焦作市	46	15.48	商洛市	100	10.85
防城港市	47	15.37	随州市	101	10.78
九江市	48	15.34	晋中市	102	10.58
韶关市	49	15.29	泰州市	103	10.44
锦州市	50	15.24	鸡西市	104	10.27

续表

城　市	排　序	评价得分	城　市	排　序	评价得分
舟山市	51	15.16	昭通市	105	10.24
廊坊市	52	15.14	伊春市	106	10.08
咸阳市	53	14.71	连云港市	107	9.61
湘潭市	54	14.66	保山市	108	9.41

从动态变化角度看,近期该类城市环境管理指数评价得分增长趋势明显。2005 年,城市环境管理指数得分均值只有 10.62 分,后期得分均值持续提升,一直增加到 2011 年的 14.45 分,期间指数得分均值年均增速 5.26%。尽管近年该类城市指数得分均值一直在持续增加,但相比样本城市总体,指数得分仍有一定差异,并且差异还有扩大趋势,两者之间的得分差由 2005 年的 0.48 分扩大到 2011 年的 0.61 分。

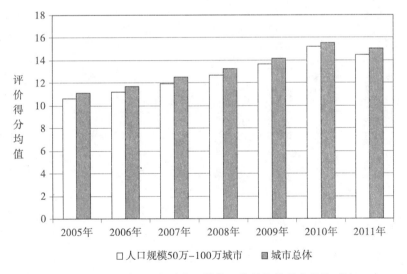

图 39-6　2005—2011 年城市环境管理指数评价得分均值对比

(三)环境质量指数

受环境质量统计制度和环境质量统计数据的影响,该类城市的环境治理指数城市间的差异更小。评价结果显示,2011 年环境质量指数评价得分为 11.95 分的城市就有 11 个,高于 11 分的城市有 73 个,占该类城市总体的近 7 成;清远市、湘潭市和白银市的指数评价得分最低,评价得分只有 3.27 分、6.55 分和 7.27 分,最高的评价得分是最低评价得分的 3.65 倍。不仅如此,该类城市的环境质量指数与其他类型城市相比差异也不大,如图 39-7 显示,该类城市环境质量指数评价得分均值与全部样本城市相比,得分差只有 0.02 分。

表 39-7 2011 年人口规模 50 万—100 万城市的环境质量指数评价情况

城 市	排 序	评价得分	城 市	排 序	评价得分
广元市	1	11.95	锦州市	55	11.39
郴州市	2	11.95	安庆市	56	11.39
揭阳市	3	11.95	威海市	57	11.39
池州市	4	11.95	阜新市	58	11.36
赣州市	5	11.95	廊坊市	59	11.33
咸宁市	6	11.95	十堰市	60	11.33
三亚市	7	11.95	张家界市	61	11.33
肇庆市	8	11.95	佳木斯市	62	11.29
防城港市	9	11.95	沧州市	63	11.29
汕尾市	10	11.95	汉中市	64	11.26
梧州市	11	11.95	牡丹江市	65	11.23
保山市	12	11.88	巴彦淖尔市	66	11.23
安顺市	13	11.88	张掖市	67	11.23
九江市	14	11.88	张家口市	68	11.13
北海市	15	11.88	邢台市	69	11.13
新余市	16	11.85	临汾市	70	11.10
漳州市	17	11.85	鹤岗市	71	11.09
吉安市	18	11.85	株洲市	72	11.06
韶关市	19	11.82	眉山市	73	11.06
宣城市	20	11.82	阳泉市	74	11.00
伊春市	21	11.82	马鞍山市	75	11.00

续表

城 市	排 序	评价得分	城 市	排 序	评价得分
萍乡市	22	11.79	昭通市	76	10.93
晋中市	23	11.79	通辽市	77	10.93
松原市	24	11.79	榆林市	78	10.93
滁州市	25	11.79	银川市	79	10.90
舟山市	26	11.75	连云港市	80	10.90
忻州市	27	11.75	驻马店市	81	10.90
孝感市	28	11.72	攀枝花市	82	10.90
营口市	29	11.72	金华市	83	10.87
葫芦岛市	30	11.69	泰州市	84	10.87
长治市	31	11.69	嘉兴市	85	10.84
运城市	32	11.65	德州市	86	10.84
德阳市	33	11.65	鹤壁市	87	10.77
盘锦市	34	11.65	陇南市	88	10.77
四平市	35	11.65	鸡西市	89	10.74
衡阳市	36	11.62	铜川市	90	10.74
衢州市	37	11.62	周口市	91	10.70
朝阳市	38	11.62	邵阳市	92	10.64
白城市	39	11.62	绥化市	93	10.61
秦皇岛市	40	11.59	开封市	94	10.57
白山市	41	11.59	绍兴市	95	10.57
东营市	42	11.56	濮阳市	96	10.48
桂林市	43	11.56	荆门市	97	10.44
辽阳市	44	11.56	咸阳市	98	10.41
平凉市	45	11.56	黄石市	99	10.41
蚌埠市	46	11.52	渭南市	100	10.28
丹东市	47	11.52	焦作市	101	10.28
曲靖市	48	11.49	七台河市	102	10.15
商洛市	49	11.49	乌海市	103	9.66
随州市	50	11.46	阳江市	104	9.49
本溪市	51	11.43	滨州市	105	8.32

续表

城 市	排 序	评价得分	城 市	排 序	评价得分
遵义市	52	11.43	白银市	106	7.27
朔州市	53	11.43	湘潭市	107	6.55
承德市	54	11.43	清远市	108	3.27

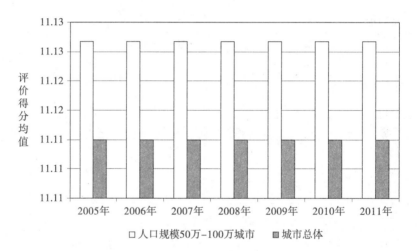

图 39-7　2005—2011 年城市环境质量指数评价得分均值对比

(四)环保指数

由于该类型城市的环境污染指数城市间差异较大,故其对环保指数的影响也较大,从环保指数中很容易找到环境污染指数的身影。如,2011 年三亚市、陇南市和绥化市的环保指数评价得分最高,得分分别为 72.15 分、65.59 分和 48.72 分,位居该类型城市前三,这与城市环境污染指数的排名是一致的。清远市、乌海市和湘潭市的环保指数评价得分最低,均为超过 25 分,位居后三名,其中清远市较低的环保指数得分主要是环境质量指数拖动的结果,乌海市环保指数评价得分较低主要是环境污染指数得分低造成的,湘潭市的环保指数得分与其环境污染指数和环境质量指数有关。环境污染指数、环境管理指数和环境质量指数的叠加影响减小了城市间环保指数评价得分的差异,如

2011 年环保指数最高得分仅是最低得分的 3.24 倍,相比其指数,指数得分城市间的差异相对较小。

表 39-8　2011 年人口规模 50 万—100 万城市的环保指数评价情况

城　市	排　序	评价得分	城　市	排　序	评价得分
三亚市	1	72.15	朝阳市	55	33.14
陇南市	2	65.59	金华市	56	33.07
绥化市	3	48.72	阳泉市	57	32.98
伊春市	4	47.18	丹东市	58	32.91
昭通市	5	45.36	蚌埠市	59	32.84
梧州市	6	43.01	银川市	60	32.83
张掖市	7	41.44	德州市	61	32.76
遵义市	8	41.18	邵阳市	62	32.74
商洛市	9	40.82	运城市	63	32.56
巴彦淖尔市	10	40.75	廊坊市	64	32.29
汉中市	11	40.59	忻州市	65	32.29
佳木斯市	12	40.49	安庆市	66	32.22
池州市	13	40.27	长治市	67	32.15
保山市	14	39.61	盘锦市	68	32.05
白城市	15	39.41	松原市	69	31.96
承德市	16	39.15	鹤壁市	70	31.94
鹤岗市	17	39.09	九江市	71	31.76
安顺市	18	38.98	濮阳市	72	31.50
汕尾市	19	38.85	荆门市	73	31.38
白山市	20	38.76	舟山市	74	31.28
吉安市	21	37.59	辽阳市	75	31.18
广元市	22	37.12	黄石市	76	31.15
东营市	23	36.76	锦州市	77	31.12
张家界市	24	36.53	嘉兴市	78	31.05
漳州市	25	36.45	眉山市	79	30.95
宣城市	26	36.05	开封市	80	30.94

续表

城　市	排　序	评价得分	城　　市	排　序	评价得分
牡丹江市	27	35.70	阳江市	81	30.87
桂林市	28	35.63	邢台市	82	30.64
防城港市	29	35.62	七台河市	83	30.57
平凉市	30	35.59	北海市	84	30.41
通辽市	31	35.55	四平市	85	30.40
德阳市	32	35.29	周口市	86	30.35
葫芦岛市	33	35.28	马鞍山市	87	30.31
张家口市	34	34.86	萍乡市	88	30.03
秦皇岛市	35	34.75	晋中市	89	29.45
随州市	36	34.72	绍兴市	90	29.38
朔州市	37	34.68	赣州市	91	29.23
揭阳市	38	34.63	鸡西市	92	29.13
临汾市	39	34.60	阜新市	93	29.10
沧州市	40	34.21	肇庆市	94	29.01
十堰市	41	34.21	咸阳市	95	28.93
铜川市	42	34.18	焦作市	96	28.76
渭南市	43	34.15	株洲市	97	28.32
驻马店市	44	34.11	营口市	98	28.27
韶关市	45	34.08	威海市	99	27.82
郴州市	46	33.99	衡阳市	100	26.93
曲靖市	47	33.84	滨州市	101	26.93
孝感市	48	33.83	攀枝花市	102	25.83
白银市	49	33.61	泰州市	103	25.68
新余市	50	33.56	连云港市	104	25.27
咸宁市	51	33.39	本溪市	105	25.24
衢州市	52	33.31	湘潭市	106	24.39
滁州市	53	33.22	乌海市	107	23.93
榆林市	54	33.14	清远市	108	22.24

　　该类城市的环保指数得分增长趋势也很明显。如图 39-8 所示,除 2011 年该类型城市环保指数评价得分均值较上年有所下降外,2005—2010 年指数评价得分一直保持连续增加态势,得分均值由起初的 31.86 分增至 36.96 分。尽管如此,该类城市的环保指数相对于全体样本城市仍有一定差距。如图 39-8 所示,2005—2011 年该类型城市环保指数评价得分均值形成的柱状图明显要低于全体样本城市形成的柱状图。

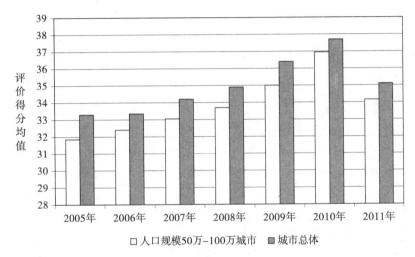

图 39-8　2005—2011 年城市环保指数评价得分均值对比

三、发展指数

　　东部地区城市的发展指数明显要优于中西部地区城市的表现。2011 年,东营市、朔州市和马鞍山市的发展指数评价得分最高,位居该类城市前三,评价得分高于 100 分的城市有 6 个,其中沿海城市就有 4 个,排名前 30 的城市多数位于我国东部地区。而绥化市、平凉市和陇南市的发展指数评价得分相对要低,评价得分均为超过 31 分,其中绥化市的评价得分只有 23.15 分,三城市距离海岸线都比较远,排名后 30 名的城市没有一个是沿海城市。

表 39-9　2011 年人口规模 50 万—100 万城市的发展指数评价情况

城　　市	排　序	评价得分	城　　市	排　　序	评价得分
东营市	1	150.54	桂林市	55	54.99
朔州市	2	115.54	德州市	56	54.50
马鞍山市	3	109.77	德阳市	57	54.00
绍兴市	4	108.37	荆门市	58	53.64
舟山市	5	104.95	四平市	59	53.58
沧州市	6	100.33	韶关市	60	53.48
乌海市	7	95.59	阜新市	61	53.21
攀枝花市	8	91.98	曲靖市	62	52.32
九江市	9	91.84	鹤岗市	63	52.16
盘锦市	10	91.53	丹东市	64	51.57
嘉兴市	11	90.29	汕尾市	65	49.98
泰州市	12	90.19	通辽市	66	49.76
三亚市	13	89.41	开封市	67	49.31
滨州市	14	85.86	牡丹江市	68	49.04
肇庆市	15	84.48	池州市	69	48.54
营口市	16	82.53	揭阳市	70	47.89
连云港市	17	75.47	葫芦岛市	71	46.75
十堰市	18	75.04	随州市	72	46.40
株洲市	19	74.64	驻马店市	73	45.72
承德市	20	74.17	广元市	74	44.51
新余市	21	74.14	巴彦淖尔市	75	44.48
本溪市	22	73.06	张家界市	76	43.88
郴州市	23	72.49	白城市	77	43.88
廊坊市	24	71.50	忻州市	78	43.41
秦皇岛市	25	71.48	鸡西市	79	43.24
梧州市	26	70.65	周口市	80	43.13
辽阳市	27	70.12	遵义市	81	42.06

城　市	排　序	评价得分	城　市	排　序	评价得分
清远市	28	69.65	宣城市	82	41.96
金华市	29	69.39	安顺市	83	41.89
榆林市	30	69.18	安庆市	84	41.80
阳泉市	31	69.02	张掖市	85	41.48
濮阳市	32	68.15	晋中市	86	40.99
威海市	33	67.82	张家口市	87	40.69
衢州市	34	67.34	佳木斯市	88	40.43
铜川市	35	67.13	伊春市	89	40.02
松原市	36	66.64	衡阳市	90	39.56
漳州市	37	65.91	商洛市	91	38.62
银川市	38	64.91	渭南市	92	38.15
焦作市	39	64.51	朝阳市	93	37.55
滁州市	40	63.81	赣州市	94	37.43
锦州市	41	63.37	保山市	95	37.34
湘潭市	42	62.14	咸宁市	96	37.17
白银市	43	61.83	吉安市	97	36.67
七台河市	44	61.77	邵阳市	98	36.27
防城港市	45	61.54	临汾市	99	35.65
邢台市	46	60.50	孝感市	100	35.36
北海市	47	60.49	运城市	101	34.28
鹤壁市	48	58.20	眉山市	102	33.81
白山市	49	58.05	汉中市	103	33.47
蚌埠市	50	58.03	阳江市	104	33.08
黄石市	51	57.45	昭通市	105	32.00
咸阳市	52	56.47	陇南市	106	30.91
萍乡市	53	56.12	平凉市	107	29.03
长治市	54	55.42	绥化市	108	23.15

不同上述其他指数,近期该类城市发展指数一直保持连续增长的态势。2005 年,该类城市发展指数评价得分均值不足 30 分,后期指数得分均值连续快速增长,到 2011 年得分均值已接近 60 分,期间得分均值增长了近一倍,年均增幅 12.07%。该类型城市发展指数连续快速增长的同时,其他类型城市的发展指数也在快速增长,且增速比该类城市还要快。正是因为如此,该城市发展指数评价得分与全部样本城市的差距也不断扩大,2005 年两者之间的评价得分均值差为 3.43 分,到 2011 年该差距已扩大到了 8.29 分。

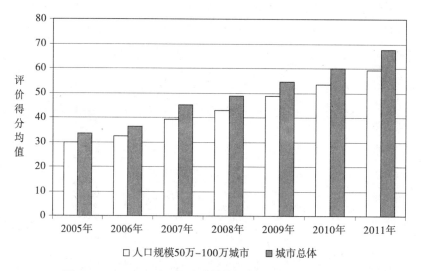

图 39-9　2005—2011 年城市发展指数评价得分均值对比

四、低碳环保发展综合指数

由于该类城市发展指数评价得分相比低碳指数、环保指数相对较高,故城市低碳环保发展综合指数受发展指数的影响较大。2011 年,十堰市、东营市和随州市的低碳环保发展综合指数评价得分全部超过了 200 分,位居该类城市前三;而临汾市、运城市和朝阳市的综合指数评价得分均未超过 90 分,在该类城市中排名最后三名。在低碳指数、环保指数和发展指数的叠加影响下,城市间综合指数的差异并不大,2011 年最高的综合指数评价得分是最低得分的 2.66 倍,相比其他指数,城市间的差异不大。

表 39-10 **2011 年人口规模 50 万—100 万城市的低碳环保发展综合指数评价情况**

城　市	排　序	评价得分	城　市	排　序	评价得分
十堰市	1	231.73	铜川市	55	118.95
东营市	2	230.27	白山市	56	118.32
随州市	3	210.25	牡丹江市	57	118.22
连云港市	4	193.38	佳木斯市	58	118.16
三亚市	5	190.66	邢台市	59	118.03
肇庆市	6	187.94	锦州市	60	117.73
马鞍山市	7	181.14	荆门市	61	117.25
陇南市	8	179.93	鹤壁市	62	116.71
九江市	9	178.36	清远市	63	116.53
朔州市	10	177.88	宣城市	64	116.20
绍兴市	11	175.90	韶关市	65	116.09
舟山市	12	171.81	广元市	66	116.05
沧州市	13	158.08	揭阳市	67	115.11
嘉兴市	14	153.37	白城市	68	115.07
盘锦市	15	149.85	德州市	69	114.79
泰州市	16	147.85	鹤岗市	70	114.48
承德市	17	145.59	孝感市	71	114.24
威海市	18	143.10	池州市	72	114.24
咸宁市	19	142.66	焦作市	73	113.22
滨州市	20	141.05	巴彦淖尔市	74	113.10
秦皇岛市	21	141.03	昭通市	75	112.84
乌海市	22	140.48	湘潭市	76	112.71
梧州市	23	140.31	白银市	77	112.48
株洲市	24	140.30	长治市	78	108.12
滁州市	25	139.77	曲靖市	79	108.05
北海市	26	139.53	萍乡市	80	107.69
攀枝花市	27	138.28	阜新市	81	107.49

城　市	排　序	评价得分	城　市	排　序	评价得分
漳州市	28	136.66	张掖市	82	107.10
郴州市	29	136.47	通辽市	83	106.81
营口市	30	136.40	丹东市	84	106.67
榆林市	31	135.28	周口市	85	105.24
新余市	32	135.14	赣州市	86	104.87
廊坊市	33	135.09	邵阳市	87	104.63
防城港市	34	134.88	遵义市	88	104.19
咸阳市	35	134.55	吉安市	89	104.11
金华市	36	132.82	葫芦岛市	90	103.55
桂林市	37	131.84	四平市	91	103.34
松原市	38	131.09	汉中市	92	103.29
商洛市	39	130.66	开封市	93	102.10
银川市	40	129.20	驻马店市	94	101.50
保山市	41	128.55	安庆市	95	99.54
辽阳市	42	128.19	绥化市	96	96.88
本溪市	43	125.90	阳江市	97	96.60
汕尾市	44	125.73	张家口市	98	95.79
伊春市	45	124.18	忻州市	99	95.71
衢州市	46	123.98	鸡西市	100	95.40
七台河市	47	123.97	衡阳市	101	94.76
张家界市	48	123.49	安顺市	102	93.27
渭南市	49	122.79	平凉市	103	92.80
蚌埠市	50	121.58	晋中市	104	91.81
德阳市	51	120.82	眉山市	105	90.83
濮阳市	52	119.89	朝阳市	106	88.67
黄石市	53	119.22	运城市	107	87.90
阳泉市	54	119.03	临汾市	108	87.08

　　2005—2011 年,该类型城市的综合指数评价得分均值连续增长,年均增幅超过 5%。但与其他类型城市相比,该类型城市综合指数仍存在一定差距,且差距日益增加。2005 年,该类型城市与全体样本城市的评价得分均值差为 5.8 分,但到 2011 年该差值已扩大到了 12.23 分。

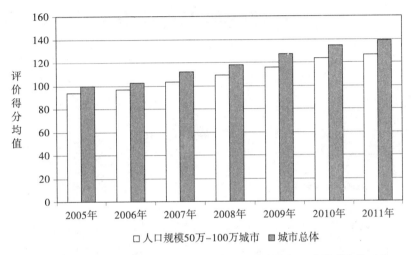

图 39-10　2005—2011 年城市低碳环保发展综合指数评价得分均值对比

第四十章 人口 100 万—200 万城市低碳环保发展指数评价

一、低 碳 指 数

(一)低碳生产指数

人口规模 100 万—200 万的城市在我国属于相对较大的城市,城市之间低碳生产指数的差异依然很明显。2011 年,内江市、巴中市和资阳市均获得了 48.87 分的评价得分,位居城市前三,而洛阳市、商丘市和安阳市的低碳生产指数评价得分较低,分别只有 3.18 分、2.41 分和 2.12 分,排名城市最后三名,并列前三的城市的指数评价得分是安阳市的近 23 倍。

表 40-1　2011 年人口规模 100 万—200 万城市的低碳生产指数评价情况

城　市	排　序	评价得分	城　市	排　序	评价得分
内江市	1	48.87	淮北市	42	13.48
巴中市	2	48.87	乐山市	43	13.17
资阳市	3	48.87	江门市	44	13.16
常德市	4	44.72	惠州市	45	13.12
广安市	5	35.39	湖州市	46	12.82
遂宁市	6	34.58	安康市	47	12.46
南充市	7	32.56	泰安市	48	12.36
绵阳市	8	26.36	贵港市	49	12.33
宜昌市	9	24.66	天水市	50	12.04

城　市	排　序	评价得分	城　市	排　序	评价得分
武威市	10	24.03	淮南市	51	10.73
宜宾市	11	23.85	六安市	52	10.71
益阳市	12	23.01	镇江市	53	10.61
柳州市	13	22.62	宿迁市	54	10.53
荆州市	14	21.90	宜春市	55	9.98
福州市	15	20.91	东莞市	56	9.89
钦州市	16	20.27	济宁市	57	9.36
亳州市	17	19.99	吉林市	58	8.42
盐城市	18	19.54	呼和浩特市	59	8.30
自贡市	19	19.48	赤峰市	60	8.26
茂名市	20	19.02	邯郸市	61	8.25
湛江市	21	18.98	日照市	62	8.22
厦门市	22	17.74	齐齐哈尔市	63	7.84
宝鸡市	23	17.31	大同市	64	7.83
西宁市	24	17.20	信阳市	65	7.75
玉林市	25	16.97	贺州市	66	7.69
抚州市	26	16.92	保定市	67	7.52
鄂州市	27	16.89	来宾市	68	7.35
岳阳市	28	16.64	潍坊市	69	7.35
烟台市	29	16.48	包头市	70	6.88
海口市	30	16.05	鞍山市	71	6.62
泉州市	31	15.85	抚顺市	72	6.61
泸州市	32	14.99	菏泽市	73	6.46
芜湖市	33	14.99	南阳市	74	6.23
宿州市	34	14.95	平顶山市	75	5.84
台州市	35	14.92	新乡市	76	5.33
漯河市	36	14.35	莱芜市	77	4.80
珠海市	37	14.19	聊城市	78	3.24
永州市	38	14.18	洛阳市	79	3.18
大庆市	39	14.08	商丘市	80	2.41
中山市	40	13.90	安阳市	81	2.12
温州市	41	13.71			

　　虽然该类城市人口规模相对比较大,但低碳生产指数评价得分一直高于全部城市得分均值。尤其最近几年,该类城市与全部城市得分均值差异进一步拉大,故可以判断该类城市低碳生产指数要优于 285 个城市的表现。

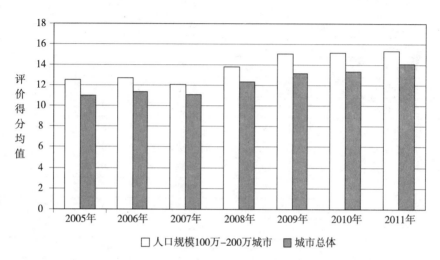

图 40-1　2005—2011 年城市低碳生产指数评价得分均值对比

(二)低碳消费指数

　　相比低碳生产指数,该类型城市的低碳消费指数城市间的差异相对要小些。2011 年,广安市、巴中市和州市的指数评价得分比较高,得分均在 20 分以上,位居前三,这三个城市的经济社会发展水平较低,城市居民消费能力较弱,所以其低碳消费指数评价得分较高;而东莞市、呼和浩特市和厦门市的指数评价得分均未超过 1.7 分,排名最后三名,这三个城市的经济社会发展水平相对较高,居民消费能力也强,故城市低碳消费指数评价得分较低。

表 40-2　2011 年人口规模 100 万—200 万城市的低碳消费指数评价情况

城　市	排　序	评价得分	城　市	排　序	评价得分
广安市	1	27.17	乐山市	42	5.78
巴中市	2	24.69	淮南市	43	5.74
亳州市	3	21.46	绵阳市	44	5.70

续表

城　市	排　序	评价得分	城　市	排　序	评价得分
遂宁市	4	20.54	聊城市	45	5.65
资阳市	5	20.38	宝鸡市	46	5.49
内江市	6	18.43	湛江市	47	5.16
武威市	7	18.34	日照市	48	4.87
贵港市	8	17.51	海口市	49	4.85
南充市	9	14.72	湖州市	50	4.68
贺州市	10	14.28	江门市	51	4.64
安康市	11	13.86	宜昌市	52	4.18
茂名市	12	13.06	西宁市	53	4.04
齐齐哈尔市	13	12.71	潍坊市	54	3.99
宿州市	14	12.62	大同市	55	3.97
钦州市	15	11.90	邯郸市	56	3.85
六安市	16	11.72	济宁市	57	3.61
赤峰市	17	11.53	岳阳市	58	3.57
抚州市	18	11.46	芜湖市	59	3.50
菏泽市	19	10.40	抚顺市	60	3.36
宜春市	20	10.39	吉林市	61	3.29
益阳市	21	9.69	安阳市	62	3.28
信阳市	22	9.55	平顶山市	63	3.16
宿迁市	23	9.05	大庆市	64	3.07
天水市	24	8.57	镇江市	65	3.03
来宾市	25	8.40	新乡市	66	2.89
常德市	26	8.14	烟台市	67	2.88
玉林市	27	7.83	鞍山市	68	2.88
盐城市	28	7.46	柳州市	69	2.88
鄂州市	29	7.33	保定市	70	2.86
自贡市	30	7.00	泉州市	71	2.74
永州市	31	6.79	惠州市	72	2.26
宜宾市	32	6.77	福州市	73	2.18
漯河市	33	6.74	洛阳市	74	2.16
南阳市	34	6.71	包头市	75	2.15

续表

城 市	排 序	评价得分	城 市	排 序	评价得分
荆州市	35	6.53	温州市	76	2.05
淮北市	36	6.53	中山市	77	1.78
泰安市	37	6.48	珠海市	78	1.67
莱芜市	38	6.19	东莞市	79	1.65
泸州市	39	6.17	呼和浩特市	80	1.62
商丘市	40	6.13	厦门市	81	1.62
台州市	41	5.78			

与其他类型城市相比,该类型城市低碳消费指数表现要略胜一筹。图
40-2 显示,2005—2011 年,该类型城市低碳消费指数评价得分均值全部高于
总体样本城市均值水平,但这种差异随着时间的推移在不断缩小,2005 年两
者之间得分均值差为 2.66 分,到 2011 年得分差值就已下降到了 1.32 分。

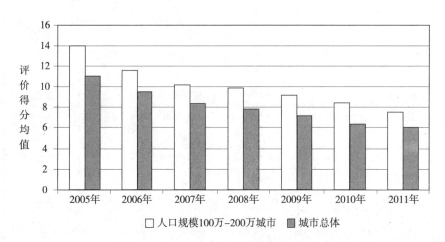

图 40-2　2005—2011 年城市低碳消费指数评价得分均值对比

(三)低碳资源指数

该类城市的低碳资源指数城市间的差异最大。2011 年,东莞市、大庆市
和厦门市的低碳资源指数评价得分最高,尤其东莞市和大庆市的指数得分都
高于 60 分,三城市指数得分排名前三;而贵港市、州市和巴中市的指数得分最

低,尤其巴中市指数得分只有 1.45 分,东莞市的指数得分是巴中市的 52 倍之多。城市间低碳资源指数之所有如此悬殊,主要是因为我国城市间自然环境差异引起的。

表 40-3　2011 年人口规模 100 万—200 万城市的低碳资源指数评价情况

城　　市	排　序	评价得分	城　　市	排　　序	评价得分
东莞市	1	75.46	宝鸡市	42	9.11
大庆市	2	60.21	莱芜市	43	9.01
厦门市	3	35.67	安阳市	44	8.88
江门市	4	26.63	海口市	45	8.74
镇江市	5	25.21	西宁市	46	8.65
泉州市	6	25.02	茂名市	47	8.63
烟台市	7	23.38	赤峰市	48	8.59
珠海市	8	22.33	呼和浩特市	49	8.52
柳州市	9	21.80	淮南市	50	8.39
包头市	10	21.11	常德市	51	8.37
邯郸市	11	20.76	荆州市	52	8.02
惠州市	12	18.72	聊城市	53	7.92
保定市	13	18.50	自贡市	54	7.92
宿迁市	14	18.40	抚州市	55	7.92
潍坊市	15	17.87	菏泽市	56	7.88
福州市	16	17.50	宜春市	57	7.86
芜湖市	17	17.11	宜宾市	58	7.77
济宁市	18	16.75	乐山市	59	6.83
齐齐哈尔市	19	16.74	益阳市	60	6.72
鞍山市	20	15.49	南充市	61	6.04
新乡市	21	15.42	鄂州市	62	5.73
岳阳市	22	14.85	永州市	63	5.66
遂宁市	23	14.23	六安市	64	5.63
淮北市	24	13.97	漯河市	65	5.54

城　市	排　序	评价得分	城　市	排　序	评价得分
湖州市	25	13.89	内江市	66	5.25
吉林市	26	13.75	南阳市	67	4.94
台州市	27	13.19	安康市	68	4.91
抚顺市	28	12.82	资阳市	69	4.76
洛阳市	29	12.04	贺州市	70	4.71
绵阳市	30	11.61	钦州市	71	4.39
日照市	31	11.28	商丘市	72	4.36
宜昌市	32	11.10	宿州市	73	4.18
泰安市	33	10.91	天水市	74	3.88
泸州市	34	10.30	中山市	75	3.80
大同市	35	10.26	广安市	76	3.65
温州市	36	10.21	来宾市	77	3.30
信阳市	37	10.02	武威市	78	3.24
湛江市	38	9.55	贵港市	79	2.77
玉林市	39	9.23	亳州市	80	2.66
平顶山市	40	9.22	巴中市	81	1.45
盐城市	41	9.12			

近年,该类城市的低碳资源指数评价得分有不断增长的趋势。统计结果显示,指数评价得分均值由 2005 年的 8.11 分提升到 2011 年的 12.45 分,年均增幅 7.40%,增幅较大。尽管如此,该类型城市低碳资源指数与其他类型城市仍存在一定差异,图 40-3 显示,2005—2011 年该类型城市低碳资源指数评价得分均值明显低于全部样本城市均值,并且两者之间得分差值一直在 3 分以上。

(四)低碳指数

城市的低碳指数城市间差异相对较小。2011 年,东莞市、大庆市和巴中

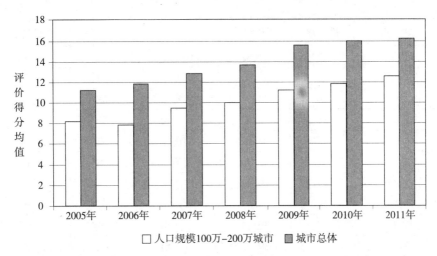

图 40-3　2005—2011 年城市低碳资源指数评价得分均值对比

市的低碳指数评价得分分别为 87 分、77.37 分和 75.01 分,位居该类城市前三;聊城市、安阳市和商丘市的低碳指数评价得分较低,得分均在 17 分以下,排名该类城市最后三名;得分最高的东莞市是得分最低商丘市的 6.7 倍,相比其他指数城市间的差异并不是太大。

表 40-4　2011 年人口规模 100 万—200 万城市的低碳指数评价情况

城　市	排　序	评价得分	城　市	排　序	评价得分
东莞市	1	87.00	宿州市	42	31.75
大庆市	2	77.37	泸州市	43	31.46
巴中市	3	75.01	湖州市	44	31.39
资阳市	4	74.00	安康市	45	31.23
内江市	5	72.55	包头市	46	30.13
遂宁市	6	69.35	鄂州市	47	29.95
广安市	7	66.21	西宁市	48	29.89
常德市	8	61.23	泰安市	49	29.76
厦门市	9	55.02	济宁市	50	29.71
南充市	10	53.32	海口市	51	29.64
柳州市	11	47.30	潍坊市	52	29.20

城　市	排　序	评价得分	城　市	排　序	评价得分
武威市	12	45.62	保定市	53	28.88
江门市	13	44.43	赤峰市	54	28.38
亳州市	14	44.11	宜春市	55	28.24
绵阳市	15	43.67	六安市	56	28.05
泉州市	16	43.62	信阳市	57	27.32
烟台市	17	42.74	贺州市	58	26.68
茂名市	18	40.71	漯河市	59	26.64
福州市	19	40.58	永州市	60	26.63
宜昌市	20	39.94	温州市	61	25.97
益阳市	21	39.42	乐山市	62	25.78
镇江市	22	38.86	吉林市	63	25.46
宜宾市	23	38.40	鞍山市	64	24.99
珠海市	24	38.19	淮南市	65	24.86
宿迁市	25	37.98	菏泽市	66	24.74
齐齐哈尔市	26	37.30	天水市	67	24.50
钦州市	27	36.56	日照市	68	24.36
荆州市	28	36.45	新乡市	69	23.64
抚州市	29	36.30	抚顺市	70	22.79
盐城市	30	36.13	大同市	71	22.06
芜湖市	31	35.59	莱芜市	72	20.00
岳阳市	32	35.06	中山市	73	19.48
自贡市	33	34.40	来宾市	74	19.06
惠州市	34	34.10	呼和浩特市	75	18.44
玉林市	35	34.04	平顶山市	76	18.22
淮北市	36	33.97	南阳市	77	17.87
台州市	37	33.89	洛阳市	78	17.38
湛江市	38	33.69	聊城市	79	16.81
邯郸市	39	32.86	安阳市	80	14.28
贵港市	40	32.60	商丘市	81	12.90
宝鸡市	41	31.90			

从城市得分均值对比情况看,该类城市的低碳指数评价结果的表现不如城市总体。评价得分统计分析结果显示:2005—2011 年间,除 2005 年该类城市的低碳指数得分均值高于 285 个城市外,其他年度该类城市低碳指数评价得分均值均低于城市总体得分均值(见图 40-4)。

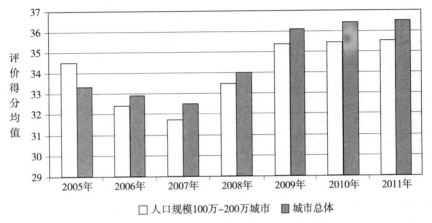

图 40-4　2005—2011 年城市低碳指数评价得分均值对比

二、环保指数

(一)环境污染指数

2011 年,武威市、巴中市和安康市凭借着 47.15 分、45.53 分和 37.80 分的评价得分,环境污染指数位居前三名。东莞市、珠海市和鞍山市的环境污染指数表现则要差很多,三市指数得分均未超过 2.3 分,指数排名最后三名。武威市指数评价得分是东莞市指数评价得分的近 40 倍。此外,评价结果还显示,中西部地区城市的环境污染指数总体要高于东部地区城市,比如排名前十的城市多数位于我国中西部地区,而排名后十名的城市多数是东部地区的城市。

表 40-5 2011 年人口规模 100 万—200 万城市的环境污染指数评价情况

城　市	排　序	评价得分	城　市	排　序	评价得分
武威市	1	47.15	盐城市	42	7.35
巴中市	2	45.53	泸州市	43	7.17
安康市	3	37.80	日照市	44	6.57
齐齐哈尔市	4	35.61	淮北市	45	6.48
天水市	5	23.18	漯河市	46	6.41
资阳市	6	19.79	潍坊市	47	6.07
贺州市	7	17.34	宜昌市	48	5.83
广安市	8	17.21	岳阳市	49	5.54
六安市	9	16.19	吉林市	50	5.41
赤峰市	10	15.96	大庆市	51	5.29
亳州市	11	15.42	淮南市	52	5.12
来宾市	12	14.21	呼和浩特市	53	4.77
信阳市	13	14.13	荆州市	54	4.74
钦州市	14	12.96	中山市	55	4.67
遂宁市	15	12.11	惠州市	56	4.66
南充市	16	11.92	包头市	57	4.54
玉林市	17	11.82	柳州市	58	4.53
抚州市	18	11.17	济宁市	59	4.44
贵港市	19	11.13	烟台市	60	4.37
内江市	20	10.86	保定市	61	4.35
宿迁市	21	10.63	大同市	62	4.29
海口市	22	10.55	湖州市	63	4.29
宿州市	23	9.94	抚顺市	64	4.16
南阳市	24	9.62	新乡市	65	4.11
宜春市	25	9.25	台州市	66	4.01
自贡市	26	9.18	江门市	67	4.00
宝鸡市	27	8.75	洛阳市	68	3.92
宜宾市	28	8.71	福州市	69	3.61
鄂州市	29	8.64	安阳市	70	3.58
乐山市	30	8.58	邯郸市	71	3.52

续表

城　市	排　序	评价得分	城　市	排　序	评价得分
菏泽市	31	8.57	芜湖市	72	3.51
益阳市	32	8.57	平顶山市	73	3.48
永州市	33	8.38	西宁市	74	3.27
泰安市	34	8.38	温州市	75	3.22
茂名市	35	8.35	泉州市	76	3.18
聊城市	36	8.12	镇江市	77	2.81
常德市	37	8.06	厦门市	78	2.59
商丘市	38	7.82	鞍山市	79	2.24
湛江市	39	7.77	珠海市	80	1.78
莱芜市	40	7.71	东莞市	81	1.20
绵阳市	41	7.45			

从指数评价得分统计分析结果看,该类型城市的环境污染指数评价得分总体不如样本城市总体,但两者之间的差距并不大。2005—2010 年,总体样本城市的环境污染指数得分均值均高于人口规模 100 万—200 万城市的得分均值,两者之间的差值均控制在了 1 分之内。2011 年,该类型城市的环境污染指数与其他类型城市一样,得分均值出现了大幅度下滑,但下降幅度要小于285 个城市的下降幅度。受此影响,2011 年该类型城市环境污染指数评价得分首次高于全部样本城市。

(二)环境管理指数

与其他类型城市一样,该类型城市的环境管理指数之间的差异也不大。2011 年,海口市、宝鸡市和烟台市的环境管理指数评价得分分别为 19.92 分、19.70 分和 19.36 分,位居前三,而南充市、抚州市和武威市的环境管理指数评价得分相对较低,评价得分均未超过 11 分,在该类城市中排名最后三名,海口市的指数评价得分是南充市得分的 2.56 倍,由此可见城市间的环境管理指数差异并不大。

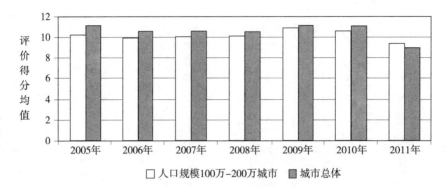

图40-5　2005—2011年城市环境污染指数评价得分均值对比

表40-6　2011年人口规模100万—200万城市环境管理指数评价情况

城　　市	排　序	评价得分	城　　市	排　　序	评价得分
海口市	1	19.92	抚顺市	42	16.17
宝鸡市	2	19.70	宜昌市	43	15.92
烟台市	3	19.36	济宁市	44	15.90
自贡市	4	19.22	贵港市	45	15.89
呼和浩特市	5	19.13	益阳市	46	15.86
台州市	6	18.80	天水市	47	15.52
包头市	7	18.67	信阳市	48	15.35
泰安市	8	18.58	南阳市	49	15.06
赤峰市	9	18.55	吉林市	50	14.98
保定市	10	18.55	来宾市	51	14.82
福州市	11	18.47	东莞市	52	14.66
珠海市	12	18.43	淮北市	53	14.65
聊城市	13	18.36	柳州市	54	14.47
潍坊市	14	18.12	泸州市	55	13.97
厦门市	15	18.03	宜宾市	56	13.94
洛阳市	16	18.02	西宁市	57	13.84
鄂州市	17	17.98	玉林市	58	13.60
日照市	18	17.97	宜春市	59	13.55
岳阳市	19	17.87	宿州市	60	13.41
莱芜市	20	17.83	遂宁市	61	13.39

城 市	排 序	评价得分	城 市	排 序	评价得分
邯郸市	21	17.78	荆州市	62	13.17
江门市	22	17.78	大庆市	63	13.16
新乡市	23	17.73	盐城市	64	13.06
漯河市	24	17.64	内江市	65	12.97
茂名市	25	17.57	宿迁市	66	12.69
镇江市	26	17.56	巴中市	67	12.08
平顶山市	27	17.46	永州市	68	12.06
广安市	28	17.41	乐山市	69	11.67
湖州市	29	17.18	鞍山市	70	11.40
常德市	30	17.16	六安市	71	11.37
芜湖市	31	17.05	贺州市	72	11.04
菏泽市	32	16.96	中山市	73	10.91
湛江市	33	16.79	安康市	74	10.90
商丘市	34	16.68	资阳市	75	10.77
绵阳市	35	16.68	亳州市	76	10.75
温州市	36	16.64	钦州市	77	10.47
淮南市	37	16.62	齐齐哈尔市	78	10.45
惠州市	38	16.58	武威市	79	10.43
泉州市	39	16.44	抚州市	80	8.82
大同市	40	16.29	南充市	81	7.76
安阳市	41	16.23			

　　该类城市的环境管理指数与总体样本城市之间没有太大差距,近年一直处于基本持平状态。2005—2011 年,该类型城市环境管理指数得分均值与全体样本城市得分均值差起伏变化不定,2005—2006 年和 2009—2010 年该类城市环境管理指数的得分均值低于全体样本城市,其他年度得分均值高于全体样本城市。因此,从历年城市环境管理指数得分均值的差值并不能判断该类型城市与其他类型城市的差异。

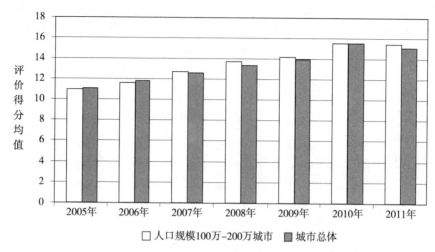

图 40-6 2005—2011 年城市环境管理指数评价得分均值对比

(三)环境质量指数

城市间的环境质量指数差异更小。2011 年,52 个城市中有 12 个城市的指数评价得分为 11.95 分,有 43 个城市的指数得分在 11 — 12 分之间,高于 10 分以上的城市多达 79 个,因此可以判断城市间的指数差异相对较小。

表 40-7 2011 年人口规模 100 万—200 万城市的环境质量指数评价情况

城　市	排　序	评价得分	城　市	排　序	评价得分
海口市	1	11.95	宜昌市	42	11.39
湛江市	2	11.95	吉林市	43	11.36
中山市	3	11.95	大同市	44	11.36
内江市	4	11.95	呼和浩特市	45	11.36
茂名市	5	11.95	齐齐哈尔市	46	11.33
绵阳市	6	11.95	信阳市	47	11.26
宜春市	7	11.95	鄂州市	48	11.26
珠海市	8	11.95	泸州市	49	11.20
南充市	9	11.92	镇江市	50	11.10
钦州市	10	11.92	荆州市	51	11.06

续表

城　市	排　序	评价得分	城　市	排　序	评价得分
巴中市	11	11.92	莱芜市	52	11.03
抚州市	12	11.92	柳州市	53	11.02
厦门市	13	11.88	贺州市	54	11.02
江门市	14	11.88	温州市	55	11.00
玉林市	15	11.88	淮南市	56	10.90
广安市	16	11.85	宿迁市	57	10.87
安康市	17	11.85	抚顺市	58	10.84
大庆市	18	11.82	漯河市	59	10.84
宜宾市	19	11.82	保定市	60	10.84
资阳市	20	11.82	商丘市	61	10.80
福州市	21	11.79	济宁市	62	10.74
遂宁市	22	11.79	邯郸市	63	10.70
益阳市	23	11.79	鞍山市	64	10.61
乐山市	24	11.79	常德市	65	10.61
来宾市	25	11.79	岳阳市	66	10.61
泉州市	26	11.79	平顶山市	67	10.57
东莞市	27	11.72	新乡市	68	10.57
贵港市	28	11.69	包头市	69	10.51
亳州市	29	11.69	南阳市	70	10.38
芜湖市	30	11.69	宝鸡市	71	10.38
惠州市	31	11.65	赤峰市	72	10.38
宿州市	32	11.62	安阳市	73	10.38
台州市	33	11.62	洛阳市	74	10.34
天水市	34	11.52	湖州市	75	10.34
永州市	35	11.52	盐城市	76	10.28
六安市	36	11.49	西宁市	77	10.21
烟台市	37	11.49	菏泽市	78	10.15
武威市	38	11.49	聊城市	79	10.09
潍坊市	39	11.43	泰安市	80	8.28
淮北市	40	11.43	日照市	81	3.04
自贡市	41	11.39			

该类城市环境质量指数与其他类型城市差异并不大。由图 40-7 可知，人口规模 100 万—200 万城市的环境质量指数要高于总体样本城市，但它们之间的差异并不大，评价得分均值只有 0.04 分。

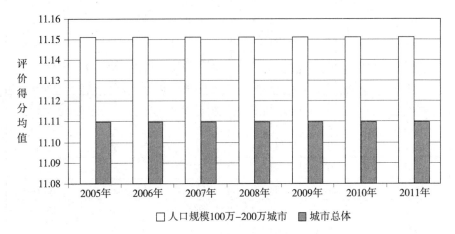

图 40-7　2005—2011 年城市环境质量指数评价得分均值对比

（四）环保指数

在环境污染指数、环境管理指数和环境质量指数的共同影响下，城市间的环保指数得分差异也不大。2011 年，巴中市、武威市和安康市的环保指数评价得分分别为 69.52 分、69.06 分和 60.55 分，位居城市前三；而中山市、西宁市、鞍山市的环保指数评价得分只有 27.53 分、27.33 分和 24.25 分，位居城市后三，其中巴中市的环保指数得分是鞍山市的近 2.87 倍。

表 40-8　2011 年人口规模 100 万—200 万城市的环保指数评价情况

城　市	排　序	评价得分	城　市	排　序	评价得分
巴中市	1	69.52	宿迁市	42	34.19
武威市	2	69.06	岳阳市	43	34.02
安康市	3	60.55	福州市	44	33.87
齐齐哈尔市	4	57.39	保定市	45	33.74
天水市	5	50.22	包头市	46	33.72

续表

城　市	排　序	评价得分	城　市	排　序	评价得分
广安市	6	46.47	江门市	47	33.66
赤峰市	7	44.89	宜昌市	48	33.14
海口市	8	42.42	惠州市	49	32.90
资阳市	9	42.38	淮南市	50	32.64
来宾市	10	40.82	淮北市	51	32.56
信阳市	11	40.75	厦门市	52	32.50
自贡市	12	39.79	新乡市	53	32.41
贺州市	13	39.41	泸州市	54	32.34
六安市	14	39.06	洛阳市	55	32.28
宝鸡市	15	38.83	芜湖市	56	32.25
贵港市	16	38.70	珠海市	57	32.15
鄂州市	17	37.87	乐山市	58	32.04
茂名市	18	37.86	邯郸市	59	32.01
亳州市	19	37.85	永州市	60	31.97
玉林市	20	37.30	大同市	61	31.94
遂宁市	21	37.29	抚州市	62	31.91
莱芜市	22	36.58	湖州市	63	31.82
聊城市	23	36.56	吉林市	64	31.75
湛江市	24	36.51	南充市	65	31.59
益阳市	25	36.22	平顶山市	66	31.51
绵阳市	26	36.08	镇江市	67	31.47
常德市	27	35.83	泉州市	68	31.40
内江市	28	35.78	抚顺市	69	31.17
菏泽市	29	35.68	济宁市	70	31.08
潍坊市	30	35.62	温州市	71	30.86
钦州市	31	35.35	盐城市	72	30.69
商丘市	32	35.31	大庆市	73	30.27
呼和浩特市	33	35.26	安阳市	74	30.18
泰安市	34	35.24	柳州市	75	30.02
烟台市	35	35.21	荆州市	76	28.98
南阳市	36	35.06	日照市	77	27.58

续表

城　市	排　序	评价得分	城　市	排　序	评价得分
宿州市	37	34.96	东莞市	78	27.58
漯河市	38	34.89	中山市	79	27.53
宜春市	39	34.74	西宁市	80	27.33
宜宾市	40	34.47	鞍山市	81	24.25
台州市	41	34.44			

　　该类型城市的环保指数总体要逊色于总体样本城市。统计分析结果显示：除2011年该类型城市的环保指数评价得分均值高于城市总体，其他年份该类型城市的环保指数得分均值均低于城市总体，不过两者得分均值差值并不大，即使差值最大的2011年，差值也只有0.87分。

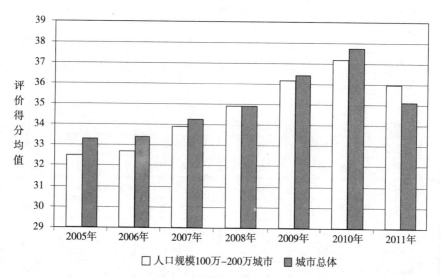

图 40-8　2005—2011 年城市环保指数评价得分均值对比

三、发展指数

　　2011年，东莞市、自贡市和珠海市的发展指数评价得分分别为186.50

分、164.60分和153.51分,位居城市前三;而抚州市、宜春市和巴中市的发展指数的评价得分相对要低,指数得分均在30分以下,东莞市发展指数的评价得分是抚州市的7.72倍。评价结果同时还显示出得分具有"东西差异"的格局,发展指数排名靠前的城市多数位于东部地区,而排名靠后的城市多数位于中西部地区。

表40-9　2011年人口规模100万—200万城市的发展指数评价情况

城　　市	排　　序	评价得分	城　　市	排　　序	评价得分
东莞市	1	186.50	常德市	42	57.23
自贡市	2	164.60	茂名市	43	56.46
珠海市	3	153.51	邯郸市	44	55.28
中山市	4	150.88	鄂州市	45	54.50
大庆市	5	148.41	宿迁市	46	54.12
厦门市	6	144.32	淮北市	47	53.14
温州市	7	110.55	淮南市	48	52.10
烟台市	8	102.97	宜宾市	49	52.02
芜湖市	9	100.29	绵阳市	50	50.82
惠州市	10	99.41	泰安市	51	49.83
镇江市	11	94.76	漯河市	52	47.22
包头市	12	92.04	泸州市	53	47.13
福州市	13	90.97	菏泽市	54	44.28
呼和浩特市	14	90.46	信阳市	55	43.62
济宁市	15	88.35	乐山市	56	42.95
泉州市	16	87.44	钦州市	57	42.39
鞍山市	17	86.36	南阳市	58	42.15
日照市	18	86.18	永州市	59	41.61
柳州市	19	82.31	玉林市	60	40.58
西宁市	20	81.54	贺州市	61	40.55
台州市	21	75.68	安康市	62	38.66
海口市	22	72.00	六安市	63	38.36

续表

城　市	排　序	评价得分	城　市	排　序	评价得分
洛阳市	23	71.95	南充市	64	37.08
宜昌市	24	71.52	益阳市	65	36.94
吉林市	25	70.76	聊城市	66	36.91
盐城市	26	70.68	来宾市	67	36.47
湖州市	27	68.19	商丘市	68	36.14
潍坊市	28	68.02	武威市	69	35.74
抚顺市	29	67.92	资阳市	70	35.41
莱芜市	30	65.78	贵港市	71	34.98
平顶山市	31	64.28	荆州市	72	34.30
安阳市	32	63.46	天水市	73	33.45
岳阳市	33	63.25	广安市	74	33.25
新乡市	34	62.76	内江市	75	33.01
宝鸡市	35	62.63	遂宁市	76	32.15
江门市	36	61.59	宿州市	77	32.13
湛江市	37	60.80	亳州市	78	31.76
保定市	38	59.86	宜春市	79	26.48
赤峰市	39	58.86	巴中市	80	25.76
大同市	40	58.69	抚州市	81	24.15
齐齐哈尔市	41	58.22			

与其他类型城市相比,人口规模 100 万—200 万城市发展指数评级按得分的表现要比城市总体低。2005—2011 年,虽然该类型城市发展指数评价得分均值持续保持增长趋势,但指数评价得分与城市总体仍存在一定差异,评价得分低于城市总体,且得分差一直在 3 分左右徘徊。

四、低碳环保发展综合指数

2011 年,大庆市凭借着较高的低碳指数得分,自贡市凭借着较高的发展

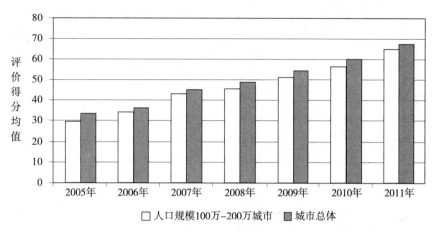

图 40-9　2005—2011 年城市发展指数评价得分均值对比

指数得分,东莞市则凭借着上述两类指数的评价得分,低碳环保发展综合指数评价得分很高,得分为 256.05 分、238.79 分、301.08 分,位居该类城市前三名。相反,宜春市和商丘市的综合指数评价得分均未过 90 分,在该类型城市中排名最后两名,宜春市的综合指数得分低是因为其发展指数得分低的缘故,商丘市较低的综合指数得分则是由于低碳指数拖动的结果。

表 40-10　2011 年人口规模 100 万—200 万城市的低碳环保发展综合指数评价情况

城　市	排　序	评价得分	城　市	排　序	评价得分
东莞市	1	301.08	安康市	42	130.44
大庆市	2	256.05	吉林市	43	127.97
自贡市	3	238.79	宿迁市	44	126.29
厦门市	4	231.84	宜宾市	45	124.88
珠海市	5	223.85	保定市	46	122.48
中山市	6	197.89	莱芜市	47	122.35
烟台市	7	180.93	鄂州市	48	122.32
巴中市	8	170.29	南充市	49	121.99
芜湖市	9	168.13	抚顺市	50	121.87
温州市	10	167.38	洛阳市	51	121.61
惠州市	11	166.41	邯郸市	52	120.15

续表

城　市	排　序	评价得分	城　市	排　序	评价得分
福州市	12	165.42	淮北市	53	119.67
镇江市	13	165.10	新乡市	54	118.81
泉州市	14	162.46	泰安市	55	114.82
柳州市	15	159.63	钦州市	56	114.30
包头市	16	155.89	平顶山市	57	114.01
常德市	17	154.29	亳州市	58	113.72
齐齐哈尔市	18	152.91	大同市	59	112.68
资阳市	19	151.79	益阳市	60	112.58
武威市	20	150.42	玉林市	61	111.92
济宁市	21	149.14	信阳市	62	111.69
广安市	22	145.93	泸州市	63	110.93
宜昌市	23	144.60	淮南市	64	109.61
呼和浩特市	24	144.17	漯河市	65	108.74
海口市	25	144.05	天水市	66	108.17
台州市	26	144.01	安阳市	67	107.92
内江市	27	141.34	贺州市	68	106.64
江门市	28	139.67	贵港市	69	106.29
遂宁市	29	138.80	六安市	70	105.47
西宁市	30	138.76	菏泽市	71	104.70
日照市	31	138.13	乐山市	72	100.77
盐城市	32	137.50	永州市	73	100.21
鞍山市	33	135.61	荆州市	74	99.73
茂名市	34	135.04	宿州市	75	98.84
宝鸡市	35	133.37	来宾市	76	96.34
潍坊市	36	132.84	南阳市	77	95.09
岳阳市	37	132.33	抚州市	78	92.36
赤峰市	38	132.14	聊城市	79	90.28
湖州市	39	131.39	宜春市	80	89.46
湛江市	40	131.00	商丘市	81	84.35
绵阳市	41	130.57			

　　由上述分析可知,该类城市的低碳指数、环保指数和发展指数的评价结果均不如城市总体,所以在三者的共同影响下,该类型城市综合指数的表现也与城市总体的表现存在一定差距。如图 40-10 所示,2005—2011 年,该类型城市综合指数评价得分均值一直低于城市总体。

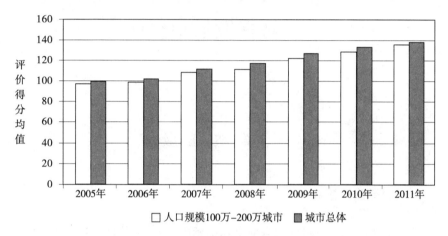

图 40-10　2005—2011 年城市低碳环保发展综合指数评价得分均值对比

第四十一章　人口 200 万以上城市低碳环保发展指数评价

一、低　碳　指　数

(一)低碳生产指数

本章节所涉及的人口规模 200 万以上城市,多数是我国各地区省会城市,即使不是省会城市,也是我国区域知名城市,它们的指数往往能代表区域指数状况。2011 年,该类城市中的襄阳市、长沙市和成都市分别以 44.90 分、34.20 分和 31.44 分的评价得分,低碳生产指数位居城市前三位,而唐山市、太原市和郑州市的低碳生产指数评价得分较低,分别只有 4.78 分、5.95 分和 5.93 分,排名城市最后三名,襄阳市的指数评价得分是唐山市的近 9 倍,城市间指数的差异并不大。

表 41-1　2011 年人口规模 200 万以上城市的低碳生产指数评价情况

城　市	排　序	评价得分	城　市	排　序	评价得分
襄阳市	1	44.90	济南市	24	14.12
长沙市	2	34.20	上海市	25	14.10
成都市	3	31.44	苏州市	26	14.06
昆明市	4	30.79	无锡市	27	13.95
武汉市	5	28.67	淮安市	28	13.65
扬州市	6	25.58	重庆市	29	13.57

续表

城　市	排　序	评价得分	城　市	排　序	评价得分
南宁市	7	25.39	哈尔滨市	30	13.51
广州市	8	24.80	天津市	31	13.11
合肥市	9	23.38	徐州市	32	12.81
北京市	10	22.25	常州市	33	11.50
莆田市	11	21.78	枣庄市	34	11.00
深圳市	12	18.23	阜阳市	35	10.04
沈阳市	13	17.42	汕头市	36	9.85
西安市	14	17.03	乌鲁木齐市	37	9.69
佛山市	15	16.11	石家庄市	38	8.41
宁波市	16	15.90	兰州市	39	7.50
杭州市	17	15.89	贵阳市	40	7.08
长春市	18	15.70	临沂市	41	6.61
大连市	19	15.64	淄博市	42	6.60
青岛市	20	15.58	太原市	43	5.95
南昌市	21	14.96	郑州市	44	5.93
南京市	22	14.89	唐山市	45	4.78
南通市	23	14.19			

由于该类城市在我国经济社会发展水平相对较高,城市产业化水平相对较高,同时城市对能源利用也较为重视,非化石能源在能源利用中的比重较高,所以这些城市的低碳生产指数相对于其他类型城市要好。图 41-1 显示,2005—2011 年,人口规模 200 万以上城市的低碳生产指数评价得分的均值远高于全体样本城市得分均值,尤其 2011 年两者之间得分均值差值 2.15 分。

(二)低碳消费指数

城市间低碳消费指数也存在差异,但差异并不是太大。2011 年,莆田市、枣庄市和阜阳市的指数评价得分最高,得分均在 9 分以上,位居前三;而深圳市、苏州市和广州市的指数评价得分均未超过 1.8 分,排名最后三名,莆田市指数评价得分是深圳市指数的 10 倍。与其他类型城市也一样,城市经济社会

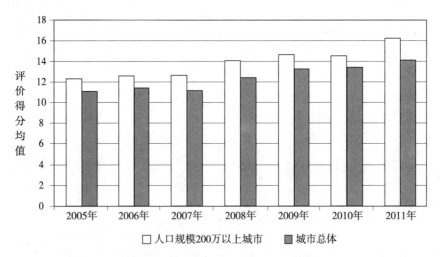

图 41-1　2005—2011 年城市低碳生产指数评价得分均值对比

发展水平越高,其低碳消费指数往往表现越差。比如深圳、上海、广州、北京等国内一线城市,它们的指数评价得分很低,指数排名也很靠后。

表 41-2　2011 年人口规模 200 万以上城市的低碳消费指数评价情况

城　　市	排　序	评价得分	城　　市	排　　序	评价得分
莆田市	1	10.80	兰州市	24	2.79
枣庄市	2	9.72	乌鲁木齐市	25	2.77
阜阳市	3	9.44	南昌市	26	2.77
襄阳市	4	9.15	合肥市	27	2.52
汕头市	5	8.87	石家庄市	28	2.52
淮安市	6	6.90	南京市	29	2.47
扬州市	7	6.00	济南市	30	2.39
重庆市	8	4.79	天津市	31	2.38
唐山市	9	4.76	太原市	32	2.19
南通市	10	4.53	常州市	33	2.15
南宁市	11	4.37	佛山市	34	2.14
徐州市	12	3.95	北京市	35	2.13
昆明市	13	3.84	大连市	36	2.13
临沂市	14	3.80	无锡市	37	2.00

续表

城　市	排　序	评价得分	城　市	排　序	评价得分
成都市	15	3.66	青岛市	38	1.93
淄博市	16	3.36	宁波市	39	1.91
哈尔滨市	17	3.25	贵阳市	40	1.90
西安市	18	3.25	杭州市	41	1.84
长春市	19	3.08	上海市	42	1.81
沈阳市	20	2.88	广州市	43	1.74
长沙市	21	2.83	苏州市	44	1.65
武汉市	22	2.83	深圳市	45	1.08
郑州市	23	2.79			

如上所述,城市经济社会发展水平决定城市居民的资源环境占有、消费能力,而资源环境占有、消费多少直接决定着城市低碳消费能力的大小,指数评价结果也证实了这一推论。统计结果显示,2005—2011 年,该类型城市的年度指数得分均值均低于整体样本城市的表现。不过两者之间的差距有逐年缩小的趋势,差值由 2005 年的 5.74 分下降到 2011 年的 2.51 分,尤其是这几年城市总体得分速度下降较快。

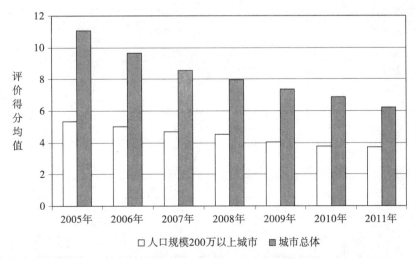

图 41-2　2005—2011 年城市低碳消费指数评价得分均值对比

（三）低碳资源指数

受自然环境禀赋条件的影响,该类城市间的低碳资源指数差异很大。2011年,深圳市、广州市和南京市的低碳资源指数评价得分最高,尤其深圳市的指数得分高于100分,三城市指数得分排名前三;莆田市、阜阳市和汕头市的指数得分最低,尤其莆田市指数得分只有3.88分,深圳市的指数得分是莆田市的35倍之多。

表41-3　2011年人口规模200万以上城市的低碳资源指数评价情况

城　市	排　序	评价得分	城　市	排　序	评价得分
深圳市	1	138.97	济南市	24	13.22
广州市	2	74.68	常州市	25	12.71
南京市	3	56.58	武汉市	26	12.26
南宁市	4	52.55	成都市	27	12.14
上海市	5	34.98	长沙市	28	11.96
乌鲁木齐市	6	31.57	贵阳市	29	11.83
无锡市	7	28.37	唐山市	30	10.97
青岛市	8	25.12	扬州市	31	10.70
大连市	9	23.69	哈尔滨市	32	10.60
苏州市	10	22.24	天津市	33	10.28
合肥市	11	21.94	南通市	34	9.92
淄博市	12	21.37	重庆市	35	9.58
沈阳市	13	19.86	西安市	36	8.72
北京市	14	19.51	佛山市	37	8.62
宁波市	15	17.96	郑州市	38	8.52
昆明市	16	16.86	兰州市	39	8.26
徐州市	17	16.40	枣庄市	40	7.58
南昌市	18	14.78	淮安市	41	7.51
临沂市	19	14.73	襄阳市	42	6.51
石家庄市	20	14.53	阜阳市	43	6.16
长春市	21	14.19	汕头市	44	5.50
杭州市	22	13.95	莆田市	45	3.88
太原市	23	13.55			

　　自然资源禀赋是造成城市间低碳资源指数差异的重要因素,而城市管理者对绿地的重视则是另外一个影响因素。评价统计分析结果显示,超大型城市的低碳资源指数明显优于全体样本城市,这说明超大型城市管理者对城市绿地较为重视。但超大型城市绿地拓展有限,而近期城市人口又快速增加,这限制了城市低碳资源指数的增长。图 41-3 显示,虽然近年城市低碳资源指数评价得分连年增加,但增加的幅度在日益减小。也正是因为如此,近年该类型城市低碳资源指数评价得分均值与总体样本城市之间的差值也越来越小,由 2005 年的 5.74 分逐步下降到 2011 年的 2.51 分。

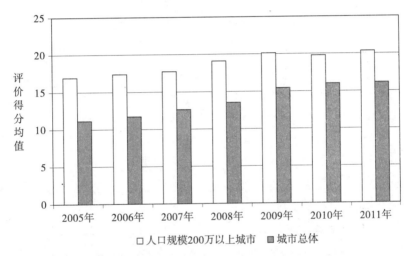

图 41-3　2005—2011 年城市低碳资源指数评价得分均值对比

(四)低碳指数

　　2011 年,深圳市、广州市和南宁市的低碳指数评价得分为 158.27 分、101.22 分和 82.31 分,位居该类城市前三;郑州市、唐山市和兰州市的低碳指数评价得分较低,得分均在 21 分以下,排名该类城市最后三名,其中郑州市和唐山市较低的低碳指数是由于其低碳生产指数低引起的;得分最高的深圳市是得分最低郑州市的 9 倍多,相比其他指数城市间的差异并不是太大。

表 41-4　2011 年人口规模 200 万以上城市的低碳指数评价情况

城　市	排　序	评价得分	城　市	排　序	评价得分
深圳市	1	158.27	南昌市	24	32.50
广州市	2	101.22	杭州市	25	31.69
南宁市	3	82.31	淄博市	26	31.34
南京市	4	73.94	济南市	27	29.74
襄阳市	5	60.56	西安市	28	28.99
昆明市	6	51.48	南通市	29	28.63
上海市	7	50.90	枣庄市	30	28.30
长沙市	8	49.00	淮安市	31	28.06
合肥市	9	47.85	重庆市	32	27.94
成都市	10	47.24	哈尔滨市	33	27.35
无锡市	11	44.31	佛山市	34	26.87
乌鲁木齐市	12	44.03	常州市	35	26.36
北京市	13	43.88	天津市	36	25.78
武汉市	14	43.76	阜阳市	37	25.63
青岛市	15	42.63	石家庄市	38	25.45
扬州市	16	42.28	临沂市	39	25.15
大连市	17	41.46	汕头市	40	24.22
沈阳市	18	40.16	太原市	41	21.69
苏州市	19	37.96	贵阳市	42	20.81
莆田市	20	36.46	唐山市	43	20.50
宁波市	21	35.77	兰州市	44	18.55
徐州市	22	33.16	郑州市	45	17.24
长春市	23	32.96			

　　由上述分析可知,该类城市的低碳生产指数、低碳资源指数评价得分相比其他类型城市要高,而低碳消费指数评价得分略低,这造成该类城市的低碳指数高于全体样本城市。图 41-4 显示,2005—2011 年该类城市的低碳指数评价得分均值总体要高于城市总体,且两者之间的差值越来越大,由 2005 年的 1.31 分扩大到 2011 年的 3.89 分。

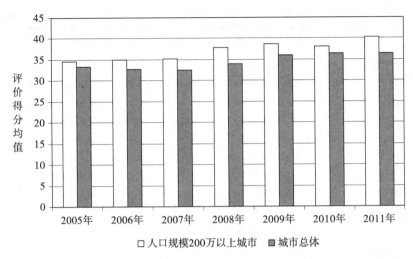

图 41-4 2005—2011 年城市低碳指数评价得分均值对比

二、环保指数

(一)环境污染指数

由于该类型城市经济社会发展水平较高,城市经济社会活动环境污染物排放强度较大,故其环境污染指数的评价结果表现也不会好。2011 年,该类城市的环境污染指数评价得分均不高,其中阜阳市、莆田市和襄阳市分别凭借着 11.30 分、9.73 分和 9.39 分的评价得分,位居该类城市前三名;而无锡市、苏州市和上海市的环境污染指数表现则要差很多,三市指数得分均未超过2.1 分,指数在该类城市中排名最后三名。

表 41-5 2011 年人口规模 200 万以上城市的环境污染指数评价情况

城 市	排 序	评价得分	城 市	排 序	评价得分
阜阳市	1	11.30	合肥市	24	3.67
莆田市	2	9.73	成都市	25	3.61
襄阳市	3	9.39	郑州市	26	3.58
哈尔滨市	4	8.94	兰州市	27	3.58

续表

城　市	排　序	评价得分	城　市	排　序	评价得分
重庆市	5	7.40	常州市	28	3.55
汕头市	6	7.34	乌鲁木齐市	29	3.53
淮安市	7	7.10	南昌市	30	3.48
临沂市	8	6.25	西安市	31	3.47
南宁市	9	6.11	昆明市	32	3.32
枣庄市	10	5.82	青岛市	33	3.08
徐州市	11	5.74	杭州市	34	3.03
扬州市	12	5.61	石家庄市	35	3.03
长沙市	13	5.25	太原市	36	2.75
长春市	14	5.01	武汉市	37	2.69
唐山市	15	4.56	宁波市	38	2.56
贵阳市	16	4.43	沈阳市	39	2.51
南通市	17	4.15	广州市	40	2.45
淄博市	18	4.01	南京市	41	2.40
济南市	19	3.96	大连市	42	2.15
天津市	20	3.92	无锡市	43	2.09
佛山市	21	3.87	苏州市	44	1.92
深圳市	22	3.72	上海市	45	1.79
北京市	23	3.68			

该类城市的环境污染指数不仅现状表现较差,长期看环境污染指数表现都不好,且总体还有下降趋势。2005—2011年,该类型城市环境污染指数评价得分均值下降了0.49分。如果与其他类型城市相比,该类型城市环境污染指数要逊色很多,2005—2011年该类型城市环境污染指数评价得分均值与全体样本城市相差很多,尤其2005年两者之间的均值差达6.14分。

(二)环境管理指数

2011年,深圳市、宁波市和贵阳市的环境管理指数评价得分为20.19分、19.37分和19.28分,位居前三,而淮安市、西安市和乌鲁木齐市的环境管理指数

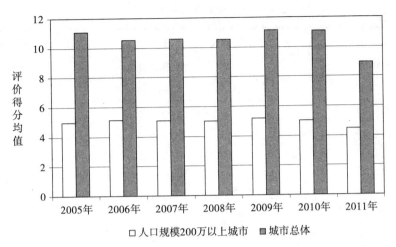

图 41-5　2005—2011 年城市环境污染指数评价得分均值对比

相对较低,评价得分均未超过 13 分,在该类城市中排名最后三名,深圳市的评价得分是乌鲁木齐市的 1.79 倍,由此可见城市间的环境管理指数差异并不大。

表 41-6　2011 年人口规模 200 万以上城市环境管理指数评价情况

城　市	排　序	评价得分	城　市	排　序	评价得分
深圳市	1	20.19	上海市	24	17.17
宁波市	2	19.37	唐山市	25	16.97
贵阳市	3	19.28	佛山市	26	16.95
青岛市	4	18.95	沈阳市	27	16.26
石家庄市	5	18.86	杭州市	28	16.00
南通市	6	18.80	南昌市	29	15.98
广州市	7	18.80	阜阳市	30	15.75
常州市	8	18.56	兰州市	31	15.74
无锡市	9	18.35	合肥市	32	15.70
扬州市	10	18.22	南宁市	33	15.19
汕头市	11	18.20	襄阳市	34	15.18
太原市	12	18.14	郑州市	35	15.16
长沙市	13	18.06	大连市	36	15.11
淄博市	14	18.02	长春市	37	15.06

续表

城　　市	排　序	评价得分	城　　市	排　　序	评价得分
重庆市	15	17.92	南京市	38	15.02
天津市	16	17.67	枣庄市	39	14.76
莆田市	17	17.59	济南市	40	13.74
武汉市	18	17.55	哈尔滨市	41	13.56
临沂市	19	17.54	昆明市	42	13.07
苏州市	20	17.53	淮安市	43	12.10
徐州市	21	17.52	西安市	44	11.35
北京市	22	17.36	乌鲁木齐市	45	11.26
成都市	23	17.25			

由上述分析可知,该类型城市环境污染指数相对较低,即城市经济社会活动环境污染物排放强度比较大,那么为此而发生的环境保护投资也会相应要高,相应地其环境管理指数表现就会相对较好。图41-6正是验证了该推论,2005—2011年该类型城市环境管理指数与其他类型城市一样,环境管理指数不断得到改善,且其指数评价得分均值明显要高于样本城市总体。

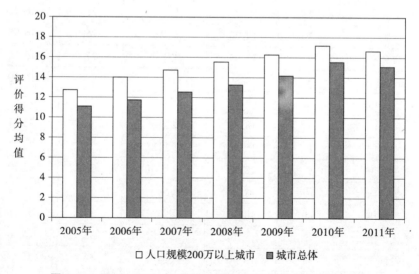

图41-6　2005—2011年城市环境管理指数评价得分均值对比

（三）环境质量指数

2011 年,该类城市中有 11 个城市的指数评价得分高于 11 分,有 29 个城市的指数得分在 10—11 分之间,高于 9 分以上的城市多达 44 个,最高的评价得分仅是最低评价得分的 1.51 倍,因此可以判断城市间的指数差异相对较小。

表 41-7　2011 年人口规模 200 万以上城市的环境质量指数评价情况

城　市	排　序	评价得分	城　市	排　序	评价得分
汕头市	1	11.95	沈阳市	24	10.84
昆明市	2	11.95	唐山市	25	10.84
莆田市	3	11.88	徐州市	26	10.80
深圳市	4	11.85	重庆市	27	10.61
佛山市	5	11.69	宁波市	28	10.57
大连市	6	11.59	成都市	29	10.54
苏州市	7	11.56	淄博市	30	10.54
南宁市	8	11.49	天津市	31	10.48
阜阳市	9	11.49	济南市	32	10.48
淮安市	10	11.43	石家庄市	33	10.48
贵阳市	11	11.43	郑州市	34	10.41
广州市	12	11.34	南京市	35	10.38
南昌市	13	11.33	哈尔滨市	36	10.38
长春市	14	11.29	枣庄市	37	10.21
常州市	15	11.26	襄阳市	38	10.18
无锡市	16	11.23	太原市	39	10.08
长沙市	17	11.16	武汉市	40	10.02
南通市	18	11.10	西安市	41	9.95
上海市	19	11.03	合肥市	42	9.92
扬州市	20	11.03	北京市	43	9.36
临沂市	21	11.00	乌鲁木齐市	44	9.04
青岛市	22	10.93	兰州市	45	7.92
杭州市	23	10.90			

大城市经济社会活动环境污染物排放强度比较大,且相对较大的占地面积也不利于空气污染物的疏散,故它们的环境质量水平相对总体水平平均值表现相对较差。图41-7显示,人口规模200万以上城市的环境质量指数明显低于城市总体的表现,但它们之间的差异并不大,差异只有0.17分。

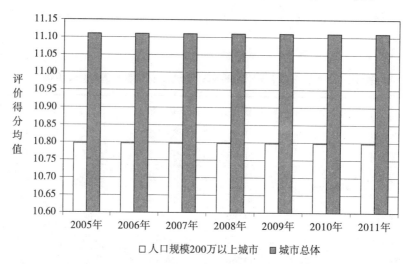

图41-7　2005—2011年城市环境质量指数评价得分均值对比

(四)环保指数

该类城市的环保指数评价得分城市间的差异并不大。2011年,莆田市、阜阳市和汕头市的环保指数评价得分为39.20分、38.55分和37.48分,位居城市前三,而兰州市、西安市和乌鲁木齐市的环保指数评价得分只有27.24分、24.77分和23.83分,位居城市后三,其中莆田市的环保指数得分是乌鲁木齐市的近1.6倍。

表41-8　2011年人口规模200万以上城市的环保指数评价情况

城　市	排　序	评价得分	城　市	排　序	评价得分
莆田市	1	39.20	无锡市	24	31.68
阜阳市	2	38.55	成都市	25	31.40
汕头市	3	37.48	长春市	26	31.36
重庆市	4	35.93	苏州市	27	31.01

城　市	排　序	评价得分	城　市	排　　序	评价得分
深圳市	5	35.76	太原市	28	30.97
贵阳市	6	35.13	枣庄市	29	30.79
扬州市	7	34.86	南昌市	30	30.79
临沂市	8	34.79	淮安市	31	30.63
襄阳市	9	34.76	北京市	32	30.40
长沙市	10	34.48	武汉市	33	30.26
徐州市	11	34.07	上海市	34	29.99
南通市	12	34.05	杭州市	35	29.94
常州市	13	33.37	沈阳市	36	29.61
青岛市	14	32.96	合肥市	37	29.29
哈尔滨市	15	32.87	郑州市	38	29.15
南宁市	16	32.79	大连市	39	28.85
广州市	17	32.59	昆明市	40	28.34
淄博市	18	32.57	济南市	41	28.18
佛山市	19	32.51	南京市	42	27.80
宁波市	20	32.51	兰州市	43	27.24
唐山市	21	32.36	西安市	44	24.77
石家庄市	22	32.36	乌鲁木齐市	45	23.83
天津市	23	32.06			

　　由于该类型城市的环境污染指数和环境质量指数表现均低于全部样本城市,故其环保指数评价得分也低于全部样本城市。统计分析结果显示:2005—2011 年,该类型城市环保指数评价得分均值均低于城市总体,不过两者得分均值差异有缩小趋势。

三、发 展 指 数

　　该类型城市发展指数评价得分总体偏高。2011 年,45 个城市中有 15 个城市的指数评价得分超过 100 分,指数评价得分均高于 33.34 分,其中深圳

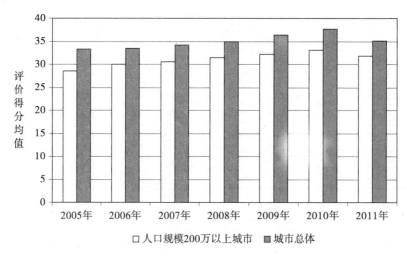

图 41-8　2005—2011 年城市环保指数评价得分均值对比

市、北京市、上海市和天津市的发展指数位居城市前四,此四个城市一个是沿海开放城市,另外三个是我国三大直辖市;而阜阳市、汕头市、襄阳市和枣庄市的发展指数评价得分相对较低,位居该类城市后四位,此四城市均不是地区省会城市。

表 41-9　2011 年人口规模 200 万以上城市的发展指数评价情况

城　市	排　序	评价得分	城　市	排　序	评价得分
深圳市	1	212.02	长春市	24	79.75
北京市	2	205.3	武汉市	25	77.65
上海市	3	196.02	徐州市	26	77.49
天津市	4	156.14	太原市	27	77.46
宁波市	5	154.83	贵阳市	28	77.38
无锡市	6	139.04	南昌市	29	75.29
大连市	7	135.7	淄博市	30	73.78
苏州市	8	133.09	石家庄市	31	73.53
青岛市	9	132.21	哈尔滨市	32	72.16
杭州市	10	131.42	郑州市	33	68.08

续表

城　　市	排　序	评价得分	城　　市	排　序	评价得分
佛山市	11	120.37	南宁市	34	67.05
广州市	12	119.55	兰州市	35	64.88
合肥市	13	113.62	昆明市	36	64.85
长沙市	14	107.59	西安市	37	63.46
常州市	15	103.47	临沂市	38	61.82
南京市	16	99.75	淮安市	39	61.32
沈阳市	17	90.92	莆田市	40	60.86
唐山市	18	85.58	重庆市	41	56.63
南通市	19	84.76	枣庄市	42	52.59
乌鲁木齐市	20	84.55	襄阳市	43	51.62
成都市	21	82.78	汕头市	44	48.94
济南市	22	81.07	阜阳市	45	39.59
扬州市	23	79.79			

　　该类型城市发展指数不仅评价得分较高,且近年一直保持快速增长态势。2005—2011 年,该类型城市发展指数评价得分均值连续增加了 46.17 分,年均增幅高达 11.65%。评价结果还显示,近年超大型城市的发展指数评价得分与其他类型城市之间的差异不断拉大,2005 年两者之间的得分均值相差只有 15.97 分,到 2011 年该差值就已经扩大了 27.96 分。

四、低碳环保发展综合指数

　　由于城市发展指数评价得分相对较高,故从低碳环保发展综合指数中很容易发现发展指数的身影。2011 年,深圳市、北京市、上海市和广州市的综合指数评价得分均超过了 250 分,尤其深圳市的综合指数得分更是超过了 400 分,它们远高于其他城市(深圳市、北京市和上海市发展指数位列前三);而阜阳市、汕头市和兰州市的指数评价得分相对要低些,但仍超过了 100 分,45 个城市的综合指数评价得分均高于 2005 年样本城市评价得分均值。

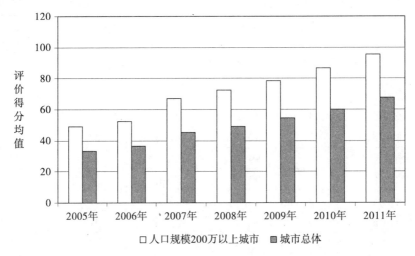

图 41-9　2005—2011 年城市发展指数评价得分均值对比

表 41-10　2011 年人口规模 200 万以上城市的低碳环保发展综合指数评价情况

城　市	排　序	评价得分	城　市	排　序	评价得分
深圳市	1	406.05	襄阳市	24	146.94
北京市	2	279.58	徐州市	25	144.71
上海市	3	276.91	昆明市	26	144.67
广州市	4	253.36	长春市	27	144.06
宁波市	5	223.12	济南市	28	138.99
无锡市	6	215.02	南昌市	29	138.58
天津市	7	213.98	唐山市	30	138.44
青岛市	8	207.80	淄博市	31	137.69
大连市	9	206.01	莆田市	32	136.52
苏州市	10	202.06	贵阳市	33	133.32
南京市	11	201.49	哈尔滨市	34	132.38
杭州市	12	193.05	石家庄市	35	131.34
长沙市	13	191.06	太原市	36	130.12
合肥市	14	190.76	临沂市	37	121.76
南宁市	15	182.14	重庆市	38	120.50

续表

城　　市	排　序	评价得分	城　　市	排　　序	评价得分
佛山市	16	179.75	淮安市	39	120.01
常州市	17	163.21	西安市	40	117.22
成都市	18	161.41	郑州市	41	114.47
沈阳市	19	160.70	枣庄市	42	111.68
扬州市	20	156.93	兰州市	43	110.68
乌鲁木齐市	21	152.40	汕头市	44	110.65
武汉市	22	151.68	阜阳市	45	103.77
南通市	23	147.44			

由上述分析可知,该类型城市的低碳指数和发展指数的评价得分均高于城市总体,只有环保指阻数评价得分低于城市总体,而低碳指数和发展指数的推力量要大于环保指数的阻力,故其综合指数评价得分高于城市总体。如图41-10 所示,2005—2011 年,该类型城市综合指数评价得分均值一直高于城市总体,同时这种差距还有进一步拉大的趋势,2005 年两者之间的得分差只有 12.46 分,到 2011 年该差值已经扩大到 28.63 分。

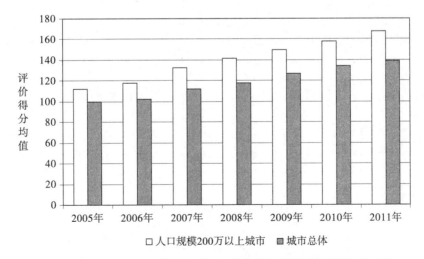

图 41-10　2005—2011 年城市低碳环保发展综合指数评价得分均值对比